高等学校"十一五"规划教材/经济管理类及相关学科数学教材

经济数学基础及应用

——线性代数及概率论

赵萍　编著

哈爾濱工業大學出版社

内 容 提 要

本书共分两部分，第一部分为线性代数，包括行列式、矩阵、线性方程组（n 维向量）、二次型、矩阵的特征值和特征向量、投入产出数学模型；第二部分为概率论与统计，包括随机事件及其概率、随机变量及其分布、随机变量的数字特征、大数定律和中心极限定理、样本分布及参数估计、假设检验及方差分析、回归分析，每章均配有类型题、难度较大的综合范例，以及适量的习题及参考答案。

本书内容精练、重点突出、通俗易懂，既可作为高等学校经济类、管理类及相关学科本科、专科的基础课教材，又可供经济类、管理类复习考研人员参考。

图书在版编目(CIP)数据

经济数学基础及应用——线性代数及概率论/赵萍编著.
哈尔滨:哈尔滨工业大学出版社,2006.10(2014.1 重印)
ISBN 978-7-5603-2395-4
Ⅰ.经… Ⅱ.赵… Ⅲ.①经济数学-高等学校-教材②线性代数-高等学校-教材③概率论-高等学校-教材 Ⅳ.F224.0

中国版本图书馆 CIP 数据核字(2006)第 116553 号

策划编辑 杜 燕
责任编辑 王勇钢
封面设计 卞秉利
出版发行 哈尔滨工业大学出版社
社　　址 哈尔滨市南岗区复华四道街 10 号 邮编 150006
传　　真 0451-86414749
网　　址 http://hitpress.hit.edu.cn
印　　刷 黑龙江省地质测绘印制中心印刷厂
开　　本 787mm×960mm 1/16 印张 25.625 字数 464 千字
版　　次 2006 年 10 月第 1 版 2014 年 1 月第 4 次印刷
书　　号 ISBN 978-7-5603-2395-4
定　　价 39.80 元

前　　言

2002年10月出版的《经济数学基础及应用——一元、多元函数微积分及应用》一书，受到了广大经济类、管理类等学生和社会读者的欢迎，一定程度地满足了他们学习和研究的需要。

由于数学内容具有连续和系统性，为进一步满足广大读者的要求，我们在学校和出版社的支持下，又编写了《经济数学基础及应用——线性代数及概率论》一书，供经济类、管理类等学生学习参考。本书被列为哈尔滨工业大学“十一五”重点教材。

本书内容按照教学大纲的要求，完整系统地介绍了线性代数及概率论与统计的基础知识。主要目的是培养学生熟练运算能力、抽象概括问题能力、逻辑推理能力、空间想象能力和自学能力。因此，我们本着循序渐进、深入浅出、通俗易懂的指导思想，从注重培养学生综合运用所学知识、分析解决实际问题的能力出发，在系统介绍理论基础的同时，对每章中的计算方法和技巧都进行了归纳总结；为扩展类型、适当拔高，在每章中还选入了相当数量的范例，以帮助学生扩展视野。

由于水平有限，加之时间仓促，书中疏漏与不足之处在所难免，希望读者多提宝贵意见，以便使本书更加完善。

作　者

2006.7

于哈尔滨工业大学

目　录

第1篇　线性代数

第2篇 概率论与统计

第 1 篇　线性代数

第 1 章　行 列 式

行列式是一个重要的概念，它在数学的许多分支中都有着非常重要的作用。本章在复习二阶、三阶行列式的基础上，进一步讨论 n 阶行列式的定义、性质和计算，以及解 n 元线性方程组的克莱姆法则。

1.1　二阶、三阶行列式

1.1.1　二阶行列式

在中学代数中，我们学过用消元法解二元和三元线性方程组。

对于二元线性方程组

$$\begin{cases} a_{11}x_1 + a_{12}x_2 = b_1 \\ a_{21}x_1 + a_{22}x_2 = b_2 \end{cases} \tag{1.1}$$

其中，x_1, x_2 是未知量，a_{11}, a_{21} 为 x_1 的系数，a_{12}, a_{22} 为 x_2 的系数，b_1, b_2 为常数项。

为消去未知数 x_2，以 a_{22} 和 a_{12} 分别乘上列两方程的两端，然后将所得方程相减，得

$$(a_{11}a_{22} - a_{12}a_{21})x_1 = b_1a_{22} - a_{12}b_2$$

类似地，消去 x_1 得

$$(a_{11}a_{22} - a_{12}a_{21})x_2 = a_{11}b_2 - b_1a_{21}$$

当 $a_{11}a_{22} - a_{12}a_{21} \neq 0$ 时，得方程组的解为

$$x_1 = \frac{b_1a_{22} - a_{12}b_2}{a_{11}a_{22} - a_{12}a_{21}}, x_2 = \frac{a_{11}b_2 - b_1a_{21}}{a_{11}a_{22} - a_{12}a_{21}}$$

用记号

$$\begin{vmatrix} a_{11} & a_{12} \\ a_{21} & a_{22} \end{vmatrix} \tag{1.2}$$

表示 $a_{11}a_{22}-a_{12}a_{21}$，并称之为一个二阶行列式，即

$$\begin{vmatrix} a_{11} & a_{12} \\ a_{21} & a_{22} \end{vmatrix} = a_{11}a_{22}-a_{12}a_{21}$$

在一个行列式中，横排叫行，纵排叫列。其中，a_{11}，a_{12} 和 a_{21}，a_{22} 分别叫做该行列式的第 1 行和第 2 行，而 a_{11}，a_{21} 和 a_{12}，a_{22} 依次叫做该行列式的第 1 列和第 2 列。数 $a_{ij}(i=1,2;j=1,2)$ 称为行列式(1.2) 的元素。元素 a_{ij} 的第一个下标 i 称为行标，表明该元素位于第 i 行，第二个下标 j 称为列标，表明该元素位于第 j 列。

由二阶行列式的定义，我们可以用对角线法则来记忆，如

$$\begin{vmatrix} a_{11} & a_{12} \\ a_{21} & a_{22} \end{vmatrix}$$

把 a_{11} 到 a_{22} 的实线称为主对角线，把 a_{12} 到 a_{21} 的虚线称为副对角线，则二阶行列式的值等于主对角线上的两个元素之积减去副对角线上的两元素之积所得的差。

若记

$$D=\begin{vmatrix} a_{11} & a_{12} \\ a_{21} & a_{22} \end{vmatrix}, D_1=\begin{vmatrix} b_1 & a_{12} \\ b_2 & a_{22} \end{vmatrix}, D_2=\begin{vmatrix} a_{11} & b_1 \\ a_{21} & b_2 \end{vmatrix}$$

则方程组(1.1) 的解可写成

$$x_1=\frac{D_1}{D}=\frac{\begin{vmatrix} b_1 & a_{12} \\ b_2 & a_{22} \end{vmatrix}}{\begin{vmatrix} a_{11} & a_{12} \\ a_{21} & a_{22} \end{vmatrix}}, x_2=\frac{D_2}{D}=\frac{\begin{vmatrix} a_{11} & b_1 \\ a_{21} & b_2 \end{vmatrix}}{\begin{vmatrix} a_{11} & a_{12} \\ a_{21} & a_{22} \end{vmatrix}}$$

注意　这里的分母 D 恰好是由方程组(1.1) 的系数确定的，D_1 是由 b_1，b_2 替换 D 中的 x_1 的系数 a_{11}，a_{21} 所得的行列式，D_2 是由 b_1，b_2 替换 D 中的 x_2 的系数 a_{12}，a_{22} 所得的行列式。

【例 1】　求解二元线性方程组

$$\begin{cases} 2x_1+4x_2=1 \\ x_1+3x_2=2 \end{cases}$$

【解】

$$D=\begin{vmatrix} 2 & 4 \\ 1 & 3 \end{vmatrix}=2\times 3-4\times 1=2\neq 0$$

$$D_1=\begin{vmatrix} 1 & 4 \\ 2 & 3 \end{vmatrix}=3-8=-5$$

$$D_2=\begin{vmatrix} 2 & 1 \\ 1 & 2 \end{vmatrix}=4-1=3$$

所求方程组的解为

$$x_1 = \frac{D_1}{D} = -\frac{5}{2}, x_2 = \frac{D_2}{D} = \frac{3}{2}$$

【例 2】 设

$$D = \begin{vmatrix} \lambda^2 & \lambda \\ 3 & 1 \end{vmatrix}$$

问:(1) 当 λ 为何值时 $D = 0$;

(2) 当 λ 为何值是 $D \neq 0$。

【解】

$$D = \begin{vmatrix} \lambda^2 & \lambda \\ 3 & 1 \end{vmatrix} = \lambda^2 - 3\lambda$$

$$\lambda^2 - 3\lambda = 0 \Rightarrow \lambda = 0 \text{ 或 } \lambda = 3$$

因此,(1) 当 $\lambda = 0$ 或 $\lambda = 3$ 时,$D = 0$;(2) 当 $\lambda \neq 0$ 且 $\lambda \neq 3$ 时,$D \neq 0$。

【例 3】 求 $D = \begin{vmatrix} a & b \\ c & d \end{vmatrix}$。

【解】

$$D = \begin{vmatrix} a & b \\ c & d \end{vmatrix} = ad - bc$$

1.1.2 三阶行列式

我们用

$$\begin{vmatrix} a_{11} & a_{12} & a_{13} \\ a_{21} & a_{22} & a_{23} \\ a_{31} & a_{32} & a_{33} \end{vmatrix}$$

表示一个三阶行列式,它表示数值

$$a_{11}a_{22}a_{33} + a_{21}a_{32}a_{13} + a_{31}a_{12}a_{23} - a_{13}a_{22}a_{31} - a_{23}a_{32}a_{11} - a_{33}a_{12}a_{21}$$

即

$$\begin{vmatrix} a_{11} & a_{12} & a_{13} \\ a_{21} & a_{22} & a_{23} \\ a_{31} & a_{32} & a_{33} \end{vmatrix} = a_{11}a_{22}a_{33} + a_{21}a_{32}a_{13} + a_{31}a_{12}a_{23} - a_{13}a_{22}a_{31} - a_{23}a_{32}a_{11} - a_{33}a_{12}a_{21}$$

上述定义表明三阶行列式含 6 项,每项均为不同行不同列的三个元素的乘积再赋以正负号,其规律遵循下述对角线法则:

如图 1.1 所示,三条实线上三元素乘积赋以正号,三条虚线上三元素乘积赋以负号。

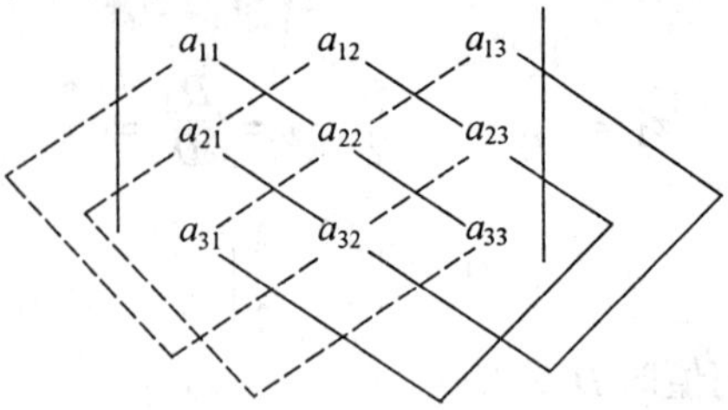

图 1.1

如果我们用消元法解三元线性方程组

$$\begin{cases} a_{11}x_1 + a_{12}x_2 + a_{13}x_3 = b_1 \\ a_{21}x_1 + a_{22}x_2 + a_{23}x_3 = b_2 \\ a_{31}x_1 + a_{32}x_2 + a_{33}x_3 = b_3 \end{cases}$$

当$\begin{vmatrix} a_{11} & a_{12} & a_{13} \\ a_{21} & a_{22} & a_{23} \\ a_{31} & a_{32} & a_{33} \end{vmatrix} \neq 0$时,可得到与二元线性方程组类似的结论,即

$$x_1 = \frac{\begin{vmatrix} b_1 & a_{12} & a_{13} \\ b_2 & a_{22} & a_{23} \\ b_3 & a_{32} & a_{33} \end{vmatrix}}{\begin{vmatrix} a_{11} & a_{12} & a_{13} \\ a_{21} & a_{22} & a_{23} \\ a_{31} & a_{32} & a_{33} \end{vmatrix}}, x_2 = \frac{\begin{vmatrix} a_{11} & b_1 & a_{13} \\ a_{21} & b_2 & a_{23} \\ a_{31} & b_3 & a_{33} \end{vmatrix}}{\begin{vmatrix} a_{11} & a_{12} & a_{13} \\ a_{21} & a_{22} & a_{23} \\ a_{31} & a_{32} & a_{33} \end{vmatrix}}, x_3 = \frac{\begin{vmatrix} a_{11} & a_{12} & b_1 \\ a_{21} & a_{22} & b_2 \\ a_{31} & a_{32} & b_3 \end{vmatrix}}{\begin{vmatrix} a_{11} & a_{12} & a_{13} \\ a_{21} & a_{22} & a_{23} \\ a_{31} & a_{32} & a_{33} \end{vmatrix}}$$

【例 4】 计算三阶行列式

$$D = \begin{vmatrix} 1 & 2 & 3 \\ 3 & 1 & 2 \\ 2 & 3 & 1 \end{vmatrix}$$

【解】 $D = 1^3 + 2^3 + 3^3 - 1 \times 2 \times 3 - 2 \times 3 \times 1 - 3 \times 1 \times 2 = 18$

【例 5】 a, b 满足什么条件时有

$$\begin{vmatrix} a & b & 0 \\ -b & a & 0 \\ 1 & 0 & 1 \end{vmatrix} = 0$$

【解】

$$\begin{vmatrix} a & b & 0 \\ -b & a & 0 \\ 1 & 0 & 1 \end{vmatrix} = a^2 + b^2$$

若 $a^2 + b^2 = 0$,则 a, b 必同时为零。因此当 $a = 0$ 且 $b = 0$ 时,行列式等于零。

【例 6】 求解方程

$$\begin{vmatrix} 1 & 1 & 1 \\ 2 & 3 & x \\ 4 & 9 & x^2 \end{vmatrix} = 0$$

【解】 方程左端的三阶行列式

$$D = 3x^2 + 4x + 18 - 9x - 2x^2 - 12 = x^2 - 5x + 6$$

由 $x^2 - 5x + 6 = 0$,解得 $x = 2$ 或 $x = 3$。

【例 7】 $\begin{vmatrix} a & 1 & 0 \\ 1 & a & 0 \\ 4 & 1 & 1 \end{vmatrix} > 0$ 的充分必要条件是什么?

【解】

$$\begin{vmatrix} a & 1 & 0 \\ 1 & a & 0 \\ 4 & 1 & 1 \end{vmatrix} = a^2 - 1$$

由 $a^2 - 1 > 0$ 可得 $|a| > 1$。

因此,$\begin{vmatrix} a & 1 & 0 \\ 1 & a & 0 \\ 4 & 1 & 1 \end{vmatrix} > 0$ 的充分必要条件是 $|a| > 1$。

1.2 n 阶行列式

对角线法则只适用于二阶与三阶行列式,为研究四阶及更高阶行列式,下面先介绍有关全排列的知识,然后给出 n 阶行列式的定义。

1.2.1 全排列及其逆序数

我们用一一列举的方法可以得到 1,2,3 这三个数不同顺序的序列:123,231,312,132,213,321,其中每一个序列都称为 1,2,3 这三个元素的全排列(也称排列)。

【定义 1.1】 把 n 个不同的元素排成一列,叫做这 n 个元素的全排列(简称排列)。

【定义 1.2】 对于 n 个不同的元素,先规定各元素之间有一个标准次序(例如 n 个不同的自然数,可规定由小到大为标准次序),于是在这 n 个元素的任一排列中,当某两个元素的先后次序与标准次序不同时,就说构成 1 个逆序,一个排列中所有逆序的总数叫做这个排列的逆序数。

逆序数为奇数的排列叫做奇排列,逆序数为偶数的排列叫做偶排列。

例如,排列 23154 中,2 在 1 前面,3 在 1 前面,5 在 4 前面,共有 3 个逆序,逆序数为 3,记为 $N(23154)=3$,所以 23154 为奇排列。同样我们可以得出,23145 是偶排列。

由 1,2,3 组成的 6 种排列中,是奇排列的有 132,213,321,是偶排列的有 123,231,312。

【例 1】 求排列 32514 的逆序数。

【解】 3 在 2 的前面,3,2,5 在 1 的前面,5 在 4 的前面,故逆序数为 $1+3+1=5$,记为 $N(32514)=5$。

在排列中,将任意两个元素对调,其余的元素不动,这种变换称为对换,将相邻两个元素对换,叫做相邻对换。

【定理 1.1】 任意一个排列经过一次对换后奇偶性改变。

【证】 先证相邻对换的情形。

设排列 $a_1\cdots a_l abb_1\cdots b_m$,对换 a 与 b,得到排列 $a_1\cdots a_l bab_1\cdots b_m$,可以看出,当 $a<b$ 时,经过对换后的排列的逆序数增加 1,当 $a>b$ 时,经过对换后的排列的逆序数减少 1,所以对换后的奇偶性改变。

再证一般情况。

设排列 $a_1\cdots a_l ab_1\cdots b_m bc_1\cdots c_n$ 经过 a 与 b 的对换得到排列 $a_1\cdots a_l bb_1\cdots b_m a c_1\cdots c_n$,这次对换可以看成排列 $a_1\cdots a_l ab_1\cdots b_m bc_1\cdots c_n$ 经过 m 次相邻对换,调换成 $a_1\cdots a_l abb_1\cdots b_m c_1\cdots c_n$,再经过 $m+1$ 次相邻对换,调换成 $a_1\cdots a_l bb_1\cdots b_m ac_1\cdots c_n$,也就是说,经过 $2m+1$ 次相邻对换,排列 $a_1\cdots a_l ab_1\cdots b_m bc_1\cdots c_n$ 变为 $a_1\cdots a_l bb_1\cdots b_m ac_1\cdots c_n$,所以这两个排列奇偶性相反。

例如,奇排列 213 经过对换 1 与 3 变成偶排列 231。

【定理 1.2】 n 个不同的数 $1,2,\cdots,n$ 组成的排列共有 $n!$ 个,其中奇偶排列各占一半。

【证】 n 个数 $1,2,\cdots,n$ 组成的排列共有 $n\cdot(n-1)\cdots 2\cdot 1=n!$ 个。设其中奇排列有 p 个,偶排列有 q 个。

若每一个奇排列都进行一次同样的对换,例如对换 $(1,n)$,则 p 个奇排列都变为偶排列,于是 $p\leqslant q$;若每一个偶排列都进行一次同样的对换,则 q 个偶排列都变为奇排列,于是 $q\leqslant p$,所以 $p=q=\dfrac{n!}{2}$。

1.2.2 n 阶行列式的定义

前面我们定义了二阶行列式和三阶行列式

$$\begin{vmatrix} a_{11} & a_{12} \\ a_{21} & a_{22} \end{vmatrix} = a_{11}a_{22}-a_{12}a_{21}$$

$$\begin{vmatrix} a_{11} & a_{12} & a_{13} \\ a_{21} & a_{22} & a_{23} \\ a_{31} & a_{32} & a_{33} \end{vmatrix} = a_{11}a_{22}a_{33} + a_{12}a_{23}a_{31} + a_{13}a_{21}a_{32} - a_{11}a_{23}a_{32} - a_{12}a_{21}a_{33} - a_{13}a_{22}a_{31}$$

我们以三阶行列式为例。可以看出等式右边的每一项都是三个元素的乘积,这三个元素位于不同的行,不同的列。不看正负号,右边的每一项可以写成 $a_{1p_1}, a_{2p_2}a_{3p_3}$。列标的排列 $p_1p_2p_3$ 是由 1,2,3 三个数组成的某个排列,这样的排列共有 6 个,对应着等式右边的 6 项,其中带正号的三项列标排列是 123,231,312,带负号的三项列标排列是 132,213,321。

经过计算可知,123,231,312 是偶排列,132,213,321 是奇排列,因此三阶行列式可以写成

$$\begin{vmatrix} a_{11} & a_{12} & a_{13} \\ a_{21} & a_{22} & a_{23} \\ a_{31} & a_{32} & a_{33} \end{vmatrix} = \sum (-1)^t a_{1p_1}a_{2p_2}a_{3p_3}$$

其中,t 为排列 $p_1p_2p_3$ 的逆序数,$\sum$ 表示对 1,2,3 三个数的所有排列 $p_1p_2p_3$ 的对应项 $(-1)^t a_{1p_1}a_{2p_2}a_{3p_3}$ 取和。

【定义 1.3】 用 n^2 个元素 $a_{ij}(i,j = 1,2,\cdots,n)$ 组成的记号

$$\begin{vmatrix} a_{11} & a_{12} & \cdots & a_{1n} \\ a_{21} & a_{22} & \cdots & a_{2n} \\ \vdots & \vdots & & \vdots \\ a_{n1} & a_{n2} & \cdots & a_{nn} \end{vmatrix}$$

称为 n 阶行列式。

它表示所有可能取自不同的行不同的列的 n 个元素乘积的代数和,各项的符号是:当这一项中元素的行标按自然数顺序排列后,如果对应的列标构成的排列是偶排列则取正号,是奇排列则取负号,因此 n 阶行列式所表示的代数和中的一般项可以写为 $(-1)^t a_{1p_1}a_{2p_2}\cdots a_{np_n}$。

其中,t 为排列 $p_1p_2\cdots p_n$ 的逆序数,记为 $t = N(p_1p_2\cdots p_n)$。由于这样的排列共有 $n!$ 个,因而这 $n!$ 个排列对应项的和为 $\sum (-1)^t a_{1p_1}a_{2p_2}\cdots a_{np_n}$。

行列式有时简记为 $|a_{ij}|$,当 $n = 1$ 时,一阶行列式 $|a| = a$。

【例 2】 四阶行列式

$$D=\begin{vmatrix} a_{11} & a_{12} & a_{13} & a_{14} \\ a_{21} & a_{22} & a_{23} & a_{24} \\ a_{31} & a_{32} & a_{33} & a_{34} \\ a_{41} & a_{42} & a_{43} & a_{44} \end{vmatrix}$$

所表示的代数和中有 4!项,即 24 项。

$a_{11}a_{22}a_{33}a_{44}$ 行标排列为 1234,列标排列为 1234,四个元素取自不同行不同列,列标排列的逆序数为 0。即 $a_{11}a_{22}a_{33}a_{44}$ 为 D 的一项且前面为正号。

$a_{14}a_{23}a_{31}a_{42}$ 行标排列为 1234,列标排列为 4312,元素取自不同行不同列,且列标排列逆序数为 5,即 $a_{14}a_{23}a_{31}a_{42}$ 为 D 的一项且前面为负号。

而 $a_{11}a_{24}a_{33}a_{44}$ 有两个元素取自第四列,它不是 D 的一项。

【例 3】 证明下三角形行列式

$$D=\begin{vmatrix} a_{11} & & & \\ a_{21} & a_{22} & & \\ \vdots & \vdots & \ddots & \\ a_{n1} & a_{n2} & \cdots & a_{nn} \end{vmatrix}=a_{11}a_{22}\cdots a_{nn}$$

【证】 由于当 $j>i$ 时,$a_{ij}=0$,故 D 中可能不为 0 的元素 a_{ip_i},其下标应有 $p_i\leqslant i$,即 $p_1\leqslant 1,p_2\leqslant 2,\cdots,p_n\leqslant n$.

在所有排列 $p_1p_2\cdots p_n$ 中,能满足上述关系的只有一个自然排列 $12\cdots n$,所以 D 中可能不为 0 的项只有一项 $(-1)^t a_{11}a_{22}\cdots a_{nn}$,此项符号 $(-1)^t=(-1)^0=1$,所以 $D=a_{11}a_{22}\cdots a_{nn}$。

同理可得上三角形行列式

$$D=\begin{vmatrix} a_{11} & a_{12} & \cdots & a_{1n} \\ & a_{22} & \cdots & a_{2n} \\ & & \ddots & \vdots \\ & & & a_{nn} \end{vmatrix}=a_{11}a_{22}\cdots a_{nn}$$

对角形行列式

$$D=\begin{vmatrix} a_{11} & & & \\ & a_{22} & & \\ & & \ddots & \\ & & & a_{nn} \end{vmatrix}=a_{11}a_{22}\cdots a_{nn}$$

行列式中从左上角到右下角的对角线称为主对角线。

我们将上三角形行列式和下角形行列式统称为三角形行列式。

三角形行列式及对角形行列式的值，均等于主对角线上元素的乘积。由行列式定义不难得出，一个行列式若有一行(或一列) 中的元素皆为零，则此行列式必为零。

n 阶行列式定义中决定各项符号的规则还可由下面的结论来代替。

【定理 1.3】 n 阶行列式 $D = |a_{ij}|$ 的一般项可记为

$$(-1)^{s+t}a_{i_1j_1}a_{i_2j_2}\cdots a_{i_nj_n}$$

其中，s,t 分别为排列 $i_1i_2\cdots i_n$ 和 $j_1j_2\cdots j_n$ 的逆序数。

【证】 将 $a_{i_1j_1}a_{i_2j_2}\cdots a_{i_nj_n}$ 中的两个元素交换位置，则行标排列与列标排列的奇偶性均发生变化，但对换之后，行标排列与列标排列的逆序数之和的奇偶性则不变，故前面的符号不变。

我们可以经过有限次交换元素的位置，使行标排列为自然数顺序排列，而自然数排列的逆序数为 0，前面的正负号由列标排列的奇偶性决定。

1.3 行列式的性质

记

$$D = \begin{vmatrix} a_{11} & a_{12} & \cdots & a_{1n} \\ a_{21} & a_{22} & \cdots & a_{2n} \\ \vdots & \vdots & & \vdots \\ a_{n1} & a_{n2} & \cdots & a_{nn} \end{vmatrix}, D^{\mathrm{T}} = \begin{vmatrix} a_{11} & a_{21} & \cdots & a_{n1} \\ a_{12} & a_{22} & \cdots & a_{n2} \\ \vdots & \vdots & & \vdots \\ a_{1n} & a_{2n} & \cdots & a_{nn} \end{vmatrix}$$

行列式 D^{T} 称为行列式 D 的转置行列式。

【性质 1】 转置行列式与原行列式相等。

【证】 记 D 的一般项为

$$(-1)^t a_{1p_1}a_{2p_2}\cdots a_{np_n}$$

它的元素在 D 中位于不同行不同列，因而在 D^{T} 中位于不同列不同行，所以这 n 个元素的乘积在 D^{T} 中应为

$$a_{p_11}a_{p_22}\cdots a_{p_nn}$$

其符号也是$(-1)^t$，因此 D 与D^{T}具有相同项，$D = D^{\mathrm{T}}$。由此性质可知，行列式中的行与列具有同等的地位，行列式的性质凡是对行成立的也同样对列成立，反之亦然。

【例 1】 $\begin{vmatrix} 2 & 1 \\ 2 & 2 \end{vmatrix} = 4 - 2 = 2, \begin{vmatrix} 2 & 2 \\ 1 & 2 \end{vmatrix} = 4 - 2 = 2$

【性质 2】 互换行列式的两行(列)，行列式变号。

【证】 设行列式

$$D_1 = \begin{vmatrix} b_{11} & b_{12} & \cdots & b_{1n} \\ b_{21} & b_{22} & \cdots & b_{2n} \\ \vdots & \vdots & & \vdots \\ b_{n1} & b_{n2} & \cdots & b_{nn} \end{vmatrix}$$

是由行列式

$$D = \begin{vmatrix} a_{11} & a_{12} & \cdots & a_{1n} \\ a_{21} & a_{22} & \cdots & a_{2n} \\ \vdots & \vdots & & \vdots \\ a_{n1} & a_{n2} & \cdots & a_{nn} \end{vmatrix}$$

变换 i,j 两行得到的，即当 $k \neq i,j$ 时，$b_{kp} = a_{kp}$. 当 $k = i,j$ 时，$b_{ip} = a_{jp}$，$b_{jp} = a_{ip}$，于是

$$\begin{aligned} D_1 = & \sum(-1)^t b_{1p_1} \cdots b_{ip_i} \cdots b_{jp_j} \cdots b_{np_n} = \\ & \sum(-1)^t a_{1p_1} \cdots a_{jp_i} \cdots a_{ip_j} \cdots a_{np_n} = \\ & \sum(-1)^t a_{1p_1} \cdots a_{ip_j} \cdots a_{jp_i} \cdots a_{np_n} \end{aligned}$$

其中，$1\cdots i\cdots j\cdots n$ 为自然排列，t 为排列 $p_1\cdots p_i\cdots p_j\cdots p_n$ 的逆序数，设排列 $p_1\cdots p_j\cdots p_i\cdots p_n$ 的逆序数为 t_1，则 $(-1)^t = -(-1)^{t_1}$。故

$$D_1 = -\sum(-1)^{t_1} a_{1p_1} \cdots a_{ip_j} \cdots a_{jp_i} \cdots a_{np_n} = -D$$

证毕。

以 r_i 表示行列式的第 i 行，以 c_i 表示第 i 列，交换 i,j 两行记作 $r_i \leftrightarrow r_j$，交换 i,j 两列记作 $c_i \leftrightarrow c_j$。

【例 2】 $\begin{vmatrix} 2 & 1 \\ 2 & 2 \end{vmatrix} = 2$

交换第一行与第二行，得

$$\begin{vmatrix} 2 & 2 \\ 2 & 1 \end{vmatrix} = -2$$

【推论 1】 如果行列式中的两行(列)完全相同，则此行列式等于零。

【证】 把这两行互换有 $D = -D$，故 $D = 0$。

【性质 3】 行列式的某一行(列)所有的元素都乘以同一数 k，等于用 k 乘以行列式。

【证】 设

$$D_1=\begin{vmatrix} a_{11} & a_{12} & \cdots & a_{1n} \\ \vdots & \vdots & & \vdots \\ ka_{i1} & ka_{i2} & \cdots & ka_{in} \\ \vdots & \vdots & & \vdots \\ a_{n1} & a_{n2} & \cdots & a_{nn} \end{vmatrix},D=\begin{vmatrix} a_{11} & a_{12} & \cdots & a_{1n} \\ \vdots & \vdots & & \vdots \\ a_{i1} & a_{i2} & \cdots & a_{in} \\ \vdots & \vdots & & \vdots \\ a_{n1} & a_{n2} & \cdots & a_{nn} \end{vmatrix}$$

因为行列式 D_1 的一般项为

$$(-1)^t a_{1p_1}\cdots(ka_{ip_i})\cdots a_{np_n}=k[(-1)^t a_{1p_1}\cdots a_{ip_i}\cdots a_{np_n}]$$

等式右边括号内是 D 的一般项,所以 $D_1=kD$。

【例 3】 $3\begin{vmatrix} 1 & 2 \\ 1 & 1 \end{vmatrix}=\begin{vmatrix} 1 & 2 \\ 1\times 3 & 1\times 3 \end{vmatrix}=-3$

【推论 2】 如果行列式某行(列)的所有元素有公因子,则公因子可以提到行列式外面。

【推论 3】 如果行列式有两行(列)的对应元素成比例,则行列式等于零。

【例 4】 $\begin{vmatrix} 4 & 8 \\ 1 & 2 \end{vmatrix}=4\begin{vmatrix} 1 & 2 \\ 1 & 2 \end{vmatrix}=0$

【性质 4】 若行列式的某一行(列)的元素都是两数之和,则行列式等于两个行列之和。

例如

$$D=\begin{vmatrix} a_{11} & a_{12} & \cdots & b_{1i}+c_{1i} & \cdots & a_{1n} \\ a_{21} & a_{22} & \cdots & b_{2i}+c_{2i} & \cdots & a_{2n} \\ \vdots & \vdots & \vdots & & \vdots & \vdots \\ a_{n1} & a_{n2} & \cdots & b_{ni}+c_{ni} & \cdots & a_{nn} \end{vmatrix}$$

则 D 等于下列两个行列式之和,即

$$D=\begin{vmatrix} a_{11} & a_{12} & \cdots & b_{1i} & \cdots & a_{1n} \\ a_{21} & a_{22} & \cdots & b_{2i} & \cdots & a_{2n} \\ \vdots & \vdots & & \vdots & & \vdots \\ a_{n1} & a_{n2} & \cdots & b_{ni} & \cdots & a_{nn} \end{vmatrix}+\begin{vmatrix} a_{11} & a_{12} & \cdots & c_{1i} & \cdots & a_{1n} \\ a_{21} & a_{22} & \cdots & c_{2i} & \cdots & a_{2n} \\ \vdots & \vdots & & \vdots & & \vdots \\ a_{n1} & a_{n2} & \cdots & c_{ni} & \cdots & a_{nn} \end{vmatrix}$$

【证】 D 的一般项为

$$(-1)^t a_{1p_1}\cdots(b_{ip_i}+c_{ip_i})\cdots a_{np_n}=(-1)^t a_{1p_1}\cdots b_{ip_i}\cdots a_{np_n}+(-1)^t a_{1p_1}\cdots c_{ip_i}\cdots a_{np_n}$$

【推论 4】 如果将行列式某一行(列)的每个元素都写成 m 个数(m 为大于 2 的整数)的和,则此行列式可以写成 m 个行列式的和。

【性质 5】 把行列式的某一行(列)的各元素乘以同一数后加到另一行(列)对应的元素上去,行列式不变。

【证】 设

$$D=\begin{vmatrix} a_{11} & a_{12} & \cdots & a_{1n} \\ \vdots & \vdots & & \vdots \\ a_{i1} & a_{i2} & \cdots & a_{in} \\ \vdots & \vdots & & \vdots \\ a_{s1} & a_{s2} & \cdots & a_{sn} \\ \vdots & \vdots & & \vdots \\ a_{n1} & a_{n2} & \cdots & a_{nn} \end{vmatrix}$$

以数 k 乘 D 的第 s 行各元素后加到第 i 行的对应元素上也就是 r_i+kr_s，得

$$D_1=\begin{vmatrix} a_{11} & a_{12} & \cdots & a_{1n} \\ \vdots & \vdots & & \vdots \\ a_{i1}+ka_{s1} & a_{i2}+ka_{s2} & \cdots & a_{in}+ka_{sn} \\ \vdots & \vdots & & \vdots \\ a_{s1} & a_{s2} & \cdots & a_{sn} \\ \vdots & \vdots & & \vdots \\ a_{n1} & a_{n2} & \cdots & a_{nn} \end{vmatrix}=$$

$$\begin{vmatrix} a_{11} & a_{12} & \cdots & a_{1n} \\ \vdots & \vdots & & \vdots \\ a_{i1} & a_{i2} & \cdots & a_{in} \\ \vdots & \vdots & & \vdots \\ a_{s1} & a_{s2} & \cdots & a_{sn} \\ \vdots & \vdots & & \vdots \\ a_{n1} & a_{n2} & \cdots & a_{nn} \end{vmatrix}+\begin{vmatrix} a_{11} & a_{12} & \cdots & a_{1n} \\ \vdots & \vdots & & \vdots \\ ka_{s1} & ka_{s2} & \cdots & ka_{sn} \\ \vdots & \vdots & & \vdots \\ a_{s1} & a_{s2} & \cdots & a_{sn} \\ \vdots & \vdots & & \vdots \\ a_{n1} & a_{n2} & \cdots & a_{nn} \end{vmatrix}=D+0=D$$

【例 5】 计算

$$D=\begin{vmatrix} 3 & 1 & -1 & 2 \\ -5 & 1 & 3 & -4 \\ 2 & 0 & 1 & -1 \\ 1 & -5 & 3 & -3 \end{vmatrix}$$

【解】

$$D\xlongequal{c_1\leftrightarrow c_2}-\begin{vmatrix} 1 & 3 & -1 & 2 \\ 1 & -5 & 3 & -4 \\ 0 & 2 & 1 & -1 \\ -5 & 1 & 3 & -3 \end{vmatrix}\xlongequal[r_4+5r_1]{r_2-r_1}-\begin{vmatrix} 1 & 3 & -1 & 2 \\ 0 & -8 & 4 & -6 \\ 0 & 2 & 1 & -1 \\ 0 & 16 & -2 & 7 \end{vmatrix}\xlongequal{r_2\leftrightarrow r_3}$$

$$\begin{vmatrix} 1 & 3 & -1 & 2 \\ 0 & 2 & 1 & -1 \\ 0 & -8 & 4 & -6 \\ 0 & 16 & -2 & 7 \end{vmatrix} \xlongequal[r_4-8r_2]{r_3+4r_2} \begin{vmatrix} 1 & 3 & -1 & 2 \\ 0 & 2 & 1 & -1 \\ 0 & 0 & 8 & -10 \\ 0 & 0 & -10 & 15 \end{vmatrix} \xlongequal{r_4+\frac{5}{4}r_3}$$

$$\begin{vmatrix} 1 & 3 & -1 & 2 \\ 0 & 2 & 1 & -1 \\ 0 & 0 & 8 & -10 \\ 0 & 0 & 0 & \frac{5}{2} \end{vmatrix} = 40$$

在计算中经常用的一种方法就是利用运算 $r_i + kr_j$ 把行列式化为上三角形行列式，从而算得行列式的值。

【例 6】 计算

$$D = \begin{vmatrix} x & a & a & \cdots & a & a \\ a & x & a & \cdots & a & a \\ a & a & x & \cdots & a & a \\ \vdots & \vdots & \vdots & & \vdots & \vdots \\ a & a & a & \cdots & x & a \\ a & a & a & \cdots & a & x \end{vmatrix}$$

【解】

$$D \xlongequal[c_1+c_n]{\substack{c_1+c_2 \\ c_1+c_3 \\ \vdots}} \begin{vmatrix} x+(n-1)a & a & a & \cdots & a & a \\ x+(n-1)a & x & a & \cdots & a & a \\ x+(n-1)a & a & x & \cdots & a & a \\ \vdots & \vdots & \vdots & & \vdots & \vdots \\ x+(n-1)a & a & a & \cdots & x & a \\ x+(n-1)a & a & a & \cdots & a & x \end{vmatrix} \xlongequal[r_n-r_1]{\substack{r_2-r_1 \\ r_3-r_1 \\ \vdots}}$$

$$\begin{vmatrix} x+(n-1)a & a & a & \cdots & a & a \\ 0 & x-a & 0 & \cdots & 0 & 0 \\ 0 & 0 & x-a & \cdots & 0 & 0 \\ \vdots & \vdots & \vdots & & \vdots & \vdots \\ 0 & 0 & 0 & \cdots & x-a & 0 \\ 0 & 0 & 0 & \cdots & 0 & x-a \end{vmatrix} =$$

$$[x+(n-1)a](x-a)^{n-1}$$

【例 7】 计算

$$D=\begin{vmatrix}3&1&1&1\\1&3&1&1\\1&1&3&1\\1&1&1&3\end{vmatrix}$$

【解】 由上例可知,有 $x=3,n=4,a=1$,即

$$D=[x+(n-1)a](x-a)^{n-1}=[3+(4-1)\times 1]\cdot(3-1)^{4-1}=48$$

【例 8】 计算

$$\begin{vmatrix}1&2&4\\101&199&302\\1&2&3\end{vmatrix}$$

【解】 $D=\begin{vmatrix}1&2&4\\100+1&200-1&300+2\\1&2&3\end{vmatrix}=\begin{vmatrix}1&2&4\\100&200&300\\1&2&3\end{vmatrix}+$

$$\begin{vmatrix}1&2&4\\1&-1&2\\1&2&3\end{vmatrix}=100\begin{vmatrix}1&2&4\\1&2&3\\1&2&3\end{vmatrix}+\begin{vmatrix}1&2&4\\1&-1&2\\1&2&3\end{vmatrix}=100\times 0+3=3$$

【例 9】 解方程

$$\begin{vmatrix}a_1&a_2&a_3&\cdots&a_{n-1}&a_n\\a_1&a_1+a_2-x&a_3&\cdots&a_{n-1}&a_n\\a_1&a_2&a_2+a_3-x&\cdots&a_{n-1}&a_n\\\vdots&\vdots&\vdots&&\vdots&\vdots\\a_1&a_2&a_3&\cdots&a_{n-2}+a_{n-1}-x&a_n\\a_1&a_2&a_3&\cdots&a_{n-1}&a_{n-1}+a_n-x\end{vmatrix}=0$$

【解】 记等号左端行列式为 D,则有

$$D\xlongequal[r_n-r_1]{\substack{r_2-r_1\\r_3-r_1\\\vdots}}\begin{vmatrix}a_1&a_2&a_3&\cdots&a_{n-1}&a_n\\0&a_1-x&0&\cdots&0&0\\0&0&a_2-x&\cdots&0&0\\\vdots&\vdots&\vdots&&\vdots&\vdots\\0&0&0&\cdots&a_{n-2}-x&0\\0&0&0&\cdots&0&a_{n-1}-x\end{vmatrix}=$$

$$a_1(a_1-x)(a_2-x)\cdots(a_{n-2}-x)(a_{n-1}-x)$$

解 $\qquad a_1(a_1-x)(a_2-x)\cdots(a_{n-2}-x)(a_{n-1}-x)=0$

得方程的根为

$$x_1 = a_1, x_2 = a_2, \cdots, x_{n-2} = a_{n-2}, x_{n-1} = a_{n-1}$$

【例 10】 计算

$$D = \begin{vmatrix} x+1 & 2 & 3 & \cdots & n \\ 1 & x+2 & 3 & \cdots & n \\ 1 & 2 & x+3 & \cdots & n \\ \vdots & \vdots & & & \vdots \\ 1 & 2 & 3 & \cdots & x+n \end{vmatrix}$$

【解】

$$D \xlongequal[r_n - r_1]{\substack{r_2 - r_1 \\ r_3 - r_1 \\ \vdots}} \begin{vmatrix} x+1 & 2 & 3 & \cdots & n \\ -x & x & 0 & \cdots & 0 \\ -x & 0 & x & \cdots & 0 \\ \vdots & \vdots & \vdots & & \vdots \\ -x & 0 & 0 & \cdots & x \end{vmatrix} \xlongequal[c_1 + c_n]{\substack{c_1 + c_2 \\ c_1 + c_3 \\ \vdots}}$$

$$\begin{vmatrix} x+1+2\cdots+n & 2 & 3 & \cdots & n \\ 0 & x & 0 & \cdots & 0 \\ 0 & 0 & x & \cdots & 0 \\ \vdots & \vdots & \vdots & & \vdots \\ 0 & 0 & 0 & \cdots & x \end{vmatrix} =$$

$$(x + \frac{n(n+1)}{2})x^{n-1} = x^n + \frac{n(n+1)}{2}x^{n-1}$$

【例 11】 计算

$$D = \begin{vmatrix} a & b & c & d \\ a & a+b & a+b+c & a+b+c+d \\ a & 2a+b & 3a+2b+c & 4a+3b+2c+d \\ a & 3a+b & 6a+3b+c & 10a+6b+3c+d \end{vmatrix}$$

【解】

$$D \xlongequal[r_2 - r_1]{\substack{r_4 - r_3 \\ r_3 - r_2}} \begin{vmatrix} a & b & c & d \\ 0 & a & a+b & a+b+c \\ 0 & a & 2a+b & 3a+2b+c \\ 0 & a & 3a+b & 6a+3b+c \end{vmatrix} \xlongequal[r_3 - r_2]{r_4 - r_3}$$

$$\begin{vmatrix} a & b & c & d \\ 0 & a & a+b & a+b+c \\ 0 & 0 & a & 2a+b \\ 0 & 0 & a & 3a+b \end{vmatrix} \xlongequal{r_4 - r_3}$$

$$\begin{vmatrix} a & b & c & d \\ 0 & a & a+b & a+b+c \\ 0 & 0 & a & 2a+b \\ 0 & 0 & 0 & a \end{vmatrix} = a^4$$

1.4 行列式按行(列)展开

【定义 1.4】 在 n 阶行列式中,把元素 a_{ij} 所在的第 i 行和第 j 列划去后,留下的 $n-1$ 阶行列式叫做元素 a_{ij} 的余子式,记作 M_{ij}。记 $A_{ij}=(-1)^{i+j}M_{ij}$ 叫做元素 a_{ij} 的代数余子式。

【例 1】 五阶行列式

$$\begin{vmatrix} a_{11} & a_{12} & a_{13} & a_{14} & a_{15} \\ a_{21} & a_{22} & a_{23} & a_{24} & a_{25} \\ a_{31} & a_{32} & a_{33} & a_{34} & a_{35} \\ a_{41} & a_{42} & a_{43} & a_{44} & a_{45} \\ a_{51} & a_{52} & a_{53} & a_{54} & a_{55} \end{vmatrix}$$

中 a_{34} 的余子式和代数余子式分别为

$$M_{34} = \begin{vmatrix} a_{11} & a_{12} & a_{13} & a_{15} \\ a_{21} & a_{22} & a_{23} & a_{25} \\ a_{41} & a_{42} & a_{43} & a_{45} \\ a_{51} & a_{52} & a_{53} & a_{55} \end{vmatrix}$$

$$A_{34} = (-1)^{3+4}M_{34} = -M_{34}$$

【定理 1.4】 行列式等于它的任一行(列)的各元素与其对应的代数余子式乘积之和,即

$$D = a_{i1}A_{i1} + a_{i2}A_{i2} + \cdots + a_{in}A_{in} \qquad (i = 1,2,\cdots,n)$$

或

$$D = a_{1j}A_{1j} + a_{2j}A_{2j} + \cdots + a_{nj}A_{nj} \qquad (j = 1,2,\cdots,n)$$

【证】 (1) 先讨论一种特殊情况,即第一行中的元素除了 $a_{11}\neq 0$ 外,其余元素均为零,即

$$D = \begin{vmatrix} a_{11} & 0 & \cdots & 0 \\ a_{21} & a_{22} & \cdots & a_{2n} \\ \vdots & \vdots & & \vdots \\ a_{n1} & a_{n2} & \cdots & a_{nn} \end{vmatrix}$$

因为 D 的每一项都含有第一行中的元素,但第一行中仅有 $a_{11}\neq 0$,所以 D

仅含有下面形式的项,即

$$(-1)^t a_{11} a_{2p_2} \cdots a_{np_n} = a_{11}[(-1)^t a_{2p_2} \cdots a_{np_n}]$$

等号右端括号内正好是 M_{11} 的一般项,所以 $D = a_{11}M_{11}$,而 $A_{11} = (-1)^{1+1}M_{11} = M_{11}$,于是 $D = a_{11}A_{11}$。

(2) 讨论第 i 行的元素除 $a_{ij} \neq 0$ 外,其余元素均为零的情形

$$D = \begin{vmatrix} a_{11} & \cdots & a_{1j} & \cdots & a_{1n} \\ \vdots & & \vdots & & \vdots \\ 0 & \cdots & a_{ij} & \cdots & 0 \\ \vdots & & \vdots & & \vdots \\ a_{n1} & \cdots & a_{nj} & \cdots & a_{nn} \end{vmatrix}$$

把 D 的行列作如下调换,把 D 的第 i 行依次与第 $i-1$ 行,第 $i-2$ 行,……,第 1 行对调,这样 a_{ij} 就调到原来 a_{1j} 的位置上,调换的次数为 $i-1$,再把第 j 列依次与第 $j-1$ 列,第 $j-2$ 列,……,第 1 列对调,这样 a_{ij} 就调到左上角,调换次数为 $j-1$。总之,经过 $i+j-2$ 次调换,把 a_{ij} 调到左上角,得到的行列式 $D_1 = (-1)^{i+j-2}D = (-1)^{i+j}D$,而元素 a_{ij} 在 D_1 中的余子式仍然是 a_{ij} 在 D 中的余子式 M_{ij}。利用(1) 中的结果,有 $D_1 = a_{ij}M_{ij}$,于是

$$D = (-1)^{i+j}D_1 = (-1)^{i+j}a_{ij}M_{ij} = a_{ij}A_{ij}$$

(3) 讨论一般情况

$$D = \begin{vmatrix} a_{11} & a_{12} & \cdots & a_{1n} \\ a_{i1}+0+\cdots+0 & 0+a_{i2}+\cdots+0 & \cdots & 0+\cdots+0+a_{in} \\ \vdots & \vdots & & \vdots \\ a_{n1} & a_{n2} & \cdots & a_{nn} \end{vmatrix} =$$

$$\begin{vmatrix} a_{11} & a_{12} & \cdots & a_{1n} \\ \vdots & \vdots & & \vdots \\ a_{i1} & 0 & \cdots & 0 \\ \vdots & \vdots & & \vdots \\ a_{n1} & a_{n2} & \cdots & a_{nn} \end{vmatrix} + \begin{vmatrix} a_{11} & a_{12} & \cdots & a_{1n} \\ \vdots & \vdots & & \vdots \\ 0 & a_{i2} & \cdots & 0 \\ \vdots & \vdots & & \vdots \\ a_{n1} & a_{n2} & \cdots & a_{nn} \end{vmatrix} + \cdots + \begin{vmatrix} a_{11} & a_{12} & \cdots & a_{1n} \\ \vdots & \vdots & & \vdots \\ 0 & 0 & \cdots & a_{in} \\ \vdots & \vdots & & \vdots \\ a_{n1} & a_{n2} & \cdots & a_{nn} \end{vmatrix}$$

由(2) 的结果可得

$$D = a_{i1}A_{i1} + a_{i2}A_{i2} + \cdots + a_{in}A_{in} \qquad (i = 1,2,\cdots n)$$

类似地

$$D = a_{1j}A_{1j} + a_{2j}A_{2j} + \cdots + a_{nj}A_{nj} \qquad (j = 1,2\cdots n)$$

证毕。

【推论 5】 行列式某一行(列) 的元素与另一行(列) 的对应元素的代数余

子式乘积之和等于零。即

$$a_{i1}A_{j1}+a_{i2}A_{j2}+\cdots+a_{in}A_{jn}=0 \qquad (i\neq j)$$

或

$$a_{1i}A_{1j}+a_{2i}A_{2j}+\cdots+a_{ni}A_{nj}=0 \qquad (i\neq j)$$

【证】 把行列式

$$D=\begin{vmatrix} a_{11} & a_{12} & \cdots & a_{1n} \\ \vdots & \vdots & & \vdots \\ a_{i1} & a_{i2} & \cdots & a_{in} \\ \vdots & \vdots & & \vdots \\ a_{j1} & a_{j2} & \cdots & a_{jn} \\ \vdots & \vdots & & \vdots \\ a_{n1} & a_{n2} & \cdots & a_{nn} \end{vmatrix}$$

按第 j 行展开有

$$a_{j1}A_{j1}+a_{j2}A_{j2}+\cdots+a_{jn}A_{jn}=\begin{vmatrix} a_{11} & a_{12} & \cdots & a_{1n} \\ \vdots & \vdots & & \vdots \\ a_{i1} & a_{i2} & \cdots & a_{in} \\ \vdots & \vdots & & \vdots \\ a_{j1} & a_{j2} & \cdots & a_{jn} \\ \vdots & \vdots & & \vdots \\ a_{n1} & a_{n2} & \cdots & a_{nn} \end{vmatrix}$$

在上式中,把 a_{jk} 换成 $a_{ik}(k=1,2,\cdots,n)$ 可得

$$a_{i1}A_{j1}+a_{i2}A_{j2}+\cdots+a_{in}A_{jn}=\begin{vmatrix} a_{11} & a_{12} & \cdots & a_{1n} \\ \vdots & \vdots & & \vdots \\ a_{i1} & a_{i2} & \cdots & a_{in} \\ \vdots & \vdots & & \vdots \\ a_{i1} & a_{i2} & \cdots & a_{in} \\ \vdots & \vdots & & \vdots \\ a_{n1} & a_{n2} & \cdots & a_{nn} \end{vmatrix}$$

当 $i\neq j$ 时,上式右端行列式中有两行对应元素相同,故行列式等于零,即得

$$a_{i1}A_{j1}+a_{i2}A_{j2}+\cdots+a_{in}A_{jn}=0 \qquad (i\neq j)$$

上述证法如按列进行,可得

$$a_{1i}A_{1j}+a_{2i}A_{2j}+\cdots+a_{ni}A_{nj}=0 \qquad (i\neq j)$$

证毕。

由上述证明,我们得出关于代数余子式的重要性质,即

$$\sum_{k=1}^{n} a_{ki}A_{kj} = \begin{cases} D & i = j \\ 0 & i \neq j \end{cases} \quad 或 \quad \sum_{k=1}^{n} a_{ik}A_{jk} = \begin{cases} D & i = j \\ 0 & i \neq j \end{cases}$$

【例 2】 写出四阶行列式

$$\begin{vmatrix} 3 & 2 & 5 & 2 \\ 7 & 2 & 6 & 5 \\ 10 & 7 & 8 & 2 \\ 1 & 12 & 9 & 13 \end{vmatrix}$$

元素 a_{23} 的代数余子式。

【解】 $A_{23} = (-1)^{2+3}\begin{vmatrix} 3 & 2 & 2 \\ 10 & 7 & 2 \\ 1 & 12 & 13 \end{vmatrix} = -\begin{vmatrix} 3 & 2 & 2 \\ 10 & 7 & 2 \\ 1 & 12 & 13 \end{vmatrix}$

【例 3】 分别按第三行与第二列展开行列式

$$D = \begin{vmatrix} -2 & 3 & 1 \\ 2 & 1 & 3 \\ 1 & 0 & -2 \end{vmatrix}$$

【解】 按第三行展开

$$D = 1 \times (-1)^{3+1} \times \begin{vmatrix} 3 & 1 \\ 1 & 3 \end{vmatrix} + 0 \times (-1)^{3+2} \times \begin{vmatrix} -2 & 1 \\ 2 & 3 \end{vmatrix} + (-2) \times (-1)^{3+3} \times \begin{vmatrix} -2 & 3 \\ 2 & 1 \end{vmatrix} = 24$$

按第二列展开

$$D = 3 \times (-1)^{1+2} \times \begin{vmatrix} 2 & 3 \\ 1 & -2 \end{vmatrix} + 1 \times (-1)^{2+2} \times \begin{vmatrix} -2 & 1 \\ 1 & -2 \end{vmatrix} + 0 \times (-1)^{3+2} \times \begin{vmatrix} -2 & 1 \\ 2 & 3 \end{vmatrix} = 24$$

计算行列式时,可以先用行列式的性质将行列式中某一行(列)化为仅含有一个非零元素,再按此行(列)展开,变为低一阶的行列式,如此继续下去,直到化为三阶或二阶行列式。

【例 4】 计算

$$D = \begin{vmatrix} 1 & 2 & 2 & 1 \\ 0 & 1 & 1 & 2 \\ 2 & 0 & 1 & 2 \\ 0 & 2 & 0 & 1 \end{vmatrix}$$

【解】

$$D \xlongequal{r_3+(-2)r_1} \begin{vmatrix} 1 & 2 & 2 & 1 \\ 0 & 1 & 1 & 2 \\ 0 & -4 & -3 & 0 \\ 0 & 2 & 0 & 1 \end{vmatrix} \xlongequal{\text{按第 1 列展开}}$$

$$1\times(-1)^{1+1}\begin{vmatrix} 1 & 1 & 2 \\ -4 & -3 & 0 \\ 2 & 0 & 1 \end{vmatrix} \xlongequal{r_1+(-2)r_3} \begin{vmatrix} -3 & 1 & 0 \\ -4 & -3 & 0 \\ 2 & 0 & 1 \end{vmatrix} \xlongequal{\text{按第 3 列展开}}$$

$$1\times(-1)^{3+3}\begin{vmatrix} -3 & 1 \\ -4 & -3 \end{vmatrix} = 13$$

【例 5】 讨论当 k 为何值时

$$D = \begin{vmatrix} 1 & 1 & 0 & 0 \\ 1 & k & 1 & 0 \\ 0 & 0 & k & 2 \\ 0 & 0 & 2 & k \end{vmatrix} \neq 0$$

【解】

$$D \xlongequal{r_2-r_1} \begin{vmatrix} 1 & 1 & 0 & 0 \\ 0 & k-1 & 1 & 0 \\ 0 & 0 & k & 2 \\ 0 & 0 & 2 & k \end{vmatrix} \xlongequal{\text{按第 1 列展开}}$$

$$\begin{vmatrix} k-1 & 1 & 0 \\ 0 & k & 2 \\ 0 & 2 & k \end{vmatrix} \xlongequal{\text{按第 1 列展开}}$$

$$(k-1)\begin{vmatrix} k & 2 \\ 2 & k \end{vmatrix} = (k-1)(k^2-4)$$

所以当 $k \neq 1$ 且 $k \neq \pm 2$ 时，$D \neq 0$。

【例 6】 计算

$$D = \begin{vmatrix} 1+x & 1 & 1 & 1 \\ 1 & 1-x & 1 & 1 \\ 1 & 1 & 1+y & 1 \\ 1 & 1 & 1 & 1-y \end{vmatrix}$$

【解】 $$D \xlongequal{r_1-r_2} \begin{vmatrix} x & x & 0 & 0 \\ 1 & 1-x & 1 & 1 \\ 1 & 1 & 1+y & 1 \\ 1 & 1 & 1 & 1-y \end{vmatrix} \xlongequal{c_2-c_1}$$

$$\begin{vmatrix} x & 0 & 0 & 0 \\ 1 & -x & 1 & 1 \\ 1 & 0 & 1+y & 1 \\ 1 & 0 & 1 & 1-y \end{vmatrix} \xlongequal{\text{按第一行展开}}$$

$$x(-1)^{1+1}\begin{vmatrix} -x & 1 & 1 \\ 0 & 1+y & 1 \\ 0 & 1 & 1-y \end{vmatrix} \xlongequal{\text{按第一列展开}}$$

$$x(-x)(-1)^{1+1}\begin{vmatrix} 1+y & 1 \\ 1 & 1-y \end{vmatrix} = (-x^2)(-y^2) = x^2y^2$$

【例 7】 证明范德蒙行列式

$$D_n = \begin{vmatrix} 1 & 1 & \cdots & 1 \\ x_1 & x_2 & \cdots & x_n \\ x_1^2 & x_2^2 & \cdots & x_n^2 \\ \vdots & \vdots & & \vdots \\ x_1^{n-1} & x_2^{n-1} & \cdots & x_n^{n-1} \end{vmatrix} = \prod_{1 \leqslant j < i \leqslant n} (x_i - x_j)$$

【证】 当 $n = 2$ 时

$$D_2 = \begin{vmatrix} 1 & 1 \\ x_1 & x_2 \end{vmatrix} = x_2 - x_1$$

当 $n = 3$ 时

$$D_3 = \begin{vmatrix} 1 & 1 & 1 \\ x_1 & x_2 & x_3 \\ x_1^2 & x_2^2 & x_3^2 \end{vmatrix} \xlongequal[r_2 - x_1 r_1]{r_3 - x_1 r_2} \begin{vmatrix} 1 & 1 & 1 \\ 0 & x_2 - x_1 & x_3 - x_1 \\ 0 & x_2^2 - x_1 x_2 & x_3^2 - x_1 x_3 \end{vmatrix} =$$

$$(x_2 - x_1)(x_3 - x_1)\begin{vmatrix} 1 & 1 \\ x_2 & x_3 \end{vmatrix} = (x_2 - x_1)(x_3 - x_1)(x_3 - x_2)$$

于是我们猜想

$$D_n = (x_2 - x_1)(x_3 - x_1)\cdots(x_n - x_1)\cdot(x_3 - x_2)(x_4 - x_2)\cdots$$
$$(x_n - x_2)\cdots(x_n - x_{n-1}) = \prod_{1 \leqslant j \leqslant i \leqslant n} (x_i - x_j)$$

下面用数学归纳法证明。

当 $n = 2$ 时,结论显然成立。

假设对于 $n - 1$ 阶范德蒙行列式结论成立,那么 n 阶范德蒙行列式

$$D_n \xlongequal[r_2 - x_1 r_1]{\substack{r_n - x_1 r_{n-1} \\ r_{n-1} - x_1 r_{n-2}}} \begin{vmatrix} 1 & 1 & 1 & \cdots & 1 \\ 0 & x_2 - x_1 & x_3 - x_1 & \cdots & x_n - x_1 \\ 0 & x_2^2 - x_1 x_2 & x_3^2 - x_1 x_3 & \cdots & x_n^2 - x_1 x_n \\ \vdots & \vdots & \vdots & & \vdots \\ 0 & x_2^{n-1} - x_1 x_2^{n-2} & x_3^{n-1} - x_1 x_3^{n-2} & \cdots & x_n^{n-1} - x_1 x_n^{n-2} \end{vmatrix}$$

按第1列展开后提取公因式得

$$(x_2 - x_1)(x_3 - x_1)\cdots(x_n - x_1) \begin{vmatrix} 1 & 1 & \cdots & 1 \\ x_2 & x_3 & \cdots & x_n \\ x_2^2 & x_3^2 & \cdots & x_n^2 \\ \vdots & \vdots & & \vdots \\ x_2^{n-2} & x_3^{n-2} & \cdots & x_n^{n-2} \end{vmatrix}$$

等式右端的行列式是一个 $n-1$ 阶范德蒙行列式 D_{n-1}。

由归纳法假设有 $D_{n-1} = \prod\limits_{2 \leqslant j < i \leqslant n} (x_i - x_j)$,所以

$$D_n = (x_2 - x_1)(x_3 - x_1)\cdots(x_n - x_1) \prod_{2 \leqslant j < i \leqslant n} (x_i - x_j) = \prod_{1 \leqslant j < i \leqslant n} (x_i - x_j)$$

证毕。

在计算行列式时,我们经常使用以下公式(拉普拉斯定理)。

(1)
$$\begin{vmatrix} a_{11} & \cdots & a_{1n} & c_{11} & \cdots & c_{1m} \\ \vdots & & \vdots & \vdots & & \vdots \\ a_{n1} & \cdots & a_{nn} & c_{n1} & \cdots & c_{nm} \\ 0 & \cdots & 0 & b_{11} & \cdots & b_{1m} \\ \vdots & & \vdots & \vdots & & \vdots \\ 0 & \cdots & 0 & b_{m1} & \cdots & b_{mm} \end{vmatrix} = \begin{vmatrix} a_{11} & \cdots & a_{1n} & 0 & \cdots & 0 \\ \vdots & & \vdots & \vdots & & \vdots \\ a_{n1} & \cdots & a_{nn} & 0 & \cdots & 0 \\ c_{11} & \cdots & c_{1n} & b_{11} & \cdots & b_{1m} \\ \vdots & & \vdots & \vdots & & \vdots \\ c_{m1} & \cdots & c_{mn} & b_{m1} & \cdots & b_{mm} \end{vmatrix} =$$

$$\begin{vmatrix} a_{11} & \cdots & a_{1n} \\ \vdots & & \vdots \\ a_{n1} & \cdots & a_{nn} \end{vmatrix} \begin{vmatrix} b_{11} & \cdots & b_{1m} \\ \vdots & & \vdots \\ b_{m1} & \cdots & b_{mm} \end{vmatrix}$$

(2)
$$\begin{vmatrix} c_{11} & \cdots & c_{1m} & a_{11} & \cdots & a_{1n} \\ \vdots & & \vdots & \vdots & & \vdots \\ c_{n1} & \cdots & c_{nm} & a_{n1} & \cdots & a_{nn} \\ b_{11} & \cdots & b_{1m} & 0 & \cdots & 0 \\ \vdots & & \vdots & \vdots & & \vdots \\ b_{m1} & \cdots & b_{mm} & 0 & \cdots & 0 \end{vmatrix} = \begin{vmatrix} 0 & \cdots & 0 & a_{11} & \cdots & a_{1n} \\ \vdots & & \vdots & \vdots & & \vdots \\ 0 & \cdots & 0 & a_{n1} & \cdots & a_{nn} \\ b_{11} & \cdots & b_{1m} & c_{11} & \cdots & c_{1n} \\ \vdots & & \vdots & \vdots & & \vdots \\ b_{m1} & \cdots & b_{mm} & c_{m1} & \cdots & c_{mn} \end{vmatrix} =$$

$$(-1)^{mn}\begin{vmatrix} a_{11} & \cdots & a_{1n} \\ \vdots & & \vdots \\ a_{n1} & \cdots & a_{nn} \end{vmatrix}\begin{vmatrix} b_{11} & \cdots & b_{1m} \\ \vdots & & \vdots \\ b_{m1} & \cdots & b_{mm} \end{vmatrix}$$

【例 8】 计算

$$D = \begin{vmatrix} 1 & 2 & 3 & 4 \\ 0 & 3 & 2 & 3 \\ 0 & 0 & 1 & 2 \\ 0 & 0 & 3 & 2 \end{vmatrix}$$

【解】 由拉普拉斯公式得

$$D = |1| \cdot \begin{vmatrix} 3 & 2 & 3 \\ 0 & 1 & 2 \\ 0 & 3 & 2 \end{vmatrix} = \begin{vmatrix} 3 & 2 & 3 \\ 0 & 1 & 2 \\ 0 & 3 & 2 \end{vmatrix} = |3| \cdot \begin{vmatrix} 1 & 2 \\ 3 & 2 \end{vmatrix} =$$

$$3 \cdot (1 \times 2 - 2 \times 3) = -12$$

【例 9】 计算

$$D = \begin{vmatrix} a-2 & a-3 & a-2 & a-1 \\ 2a-2 & 2a-3 & 2a-2 & 2a-1 \\ 4a-5 & 3a-5 & 3a-3 & 4a-5 \\ 5a-7 & 4a-3 & 4a & 5a-7 \end{vmatrix}$$

【解】 $$D \xlongequal[c_4 - c_3]{c_1 - c_3,\ c_2 - c_3} \begin{vmatrix} 0 & -1 & a-2 & 1 \\ 0 & -1 & 2a-2 & 1 \\ a-2 & -2 & 3a-3 & a-2 \\ a-7 & -3 & 4a & a-7 \end{vmatrix} \xlongequal{c_2 + c_4}$$

$$\begin{vmatrix} 0 & 0 & a-2 & 1 \\ 0 & 0 & 2a-2 & 1 \\ a-2 & a-4 & 3a-3 & a-2 \\ a-7 & a-10 & 4a & a-7 \end{vmatrix} \xlongequal{\text{拉普拉斯定理}}$$

$$(-1)^{2\times 2}\begin{vmatrix} a-2 & 1 \\ 2a-2 & 1 \end{vmatrix}\begin{vmatrix} a-2 & a-4 \\ a-7 & a-10 \end{vmatrix} = a(-9a+8)$$

1.5 克莱姆法则

含有 n 个未知数 $x_1, x_2, \cdots, x_n$ 的 n 个线性方程的方程组

$$\begin{cases} a_{11}x_1 + a_{12}x_2 + \cdots + a_{1n}x_n = b_1 \\ a_{21}x_1 + a_{22}x_2 + \cdots + a_{2n}x_n = b_2 \\ \vdots \\ a_{n1}x_1 + a_{n2}x_2 + \cdots + a_{nn}x_n = b_n \end{cases} \tag{1.3}$$

与二、三元线性方程组相类似，它的解也可用 n 阶行列式表示。

克莱姆法则　若线性方程组(1.3)的系数行列式不等于零，即

$$D = \begin{vmatrix} a_{11} & a_{12} & \cdots & a_{1n} \\ a_{21} & a_{22} & \cdots & a_{2n} \\ \vdots & \vdots & & \vdots \\ a_{n1} & a_{n2} & \cdots & a_{nn} \end{vmatrix} \neq 0$$

那么方程组(1.3)，有唯一解

$$x_1 = \frac{D_1}{D}, x_2 = \frac{D_2}{D}, \cdots, x_n = \frac{D_n}{D}$$

其中，$D_j(j = 1,2,\cdots,n)$ 是把系数行列式 D 中第 j 列的各元素用方程组右端对应的常数项替代后得到的 n 阶行列式，这就是克莱姆法则。

【证】　以 D 中第 j 列的代数余子式 $A_{1j},A_{2j},\cdots,A_{nj}$ 依次乘方程组(1.3)的 n 个方程，再把它们相加，得

$$\left(\sum_{k=1}^{n} a_{k1}A_{kj}\right)x_1 + \cdots + \left(\sum_{k=1}^{n} a_{kj}A_{kj}\right)x_j + \cdots + \left(\sum_{k=1}^{n} a_{kn}A_{kj}\right)x_n = \sum_{k=1}^{n} b_kA_{kj}$$

根据代数余子式的性质可知，上式中 x_j 的系数等于 D，而其余 $x_i(i \neq j)$ 的系数均为0，又等式右端即是 D_j，于是

$$Dx_j = D_j \qquad (j = 1,2,\cdots,n) \tag{1.4}$$

当 $D \neq 0$ 时，方程组(1.4)有唯一解

$$x_j = \frac{D_j}{D} \qquad (j = 1,2,\cdots,n) \tag{1.5}$$

如果方程组(1.3)有解，则其解必满足方程组(1.4)。

另一方面，将(1.5)代入方程组(1.3)，容易验证，它满足方程组(1.3)，所以(1.5)是方程组(1.3)的解。

【例1】　解线性方程组

$$\begin{cases} 2x_1 + 2x_2 - x_3 + x_4 = 4 \\ 4x_1 + 3x_2 - x_3 + 2x_4 = 6 \\ 8x_1 + 3x_2 - 3x_3 + 4x_4 = 12 \\ 3x_1 + 3x_2 - 2x_3 - 2x_4 = 6 \end{cases}$$

【解】 由于 $D = \begin{vmatrix} 2 & 2 & -1 & 1 \\ 4 & 3 & -1 & 2 \\ 8 & 3 & -3 & 4 \\ 3 & 3 & -2 & -2 \end{vmatrix} = -28 \neq 0$

根据克莱姆法则,方程组有唯一解。而

$$D_1 = \begin{vmatrix} 4 & 2 & -1 & 1 \\ 6 & 3 & -1 & 2 \\ 12 & 3 & -3 & 4 \\ 6 & 3 & -2 & -2 \end{vmatrix} = -18$$

$$D_2 = \begin{vmatrix} 2 & 4 & -1 & 1 \\ 4 & 6 & -1 & 2 \\ 8 & 12 & -3 & 4 \\ 3 & 6 & -2 & -2 \end{vmatrix} = -14$$

$$D_3 = \begin{vmatrix} 2 & 2 & 4 & 1 \\ 4 & 3 & 6 & 2 \\ 8 & 3 & 12 & 4 \\ 3 & 3 & 6 & -2 \end{vmatrix} = 42$$

$$D_4 = \begin{vmatrix} 2 & 2 & -1 & 4 \\ 4 & 3 & -1 & 6 \\ 8 & 3 & -3 & 12 \\ 3 & 3 & -2 & 6 \end{vmatrix} = -6$$

所以 $x_1 = \dfrac{D_1}{D} = \dfrac{9}{14}, x_2 = \dfrac{D_2}{D} = \dfrac{1}{2}, x_3 = \dfrac{D_3}{D} = -\dfrac{3}{2}, x_4 = \dfrac{D_4}{D} = \dfrac{3}{14}$

由克莱姆法则可知,若线性方程组(1.3)的系数行列式 $D \neq 0$,则(1.3)一定有解,且解是唯一的。若线性方程组(1.3)无解或有两个不同的解,则它们的系数行列式必为零。

线性方程组(1.3)右端的常数项 $b_1, b_2, \cdots, b_n$ 不全为零时,线性方程组(1.3)叫做非齐次线性方程组;当 $b_1, b_2, \cdots, b_n$ 全为零时,线性方程组(1.3)叫做齐次线性方程组。$x_1 = x_2 = \cdots = x_n = 0$ 一定是齐次线性方程组的解,这个解称为零解,如果一组不全为零的数是齐次线性方程组的解,则它叫齐次线性方程组的非零解,齐次线性方程组一定有零解,但不一定有非零解。

同样由克莱姆法则可知,若齐次线性方程组的系数行列式 $D \neq 0$,则齐次线性方程组没有非零解。若齐次线性方程组有非零解,则它的系数行列式必为零。

【例 2】 问 λ 为何值时，齐次线性方程组

$$\begin{cases} x_1 + \lambda x_2 + x_3 = 0 \\ x_1 - x_2 + x_3 = 0 \\ \lambda x_1 + x_2 + 2x_3 = 0 \end{cases}$$

有非零解。

【解】 若齐次线性方程组有非零解，那么它的系数行列式必为零，即

$$D = \begin{vmatrix} 1 & \lambda & 1 \\ 1 & -1 & 1 \\ \lambda & 1 & 2 \end{vmatrix} = -(1+\lambda)(2-\lambda) = 0$$

得 $\lambda = -1$ 或 $\lambda = 2$。

容易验证，当 $\lambda = -1$ 或 $\lambda = 2$ 时，方程组确有非零解。

【例 3】 解齐次线性方程组

$$\begin{cases} 2x_1 + x_2 - 5x_3 + x_4 = 0 \\ x_1 - 3x_2 \qquad - 6x_4 = 0 \\ 2x_2 - x_3 + 2x_4 = 0 \\ x_1 + 4x_2 - 7x_3 + 6x_4 = 0 \end{cases}$$

【解】由于 $D = \begin{vmatrix} 2 & 1 & -5 & 1 \\ 1 & -3 & 0 & -6 \\ 0 & 2 & -1 & 2 \\ 1 & 4 & -7 & 6 \end{vmatrix} = 27 \neq 0$

故方程组有唯一零解，即 $x_1 = x_2 = x_3 = x_4 = 0$。

1.6 范　例

【例 1】 求排列 $n(n-1)(n-2)\cdots 2\cdot 1$ 的奇偶性。

【解】 排列的逆序数为 $(n-1)+(n-2)+\cdots+2+1 = \dfrac{n(n-1)}{2}$。

由于 $\dfrac{n(n-1)}{2}$ 的奇偶性取决于 n，所以当 $n = 4k$ 时，$\dfrac{n(n-1)}{2} = 2k(4k-1)$ 是偶数；当 $n = 4k+1$ 时，$\dfrac{n(n-1)}{2} = 2k(4k+1)$ 是偶数；当 $n = 4k+2$ 时，$\dfrac{n(n-1)}{2} = (2k+1)(4k+1)$ 是奇数；当 $n = 4k+3$ 时，$\dfrac{n(n-1)}{2} = (2k+1)(4k+3)$ 是奇数。

因此，当 $n = 4k$ 或 $4k+1$ 时，此排列为偶排列；当 $n = 4k+2$ 或 $4k+3$ 时，此排列为奇排列。其中，k 为任意非负整数。

【例 2】 计算下列行列式。

(1)$\begin{vmatrix} 34\ 215 & 35\ 215 \\ 28\ 092 & 29\ 092 \end{vmatrix}$ (2)$\begin{vmatrix} 103 & 100 & 204 \\ 199 & 200 & 395 \\ 301 & 300 & 600 \end{vmatrix}$

(3)$\begin{vmatrix} a & b+c & 1 \\ b & c+a & 1 \\ c & a+b & 1 \end{vmatrix}$ (4)$\begin{vmatrix} 1 & 1 & 1 & 1 \\ 1 & 2 & 3 & 4 \\ 1 & 3 & 6 & 10 \\ 1 & 4 & 10 & 20 \end{vmatrix}$

【解】 (1)$\begin{vmatrix} 34\ 215 & 35\ 215 \\ 28\ 092 & 29\ 092 \end{vmatrix} = \begin{vmatrix} 35\ 215-1\ 000 & 35\ 215 \\ 29\ 092-1\ 000 & 29\ 092 \end{vmatrix} =$

$$0+\begin{vmatrix} -1\ 000 & 35\ 215 \\ -1\ 000 & 29\ 092 \end{vmatrix} =$$

$$-1\ 000\begin{vmatrix} 1 & 35\ 215 \\ 1 & 29\ 092 \end{vmatrix} = 6\ 123\ 000$$

(2)$\begin{vmatrix} 103 & 100 & 204 \\ 199 & 200 & 395 \\ 301 & 300 & 600 \end{vmatrix} = \begin{vmatrix} 100+3 & 100 & 200+4 \\ 200-1 & 200 & 400-5 \\ 300+1 & 300 & 600+0 \end{vmatrix} =$

$$\begin{vmatrix} 3 & 100 & 4 \\ -1 & 200 & -5 \\ 1 & 300 & 0 \end{vmatrix} = 100\begin{vmatrix} 3 & 1 & 4 \\ -1 & 2 & -5 \\ 1 & 3 & 0 \end{vmatrix} \xlongequal{r_2+r_3}$$

$$100\begin{vmatrix} 3 & 1 & 4 \\ 0 & 5 & -5 \\ 1 & 3 & 0 \end{vmatrix} \xlongequal{c_3+c_2} 100\begin{vmatrix} 3 & 1 & 5 \\ 0 & 5 & 0 \\ 1 & 3 & 3 \end{vmatrix} =$$

$$100\times 5\begin{vmatrix} 3 & 5 \\ 1 & 3 \end{vmatrix} = 2\ 000$$

(3)$\begin{vmatrix} a & b+c & 1 \\ b & c+a & 1 \\ c & a+b & 1 \end{vmatrix} \xlongequal[c_1+c_3]{c_1+c_2} \begin{vmatrix} a+b+c+1 & b+c & 1 \\ a+b+c+1 & c+a & 1 \\ a+b+c+1 & a+b & 1 \end{vmatrix} =$

$$(a+b+c+1)\begin{vmatrix} 1 & b+c & 1 \\ 1 & c+a & 1 \\ 1 & a+b & 1 \end{vmatrix} = 0$$

(4)$\begin{vmatrix} 1 & 1 & 1 & 1 \\ 1 & 2 & 3 & 4 \\ 1 & 3 & 6 & 10 \\ 1 & 4 & 10 & 20 \end{vmatrix} \xlongequal[r_4-r_1]{\substack{r_2-r_1 \\ r_3-r_1}} \begin{vmatrix} 1 & 1 & 1 & 1 \\ 0 & 1 & 2 & 3 \\ 0 & 2 & 5 & 9 \\ 0 & 3 & 9 & 19 \end{vmatrix} \xlongequal[r_4-3r_2]{r_3-2r_2}$

$$\begin{vmatrix}1&1&1&1\\0&1&2&3\\0&0&1&3\\0&0&3&10\end{vmatrix}\xlongequal{r_4-3r_3}\begin{vmatrix}1&1&1&1\\0&1&2&3\\0&0&1&3\\0&0&0&1\end{vmatrix}=1$$

【例 3】 计算四阶行列式

$$D=\begin{vmatrix}a_1&0&0&b_1\\0&a_2&b_2&0\\0&b_3&a_3&0\\b_4&0&0&a_4\end{vmatrix}$$

【解】 $D\xlongequal{c_2\leftrightarrow c_4}-\begin{vmatrix}a_1&b_1&0&0\\0&0&b_2&a_2\\0&0&a_3&b_3\\b_4&a_4&0&0\end{vmatrix}\xlongequal{r_2\leftrightarrow r_4}\begin{vmatrix}a_1&b_1&0&0\\b_4&a_4&0&0\\0&0&a_3&b_3\\0&0&b_2&a_2\end{vmatrix}=$

$$\begin{vmatrix}a_1&b_1\\b_4&a_4\end{vmatrix}\cdot\begin{vmatrix}a_3&b_3\\b_2&a_2\end{vmatrix}=(a_1a_4-b_1b_4)(a_2a_3-b_2b_3)$$

【例 4】 计算 $D_n=\begin{vmatrix}a&&1\\&\ddots&\\1&&a\end{vmatrix}$,其中对角线上元素都是 a,未写出的元素都是零。

【解】 $D_n\xlongequal{c_1\leftrightarrow c_n}-\begin{vmatrix}1&&&a\\&a&&\\&&\ddots&\\a&&&1\end{vmatrix}\xlongequal{r_n-ar_1}-\begin{vmatrix}1&&&a\\&a&&\\&&\ddots&\\0&&&1-a^2\end{vmatrix}=$

$$-a^{n-2}(1-a^2)=a^{n-2}(a^2-1)$$

【例 5】 计算

$$D_n=\begin{vmatrix}a&b&0&\cdots&0&0\\0&a&b&\cdots&0&0\\\vdots&\vdots&\vdots&&\vdots&\vdots\\0&0&0&\cdots&a&b\\b&0&0&\cdots&0&a\end{vmatrix}$$

【解】 按第一列展开,得

$$D_n = a\begin{vmatrix} a & b & 0 & \cdots & 0 & 0 \\ 0 & a & b & \cdots & 0 & 0 \\ \vdots & \vdots & \vdots & & \vdots & \vdots \\ 0 & 0 & 0 & \cdots & a & b \\ 0 & 0 & 0 & \cdots & 0 & a \end{vmatrix} + (-1)^{n+1}b\begin{vmatrix} b & 0 & 0 & \cdots & 0 & 0 \\ a & b & 0 & \cdots & 0 & 0 \\ \vdots & \vdots & \vdots & & \vdots & \vdots \\ 0 & 0 & 0 & \cdots & b & 0 \\ b & 0 & 0 & \cdots & a & b \end{vmatrix} =$$

$$a \cdot a^{n-1} + (-1)^{n+1}b \cdot b^{n-1} = a^n + (-1)^{n+1}b^n$$

【例 6】 用行列式性质证明

$$D = \begin{vmatrix} 0 & a & b \\ -a & 0 & c \\ -b & -c & 0 \end{vmatrix} = 0$$

【证】 从 D 的各行提出公因子 -1,得

$$D = (-1)^3\begin{vmatrix} 0 & -a & -b \\ a & 0 & -c \\ b & c & 0 \end{vmatrix} = (-1)^3 D^{\mathrm{T}} = -D^{\mathrm{T}}$$

又因为 $D = D^{\mathrm{T}}$,故 $D + D^{\mathrm{T}} = 2D = 0$,即 $D = 0$。

【例 7】 计算

$$D = \begin{vmatrix} a_1^3 & a_2^3 & a_3^3 & a_4^3 \\ a_1^2b_1 & a_2^2b_2 & a_3^2b_3 & a_4^2b_4 \\ a_1b_1^2 & a_2b_2^2 & a_3b_3^2 & a_4b_4^2 \\ b_1^3 & b_2^3 & b_3^3 & b_4^3 \end{vmatrix}$$

其中,a_1,a_2,a_3,a_4 均不为 0。

【解】 由范德蒙行列式得

$$D = a_1^3a_2^3a_3^3a_4^3\begin{vmatrix} 1 & 1 & 1 & 1 \\ \frac{b_1}{a_1} & \frac{b_2}{a_2} & \frac{b_3}{a_3} & \frac{b_4}{a_4} \\ (\frac{b_1}{a_1})^2 & (\frac{b_2}{a_2})^2 & (\frac{b_3}{a_3})^2 & (\frac{b_4}{a_4})^2 \\ (\frac{b_1}{a_1})^3 & (\frac{b_2}{a_2})^3 & (\frac{b_3}{a_3})^3 & (\frac{b_4}{a_4})^3 \end{vmatrix} =$$

$$a_1^3a_2^3a_3^3a_4^3(\frac{b_2}{a_2}-\frac{b_1}{a_1})(\frac{b_3}{a_3}-\frac{b_1}{a_1})(\frac{b_4}{a_4}-\frac{b_1}{a_1})(\frac{b_3}{a_3}-\frac{b_2}{a_2})(\frac{b_4}{a_4}-\frac{b_2}{a_2})(\frac{b_4}{a_4}-\frac{b_3}{a_3})$$

【例 8】 已知 $D = \begin{vmatrix} 1 & 0 & 1 & 2 \\ -1 & 1 & 0 & 3 \\ 1 & 1 & 1 & 0 \\ -1 & 2 & 5 & 4 \end{vmatrix}$

求 $A_{12}-A_{22}+A_{32}-A_{42}$。

【解】 我们可以先分别算出每一个代数余子式，然后再求和，但这往往很麻烦。在本题中，可以观察到 $a_{11}=1, a_{21}=-1, a_{31}=1, a_{41}=-1$，那么

$$A_{12}-A_{22}-A_{32}-A_{42}=a_{11}A_{12}+a_{21}A_{22}+a_{31}A_{32}+a_{41}A_{42}=0$$

【例 9】 计算

$$D=\begin{vmatrix} a_1-b & a_1 & a_1 & a_1 \\ a_2 & a_2-b & a_2 & a_2 \\ a_3 & a_3 & a_3-b & a_3 \\ a_4 & a_4 & a_4 & a_4-b \end{vmatrix}$$

【解】

$$D\xlongequal{r_1+r_2+r_3+r_4}\begin{vmatrix} \sum\limits_{i=1}^{4}a_i-b & \sum\limits_{i=1}^{4}a_i-b & \sum\limits_{i=1}^{4}a_i-b & \sum\limits_{i=1}^{4}a_i-b \\ a_2 & a_2-b & a_2 & a_2 \\ a_3 & a_3 & a_3-b & a_3 \\ a_4 & a_4 & a_4 & a_4-b \end{vmatrix}=$$

$$(\sum_{i=1}^{4}a_i-b)\begin{vmatrix} 1 & 1 & 1 & 1 \\ a_2 & a_2-b & a_2 & a_2 \\ a_3 & a_3 & a_3-b & a_3 \\ a_4 & a_4 & a_4 & a_4-b \end{vmatrix}\xlongequal[r_4-a_4r_1]{\substack{r_2-a_2r_1 \\ r_3-a_3r_1}}$$

$$(\sum_{i=1}^{4}a_i-b)\begin{vmatrix} 1 & 1 & 1 & 1 \\ 0 & -b & 0 & 0 \\ 0 & 0 & -b & 0 \\ 0 & 0 & 0 & -b \end{vmatrix}=$$

$$(\sum_{i=1}^{4}a_i-b)(-1)^3b^3=-(\sum_{i=1}^{4}a_i-b)b^3$$

【例 10】 计算

$$D_{n+1}=\begin{vmatrix} a_0 & 1 & 1 & \cdots & 1 \\ 1 & a_1 & 0 & \cdots & 0 \\ 1 & 0 & a_2 & \cdots & 0 \\ \vdots & \vdots & \vdots & & \vdots \\ 1 & 0 & 0 & \cdots & a_n \end{vmatrix}$$

【解】 $D_{n+1} = a_1 a_2 \cdots a_n \begin{vmatrix} a_0 & \frac{1}{a_1} & \frac{1}{a_2} & \cdots & \frac{1}{a_n} \\ 1 & 1 & 0 & \cdots & 0 \\ 1 & 0 & 1 & \cdots & 0 \\ \vdots & \vdots & \vdots & & \vdots \\ 1 & 0 & 0 & \cdots & 1 \end{vmatrix} \xlongequal{c_1 - c_2 - \cdots - c_{n+1}}$

$$a_1 a_2 \cdots a_n \begin{vmatrix} a_0 - \sum_{i=1}^{n} \frac{1}{a_i} & \frac{1}{a_1} & \frac{1}{a_2} & \cdots & \frac{1}{a_n} \\ 0 & 1 & 0 & \cdots & 0 \\ 0 & 0 & 1 & \cdots & 0 \\ \vdots & \vdots & \vdots & & \vdots \\ 0 & 0 & 0 & \cdots & 1 \end{vmatrix} =$$

$$a_1 a_2 \cdots a_n (a_0 - \sum_{i=1}^{n} \frac{1}{a_i})$$

【例 11】 计算

$$D_{n+1} = \begin{vmatrix} 1 & a_1 & a_2 & \cdots & a_n \\ 1 & a_1 + b_1 & a_2 & \cdots & a_n \\ 1 & a_1 & a_2 + b_2 & \cdots & a_n \\ \vdots & \vdots & \vdots & & \vdots \\ 1 & a_1 & a_2 & \cdots & a_n + b_n \end{vmatrix}$$

【解】 $D_{n+1} \xlongequal[(i = 2,3,\cdots,n)]{c_i - a_{i-1} c_1} \begin{vmatrix} 1 & 0 & 0 & \cdots & 0 \\ 1 & b_1 & 0 & \cdots & 0 \\ 1 & 0 & b_2 & \cdots & 0 \\ \vdots & \vdots & \vdots & & \vdots \\ 1 & 0 & 0 & \cdots & b_n \end{vmatrix} = b_1 b_2 \cdots b_n$

【例 12】 计算

$$D_n = \begin{vmatrix} x - a & a & a & \cdots & a \\ a & x - a & a & \cdots & a \\ a & a & x - a & \cdots & a \\ \vdots & \vdots & \vdots & & \vdots \\ a & a & a & \cdots & x - a \end{vmatrix}$$

【解】 $D_n \xlongequal{c_1+c_2+\cdots+c_n} \begin{vmatrix} x+(n-2)a & a & a & \cdots & a \\ x+(n-2)a & x-a & a & \cdots & a \\ x+(n-2)a & a & x-a & \cdots & a \\ \vdots & \vdots & \vdots & & \vdots \\ x+(n-2)a & a & a & \cdots & x-a \end{vmatrix} =$

$$[x+(n-2)a]\begin{vmatrix} 1 & a & a & \cdots & a \\ 1 & x-a & a & \cdots & a \\ 1 & a & x-a & \cdots & a \\ \vdots & \vdots & \vdots & & \vdots \\ 1 & a & a & \cdots & x-a \end{vmatrix} \xlongequal[(i=2,3\cdots n)]{r_i-r_1}$$

$$[x+(n-2)a]\begin{vmatrix} 1 & a & a & \cdots & a \\ 1 & x-2a & 0 & \cdots & 0 \\ 0 & 0 & x-2a & \cdots & 0 \\ \vdots & \vdots & \vdots & & \vdots \\ 0 & 0 & 0 & \cdots & x-2a \end{vmatrix} =$$

$$[x+(n-2)a](x-2a)^{n-1}$$

【例 13】 已知 $D = \begin{vmatrix} x-3 & 1 & -1 \\ 1 & x-5 & 1 \\ -1 & 1 & x-3 \end{vmatrix} = 0$,求 x。

【解】

$$D \xlongequal{r_1-r_3} \begin{vmatrix} x-2 & 0 & 2-x \\ 1 & x-5 & 1 \\ -1 & 1 & x-3 \end{vmatrix} = (x-2)\begin{vmatrix} 1 & 0 & -1 \\ 1 & x-5 & 1 \\ -1 & 1 & x-3 \end{vmatrix} \xlongequal{c_3+c_1}$$

$$(x-2)\begin{vmatrix} 1 & 0 & 0 \\ 1 & x-5 & 2 \\ -1 & 1 & x-4 \end{vmatrix} = (x-2)\begin{vmatrix} x-5 & 2 \\ 1 & x-4 \end{vmatrix} =$$

$$(x-2)(x^2-9x+18) = (x-2)(x-3)(x-6)$$

所以 $x = 2,3$ 或 6。

【例 14】 计算

$$D = \begin{vmatrix} 1 & -1 & 1 & x-1 \\ 1 & -1 & x+1 & -1 \\ 1 & x-1 & 1 & -1 \\ x+1 & -1 & 1 & -1 \end{vmatrix}$$

【解】 $D \xlongequal{c_1+c_2+c_3+c_4} \begin{vmatrix} x & -1 & 1 & x-1 \\ x & -1 & x+1 & -1 \\ x & x-1 & 1 & -1 \\ x & -1 & 1 & -1 \end{vmatrix} =$

$$x\begin{vmatrix} 1 & -1 & 1 & x-1 \\ 1 & -1 & x+1 & -1 \\ 1 & x-1 & 1 & -1 \\ 1 & -1 & 1 & -1 \end{vmatrix} \xlongequal[r_4-r_1]{r_2-r_1 \atop r_3-r_1}$$

$$x\begin{vmatrix} 1 & -1 & 1 & x-1 \\ 0 & 0 & x & -x \\ 0 & x & 0 & -x \\ 0 & 0 & 0 & -x \end{vmatrix} = x\begin{vmatrix} 0 & x & -x \\ x & 0 & -x \\ 0 & 0 & -x \end{vmatrix} = x^4$$

【例 15】 设行列式

$$D_4 = \begin{vmatrix} 5x & 1 & 2 & 3 \\ 2 & 1 & x & 3 \\ x & x & 2 & 3 \\ 1 & 2 & 1 & -3x \end{vmatrix}$$

求 D_4 的展开式中 x^4 的系数与 x^3 的系数。

【解】 $D_4 = -\begin{vmatrix} 5x & 1 & 2 & 3 \\ x & x & 2 & 3 \\ 2 & 1 & x & 3 \\ 1 & 2 & 1 & -3x \end{vmatrix} \xlongequal{r_2 - \frac{1}{5}r_1}$

$$-\begin{vmatrix} 5x & 1 & 2 & 3 \\ 0 & x-\frac{1}{5} & \frac{8}{5} & \frac{12}{5} \\ 2 & 1 & x & 3 \\ 1 & 2 & 1 & -3x \end{vmatrix}$$

含 x^4, x^3 的项仅有主对角线上元素乘积项,即

$$-(-1)^t a_{11}a_{22}a_{33}a_{44} = -[5x\cdot(x-\frac{1}{5})\cdot x\cdot(-3x)] = 15x^4 - 3x^3$$

其中,t 为排列 1234 的逆序数,所以 x^4, x^3 的系数分别为 15, -3。

【例 16】 计算

$$D = \begin{vmatrix} 0 & 0 & \cdots & 0 & 1 & 0 \\ 0 & 0 & \cdots & 2 & 0 & 0 \\ \vdots & \vdots & & \vdots & \vdots & \vdots \\ 1\,997 & 0 & \cdots & 0 & 0 & 0 \\ 0 & 0 & \cdots & 0 & 0 & 1\,998 \end{vmatrix}$$

【解】 此行列式刚好有 n 个非零元素 $a_{1,n-1}, a_{2,n-2}, \cdots, a_{n-1,1}, a_{nn}$,故非零项只有一项

$$a_{1,n-1} \cdot a_{2,n-2} \cdots a_{n-1,1} \cdot a_{nn}$$

又因为排列 $n-1, n-2, \cdots, n$ 的逆序数为 $\frac{(n-1)(n-2)}{2}$,所以

$$D = (-1)^{\frac{(n-1)(n-2)}{2}} \cdot \prod_{n=1}^{1\,998} n = (-1)^{\frac{(n-1)(n-2)}{2}} \cdot 1\,998!$$

此题中 $n = 1\,998$,因此 $D = 1\,988!$。

【例 17】 已知 $D = \begin{vmatrix} \lambda-3 & -2 & 2 \\ k & \lambda+1 & -k \\ -4 & -2 & \lambda+3 \end{vmatrix} = 0$,求 λ。

【解】 $D \xlongequal{c_1 + c_3} \begin{vmatrix} \lambda-1 & -2 & 2 \\ 0 & \lambda+1 & -k \\ \lambda-1 & -2 & \lambda+3 \end{vmatrix} \xlongequal{r_3 - r_1}$

$$\begin{vmatrix} \lambda-1 & -2 & 2 \\ 0 & \lambda+1 & -k \\ 0 & 0 & \lambda+1 \end{vmatrix} = (\lambda-1)(\lambda+1)^2$$

于是 $\lambda = 1$ 或 -1。

【例 18】 计算

$$D = \begin{vmatrix} 1 & 1 & 2 & 3 \\ 1 & 2-x^2 & 2 & 3 \\ 2 & 3 & 1 & 5 \\ 2 & 3 & 1 & 9-x^2 \end{vmatrix}$$

【解】 当 $x = \pm 1$ 时,第一、二行对应元素相同,所以 $D = 0$,可见 D 中含有因式 $(x-1)(x+1)$;当 $x = \pm 2$ 时,第三、四行对应元素相同,所以 $D = 0$,可见 D 中含有因式 $(x-2)(x+2)$。

由于 D 中关于 x 的最高次数为 4,所以

$$D = A(x-1)(x+1)(x-2)(x+2)$$

D 中含 x^4 的项为

$$1 \cdot (2-x^2) \cdot 1 \cdot (9-x^2) - 2(2-x^2) \cdot 2 \cdot (9-x^2)$$

比较上面两式 x^4 的系数,得 $A = -3$。

故 $D = -3(x-1)(x+1)(x-2)(x+2)$。

【例 19】 设行列式

$$f(x) = \begin{vmatrix} x-2 & x-1 & x-2 & x-3 \\ 2x-2 & 2x-1 & 2x-2 & 2x-3 \\ 3x-3 & 3x-2 & 4x-5 & 3x-5 \\ 4x & 4x-3 & 5x-7 & 4x-3 \end{vmatrix}$$

则方程 $f(x) = 0$ 有几个根?

【解】 $$f(x) \xlongequal[\substack{c_3-c_1 \\ c_4-c_1}]{c_2-c_1} \begin{vmatrix} x-2 & 1 & 0 & -1 \\ 2x-2 & 1 & 0 & -1 \\ 3x-3 & 1 & x-2 & -2 \\ 4x & -3 & x-7 & -3 \end{vmatrix} \xlongequal{c_4+c_2}$$

$$\begin{vmatrix} x-2 & 1 & 0 & 0 \\ 2x-2 & 1 & 0 & 0 \\ 3x-3 & 1 & x-2 & -1 \\ 4x & -3 & x-7 & -6 \end{vmatrix} =$$

$$\begin{vmatrix} x-2 & 1 \\ 2x-2 & 1 \end{vmatrix} \cdot \begin{vmatrix} x-2 & -1 \\ x-7 & -6 \end{vmatrix} = 5x(x-1)$$

所以,$f(x) = 0$ 有两个根 $x_1 = 0, x_2 = 1$。

【例 20】 齐次线性方程组

$$\begin{cases} \lambda x_1 + x_2 + x_3 = 0 \\ x_1 + \lambda x_2 + x_3 = 0 \\ x_1 + x_2 + x_3 = 0 \end{cases}$$

只有零解,则 λ 应满足什么条件?

【解】 因齐次线性方程组只有零解,故

$$D = \begin{vmatrix} \lambda & 1 & 1 \\ 1 & \lambda & 1 \\ 1 & 1 & 1 \end{vmatrix} = (1-\lambda)^2 \neq 0$$

即
$$\lambda \neq 1$$

【例 21】 k 取什么值时,齐次线性方程组

$$\begin{cases} kx + y - z = 0 \\ x + ky - z = 0 \\ 2x - y + z = 0 \end{cases}$$

有非零解。

解 因齐次线性方程组有非零解必有

$$D = \begin{vmatrix} k & 1 & -1 \\ 1 & k & -1 \\ 2 & -1 & 1 \end{vmatrix} = (k-1)(k+2) = 0$$

故 $k=1$ 或 $k=-2$ 时,上述方程组有非零解。

习　题

1. 计算下列二阶、三阶行列式。

(1) $\begin{vmatrix} 5 & 2 \\ 8 & 7 \end{vmatrix}$　　(2) $\begin{vmatrix} 0 & 0 \\ 1 & 1 \end{vmatrix}$　　(3) $\begin{vmatrix} a & a^2 \\ b & ab \end{vmatrix}$

(4) $\begin{vmatrix} 1 & 0 & 1 \\ 2 & 1 & 1 \\ 3 & 2 & 1 \end{vmatrix}$　　(5) $\begin{vmatrix} x-1 & 1 \\ x^2 & x^2+x+1 \end{vmatrix}$

2. 已知 $\begin{vmatrix} k & 3 & 4 \\ -1 & k & 0 \\ 0 & k & 1 \end{vmatrix} = 0$,求 k。

3. 计算

$$\begin{vmatrix} -ab & ac & ae \\ bd & -cd & de \\ bf & cf & -ef \end{vmatrix}$$

4. 计算

$$\begin{vmatrix} a & 1 & 0 & 0 \\ -1 & b & 1 & 0 \\ 0 & -1 & c & 1 \\ 0 & 0 & -1 & d \end{vmatrix}$$

5. 证明

$$\begin{vmatrix} a_1 & b_1 & c_1 \\ a_2 & b_2 & c_2 \\ a_3 & b_3 & c_3 \end{vmatrix} = a_1\begin{vmatrix} b_2 & c_2 \\ b_3 & c_3 \end{vmatrix} - b_1\begin{vmatrix} a_2 & c_2 \\ a_3 & c_3 \end{vmatrix} + c_1\begin{vmatrix} a_2 & b_2 \\ a_3 & b_3 \end{vmatrix}$$

6. 证明

$$\begin{vmatrix} a^2 & ab & b^2 \\ 2a & a+b & 2b \\ 1 & 1 & 1 \end{vmatrix} = (a-b)^3$$

7. 证明

$$\begin{vmatrix} x & -1 & 0 & \cdots & 0 & 0 \\ 0 & x & -1 & \cdots & 0 & 0 \\ \vdots & \vdots & \vdots & \vdots & \vdots & \\ 0 & 0 & 0 & \cdots & x & -1 \\ a_n & a_{n-1} & a_{n-2} & \cdots & a_2 & x+a_1 \end{vmatrix} = x^n + a_1 x^{n-1} + \cdots + a_{n-1}x + a_n$$

8. 已知 $\begin{vmatrix} 3 & 1 & x \\ 4 & x & 0 \\ 1 & 0 & x \end{vmatrix} = 0$，求 x。

9. 求下列排列的逆序数。

(1)1234 (2)4132 (3)3421 (4)2413 (5)$13\cdots(2n-1)24\cdots(2n)$

10. 在六阶行列式 $|a_{ij}|$ 中，下列各元素乘积取正号还是负号？

(1) $a_{11}a_{26}a_{32}a_{44}a_{53}a_{65}$

(2) $a_{21}a_{53}a_{16}a_{42}a_{65}a_{34}$

(3) $a_{61}a_{52}a_{43}a_{34}a_{25}a_{16}$

(4) $a_{15}a_{23}a_{32}a_{44}a_{51}a_{66}$

11. 计算

$$\begin{vmatrix} a^n & (a-1)^n & \cdots & (a-n)^n \\ a^{n-1} & (a-1)^{n-1} & \cdots & (a-n)^{n-1} \\ \vdots & \vdots & & \vdots \\ a & a-1 & \cdots & a-n \\ 1 & 1 & \cdots & 1 \end{vmatrix}$$

12. 计算

$$\begin{vmatrix} am+bp & an+bq \\ cm+dp & cn+dq \end{vmatrix}$$

13. 用行列式性质证明

(1) $\begin{vmatrix} b_1+c_1 & c_1+a_1 & a_1+b_1 \\ b_2+c_2 & c_2+a_2 & a_2+b_2 \\ b_3+c_3 & c_3+a_3 & a_3+b_3 \end{vmatrix} = 2\begin{vmatrix} a_1 & b_1 & c_1 \\ a_2 & b_2 & c_2 \\ a_3 & b_3 & c_3 \end{vmatrix}$

(2) $\begin{vmatrix} 0 & a & b \\ -a & 0 & c \\ -b & -c & 0 \end{vmatrix} = 0$

14. 计算

$$\begin{vmatrix} 1 & 2 & 3 & \cdots & n-1 & n \\ -1 & 0 & 3 & \cdots & n-1 & n \\ -1 & -2 & 0 & \cdots & n-1 & n \\ \vdots & \vdots & \vdots & & \vdots & \vdots \\ -1 & -2 & -3 & \cdots & 0 & n \\ -1 & -2 & -3 & \cdots & -(n-1) & 0 \end{vmatrix}$$

15. 已知 $D = \begin{vmatrix} 2 & 0 & 0 & 4 \\ 0 & 1 & -1 & 2 \\ 0 & -4 & 0 & 0 \\ 5 & 2 & -3 & 8 \end{vmatrix}$，计算 A_{11}, A_{32}, D。

16. 计算

$$\begin{vmatrix} x & a_1 & a_2 & \cdots & a_{n-1} & 1 \\ a_1 & x & a_2 & \cdots & a_{n-1} & 1 \\ a_1 & a_2 & x & \cdots & a_{n-1} & 1 \\ \vdots & \vdots & \vdots & & \vdots & \vdots \\ a_1 & a_2 & a_3 & \cdots & x & 1 \\ a_1 & a_2 & a_3 & \cdots & a_n & 1 \end{vmatrix}$$

17. 计算

$$\begin{vmatrix} 1+x & 1 & 1 & 1 \\ 1 & 1-x & 1 & 1 \\ 1 & 1 & 1+y & 1 \\ 1 & 1 & 1 & 1-y \end{vmatrix}$$

18. 用克莱姆法则解下列方程组

$$\begin{cases} x_1 + x_2 + x_3 + x_4 = 5 \\ x_1 + 2x_2 - x_3 + 4x_4 = -2 \\ 2x_1 - 3x_2 - x_3 - 5x_4 = -2 \\ 3x_1 + x_2 + 2x_3 + 11x_4 = 0 \end{cases}$$

19. 解方程

$$\begin{vmatrix} 1 & 1 & 2 & 3 \\ 1 & 2-x^2 & 2 & 3 \\ 2 & 3 & 1 & 5 \\ 2 & 3 & 1 & 9-x^2 \end{vmatrix} = 0$$

20. 问 λ, μ 取何值时，齐次线性方程组

$$\begin{cases} \lambda x_1 + \quad x_2 + x_3 = 0 \\ x_2 + \mu x_2 + x_3 = 0 \\ x_1 + 2\mu x_2 + x_3 = 0 \end{cases}$$

有非零解。

21. 判断齐次线性方程组

$$\begin{cases} 2x_1 + 2x_2 - x_3 = 0 \\ x_1 - 2x_2 + 4x_3 = 0 \\ 5x_1 + 8x_2 - 2x_3 = 0 \end{cases}$$

解的情况。

22. λ 取何值时,齐次线性方程组

$$\begin{cases} (1-\lambda)x_1 - 2x_2 + 4x_3 = 0 \\ 2x_1 + (3-\lambda)x_2 + x_3 = 0 \\ x_1 + x_2 + (1-\lambda)x_3 = 0 \end{cases}$$

有非零解。

23. 若 a,b,c,d 为实数,不全为0,试证方程组

$$\begin{cases} ax_1 + bx_2 + cx_3 + dx_4 = 0 \\ bx_1 - ax_2 + dx_3 - cx_4 = 0 \\ cx_1 - dx_2 - ax_3 + bx_4 = 0 \\ dx_1 + cx_2 - bx_3 - ax_4 = 0 \end{cases}$$

有唯一解。

第 2 章　矩　　阵

矩阵在其他数学分支以及自然科学、现代经济学、工程技术等方面有着广泛的应用，本章主要介绍矩阵概念、特殊矩阵、矩阵运算、矩阵的逆、矩阵的初等变换、矩阵的秩的基本概念和求矩阵的秩的基本方法。

2.1　矩阵的概念

2.1.1　矩阵定义

【定义 2.1】　由 $m \times n$ 个数 $a_{ij}(i = 1,2,\cdots,m;j = 1,2,\cdots,n)$ 排成的 m 行 n 列的数表

$$\begin{pmatrix} a_{11} & a_{12} & \cdots & a_{1n} \\ a_{21} & a_{22} & \cdots & a_{2n} \\ \vdots & \vdots & & \vdots \\ a_{m1} & a_{m2} & \cdots & a_{mn} \end{pmatrix}$$

称为 m 行 n 列矩阵，简称 $m \times n$ 矩阵。

一般情况下，我们用大写黑体字母 $\boldsymbol{A},\boldsymbol{B},\boldsymbol{C}\cdots$ 表示矩阵，为了标明矩阵的行数 m 和列数 n，可用 $\boldsymbol{A}_{m\times n}$ 表示，或记作 $(a_{ij})_{m\times n}$，也可记作 (a_{ij})，即

$$\boldsymbol{A}_{m\times n} = \begin{pmatrix} a_{11} & a_{12} & \cdots & a_{1n} \\ a_{21} & a_{22} & \cdots & a_{2n} \\ \vdots & \vdots & & \vdots \\ a_{m1} & a_{m2} & \cdots & a_{mn} \end{pmatrix}$$

a_{ij} 称为矩阵 $\boldsymbol{A}_{m\times n}$ 的元素，元素是实数的矩阵称为实矩阵，元素为复数的矩阵称为复矩阵。本书中的矩阵除特别说明外，都指实矩阵。

所有元素均为 0 的矩阵，称为零矩阵，记作 $\boldsymbol{0}$。

所有元素均为非负数的矩阵，称为非负矩阵。

如果矩阵 $\boldsymbol{A}$ 的行数和列数都等于 n，则称矩阵 $\boldsymbol{A}$ 为 n 阶矩阵或 n 阶方阵，也记作 $\boldsymbol{A}_n$。

一个由 n 阶方阵 $\boldsymbol{A}$ 的元素按原来的排列形式构成的 n 阶行列式，称为矩阵 $\boldsymbol{A}$ 的行列式，记作 $|\boldsymbol{A}|$。

只有一行的矩阵 $\boldsymbol{A}=(a_1,a_2,\cdots,a_n)$ 或 $A=(a_1\quad a_2\quad\cdots\quad a_n)$ 称为行矩阵或行向量。

只有一列的矩阵 $\boldsymbol{B}=\begin{pmatrix}b_1\\b_2\\\vdots\\b_m\end{pmatrix}$ 称为列矩阵或列向量。

两个矩阵的行数相等,列数也相等时,就称它们是同型矩阵。如果 $\boldsymbol{A}=(a_{ij})$ 与 $\boldsymbol{B}=(b_{ij})$ 是同型矩阵,并且它们的对应元素相等,即 $a_{ij}=b_{ij}(i=1,2,\cdots,m;j=1,2,\cdots,n)$,称 $\boldsymbol{A}$ 与 $\boldsymbol{B}$ 相等,记作 $\boldsymbol{A}=\boldsymbol{B}$。

矩阵的应用非常广泛,下面举几个例子。

【例 1】 在物资调运中,某类物资有 3 个产地,4 个销地,它的调运情况可以表示为

$$\boldsymbol{A}=\begin{pmatrix}a_{11}&a_{12}&a_{13}&a_{14}\\a_{21}&a_{22}&a_{23}&a_{24}\\a_{31}&a_{32}&a_{33}&a_{34}\end{pmatrix}$$

其中,a_{ij} 为第 i 个产地向第 j 个销地调运物资的数量。

【例 2】 四个城市间的单向航线,如图 2.1 所示。

若令 $a_{ij}=\begin{cases}1 & \text{从 } i \text{ 市到 } j \text{ 市有一条单向航线}\\0 & \text{从 } i \text{ 市到 } j \text{ 市没有单向航线}\end{cases}$

则图 2.1 可以用矩阵表示为

$$\boldsymbol{A}=(a_{ij})=\begin{pmatrix}0&1&1&1\\1&0&1&0\\0&1&0&1\\1&0&1&0\end{pmatrix}$$

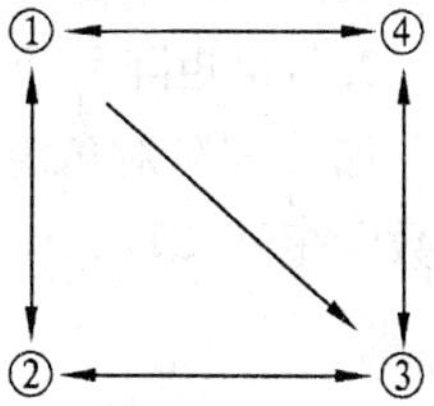

图 2.1

【例 3】 某工厂生产三种产品,这三种产品在第一季度的月产量,如下。

产品 \ 产量(件) \ 月份	1	2	3
A_1	100	50	70
A_2	120	75	68
A_3	89	63	77

则我们可以用矩阵 $\boldsymbol{A}=\begin{pmatrix}100&50&70\\120&75&68\\89&63&77\end{pmatrix}$ 表示产品 A_1,A_2,A_3 在第一季度的月产量情况。

2.1.2 几种特殊的矩阵

1.对角矩阵

如果 n 阶矩阵 $\boldsymbol{A}=(a_{ij})$ 中的元素满足条件 $a_{ij}=0(i\neq j,i,j=1,2,\cdots,n)$，则称 $\boldsymbol{A}$ 为 n 阶对角矩阵，记作

$$\boldsymbol{A}=\begin{pmatrix} a_{11} & & & \boldsymbol{0} \\ & a_{22} & & \\ & & \ddots & \\ \boldsymbol{0} & & & a_{nn} \end{pmatrix} \quad 或 \quad \boldsymbol{A}=\begin{pmatrix} a_{11} & & & \\ & a_{22} & & \\ & & \ddots & \\ & & & a_{nn} \end{pmatrix}$$

对角矩阵也记作

$$\boldsymbol{\Lambda}=\mathrm{diag}(\lambda_1,\lambda_2,\cdots,\lambda_n)=\begin{pmatrix} \lambda_1 & & & \\ & \lambda_2 & & \\ & & \ddots & \\ & & & \lambda_n \end{pmatrix}$$

显然，如果 $\boldsymbol{A}$ 是对角矩阵，则 $\boldsymbol{A}^{\mathrm{T}}=\boldsymbol{A}$。

2.数量矩阵

如果 n 阶对角矩阵 $\boldsymbol{A}$ 中的元素 $a_{11}=a_{22}=\cdots=a_{nn}=a$ 时，则称 $\boldsymbol{A}$ 为 n 阶数量矩阵，即

$$\boldsymbol{A}=\begin{pmatrix} a & & & \\ & a & & \\ & & \ddots & \\ & & & a \end{pmatrix}$$

3.单位矩阵

如果 n 阶数量矩阵中的元素 $a=1$ 时，则称 $\boldsymbol{A}$ 为 n 阶单位阵，记作 $\boldsymbol{I}_n$，有时简记 $\boldsymbol{I}$，即

$$\boldsymbol{I}_n=\begin{pmatrix} 1 & & & \\ & 1 & & \\ & & \ddots & \\ & & & 1 \end{pmatrix}$$

4.三角形矩阵

如果 n 阶矩阵 $\boldsymbol{A}=(a_{ij})$ 中的元素满足条件 $a_{ij}=0(i>j,i,j=1,2,\cdots,n)$，则称 $\boldsymbol{A}$ 为 n 阶上三角形矩阵，即

$$A = \begin{pmatrix} a_{11} & a_{12} & \cdots & a_{1n} \\ & a_{22} & \cdots & a_{2n} \\ & & \ddots & \vdots \\ & & & a_{nn} \end{pmatrix}$$

如果 n 阶矩阵$\boldsymbol{B} = (b_{ij})_{n\times n}$中的元素满足条件$b_{ij} = 0(i < j, i, j = 1,2,\cdots, n)$,则称 $\boldsymbol{B}$ 为 n 阶下三角形矩阵,即

$$B = \begin{pmatrix} b_{11} & & & \\ b_{21} & b_{22} & & \\ \vdots & & \ddots & \\ b_{n1} & b_{n2} & \cdots & b_{nn} \end{pmatrix}$$

5.对称矩阵

如果矩阵 $\boldsymbol{A} = (a_{ij})_{n\times n}$中的元素满足条件$a_{ij} = a_{ji}(i,j = 1,2,\cdots,n)$,则称 $\boldsymbol{A}$ 为对称矩阵。

显然,对称矩阵 $\boldsymbol{A}$ 的元素关于对角线对称,$\boldsymbol{A}^{\mathrm{T}} = \boldsymbol{A}$。

对角矩阵是特殊的对称矩阵。

6.反对称矩阵

如果矩阵 $\boldsymbol{A} = (a_{ij})_{n\times n}$ 满足条件$\boldsymbol{A}^{\mathrm{T}} = -\boldsymbol{A}$,则称 $\boldsymbol{A}$ 是反对称矩阵。

2.2 矩阵的运算

2.2.1 矩阵的加法

【定义 2.2】 由两个 $m \times n$ 矩阵$\boldsymbol{A}$,$\boldsymbol{B}$对应元素相加得到的$m \times n$ 矩阵,称为矩阵 $\boldsymbol{A}$ 和矩阵$\boldsymbol{B}$ 的和,记为 $\boldsymbol{A} + \boldsymbol{B}$,即

$$\boldsymbol{A} + \boldsymbol{B} = (a_{ij})_{m\times n} + (b_{ij})_{m\times n} = (a_{ij} + b_{ij})_{m\times n}$$

相加的矩阵必须要有相同的行数和列数。

由于矩阵的加法归结为它们的元素的加法,也就是数的加法,所以不难证明,它满足:

(1) 结合律:$\boldsymbol{A} + (\boldsymbol{B} + \boldsymbol{C}) = (\boldsymbol{A} + \boldsymbol{B}) + \boldsymbol{C}$

(2) 交换律:$\boldsymbol{A} + \boldsymbol{B} = \boldsymbol{B} + \boldsymbol{A}$

矩阵 $\boldsymbol{A} = (-a_{ij})_{m\times n}$ 称为矩阵$\boldsymbol{A}$ 的负矩阵,记为 $-\boldsymbol{A}$,显然有

$$\boldsymbol{A} + (-\boldsymbol{A}) = \boldsymbol{0}$$

矩阵的减法定义为

$$\boldsymbol{A} - \boldsymbol{B} = \boldsymbol{A} + (-\boldsymbol{B})$$

2.2.2 数与矩阵相乘

若以数 k 乘矩阵 $\boldsymbol{A}$ 的每一个元素，所得到的矩阵称为数 k 与矩阵 $\boldsymbol{A}$ 的积，记 $k\boldsymbol{A} = (ka_{ij})_{m\times n}$。

$k\boldsymbol{A} = \boldsymbol{0}$ 当且仅当 $\lambda = 0$ 或 $\boldsymbol{A} = \boldsymbol{0}$。

设 k,λ 为常数，$\boldsymbol{A},\boldsymbol{B}$ 为 $m\times n$ 矩阵，则

$$(k\lambda)\boldsymbol{A} = k(\lambda\boldsymbol{A})$$

$$(k+\lambda)\boldsymbol{A} = k\boldsymbol{A} + \lambda\boldsymbol{A}$$

$$k(\boldsymbol{A}+\boldsymbol{B}) = k\boldsymbol{A} + k\boldsymbol{B}$$

【例 1】 已知矩阵

$$\boldsymbol{A} = \begin{pmatrix} 2 & 1 & 3 & -2 \\ 0 & 2 & 4 & -1 \\ -1 & 5 & 2 & 1 \end{pmatrix},\boldsymbol{B} = \begin{pmatrix} 3 & 2 & 1 & 1 \\ -1 & 0 & -1 & 3 \\ 0 & -1 & 1 & 2 \end{pmatrix}$$

求 $2\boldsymbol{A}-\boldsymbol{B}$。

【解】

$$2\boldsymbol{A}-\boldsymbol{B} = \begin{pmatrix} 2\times2-3 & 1\times2-2 & 3\times2-1 & -2\times2-1 \\ 0\times2-(-1) & 2\times2-0 & 4\times2-(-1) & -1\times2-3 \\ -1\times2-0 & 5\times2-(-1) & 2\times2-1 & 1\times2-2 \end{pmatrix} =$$

$$\begin{pmatrix} 1 & 0 & 5 & -5 \\ 1 & 4 & 9 & 5 \\ -2 & 11 & 3 & 0 \end{pmatrix}$$

【例 2】 已知

$$\boldsymbol{A} = \begin{pmatrix} 3 & -1 & 2 & 0 \\ 1 & 5 & 7 & 9 \\ 2 & 4 & 6 & 8 \end{pmatrix},\boldsymbol{B} = \begin{pmatrix} 7 & 5 & -2 & 4 \\ 5 & 1 & 9 & 7 \\ 3 & 2 & -1 & 6 \end{pmatrix}$$

且 $\boldsymbol{A}+2\boldsymbol{C} = \boldsymbol{B}$，求 $\boldsymbol{C}$。

【解】

$$\boldsymbol{C} = \frac{1}{2}(\boldsymbol{B}-\boldsymbol{A}) = \frac{1}{2}\begin{pmatrix} 4 & 6 & -4 & 4 \\ 4 & -4 & 2 & -2 \\ 1 & -2 & -7 & -2 \end{pmatrix} =$$

$$\begin{pmatrix} 2 & 3 & -2 & 2 \\ 2 & -2 & 1 & -1 \\ \frac{1}{2} & -1 & -\frac{7}{2} & -1 \end{pmatrix}$$

2.2.3 矩阵的乘法

【定义 2.3】 设 $\boldsymbol{A}=(a_{ij})$ 是一个 $m\times s$ 矩阵，$\boldsymbol{B}=(b_{ij})$ 是一个 $s\times n$ 矩阵，那么规定矩阵 $\boldsymbol{A}$ 与矩阵 $\boldsymbol{B}$ 的乘积是一个 $m\times n$ 矩阵 $\boldsymbol{C}=(c_{ij})$，其中

$$c_{ij}=a_{i1}b_{1j}+a_{i2}b_{2j}+\cdots+a_{is}b_{sj}=\sum_{k=1}^{s}a_{ik}b_{kj},i=1,2,\cdots,m;j=1,2,\cdots,n$$

并把此乘积记作

$$\boldsymbol{C}=\boldsymbol{AB}$$

注意 作矩阵乘法，只有在 $\boldsymbol{A}$ 的列与 $\boldsymbol{B}$ 的行相同时才能进行，$\boldsymbol{C}$ 中某一元素 c_{ij} 等于 $\boldsymbol{A}$ 的第 i 行元素与 $\boldsymbol{B}$ 的第 j 列对应的元素乘积的和。矩阵 $\boldsymbol{C}$ 的行数等于 $\boldsymbol{A}$ 的行数，矩阵 $\boldsymbol{C}$ 的列数等于 $\boldsymbol{B}$ 的列数。

【例 3】 若 $\boldsymbol{A}=\begin{pmatrix}1&2\\2&3\\3&1\end{pmatrix},\boldsymbol{B}=\begin{pmatrix}1&-2&-3\\2&0&1\end{pmatrix}$

求 $\boldsymbol{AB}$。

【解】 $\boldsymbol{A}$ 是 3×2 矩阵，$\boldsymbol{B}$ 是 2×3 矩阵，所以，$\boldsymbol{AB}$ 是 3×3 矩阵，即

$$\boldsymbol{AB}=\begin{pmatrix}1&2\\2&3\\3&1\end{pmatrix}\begin{pmatrix}1&-2&-3\\2&0&1\end{pmatrix}=$$

$$\begin{pmatrix}1\times1+2\times2&1\times(-2)+2\times0&1\times(-3)+2\times1\\2\times1+3\times2&2\times(-2)+3\times0&2\times(-3)+3\times1\\3\times1+1\times2&3\times(-2)+1\times0&3\times(-3)+1\times1\end{pmatrix}=$$

$$\begin{pmatrix}5&-2&-1\\8&-4&-3\\5&-6&-8\end{pmatrix}$$

【例 4】 设矩阵

$$\boldsymbol{A}=\begin{pmatrix}2&-1\\-4&0\\3&5\end{pmatrix},\boldsymbol{B}=\begin{pmatrix}9&-8\\-7&10\end{pmatrix}$$

求 $\boldsymbol{AB}$。

【解】 $\boldsymbol{AB}=\begin{pmatrix}2&-1\\-4&0\\3&5\end{pmatrix}\begin{pmatrix}9&-8\\-7&10\end{pmatrix}=$

$$\begin{pmatrix}2\times9+(-1)\times(-7)&2\times(-8)+(-1)\times10\\-4\times9+0\times(-7)&-4\times(-8)+0\times10\\3\times9+5\times(-7)&3\times(-8)+5\times10\end{pmatrix}=$$

$$\begin{pmatrix} 25 & -26 \\ -36 & 32 \\ -8 & 26 \end{pmatrix}$$

此例中 $\boldsymbol{B}$ 的列数是 2，$\boldsymbol{A}$ 的行数是 3，$\boldsymbol{BA}$ 无意义。

【例 5】 若 $\boldsymbol{A}=\begin{pmatrix} -2 & 4 \\ 1 & -2 \end{pmatrix}$，$\boldsymbol{B}=\begin{pmatrix} 2 & 4 \\ -3 & -6 \end{pmatrix}$

求 $\boldsymbol{AB}$ 与 $\boldsymbol{BA}$。

【解】

$$\boldsymbol{AB}=\begin{pmatrix} -2 & 4 \\ 1 & -2 \end{pmatrix}\begin{pmatrix} 2 & 4 \\ -3 & -6 \end{pmatrix}=\begin{pmatrix} -16 & -32 \\ 8 & 16 \end{pmatrix}$$

$$\boldsymbol{BA}=\begin{pmatrix} 2 & 4 \\ -3 & -6 \end{pmatrix}\begin{pmatrix} -2 & 4 \\ 1 & -2 \end{pmatrix}=\begin{pmatrix} 0 & 0 \\ 0 & 0 \end{pmatrix}$$

【例 6】 已知 $\boldsymbol{A}=(1,2,4)$，$\boldsymbol{B}=\begin{pmatrix} 2 \\ 3 \\ 5 \end{pmatrix}$

求 $\boldsymbol{AB}$ 与 $\boldsymbol{BA}$。

$$\boldsymbol{AB}=(1,2,4)\begin{pmatrix} 2 \\ 3 \\ 5 \end{pmatrix}=(1\times 2+2\times 3+4\times 5)=(28)$$

$$\boldsymbol{BA}=\begin{pmatrix} 2 \\ 3 \\ 5 \end{pmatrix}(1,2,4)=\begin{pmatrix} 2 & 4 & 8 \\ 3 & 6 & 12 \\ 5 & 10 & 20 \end{pmatrix}$$

我们可以看出，尽管 $\boldsymbol{AB}$ 有意义，$\boldsymbol{BA}$ 不一定有意义，即使 $\boldsymbol{AB}$，$\boldsymbol{BA}$ 都有意义，$\boldsymbol{AB}$ 与 $\boldsymbol{BA}$ 也不一定相等。在一般情况下，矩阵与矩阵的乘法不满足交换律，即 $\boldsymbol{AB}$ 不一定等于 $\boldsymbol{BA}$，因而矩阵与矩阵的乘法必须注意顺序，$\boldsymbol{AB}$ 称为用 $\boldsymbol{A}$ 左乘 $\boldsymbol{B}$，或 $\boldsymbol{B}$ 右乘 $\boldsymbol{A}$。

【例 7】 在线性方程组

$$\begin{cases} a_{11}x_1+a_{12}x_2+\cdots+a_{1n}x_n=b_1 \\ a_{21}x_1+a_{22}x_2+\cdots+a_{2n}x_n=b_2 \\ \vdots \\ a_{m1}x_1+a_{m2}x_2+\cdots+a_{mn}x_n=b_m \end{cases}$$

中，若令

$$\boldsymbol{A}=\begin{pmatrix} a_{11} & a_{12} & \cdots & a_{1n} \\ a_{21} & a_{22} & \cdots & a_{2n} \\ \vdots & \vdots & & \vdots \\ a_{m1} & a_{m2} & \cdots & a_{mn} \end{pmatrix},\boldsymbol{X}=\begin{pmatrix} x_1 \\ x_2 \\ \vdots \\ x_n \end{pmatrix},\boldsymbol{b}=\begin{pmatrix} b_1 \\ b_2 \\ \vdots \\ b_m \end{pmatrix}$$

则方程组可以表示为矩阵形式

$$AX = b$$

矩阵乘法也有与数的乘法相类似的运算规律：

(1) 结合律：$(AB)C = A(BC)$

(2) 分配律：$A(B + C) = AB + AC$

$$(B + C)A = BA + CA$$

(3) $k(AB) = (kA)B = A(kB)$

【证】 (1) 设

$$A = (a_{ij})_{m\times s}, B = (b_{ij})_{s\times t}, C = (c_{ij})_{t\times n}$$

令 $D = (AB)C = (d_{ij})_{m\times n}$，则

$$d_{ij} = \sum_{l=1}^{t}(\sum_{k=1}^{s} a_{ik}b_{kl})c_{lj} = \sum_{l=1}^{t}\sum_{k=1}^{s} a_{ik}b_{kl}c_{lj}$$

令 $H = A(BC) = (h_{ij})_{m\times n}$，则

$$h_{ij} = \sum_{k=1}^{s} a_{ik}(\sum_{l=1}^{t} b_{kl}c_{lj}) = \sum_{l=1}^{t}\sum_{k=1}^{s} a_{ik}b_{kl}c_{lj}$$

因为 $d_{ij} = h_{ij}$，所以 $D = H$，即$(AB)C = A(BC)$。

同理可证(2)，(3)。

【例 8】 $A = \begin{pmatrix} 0 & 0 \\ 1 & 1 \end{pmatrix}, B = \begin{pmatrix} 1 & 1 \\ -1 & -1 \end{pmatrix}$

求 AB。

【解】 $$AB = \begin{pmatrix} 0 & 0 \\ 1 & 1 \end{pmatrix}\begin{pmatrix} 1 & 1 \\ -1 & -1 \end{pmatrix} = \begin{pmatrix} 0 & 0 \\ 0 & 0 \end{pmatrix} = 0$$

$AB = 0$，但 $A \neq 0$，同时 $B \neq 0$，说明 $AB = 0$ 不能得出 $A = 0$ 或 $B = 0$。

【例 9】 $A = \begin{pmatrix} 1 & 1 \\ 2 & 3 \end{pmatrix}, B = \begin{pmatrix} 3 & 1 \\ 1 & 3 \end{pmatrix}, C = \begin{pmatrix} 0 & 0 \\ 1 & 1 \end{pmatrix}$

求 AC, BC。

【解】 $$AC = \begin{pmatrix} 1 & 1 \\ 2 & 3 \end{pmatrix}\begin{pmatrix} 0 & 0 \\ 1 & 1 \end{pmatrix} = \begin{pmatrix} 1 & 1 \\ 3 & 3 \end{pmatrix}$$

$$BC = \begin{pmatrix} 3 & 1 \\ 1 & 3 \end{pmatrix}\begin{pmatrix} 0 & 0 \\ 1 & 1 \end{pmatrix} = \begin{pmatrix} 1 & 1 \\ 3 & 3 \end{pmatrix}$$

可以看出 $AC = BC$，但 $A \neq B$，说明矩阵乘法不满足消去律。

【例 10】 设矩阵

$$A = \begin{pmatrix} 1 & 2 \\ 3 & 4 \end{pmatrix}, B = \begin{pmatrix} -4 & -3 \\ -2 & -1 \end{pmatrix}$$

试验证 $|A \cdot B| = |A| \cdot |B|$。

【解】 因为

$$A \cdot B = \begin{pmatrix} 1 & 2 \\ 3 & 4 \end{pmatrix}\begin{pmatrix} -4 & -3 \\ -2 & -1 \end{pmatrix} = \begin{pmatrix} -8 & -5 \\ -20 & -13 \end{pmatrix}$$

$$|A \cdot B| = \begin{vmatrix} -8 & -5 \\ -20 & -13 \end{vmatrix} = 4$$

$$|A| = \begin{vmatrix} 1 & 2 \\ 3 & 4 \end{vmatrix} = -2, \ |B| = \begin{vmatrix} -4 & -3 \\ -2 & -1 \end{vmatrix} = -2$$

于是
$$|AB| = |A||B| = 4$$

上例说明了矩阵乘法的一个性质:同阶矩阵 A 与 B 乘积的行列式等于矩阵 A 的行列式与矩阵 B 的行列式的乘积。

【例 11】 解矩阵方程

$$\begin{pmatrix} 2 & 1 \\ 1 & 2 \end{pmatrix} X = \begin{pmatrix} 1 & 2 \\ -1 & 4 \end{pmatrix}$$

其中,X 为二阶矩阵。

【解】 设
$$X = \begin{pmatrix} x_{11} & x_{12} \\ x_{21} & x_{22} \end{pmatrix}$$

由题设

$$\begin{pmatrix} 2 & 1 \\ 1 & 2 \end{pmatrix}\begin{pmatrix} x_{11} & x_{12} \\ x_{21} & x_{22} \end{pmatrix} = \begin{pmatrix} 1 & 2 \\ -1 & 4 \end{pmatrix}$$

$$\begin{pmatrix} 2x_{11} + x_{21} & 2x_{12} + x_{22} \\ x_{11} + 2x_{21} & x_{12} + 2x_{22} \end{pmatrix} = \begin{pmatrix} 1 & 2 \\ -1 & 4 \end{pmatrix}$$

即

$$\begin{cases} 2x_{11} + x_{21} = 1 \\ x_{11} + 2x_{21} = -1 \end{cases}$$

$$\begin{cases} 2x_{12} + x_{22} = 2 \\ x_{12} + 2x_{22} = 4 \end{cases}$$

解之得

$$x_{11} = 1, x_{21} = -1, x_{12} = 0, x_{22} = 2$$

于是
$$X = \begin{pmatrix} 1 & 0 \\ -1 & 2 \end{pmatrix}$$

【例 12】 设三阶矩阵 A,求 $|kA|$,其中,k 为常数。

$$A = \begin{pmatrix} a_{11} & a_{12} & a_{13} \\ a_{21} & a_{22} & a_{23} \\ a_{31} & a_{32} & a_{33} \end{pmatrix}$$

【解】
$$kA=\begin{pmatrix}ka_{11}&ka_{12}&ka_{13}\\ka_{21}&ka_{22}&ka_{23}\\ka_{31}&ka_{32}&ka_{33}\end{pmatrix}$$

$$|kA|=\begin{vmatrix}ka_{11}&ka_{12}&ka_{13}\\ka_{21}&ka_{22}&ka_{23}\\ka_{31}&ka_{32}&ka_{33}\end{vmatrix}=k^3\begin{vmatrix}a_{11}&a_{12}&a_{13}\\a_{21}&a_{22}&a_{23}\\a_{31}&a_{32}&a_{33}\end{vmatrix}=k^3|A|$$

一般地,对于 n 阶矩阵 $\boldsymbol{A}$,有 $|k\boldsymbol{A}|=k^n|\boldsymbol{A}|$。

2.2.4 矩阵的转置

设
$$\boldsymbol{A}=\begin{pmatrix}a_{11}&a_{12}&\cdots&a_{1n}\\a_{21}&a_{22}&\cdots&a_{2n}\\\vdots&\vdots&&\vdots\\a_{m1}&a_{m2}&\cdots&a_{mn}\end{pmatrix}$$

【定义 2.4】
$$\boldsymbol{A}^{\mathrm{T}}=\begin{pmatrix}a_{11}&a_{21}&\cdots&a_{m1}\\a_{12}&a_{22}&\cdots&a_{m2}\\\vdots&\vdots&&\vdots\\a_{1n}&a_{2n}&\cdots&a_{mn}\end{pmatrix}$$

称 $\boldsymbol{A}^{\mathrm{T}}$ 是 $\boldsymbol{A}$ 的转置矩阵。$\boldsymbol{A}$ 的转置矩阵 $\boldsymbol{A}^{\mathrm{T}}$ 是把 $\boldsymbol{A}$ 的行向量和列向量对应互换得到的。若 $\boldsymbol{A}$ 是 $m\times n$ 矩阵,则 $\boldsymbol{A}^{\mathrm{T}}$ 是 $n\times m$ 矩阵,且 $\boldsymbol{A}^{\mathrm{T}}$ 中位于 (i,j) 位置的元素等于 $\boldsymbol{A}$ 中位于 (j,i) 位置的元素。

矩阵转置满足以下规律:

(1) $(\boldsymbol{A}^{\mathrm{T}})^{\mathrm{T}}=\boldsymbol{A}$

(2) $(\boldsymbol{A}+\boldsymbol{B})^{\mathrm{T}}=\boldsymbol{A}^{\mathrm{T}}+\boldsymbol{B}^{\mathrm{T}}$

(3) $(k\boldsymbol{A})^{\mathrm{T}}=k\boldsymbol{A}^{\mathrm{T}}$

(4) $(\boldsymbol{AB})^{\mathrm{T}}=\boldsymbol{B}^{\mathrm{T}}\boldsymbol{A}^{\mathrm{T}}$

(5) $|\boldsymbol{A}^{\mathrm{T}}|=|\boldsymbol{A}|$

这里仅证明(4)。

设 $\boldsymbol{A}=(a_{ij})_{m\times s}$,$\boldsymbol{B}=(b_{ij})_{s\times n}$,记 $\boldsymbol{C}=\boldsymbol{AB}=(c_{ij})_{m\times n}$,$\boldsymbol{D}=\boldsymbol{B}^{\mathrm{T}}\boldsymbol{A}^{\mathrm{T}}=(d_{ij})_{n\times m}$。

因为 $c_{ji}=\sum\limits_{k=1}^{s}a_{jk}b_{ki}$,而 $\boldsymbol{B}^{\mathrm{T}}$ 的第 i 行为 $(b_{1i},\cdots,b_{si})$,$\boldsymbol{A}^{\mathrm{T}}$ 的第 j 列为 $(a_{j1},\cdots,a_{js})^{\mathrm{T}}$,因此 $d_{ij}=\sum\limits_{k=1}^{s}b_{ki}a_{jk}=\sum\limits_{k=1}^{s}a_{jk}b_{ki}$。

于是 $d_{ij}=c_{ji}(i=1,2,\cdots,n;j=1,2,\cdots,m)$,即

$$D=C^{\mathrm{T}},B^{\mathrm{T}}A^{\mathrm{T}}=(AB)^{\mathrm{T}}$$

【例 13】 设矩阵

$$A=\begin{pmatrix}1&2&1\\-1&0&1\\2&1&1\end{pmatrix},B=\begin{pmatrix}1&0\\2&1\\0&-1\end{pmatrix}$$

验证$(AB)^{\mathrm{T}}=B^{\mathrm{T}}A^{\mathrm{T}}$。

【解】 $$A^{\mathrm{T}}=\begin{pmatrix}1&-1&2\\2&0&1\\1&1&1\end{pmatrix},B^{\mathrm{T}}=\begin{pmatrix}1&2&0\\0&1&-1\end{pmatrix}$$

$$AB=\begin{pmatrix}1&2&1\\-1&0&1\\2&1&1\end{pmatrix}\begin{pmatrix}1&0\\2&1\\0&-1\end{pmatrix}=\begin{pmatrix}5&1\\-1&-1\\4&0\end{pmatrix}$$

$$(AB)^{\mathrm{T}}=\begin{pmatrix}5&-1&4\\1&-1&0\end{pmatrix}$$

$$B^{\mathrm{T}}A^{\mathrm{T}}=\begin{pmatrix}1&2&0\\0&1&-1\end{pmatrix}\begin{pmatrix}1&-1&2\\2&0&1\\1&1&1\end{pmatrix}=\begin{pmatrix}5&-1&4\\1&-1&0\end{pmatrix}=(AB)^{\mathrm{T}}$$

【例 14】 设矩阵

$$A=(a_1,a_2,\cdots,a_n)$$

求$A^{\mathrm{T}}A,AA^{\mathrm{T}}$。

【解】 $$A^{\mathrm{T}}=(a,a_2,\cdots,a_n)^{\mathrm{T}}=\begin{pmatrix}a_1\\a_2\\\vdots\\a_n\end{pmatrix}$$

$$A^{\mathrm{T}}A=\begin{pmatrix}a_1\\a_2\\\vdots\\a_n\end{pmatrix}(a_1,a_2,\cdots,a_n)=\begin{pmatrix}a_1^2&a_1a_2&\cdots&a_1a_n\\a_2a_1&a_2^2&\cdots&a_2a_n\\\vdots&\vdots&&\vdots\\a_na_1&a_na_2&\cdots&a_n^2\end{pmatrix}$$

$$AA^{\mathrm{T}}=(a_1,a_2,\cdots,a_n)\begin{pmatrix}a_1\\a_2\\\vdots\\a_n\end{pmatrix}=a_1^2+a_2^2+\cdots+a_n^2$$

【例 15】 证明$(ABC)^{\mathrm{T}}=C^{\mathrm{T}}B^{\mathrm{T}}A^{\mathrm{T}}$。

【证】 $(ABC)^{\mathrm{T}}=[(AB)C]^{\mathrm{T}}=C^{\mathrm{T}}(AB)^{\mathrm{T}}=C^{\mathrm{T}}B^{\mathrm{T}}A^{\mathrm{T}}$

矩阵的这种运算可以推广到多个矩阵相乘的情况,即

$$(\boldsymbol{A}_1\boldsymbol{A}_2\cdots\boldsymbol{A}_k)^{\mathrm{T}} = \boldsymbol{A}_k^{\mathrm{T}}\cdots\boldsymbol{A}_2^{\mathrm{T}}\boldsymbol{A}_1^{\mathrm{T}}$$

【例 16】 设列矩阵 $\boldsymbol{X} = (x_1, x_2, \cdots, x_n)^{\mathrm{T}}$ 满足 $\boldsymbol{X}^{\mathrm{T}}\boldsymbol{X} = \boldsymbol{I}$。$\boldsymbol{I}$ 为 n 阶单位矩阵,$\boldsymbol{H} = \boldsymbol{I} - 2\boldsymbol{X}\boldsymbol{X}^{\mathrm{T}}$,证明 $\boldsymbol{H}$ 是对称矩阵,且 $\boldsymbol{H}\boldsymbol{H}^{\mathrm{T}} = \boldsymbol{I}$。

【证】 $\boldsymbol{H}^{\mathrm{T}} = (\boldsymbol{I} - 2\boldsymbol{X}\boldsymbol{X}^{\mathrm{T}})^{\mathrm{T}} = \boldsymbol{I}^{\mathrm{T}} - 2(\boldsymbol{X}\boldsymbol{X}^{\mathrm{T}})^{\mathrm{T}} = \boldsymbol{I} - 2\boldsymbol{X}\boldsymbol{X}^{\mathrm{T}} = \boldsymbol{H}$

所以 $\boldsymbol{H}$ 是对称矩阵。

$$\boldsymbol{H}\boldsymbol{H}^{\mathrm{T}} = (\boldsymbol{I} - 2\boldsymbol{X}\boldsymbol{X}^{\mathrm{T}})(\boldsymbol{I} - 2\boldsymbol{X}\boldsymbol{X}^{\mathrm{T}}) = \boldsymbol{I} - 4\boldsymbol{X}\boldsymbol{X}^{\mathrm{T}} + 4(\boldsymbol{X}\boldsymbol{X}^{\mathrm{T}})(\boldsymbol{X}\boldsymbol{X}^{\mathrm{T}}) =$$
$$\boldsymbol{I} - 4\boldsymbol{X}\boldsymbol{X}^{\mathrm{T}} + 4\boldsymbol{X}(\boldsymbol{X}^{\mathrm{T}}\boldsymbol{X})\boldsymbol{X}^{\mathrm{T}} = \boldsymbol{I} - 4\boldsymbol{X}\boldsymbol{X}^{\mathrm{T}} + 4\boldsymbol{X}\boldsymbol{X}^{\mathrm{T}} = \boldsymbol{I}$$

【例 17】 设 $\boldsymbol{A}, \boldsymbol{B}$ 都是 n 阶对称矩阵,试证

(1)$5\boldsymbol{A} - 2\boldsymbol{B}$ 也是对称矩阵。

(2)$\boldsymbol{A}\boldsymbol{B}$ 是对称矩阵的充要条件是 $\boldsymbol{A}$ 与 $\boldsymbol{B}$ 可交换。

【证】 (1) 因为 $\boldsymbol{A}^{\mathrm{T}} = \boldsymbol{A}, \boldsymbol{B}^{\mathrm{T}} = \boldsymbol{B}$,且

$$(5\boldsymbol{A} - 2\boldsymbol{B})^{\mathrm{T}} = (5\boldsymbol{A})^{\mathrm{T}} - (2\boldsymbol{B})^{\mathrm{T}} = 5\boldsymbol{A}^{\mathrm{T}} - 2\boldsymbol{B}^{\mathrm{T}} = 5\boldsymbol{A} - 2\boldsymbol{B}$$

所以,$5\boldsymbol{A} - 2\boldsymbol{B}$ 也是对称矩阵。

(2) **必要性**

设 $\boldsymbol{A}\boldsymbol{B}$ 是对称矩阵,即$(\boldsymbol{A}\boldsymbol{B})^{\mathrm{T}} = \boldsymbol{A}\boldsymbol{B}$。

因为 $\boldsymbol{A}^{\mathrm{T}} = \boldsymbol{A}, \boldsymbol{B}^{\mathrm{T}} = \boldsymbol{B}$,且

$$\boldsymbol{A}\boldsymbol{B} = (\boldsymbol{A}\boldsymbol{B})^{\mathrm{T}} = \boldsymbol{B}^{\mathrm{T}}\boldsymbol{A}^{\mathrm{T}} = \boldsymbol{B}\boldsymbol{A}$$

所以 $\boldsymbol{A}$ 与 $\boldsymbol{B}$ 是可交换的。

充分性

设矩阵 $\boldsymbol{A}$ 与 $\boldsymbol{B}$ 是可交换的,即 $\boldsymbol{A}\boldsymbol{B} = \boldsymbol{B}\boldsymbol{A}$。

因为 $\boldsymbol{A}^{\mathrm{T}} = \boldsymbol{A}, \boldsymbol{B}^{\mathrm{T}} = \boldsymbol{B}$,且

$$(\boldsymbol{A}\boldsymbol{B})^{\mathrm{T}} = \boldsymbol{B}^{\mathrm{T}}\boldsymbol{A}^{\mathrm{T}} = \boldsymbol{B}\boldsymbol{A} = \boldsymbol{A}\boldsymbol{B}$$

所以 $\boldsymbol{A}\boldsymbol{B}$ 是对称矩阵。

【例 18】 设 $\boldsymbol{A}$ 为 n 阶实矩阵,证明若 $\boldsymbol{A}\boldsymbol{A}^{\mathrm{T}} = \boldsymbol{0}$,则 $\boldsymbol{A} = \boldsymbol{0}$。

【证】 设

$$\boldsymbol{A} = (a_{ij})_{n\times n} = \begin{pmatrix} a_{11} & a_{12} & \cdots & a_{1n} \\ a_{21} & a_{22} & \cdots & a_{2n} \\ \vdots & \vdots & & \vdots \\ a_{n1} & a_{n2} & \cdots & a_{nn} \end{pmatrix}$$

再设 $\boldsymbol{C} = \boldsymbol{A}\boldsymbol{A}^{\mathrm{T}} = (c_{ij})_{n\times n}$,则 $c_{ij} = \sum\limits_{j=1}^{n} a_{ij}^2 (i = 1,2,\cdots,n)$,已知 $\boldsymbol{A}\boldsymbol{A}^{\mathrm{T}} = \boldsymbol{0}$,所以 $c_{ij} = \sum\limits_{j=1}^{n} a_{ij}^2 = 0 (i = 1,2,\cdots,n)$。又因为 a_{ij} 都是实数,所以,$a_{i1} = a_{i2} = \cdots =$

$a_{in} = 0, i = 1,2,\cdots,n$。

从而 $\boldsymbol{A} = \boldsymbol{0}$。

2.2.5 方阵的幂

对于方阵 $\boldsymbol{A}$ 及自然数 k 有

$$\boldsymbol{A}^k = \underbrace{\boldsymbol{A}\cdot\boldsymbol{A}\cdots\boldsymbol{A}}_{k个}$$

称为方阵 $\boldsymbol{A}$ 的 k 次幂，并且规定 $\boldsymbol{A}^0 = \boldsymbol{I}$。

显然有

$$\boldsymbol{A}^m\boldsymbol{A}^n = \boldsymbol{A}^{m+n}, (\boldsymbol{A}^m)^n = \boldsymbol{A}^{mn}, \boldsymbol{I}^m = \boldsymbol{I}$$

其中，m,n 是任意非负整数。

由于矩阵乘法不满足交换律，因此，一般地

$$(\boldsymbol{AB})^k \neq \boldsymbol{A}^k\boldsymbol{B}^k$$

【例 19】 设矩阵 $\boldsymbol{A} = \begin{pmatrix} 1 & 2 \\ 0 & 1 \end{pmatrix}$，求 $\boldsymbol{A}^m$，其中，m 是正整数。

【解】 当 $m = 2$ 时

$$\boldsymbol{A}^2 = \begin{pmatrix} 1 & 2 \\ 0 & 1 \end{pmatrix}\begin{pmatrix} 1 & 2 \\ 0 & 1 \end{pmatrix} = \begin{pmatrix} 1 & 2\times 2 \\ 0 & 1 \end{pmatrix}$$

设 $m = k$ 时

$$\boldsymbol{A}^k = \begin{pmatrix} 1 & 2\times k \\ 0 & 1 \end{pmatrix}$$

则当 $m = k + 1$ 时

$$\boldsymbol{A}^{k+1} = \boldsymbol{A}^k\cdot\boldsymbol{A} = \begin{pmatrix} 1 & 2\times k \\ 0 & 1 \end{pmatrix}\begin{pmatrix} 1 & 2 \\ 0 & 1 \end{pmatrix} = \begin{pmatrix} 1 & 2(k+1) \\ 0 & 1 \end{pmatrix}$$

由归纳法得

$$\boldsymbol{A}^m = \begin{pmatrix} 1 & 2m \\ 0 & 1 \end{pmatrix}$$

【例 20】 设 $\boldsymbol{A},\boldsymbol{B}$ 均为 n 阶方阵，计算 $(\boldsymbol{A}+\boldsymbol{B})^2$。

【解】 $(\boldsymbol{A}+\boldsymbol{B})^2 = (\boldsymbol{A}+\boldsymbol{B})(\boldsymbol{A}+\boldsymbol{B}) = (\boldsymbol{A}+\boldsymbol{B})\boldsymbol{A} + (\boldsymbol{A}+\boldsymbol{B})\boldsymbol{B} =$

$$\boldsymbol{A}^2 + \boldsymbol{BA} + \boldsymbol{AB} + \boldsymbol{B}^2$$

2.3 分块矩阵

对于行数和列数较高的矩阵 $\boldsymbol{A}$，运算时常采用分块法，将大矩阵的运算化成小矩阵的运算。我们将矩阵 $\boldsymbol{A}$ 用若干条纵线和横线分成许多个小矩阵，每一

个小矩阵称为 $\boldsymbol{A}$ 的子块,以子块为元素的形式上的矩阵称为分块矩阵。

【例 1】 将矩阵

$$\boldsymbol{A}=\left(\begin{array}{ccc:c}1&2&3&5\\0&0&2&7\\0&0&1&6\\ \hdashline 0&0&0&8\end{array}\right)$$

按虚线分块。

【解】 令

$$\boldsymbol{A}_{11}=\begin{pmatrix}1&2&3\\0&0&2\\0&0&1\end{pmatrix},\boldsymbol{A}_{12}=\begin{pmatrix}5\\7\\6\end{pmatrix},\boldsymbol{A}_{22}=(8)$$

则

$$\boldsymbol{A}=\begin{pmatrix}\boldsymbol{A}_{11}&\boldsymbol{A}_{12}\\ \boldsymbol{0}&\boldsymbol{A}_{22}\end{pmatrix}$$

$\boldsymbol{A}$ 也还可以按其他的方法分块,例如

$$\boldsymbol{A}_{11}=\begin{pmatrix}1&2\\0&0\end{pmatrix},\boldsymbol{A}_{12}=\begin{pmatrix}3&5\\2&7\end{pmatrix},\boldsymbol{A}_{22}=\begin{pmatrix}1&6\\0&8\end{pmatrix}$$

则

$$\boldsymbol{A}=\left(\begin{array}{cc:cc}1&2&3&5\\0&0&2&7\\ \hdashline 0&0&1&6\\0&0&0&8\end{array}\right)=\begin{pmatrix}\boldsymbol{A}_{11}&\boldsymbol{A}_{12}\\ \boldsymbol{0}&\boldsymbol{A}_{22}\end{pmatrix}$$

如果令

$$\boldsymbol{A}_1=\begin{pmatrix}1\\0\\0\\0\end{pmatrix},\boldsymbol{A}_2=\begin{pmatrix}2\\0\\0\\0\end{pmatrix},\boldsymbol{A}_3=\begin{pmatrix}3\\2\\1\\0\end{pmatrix},\boldsymbol{A}_4=\begin{pmatrix}5\\7\\6\\8\end{pmatrix}$$

则

$$\boldsymbol{A}=\left(\begin{array}{c:c:c:c}1&2&3&5\\0&0&2&7\\0&0&1&6\\0&0&0&8\end{array}\right)=(\boldsymbol{A}_1,\boldsymbol{A}_2,\boldsymbol{A}_3,\boldsymbol{A}_4)$$

分块矩阵运算时,把方块作为元素处理。

(1) 设矩阵 $\boldsymbol{A}$ 与 $\boldsymbol{B}$ 的行数相同,列数相同,采用相同的分块法,有

$$\boldsymbol{A}=\begin{pmatrix}\boldsymbol{A}_{11}&\cdots&\boldsymbol{A}_{1r}\\ \vdots&&\vdots\\ \boldsymbol{A}_{s1}&\cdots&\boldsymbol{A}_{sr}\end{pmatrix},\boldsymbol{B}=\begin{pmatrix}\boldsymbol{B}_{11}&\cdots&\boldsymbol{B}_{1r}\\ \vdots&&\\ \boldsymbol{B}_{s1}&\cdots&\boldsymbol{B}_{sr}\end{pmatrix}$$

其中，$\boldsymbol{A}_{ij}$ 与 $\boldsymbol{B}_{ij}$ 的行数相同，列数相同。那么

$$\boldsymbol{A}+\boldsymbol{B}=\begin{pmatrix}\boldsymbol{A}_{11}+\boldsymbol{B}_{11} & \cdots & \boldsymbol{A}_{1r}+\boldsymbol{B}_{1r}\\ \vdots & & \vdots\\ \boldsymbol{A}_{s1}+\boldsymbol{B}_{s1} & \cdots & \boldsymbol{A}_{sr}+\boldsymbol{B}_{sr}\end{pmatrix}$$

(2) 设

$$\boldsymbol{A}=\begin{pmatrix}\boldsymbol{A}_{11} & \cdots & \boldsymbol{A}_{1r}\\ \vdots & & \vdots\\ \boldsymbol{A}_{s1} & \cdots & \boldsymbol{A}_{sr}\end{pmatrix}$$

λ 为常数，那么

$$\lambda\boldsymbol{A}=\begin{pmatrix}\lambda\boldsymbol{A}_{11} & \cdots & \lambda\boldsymbol{A}_{1r}\\ \vdots & & \vdots\\ \lambda\boldsymbol{A}_{s1} & \cdots & \lambda\boldsymbol{A}_{sr}\end{pmatrix}$$

(3) 设 $\boldsymbol{A}$ 为 $m\times l$ 矩阵，$\boldsymbol{B}$ 为 $l\times n$ 矩阵，分块成

$$\boldsymbol{A}=\begin{pmatrix}\boldsymbol{A}_{11} & \cdots & \boldsymbol{A}_{1t}\\ \vdots & & \vdots\\ \boldsymbol{A}_{s1} & \cdots & \boldsymbol{A}_{st}\end{pmatrix},\boldsymbol{B}=\begin{pmatrix}\boldsymbol{B}_{11} & \cdots & \boldsymbol{B}_{1r}\\ \vdots & & \vdots\\ \boldsymbol{B}_{t1} & \cdots & \boldsymbol{B}_{tr}\end{pmatrix}$$

其中，$\boldsymbol{A}_{i1},\boldsymbol{A}_{i2},\cdots,\boldsymbol{A}_{it}$ 的列数分别等于 $\boldsymbol{B}_{1j},\boldsymbol{B}_{2j},\cdots,\boldsymbol{B}_{tj}$ 的行数，那么

$$\boldsymbol{AB}=\begin{pmatrix}\boldsymbol{C}_{11} & \cdots & \boldsymbol{C}_{1r}\\ \vdots & & \vdots\\ \boldsymbol{C}_{s1} & \cdots & \boldsymbol{C}_{sr}\end{pmatrix}$$

其中 $$\boldsymbol{C}_{ij}=\sum_{k=1}^{t}\boldsymbol{A}_{ik}\boldsymbol{B}_{kj}\qquad(i=1,2,\cdots,s;j=1,2,\cdots,r)$$

【例 2】 设矩阵

$$\boldsymbol{A}=\begin{pmatrix}1 & 0 & 1 & 3\\ 0 & 1 & 2 & 4\\ 0 & 0 & -1 & 0\\ 0 & 0 & 0 & -1\end{pmatrix},\boldsymbol{B}=\begin{pmatrix}1 & 2 & 0 & 0\\ 2 & 0 & 0 & 0\\ 6 & 3 & 1 & 0\\ 0 & -2 & 0 & 1\end{pmatrix}$$

计算 $\boldsymbol{A}+\boldsymbol{B},2\boldsymbol{A},\boldsymbol{AB}$。

【解】 将矩阵分块如下

$$\boldsymbol{A}=\left(\begin{array}{cc:cc}1 & 0 & 1 & 3\\ 0 & 1 & 2 & 4\\ \hdashline 0 & 0 & -1 & 0\\ 0 & 0 & 0 & -1\end{array}\right)=\begin{pmatrix}\boldsymbol{I} & \boldsymbol{A}_{12}\\ \boldsymbol{0} & -\boldsymbol{I}\end{pmatrix}$$

$$
B = \left(\begin{array}{cc:cc} 1 & 2 & 0 & 0 \\ 2 & 0 & 0 & 0 \\ \hdashline 6 & 3 & 1 & 0 \\ 0 & -2 & 0 & 1 \end{array}\right) = \begin{pmatrix} \boldsymbol{B}_{11} & \boldsymbol{0} \\ \boldsymbol{B}_{21} & \boldsymbol{I} \end{pmatrix}
$$

则

$$
\boldsymbol{A} + \boldsymbol{B} = \begin{pmatrix} \boldsymbol{I} + \boldsymbol{B}_{11} & \boldsymbol{A}_{12} + \boldsymbol{0} \\ \boldsymbol{0} + \boldsymbol{B}_{21} & -\boldsymbol{I} + \boldsymbol{I} \end{pmatrix} = \begin{pmatrix} \boldsymbol{I} + \boldsymbol{B}_{11} & \boldsymbol{A}_{12} \\ \boldsymbol{B}_{21} & 2\boldsymbol{I} \end{pmatrix}
$$

$$
2\boldsymbol{A} = 2\begin{pmatrix} \boldsymbol{I} & \boldsymbol{A}_{12} \\ \boldsymbol{0} & -\boldsymbol{I} \end{pmatrix} = \begin{pmatrix} 2\boldsymbol{I} & 2\boldsymbol{A}_{12} \\ \boldsymbol{0} & -2\boldsymbol{I} \end{pmatrix}
$$

$$
\boldsymbol{AB} = \begin{pmatrix} \boldsymbol{B}_{11} + \boldsymbol{A}_{12}\boldsymbol{B}_{21} & \boldsymbol{A}_{12} \\ -\boldsymbol{B}_{21} & -\boldsymbol{I} \end{pmatrix}
$$

分别计算 $2\boldsymbol{I}, 2\boldsymbol{A}_{12}, \boldsymbol{I} + \boldsymbol{B}_{11}, \boldsymbol{B}_{11} + \boldsymbol{A}_{12}\boldsymbol{B}_{21}$,代入上面三式得

$$
\boldsymbol{A} + \boldsymbol{B} = \begin{pmatrix} 2 & 2 & 1 & 3 \\ 2 & 1 & 2 & 4 \\ 6 & 3 & 0 & 0 \\ 0 & -2 & 0 & 0 \end{pmatrix}, 2\boldsymbol{A} = \begin{pmatrix} 2 & 0 & 2 & 6 \\ 0 & 2 & 4 & 8 \\ 0 & 0 & -2 & 0 \\ 0 & 0 & 0 & -2 \end{pmatrix}
$$

$$
\boldsymbol{AB} = \begin{pmatrix} 7 & -1 & 1 & 3 \\ 14 & -2 & 2 & 4 \\ -6 & -3 & -1 & 0 \\ 0 & 2 & 0 & -1 \end{pmatrix}
$$

容易验证,这个结果与不分块计算得到的结果相同。

(4) 设 $\boldsymbol{A}$ 为 n 阶方阵,若 $\boldsymbol{A}$ 的分块矩阵如下

$$
\boldsymbol{A} = \begin{pmatrix} \boldsymbol{A}_1 & & & \boldsymbol{0} \\ & \boldsymbol{A}_2 & & \\ & & \ddots & \\ \boldsymbol{0} & & & \boldsymbol{A}_s \end{pmatrix}
$$

其中,$\boldsymbol{A}_i (i = 1,2,\cdots,s)$ 都是方阵,那么称 $\boldsymbol{A}$ 为分块对角矩阵。

分块对角矩阵的行列式满足下列性质。

$$
|\boldsymbol{A}| = |\boldsymbol{A}_1| |\boldsymbol{A}_2| \cdots |\boldsymbol{A}_s|
$$

【例 3】 设

$$
\boldsymbol{A} = \begin{pmatrix} 1 & 2 & 0 & 0 \\ 3 & 4 & 0 & 0 \\ 0 & 0 & 1 & 1 \\ 0 & 0 & 5 & 6 \end{pmatrix}
$$

求 $|\boldsymbol{A}|$。

【解】 设 $$A_1=\begin{pmatrix}1&2\\3&4\end{pmatrix},A_2=\begin{pmatrix}1&1\\5&6\end{pmatrix}$$

则 $$A=\begin{pmatrix}A_1&0\\0&A_2\end{pmatrix}$$

于是 $$|A|=|A_1||A_2|=\begin{vmatrix}1&2\\3&4\end{vmatrix}\begin{vmatrix}1&1\\5&6\end{vmatrix}=(-2)\times1=-2$$

在矩阵分块时,我们常用到两种分法,在解方程组时非常重要,这就是按行分块和按列分块。

设 $A=(a_{ij})_{m\times n}$,我们可以对 A 进行按列分块

$$A=(a_1,a_2,\cdots,a_n)$$

其中,$\beta_j=\begin{pmatrix}a_{1j}\\a_{2j}\\\vdots\\a_{mj}\end{pmatrix}$,$j=1,2,\cdots,n$,称为 A 的列向量。

对于线性方程组

$$\begin{cases}a_{11}x_1+a_{12}x_2+\cdots+a_{1n}x_n=b_1\\a_{21}x_1+a_{22}x_2+\cdots+a_{2n}x_n=b_2\\\vdots\\a_{m1}x_1+a_{m2}x_2+\cdots+a_{mn}x_n=b_m\end{cases}$$

记

$$A=(a_{ij}),X=\begin{pmatrix}x_1\\x_2\\\vdots\\x_n\end{pmatrix},b=\begin{pmatrix}b_1\\b_2\\\vdots\\b_m\end{pmatrix},B=\begin{pmatrix}a_{11}&a_{12}&\cdots&a_{1n}&b_1\\a_{21}&a_{22}&\cdots&a_{2n}&b_2\\\vdots&\vdots&&\vdots&\vdots\\a_{m1}&a_{m2}&\cdots&a_{mn}&b_m\end{pmatrix}$$

其中,A 称为系数矩阵,X 称为未知数向量,b 称为常数项向量,B 称为增广矩阵,B 也可记为

$$B=(A\vdots b)\text{或}B=(A,b)=(a_1,a_2,\cdots,a_n,b)$$

方程组可表示为

$$Ax=b$$

如果对 A 按行分块,则

$$A=\begin{pmatrix}\beta_1\\\beta_2\\\vdots\\\beta_m\end{pmatrix}$$

其中 $\boldsymbol{\beta}_i = (a_{i1}, a_{i2}, \cdots, a_{in}), i = 1,2,\cdots,m$,称为 $\boldsymbol{A}$ 的行向量。

方程组可表示为

$$\begin{pmatrix} \boldsymbol{\beta}_1 \\ \boldsymbol{\beta}_2 \\ \vdots \\ \boldsymbol{\beta}_m \end{pmatrix} \boldsymbol{X} = \begin{pmatrix} b_1 \\ b_2 \\ \vdots \\ b_m \end{pmatrix}$$

2.4 逆矩阵

在数的运算中,对于数 $a \neq 0$,总存在唯一一个数 a^{-1} 使得 $a \cdot a^{-1} = a^{-1} \cdot a = 1$。类似地,我们引入逆矩阵的概念。

【定义 2.5】 对于 n 阶矩阵 $\boldsymbol{A}$,若存在 n 阶矩阵 $\boldsymbol{B}$ 使得

$$\boldsymbol{AB} = \boldsymbol{BA} = \boldsymbol{I}$$

则称矩阵 $\boldsymbol{A}$ 为可逆矩阵,称矩阵 $\boldsymbol{B}$ 为 $\boldsymbol{A}$ 的逆矩阵。

如果矩阵 $\boldsymbol{A}$ 是可逆的,那么 $\boldsymbol{A}$ 的逆矩阵是唯一的,因为设 $\boldsymbol{B}, \boldsymbol{C}$ 都是 $\boldsymbol{A}$ 的逆矩阵,则有

$$\boldsymbol{B} = \boldsymbol{BI} = \boldsymbol{B}(\boldsymbol{AC}) = (\boldsymbol{BA})\boldsymbol{C} = \boldsymbol{IC} = \boldsymbol{C}$$

$\boldsymbol{A}$ 的逆矩阵记作 $\boldsymbol{A}^{-1}$,若 $\boldsymbol{AB} = \boldsymbol{BA} = \boldsymbol{I}$,则 $\boldsymbol{B} = \boldsymbol{A}^{-1}$。

【定义 2.6】 若 n 阶矩阵 $\boldsymbol{A}$ 的行列式 $|\boldsymbol{A}| \neq 0$,则称 $\boldsymbol{A}$ 为非奇异矩阵,若 $|\boldsymbol{A}| = 0$,则称 $\boldsymbol{A}$ 为奇异矩阵。

【定理 2.1】 n 阶矩阵 $\boldsymbol{A}$ 可逆的充分必要条件是 $\boldsymbol{A}$ 非奇异,且 $\boldsymbol{A}^{-1} = \dfrac{1}{|\boldsymbol{A}|}\boldsymbol{A}^*$,其中,$\boldsymbol{A}^*$ 称为 $\boldsymbol{A}$ 的伴随矩阵。

$$\boldsymbol{A}^* = \begin{pmatrix} A_{11} & A_{21} & \cdots & A_{n1} \\ A_{12} & A_{22} & \cdots & A_{n2} \\ \vdots & \vdots & & \vdots \\ A_{1n} & A_{2n} & \cdots & A_{nn} \end{pmatrix}$$

其中,A_{ij} 是 $|\boldsymbol{A}|$ 中元素 a_{ij} 的代数余子式。

【证】 必要性

$\boldsymbol{A}$ 可逆,则 $\boldsymbol{AA}^{-1} = \boldsymbol{I}$,故 $|\boldsymbol{A}||\boldsymbol{A}^{-1}| = |\boldsymbol{I}| = 1$,所以 $|\boldsymbol{A}| \neq 0$,即 $\boldsymbol{A}$ 非奇异。

充分性

设 $\boldsymbol{A}$ 非奇异,则存在矩阵

$$B=\frac{1}{|A|}A^*=\frac{1}{|A|}\begin{pmatrix}A_{11}&A_{21}&\cdots&A_{n1}\\A_{12}&A_{22}&\cdots&A_{n2}\\\vdots&\vdots&&\vdots\\A_{1n}&A_{2n}&\cdots&A_{nn}\end{pmatrix}$$

$$AB=\begin{pmatrix}a_{11}&a_{12}&\cdots&a_{1n}\\a_{21}&a_{22}&\cdots&a_{2n}\\\vdots&\vdots&&\vdots\\a_{n1}&a_{n2}&\cdots&a_{nn}\end{pmatrix}\times\frac{1}{|A|}\begin{pmatrix}A_{11}&A_{21}&\cdots&A_{n1}\\A_{12}&A_{22}&\cdots&A_{n2}\\\vdots&\vdots&&\vdots\\A_{1n}&A_{2n}&\cdots&A_{nn}\end{pmatrix}=$$

$$\frac{1}{|A|}\begin{pmatrix}|A|&0&\cdots&0\\0&|A|&\cdots&0\\\vdots&\vdots&&\vdots\\0&0&\cdots&|A|\end{pmatrix}=\begin{pmatrix}1&0&\cdots&0\\0&1&\cdots&0\\\vdots&\vdots&&\vdots\\0&0&\cdots&1\end{pmatrix}=I$$

同理可证 $BA=I$，所以 A 可逆，并且 $A^{-1}=\frac{1}{|A|}A^*$。

【例 1】 求方阵 $A=\begin{pmatrix}1&2&3\\2&2&1\\3&4&3\end{pmatrix}$ 的逆矩阵。

【解】 $|A|=\begin{vmatrix}1&2&3\\2&2&1\\3&4&3\end{vmatrix}=2\neq 0$，$A^{-1}$ 存在。

计算得

$$A_{11}=2, A_{21}=6, A_{31}=-4, A_{12}=-3, A_{22}=-6$$
$$A_{32}=5, A_{13}=2, A_{23}=2, A_{33}=-2$$

有
$$A^*=\begin{pmatrix}2&6&-4\\-3&-6&5\\2&2&-2\end{pmatrix}$$

所以
$$A^{-1}=\frac{1}{|A|}A^*=\begin{pmatrix}1&3&-2\\-\frac{3}{2}&-3&\frac{5}{2}\\1&1&-1\end{pmatrix}$$

【例 2】 若
$$A=\begin{pmatrix}a_1&0&\cdots&0\\0&a_2&\cdots&0\\\vdots&\vdots&&\vdots\\0&0&\cdots&a_n\end{pmatrix}$$

其中，$a_i\neq 0(i=1,2,\cdots,n)$，验证

$$A^{-1}=\begin{pmatrix}\frac{1}{a_1} & 0 & \cdots & 0\\ 0 & \frac{1}{a_2} & \cdots & 0\\ \vdots & \vdots & & \vdots\\ 0 & 0 & \cdots & \frac{1}{a_n}\end{pmatrix}$$

【证】

$$\begin{pmatrix}a_1 & 0 & \cdots & 0\\ 0 & a_2 & \cdots & 0\\ \vdots & \vdots & & \vdots\\ 0 & 0 & \cdots & a_n\end{pmatrix}\begin{pmatrix}\frac{1}{a_1} & 0 & \cdots & 0\\ 0 & \frac{1}{a_2} & \cdots & 0\\ \vdots & \vdots & & \vdots\\ 0 & 0 & \cdots & \frac{1}{a_n}\end{pmatrix}=$$

$$\begin{pmatrix}\frac{1}{a_1} & 0 & \cdots & 0\\ 0 & \frac{1}{a_2} & \cdots & 0\\ \vdots & \vdots & & \vdots\\ 0 & 0 & \cdots & \frac{1}{a_n}\end{pmatrix}\begin{pmatrix}a_1 & 0 & \cdots & 0\\ 0 & a_2 & \cdots & 0\\ \vdots & \vdots & & \vdots\\ 0 & 0 & \cdots & a_n\end{pmatrix}=\boldsymbol{I}$$

所以

$$A^{-1}=\begin{pmatrix}\frac{1}{a_1} & 0 & \cdots & 0\\ 0 & \frac{1}{a_2} & \cdots & 0\\ \vdots & \vdots & & \vdots\\ 0 & 0 & \cdots & \frac{1}{a_n}\end{pmatrix}$$

【推论 1】 若 $\boldsymbol{A},\boldsymbol{B}$ 均为 n 阶矩阵,且 $\boldsymbol{AB}=\boldsymbol{I}$,则 $\boldsymbol{A},\boldsymbol{B}$ 都可逆,且 $\boldsymbol{A}^{-1}=\boldsymbol{B},\boldsymbol{B}^{-1}=\boldsymbol{A}$。

可逆矩阵具有以下性质:

(1) 若矩阵 $\boldsymbol{A}$ 可逆,则 $\boldsymbol{A}^{-1}$ 也可逆,且 $(\boldsymbol{A}^{-1})^{-1}=\boldsymbol{A}$。

(2) 若矩阵 $\boldsymbol{A}$ 可逆,且数 $\lambda\neq 0$,则 $\lambda\boldsymbol{A}$ 可逆,且 $(\lambda\boldsymbol{A})^{-1}=\frac{1}{\lambda}\boldsymbol{A}^{-1}$

(3) 若 $\boldsymbol{A},\boldsymbol{B}$ 为同阶矩阵且均可逆,则 $\boldsymbol{AB}$ 亦可逆,且

$$(\boldsymbol{AB})^{-1}=\boldsymbol{B}^{-1}\boldsymbol{A}^{-1}$$

【证】 $(\boldsymbol{AB})(\boldsymbol{B}^{-1}\boldsymbol{A}^{-1})=\boldsymbol{A}(\boldsymbol{BB}^{-1})\boldsymbol{A}^{-1}=\boldsymbol{AIA}^{-1}=\boldsymbol{AA}^{-1}=\boldsymbol{I}$

所以

$$(\boldsymbol{AB})^{-1}=\boldsymbol{B}^{-1}\boldsymbol{A}^{-1}$$

(4) 若矩阵 $\boldsymbol{A}$ 可逆,则 $\boldsymbol{A}^{\mathrm{T}}$ 亦可逆,且$(\boldsymbol{A}^{\mathrm{T}})^{-1}=(\boldsymbol{A}^{-1})^{\mathrm{T}}$。

【证】 $\boldsymbol{A}^{\mathrm{T}}(\boldsymbol{A}^{-1})^{\mathrm{T}}=(\boldsymbol{A}^{-1}\boldsymbol{A})^{\mathrm{T}}=\boldsymbol{I}^{\mathrm{T}}=\boldsymbol{I}$,所以$(\boldsymbol{A}^{\mathrm{T}})^{-1}=(\boldsymbol{A}^{-1})^{\mathrm{T}}$。

【例 3】 证明单位矩阵 $\boldsymbol{I}$ 是可逆矩阵。

【证】 因为单位矩阵满足 $\boldsymbol{II}=\boldsymbol{I}$,所以 $\boldsymbol{I}$ 可逆,且 $\boldsymbol{I}^{-1}=\boldsymbol{I}$。

【例 4】 证明,零矩阵是不可逆的。

【证】 设$\boldsymbol{0}$为 n 阶零矩阵,因为对任意 n 阶矩阵 $\boldsymbol{B}$,都有

$$\boldsymbol{0B}=\boldsymbol{B0}=\boldsymbol{0}\neq \boldsymbol{I}$$

所以零矩阵不可逆。

【例 5】 设

$$\boldsymbol{A}=\begin{pmatrix}1&2&3\\2&2&1\\3&4&3\end{pmatrix},\boldsymbol{B}=\begin{pmatrix}2&1\\5&3\end{pmatrix},\boldsymbol{C}=\begin{pmatrix}1&3\\2&0\\3&1\end{pmatrix}$$

求矩阵 $\boldsymbol{X}$ 使满足$\boldsymbol{AXB}=\boldsymbol{C}$。

【解】 因为 $|\boldsymbol{A}|\neq 0$, $|\boldsymbol{B}|\neq 0$,所以 $\boldsymbol{A},\boldsymbol{B}$ 都可逆,且

$$\boldsymbol{A}^{-1}=\begin{pmatrix}1&3&-2\\-\frac{3}{2}&-3&\frac{5}{2}\\1&1&-1\end{pmatrix},\boldsymbol{B}^{-1}=\begin{pmatrix}3&-1\\-5&2\end{pmatrix}$$

用 $\boldsymbol{A}^{-1}$ 左乘,用 $\boldsymbol{B}^{-1}$ 右乘等式 $\boldsymbol{AXB}=\boldsymbol{C}$ 的两端得

$$\boldsymbol{A}^{-1}\boldsymbol{AXBB}^{-1}=\boldsymbol{A}^{-1}\boldsymbol{CB}^{-1}$$

则

$$\boldsymbol{X}=\boldsymbol{A}^{-1}\boldsymbol{CB}^{-1}=\begin{pmatrix}1&3&-2\\-\frac{3}{2}&-3&\frac{5}{2}\\1&1&-1\end{pmatrix}\begin{pmatrix}1&3\\2&0\\3&1\end{pmatrix}\begin{pmatrix}3&-1\\-5&2\end{pmatrix}=\begin{pmatrix}-2&1\\10&-4\\-10&4\end{pmatrix}$$

【例 6】 设 n 阶矩阵$\boldsymbol{A}$ 满足方程$\boldsymbol{A}^2-\boldsymbol{A}-2\boldsymbol{I}=\boldsymbol{0}$,证明 $\boldsymbol{A},\boldsymbol{A}+2\boldsymbol{I}$ 都可逆,并求它们的逆矩阵。

【证】 由于 $\boldsymbol{A}^2-\boldsymbol{A}-2\boldsymbol{I}=\boldsymbol{0}$,得 $\boldsymbol{A}(\boldsymbol{A}-\boldsymbol{I})=2\boldsymbol{I}$,即

$$\boldsymbol{A}\left[\frac{1}{2}(\boldsymbol{A}-\boldsymbol{I})\right]=\boldsymbol{I}$$

则 $\boldsymbol{A}$ 可逆,且

$$\boldsymbol{A}^{-1}=\frac{1}{2}(\boldsymbol{A}-\boldsymbol{I})$$

又 $$\boldsymbol{A}^2-\boldsymbol{A}-2\boldsymbol{I}=\boldsymbol{0}$$

得
$$(A+2I)(A-3I)+4I=0$$
即
$$(A+2I)(A-3I)=-4I$$
$$(A+2I)\left[-\frac{1}{4}(A-3I)\right]=I$$
故 $A+2I$ 可逆，且
$$(A+2I)^{-1}=-\frac{1}{4}(A-3I)$$

【例 7】 证明二阶非奇异矩阵 A 的逆矩阵为
$$A^{-1}=\frac{1}{ad-bc}\begin{pmatrix} d & -b \\ -c & a \end{pmatrix}$$
其中，$A=\begin{pmatrix} a & b \\ c & d \end{pmatrix}$。

【证】 由于 A 为非奇异矩阵，即
$$|A|=ad-bc\neq 0$$
所以 A 可逆。

因为
$$A_{11}=(-1)^{1+1}M_{11}=(-1)^2\cdot d=d$$
$$A_{12}=(-1)^{1+2}M_{12}=(-1)^3\cdot c=-c$$
$$A_{21}=(-1)^{2+1}M_{21}=(-1)^3\cdot b=-b$$
$$A_{22}=(-1)^{2+2}M_{22}=(-1)^4\cdot a=a$$
所以
$$A^{-1}=\frac{1}{|A|}\begin{pmatrix} A_{11} & A_{21} \\ A_{12} & A_{22} \end{pmatrix}=\frac{1}{ad-bc}\begin{pmatrix} d & -b \\ -c & a \end{pmatrix}$$
这个公式对二阶矩阵求逆十分方便，要记住。(简称两调一除)

【例 8】 已知矩阵 A,B，验证 $(AB)^{-1}=B^{-1}A^{-1}$，其中
$$A=\begin{pmatrix} 1 & -2 \\ 4 & 3 \end{pmatrix},B=\begin{pmatrix} -3 & 4 \\ 1 & -1 \end{pmatrix}$$

【证】
$$AB=\begin{pmatrix} 1 & -2 \\ 4 & 3 \end{pmatrix}\begin{pmatrix} -3 & 4 \\ 1 & -1 \end{pmatrix}=\begin{pmatrix} -5 & 6 \\ -9 & 13 \end{pmatrix}$$
$$|AB|=\begin{vmatrix} -5 & 6 \\ -9 & 13 \end{vmatrix}=-11,\ |A|=11,\ |B|=-1$$
于是
$$(AB)^{-1}=\frac{1}{|AB|}\begin{pmatrix} 13 & -6 \\ 9 & -5 \end{pmatrix}=\begin{pmatrix} -13/11 & 6/11 \\ -9/11 & 5/11 \end{pmatrix}$$

$$A^{-1} = \frac{1}{|A|}\begin{pmatrix} 3 & 2 \\ -4 & 1 \end{pmatrix} = \begin{pmatrix} 3/11 & 2/11 \\ -4/11 & 1/11 \end{pmatrix}$$

$$B^{-1} = \frac{1}{|B|}\begin{pmatrix} -1 & -4 \\ -1 & -3 \end{pmatrix} = \begin{pmatrix} 1 & 4 \\ 1 & 3 \end{pmatrix}$$

$$B^{-1}A^{-1} = \begin{pmatrix} 1 & 4 \\ 1 & 3 \end{pmatrix}\begin{pmatrix} 3/11 & 2/11 \\ -4/11 & 1/11 \end{pmatrix} = \begin{pmatrix} -13/11 & 6/11 \\ -9/11 & 5/11 \end{pmatrix}$$

即

$$(AB)^{-1} = B^{-1}A^{-1}$$

【例 9】 设 A,B 为 3 阶方阵,且满足 $A^{-1}BA = 6A + BA$,若

$$A = \begin{pmatrix} \frac{1}{3} & 0 & 0 \\ 0 & \frac{1}{4} & 0 \\ 0 & 0 & \frac{1}{7} \end{pmatrix}$$

求 B。

【解】 将已知等式两边右乘 A^{-1},再左乘 A,得 $B = 6A + AB$,化简有 $B = (I - A)^{-1}6A$,将 $A = \begin{pmatrix} \frac{1}{3} & 0 & 0 \\ 0 & \frac{1}{4} & 0 \\ 0 & 0 & \frac{1}{7} \end{pmatrix}$代入,得 $B = \begin{pmatrix} 3 & 0 & 0 \\ 0 & 2 & 0 \\ 0 & 0 & 1 \end{pmatrix}$。

2.5 矩阵的初等变换

矩阵的初等变换是矩阵的一种十分重要的运算,它在解线性方程组,求逆矩阵及矩阵理论的探讨中都起着重要的作用。

【定义 2.7】 对矩阵进行下列三种变换,称为矩阵的初等行变换。

(1) 对换两行(对换 i,j 两行,记作 $r_i \leftrightarrow r_j$);

(2) 以非零数 k 乘以某行的所有元素(第 i 行乘 k,记 $r_i \times k$);

(3) 把某一行所有元素的 k 倍加到另一行对应的元素上去(第 j 行的 k 倍加到第 i 行上,记作 $r_i + kr_j$)。

将定义中的“行”换成“列”(r 换成 c),即得矩阵的初等列变换。

矩阵的初等行变换和初等列变换统称初等变换。

矩阵 A 经过初等变换后变为 B,用 $A \to B$ 表示,称矩阵 B 和 A 是等价的。

例如,设矩阵 $\boldsymbol{A}=\begin{pmatrix} a_1 & a_2 & a_3 \\ b_1 & b_2 & b_3 \\ c_1 & c_2 & c_3 \end{pmatrix}$,其初等变换如下:

(1) 对换矩阵 $\boldsymbol{A}$ 的第一行和第二行

$$\begin{pmatrix} a_1 & a_2 & a_3 \\ b_1 & b_2 & b_3 \\ c_1 & c_2 & c_3 \end{pmatrix} \xrightarrow{r_1 \leftrightarrow r_2} \begin{pmatrix} b_1 & b_2 & b_3 \\ a_1 & a_2 & a_3 \\ c_1 & c_2 & c_3 \end{pmatrix}$$

(2) 用一个非零数 k 乘矩阵 $\boldsymbol{A}$ 的第三行

$$\begin{pmatrix} a_1 & a_2 & a_3 \\ b_1 & b_2 & b_3 \\ c_1 & c_2 & c_3 \end{pmatrix} \xrightarrow{r_3 \times k} \begin{pmatrix} a_1 & a_2 & a_3 \\ b_1 & b_2 & b_3 \\ kc_1 & kc_2 & kc_3 \end{pmatrix}$$

(3) 用一个数 k 乘矩阵 $\boldsymbol{A}$ 的第一行加到第二行

$$\begin{pmatrix} a_1 & a_2 & a_3 \\ b_1 & b_2 & b_3 \\ c_1 & c_2 & c_3 \end{pmatrix} \xrightarrow{r_2 + kr_1} \begin{pmatrix} a_1 & a_2 & a_3 \\ b_1 + ka_1 & b_2 + ka_2 & b_3 + ka_3 \\ c_1 & c_2 & c_3 \end{pmatrix}$$

矩阵的初等变换是矩阵的一种最基本的运算,它有着广泛的应用。

【定义 2.8】 由单位矩阵 $\boldsymbol{I}$ 经过一次初等变换得到的矩阵称为初等矩阵,三种初等变换对应着三种初等矩阵。

(1) 对换两行(列)

把单位矩阵中第 i,j 两行对换($r_i \leftrightarrow r_j$)得初等矩阵

$$\boldsymbol{I}(ij)=\begin{pmatrix} 1 &&&&&&&&& \\ & \ddots &&&&&&&& \\ && 1 &&&&&&& \\ &&& 0 & & \cdots & & 1 &&& \\ &&&& 1 &&&&& \\ &&& \vdots && \ddots && \vdots && \\ &&&&&& 1 &&& \\ &&& 1 && \cdots && 0 && \\ &&&&&&&& 1 & \\ &&&&&&&&& \ddots \\ &&&&&&&&&& 1 \end{pmatrix} \begin{matrix} \\ \\ \\ \leftarrow 第\ i\ 行 \\ \\ \\ \\ \leftarrow 第\ j\ 行 \\ \\ \\ \\ \end{matrix}$$

用 m 阶初等矩阵 $\boldsymbol{I}_m(ij)$ 左乘矩阵 $\boldsymbol{A}=(a_{ij})_{m\times n}$,得

$$
\boldsymbol{I}_m(ij)\boldsymbol{A} = \begin{pmatrix} a_{11} & a_{12} & \cdots & a_{1n} \\ \vdots & \vdots & & \vdots \\ a_{j1} & a_{j1} & \cdots & a_{jn} \\ \vdots & \vdots & & \vdots \\ a_{i1} & a_{i2} & \cdots & a_{in} \\ \vdots & \vdots & & \vdots \\ a_{m1} & a_{m2} & \cdots & a_{mn} \end{pmatrix} \begin{matrix} \\ \\ \leftarrow \text{第 } i \text{ 行} \\ \\ \leftarrow \text{第 } j \text{ 行} \\ \\ \\ \end{matrix}
$$

其结果相当于将 $\boldsymbol{A}$ 的第 i 行与 j 行对换($r_i \leftrightarrow r_j$)。同理,以 n 阶初等矩阵 $\boldsymbol{I}_n(ij)$ 右乘矩阵 $\boldsymbol{A}$,其结果相当于将 $\boldsymbol{A}$ 的第 i 列与第 j 列对换($c_i \leftrightarrow c_j$)。

(2) 以非零数 k 乘某行(列)

以数 $k \neq 0$ 乘单位矩阵的第 i 行($r_i \times k$),得初等矩阵

$$
\boldsymbol{I}(i(k)) = \begin{pmatrix} 1 & & & & & \\ & \ddots & & & & \\ & & 1 & & & \\ & & & k & & \\ & & & & 1 & & \\ & & & & & \ddots & \\ & & & & & & 1 \end{pmatrix} \begin{matrix} \\ \\ \\ \leftarrow \text{第 } i \text{ 行} \\ \\ \\ \\ \end{matrix}
$$

可以验证以 $\boldsymbol{I}_m(i(k))$ 左乘矩阵 $\boldsymbol{A}$,其结果相当于以数 k 乘 $\boldsymbol{A}$ 的第 i 行($r_i \times k$);以 $\boldsymbol{I}_n(i(k))$ 右乘矩阵 $\boldsymbol{A}$,其结果相当于以数 k 乘 $\boldsymbol{A}$ 的第 i 列($c_i \times k$)。

(3) 以数 k 乘某行(列) 加到另一行(列)。

以 k 乘单位矩阵的第 j 行加到第 i 行上,得初等矩阵

$$
\boldsymbol{I}(ij(k)) = \begin{pmatrix} 1 & & & & & \\ & \ddots & & & & \\ & & 1 & \cdots & k & & \\ & & & \ddots & \vdots & & \\ & & & & 1 & & \\ & & & & & \ddots & \\ & & & & & & 1 \end{pmatrix} \begin{matrix} \\ \\ \leftarrow \text{第 } i \text{ 行} \\ \\ \leftarrow \text{第 } j \text{ 行} \\ \\ \\ \end{matrix}
$$

可以验证,以 $\boldsymbol{I}_m(ij(k))$ 左乘矩阵 $\boldsymbol{A}$,其结果相当于把 $\boldsymbol{A}$ 的第 j 行乘 k 加到第 i 行上($r_i + kr_j$);以 $\boldsymbol{I}_n(ij(k))$ 右乘矩阵 $\boldsymbol{A}$,其结果相当于把 $\boldsymbol{A}$ 的第 i 列乘 k 加到第 j 列上($c_j + kc_i$)。

利用前面所学,很容易验证,初等矩阵都是可逆的,且它们的逆矩阵仍是初等矩阵。显然有

$$\boldsymbol{I}(ij)^{-1}=\boldsymbol{I}(ij),\boldsymbol{I}(i(k))^{-1}=\boldsymbol{I}(i(\frac{1}{k})),\boldsymbol{I}(ij(k))^{-1}=\boldsymbol{I}(ij(-k))$$

观察

$$\boldsymbol{B}=\begin{pmatrix}1&0&-1&0&4\\0&1&-1&0&3\\0&0&0&1&-3\\0&0&0&0&0\end{pmatrix}$$

发现,可以画一条阶梯线,线的下方全为0,第一个台阶只有一行,台阶数即是非零行的行数,阶梯线的竖线后面的第一个元素为非零元,也就是非零行的第一个非零元,这样的矩阵称为行阶梯形矩阵。如果非零行的第一个非零元为1,且这些非零元所在的列的其他元素都为0,则称为行最简形矩阵。

对行最简形矩阵再施以初等列变换,可变成更简单的矩阵,称之为标准形。其特点是,左上角是一个单位矩阵,其余元素全为0,例如

$$\boldsymbol{D}=\begin{pmatrix}1&0&0&0&0\\0&1&0&0&0\\0&0&1&0&0\\0&0&0&0&0\end{pmatrix}$$

对于任何矩阵 $\boldsymbol{A}_{m\times n}$,总可以经过有限次的初等行变换把它变为行阶梯形矩阵和行最简形矩阵,再经过初等列变换可化成标准形。

【例1】 化矩阵 $\boldsymbol{A}$ 为标准形

$$\boldsymbol{A}=\begin{pmatrix}1&0&1\\2&1&0\\-3&2&-5\end{pmatrix}$$

【解】

$$\boldsymbol{A}=\begin{pmatrix}1&0&1\\2&1&0\\-3&2&-5\end{pmatrix}\xrightarrow[r_3+3r_1]{r_2-2r_1}\begin{pmatrix}1&0&1\\0&1&-2\\0&2&-2\end{pmatrix}\xrightarrow{c_3-c_1}$$

$$\begin{pmatrix}1&0&0\\0&1&-2\\0&2&-2\end{pmatrix}\xrightarrow{r_3-2r_2}\begin{pmatrix}1&0&0\\0&1&-2\\0&0&2\end{pmatrix}\xrightarrow{c_3+2c_2}$$

$$\begin{pmatrix}1&0&0\\0&1&0\\0&0&2\end{pmatrix}\xrightarrow{r_3\times\frac{1}{2}}\begin{pmatrix}1&0&0\\0&1&0\\0&0&1\end{pmatrix}$$

【例 2】 化矩阵 $\boldsymbol{A}$ 为标准形

$$\boldsymbol{A}=\begin{pmatrix}2&1&2&3\\4&1&3&5\\2&0&1&2\end{pmatrix}$$

【解】 $$\boldsymbol{A}=\begin{pmatrix}2&1&2&3\\4&1&3&5\\2&0&1&2\end{pmatrix}\xrightarrow[r_3-r_1]{r_2-2r_1}\begin{pmatrix}2&1&2&3\\0&-1&-1&-1\\0&-1&-1&-1\end{pmatrix}\xrightarrow[c_4-\frac{3}{2}c_1]{c_2-\frac{1}{2}c_1,\ c_3-c_1}$$

$$\begin{pmatrix}2&0&0&0\\0&-1&-1&-1\\0&-1&-1&-1\end{pmatrix}\xrightarrow[r_3-r_2]{r_1\times\frac{1}{2}}\begin{pmatrix}1&0&0&0\\0&-1&-1&-1\\0&0&0&0\end{pmatrix}\xrightarrow[c_4-c_2]{c_3-c_2}$$

$$\begin{pmatrix}1&0&0&0\\0&-1&0&0\\0&0&0&0\end{pmatrix}\xrightarrow{r_2\times(-1)}\begin{pmatrix}1&0&0&0\\0&1&0&0\\0&0&0&0\end{pmatrix}$$

【定理 2.2】 n 阶矩阵 $\boldsymbol{A}$ 可逆的充分必要条件是它可以表示成一些初等矩阵的乘积。

【证】 必要性

若 $\boldsymbol{A}$ 可逆,则 $\boldsymbol{A}$ 可以经过若干次初等变换变成标准形,因为初等矩阵都可逆,所以 $\boldsymbol{A}$ 与其乘积也可逆。设 $\boldsymbol{D}$ 为其标准型,则 $\boldsymbol{D}=\boldsymbol{P}_1\boldsymbol{P}_2\cdots\boldsymbol{P}_t\boldsymbol{A}\boldsymbol{Q}_1\boldsymbol{Q}_2\cdots\boldsymbol{Q}_s$,其中,$\boldsymbol{P}_i,\boldsymbol{Q}_j(i=1,\cdots,t;j=1,\cdots,s)$ 均为初等矩阵,$\boldsymbol{D}$ 可逆,$|\boldsymbol{D}|\neq 0$,所以 $\boldsymbol{D}=\boldsymbol{I}_n$。所以

$$\boldsymbol{A}=\boldsymbol{P}_t^{-1}\cdots\boldsymbol{P}_2^{-1}\boldsymbol{P}_1^{-1}\boldsymbol{Q}_s^{-1}\cdots\boldsymbol{Q}_2^{-1}\boldsymbol{Q}_1^{-1}$$

即矩阵 $\boldsymbol{A}$ 可表示成一些初等矩阵的乘积。

因初等矩阵可逆,所以充分性是显然的。

下面介绍一种求逆矩阵的方法。

当 $|\boldsymbol{A}|\neq 0$ 时,有

$$\boldsymbol{A}=\boldsymbol{P}_1\boldsymbol{P}_2\cdots\boldsymbol{P}_l$$

$$\boldsymbol{P}_l^{-1}\cdots\boldsymbol{P}_2^{-1}\boldsymbol{P}_1^{-1}\boldsymbol{A}=\boldsymbol{I}\tag{2.1}$$

两边同时右乘 $\boldsymbol{A}^{-1}$ 得

$$\boldsymbol{P}_l^{-1}\cdots\boldsymbol{P}_2^{-1}\boldsymbol{P}_1^{-1}\boldsymbol{I}=\boldsymbol{A}^{-1}\tag{2.2}$$

式(2.1)表明 $\boldsymbol{A}$ 经过一系列初等行变换可变成 $\boldsymbol{I}$,式(2.2)表明 $\boldsymbol{I}$ 经过同样的初等行变换可变成 $\boldsymbol{A}^{-1}$,用分块矩阵的形式,式(2.1),(2.2)可合并为

$$\boldsymbol{P}_l^{-1}\cdots\boldsymbol{P}_2^{-1}\boldsymbol{P}_1^{-1}(\boldsymbol{A}\ \vdots\ \boldsymbol{I})=(\boldsymbol{I}\ \vdots\ \boldsymbol{A}^{-1})$$

即对 $(\boldsymbol{A}\ \vdots\ \boldsymbol{I})$ 进行初等行变换,当 $\boldsymbol{A}$ 变成 $\boldsymbol{I}$ 时,原来的 $\boldsymbol{I}$ 就变成了 $\boldsymbol{A}^{-1}$。

【例 3】 设矩阵 $\boldsymbol{A}=\begin{pmatrix}1&-1&1\\1&1&3\\2&-3&2\end{pmatrix}$,求逆矩阵 $\boldsymbol{A}^{-1}$。

【解】

$$(\boldsymbol{A} \vdots \boldsymbol{I}) = \left(\begin{array}{ccc:ccc} 1 & -1 & 1 & 1 & 0 & 0 \\ 1 & 1 & 3 & 0 & 1 & 0 \\ 2 & -3 & 2 & 0 & 0 & 1 \end{array}\right) \xrightarrow[r_3 - 2r_1]{r_2 - r_1} \left(\begin{array}{ccc:ccc} 1 & -1 & 1 & 1 & 0 & 0 \\ 0 & 2 & 2 & -1 & 1 & 0 \\ 0 & -1 & 0 & -2 & 0 & 1 \end{array}\right) \xrightarrow[r_3 + r_2]{r_2 \times \frac{1}{2}}$$

$$\left(\begin{array}{ccc:ccc} 1 & -1 & 1 & 1 & 0 & 0 \\ 0 & 1 & 1 & -\frac{1}{2} & \frac{1}{2} & 0 \\ 0 & 0 & 1 & -\frac{5}{2} & \frac{1}{2} & 1 \end{array}\right) \xrightarrow[r_2 - r_3]{r_1 - r_3} \left(\begin{array}{ccc:ccc} 1 & -1 & 0 & \frac{7}{2} & -\frac{1}{2} & -1 \\ 0 & 1 & 0 & 2 & 0 & -1 \\ 0 & 0 & 1 & -\frac{5}{2} & \frac{1}{2} & 1 \end{array}\right) \xrightarrow{r_1 + r_2}$$

$$\left(\begin{array}{ccc:ccc} 1 & 0 & 0 & \frac{11}{2} & -\frac{1}{2} & -2 \\ 0 & 1 & 0 & 2 & 0 & -1 \\ 0 & 0 & 1 & -\frac{5}{2} & \frac{1}{2} & 1 \end{array}\right)$$

所以
$$\boldsymbol{A}^{-1} = \begin{pmatrix} \frac{11}{2} & -\frac{1}{2} & -2 \\ 2 & 0 & -1 \\ -\frac{5}{2} & \frac{1}{2} & 1 \end{pmatrix}$$

利用初等行变换求逆矩阵的方法,还可求矩阵 $\boldsymbol{A}^{-1}\boldsymbol{B}$。

由 $\boldsymbol{A}^{-1}(\boldsymbol{A} \vdots \boldsymbol{B}) = (\boldsymbol{I} \vdots \boldsymbol{A}^{-1}\boldsymbol{B})$ 可知若对矩阵$(\boldsymbol{A} \vdots \boldsymbol{B})$进行初等行变换,当 $\boldsymbol{A}$ 变为 $\boldsymbol{I}$ 时,$\boldsymbol{B}$ 就变为 $\boldsymbol{A}^{-1}\boldsymbol{B}$。

【例 4】 求矩阵 $\boldsymbol{X}$,使 $\boldsymbol{AX} = \boldsymbol{B}$,其中

$$\boldsymbol{A} = \begin{pmatrix} 1 & 2 & 3 \\ 2 & 2 & 1 \\ 3 & 4 & 3 \end{pmatrix}, \boldsymbol{B} = \begin{pmatrix} 2 & 5 \\ 3 & 1 \\ 4 & 3 \end{pmatrix}$$

【解】 若 $\boldsymbol{A}$ 可逆,则 $\boldsymbol{X} = \boldsymbol{A}^{-1}\boldsymbol{B}$

$$(\boldsymbol{A} \vdots \boldsymbol{B}) = \begin{pmatrix} 1 & 2 & 3 & 2 & 5 \\ 2 & 2 & 1 & 3 & 1 \\ 3 & 4 & 3 & 4 & 3 \end{pmatrix} \xrightarrow[r_3 - 3r_1]{r_2 - 2r_1} \begin{pmatrix} 1 & 2 & 3 & 2 & 5 \\ 0 & -2 & -5 & -1 & -9 \\ 0 & -2 & -6 & -2 & -12 \end{pmatrix} \xrightarrow[r_3 - r_2]{r_1 + r_2}$$

$$\begin{pmatrix} 1 & 0 & -2 & 1 & -4 \\ 0 & -2 & -5 & -1 & -9 \\ 0 & 0 & -1 & -1 & -3 \end{pmatrix} \xrightarrow[r_2 - 5r_3]{r_1 - 2r_3} \begin{pmatrix} 1 & 0 & 0 & 3 & 2 \\ 0 & -2 & 0 & 4 & 6 \\ 0 & 0 & -1 & -1 & -3 \end{pmatrix} \xrightarrow[r_3 \times (-1)]{r_2 \times (-\frac{1}{2})}$$

$$\begin{pmatrix} 1 & 0 & 0 & 3 & 2 \\ 0 & 1 & 0 & -2 & -3 \\ 0 & 0 & 1 & 1 & 3 \end{pmatrix}$$

因此
$$X=\begin{pmatrix}3&2\\-2&-3\\1&3\end{pmatrix}$$

【例 5】 设矩阵

$$A=\begin{pmatrix}-2&-1&6\\4&0&5\\-6&-1&1\end{pmatrix}$$

问 A 是否可逆?若可逆,求逆矩阵 A^{-1}。

【解法一】 因为 $|A|=0$,所以 A 不可逆。

【解法二】

$$(A\vdots I)=\left(\begin{array}{ccc:ccc}-2&-1&6&1&0&0\\4&0&5&0&1&0\\-6&-1&1&0&0&1\end{array}\right)\xrightarrow[r_3-3r_1]{r_2+2r_1}$$

$$\left(\begin{array}{ccc:ccc}-2&-1&6&1&0&0\\0&-2&17&2&1&0\\0&2&-17&-3&0&1\end{array}\right)\xrightarrow{r_3+r_2}$$

$$\left(\begin{array}{ccc:ccc}-2&-1&6&1&0&0\\0&-2&17&2&1&0\\0&0&0&-1&1&1\end{array}\right)$$

因为$(A\vdots I)$中左边的矩阵 A 经过初等行变换后出现零行,所以矩阵 A 不可逆。

【例 6】 求下列 m 阶矩阵 A 的逆矩阵 A^{-1}。

$$A=\begin{pmatrix}1&&&b_{1r}&&&\\&\ddots&&\vdots&&&\\&&1&&&&\\&&&b_{rr}&&&\\&&&\vdots&1&&\\&&&&&\ddots&\\&&&b_{mr}&&&1\end{pmatrix}$$

【解】
$$(\boldsymbol{A}\ \vdots\ \boldsymbol{I})=\left(\begin{array}{ccccccc:ccccccc}
1 & & & b_{1r} & & & & 1 & & & & & & \\
 & \ddots & & \vdots & & & & & \ddots & & & & & \\
 & & 1 & & & & & & & 1 & & & & \\
 & & & b_{rr} & & & & & & & 1 & & & \\
 & & & \vdots & 1 & & & & & & & 1 & & \\
 & & & & & \ddots & & & & & & & \ddots & \\
 & & & b_{mr} & & & 1 & & & & & & & 1
\end{array}\right)$$

用$\dfrac{-b_{ir}}{b_{rr}}$乘第r行加于第i行($i=1,2,\cdots,r-1,r+1,\cdots,m$),再以$\dfrac{1}{b_{rr}}$乘第$r$行,得

$$\left(\begin{array}{ccccccc:ccccccc}
1 & & & & & & & 1 & & & -\dfrac{b_{1r}}{b_{rr}} & & & \\
 & \ddots & & & & & & & \ddots & & \vdots & & & \\
 & & 1 & & & & & & & 1 & -\dfrac{b_{r-1r}}{b_{rr}} & & & \\
 & & & 1 & & & & & & & \dfrac{1}{b_{rr}} & & & \\
 & & & & 1 & & & & & & -\dfrac{b_{r+1r}}{b_{rr}} & 1 & & \\
 & & & & & \ddots & & & & & \vdots & & \ddots & \\
 & & & & & & 1 & & & & -\dfrac{b_{mr}}{b_{rr}} & & & 1
\end{array}\right)$$

所以
$$\boldsymbol{A}^{-1}=\begin{pmatrix}
1 & & & -\dfrac{b_{1r}}{b_{rr}} & & & \\
 & \ddots & & \vdots & & & \\
 & & 1 & -\dfrac{b_{r-1r}}{b_{rr}} & & & \\
 & & & \dfrac{1}{b_{rr}} & & & \\
 & & & -\dfrac{b_{r+1r}}{b_{rr}} & 1 & & \\
 & & & \vdots & & \ddots & \\
 & & & -\dfrac{b_{mr}}{b_{rr}} & & & 1
\end{pmatrix}$$

2.6 矩阵的秩

【定义 2.9】 在 $m \times n$ 矩阵 $\boldsymbol{A}$ 中，任取 k 行与 k 列 $(k \leqslant m, k \leqslant n)$，位于这些行列交叉处的 k^2 个元素，不改变它们在 $\boldsymbol{A}$ 中所处的位置次序而得到的 k 阶行列式，称为矩阵 $\boldsymbol{A}$ 的 k 阶子式。

$m \times n$ 矩阵 $\boldsymbol{A}$ 的 k 阶子式共有 $\mathrm{C}_m^k \mathrm{C}_n^k$ 个。

【例 1】

$$\boldsymbol{A} = \begin{pmatrix} 1 & 2 & 3 & -4 \\ 5 & 3 & 2 & 0 \\ 7 & 4 & 0 & 1 \end{pmatrix}$$

$\boldsymbol{A}$ 的 1 阶子式是由其中 1 个元素构成的，共有 12 个 1 阶子式。

$$\begin{vmatrix} 1 & 2 \\ 5 & 3 \end{vmatrix}, \begin{vmatrix} 2 & -4 \\ 4 & 1 \end{vmatrix}, \begin{vmatrix} 5 & 2 \\ 7 & 0 \end{vmatrix}$$

为 $\boldsymbol{A}$ 的二阶子式。

$$\begin{vmatrix} 1 & 2 & 3 \\ 5 & 3 & 2 \\ 7 & 4 & 0 \end{vmatrix}, \begin{vmatrix} 2 & 3 & -4 \\ 3 & 2 & 0 \\ 4 & 0 & 1 \end{vmatrix}, \begin{vmatrix} 1 & 2 & -4 \\ 5 & 3 & 0 \\ 7 & 4 & 1 \end{vmatrix}$$

为 $\boldsymbol{A}$ 的三阶子式。

$\boldsymbol{A}$ 没有 4 阶及 4 阶以上子式。

【定义 2.10】 $m \times n$ 矩阵 $\boldsymbol{A}$ 中不为零的子式中的最高阶数 r，称为矩阵 $\boldsymbol{A}$ 的秩，记作 $r(\boldsymbol{A}) = r$。

如果矩阵 $\boldsymbol{A}$ 中至少有一个 r 阶子式不为零，而所有的 $r+1$ 阶子式都为零，则矩阵 $\boldsymbol{A}$ 的秩是 r，此时显然高于 $r+1$ 阶的子式也都为零，当 $\boldsymbol{A} = \boldsymbol{0}$ 时，规定 $r(\boldsymbol{A}) = 0$。

显然，$r(\boldsymbol{A}^{\mathrm{T}}) = r(\boldsymbol{A})$。

【例 2】 求矩阵 $\boldsymbol{A}$ 和 $\boldsymbol{B}$ 的秩，其中

$$\boldsymbol{A} = \begin{pmatrix} 1 & 2 & 3 \\ 2 & 3 & -5 \\ 4 & 7 & 1 \end{pmatrix}, \boldsymbol{B} = \begin{pmatrix} 2 & 1 & 0 & 3 & 2 \\ 0 & 3 & 1 & 2 & 5 \\ 0 & 0 & 4 & 4 & 0 \\ 0 & 0 & 0 & 0 & 0 \end{pmatrix}$$

【解】 在 $\boldsymbol{A}$ 中，可以看出，一个 2 阶子式，$\begin{vmatrix} 1 & 2 \\ 2 & 3 \end{vmatrix} \neq 0$，而 $\boldsymbol{A}$ 的 3 阶子式只有一个 $|\boldsymbol{A}| = 0$，因此 $r(\boldsymbol{A}) = 2$。

在 B 中，$\begin{vmatrix} 2 & 1 & 0 \\ 0 & 3 & 1 \\ 0 & 0 & 4 \end{vmatrix}$ 为上三角形行列式，它显然不为 0，而 B 所有的 4 阶子式均为 0，所以 $r(B) = 3$。

【定理 2.3】 初等变换不改变矩阵的秩。

【证】 仅考察经过一次初等行变换的情形。

设 $A_{m\times n}$ 经过初等变换变为 $B_{m\times n}$，且 $r(A) = r_1, r(B) = r_2$。

当对 A 施以互换两行或以某非零数乘某一行的变换时，矩阵 B 中的任何 $r_1 + 1$ 阶子式等于某一非零数 c 与 A 的某个 $r_1 + 1$ 阶子式的乘积。因为 A 的任何 $r_1 + 1$ 阶子式皆为零，因此，B 的任何 $r_1 + 1$ 阶子式也都为零。

当对 A 施以第 i 行乘 k 后，加于第 j 行的变换时，对矩阵 B 的任意一个 $r_1 + 1$ 阶子式 $|B_1|$，如果它不含 B 的第 j 行或既含 B 的第 i 行又含第 j 行，则它等于 A 的一个 $r_1 + 1$ 阶子式；如果 $|B_1|$ 含 B 的第 j 行但不含第 i 行时，则 $|B_1| = |A_1| \pm k|A_2|$，其中，$|A_1|$ 和 $|A_2|$ 是 A 中两个 $r_1 + 1$ 阶子式，由 A 的任何 $r_1 + 1$ 阶子式均为零，可知 B 的每一个 $r_1 + 1$ 阶子式全为零。由以上分析可知，对 A 施以一次初等行变换得 B 时，有 $r_2 < r_1 + 1$，即 $r_2 \leqslant r_1$。

A 经过某种初等变换得 B，B 也可以经相应的初等变换得 A，因此有 $r_1 \leqslant r_2$。

故 $r_1 = r_2$。

上述结论对初等列变换亦成立。

因此对 A 每施一次初等变换所得矩阵的秩与 A 的秩相同，因而对 A 施以有限次初等变换后得到的矩阵的秩，仍然等于 A 的秩。

前面我们介绍了阶梯形矩阵，显然，阶梯形矩阵非零行的行数就是矩阵的秩，因此我们在计算矩阵的秩时，通常先把矩阵化成阶梯形的。

【例 3】 设

$$A = \begin{pmatrix} 1 & -2 & 2 & -1 \\ 2 & -4 & 8 & 0 \\ -2 & 4 & -2 & 3 \\ 3 & -6 & 0 & -6 \end{pmatrix}$$

求 A 的秩。

【解】

$$A = \begin{pmatrix} 1 & -2 & 2 & -1 \\ 2 & -4 & 8 & 0 \\ -2 & 4 & -2 & 3 \\ 3 & -6 & 0 & -6 \end{pmatrix} \xrightarrow[r_4 - 3r_1]{\substack{r_2 - 2r_1 \\ r_3 + 2r_1}}$$

$$\begin{pmatrix}1&-2&2&-1\\0&0&4&2\\0&0&2&1\\0&0&-6&-3\end{pmatrix}\xrightarrow[\substack{r_3-r_2\\r_4+3r_2}]{r_2\times\frac{1}{2}}\begin{pmatrix}1&-2&2&-1\\0&0&2&1\\0&0&0&0\\0&0&0&0\end{pmatrix}$$

非零行的行数为 2,所以 $r(\boldsymbol{A})=2$。

【例 4】 设矩阵

$$\boldsymbol{A}=\begin{pmatrix}2&0&5&2\\-2&4&1&0\end{pmatrix},\boldsymbol{B}=\begin{pmatrix}-1&1&4&0\\3&-2&5&-3\\2&0&-6&4\\0&1&1&2\end{pmatrix}$$

求 $r(\boldsymbol{A}),r(\boldsymbol{B}),r(\boldsymbol{AB})$。

【解】

因为 $$\boldsymbol{A}=\begin{pmatrix}2&0&5&2\\-2&4&1&0\end{pmatrix}\xrightarrow{r_2+r_1}\begin{pmatrix}2&0&5&2\\0&4&6&2\end{pmatrix}$$

所以 $$r(\boldsymbol{A})=2$$

因为

$$\boldsymbol{B}=\begin{pmatrix}-1&1&4&0\\3&-2&5&-3\\2&0&-6&4\\0&1&1&2\end{pmatrix}\xrightarrow[r_3+2r_1]{r_2+3r_1}\begin{pmatrix}-1&1&4&0\\0&1&17&-3\\0&2&2&4\\0&1&1&2\end{pmatrix}\xrightarrow[r_4-r_2]{r_3-2r_2}$$

$$\begin{pmatrix}-1&1&4&0\\0&1&17&-3\\0&0&-32&10\\0&0&-16&5\end{pmatrix}\xrightarrow{r_4-\frac{1}{2}r_3}\begin{pmatrix}-1&1&4&0\\0&1&17&-3\\0&0&-32&10\\0&0&0&0\end{pmatrix}$$

所以 $$r(\boldsymbol{B})=3$$

因为

$$\boldsymbol{AB}=\begin{pmatrix}2&0&5&2\\-2&4&1&0\end{pmatrix}\begin{pmatrix}-1&1&4&0\\3&-2&5&-3\\2&0&-6&4\\0&1&1&2\end{pmatrix}=\begin{pmatrix}8&4&-20&24\\16&-10&6&-8\end{pmatrix}$$

$$\boldsymbol{AB}=\begin{pmatrix}8&4&-20&24\\16&-10&6&-8\end{pmatrix}\xrightarrow{r_2-2r_1}\begin{pmatrix}8&4&-20&24\\0&-18&46&-56\end{pmatrix}$$

所以 $$r(\boldsymbol{AB})=2$$

由上例可知,乘积矩阵 $\boldsymbol{AB}$ 的秩不大于两个相乘的矩阵 $\boldsymbol{A},\boldsymbol{B}$ 的秩,即

$$r(\boldsymbol{AB})\leqslant\min\{r(\boldsymbol{A}),r(\boldsymbol{B})\}$$

【定义 2.11】 若 n 阶矩阵 $\boldsymbol{A}$ 的秩 $r(\boldsymbol{A})=n$，则称 $\boldsymbol{A}$ 为满秩矩阵。

【定理 2.4】 n 阶矩阵 $\boldsymbol{A}$ 可逆的充分必要条件是 $\boldsymbol{A}$ 为满秩矩阵。

【例 5】 判断下列矩阵是否可逆。

$$\boldsymbol{A}=\begin{pmatrix}2&2&-1\\3&4&1\\-2&0&6\end{pmatrix},\boldsymbol{B}=\begin{pmatrix}1&1&-1\\2&-1&0\\1&0&1\end{pmatrix}$$

【解】 $$\boldsymbol{A}=\begin{pmatrix}2&2&-1\\3&4&1\\-2&0&6\end{pmatrix}\xrightarrow[r_3+r_1]{r_2-\frac{3}{2}r_1}\begin{pmatrix}2&2&-1\\0&1&\frac{5}{2}\\0&2&5\end{pmatrix}\xrightarrow{r_3-2r_2}\begin{pmatrix}2&2&-1\\0&1&\frac{5}{2}\\0&0&0\end{pmatrix}$$

$r(\boldsymbol{A})=2$，$\boldsymbol{A}$ 不是满秩矩阵，所以 $\boldsymbol{A}$ 不是可逆矩阵。

$$\boldsymbol{B}=\begin{pmatrix}1&1&-1\\2&-1&0\\1&0&1\end{pmatrix}\xrightarrow[r_3-r_1]{r_2-2r_1}\begin{pmatrix}1&1&-1\\0&-3&2\\0&-1&2\end{pmatrix}\xrightarrow{r_2\leftrightarrow r_3}$$

$$\begin{pmatrix}1&1&-1\\0&-1&2\\0&-3&2\end{pmatrix}\xrightarrow{r_3-3r_2}\begin{pmatrix}1&1&-1\\0&-1&2\\0&0&-4\end{pmatrix}$$

$r(\boldsymbol{B})=3$，$\boldsymbol{B}$ 是满秩矩阵，所以 $\boldsymbol{B}$ 是可逆矩阵。

2.7 范 例

【例 1】 设 $$\boldsymbol{A}=\begin{pmatrix}1&0&1\\0&2&0\\0&0&1\end{pmatrix},\boldsymbol{C}=\begin{pmatrix}1&0&0\\0&2&0\\1&0&0\end{pmatrix}$$

$\boldsymbol{B}$ 为 3 阶可逆阵。

求：(1)$(\boldsymbol{A}+3\boldsymbol{I})^{-1}(\boldsymbol{A}^2-9\boldsymbol{I})$

(2)$(\boldsymbol{B}\boldsymbol{C}^{\mathrm{T}}-\boldsymbol{I})^{\mathrm{T}}(\boldsymbol{A}\boldsymbol{B}^{-1})^{\mathrm{T}}+[(\boldsymbol{B}\boldsymbol{A}^{-1})^{\mathrm{T}}]^{-1}$

【解】 (1) $(\boldsymbol{A}+3\boldsymbol{I})^{-1}(\boldsymbol{A}^2-9\boldsymbol{I})=(\boldsymbol{A}+3\boldsymbol{I})^{-1}(\boldsymbol{A}+3\boldsymbol{I})(\boldsymbol{A}-3\boldsymbol{I})=\boldsymbol{A}-$

$$3\boldsymbol{I}=\begin{pmatrix}1&0&1\\0&2&1\\0&0&1\end{pmatrix}-3\begin{pmatrix}1&0&0\\0&2&0\\1&0&0\end{pmatrix}=\begin{pmatrix}-2&0&1\\0&-1&0\\0&0&-2\end{pmatrix}$$

(2) $(\boldsymbol{B}\boldsymbol{C}^{T}-\boldsymbol{I})^{\mathrm{T}}(\boldsymbol{A}\boldsymbol{B}^{-1})^{\mathrm{T}}+[(\boldsymbol{B}\boldsymbol{A}^{-1})^{\mathrm{T}}]^{-1}=(\boldsymbol{C}\boldsymbol{B}^{\mathrm{T}}-\boldsymbol{I})(\boldsymbol{B}^{\mathrm{T}})^{-1}\boldsymbol{A}^{\mathrm{T}}+$
$[(\boldsymbol{A}^{\mathrm{T}})^{-1}\boldsymbol{B}^{\mathrm{T}}]^{-1}=\boldsymbol{C}\boldsymbol{B}^{\mathrm{T}}(\boldsymbol{B}^{\mathrm{T}})^{-1}\boldsymbol{A}^{\mathrm{T}}-(\boldsymbol{B}^{T})^{-1}\boldsymbol{A}^{T}+(\boldsymbol{B}^{\mathrm{T}})^{-1}\boldsymbol{A}^{\mathrm{T}}=\boldsymbol{C}\boldsymbol{A}^{\mathrm{T}}=$

$$\begin{pmatrix}1&0&0\\0&2&0\\1&0&0\end{pmatrix}\begin{pmatrix}1&0&0\\0&2&0\\1&0&1\end{pmatrix}=\begin{pmatrix}1&0&0\\0&4&0\\1&0&0\end{pmatrix}$$

【例 2】 $A=\begin{pmatrix}1&0&1\\0&2&0\\1&0&1\end{pmatrix}$,而 $n\geqslant 2$ 为正整数,则 $A^n-2A^{n-1}=$ ______。

【解】 因为

$$A^2=\begin{pmatrix}1&0&1\\0&2&0\\1&0&1\end{pmatrix}^2=\begin{pmatrix}1&0&1\\0&2&0\\1&0&1\end{pmatrix}\begin{pmatrix}1&0&1\\0&2&0\\1&0&1\end{pmatrix}=\begin{pmatrix}2&0&2\\0&4&0\\2&0&2\end{pmatrix}=2A$$

所以有 $A^n-2A^{n-1}=A^{n-2}(A^2-2A)=\mathbf{0}$。

【例 3】 设矩阵 A,B,C 满足 $AC+AB=2BA$,其中

$$A=\begin{pmatrix}1&0&0\\0&2&0\\0&0&3\end{pmatrix},B=\begin{pmatrix}0&0&1\\0&2&0\\3&0&0\end{pmatrix}$$

求 C。

【解】 由 $|A|=6\neq 0$ 知 A 可逆,由 $AC+AB=2BA$ 得

$C=A^{-1}(2BA-AB)=$

$$\begin{pmatrix}1&0&0\\0&2&0\\0&0&3\end{pmatrix}^{-1}\left(2\begin{pmatrix}0&0&1\\0&2&0\\3&0&0\end{pmatrix}\begin{pmatrix}1&0&0\\0&2&0\\0&0&3\end{pmatrix}-\begin{pmatrix}1&0&0\\0&2&0\\0&0&3\end{pmatrix}\begin{pmatrix}0&0&1\\0&2&0\\3&0&0\end{pmatrix}\right)=$$

$$\begin{pmatrix}1&0&0\\0&\frac{1}{2}&0\\0&0&\frac{1}{3}\end{pmatrix}\begin{pmatrix}0&0&5\\0&4&0\\-3&0&0\end{pmatrix}=\begin{pmatrix}0&0&5\\0&2&0\\-1&0&0\end{pmatrix}$$

【例 4】 已知 $A=\begin{pmatrix}1&0&0\\-1&2&0\\1&4&1\end{pmatrix}$,求 $(4I+A)^{\mathrm{T}}(4I-A)^{-1}(16I-A^2)$ 的行列式。

【解】 $D=|(4I+A)^{\mathrm{T}}(4I-A)^{-1}(4I-A)(4I+A)|=$

$$|(4I+A)^{\mathrm{T}}(4I+A)|=|4I+A|^2=$$

$$\begin{vmatrix}5&0&0\\-1&6&0\\1&4&5\end{vmatrix}^2=150^2=22\,500$$

【例 5】 设矩阵 $A=\begin{pmatrix}1&0&1\\0&2&0\\1&6&1\end{pmatrix}$,且满足 $AB+I=A^2+B$,求 B。

【解】 所给矩阵方程易化为

$$(A-I)B=A^2-I=(A-I)(A+I)$$

$$B=(A-I)^{-1}(A-I)(A+I)=A+I=\begin{pmatrix}2&0&1\\0&3&0\\1&6&2\end{pmatrix}$$

【例6】 已知三阶矩阵 A 的逆矩阵为

$$A^{-1}=\begin{pmatrix}1&1&1\\1&2&1\\1&1&3\end{pmatrix}$$

试求伴随矩阵 A^* 的逆矩阵。

【解】

$$(A^{-1}\vdots I)=\left(\begin{array}{ccc:ccc}1&1&1&1&0&0\\1&2&1&0&1&0\\1&1&3&0&0&1\end{array}\right)\xrightarrow{\text{初等行变换}}\begin{pmatrix}1&0&0&\frac{5}{2}&-1&-\frac{1}{2}\\0&1&0&-1&1&0\\0&0&1&-\frac{1}{2}&0&\frac{1}{2}\end{pmatrix}$$

所以

$$A=\begin{pmatrix}\frac{5}{2}&-1&-\frac{1}{2}\\-1&1&0\\-\frac{1}{2}&0&\frac{1}{2}\end{pmatrix}$$

有

$$|A|=\frac{1}{2}$$

因为

$$AA^*=|A|I$$

即

$$\frac{A}{|A|}A^*=I$$

所以

$$(A^*)^{-1}=\frac{A}{|A|}=\begin{pmatrix}5&-2&-1\\-2&2&0\\1&0&1\end{pmatrix}$$

【例7】 设 A,B 为 n 阶非奇异矩阵,其伴随矩阵分别为 A^*,B^*,证明

$$(AB)^*=B^*A^*$$

【证】 因为 AB 可逆,$(AB)^*$ 可用 AB 的逆矩阵$(AB)^{-1}$表示

$$(AB)^*=|AB|(AB)^{-1}=(|B|B^{-1})(|A|A^{-1})=B^*A^*$$

【例8】 设 A 为 m 阶对称矩阵,P 为任意 m 阶矩阵,证明 P^TAP 为对称矩阵。

【证】 设

$$B=P^TAP$$

因为 $$A^{\mathrm{T}} = A$$

所以 $$B^{\mathrm{T}} = (P^{\mathrm{T}}AP)^{\mathrm{T}} = P^{T}A^{\mathrm{T}}(P^{\mathrm{T}})^{\mathrm{T}} = P^{\mathrm{T}}AP = B$$

即 $P^{\mathrm{T}}AP$ 为对称矩阵。

【例 9】 已知矩阵

$$A = \begin{pmatrix} 1 & 0 & 0 \\ 1 & 1 & 0 \\ 1 & 1 & 1 \end{pmatrix}, B = \begin{pmatrix} 0 & 1 & 1 \\ 1 & 0 & 1 \\ 1 & 1 & 0 \end{pmatrix}$$

且矩阵 C 满足 $ACA + BCB = ACB + BCA + I$，其中，$I$ 为 3 阶单位阵，求 C。

【解】 先将给定的等式变形、化简，然后代入求解，由题设等式得

$$AC(A - B) + BC(B - A) = I$$

$$AC(A - B) - BC(A - B) = I$$

即 $$(A - B)C(A - B) = I$$

由于行列式

$$|A - B| = \begin{vmatrix} 1 & -1 & -1 \\ 0 & 1 & -1 \\ 0 & 0 & 1 \end{vmatrix} = 1 \neq 0$$

所以 $A - B$ 可逆，求得$(A - B)^{-1} = \begin{pmatrix} 1 & 1 & 2 \\ 0 & 1 & 1 \\ 0 & 0 & 1 \end{pmatrix}$，故

$$C = (A - B)^{-1}(A - B)^{-1} = [(A - B)^{-1}]^2 =$$

$$\begin{pmatrix} 1 & 1 & 2 \\ 0 & 1 & 1 \\ 0 & 0 & 1 \end{pmatrix}\begin{pmatrix} 1 & 1 & 2 \\ 0 & 1 & 1 \\ 0 & 0 & 1 \end{pmatrix} = \begin{pmatrix} 1 & 2 & 5 \\ 0 & 1 & 2 \\ 0 & 0 & 1 \end{pmatrix}$$

【例 10】 设 $A = \begin{pmatrix} 1 & -1 \\ 2 & 3 \end{pmatrix}, B = A^2 - 3A + 2I$，求 B^{-1}。

【解】 $B = (A - 2I)(A - I) = \begin{pmatrix} -1 & -1 \\ 2 & 1 \end{pmatrix}\begin{pmatrix} 0 & -1 \\ 2 & 2 \end{pmatrix} = \begin{pmatrix} -2 & -1 \\ 2 & 0 \end{pmatrix}$

$$|B| = 2$$

因此 $$B^{-1} = \frac{B^*}{|B|} = \frac{1}{2}\begin{pmatrix} 0 & 1 \\ -2 & -2 \end{pmatrix} = \begin{pmatrix} 0 & \frac{1}{2} \\ -1 & -1 \end{pmatrix}$$

【例 11】 求 $A = \begin{pmatrix} 1 & 3 & 0 & 0 \\ 2 & 2 & 0 & 0 \\ 0 & 0 & 3 & 2 \\ 0 & 0 & 7 & 4 \end{pmatrix}$的逆矩阵。

【解】 因为 $\begin{vmatrix}1&3\\2&2\end{vmatrix}=-4\neq 0,\begin{vmatrix}3&2\\7&4\end{vmatrix}=-2\neq 0$

由 $\boldsymbol{A}^{-1}=\dfrac{1}{|\boldsymbol{A}|}\boldsymbol{A}^*$ 得

$$\begin{pmatrix}1&3\\2&2\end{pmatrix}^{-1}=\begin{pmatrix}-\dfrac{1}{2}&\dfrac{3}{4}\\\dfrac{1}{2}&-\dfrac{1}{4}\end{pmatrix},\begin{pmatrix}3&2\\7&4\end{pmatrix}^{-1}=\begin{pmatrix}-2&1\\\dfrac{7}{2}&-\dfrac{3}{2}\end{pmatrix}$$

因此

$$\boldsymbol{A}^{-1}=\begin{pmatrix}1&3&0&0\\2&2&0&0\\0&0&3&2\\0&0&7&4\end{pmatrix}^{-1}=\begin{pmatrix}\begin{pmatrix}1&3\\2&2\end{pmatrix}^{-1}&\boldsymbol{0}\\\boldsymbol{0}&\begin{pmatrix}3&2\\7&4\end{pmatrix}^{-1}\end{pmatrix}=\begin{pmatrix}-\dfrac{1}{2}&\dfrac{3}{4}&0&0\\\dfrac{1}{2}&-\dfrac{1}{4}&0&0\\0&0&-2&1\\0&0&\dfrac{7}{2}&-\dfrac{3}{2}\end{pmatrix}$$

【例 12】 设 $\boldsymbol{A},\boldsymbol{B}$ 均为三阶矩阵，$\boldsymbol{I}$ 是三阶单位矩阵。已知

$$\boldsymbol{AB}=2\boldsymbol{A}+\boldsymbol{B},\boldsymbol{B}=\begin{pmatrix}2&0&2\\0&4&0\\2&0&2\end{pmatrix}$$

求$(\boldsymbol{A}-\boldsymbol{I})^{-1}$。

【解】

$$\boldsymbol{AB}=2\boldsymbol{A}+\boldsymbol{B}$$
$$\boldsymbol{AB}-2\boldsymbol{A}-\boldsymbol{B}=\boldsymbol{0}$$

于是

$$\boldsymbol{A}(\boldsymbol{B}-2\boldsymbol{I})-\boldsymbol{B}+2\boldsymbol{I}=2\boldsymbol{I}$$
$$\boldsymbol{A}(\boldsymbol{B}-2\boldsymbol{I})-(\boldsymbol{B}-2\boldsymbol{I})=2\boldsymbol{I}$$
$$(\boldsymbol{A}-\boldsymbol{I})(\boldsymbol{B}-2\boldsymbol{I})=2\boldsymbol{I}$$
$$(\boldsymbol{A}-\boldsymbol{I})^{-1}=\frac{1}{2}(\boldsymbol{B}-2\boldsymbol{I})=\begin{pmatrix}0&0&1\\0&1&0\\1&0&0\end{pmatrix}$$

【例 13】 已知 n 阶方阵$\boldsymbol{A}$ 满足矩阵方程$\boldsymbol{A}^2-3\boldsymbol{A}-2\boldsymbol{I}=\boldsymbol{0}$，其中，$\boldsymbol{A}$ 给定，而 $\boldsymbol{I}$ 是n 阶单位阵，证明 $\boldsymbol{A}$ 可逆，并求出其逆矩阵 $\boldsymbol{A}^{-1}$。

【解】 由 $\boldsymbol{A}^2-3\boldsymbol{A}-2\boldsymbol{I}=\boldsymbol{0}$ 得

$$\boldsymbol{A}^2-3\boldsymbol{A}=\boldsymbol{A}(\boldsymbol{A}-3\boldsymbol{I})=2\boldsymbol{I}$$

即

$$\boldsymbol{A}\left[\frac{1}{2}(\boldsymbol{A}-3\boldsymbol{I})\right]=\boldsymbol{I}$$

故 $\boldsymbol{A}$ 可逆，得

$$A^{-1}=\frac{1}{2}(A-3I)$$

【例14】 设$A=\begin{pmatrix}0 & a_1 & 0 & \cdots & 0\\ 0 & 0 & a_2 & \cdots & 0\\ \vdots & \vdots & \vdots & & \vdots\\ 0 & 0 & 0 & \cdots & a_{n-1}\\ a_n & 0 & 0 & \cdots & 0\end{pmatrix}$,其中,$a_i\neq 0(i=1,2,\cdots,n)$。求$A^{-1}$。

【解】 令 $A_1=\begin{pmatrix}a_1 & 0 & \cdots & 0\\ 0 & a_2 & \cdots & 0\\ \vdots & \vdots & & \vdots\\ 0 & 0 & \cdots & a_{n-1}\end{pmatrix}$,$A_2=(a_n)$

则$A=\begin{pmatrix}\mathbf{0} & A_1\\ A_2 & \mathbf{0}\end{pmatrix}$,因为

$$A_1^{-1}=\begin{pmatrix}\frac{1}{a_1} & 0 & \cdots & 0\\ 0 & \frac{1}{a_2} & \cdots & 0\\ \vdots & \vdots & & \vdots\\ 0 & 0 & \cdots & \frac{1}{a_{n-1}}\end{pmatrix},A_2^{-1}=(\frac{1}{a_n})$$

因此 $$A^{-1}=\begin{pmatrix}\mathbf{0} & A_2^{-1}\\ A_1^{-1} & \mathbf{0}\end{pmatrix}=\begin{pmatrix}0 & 0 & \cdots & 0 & \frac{1}{a_n}\\ \frac{1}{a_1} & 0 & \cdots & 0 & 0\\ 0 & \frac{1}{a_2} & \cdots & 0 & 0\\ \vdots & \vdots & & \vdots & \vdots\\ 0 & 0 & \cdots & \frac{1}{a_{n-1}} & 0\end{pmatrix}$$

【例15】 若$A^k=\mathbf{0}$(k为正整数),证明$I-A$可逆,且

$$(I-A)^{-1}=I+A+A^2+\cdots+A^{k-1}$$

【证】 因为

$$(I-A)(I+A+A^2+\cdots+A^{k-1})=I-A^k=I$$

故$I-A$可逆。且

$$(I-A)^{-1}=I+A+A^2+\cdots+A^{k-1}$$

【例 16】 设矩阵 $\boldsymbol{A},\boldsymbol{B}$ 满足$\boldsymbol{A}^*\boldsymbol{B}\boldsymbol{A}=2\boldsymbol{B}\boldsymbol{A}-8\boldsymbol{I}$,其中

$$\boldsymbol{A}=\begin{pmatrix}1&0&0\\0&-2&0\\0&0&1\end{pmatrix}$$

求 $\boldsymbol{B}$。

【解】 在所给的矩阵等式两端左乘 $\boldsymbol{A}$,右乘 $\boldsymbol{A}^{-1}$,利用 $\boldsymbol{A}\boldsymbol{A}^*=|\boldsymbol{A}|\boldsymbol{I}=-2\boldsymbol{I}$ 得

$$\boldsymbol{A}\boldsymbol{A}^*\boldsymbol{B}\boldsymbol{A}\boldsymbol{A}^{-1}=2\boldsymbol{A}\boldsymbol{B}\boldsymbol{A}\boldsymbol{A}^{-1}-8\boldsymbol{A}\boldsymbol{I}\boldsymbol{A}^{-1}$$

即

$$-2\boldsymbol{B}=2\boldsymbol{A}\boldsymbol{B}-8\boldsymbol{I}$$

有

$$(\boldsymbol{A}+\boldsymbol{I})\boldsymbol{B}=4\boldsymbol{I}$$

上式左乘$(\boldsymbol{A}+\boldsymbol{I})^{-1}$,得

$$\boldsymbol{B}=4(\boldsymbol{A}+\boldsymbol{I})^{-1}=4\begin{pmatrix}2&0&0\\0&-1&0\\0&0&2\end{pmatrix}^{-1}=4\begin{pmatrix}\frac{1}{2}&0&0\\0&-1&0\\0&0&1/2\end{pmatrix}=\begin{pmatrix}2&0&0\\0&-4&0\\0&0&2\end{pmatrix}$$

【例 17】 试证,当 $\boldsymbol{A}$ 为 n 阶满秩矩阵时,$(\boldsymbol{A}^*)^*=|\boldsymbol{A}|^{n-2}\boldsymbol{A}$。

【证】 因为 $\boldsymbol{A}$ 是满秩矩阵。故

$$\boldsymbol{A}^*=|\boldsymbol{A}|\boldsymbol{A}^{-1}$$

而

$$(\boldsymbol{A}^*)^*=(|\boldsymbol{A}|\boldsymbol{A}^{-1})^*=||\boldsymbol{A}|\boldsymbol{A}^{-1}|(|\boldsymbol{A}|\boldsymbol{A}^{-1})^{-1}=$$

$$|\boldsymbol{A}|^n\cdot\frac{1}{|\boldsymbol{A}|}\cdot\frac{1}{|\boldsymbol{A}|}\boldsymbol{A}=|\boldsymbol{A}|^{n-2}\boldsymbol{A}$$

【例 18】 设 $\boldsymbol{A}$ 为 n 阶非零矩阵,证明当 $\boldsymbol{A}^*=\boldsymbol{A}^{\mathrm{T}}$ 时,$\boldsymbol{A}$ 可逆。

【证】 由于

$$\boldsymbol{A}^*=\begin{pmatrix}A_{11}&A_{21}&\cdots&A_{n1}\\A_{12}&A_{22}&\cdots&A_{n2}\\\vdots&\vdots&&\vdots\\A_{1n}&A_{2n}&\cdots&A_{nn}\end{pmatrix}=\begin{pmatrix}a_{11}&a_{21}&\cdots&a_{n1}\\a_{12}&a_{22}&\cdots&a_{n2}\\\vdots&\vdots&&\vdots\\a_{1n}&a_{2n}&\cdots&a_{nn}\end{pmatrix}=\boldsymbol{A}^{\mathrm{T}}$$

所以 $a_{ij}=A_{ij}$。

已知 $\boldsymbol{A}$ 为非零矩阵,不妨设 $a_{11}\neq 0$,则

$$|\boldsymbol{A}|=a_{11}A_{11}+a_{12}A_{12}+\cdots+a_{1n}A_{1n}=a_{11}^2+a_{12}^2+\cdots+a_{1n}^2>0$$

所以 $\boldsymbol{A}$ 可逆。

【例 19】 设 $\boldsymbol{A}$ 为 n 阶矩阵,且 $\boldsymbol{A}^2-\boldsymbol{A}=2\boldsymbol{I}$,$\boldsymbol{I}$ 为 n 阶单位矩阵,证明

$$r(2\boldsymbol{I}-\boldsymbol{A})+r(\boldsymbol{I}+\boldsymbol{A})=n$$

【证】 因为 $(2\boldsymbol{I}-\boldsymbol{A})(\boldsymbol{I}+\boldsymbol{A})=2\boldsymbol{I}+\boldsymbol{A}-\boldsymbol{A}^2=\boldsymbol{0}$

所以 $$r(2\boldsymbol{I}+\boldsymbol{A})+r(\boldsymbol{I}-\boldsymbol{A})\leqslant n$$

又因为 $$(2\boldsymbol{I}-\boldsymbol{A})+(\boldsymbol{I}+\boldsymbol{A})=3\boldsymbol{I}$$

所以 $$r(2\boldsymbol{I}-\boldsymbol{A})+r(\boldsymbol{I}+\boldsymbol{A})\geqslant r(3\boldsymbol{I})=n$$

故 $$r(2\boldsymbol{I}-\boldsymbol{A})+r(\boldsymbol{I}-\boldsymbol{A})=n$$

【例 20】 设 $\boldsymbol{P}$ 为三阶非零矩阵，$\boldsymbol{Q}=\begin{pmatrix}1&2&3\\2&4&8\\3&6&9\end{pmatrix}$，且 $\boldsymbol{PQ}=\boldsymbol{0}$，求 $r(\boldsymbol{P})$。

【解】 因为 $\boldsymbol{P},\boldsymbol{Q}$ 均为三阶方阵，又因为 $\boldsymbol{PQ}=\boldsymbol{0}$，所以

$$r(\boldsymbol{P})+r(\boldsymbol{Q})\leqslant 3$$

由于 $r(\boldsymbol{Q})=2$，于是 $r(\boldsymbol{P})\leqslant 1$。

又因为 $\boldsymbol{P}$ 为三阶非零矩阵，$r(\boldsymbol{P})\geqslant 1$，所以 $r(\boldsymbol{P})=1$。

【例 21】 已知 $\boldsymbol{A}=\begin{pmatrix}\lambda&1&0\\0&\lambda&1\\0&0&\lambda\end{pmatrix}$，求 $\boldsymbol{A}^n$。

【解】 由于 $\boldsymbol{A}=\lambda\boldsymbol{I}+\boldsymbol{J}$，其中，$\boldsymbol{J}=\begin{pmatrix}0&1&0\\0&0&1\\0&0&0\end{pmatrix}$，而

$$\boldsymbol{J}^2=\begin{pmatrix}0&0&1\\0&0&0\\0&0&0\end{pmatrix},\boldsymbol{J}^3=\boldsymbol{J}^4=\cdots=\boldsymbol{0}$$

于是

$$\boldsymbol{A}^n=(\lambda\boldsymbol{I}+\boldsymbol{J})^n=\lambda^n\boldsymbol{I}+\mathrm{C}_n^1\lambda^{n-1}\boldsymbol{J}+\mathrm{C}_n^2\lambda^{n-2}\boldsymbol{J}^2=\begin{pmatrix}\lambda^n&\mathrm{C}_n^1\lambda^{n-1}&\mathrm{C}_n^2\lambda^{n-1}\\0&\lambda^n&\mathrm{C}_n^1\lambda^{n-1}\\0&0&\lambda^n\end{pmatrix}$$

【例 22】 已知 $\boldsymbol{A},\boldsymbol{B}$ 及 $\boldsymbol{A},\boldsymbol{C}$ 都可交换，证明 $\boldsymbol{A},\boldsymbol{B},\boldsymbol{C}$ 是同阶矩阵，且 $\boldsymbol{A}$ 与 $\boldsymbol{BC}$ 可交换。

【证】 设 $\boldsymbol{A}$ 是 $m\times n$ 矩阵，由 $\boldsymbol{AB}$ 可乘，故设 $\boldsymbol{B}$ 是 $n\times s$ 矩阵。

又因为 $\boldsymbol{BA}$ 可乘，所以 $m=s$，那么 $\boldsymbol{AB}$ 是 m 阶矩阵。$\boldsymbol{BA}$ 是 n 阶矩阵，从可交换，$\boldsymbol{AB}=\boldsymbol{BA}$，得 $m=n$，即 $\boldsymbol{A},\boldsymbol{B}$ 是同阶矩阵，同理 $\boldsymbol{C}$ 与 $\boldsymbol{A},\boldsymbol{B}$ 也同阶，由结合律有

$$\boldsymbol{A}(\boldsymbol{BC})=(\boldsymbol{AB})\boldsymbol{C}=(\boldsymbol{BA})\boldsymbol{C}=\boldsymbol{B}(\boldsymbol{AC})=\boldsymbol{B}(\boldsymbol{CA})=(\boldsymbol{BC})\boldsymbol{A}$$

即 $\boldsymbol{A}$ 与 $\boldsymbol{BC}$ 可交换。

【例 23】 设 $\boldsymbol{A}$ 是任一 $n(n\geqslant 3)$ 阶方阵，$\boldsymbol{A}^*$ 为其伴随矩阵，又 k 为常数，且 $k\neq 0,\pm 1$，则必有 $(k\boldsymbol{A})^*$ 等于 ( )

(A) kA^* (B) $k^{n-1}A^*$ (C) k^nA^* (D) $k^{-1}A^*$

【解】 因为对任一 n 阶阵都成立,则必对可逆矩阵成立,设 A 可逆,由 $AA^* = A^*A = |A|I$,得到

$$(kA)(kA)^* = |kA|I$$

即 $$(kA)^* = |kA|(kA)^{-1} = k^n|A|\frac{1}{k}A^{-1} = k^{n-1}|A|A^{-1} = k^{n-1}A^*$$

选(B)。

【例 24】 设 A 是 n 阶对称矩阵,且 A 可逆,如果 $(A-B)^2 = I$,证明

$$(I + A^{-1}B^{\mathrm{T}})^{\mathrm{T}}(I - BA^{-1})^{-1} = (A+B)(A-B)$$

【证】 等式左边 $= [I^{\mathrm{T}} + (A^{-1}B^{\mathrm{T}})^{\mathrm{T}}][AA^{-1} - BA^{-1}]^{-1} =$

$[I + B(A^{-1})^{\mathrm{T}}][(A-B)A^{-1}]^{-1} =$

$[I + B(A^{T})^{-1}]A(A-B)^{-1} =$

$(I + BA^{-1})A(A-B) =$

$(A+B)(A-B)$

【例 25】 计算

$$\begin{pmatrix}0&1&0\\1&0&0\\0&0&1\end{pmatrix}^{2\,003}\begin{pmatrix}1&2&3\\4&5&6\\7&8&9\end{pmatrix}\begin{pmatrix}0&0&1\\0&1&0\\1&0&0\end{pmatrix}^{2\,004}$$

【解】 设 $$A = \begin{pmatrix}1&2&3\\4&5&6\\7&8&9\end{pmatrix}$$

因为 $$I(1,2) = \begin{pmatrix}0&1&0\\1&0&0\\0&0&1\end{pmatrix}, I(1,3) = \begin{pmatrix}0&0&1\\0&1&0\\1&0&0\end{pmatrix}$$

是初等变换矩阵,$I(1,2)$ 左乘 A 相当于把 A 的第一,二两行对换,$I(1,3)$ 右乘 A 相当于把 A 的第一,三两列对换,于是 $[I(1,2)]^{2\,003}A[I(1,3)]^{2\,004}$ 相当于 A 的第一,二两行对换 2 003 次(即对换一次),把 A 的第一,三两列对换 2 004 次(无变化),即把 A 的第一,二两行对换,结果为 $\begin{pmatrix}4&5&6\\1&2&3\\7&8&9\end{pmatrix}$。

习 题

1. 计算

(1) $\begin{pmatrix}1&2\\0&1\end{pmatrix} - \begin{pmatrix}2&-2\\0&3\end{pmatrix}$

(2) $\begin{pmatrix}2 & 1 & 0\\3 & 0 & 1\end{pmatrix}\begin{pmatrix}3 & 1\\2 & 1\\1 & 0\end{pmatrix}-\begin{pmatrix}-3 & 1\\0 & 5\end{pmatrix}$

(3) $\begin{pmatrix}4 & 3 & 1\\1 & -2 & 3\\5 & 7 & 0\end{pmatrix}\begin{pmatrix}7\\2\\1\end{pmatrix}$

(4) $(1,2,3)\begin{pmatrix}1\\2\\3\end{pmatrix}$

(5) $\begin{pmatrix}1 & 2 & 3\\2 & 1 & 0\end{pmatrix}\begin{pmatrix}2\\1\\3\end{pmatrix}(3,1)$

2.设 $\boldsymbol{A}=\begin{pmatrix}1 & 1 & 1\\1 & 1 & -1\\1 & -1 & 1\end{pmatrix},\boldsymbol{B}=\begin{pmatrix}1 & 2 & 3\\-1 & -2 & 4\\0 & 5 & 1\end{pmatrix}$

求 $3\boldsymbol{AB}-2\boldsymbol{A}$ 及 $\boldsymbol{A}^{\mathrm{T}}\boldsymbol{B}$。

3.设 $\boldsymbol{A}=\begin{pmatrix}3 & 5\\1 & 3\end{pmatrix},\boldsymbol{B}=\begin{pmatrix}5 & 1\\0 & 2\end{pmatrix}$,且 $\boldsymbol{AX}-\boldsymbol{B}=\boldsymbol{X}$,求 $\boldsymbol{X}$。

4.设 $\boldsymbol{A}=\begin{pmatrix}\lambda & 1 & 0\\0 & \lambda & 1\\0 & 0 & \lambda\end{pmatrix}$,求 $\boldsymbol{A}^k$。

5.设 $f(x)=a_0+a_1x+a_2x^2+\cdots+a_mx^m$ 是一元多项式,$\boldsymbol{A}$ 是 n 阶方阵,定义 $f(\boldsymbol{A})=a_0\boldsymbol{I}+a_1\boldsymbol{A}+a_2\boldsymbol{A}^2+\cdots+a_m\boldsymbol{A}^m$,称 $f(\boldsymbol{A})$ 为矩阵 $\boldsymbol{A}$ 的多项式,现设 $f(x)=2x^2-3x+1,\boldsymbol{A}=\begin{pmatrix}2 & 1\\0 & 3\end{pmatrix}$。

试求 $f(\boldsymbol{A})$。

6.设$(\boldsymbol{A},\boldsymbol{B})$为 n 阶矩阵,且 $\boldsymbol{A}$ 为对称矩阵,证明 $\boldsymbol{B}^{\mathrm{T}}\boldsymbol{AB}$ 也是对称矩阵。

7.试证,若 $\boldsymbol{A}^2=\boldsymbol{B}^2=\boldsymbol{I}$,则$(\boldsymbol{AB})^2=\boldsymbol{I}$ 的充分必要条件是 $\boldsymbol{A}$ 与 $\boldsymbol{B}$ 可交换。

8.试证,若矩阵 $\boldsymbol{A}$ 与 $\boldsymbol{B}$ 可交换,则 $\boldsymbol{A}$ 的任一多项式 $f(\boldsymbol{A})$ 也与 $\boldsymbol{B}$ 可交换。

9.证明,对任意 $m\times n$ 矩阵 $\boldsymbol{A}$,$\boldsymbol{A}^{\mathrm{T}}\boldsymbol{A}$ 及 $\boldsymbol{AA}^{\mathrm{T}}$ 都是对称矩阵。

10.设 $\boldsymbol{A},\boldsymbol{B}$ 均为 n 阶方阵,且 $\boldsymbol{A}=\frac{1}{2}(\boldsymbol{B}+\boldsymbol{I})$,证明 $\boldsymbol{A}^2=\boldsymbol{A}$,当且仅当 $\boldsymbol{B}^2=\boldsymbol{I}$。

11. 求下列矩阵的逆矩阵。

(1) $\begin{pmatrix} 1 & 2 \\ 2 & 5 \end{pmatrix}$ (2) $\begin{pmatrix} 1 & 2 & -1 \\ 3 & 4 & -2 \\ 5 & -4 & 1 \end{pmatrix}$ (3) $\begin{pmatrix} 1 & 0 & 0 & 0 \\ 1 & 2 & 0 & 0 \\ 2 & 1 & 3 & 0 \\ 1 & 2 & 1 & 4 \end{pmatrix}$

12. 已知

$$\begin{pmatrix} 0 & 1 & 0 \\ 1 & 0 & 0 \\ 0 & 0 & 1 \end{pmatrix} \boldsymbol{X} \begin{pmatrix} 1 & 0 & 0 \\ 0 & 0 & 1 \\ 0 & 1 & 0 \end{pmatrix} = \begin{pmatrix} 1 & -4 & 3 \\ 2 & 0 & -1 \\ 1 & -2 & 0 \end{pmatrix}$$

求矩阵 $\boldsymbol{X}$。

13. 按下列分块的方法求矩阵的逆矩阵。

(1) $\left(\begin{array}{cc:cc} 1 & 2 & 3 & 4 \\ 0 & 1 & 2 & 3 \\ \hdashline 0 & 0 & 1 & 2 \\ 0 & 0 & 0 & 1 \end{array}\right)$ (2) $\left(\begin{array}{ccc:c} 1 & 2 & 3 & 4 \\ 0 & 1 & 2 & 3 \\ 0 & 0 & 1 & 2 \\ \hdashline 0 & 0 & 0 & 1 \end{array}\right)$

14. 试证,若可逆矩阵 $\boldsymbol{A}$ 与矩阵 $\boldsymbol{B}$ 可交换,则 $\boldsymbol{A}^{-1}$ 也与 $\boldsymbol{B}$ 可交换。

15. 设对任意 n 阶矩阵 $\boldsymbol{A}$,试证,(1) $\boldsymbol{A}+\boldsymbol{A}^{\mathrm{T}}$ 是对称矩阵;(2) $\boldsymbol{A}-\boldsymbol{A}^{\mathrm{T}}$ 是反对称矩阵。

16. 设 $\boldsymbol{B} = \begin{pmatrix} 1 & -1 & 0 & 0 \\ 0 & 1 & -1 & 1 \\ 0 & 0 & 1 & -1 \\ 0 & 0 & 0 & 1 \end{pmatrix}, \boldsymbol{C} = \begin{pmatrix} 2 & 1 & 3 & 4 \\ 0 & 2 & 1 & 3 \\ 0 & 0 & 2 & 1 \\ 0 & 0 & 0 & 2 \end{pmatrix}$

且矩阵 $\boldsymbol{A}$ 满足关系式 $\boldsymbol{A}(\boldsymbol{I}-\boldsymbol{C}^{-1}\boldsymbol{B})^{\mathrm{T}}\boldsymbol{C}^{\mathrm{T}} = \boldsymbol{I}$,求矩阵 $\boldsymbol{A}$。

17. 求下列矩阵的秩。

(1) $\begin{pmatrix} 1 & 2 & 3 & 4 \\ 1 & -2 & 4 & 5 \\ 1 & 10 & 1 & 2 \end{pmatrix}$ (2) $\begin{pmatrix} 1 & -1 & 2 & 1 & 0 \\ 2 & -2 & 4 & 2 & 0 \\ 3 & 0 & 6 & -1 & 1 \\ 0 & 3 & 0 & 0 & 1 \end{pmatrix}$

(3) $\begin{pmatrix} 0 & 1 & 1 & -1 & 2 \\ 0 & 2 & 2 & 2 & 0 \\ 0 & -1 & -1 & 1 & 1 \\ 1 & 1 & 0 & 0 & -1 \end{pmatrix}$ (4) $\begin{pmatrix} 1 & 0 & 0 \\ 0 & 1 & 0 \\ 1 & 0 & 1 \\ 0 & 1 & 1 \\ 1 & 1 & 0 \end{pmatrix}$

18. 从矩阵 $\boldsymbol{A}$ 中划去一行得到矩阵 $\boldsymbol{B}$。问 $r(\boldsymbol{A})$ 与 $r(\boldsymbol{B})$ 间的关系。

19. 将下列矩阵化成阶梯形矩阵。

(1) $\begin{pmatrix} 1 & 1 & 1 & -1 \\ -1 & -1 & 2 & 3 \\ 2 & 2 & 5 & 0 \end{pmatrix}$　　(2) $\begin{pmatrix} 7 & -4 & 0 & -1 \\ -1 & 4 & 5 & -3 \\ 2 & 0 & 3 & 8 \\ 0 & 8 & 12 & -5 \end{pmatrix}$

20. 求矩阵 $\boldsymbol{A} = \begin{pmatrix} 3 & 2 & -1 & -3 & -1 \\ 2 & -1 & 3 & 1 & -3 \\ 7 & 0 & 5 & -1 & -8 \end{pmatrix}$ 的秩和一个最高阶非零子式。

21. 设 $\boldsymbol{A} = \begin{pmatrix} a & a & 1 \\ a & 1 & a \\ 1 & a & 1 \end{pmatrix}$，试判断 a 取何值时 $\boldsymbol{A}^{-1}$ 存在，并求出 $\boldsymbol{A}^{-1}$。

22. 求所有与矩阵 $\begin{pmatrix} 1 & \alpha \\ 0 & 1 \end{pmatrix}$ 相乘可交换的 2 阶实矩阵，其中，α 为非零实数。

23. 设 $\boldsymbol{A},\boldsymbol{B},\boldsymbol{C}$ 为同阶方阵，其中，$\boldsymbol{C}$ 为可逆矩阵，且满足 $\boldsymbol{C}^{-1}\boldsymbol{A}\boldsymbol{C} = \boldsymbol{B}$，证明，对任意正整数 m，有 $\boldsymbol{C}^{-1}\boldsymbol{A}^m\boldsymbol{C} = \boldsymbol{B}^m$。

24. 证明，任意一个 n 阶矩阵都可以表示成一个对称矩阵和一个反对称矩阵之和。

25. 设 $\boldsymbol{A},\boldsymbol{B}$ 为 3 阶方阵，$|\boldsymbol{A}| = \frac{1}{2}$，$|\boldsymbol{B}| = 3$，求 $|(3\boldsymbol{A})^{-1} - 2\boldsymbol{A}^*|$，$|\frac{1}{2}\boldsymbol{A}^*\boldsymbol{B}^{-1}|$。

26. 设 $\boldsymbol{A},\boldsymbol{B}$ 是 n 阶矩阵，且 $\boldsymbol{I}+\boldsymbol{AB}$ 可逆，求证 $\boldsymbol{I}+\boldsymbol{BA}$ 也可逆，且

$$(\boldsymbol{I}+\boldsymbol{BA})^{-1} = \boldsymbol{I} - \boldsymbol{B}(\boldsymbol{I}+\boldsymbol{AB})^{-1}\boldsymbol{A}$$

27. 设 $\boldsymbol{A},\boldsymbol{B}$ 分别为 m 阶，n 阶可逆阵，$\boldsymbol{C}$ 为 $m \times n$ 矩阵，求分块矩阵 $\begin{pmatrix} \boldsymbol{A} & \boldsymbol{C} \\ \boldsymbol{0} & \boldsymbol{B} \end{pmatrix}$ 的逆矩阵。

28. 设 $\boldsymbol{A}$ 的逆矩阵 $\boldsymbol{A}^{-1} = \begin{pmatrix} 1 & 1 & 1 \\ 1 & 2 & 1 \\ 1 & 1 & 3 \end{pmatrix}$，求 $(\boldsymbol{A}^*)^{-1}$。

29. 设 $\boldsymbol{A},\boldsymbol{B}$ 为 n 阶方阵，若 $\boldsymbol{A}+\boldsymbol{B}$ 与 $\boldsymbol{A}-\boldsymbol{B}$ 均可逆，证明 $\begin{pmatrix} \boldsymbol{A} & \boldsymbol{B} \\ \boldsymbol{B} & \boldsymbol{A} \end{pmatrix}$ 可逆，并求其逆矩阵。

第 3 章　线性方程组

3.1　线性方程组的消元法

在中学,我们就学过用消元法解简单的线性方程组,先看一个例子。

【例 1】　求解线性方程组

$$\begin{cases} 3x_1 - x_2 + x_3 + 4x_4 = 2 & ① \\ 2x_1 + 10x_2 - 6x_3 - 4x_4 = 0 & ② \\ x_1 + x_2 - 2x_3 - x_4 = -1 & ③ \\ -2x_1 + 2x_2 + x_3 - x_4 = 1 & ④ \end{cases} \tag{3.1}$$

【解】

$$\text{原方程组} \xrightarrow[② \div 2]{① \leftrightarrow ③} \begin{cases} x_1 + x_2 - 2x_3 - x_4 = -1 & ⑤ \\ x_1 + 5x_2 - 3x_3 - 2x_4 = 0 & ⑥ \\ 3x_1 - x_2 + x_3 + 4x_4 = 2 & ⑦ \\ -2x_1 + 2x_2 + x_3 - x_4 = 1 & ⑧ \end{cases}$$

$$\xrightarrow{\substack{⑥ - ⑤ \\ ⑦ - 3⑤ \\ ⑧ + 2⑤}} \begin{cases} x_1 + x_2 - 2x_3 - x_4 = -1 & ⑨ \\ 4x_2 - x_3 - x_4 = 1 & ⑩ \\ -4x_2 + 7x_3 + 7x_4 = 5 & ⑪ \\ 4x_2 - 3x_3 - 3x_4 = -1 & ⑫ \end{cases}$$

$$\xrightarrow{\substack{⑪ + ⑩ \\ ⑫ - ⑩}} \begin{cases} x_1 + x_2 - 2x_3 - x_4 = -1 & ⑬ \\ 4x_2 - x_3 - x_4 = 1 & ⑭ \\ 6x_3 + 6x_4 = 6 & ⑮ \\ -2x_3 - 2x_4 = -2 & ⑯ \end{cases}$$

$$\xrightarrow{\substack{⑮ \div 6 \\ ⑯ \div (-2)}} \begin{cases} x_1 + x_2 - 2x_3 - x_4 = -1 & ⑰ \\ 4x_2 - x_3 - x_4 = 1 & ⑱ \\ x_3 + x_4 = 1 & ⑲ \\ x_3 + x_4 = 1 & ⑳ \end{cases}$$

$$\xrightarrow{⑳-⑲}\begin{cases} x_1 + x_2 - 2x_3 - x_4 = -1 & ㉑ \\ 4x_2 - x_3 - x_4 = 1 & ㉒ \\ x_3 + x_4 = 1 & ㉓ \\ 0 = 0 & ㉔ \end{cases} \tag{3.2}$$

在上述消元过程中,始终把方程组看成一个整体,用到的变换有:交换两个方程的位置(ⓘ↔ⓙ);用一个非零常数 k 乘某一个方程(ⓘ $\times k$ 或 ⓘ $\div \frac{1}{k}$);将一个方程乘以一个非零常数 k 加到另一个方程上去(ⓘ $+ k$ⓙ)。这三种变换都是可逆的,因此,变换前的方程组(3.2) 与变换后的方程组(3.2) 同解。

在方程组(3.2) 中,有4个未知量3个有效方程,应有一个自由未知量。由于方程组(3.2) 呈阶梯形,可把每个台阶的第一个未知量(x_1, x_2, x_3) 选为非自由未知量,剩下的 x_4 选为自由未知量。用"回代" 的方法可求得方程组(3.2) 的解为

$$\begin{cases} x_1 = -x_4 + \frac{1}{2} \\ x_2 = \frac{1}{2} \\ x_3 = -x_4 + 1 \end{cases}$$

其中,x_4 可以取任意值。

如果 x_4 取任意常数 c,则方程组(3.2) 的一般解为

$$\begin{cases} x_1 = -c + \frac{1}{2} \\ x_2 = \frac{1}{2} \\ x_3 = -c + 1 \\ x_4 = c \end{cases}$$

用矩阵表示为

$$\begin{pmatrix} x_1 \\ x_2 \\ x_3 \\ x_4 \end{pmatrix} = \begin{pmatrix} -c + \frac{1}{2} \\ \frac{1}{2} \\ -c + 1 \\ c \end{pmatrix} = c\begin{pmatrix} -1 \\ 0 \\ -1 \\ 1 \end{pmatrix} + \begin{pmatrix} \frac{1}{2} \\ \frac{1}{2} \\ 1 \\ 0 \end{pmatrix}$$

在消元过程中,实际上只对方程组的系数和常数进行运算,未知量并未参与运算,因此记

$$B = (A \vdots b) = \begin{pmatrix} 3 & -1 & 1 & 4 & 2 \\ 2 & 10 & 6 & 4 & 0 \\ 1 & 1 & -2 & -1 & -1 \\ -2 & 2 & 1 & -1 & 1 \end{pmatrix}$$

为方程组(3.1)的增广矩阵。

因此,消元的过程就是对方程组的增广矩阵的初等行变换过程。一般地,线性方程组

$$\begin{cases} a_{11}x_1 + a_{12}x_2 + \cdots + a_{1n}x_n = b_1 \\ a_{21}x_1 + a_{22}x_2 + \cdots + a_{2n}x_n = b_2 \\ \vdots \\ a_{m1}x_1 + a_{m2}x_2 + \cdots + a_{mn}x_n = b_m \end{cases}$$

其矩阵形式为

$$AX = b$$

其中

$$A = \begin{pmatrix} a_{11} & a_{12} & \cdots & a_{1n} \\ a_{21} & a_{22} & \cdots & a_{2n} \\ \vdots & \vdots & & \vdots \\ a_{m1} & a_{m2} & \cdots & a_{mn} \end{pmatrix}$$

为方程组的系数矩阵

$$b = \begin{pmatrix} b_1 \\ b_2 \\ \vdots \\ b_m \end{pmatrix}$$

为方程组的常数项矩阵

$$X = \begin{pmatrix} x_1 \\ x_2 \\ \vdots \\ x_n \end{pmatrix}$$

为 n 元未知量。

对方程组的增广矩阵,施以初等行变换,再经过回代的过程便可求得方程组的解。

【例 2】 解线性方程组

$$\begin{cases} x_1+2x_2-3x_3=4 \\ 2x_1+3x_2-5x_3=7 \\ 4x_1+3x_2-9x_3=9 \\ 2x_1+5x_2-8x_3=8 \end{cases}$$

【解】 方程组的增广矩阵为

$$\boldsymbol{B}=(\boldsymbol{A}\vdots\boldsymbol{b})=\begin{pmatrix} 1 & 2 & -3 & 4 \\ 2 & 3 & -5 & 7 \\ 4 & 3 & -9 & 9 \\ 2 & 5 & -8 & 8 \end{pmatrix}\xrightarrow[r_4-2r_1]{\substack{r_2-2r_1 \\ r_3-4r_1}}\begin{pmatrix} 1 & 2 & -3 & 4 \\ 0 & -1 & 1 & -1 \\ 0 & -5 & 3 & -7 \\ 0 & 1 & -2 & 0 \end{pmatrix}\xrightarrow[r_4+r_2]{r_3-5r_2}$$

$$\begin{pmatrix} 1 & 2 & -3 & 4 \\ 0 & -1 & 1 & -1 \\ 0 & 0 & -2 & -2 \\ 0 & 0 & -1 & -1 \end{pmatrix}\xrightarrow[r_3\div(-2)]{r_4-\frac{1}{2}r_3}\begin{pmatrix} 1 & 2 & -3 & 4 \\ 0 & 1 & -1 & 1 \\ 0 & 0 & 1 & 1 \\ 0 & 0 & 0 & 0 \end{pmatrix}\xrightarrow[r_2+r_3]{r_1+3r_3}$$

$$\begin{pmatrix} 1 & 2 & 0 & 7 \\ 0 & 1 & 0 & 2 \\ 0 & 0 & 1 & 1 \\ 0 & 0 & 0 & 0 \end{pmatrix}\xrightarrow{r_1-2r_2}\begin{pmatrix} 1 & 0 & 0 & 3 \\ 0 & 1 & 0 & 2 \\ 0 & 0 & 0 & 1 \\ 0 & 0 & 0 & 0 \end{pmatrix}$$

所以方程组的解为

$$\begin{cases} x_1=3 \\ x_2=2 \\ x_3=1 \end{cases}$$

由于没有自由未知量,它有唯一解。

3.2 线性方程组解的判定

n 元线性方程组

$$\begin{cases} a_{11}x_1+a_{12}x_2+\cdots+a_{1n}x_n=b_1 \\ a_{21}x_1+a_{22}x_2+\cdots+a_{2n}x_n=b_2 \\ \vdots \\ a_{m1}x_1+a_{m2}x_2+\cdots+a_{mn}x_n=b_m \end{cases} \tag{3.3}$$

即 $\boldsymbol{AX}=\boldsymbol{b}$ 的解通常有三种情况,有唯一解,有无穷多解和无解。

利用系数矩阵 $\boldsymbol{A}$ 和增广矩阵 $\boldsymbol{B}$ 的秩,可方便地讨论线性方程组 $\boldsymbol{A}_{m\times n}\boldsymbol{X}=\boldsymbol{b}$

的解。

(1) $r(\boldsymbol{A}) = r(\boldsymbol{B}) = n$ 时，$\boldsymbol{A}_{m\times n}\boldsymbol{X} = \boldsymbol{b}$ 有唯一解。

(2) $r(\boldsymbol{A}) = r(\boldsymbol{B}) = r < n$ 时，$\boldsymbol{A}_{m\times n}\boldsymbol{X} = \boldsymbol{b}$ 有无穷多解。

(3) $r(\boldsymbol{A}) \neq r(\boldsymbol{B})$ 时，$\boldsymbol{A}_{m\times n}\boldsymbol{X} = \boldsymbol{b}$ 无解。

【证】 对方程组(3.3)的增广矩阵 $\boldsymbol{B}$ 做初等行变换，化为阶梯形矩阵如下

$$\begin{pmatrix} 1 & 0 & 0 & \cdots & 0 & c_{1r+1} & \cdots & c_{1n} & d_1 \\ 0 & 1 & 0 & \cdots & 0 & c_{2r+1} & \cdots & c_{2n} & d_2 \\ \vdots & \vdots & \vdots & & \vdots & \vdots & & \vdots & \vdots \\ 0 & 0 & 0 & \cdots & 1 & c_{rr+1} & \cdots & c_{rn} & d_r \\ 0 & 0 & 0 & \cdots & 0 & 0 & \cdots & 0 & d_{r+1} \\ 0 & 0 & 0 & \cdots & 0 & 0 & \cdots & 0 & 0 \\ \vdots & \vdots & \vdots & & \vdots & \vdots & & \vdots & \vdots \\ 0 & 0 & 0 & \cdots & 0 & 0 & \cdots & 0 & 0 \end{pmatrix}$$

方程组的解有以下三种情况。

(1) 若 $d_{r+1} = 0, r = n$，则有 $r(\boldsymbol{A}) = r(\boldsymbol{B}) = n$，方程组有唯一解，即

$$\begin{cases} x_1 = d_1 \\ x_2 = d_2 \\ \vdots \\ x_n = d_n \end{cases}$$

(2) 若 $d_{r+1} = 0, r < n$，则 $r(\boldsymbol{A}) = r(\boldsymbol{B}) = r < n$，方程组有无穷的解，即

$$\begin{cases} x_1 = d_1 - c_{1r+1}x_{r+1} - \cdots - c_{1n}x_n \\ x_2 = d_2 - c_{2r+1}x_{r+1} - \cdots - c_{2n}x_n \\ \vdots \\ x_r = d_r - c_{rr+1}x_{r+1} - \cdots - c_{rn}x_n \end{cases}$$

其中，$x_{r+1}, x_{r+2}, \cdots, x_n$ 为自由未知量

(3) 若 $d_{r+1} \neq 0$，则有 $r(\boldsymbol{A}) = r, r(\boldsymbol{B}) = r + 1$，即 $r(\boldsymbol{A}) \neq r(\boldsymbol{B})$，方程组无解，因为第 $r + 1$ 个方程为矛盾方程。

【例 1】 解方程组

$$\begin{cases} x_1 + 3x_2 - 5x_3 = -1 \\ 2x_1 + 6x_2 - 3x_3 = 5 \\ 3x_1 + 9x_2 - 15x_3 = 0 \end{cases}$$

【解】 方程组的增广矩阵为

$$\begin{pmatrix}1&3&-5&-1\\2&6&-3&5\\3&9&-15&0\end{pmatrix}\xrightarrow[r_3-3r_1]{r_2-2r_1}\begin{pmatrix}1&3&-5&-1\\0&0&7&7\\0&0&0&3\end{pmatrix}$$

显然 $r(\boldsymbol{A})=2\neq 3=r(\boldsymbol{B})$,方程组无解。

【例 2】 判断方程组

$$\begin{cases}x_1+2x_2-3x_3=-11\\-x_1-x_2+x_3=7\\2x_1-3x_2+x_3=6\\-3x_1+x_2+2x_3=5\end{cases}$$

的解的情况。

【解】 方程组的增广矩阵为

$$\boldsymbol{B}=\begin{pmatrix}1&2&-3&-11\\-1&-1&1&7\\2&-3&1&6\\-3&1&2&5\end{pmatrix}\xrightarrow[r_4+3r_1]{\substack{r_2+r_1\\r_3-2r_1}}\begin{pmatrix}1&2&-3&-11\\0&1&-2&-4\\0&-7&7&28\\0&7&-7&-28\end{pmatrix}\xrightarrow{\substack{r_4+r_3\\r_3\div(-7)}}$$

$$\begin{pmatrix}1&2&-3&-11\\0&1&-2&-4\\0&1&-1&-4\\0&0&0&0\end{pmatrix}\xrightarrow{r_3-r_2}\begin{pmatrix}1&2&-3&-11\\0&1&-2&-4\\0&0&1&0\\0&0&0&0\end{pmatrix}$$

$r(\boldsymbol{A})=r(\boldsymbol{B})=3=n$,所以方程组有唯一解。

【例 3】 解线性方程组

$$\begin{cases}x_1+2x_2-x_3+2x_4=1\\2x_1+4x_2+x_3+x_4=5\\-x_1-2x_2-2x_3+x_4=-4\end{cases}$$

【解】 对增广矩阵 $\boldsymbol{B}$ 作初等行变换

$$\boldsymbol{B}=\begin{pmatrix}1&2&-1&2&1\\2&4&1&1&5\\-1&-2&-2&1&-4\end{pmatrix}\xrightarrow[r_3+r_1]{r_2-2r_1}\begin{pmatrix}1&2&-1&2&1\\0&0&3&-3&3\\0&0&-3&3&-3\end{pmatrix}\xrightarrow{r_2\times\frac{1}{3}}$$

$$\begin{pmatrix}1&2&-1&2&1\\0&0&1&-1&1\\0&0&-3&3&-3\end{pmatrix}\xrightarrow[r_3+3r_2]{r_1+r_2}\begin{pmatrix}1&2&0&1&2\\0&0&1&-1&1\\0&0&0&0&0\end{pmatrix}$$

$r(\boldsymbol{A})=r(\boldsymbol{B})=2<4$,方程组有无穷多解。

与原方程组同解的方程组为

$$\begin{cases} x_1 + 2x_2 + x_4 = 2 \\ x_3 - x_4 = 1 \end{cases}$$

取 x_2, x_4 为自由变量,则方程组的解为

$$\begin{cases} x_1 = 2 - 2k_1 - k_2 \\ x_2 = k_1 \\ x_3 = 1 + k_2 \\ x_4 = k_2 \end{cases} \quad (k_1, k_2 \text{ 为任意常数})$$

【例 4】 设有线性方程组

$$\begin{cases} (1+\lambda)x_1 + x_2 + x_3 = 0 \\ x_1 + (1+\lambda)x_2 + x_3 = 3 \\ x_1 + x_2 + (1+\lambda)x_3 = \lambda \end{cases}$$

问 λ 取何值时,方程组(1) 有唯一解;(2) 无解;(3) 有无穷多个解?并在有无穷多个解时,求其解。

【解】 对增广矩阵 $\boldsymbol{B}$ 作初等变换,使其变成行阶梯形矩阵,即

$$\boldsymbol{B} = \begin{pmatrix} 1+\lambda & 1 & 1 & 0 \\ 1 & 1+\lambda & 1 & 3 \\ 1 & 1 & 1+\lambda & \lambda \end{pmatrix} \xrightarrow{r_1 \leftrightarrow r_3} \begin{pmatrix} 1 & 1 & 1+\lambda & \lambda \\ 1 & 1+\lambda & 1 & 3 \\ 1+\lambda & 1 & 1 & 0 \end{pmatrix} \xrightarrow[r_3 - (1+\lambda)r_1]{r_2 - r_1}$$

$$\begin{pmatrix} 1 & 1 & 1+\lambda & \lambda \\ 0 & \lambda & -\lambda & 3-\lambda \\ 0 & -\lambda & -\lambda(2+\lambda) & -\lambda(1+\lambda) \end{pmatrix} \xrightarrow{r_3 + r_2}$$

$$\begin{pmatrix} 1 & 1 & 1+\lambda & \lambda \\ 0 & \lambda & -\lambda & 3-\lambda \\ 0 & 0 & -\lambda(3+\lambda) & (1-\lambda)(3+\lambda) \end{pmatrix}$$

(1) 当 $\lambda \neq 0$ 且 $\lambda \neq -3$ 时,$r(\boldsymbol{A}) = r(\boldsymbol{B}) = 3$,方程组有唯一解。

(2) 当 $\lambda = 0$ 时,$r(\boldsymbol{A}) = 1, r(\boldsymbol{B}) = 2$,方程组无解。

(3) 当 $\lambda = -3$ 时,$r(\boldsymbol{A}) = r(\boldsymbol{B}) = 2 < 3$,方程组有无穷个解。

当 $\lambda = -3$ 时

$$\boldsymbol{B} \longrightarrow \begin{pmatrix} 1 & 1 & -2 & -3 \\ 0 & -3 & 3 & 6 \\ 0 & 0 & 0 & 0 \end{pmatrix} \xrightarrow{r_2 \div (-3)} \begin{pmatrix} 1 & 1 & -2 & -3 \\ 0 & 1 & -1 & -2 \\ 0 & 0 & 0 & 0 \end{pmatrix}$$

$$\xrightarrow{r_1 - r_2} \begin{pmatrix} 1 & 0 & -1 & -1 \\ 0 & 1 & -1 & -2 \\ 0 & 0 & 0 & 0 \end{pmatrix}$$

方程组的解为

$$\begin{cases} x_1 = x_3 - 1 \\ x_2 = x_3 - 2 \end{cases} \quad (x_3\text{ 可取任意值})$$

即

$$\begin{pmatrix} x_1 \\ x_2 \\ x_3 \end{pmatrix} = c\begin{pmatrix} 1 \\ 1 \\ 1 \end{pmatrix} + \begin{pmatrix} -1 \\ -2 \\ 0 \end{pmatrix}, C \in \mathbf{R}$$

【例 5】 问参数 λ 为何值时，线性方程组

$$\begin{cases} \lambda x_1 + x_2 + x_3 + x_4 = 1 \\ x_1 + \lambda x_2 + x_3 + x_4 = \lambda \\ x_1 + x_2 + \lambda x_3 + x_4 = \lambda^2 \\ x_1 + x_2 + x_3 + \lambda x_4 = \lambda^3 \end{cases}$$

有唯一解，无解，有无穷多解？

【解】 系数行列式为

$$|A| = \begin{vmatrix} \lambda & 1 & 1 & 1 \\ 1 & \lambda & 1 & 1 \\ 1 & 1 & \lambda & 1 \\ 1 & 1 & 1 & \lambda \end{vmatrix} = (\lambda + 3)(\lambda - 1)^2$$

由克莱姆法则知当 $\lambda \neq -3$，且 $\lambda \neq -1$ 时，方程组有唯一解。$\lambda = -3$ 时，对增广矩阵作初等行变换，有

$$\boldsymbol{B} = \begin{pmatrix} -3 & 1 & 1 & 1 & 1 \\ 1 & -3 & 1 & 1 & -3 \\ 1 & 1 & -3 & 1 & 9 \\ 1 & 1 & 1 & -3 & -27 \end{pmatrix} \xrightarrow[\substack{r_2 - r_4 \\ r_3 - r_4}]{r_1 + r_2 + r_3 + r_4}$$

$$\begin{pmatrix} 0 & 0 & 0 & 0 & -20 \\ 0 & -4 & 0 & 4 & 24 \\ 0 & 0 & -4 & 4 & 36 \\ 1 & 1 & 1 & -3 & -27 \end{pmatrix} \xrightarrow{r_1 \leftrightarrow r_4} \begin{pmatrix} 1 & 1 & 1 & -3 & -27 \\ 0 & -4 & 0 & 4 & 24 \\ 0 & 0 & -4 & 4 & 36 \\ 0 & 0 & 0 & 0 & -20 \end{pmatrix}$$

$r(\boldsymbol{B}) = 4 \neq 3 = r(\boldsymbol{A})$，方程组无解。

$\lambda = 1$ 时

$$\boldsymbol{B} = \begin{pmatrix} 1 & 1 & 1 & 1 & 1 \\ 1 & 1 & 1 & 1 & 1 \\ 1 & 1 & 1 & 1 & 1 \\ 1 & 1 & 1 & 1 & 1 \end{pmatrix} \xrightarrow[\substack{r_3 - r_1 \\ r_4 - r_1}]{r_2 - r} \begin{pmatrix} 1 & 1 & 1 & 1 & 1 \\ 0 & 0 & 0 & 0 & 0 \\ 0 & 0 & 0 & 0 & 0 \\ 0 & 0 & 0 & 0 & 0 \end{pmatrix}$$

$r(\boldsymbol{B}) = r(\boldsymbol{A}) = 1 < 4$，方程组有无穷多解。

【推论 1】 $r(\boldsymbol{A}) = n$ 时，n 元齐次方程组 $\boldsymbol{A}_{m\times n}\boldsymbol{X} = \boldsymbol{0}$ 只有零解。

$r(\boldsymbol{A}) < n$ 时，n 元齐次方程组 $\boldsymbol{A}_{m\times n}\boldsymbol{X} = \boldsymbol{0}$ 有非零解。

【例 6】 判别齐次方程组

$$\begin{cases} x_1 + 3x_2 - 7x_3 - 8x_4 = 0 \\ 2x_1 + 5x_2 + 4x_3 + 4x_4 = 0 \\ -3x_1 - 7x_2 - 2x_3 - 3x_4 = 0 \\ x_1 + 4x_2 - 12x_3 - 16x_4 = 0 \end{cases}$$

是否有非零解。

【解】 方程组的系数矩阵

$$\boldsymbol{A} = \begin{pmatrix} 1 & 3 & -7 & -8 \\ 2 & 5 & 4 & 4 \\ -3 & -7 & -2 & -3 \\ 1 & 4 & -12 & -16 \end{pmatrix} \xrightarrow[r_4 - r_1]{\substack{r_2 - 2r_1 \\ r_3 + 3r_1}} \begin{pmatrix} 1 & 3 & -7 & -8 \\ 0 & -1 & 18 & 20 \\ 0 & 2 & -23 & -27 \\ 0 & 1 & -5 & -8 \end{pmatrix} \xrightarrow[r_4 + r_2]{r_3 + 2r_2}$$

$$\begin{pmatrix} 1 & 3 & -7 & -8 \\ 0 & -1 & 18 & 20 \\ 0 & 0 & 13 & 13 \\ 0 & 0 & 13 & 12 \end{pmatrix} \xrightarrow{r_4 - r_3} \begin{pmatrix} 1 & 3 & -7 & -8 \\ 0 & -1 & 18 & 20 \\ 0 & 0 & 13 & 13 \\ 0 & 0 & 0 & -1 \end{pmatrix}$$

$r(\boldsymbol{A}) = 4 = n$，所以齐次方程组没有非零解。

【例 7】 试确定 λ 的值，使齐次线性方程组

$$\begin{cases} x_1 - x_2 + x_3 = 0 \\ \lambda x_1 + 2x_2 + x_3 = 0 \\ 2x_1 + \lambda x_2 = 0 \end{cases}$$

有非零解。

【解】 对系数矩阵作初等变换，即

$$\boldsymbol{A} = \begin{pmatrix} 1 & -1 & 1 \\ \lambda & 2 & 1 \\ 2 & \lambda & 0 \end{pmatrix} \xrightarrow{\substack{r_2 - \lambda r_1 \\ r_3 - 2r_1}} \begin{pmatrix} 1 & -1 & 1 \\ 0 & 2+\lambda & 1-\lambda \\ 0 & \lambda+2 & -2 \end{pmatrix} \xrightarrow{r_3 - r_2} \begin{pmatrix} 1 & -1 & 1 \\ 0 & 2+\lambda & 1-\lambda \\ 0 & 0 & \lambda-3 \end{pmatrix}$$

当 $\lambda = -2$ 时

$$\boldsymbol{A} \to \begin{pmatrix} 1 & -1 & 1 \\ 0 & 0 & 3 \\ 0 & 0 & -5 \end{pmatrix} \to \begin{pmatrix} 1 & -1 & 1 \\ 0 & 0 & 3 \\ 0 & 0 & 0 \end{pmatrix}$$

$$r(\boldsymbol{A}) = 2$$

当 $\lambda = 3$ 时

$$A \to \begin{pmatrix} 1 & -1 & 1 \\ 0 & 5 & -2 \\ 0 & 0 & 0 \end{pmatrix}$$

$$r(A) = 2$$

即当 $\lambda = 2$ 或 3 时，$r(A) < 3$，方程组有非零解。

3.3 n 维向量空间

为了深入地讨论线性方程组的问题，下面介绍 n 维向量的有关知识。

一个 $m \times n$ 矩阵的每一行都是由 n 个数组成的有序数组，其每一列都是由 m 个数组成的有序数组。研究其他问题时，也常遇到有序数组。例如平面上一点的坐标和空间中点的坐标分别是二元和三元有序数组 (x, y)，(x, y, z)，又如把组成社会生产的各部门的产品和劳务的数量，按一定次序排列起来，就得到国民经济各部门产品或劳务的有序数组，因此我们给出如下定义。

【定义 3.1】 n 个实数组成的有序数组称为 n 维向量，一般用黑体小写字母 $\boldsymbol{a}, \boldsymbol{b}, \boldsymbol{\alpha}, \boldsymbol{\beta}$ 等表示。

$\boldsymbol{\alpha} = (a_1, a_2, \cdots, a_n)$ 称为 n 维行向量，其中，a_i 称为向量 $\boldsymbol{\alpha}$ 的第 i 个分量。

$\boldsymbol{\beta} = \begin{pmatrix} b_1 \\ b_2 \\ \vdots \\ b_n \end{pmatrix}$ 称为 n 维列向量，其中 b_i 称为向量 $\boldsymbol{\beta}$ 的第 i 个分量。

列向量 $\boldsymbol{\beta}$，也可写成 $\boldsymbol{\beta} = (b_1, b_2, \cdots, b_n)^{\mathrm{T}}$。

矩阵 $\boldsymbol{A} = \begin{pmatrix} a_{11} & a_{12} & \cdots & a_{1n} \\ a_{21} & a_{22} & \cdots & a_{2n} \\ \vdots & \vdots & & \vdots \\ a_{m1} & a_{m2} & \cdots & a_{mn} \end{pmatrix}$ 中的每一行 $(a_{i1}, a_{i2}, \cdots, a_{in})(i = 1,2,\cdots, m)$，都是 n 维行向量，每一列 $\begin{pmatrix} a_{1j} \\ a_{2j} \\ \vdots \\ a_{mj} \end{pmatrix}(j = 1,2,\cdots,n)$ 都是 m 维列向量。

和矩阵一样，两个 n 维向量当且仅当它们对应分量都相等时，才是相等的。即 $\boldsymbol{\alpha} = (a_1, a_2, \cdots, a_n)$，$\boldsymbol{\beta} = (b_1, b_2, \cdots, b_n)$，当且仅当 $a_i = b_i(i = 1,2,\cdots,n)$ 时，$\boldsymbol{\alpha} = \boldsymbol{\beta}$。

所有分量均为零的向量称为零向量，记为

$$\mathbf{0}=(0,0,\cdots,0)$$

n 维向量 $\boldsymbol{\alpha}=(a_1,a_2,\cdots,a_n)$ 的各分量的相反数组成的 n 维向量称为 $\boldsymbol{\alpha}$ 的负向量,记为 $-\boldsymbol{\alpha}$,即 $-\boldsymbol{\alpha}=(-a_1,-a_2,\cdots,-a_n)$。

向量的运算类似矩阵的运算。

两个 n 维向量 $\boldsymbol{\alpha}=(a_1,a_2,\cdots,a_n)$ 与 $\boldsymbol{\beta}=(b_1,b_2,\cdots,b_n)$ 的各对应分量之和组成的向量,称为 $\boldsymbol{\alpha}$ 与 $\boldsymbol{\beta}$ 的和,记为 $\boldsymbol{\alpha}+\boldsymbol{\beta}$,即

$$\boldsymbol{\alpha}+\boldsymbol{\beta}=(a_1+b_1,a_2+b_2,\cdots,a_n+b_n)$$

向量的减法为

$$\boldsymbol{\alpha}-\boldsymbol{\beta}=\boldsymbol{\alpha}+(-\boldsymbol{\beta})=(a_1,a_2,\cdots,a_n)+(-b_1,-b_2,\cdots,-b_n)=$$
$$(a_1-b_1,a_2-b_2,\cdots,a_n-b_n)$$

n 维向量 $\boldsymbol{\alpha}=(a_1,a_2,\cdots,a_n)$ 的各个分量都乘以 k(k 为实数)所组成的向量,称为数 k 与向量 $\boldsymbol{\alpha}$ 的乘积,记为 $k\boldsymbol{\alpha}$,即 $k\boldsymbol{\alpha}=(ka_1,ka_2,\cdots,ka_n)$。

向量的加、减及数乘运算统称为向量的线性运算。

【定义 3.2】 n 维向量的全体组成的集合 $R^n=\{\boldsymbol{X}=(x_1,x_2,\cdots,x_n)\mid x_i,x_2,\cdots,x_n\in R\}$,叫做 n 维向量空间,它是指在 R^n 中定义了加法及数乘这两种运算,并且这两种运算满足以下规律:

(1)$\boldsymbol{\alpha}+\boldsymbol{\beta}=\boldsymbol{\beta}+\boldsymbol{\alpha}$

(2)$\boldsymbol{\alpha}+(\boldsymbol{\beta}+\boldsymbol{\gamma})=(\boldsymbol{\alpha}+\boldsymbol{\beta})+\boldsymbol{\gamma}$

(3)$\boldsymbol{\alpha}+\mathbf{0}=\boldsymbol{\alpha}$

(4)$\boldsymbol{\alpha}+(-\boldsymbol{\alpha})=\mathbf{0}$

(5)$(k+l)\boldsymbol{\alpha}=k\boldsymbol{\alpha}+l\boldsymbol{\alpha}$

(6)$k(\boldsymbol{\alpha}+\boldsymbol{\beta})=k\boldsymbol{\alpha}+k\boldsymbol{\beta}$

(7)$(kl)\boldsymbol{\alpha}=k(l\boldsymbol{\alpha})$

(8)$1\cdot\boldsymbol{\alpha}=\boldsymbol{\alpha}$

其中,$\boldsymbol{\alpha},\boldsymbol{\beta},\boldsymbol{\gamma}$ 都是 n 维向量,k,l 为实数。

【例 1】 设 $\boldsymbol{\alpha}_1=(2,-4,1,-1)$,$\boldsymbol{\alpha}_2=(-3,-1,2,-\frac{5}{2})$,如果向量 $\boldsymbol{\beta}$ 满足 $3\boldsymbol{\alpha}_1-2(\boldsymbol{\beta}+\boldsymbol{\alpha}_2)=\mathbf{0}$,求 $\boldsymbol{\beta}$。

【解】 由题意有

$$3\boldsymbol{\alpha}_1-2\boldsymbol{\beta}-2\boldsymbol{\alpha}_2=\mathbf{0}$$

得

$$\boldsymbol{\beta}=\frac{1}{2}(3\boldsymbol{\alpha}_1-2\boldsymbol{\alpha}_2)=\frac{3}{2}\boldsymbol{\alpha}_1-\boldsymbol{\alpha}_2=\frac{3}{2}(2,-4,1,-1)-$$
$$(-3,-1,2,-\frac{5}{2})=(6,-5,-\frac{1}{2},1)$$

3.4 向量间的线性关系

3.4.1 线性组合

前面我们常把 m 个方程 n 个未知量的线性方程组写成矩阵形式 $\boldsymbol{AX} = \boldsymbol{b}$，从而方程组可以与它的增广矩阵 $\boldsymbol{B} = (\boldsymbol{A}, \boldsymbol{b})$ 一一对应,这种对应着看成一个方程对应一个行向量,则方程组与增广矩阵 $\boldsymbol{B}$ 的行向量组对应,若把方程组写成

$$x_1\boldsymbol{\alpha}_1 + x_2 + \boldsymbol{\alpha}_2 + \cdots + x_n\boldsymbol{\alpha}_n = \boldsymbol{b}$$

则可见方程组与 $\boldsymbol{B}$ 的列向量组 $\boldsymbol{\alpha}_1, \boldsymbol{\alpha}_2, \cdots, \boldsymbol{\alpha}_n, \boldsymbol{b}$ 之间也有一一对应的关系。

【定义 3.3】 给定向量组 $\boldsymbol{\alpha}_1, \boldsymbol{\alpha}_2, \cdots, \boldsymbol{\alpha}_m$,对于任何一组实数 $k_1, k_2, \cdots, k_m$ 向量 $k_1\boldsymbol{\alpha}_1 + k_2\boldsymbol{\alpha}_2 + \cdots + k_m\boldsymbol{\alpha}_m$ 称为向量组的一个线性组合,$k_1, k_2, \cdots, k_m$ 称为这个线性组合的系数。

n 元线性方程组可以写成向量形式

$$x_1\boldsymbol{\alpha}_1 + x_2\boldsymbol{\alpha}_2 + \cdots + x_n\boldsymbol{\alpha}_n = \boldsymbol{\beta}$$

其中

$$\boldsymbol{\alpha}_j = \begin{pmatrix} a_{1j} \\ a_{2j} \\ \vdots \\ a_{mj} \end{pmatrix}, j = 1,2,\cdots,n, \boldsymbol{\beta} = \begin{pmatrix} b_1 \\ b_2 \\ \vdots \\ b_m \end{pmatrix}$$

都是 m 维列向量。

于是,线性方程组是否有解,就相当于是否存在一组数

$$x_1 = k_1, x_2 = k_2, \cdots, x_n = k_n$$

使线性关系式,$k_1\boldsymbol{\alpha}_1 + k_2\boldsymbol{\alpha}_2 + \cdots + k_n\boldsymbol{\alpha}_n = \boldsymbol{\beta}$ 成立,即常数列向量 $\boldsymbol{\beta}$ 是否可以表示成上述系数列向量组 $\boldsymbol{\alpha}_1, \boldsymbol{\alpha}_2, \cdots, \boldsymbol{\alpha}_n$ 的线性关系式。如果可以,则方程组有解,否则方程组无解。$\boldsymbol{\beta}$ 可表示成上述关系式时,称向量 $\boldsymbol{\beta}$ 是向量组 $\boldsymbol{\alpha}_1, \boldsymbol{\alpha}_2, \cdots, \boldsymbol{\alpha}_n$ 的线性组合,或者称 $\boldsymbol{\beta}$ 可由向量组 $\boldsymbol{\alpha}_1, \boldsymbol{\alpha}_2, \cdots, \boldsymbol{\alpha}_n$ 线性表示。

【定义 3.4】 对于向量 $\boldsymbol{\beta}, \boldsymbol{\alpha}_1, \boldsymbol{\alpha}_2, \cdots, \boldsymbol{\alpha}_n$,如果存在一组数 $k_1, k_2, \cdots, k_n$ 使关系式 $\boldsymbol{\beta} = k_1\boldsymbol{\alpha}_1 + k_2\boldsymbol{\alpha}_2 + \cdots + k_n\boldsymbol{\alpha}_n$,则称向量 $\boldsymbol{\beta}$ 是向量组 $\boldsymbol{\alpha}_1, \boldsymbol{\alpha}_2, \cdots, \boldsymbol{\alpha}_n$ 的线性组合或称向量 $\boldsymbol{\beta}$ 可以由向量组 $\boldsymbol{\alpha}_1, \boldsymbol{\alpha}_2, \cdots, \boldsymbol{\alpha}_n$ 线性表示。

例如,$\boldsymbol{\beta} = (2,3,4)$,$\boldsymbol{\alpha}_1 = (1,1,0)$,$\boldsymbol{\alpha}_2 = (1,0,2)$,$\boldsymbol{\alpha}_3 = (0,1,1)$,显然有 $\boldsymbol{\beta} = \boldsymbol{\alpha}_1 + \boldsymbol{\alpha}_2 + 2\boldsymbol{\alpha}_3$,即 $\boldsymbol{\beta}$ 是 $\boldsymbol{\alpha}_1, \boldsymbol{\alpha}_2, \boldsymbol{\alpha}_3$ 的线性组合,或者说 $\boldsymbol{\beta}$ 可由 $\boldsymbol{\alpha}_1, \boldsymbol{\alpha}_2, \boldsymbol{\alpha}_3$ 线性表示。

【定理3.1】 m 维列向量 $\boldsymbol{\beta}=\begin{pmatrix}b_1\\b_2\\\vdots\\b_m\end{pmatrix}$,可由向量组 $\boldsymbol{\alpha}_j=\begin{pmatrix}a_{1j}\\a_{2j}\\\vdots\\a_{mj}\end{pmatrix}(j=1,2,\cdots,n)$ 线性表示的充分必要条件是以 $\boldsymbol{\alpha}_1,\boldsymbol{\alpha}_2,\cdots,\boldsymbol{\alpha}_n$ 为列向量的矩阵与以 $\boldsymbol{\alpha}_1,\boldsymbol{\alpha}_2,\cdots,\boldsymbol{\alpha}_n,\boldsymbol{\beta}$ 为列向量的矩阵有相同的秩。

【证】 n 元线性方程组

$x_1\boldsymbol{\alpha}_1+x_2\boldsymbol{\alpha}_2+\cdots+x_n\boldsymbol{\alpha}_n=\boldsymbol{\beta}$ 有解的充分必要条件是系数矩阵与其增广矩阵的秩相同,这就是说 $\boldsymbol{\beta}$ 可由 $\boldsymbol{\alpha}_1,\boldsymbol{\alpha}_2,\cdots,\boldsymbol{\alpha}_n$ 线性表示的充分必要条件是以 $\boldsymbol{\alpha}_1,\boldsymbol{\alpha}_2,\cdots,\boldsymbol{\alpha}_n$ 为列向量的矩阵与以 $\boldsymbol{\alpha}_1,\boldsymbol{\alpha}_2,\cdots,\boldsymbol{\alpha}_n,\boldsymbol{\beta}$ 为列向量的矩阵有相同的秩。

此定理也可表述为:向量 $\boldsymbol{\beta}$ 可由向量组 $\boldsymbol{\alpha}_1,\boldsymbol{\alpha}_2,\cdots,\boldsymbol{\alpha}_n$ 线性表示的充分必要条件是以 $\boldsymbol{\alpha}_1,\boldsymbol{\alpha}_2,\cdots,\boldsymbol{\alpha}_n$ 为系数列向量,以 $\boldsymbol{\beta}$ 为常数项向量的线性方程组有解。

【例1】 任何一个 n 维向量 $\boldsymbol{\alpha}=(a_1,a_2,\cdots,a_n)$ 都是 n 维向量组 $\boldsymbol{\varepsilon}_1=(1,0,\cdots0),\boldsymbol{\varepsilon}_2=(0,1,0,\cdots,0),\cdots,\boldsymbol{\varepsilon}_n=(0,0,\cdots,0,1)$ 的线性组合。

因为
$$\boldsymbol{\alpha}=a_1\boldsymbol{\varepsilon}_1+a_2\boldsymbol{\varepsilon}_2+\cdots+\alpha_n\boldsymbol{\varepsilon}_n$$
$\boldsymbol{\varepsilon}_1,\boldsymbol{\varepsilon}_2,\cdots,\boldsymbol{\varepsilon}_n$ 称为 $\boldsymbol{R}^n$ 的初始单位向量组。

【例2】 向量 $\begin{pmatrix}1\\-1\end{pmatrix}$,不是向量 $\begin{pmatrix}-2\\0\end{pmatrix}$ 和 $\begin{pmatrix}1\\0\end{pmatrix}$ 的线性组合。因为对任意一组数 k_1,k_2,有
$$k_1\begin{pmatrix}-2\\0\end{pmatrix}+k_2\begin{pmatrix}1\\0\end{pmatrix}=\begin{pmatrix}-2k_1+k_2\\0\end{pmatrix}\neq\begin{pmatrix}1\\-1\end{pmatrix}$$

【例3】 零向量是任何一组向量的线性组合,因为取
$$k_1=k_2=\cdots=k_n=0$$
有
$$\mathbf{0}=0\cdot\boldsymbol{\alpha}_1+0\cdot\boldsymbol{\alpha}_2+\cdots+0\cdot\boldsymbol{\alpha}_n$$

【例4】 向量组 $\boldsymbol{\alpha}_1,\boldsymbol{\alpha}_2,\cdots,\boldsymbol{\alpha}_n$ 中的任一向量 $\boldsymbol{\alpha}_j(1\leqslant j\leqslant n)$ 都是此向量组的线性组合。

因为取 $k_1=k_2=\cdots=k_{j-1}=k_{j+1}=\cdots=k_n=0,k_j=1$,有
$$\boldsymbol{\alpha}_j=0\cdot\boldsymbol{\alpha}_1+\cdots+1\cdot\boldsymbol{\alpha}_j+\cdots+0\cdot\boldsymbol{\alpha}_n$$

【例5】 证明,向量 $\boldsymbol{\beta}=(8,-2,5,-9)^{\mathrm{T}}$ 能由向量组 $\boldsymbol{\alpha}_1=(3,1,1,1)^{\mathrm{T}},\boldsymbol{\alpha}_2=(-1,1,-1,3)^{\mathrm{T}},\boldsymbol{\alpha}_3=(1,3,-1,7)^{\mathrm{T}}$ 线性表示,且写出它的一种表示方式。

【证】 $$(\boldsymbol{\alpha}_1,\boldsymbol{\alpha}_2,\boldsymbol{\alpha}_3,\boldsymbol{\beta})=\begin{pmatrix}3&-1&1&8\\1&1&3&-2\\1&-1&-1&5\\1&3&7&-9\end{pmatrix}\xrightarrow{r_1\leftrightarrow r_2}$$

$$\begin{pmatrix}1&1&3&-2\\3&-1&1&8\\1&-1&-1&5\\1&3&7&-9\end{pmatrix}\xrightarrow[r_4-r_1]{\substack{r_2-3r_1\\r_3-r_1}}\begin{pmatrix}1&1&3&-2\\0&-4&-8&14\\0&-2&-4&7\\0&2&4&-7\end{pmatrix}\xrightarrow[r_2\leftrightarrow r_4]{\substack{r_2+2r_4\\r_3+r_4}}$$

$$\begin{pmatrix}1&1&3&-2\\0&2&4&-7\\0&0&0&0\\0&0&0&0\end{pmatrix}\xrightarrow[\frac{1}{2}r_2]{r_1-\frac{1}{2}r_2}\begin{pmatrix}1&0&1&\frac{3}{2}\\0&1&2&-\frac{7}{2}\\0&0&0&0\\0&0&0&0\end{pmatrix}$$

由向量 $\boldsymbol{\alpha}_1,\boldsymbol{\alpha}_2,\boldsymbol{\alpha}_3$ 组成的矩阵的秩与由向量组 $\boldsymbol{\alpha}_1,\boldsymbol{\alpha}_2,\boldsymbol{\alpha}_3,\boldsymbol{\beta}$ 组成的矩阵的秩相等，都为 2。以 $\boldsymbol{\alpha}_1,\boldsymbol{\alpha}_2,\boldsymbol{\alpha}_3,\boldsymbol{\beta}$ 组成的矩阵为系数矩阵的非齐次方程组的同解方程组为

$$\begin{cases}x_1=\dfrac{3}{2}-x_3\\x_2=-\dfrac{7}{2}-2x_3\end{cases}$$

取 $x_3=0$，得一解

$$\begin{pmatrix}x_1\\x_2\\x_3\end{pmatrix}=\begin{pmatrix}\frac{3}{2}\\-\frac{7}{2}\\0\end{pmatrix}$$

故
$$\boldsymbol{\beta}=\frac{3}{2}\boldsymbol{\alpha}_1-\frac{7}{2}\boldsymbol{\alpha}_2+0\cdot\boldsymbol{\alpha}_3$$

显然，此例中，$\boldsymbol{\beta}$ 用 $\boldsymbol{\alpha}_1,\boldsymbol{\alpha}_2,\boldsymbol{\alpha}_3$ 线性表示的方式不唯一。

【例 6】 判断向量 $\boldsymbol{\beta}=(4,3,0,11)^{\mathrm{T}}$ 能否由向量组 $\boldsymbol{\alpha}_1=(1,2,-1,5)^{\mathrm{T}}$，$\boldsymbol{\alpha}_2=(2,-1,1,1)^{\mathrm{T}}$ 线性表示。

【解】

$$(\boldsymbol{\alpha}_1,\boldsymbol{\alpha}_2,\boldsymbol{\beta})=\begin{pmatrix}1&2&4\\2&-1&3\\-1&1&0\\5&1&11\end{pmatrix}\xrightarrow[r_4-5r_1]{\substack{r_2-2r_1\\r_3+r_1}}\begin{pmatrix}1&2&4\\0&-5&-5\\0&3&4\\0&-9&-9\end{pmatrix}\xrightarrow[r_2\div(-5)]{r_4-\frac{9}{5}r_2}\begin{pmatrix}1&2&4\\0&1&1\\0&3&4\\0&0&0\end{pmatrix}$$

$$\xrightarrow{r_3-3r_2}\begin{pmatrix}1&2&4\\0&1&1\\0&0&1\\0&0&0\end{pmatrix}$$

$\begin{pmatrix}1 & 2 & 4\\ 2 & -1 & 3\\ -1 & 0 & 0\\ 5 & 1 & 11\end{pmatrix}$的秩为3，而$\begin{pmatrix}1 & 2\\ 2 & -1\\ -1 & 1\\ 5 & 1\end{pmatrix}$的秩为2，因此$\boldsymbol{\beta}$不能由$\boldsymbol{\alpha}_1,\boldsymbol{\alpha}_2$线性表示。

3.4.2 线性相关与线性无关

n元齐次线性方程组

$$\boldsymbol{A}_{m\times n}\boldsymbol{X}=\boldsymbol{0}$$

可以写成向量形式

$$x_1\boldsymbol{\alpha}_1+x_2\boldsymbol{\alpha}_2+\cdots+x_n\boldsymbol{\alpha}_n=\boldsymbol{0}$$

其中，$\boldsymbol{\alpha}_1,\boldsymbol{\alpha}_2,\cdots,\boldsymbol{\alpha}_n$是系数矩阵$\boldsymbol{A}$的$n$个$m$维列向量。

$$\boldsymbol{\alpha}_j=\begin{pmatrix}a_{1j}\\ a_{2j}\\ \vdots\\ a_{mj}\end{pmatrix}(j=1,2\cdots,n),\boldsymbol{0}=\begin{pmatrix}0\\ 0\\ \vdots\\ 0\end{pmatrix}$$

都是m维列向量，因为零向量是任意向量组的线性组合，所以齐次线性方程组一定有零解，即$0\boldsymbol{\alpha}_1+0\boldsymbol{\alpha}_2+\cdots+0\boldsymbol{\alpha}_n=\boldsymbol{0}$总是成立的，那么齐次线性方程组除零解外还有没有非零解，即是否存在一组不全为零的数$k_1,k_2,\cdots,k_n$，使关系式$k_1\boldsymbol{\alpha}_1+k_2\boldsymbol{\alpha}_2+\cdots+k_n\boldsymbol{\alpha}_n=\boldsymbol{0}$成立。

例如　　①$\begin{cases}3x_1-2x_2=0\\ -6x_1+4x_2=0\end{cases}$　②$\begin{cases}x_1-x_2=0\\ 2x_1+x_2=0\end{cases}$

除零解外，还有非零解，如$x_1=2,x_2=3$，因此系数列向量$\boldsymbol{\alpha}_1=\begin{pmatrix}3\\ -6\end{pmatrix}$，$\boldsymbol{\alpha}_2=\begin{pmatrix}-2\\ 4\end{pmatrix}$与零向量$\begin{pmatrix}0\\ 0\end{pmatrix}$之间，除有关系$0\cdot\boldsymbol{\alpha}_1+0\cdot\boldsymbol{\alpha}_2=\boldsymbol{0}$之外，还有关系式$2\boldsymbol{\alpha}_1+3\boldsymbol{\alpha}_2=\boldsymbol{0}$等关系。

【定义3.5】 设有n维向量组$\boldsymbol{\alpha}_1,\boldsymbol{\alpha}_2,\cdots,\boldsymbol{\alpha}_m$，如果存在一组不全为零的数$k_1,k_2,\cdots,k_m$使$k_1\boldsymbol{\alpha}_1+k_2\boldsymbol{\alpha}_2+\cdots+k_m\boldsymbol{\alpha}_m=\boldsymbol{0}$成立，则称向量组$\boldsymbol{\alpha}_1,\boldsymbol{\alpha}_2,\cdots,\boldsymbol{\alpha}_m$线性相关，否则称向量组$\boldsymbol{\alpha}_1,\boldsymbol{\alpha}_2,\cdots,\boldsymbol{\alpha}_m$线性无关。

显然，给定的向量组不是线性相关就是线性无关。

例如，$\boldsymbol{\alpha}_1=\begin{pmatrix}1\\ -2\end{pmatrix}$，$\boldsymbol{\alpha}_2=\begin{pmatrix}2\\ -4\end{pmatrix}$，则$-2\boldsymbol{\alpha}_1+\boldsymbol{\alpha}_2=\boldsymbol{0}$，$\boldsymbol{\alpha}_1$与$\boldsymbol{\alpha}_2$线性相关。$\boldsymbol{\beta}_1=\begin{pmatrix}1\\ 2\end{pmatrix}$与$\boldsymbol{\beta}_2=\begin{pmatrix}-1\\ 1\end{pmatrix}$线性无关。

设有向量组

$$A:\boldsymbol{\alpha}_1,\boldsymbol{\alpha}_2,\cdots,\boldsymbol{\alpha}_m$$

$$B:\boldsymbol{\beta}_1,\boldsymbol{\beta}_2,\cdots,\boldsymbol{\beta}_m$$

若 $\boldsymbol{A}$ 中的每一个向量 $\boldsymbol{\alpha}_i(i=1,2,\cdots,m)$ 都可由向量组 $\boldsymbol{B}$ 线性表示，称向量组 $\boldsymbol{A}$ 可由向量组 $\boldsymbol{B}$ 线性表示，若 $\boldsymbol{B}$ 中的每一个向量 $\boldsymbol{\beta}_j(j=1,2,\cdots,n)$ 都可由 $\boldsymbol{A}$ 线性表示，则称向量组 $\boldsymbol{B}$ 可由向量组 $\boldsymbol{A}$ 线性表示。

若向量组 $\boldsymbol{A}$ 可由 $\boldsymbol{B}$ 线性表示，向量组 $\boldsymbol{B}$ 亦可由向量组 $\boldsymbol{A}$ 表示，称向量组 $\boldsymbol{A}$ 与向量组 $\boldsymbol{B}$ 等价。

【定理 3.2】 向量组 $\boldsymbol{\alpha}_1,\boldsymbol{\alpha}_2,\cdots,\boldsymbol{\alpha}_m$ 线性相关的充分必要条件是它所构成的矩阵 $\boldsymbol{A}=(\boldsymbol{\alpha}_1,\boldsymbol{\alpha}_2,\cdots,\boldsymbol{\alpha}_m)$ 的秩小于向量个数 m；向量组线性无关的充分必要条件是 $r(\boldsymbol{A})=m$。

【例 7】 判断向量组 $\boldsymbol{\alpha}_1=(1,2,-1,5)^{\mathrm{T}},\boldsymbol{\alpha}_2=(2,-1,1,1)^{\mathrm{T}},\boldsymbol{\alpha}_3=(4,3,-1,11)^{\mathrm{T}}$ 是否线性相关。

【解】 设矩阵

$$\boldsymbol{A}=(\boldsymbol{\alpha}_1\quad\boldsymbol{\alpha}_2\quad\boldsymbol{\alpha}_3)=\begin{pmatrix}1&2&4\\2&-1&3\\-1&1&-1\\5&1&11\end{pmatrix}\xrightarrow[r_4-5r_1]{\substack{r_2-2r_1\\r_3+r_1}}\begin{pmatrix}1&2&4\\0&-5&-5\\0&3&3\\0&-9&-9\end{pmatrix}\xrightarrow[\substack{r_4+9r_2\\r_3-3r_2}]{r_2\div(-5)}$$

$$\begin{pmatrix}1&2&4\\0&1&1\\0&0&0\\0&0&0\end{pmatrix}$$

由于 $r(\boldsymbol{A})=2<3$，所以向量组 $\boldsymbol{\alpha}_1,\boldsymbol{\alpha}_2,\boldsymbol{\alpha}_3$ 线性相关。

【推论 2】 n 个 n 维向量 $\boldsymbol{\alpha}_i(i=1,2,\cdots,n)$ 的向量组线性相关的充分必要条件是向量组 $\boldsymbol{\alpha}_1,\boldsymbol{\alpha}_2,\cdots,\boldsymbol{\alpha}_n$ 组成的矩阵 $\boldsymbol{A}=(\boldsymbol{\alpha}_1,\boldsymbol{\alpha}_2,\cdots,\boldsymbol{\alpha}_n)$ 的行列式 $|\boldsymbol{A}|=0$。

n 个 n 维向量 $\boldsymbol{\alpha}_i(i=1,2,\cdots,n)$ 的向量组线性无关的充分必要条件是向量组 $\boldsymbol{\alpha}_1,\boldsymbol{\alpha}_2,\cdots,\boldsymbol{\alpha}_n$ 组成的矩阵 $\boldsymbol{A}=(\boldsymbol{\alpha}_1,\boldsymbol{\alpha}_2,\cdots,\boldsymbol{\alpha}_n)$ 的行列式 $|\boldsymbol{A}|\neq0$。

【推论 3】 向量组 $\boldsymbol{\alpha}_1,\boldsymbol{\alpha}_2,\cdots,\boldsymbol{\alpha}_n$ 中所含的向量个数 n 大于向量的维数 m 时，此向量组线性相关。

【证】 设 $\quad\boldsymbol{\alpha}_j=(a_{1j},a_{2j},\cdots,a_{mj})^{\mathrm{T}}\qquad(j=1,2,\cdots,n)$

齐次线性方程组为

$$x_1\boldsymbol{\alpha}_1+x_2\boldsymbol{\alpha}_2+\cdots+x_n\boldsymbol{\alpha}_n=\mathbf{0}$$

由于 $m<n$，故有非零解，由此得证。

【例 8】 向量组 $\boldsymbol{\alpha}_1,\boldsymbol{\alpha}_2,\boldsymbol{\alpha}_3$ 线性无关,$\boldsymbol{\beta}_1=\boldsymbol{\alpha}_1+\boldsymbol{\alpha}_2,\boldsymbol{\beta}_2=\boldsymbol{\alpha}_2+\boldsymbol{\alpha}_3,\boldsymbol{\beta}_3=\boldsymbol{\alpha}_3+\boldsymbol{\alpha}_1$,试证 $\boldsymbol{\beta}_1,\boldsymbol{\beta}_2,\boldsymbol{\beta}_3$ 线性无关。

【证】 设有 k_1,k_2,k_3,使

$$k_1\boldsymbol{\beta}_1+k_2\boldsymbol{\beta}_2+k_3\boldsymbol{\beta}_3=\mathbf{0}$$

即
$$k_1(\boldsymbol{\alpha}_1+\boldsymbol{\alpha}_2)+k_2(\boldsymbol{\alpha}_2+\boldsymbol{\alpha}_3)+k_3(\boldsymbol{\alpha}_3+\boldsymbol{\alpha}_1)=\mathbf{0}$$

整理后得

$$(k_1+k_3)\boldsymbol{\alpha}_1+(k_1+k_2)\boldsymbol{\alpha}_2+(k_2+k_3)\boldsymbol{\alpha}_3=\mathbf{0}$$

由于 $\boldsymbol{\alpha}_1,\boldsymbol{\alpha}_2,\boldsymbol{\alpha}_3$ 线性无关,有

$$\begin{cases}k_1+k_3=0\\k_1+k_2=0\\k_2+k_3=0\end{cases}$$

此方程组的系数矩阵行列式

$$\begin{vmatrix}1&0&1\\1&1&0\\0&1&1\end{vmatrix}=2\neq 0$$

故方程组只有唯一零解,$k_1=k_2=k_3=0$,从而向量组 $\boldsymbol{\beta}_1,\boldsymbol{\beta}_2,\boldsymbol{\beta}_3$ 线性无关。

【例 9】 问向量组 $\boldsymbol{\alpha}_1=(1,3,2),\boldsymbol{\alpha}_2=(-1,2,1),\boldsymbol{\alpha}_3=(6,-5,4),\boldsymbol{\alpha}_4=(8,7,-6)$ 是否线性相关。

【解】 向量的个数 4 大于向量的维数 3,由推论 3 可知 $\boldsymbol{\alpha}_1,\boldsymbol{\alpha}_2,\boldsymbol{\alpha}_3,\boldsymbol{\alpha}_4$ 线性相关。

【例 10】 已知

$$\boldsymbol{\alpha}_1=\begin{pmatrix}1\\1\\1\end{pmatrix},\boldsymbol{\alpha}_2=\begin{pmatrix}0\\2\\5\end{pmatrix},\boldsymbol{\alpha}_3=\begin{pmatrix}2\\4\\7\end{pmatrix}$$

讨论向量组 $\boldsymbol{\alpha}_1,\boldsymbol{\alpha}_2,\boldsymbol{\alpha}_3$ 及向量组 $\boldsymbol{\alpha}_1,\boldsymbol{\alpha}_2$ 的线性相关性。

【解】 $$A=(\boldsymbol{\alpha}_1,\boldsymbol{\alpha}_2,\boldsymbol{\alpha}_3)=\begin{pmatrix}1&0&2\\1&2&4\\1&5&7\end{pmatrix}\xrightarrow[r_3-r_1]{r_2-r_1}\begin{pmatrix}1&0&2\\0&2&2\\0&5&5\end{pmatrix}\xrightarrow{r_3-\frac{5}{2}r_2}\begin{pmatrix}1&0&2\\0&2&2\\0&0&0\end{pmatrix}$$

$r(\boldsymbol{\alpha}_1,\boldsymbol{\alpha}_2,\boldsymbol{\alpha}_3)=2<3$,向量组 $\boldsymbol{\alpha}_1,\boldsymbol{\alpha}_2,\boldsymbol{\alpha}_3$ 线性相关。

$r(\boldsymbol{\alpha}_1,\boldsymbol{\alpha}_2)=2$,向量组 $\boldsymbol{\alpha}_1,\boldsymbol{\alpha}_2$ 线性无关。

【定理 3.3】 若向量组 $A:\boldsymbol{\alpha}_1,\boldsymbol{\alpha}_2,\cdots,\boldsymbol{\alpha}_m$,线性相关,则向量组 $B:\boldsymbol{\alpha}_1$,

$\boldsymbol{\alpha}_2,\cdots,\boldsymbol{\alpha}_m,\boldsymbol{\alpha}_{m+1}$ 也线性相关，反言之，若向量组 $\boldsymbol{B}$ 线性无关，则向量组 $\boldsymbol{A}$ 也线性无关。

【证】 记

$$\boldsymbol{A} = (\boldsymbol{\alpha}_1,\boldsymbol{\alpha}_2,\cdots,\boldsymbol{\alpha}_m),\boldsymbol{B} = (\boldsymbol{\alpha}_1,\boldsymbol{\alpha}_2,\cdots,\boldsymbol{\alpha}_m,\boldsymbol{\alpha}_{m+1})$$

有 $r(\boldsymbol{B}) \leqslant r(\boldsymbol{A}) + 1$，若向量组 $\boldsymbol{A}$ 线性相关，则 $r(\boldsymbol{A}) < m$，从而 $r(\boldsymbol{B}) \leqslant r(\boldsymbol{A}) + 1 < m + 1$，因此向量组 $\boldsymbol{B}$ 线性相关。

这个定理是对向量组增加 1 个向量而言的，增加多个向量结论也仍然成立，即设向量组 $\boldsymbol{A}$ 是向量组$\boldsymbol{B}$ 的一部分（称 $\boldsymbol{A}$ 组是$\boldsymbol{B}$ 组的部分组），于是定理可一般地叙述为：一个向量组，若有线性相关的部分组，则该向量组线性相关。特别地，含零向量的向量组必线性相关，一个向量组若线性无关，则它的任何部分组都线性无关。

【定理 3.4】 设

$$\boldsymbol{\alpha}_j = \begin{pmatrix} a_{1j} \\ a_{2j} \\ \vdots \\ a_{rj} \end{pmatrix},\boldsymbol{\beta}_j = \begin{pmatrix} a_{1j} \\ a_{2j} \\ \vdots \\ a_{rj} \\ a_{r+1,j} \end{pmatrix},j = 1,2\cdots,m$$

即向量 $\boldsymbol{\alpha}_j$ 添上一个分量后得到向量$\boldsymbol{\beta}_j$，若向量组 $\boldsymbol{A}:\boldsymbol{\alpha}_1,\boldsymbol{\alpha}_2,\cdots,\boldsymbol{\alpha}_m$ 线性无关，则向量组 $\boldsymbol{B}:\boldsymbol{\beta}_1,\boldsymbol{\beta}_2,\cdots,\boldsymbol{\beta}_m$ 也线性无关，反言之，若向量组 $\boldsymbol{B}$ 线性相关，则向量组 $\boldsymbol{A}$ 也线性相关。

【证】 记 $\boldsymbol{A}_{r\times m} = (\boldsymbol{\alpha}_1,\boldsymbol{\alpha}_2,\cdots,\boldsymbol{\alpha}_m),\boldsymbol{B}_{(r+1)\times m} = (\boldsymbol{\beta}_1,\boldsymbol{\beta}_2,\cdots,\boldsymbol{\beta}_m)$
有 $r(\boldsymbol{A}) \leqslant r(\boldsymbol{B})$，若向量组 $\boldsymbol{A}$ 线性无关，则 $r(\boldsymbol{A}) = m$，从而 $r(\boldsymbol{B}) \geqslant m$，但因为 $\boldsymbol{B}$ 只有 m 列，所以 $r(\boldsymbol{B}) \leqslant m$，因此 $r(\boldsymbol{B}) = m$，向量组 $\boldsymbol{B}$ 线性无关。

此定理是对向量增加一个分量而言，如果增加多个分量，结论仍然成立。

【例 11】 判定下列向量组的线性相关性。

(1)$\boldsymbol{\alpha}_1 = (1,0,0,1)^{\mathrm{T}},\boldsymbol{\alpha}_2 = (0,1,0,3)^{\mathrm{T}},\boldsymbol{\alpha}_3 = (0,0,1,4)^{\mathrm{T}}$

(2)$\boldsymbol{\alpha}_1 = (1,2,3,5)^{\mathrm{T}},\boldsymbol{\alpha}_2 = (4,1,0,2)^{\mathrm{T}},\boldsymbol{\alpha}_3 = (5,10,15,25)^{\mathrm{T}}$

【解】 (1) 因为 $\boldsymbol{\varepsilon}_1 = (1,0,0)^{\mathrm{T}},\boldsymbol{\varepsilon}_2 = (0,1,0)^{\mathrm{T}},\boldsymbol{\varepsilon}_3 = (0,0,1)^{\mathrm{T}}$线性无关，因此增加一个分量后 $\boldsymbol{\alpha}_1,\boldsymbol{\alpha}_2,\boldsymbol{\alpha}_3$ 也线性无关。

(2) 因为 $\boldsymbol{\alpha}_3 = 5\boldsymbol{\alpha}_1$，故 $\boldsymbol{\alpha}_1,\boldsymbol{\alpha}_3$ 线性相关，增加一个向量 $\boldsymbol{\alpha}_2$ 后，$\boldsymbol{\alpha}_1,\boldsymbol{\alpha}_2,\boldsymbol{\alpha}_3$ 线性相关。

【定理3.5】 向量组 $\boldsymbol{\alpha}_1,\boldsymbol{\alpha}_2,\cdots,\boldsymbol{\alpha}_m(m \geqslant 2)$ 线性相关的充分必要条件是其中至少有一个向量可由其余 $m - 1$ 个向量线性表示。

【证】 **必要性**

若 $\boldsymbol{\alpha}_1,\boldsymbol{\alpha}_2,\cdots,\boldsymbol{\alpha}_m$ 线性相关,则存在一组不全为零的数 $k_1,k_2,\cdots,k_m$ 使

$$k_1\boldsymbol{\alpha}_1 + k_2\boldsymbol{\alpha}_2 + \cdots + k_m\boldsymbol{\alpha}_m = \mathbf{0}$$

不妨设 $k_1 \neq 0$,于是有

$$\boldsymbol{\alpha}_1 = -\frac{k_2}{k_1}\boldsymbol{\alpha}_2 - \cdots - \frac{k_m}{k_1}\boldsymbol{\alpha}_m$$

即 $\boldsymbol{\alpha}_1$ 能由 $\boldsymbol{\alpha}_2,\cdots,\boldsymbol{\alpha}_m$ 线性表示。

充分性

若 $\boldsymbol{\alpha}_1,\boldsymbol{\alpha}_2,\cdots,\boldsymbol{\alpha}_m$ 中有一个向量可由其余向量线性表示,不妨设 $\boldsymbol{\alpha}_1$,则有

$$\boldsymbol{\alpha}_1 = k_2\boldsymbol{\alpha}_2 + k_3\boldsymbol{\alpha}_3 + \cdots + k_m\boldsymbol{\alpha}_m$$

于是

$$-\boldsymbol{\alpha}_1 + k_2\boldsymbol{\alpha}_2 + k_3\boldsymbol{\alpha}_3 + \cdots + k_m\boldsymbol{\alpha}_m = \mathbf{0}$$

这里 $-1,k_2,k_3,\cdots,k_m$ 不全为零,所以 $\boldsymbol{\alpha}_1,\boldsymbol{\alpha}_2,\cdots,\boldsymbol{\alpha}_m$ 线性相关。

【例 12】 设有向量组 $\boldsymbol{\alpha}_1 = (1,-1,1,0),\boldsymbol{\alpha}_2 = (1,0,1,0),\boldsymbol{\alpha}_3 = (0,1,0,0)$,因为 $\boldsymbol{\alpha}_1 - \boldsymbol{\alpha}_2 + \boldsymbol{\alpha}_3 = \mathbf{0}$,故 $\boldsymbol{\alpha}_1,\boldsymbol{\alpha}_2,\boldsymbol{\alpha}_3$ 线性相关,由 $\boldsymbol{\alpha}_1 - \boldsymbol{\alpha}_2 + \boldsymbol{\alpha}_3 = \mathbf{0}$,可得

$$\boldsymbol{\alpha}_1 = \boldsymbol{\alpha}_2 - \boldsymbol{\alpha}_3,\boldsymbol{\alpha}_2 = \boldsymbol{\alpha}_1 + \boldsymbol{\alpha}_3,\boldsymbol{\alpha}_3 = -\boldsymbol{\alpha}_1 + \boldsymbol{\alpha}_2$$

【例 13】 设向量组 $\boldsymbol{\alpha}_1 = (2,-4),\boldsymbol{\alpha}_2 = (-1,2)$,有 $\boldsymbol{\alpha}_1 = -2\boldsymbol{\alpha}_2$,故 $\boldsymbol{\alpha}_1 - 2\boldsymbol{\alpha}_2 = \mathbf{0},\boldsymbol{\alpha}_1,\boldsymbol{\alpha}_2$ 线性相关。

【定理 3.6】 设向量组 $\boldsymbol{A}:\boldsymbol{\alpha}_1,\boldsymbol{\alpha}_2,\cdots,\boldsymbol{\alpha}_m$ 线性无关,而向量组 $\boldsymbol{B}:\boldsymbol{\alpha}_1,\boldsymbol{\alpha}_2,\cdots,\boldsymbol{\alpha}_m,\boldsymbol{\beta}$ 线性相关,则向量 $\boldsymbol{\beta}$ 必能由向量组 $\boldsymbol{A}$ 线性表示,且表示是唯一的。

【证】 记 $\boldsymbol{A} = (\boldsymbol{\alpha}_1,\boldsymbol{\alpha}_2,\cdots,\boldsymbol{\alpha}_m),\boldsymbol{B} = (\boldsymbol{\alpha}_1,\boldsymbol{\alpha}_2,\cdots,\boldsymbol{\alpha}_m,\boldsymbol{\beta})$

有 $r(\boldsymbol{A}) \leqslant r(\boldsymbol{B})$,因 $\boldsymbol{A}$ 组线性无关,有 $r(\boldsymbol{A}) = m$;因 $\boldsymbol{B}$ 组线性相关,有 $r(\boldsymbol{B}) < m+1$,所以 $m \leqslant r(\boldsymbol{B}) < m+1$,即 $r(\boldsymbol{B}) = m$。

因为

$$r(\boldsymbol{A}) = r(\boldsymbol{B}) = m$$

所以方程组$(\boldsymbol{\alpha}_1,\boldsymbol{\alpha}_2,\cdots,\boldsymbol{\alpha}_m)\boldsymbol{X} = \boldsymbol{\beta}$ 有唯一解,即向量 $\boldsymbol{\beta}$ 能由向量组 $\boldsymbol{A}$ 线性表示,且表示式是唯一的。

【定理 3.7】 向量组 $\boldsymbol{A}$ 可由向量组 $\boldsymbol{B}$ 线性表示,而向量组 $\boldsymbol{B}$ 又可由向量组 $\boldsymbol{C}$ 线性表示,则向量组 $\boldsymbol{A}$ 也可由向量组 $\boldsymbol{C}$ 线性表示。

【证】 设向量组

$$\boldsymbol{A}:\boldsymbol{\alpha}_1,\boldsymbol{\alpha}_2,\cdots,\boldsymbol{\alpha}_m$$
$$\boldsymbol{B}:\boldsymbol{\beta}_1,\boldsymbol{\beta}_2,\cdots,\boldsymbol{\beta}_n$$
$$\boldsymbol{C}:\boldsymbol{\gamma}_1,\boldsymbol{\gamma}_2,\cdots,\boldsymbol{\gamma}_p$$

如果

$$\boldsymbol{\alpha}_i = b_{i1}\boldsymbol{\beta}_1 + b_{i2}\boldsymbol{\beta}_2 + \cdots + b_{in}\boldsymbol{\beta}_n \quad (i = 1,2,\cdots,m) \tag{3.4}$$

$$\boldsymbol{\beta}_j = c_{j1}\boldsymbol{\gamma}_1 + c_{j2}\boldsymbol{\gamma}_2 + \cdots + c_{jp}\boldsymbol{\gamma}_p \quad (j = 1,2,\cdots,n) \tag{3.5}$$

将式(3.5)代入(3.4)得

$$\begin{aligned}\boldsymbol{\alpha}_i = & b_{i1}(c_{11}\boldsymbol{\gamma}_1 + c_{12}\boldsymbol{\gamma}_2 + \cdots + c_{1p}\boldsymbol{\gamma}_p) + \\ & b_{i2}(c_{21}\boldsymbol{\gamma}_1 + c_{22}\boldsymbol{\gamma}_2 + \cdots + c_{2p}\boldsymbol{\gamma}_p) + \\ & \vdots \\ & b_{in}(c_{n1}\boldsymbol{\gamma}_1 + c_{n2}\boldsymbol{\gamma}_2 + \cdots + c_{np}\boldsymbol{\gamma}_p) + \\ & (i = 1,2,\cdots,m)\end{aligned}$$

整理后得

$$\begin{aligned}\boldsymbol{\alpha}_i = & (b_{i1}c_{11} + b_{i2}c_{21} + \cdots + b_{in}c_{n1})\boldsymbol{\gamma}_1 + \\ & (b_{i1}c_{12} + b_{i2}c_{22} + \cdots + b_{in}c_{n2})\boldsymbol{\gamma}_2 + \\ & \vdots \\ & (b_{i1}c_{1p} + b_{i2}c_{2p} + \cdots + b_{in}c_{np})\boldsymbol{\gamma}_p \\ & (i = 1,2,\cdots,m)\end{aligned}$$

即向量组 $\boldsymbol{A}$ 可由 $\boldsymbol{C}$ 线性表示。

【定理 3.8】 设两个向量组

$$\boldsymbol{A}:\boldsymbol{\alpha}_1,\boldsymbol{\alpha}_2,\cdots,\boldsymbol{\alpha}_m$$

$$\boldsymbol{B}:\boldsymbol{\beta}_1,\boldsymbol{\beta}_2,\cdots,\boldsymbol{\beta}_n$$

向量组 $\boldsymbol{B}$ 可由向量组 $\boldsymbol{A}$ 线性表示,如果 $m < n$,则向量组 $\boldsymbol{B}$ 线性相关。

【证】 由已知得

$$\boldsymbol{\beta}_j = a_{1j}\boldsymbol{\alpha}_1 + a_{2j}\boldsymbol{\alpha}_2 + \cdots + a_{mj}\boldsymbol{\alpha}_m \quad (j = 1,2,\cdots,n) \tag{3.6}$$

如果有一组数 $k_1,k_2,\cdots,k_n$,使

$$k_1\boldsymbol{\beta}_1 + k_2\boldsymbol{\beta}_2 + \cdots + k_n\boldsymbol{\beta}_n = \mathbf{0} \tag{3.7}$$

成立,将式(3.6)代入(3.7)得

$$\begin{aligned}& k_1(a_{11}\boldsymbol{\alpha}_1 + a_{21}\boldsymbol{\alpha}_2 + \cdots + a_{m1}\boldsymbol{\alpha}_m) + \\ & k_2(a_{12}\boldsymbol{\alpha}_1 + a_{22}\boldsymbol{\alpha}_2 + \cdots + a_{m2}\boldsymbol{\alpha}_m) + \\ & \vdots \\ & k_n(a_{1n}\boldsymbol{\alpha}_1 + a_{2n}\boldsymbol{\alpha}_2 + \cdots + a_{mn}\boldsymbol{\alpha}_m) = \mathbf{0}\end{aligned} \tag{3.8}$$

整理后得

$$\begin{aligned}& (a_{11}k_1 + a_{12}k_2 + \cdots + a_{1n}k_n)\boldsymbol{\alpha}_1 + \\ & (a_{21}k_1 + a_{22}k_2 + \cdots + a_{2n}k_n)\boldsymbol{\alpha}_2 + \\ & \vdots \\ & (a_{m1}k_1 + a_{m2}k_2 + \cdots + a_{mn}k_n)\boldsymbol{\alpha}_m = \mathbf{0}\end{aligned} \tag{3.9}$$

因此 $m < n$,故齐次线性方程组

$$
\begin{cases}
a_{11}x_1 + a_{12}x_2 + \cdots + a_{1n}x_n = 0 \\
a_{21}x_1 + a_{22}x_2 + \cdots + a_{2n}x_n = 0 \\
\vdots \\
a_{m1}x_1 + a_{m2}x_2 + \cdots + a_{mn}x_n = 0
\end{cases} \tag{3.10}
$$

有非零解。

因此 $k_1, k_2, \cdots, k_n$ 为上述齐次线性方程组(3.10) 的一个非零解。

这个非零解可使式(3.9) 成立,因而可使式(3.8) 成立,即有不全为零的一组数,$k_1, k_2, \cdots, k_n$ 使式(3.7) 成立,所以向量组 $\boldsymbol{B}$ 线性相关。此定理也可表述为:向量组 $\boldsymbol{B}$ 可由向量组 $\boldsymbol{A}$ 线性表示,若向量组 $\boldsymbol{B}$ 线性无关,则 $n \leqslant m$。

【推论 4】 向量组 $\boldsymbol{A}$ 与 $\boldsymbol{B}$ 可以互相线性表示,若 $\boldsymbol{A}$,$\boldsymbol{B}$ 都是线性无关的,则 $m = n$。

【证】 $\boldsymbol{A}$ 线性无关且可由 $\boldsymbol{B}$ 线性表示,则 $m \leqslant n$。

$\boldsymbol{B}$ 线性无关且可由 $\boldsymbol{A}$ 线性表示,则 $n \leqslant m$。

于是 $m = n$。

3.4.3 向量组的秩

设有向量组 $\boldsymbol{\alpha}_1, \boldsymbol{\alpha}_2, \cdots, \boldsymbol{\alpha}_m$,只要 $\boldsymbol{\alpha}_1, \boldsymbol{\alpha}_2, \cdots, \boldsymbol{\alpha}_m$ 不全为零向量,那么该向量组至少有一个包含一个向量的部分向量组线性无关,再考察其包含两个向量的部分向量组,如果有包含两个向量的部分向量组线性无关,则往下考察包含三个向量的部分向量组,依次类推,最后总能得到该向量组中有包含 $r(r \leqslant m)$ 个向量的部分向量组线性无关,而多于 r 个向量的部分向量组都线性相关。因此我们提出向量组的极大线性无关组的概念。

【定义 3.6】 若向量组 $\boldsymbol{\alpha}_1, \boldsymbol{\alpha}_2, \cdots, \boldsymbol{\alpha}_m$ 中的部分向量组 $\boldsymbol{\alpha}_1, \boldsymbol{\alpha}_2, \cdots, \boldsymbol{\alpha}_r (r \leqslant m)$ 满足:

(1) $\boldsymbol{\alpha}_1, \boldsymbol{\alpha}_2, \cdots, \boldsymbol{\alpha}_r$ 线性无关;

(2) 向量组 $\boldsymbol{\alpha}_1, \boldsymbol{\alpha}_2, \cdots, \boldsymbol{\alpha}_m$ 中任意 $r+1$ 个向量组成的部分向量组都线性相关,则称部分向量组 $\boldsymbol{\alpha}_1, \boldsymbol{\alpha}_2, \cdots, \boldsymbol{\alpha}_r$ 为向量组 $\boldsymbol{\alpha}_1, \boldsymbol{\alpha}_2, \cdots, \boldsymbol{\alpha}_m$ 的一个极大线性无关组,简称极大无关组。

【例 14】 设向量组 $\boldsymbol{\alpha}_1 = (-1,0,2)$,$\boldsymbol{\alpha}_2 = (1,-1,1)$,$\boldsymbol{\alpha}_3 = (1,0,-2)$ 可以验证向量组 $\boldsymbol{\alpha}_1, \boldsymbol{\alpha}_2, \boldsymbol{\alpha}_3$ 线性相关,但其部分组 $\boldsymbol{\alpha}_1, \boldsymbol{\alpha}_2$ 线性无关,所以 $\boldsymbol{\alpha}_1, \boldsymbol{\alpha}_2$ 为 $\boldsymbol{\alpha}_1, \boldsymbol{\alpha}_2, \boldsymbol{\alpha}_3$ 的一个极大无关组。

同理,$\boldsymbol{\alpha}_2, \boldsymbol{\alpha}_3$ 也是 $\boldsymbol{\alpha}_1, \boldsymbol{\alpha}_2, \boldsymbol{\alpha}_3$ 的一个极大无关组。

一般情况下,向量组的极大无关组可能不止一个,但它们所含的向量的个数是相同的。

【定理 3.9】 如果 $\boldsymbol{\alpha}_1,\boldsymbol{\alpha}_2,\cdots,\boldsymbol{\alpha}_r$ 是 $\boldsymbol{\alpha}_1,\boldsymbol{\alpha}_2,\cdots,\boldsymbol{\alpha}_m$ 的线性无关组，它是极大无关组的充分必要条件是 $\boldsymbol{\alpha}_1,\boldsymbol{\alpha}_2,\cdots,\boldsymbol{\alpha}_m$ 中的每一个向量都可由 $\boldsymbol{\alpha}_1,\boldsymbol{\alpha}_2,\cdots,\boldsymbol{\alpha}_r$ 线性表示。

【证】必要性

如果 $\boldsymbol{\alpha}_1,\boldsymbol{\alpha}_2,\cdots,\boldsymbol{\alpha}_r$ 是 $\boldsymbol{\alpha}_1,\boldsymbol{\alpha}_2,\cdots,\boldsymbol{\alpha}_m$ 的一个极大无关组，$\boldsymbol{\alpha}_j$ 当 $j=1,2,\cdots,r$ 时，显然 $\boldsymbol{\alpha}_j$ 可由 $\boldsymbol{\alpha}_1,\boldsymbol{\alpha}_2,\cdots,\boldsymbol{\alpha}_r$ 线性表示，当 j 取其他数时，因为 $\boldsymbol{\alpha}_j,\boldsymbol{\alpha}_1,\boldsymbol{\alpha}_2,\cdots,\boldsymbol{\alpha}_r$ 线性相关，又 $\boldsymbol{\alpha}_1,\boldsymbol{\alpha}_2,\cdots,\boldsymbol{\alpha}_r$ 线性无关，所以 $\boldsymbol{\alpha}_j$ 可由 $\boldsymbol{\alpha}_1,\boldsymbol{\alpha}_2,\cdots,\boldsymbol{\alpha}_r$ 线性表示。

充分性

如果 $\boldsymbol{\alpha}_1,\boldsymbol{\alpha}_2,\cdots,\boldsymbol{\alpha}_m$ 可由线性无关部分组 $\boldsymbol{\alpha}_1,\boldsymbol{\alpha}_2,\cdots,\boldsymbol{\alpha}_r$ 线性表示，那么 $\boldsymbol{\alpha}_1,\boldsymbol{\alpha}_2,\cdots,\boldsymbol{\alpha}_m$ 中任何 $r+1(n>r)$ 个向量的部分组都线性相关，那么 $\boldsymbol{\alpha}_1,\boldsymbol{\alpha}_2,\cdots,\boldsymbol{\alpha}_r$ 是极大无关组。

显然向量组与其极大无关组可互相线性表示（等价）。

【定义 3.7】 向量组 $\boldsymbol{\alpha}_1,\boldsymbol{\alpha}_2,\cdots,\boldsymbol{\alpha}_m$ 的极大无关组所含的向量的个数称为向量组的秩，记为 $r(\boldsymbol{\alpha}_1,\boldsymbol{\alpha}_2,\cdots,\boldsymbol{\alpha}_m)$。

规定由零向量组成的向量组的秩为 0。

【例 15】 设向量组 $\boldsymbol{\alpha}_1=(1,0,0),\boldsymbol{\alpha}_2=(0,1,0),\boldsymbol{\alpha}_3=(0,0,1)$，求其极大无关组和 $r(\boldsymbol{\alpha}_1,\boldsymbol{\alpha}_2,\boldsymbol{\alpha}_3)$。

【解】 因为 $\boldsymbol{\alpha}_1,\boldsymbol{\alpha}_2,\boldsymbol{\alpha}_3$ 线性无关，所以其极大无关组为 $\boldsymbol{\alpha}_1,\boldsymbol{\alpha}_2,\boldsymbol{\alpha}_3$，由于极大无关组含有 3 个向量，所以 $r(\boldsymbol{\alpha}_1,\boldsymbol{\alpha}_2,\boldsymbol{\alpha}_3)=3$。

由此例可看出线性无关向量组的极大无关组是其自身，其秩等于向量组所包含的向量数。

【例 16】 设矩阵

$$\boldsymbol{A}=\begin{pmatrix}2 & -1 & -1 & 1 & 2\\ 1 & 1 & -2 & 1 & 4\\ 4 & -6 & 2 & -2 & 4\\ 3 & 6 & -9 & 7 & 9\end{pmatrix}$$

求 $\boldsymbol{A}$ 的列向量组的一个极大无关组。

【解】

$$\boldsymbol{A}\xrightarrow{\text{初等行变换}}\begin{pmatrix}1 & 1 & -2 & 1 & 4\\ 0 & 1 & -1 & 1 & 0\\ 0 & 0 & 0 & 1 & -3\\ 0 & 0 & 0 & 0 & 0\end{pmatrix}$$

$r(\boldsymbol{A})=3$，故列向量组的极大无关组含 3 个向量，而三个非零行非零首元素在 1,2,4 列，故 $\boldsymbol{\alpha}_1,\boldsymbol{\alpha}_2,\boldsymbol{\alpha}_4$ 为列向量组的一个极大无关组，这是因为

$$(\boldsymbol{\alpha}_1,\boldsymbol{\alpha}_2,\boldsymbol{\alpha}_4)\xrightarrow{\text{初等行变换}}\begin{pmatrix}1&1&1\\0&1&1\\0&0&1\\0&0&0\end{pmatrix}$$

$r(\boldsymbol{\alpha}_1,\boldsymbol{\alpha}_2,\boldsymbol{\alpha}_4)=3$,故 $\boldsymbol{\alpha}_1,\boldsymbol{\alpha}_2,\boldsymbol{\alpha}_4$ 线性无关。

为了叙述简化,我们把矩阵 $\boldsymbol{A}$ 的行向量组的秩称为矩阵 $\boldsymbol{A}$ 的行秩,矩阵 $\boldsymbol{A}$ 的列向量组的秩称为 $\boldsymbol{A}$ 的列秩。

【定理 3.10】 矩阵的秩等于它的列秩,也等于它的行秩。

【证】 设 $\boldsymbol{A}=(\boldsymbol{\alpha}_1,\boldsymbol{\alpha}_2,\cdots,\boldsymbol{\alpha}_m)$,$r(\boldsymbol{A})=r$,并设 r 阶子式 $D_r\neq 0$,由 $D_r\neq 0$ 知 D_r 所在的 r 列线性无关,又由 $\boldsymbol{A}$ 中所有 $r+1$ 阶子式均为零,知 $\boldsymbol{A}$ 中任意 $r+1$ 列向量都线性相关。因此 D_r 所在的 r 列是 $\boldsymbol{A}$ 的列向量组的一个极大无关组,所以列秩等于 r。

类似可证矩阵 $\boldsymbol{A}$ 的行秩也等于 $r(\boldsymbol{A})$。

从上述证明中可见:若 D_r 是矩阵 $\boldsymbol{A}$ 的一个最高阶非零子式,则 D_r 所在的 r 列即是列向量组的一个极大无关组,D_r 所在的 r 行即是行向量组的一个极大无关组。

【定理 3.11】 如果向量组 $\boldsymbol{\alpha}_1,\boldsymbol{\alpha}_2,\cdots,\boldsymbol{\alpha}_m$ 与向量组 $\boldsymbol{\beta}_1,\boldsymbol{\beta}_2,\cdots,\boldsymbol{\beta}_n$ 可以互相线性表示,则

$$r(\boldsymbol{\alpha}_1,\boldsymbol{\alpha}_2,\cdots,\boldsymbol{\alpha}_m)=r(\boldsymbol{\beta}_1,\boldsymbol{\beta}_2,\cdots,\boldsymbol{\beta}_n)$$

【证】 设 $\boldsymbol{\alpha}_1,\boldsymbol{\alpha}_2,\cdots,\boldsymbol{\alpha}_r$ 与 $\boldsymbol{\beta}_1,\boldsymbol{\beta}_2,\cdots,\boldsymbol{\beta}_s$ 分别为这两个向量组的极大无关组。因为 $\boldsymbol{\alpha}_1,\boldsymbol{\alpha}_2,\cdots,\boldsymbol{\alpha}_r$ 与 $\boldsymbol{\alpha}_1,\boldsymbol{\alpha}_2,\cdots,\boldsymbol{\alpha}_m$ 可相互线性表示;$\boldsymbol{\beta}_1,\boldsymbol{\beta}_2,\cdots,\boldsymbol{\beta}_s$ 与 $\boldsymbol{\beta}_1,\boldsymbol{\beta}_2,\cdots,\boldsymbol{\beta}_n$ 可相互线性表示。

由题设可知 $\boldsymbol{\alpha}_1,\boldsymbol{\alpha}_2,\cdots,\boldsymbol{\alpha}_r$ 与 $\boldsymbol{\beta}_1,\boldsymbol{\beta}_2,\cdots,\boldsymbol{\beta}_s$ 可相互线性表示。

于是 $r=s$,即

$$r(\boldsymbol{\alpha}_1,\boldsymbol{\alpha}_2,\cdots,\boldsymbol{\alpha}_m)=r(\boldsymbol{\beta}_1,\boldsymbol{\beta}_2,\cdots,\boldsymbol{\beta}_n)$$

【例 17】 设向量组

$$\boldsymbol{\alpha}_1=(1,-1,2,1,0),\boldsymbol{\alpha}_2=(2,-2,4,-2,0)$$
$$\boldsymbol{\alpha}_3=(3,0,6,-1,1),\boldsymbol{\alpha}_4=(0,3,0,0,1)$$

求向量组的秩及其一个极大无关组,并把其余向量用此极大无关组线性表示。

【解】 把向量 $\boldsymbol{\alpha}_1,\boldsymbol{\alpha}_2,\boldsymbol{\alpha}_3,\boldsymbol{\alpha}_4$ 看做矩阵 $\boldsymbol{A}$ 的列向量组,即

$$\boldsymbol{A}=\begin{pmatrix}1&2&3&0\\-1&-2&0&3\\2&4&6&0\\1&-2&-1&0\\0&0&1&1\end{pmatrix}\xrightarrow[r_4-r_1]{\substack{r_2+r_1\\r_3-2r_1}}\begin{pmatrix}1&2&3&0\\0&0&3&3\\0&0&0&0\\0&-4&-4&0\\0&0&1&1\end{pmatrix}\xrightarrow[r_5-3r_2]{r_2\leftrightarrow r_5}$$

$$\begin{pmatrix}1&2&3&0\\0&0&1&1\\0&0&0&0\\0&-4&-4&0\\0&0&0&0\end{pmatrix}\xrightarrow[\substack{r_4\leftrightarrow r_3\\ r_2\div(-4)}]{r_2\leftrightarrow r_4}\begin{pmatrix}1&2&3&0\\0&1&1&0\\0&0&1&1\\0&0&0&0\\0&0&0&0\end{pmatrix}\xrightarrow[r_2-r_3]{r_1-3r_3}\begin{pmatrix}1&2&0&-3\\0&1&0&-1\\0&0&1&1\\0&0&0&0\\0&0&0&0\end{pmatrix}\xrightarrow{r_1-2r_2}$$

$$\begin{pmatrix}1&0&0&-1\\0&1&0&-1\\0&0&1&1\\0&0&0&0\\0&0&0&0\end{pmatrix}$$

由上面的阶梯形矩阵可知 $r(\boldsymbol{\alpha}_1,\boldsymbol{\alpha}_2,\boldsymbol{\alpha}_3,\boldsymbol{\alpha}_4)=3$。

向量组 $\boldsymbol{\alpha}_1,\boldsymbol{\alpha}_2,\boldsymbol{\alpha}_3$ 是原向量组的一个极大无关组，且 $\boldsymbol{\alpha}_4=-\boldsymbol{\alpha}_1-\boldsymbol{\alpha}_2+\boldsymbol{\alpha}_3$。

【例 18】 已知

$$\boldsymbol{\alpha}_1=(1,1,1),\boldsymbol{\alpha}_2=(1,2,3),\boldsymbol{\alpha}_3=(1,3,t)$$

问:(1) t 为何值时，$\boldsymbol{\alpha}_1,\boldsymbol{\alpha}_2,\boldsymbol{\alpha}_3$ 线性无关。

(2) t 为何值时，$\boldsymbol{\alpha}_1,\boldsymbol{\alpha}_2,\boldsymbol{\alpha}_3$ 线性相关。

(3) 当 $\boldsymbol{\alpha}_1,\boldsymbol{\alpha}_2,\boldsymbol{\alpha}_3$ 线性相关时，将 $\boldsymbol{\alpha}_3$ 表示成 $\boldsymbol{\alpha}_1$ 和 $\boldsymbol{\alpha}_2$ 的线性组合。

【解】 以 $\boldsymbol{\alpha}_1,\boldsymbol{\alpha}_2,\boldsymbol{\alpha}_3$ 为列作矩阵 $\boldsymbol{A}$，即

$$\boldsymbol{A}=\begin{pmatrix}1&1&1\\1&2&3\\1&3&t\end{pmatrix}\xrightarrow[r_3-r_1]{r_2-r_1}\begin{pmatrix}1&1&1\\0&1&2\\0&2&t-1\end{pmatrix}\xrightarrow[r_1-r_2]{r_3-2r_2}\begin{pmatrix}1&0&-1\\0&1&2\\0&0&t-5\end{pmatrix}$$

当 $t-5\neq 0$，即 $t\neq 5$ 时，$r(\boldsymbol{A})=3$，$\boldsymbol{\alpha}_1,\boldsymbol{\alpha}_2,\boldsymbol{\alpha}_3$ 线性无关。

当 $t-5=0$，即 $t=5$ 时，$r(\boldsymbol{A})=2$，$\boldsymbol{\alpha}_1,\boldsymbol{\alpha}_2,\boldsymbol{\alpha}_3$ 线性相关。

当 $t=5$ 时，即

$$\boldsymbol{A}\rightarrow\begin{pmatrix}1&0&-1\\0&1&2\\0&0&0\end{pmatrix}$$

于是 $\boldsymbol{\alpha}_3=-\boldsymbol{\alpha}_1+2\boldsymbol{\alpha}_2$。

【例 19】 设 $\boldsymbol{A}_{m\times n}$ 及 $\boldsymbol{B}_{n\times s}$ 为两个矩阵，证明 $\boldsymbol{A}$ 与 $\boldsymbol{B}$ 乘积的秩不大于 $\boldsymbol{A}$ 的秩和 $\boldsymbol{B}$ 的秩。即

$$r(\boldsymbol{AB})\leqslant\min(r(\boldsymbol{A}),r(\boldsymbol{B}))$$

【证】 设

$$\boldsymbol{A}=(a_{ij})_{m\times n}=(\boldsymbol{\alpha}_1,\boldsymbol{\alpha}_2,\cdots,\boldsymbol{\alpha}_n),\boldsymbol{B}=(b_{ij})_{n\times s}$$

$$\boldsymbol{AB}=\boldsymbol{C}=(c_{ij})_{m\times s}=(\boldsymbol{\gamma}_1,\boldsymbol{\gamma}_2,\cdots,\boldsymbol{\gamma}_s)$$

$$\boldsymbol{AB} = (\boldsymbol{\alpha}_1,\boldsymbol{\alpha}_2,\cdots,\boldsymbol{\alpha}_n)\begin{pmatrix} b_{11} & b_{12} & \cdots & b_{1s} \\ b_{21} & b_{22} & \cdots & b_{2s} \\ \vdots & \vdots & & \vdots \\ b_{n1} & b_{n2} & \cdots & b_{ns} \end{pmatrix} =$$

$$(b_{11}\boldsymbol{\alpha}_1 + b_{21}\boldsymbol{\alpha}_2 + \cdots + b_{n1}\boldsymbol{\alpha}_n, b_{12}\boldsymbol{\alpha}_1 + b_{22}\boldsymbol{\alpha}_2 + \cdots + b_{n2}\boldsymbol{\alpha}_n,\cdots,$$
$$b_{1s}\boldsymbol{\alpha}_1 + b_{2s}\boldsymbol{\alpha}_2 + \cdots + b_{ns}\boldsymbol{\alpha}_n)$$

于是
$$\boldsymbol{\gamma}_j = b_{1j}\boldsymbol{\alpha}_1 + b_{2j}\boldsymbol{\alpha}_2 + \cdots + b_{nj}\boldsymbol{\alpha}_n \qquad (j = 1,2,\cdots,s)$$

$\boldsymbol{\gamma}_1,\boldsymbol{\gamma}_2,\cdots,\boldsymbol{\gamma}_s$ 可由 $\boldsymbol{\alpha}_1,\boldsymbol{\alpha}_2,\cdots,\boldsymbol{\alpha}_n$ 线性表示，因此 $\boldsymbol{\gamma}_1,\boldsymbol{\gamma}_2,\cdots,\boldsymbol{\gamma}_s$ 的极大无关组可由 $\boldsymbol{\alpha}_1,\boldsymbol{\alpha}_2,\cdots,\boldsymbol{\alpha}_n$ 的极大无关组线性表示，即

$$r(\boldsymbol{\gamma}_1,\boldsymbol{\gamma}_2,\cdots,\boldsymbol{\gamma}_s) \leqslant r(\boldsymbol{\alpha}_1,\boldsymbol{\alpha}_2,\cdots,\boldsymbol{\alpha}_n)$$

从而
$$r(\boldsymbol{AB}) \leqslant r(\boldsymbol{A})$$

而
$$r(\boldsymbol{AB}) = r[(\boldsymbol{AB})^{\mathrm{T}}] = r(\boldsymbol{B}^{\mathrm{T}}A^{\mathrm{T}}) \leqslant r(\boldsymbol{B}^{\mathrm{T}}) = r(\boldsymbol{B})$$

因此
$$r(\boldsymbol{AB}) \leqslant \min(r(\boldsymbol{A}),r(\boldsymbol{B}))$$

3.5 线性方程组解的结构

我们知道，n 个未知量的齐次线性方程组 $\boldsymbol{AX} = \boldsymbol{0}$ 有非零解的充分必要条件是系数矩阵的秩 $r(\boldsymbol{A}) < n$；n 个未知量的非齐次线性方程组 $\boldsymbol{AX} = \boldsymbol{b}$ 有解的充分必要条件是系数矩阵 $\boldsymbol{A}$ 的秩等于增广矩阵 $\boldsymbol{B}$ 的秩，且当 $r(\boldsymbol{A}) = r(\boldsymbol{B}) = n$ 时，方程组有唯一解，当 $r(\boldsymbol{A}) = r(\boldsymbol{B}) = r < n$ 时，方程组有无限多个解。我们进一步讨论线性方程组解的结构。

3.5.1 齐次线性方程组解的结构

对于 n 元齐次线性方程组

$$\begin{cases} a_{11}x_1 + a_{12}x_2 + \cdots + a_{1n}x_n = 0 \\ a_{21}x_1 + a_{22}x_2 + \cdots + a_{2n}x_n = 0 \\ \vdots \\ a_{m1}x_1 + a_{m2}x_2 + \cdots + a_{mn}x_n = 0 \end{cases} \tag{3.11}$$

令

$$\boldsymbol{A} = \begin{pmatrix} a_{11} & a_{12} & \cdots & a_{1n} \\ a_{21} & a_{22} & \cdots & a_{2n} \\ \vdots & \vdots & & \vdots \\ a_{m1} & a_{m2} & \cdots & a_{mn} \end{pmatrix}, \boldsymbol{X} = \begin{pmatrix} x_1 \\ x_2 \\ \vdots \\ x_n \end{pmatrix}$$

则方程组(3.11)可写成向量形式

$$AX = \mathbf{0} \tag{3.12}$$

n 元线性方程组(3.12)的解是 n 维向量,比如,$X = \xi_1 = \begin{pmatrix} \xi_{11} \\ \xi_{21} \\ \vdots \\ \xi_{n1} \end{pmatrix}$

下面我们讨论解的性质:

(1) 如果 $\boldsymbol{X} = \boldsymbol{\xi}_1, \boldsymbol{X} = \boldsymbol{\xi}_2$ 为(3.12)的解,则 $\boldsymbol{X} = \boldsymbol{\xi}_1 + \boldsymbol{\xi}_2$ 也是(3.12)的解。

【证】 因为 $\boldsymbol{X} = \boldsymbol{\xi}_1, \boldsymbol{X} = \boldsymbol{\xi}_2$ 为(3.12)的解,所以

$$\boldsymbol{A\xi}_1 = \mathbf{0}, \boldsymbol{A\xi}_2 = \mathbf{0}, \boldsymbol{A}(\boldsymbol{\xi}_1 + \boldsymbol{\xi}_2) = \boldsymbol{A\xi}_1 + \boldsymbol{\xi}_2 = \mathbf{0}$$

所以 $\boldsymbol{X} = \boldsymbol{\xi}_1 + \boldsymbol{\xi}_2$ 也是(3.12)的解。

(2) 如果 $\boldsymbol{X} = \boldsymbol{\xi}_1$ 是(3.12)的解,k 为实数,则 $\boldsymbol{X} = k\boldsymbol{\xi}_1$ 也是(3.12)的解。

【证】 $$\boldsymbol{A}(k\boldsymbol{\xi}_1) = k(\boldsymbol{A\xi}_1) = k\mathbf{0} = \mathbf{0}$$

因此 $k\boldsymbol{\xi}_1$ 也是方程组(3.12)的解。

(3) 如果 $\boldsymbol{X} = \boldsymbol{\xi}_1, \boldsymbol{X} = \boldsymbol{\xi}_2, \cdots, \boldsymbol{X} = \boldsymbol{\xi}_s$ 都是(3.12)的解,则其线性组合 $k_1\boldsymbol{\xi}_1 + k_2\boldsymbol{\xi}_2 + \cdots + k_s\boldsymbol{\xi}_s$ 也是(3.12)的解,其中,$k_1, k_2, \cdots, k_s$ 都是任意常数。

【证】 由(1)(2)可证出此性质的成立。

由此可知,如果一个齐次线性方程组有非零解,则它就有无穷多解,这无穷多解就构成了一个 n 维向量组。如果我们能求出这个向量组的一个极大无关组,就能用它的线性组合来表示它的全部解。

【定义 3.8】 如果 $\boldsymbol{\xi}_1, \boldsymbol{\xi}_2, \cdots, \boldsymbol{\xi}_s$ 是齐次线性方程组(3.12)的解向量组的一个极大无关组,则称 $\boldsymbol{\xi}_1, \boldsymbol{\xi}_2, \cdots, \boldsymbol{\xi}_s$ 是方程组(3.2)的一个基础解系。

【定理 3.12】 如果齐次线性方程组(3.12)的系数矩阵的秩 $r(\boldsymbol{A}) = r < n$,则方程组的基础解系存在,且每个基础解系中,恰含有 $n - r$ 个解。

【证】 因为 $r(\boldsymbol{A}) = r < n$,则对方程组(3.12)的增广矩阵 $\boldsymbol{B}$ 施以初等行变换可化为如下形式

$$\begin{pmatrix} 1 & \cdots & 0 & p_{11} & \cdots & p_{1,n-r} & 0 \\ \vdots & & \vdots & \vdots & & \vdots & \vdots \\ 0 & \cdots & 1 & p_{r1} & \cdots & p_{r,n-r} & 0 \\ 0 & \cdots & 0 & 0 & \cdots & 0 & 0 \\ \vdots & & \vdots & \vdots & & \vdots & \vdots \\ 0 & \cdots & 0 & 0 & \cdots & 0 & 0 \end{pmatrix}$$

即方程组(3.12)与方程组

$$\begin{cases} x_1 = -p_{11}x_{r+1} - \cdots - p_{1,n-r} \\ \vdots \\ x_r = -p_{r1}x_{r+1} - \cdots - p_{r,n-r} \end{cases}$$

同解,其中,$x_{r+1},x_{r+2},\cdots,x_n$ 为自由未知量。

对 $n-r$ 个自由未知量分别取

$$\begin{pmatrix} 1 \\ 0 \\ \vdots \\ 0 \end{pmatrix},\begin{pmatrix} 0 \\ 1 \\ \vdots \\ 0 \end{pmatrix},\cdots,\begin{pmatrix} 0 \\ 0 \\ \vdots \\ 1 \end{pmatrix}$$

可得方程组(3.5)的 $n-r$ 个解,即

$$\boldsymbol{\xi}_1 = \begin{pmatrix} -p_{11} \\ -p_{21} \\ \vdots \\ -p_{r1} \\ 1 \\ 0 \\ \vdots \\ 0 \end{pmatrix},\boldsymbol{\xi}_2 = \begin{pmatrix} -p_{12} \\ -p_{22} \\ \vdots \\ -p_{r2} \\ 0 \\ 1 \\ \vdots \\ 0 \end{pmatrix},\cdots,\boldsymbol{\xi}_{n-r} = \begin{pmatrix} -p_{1,n-r} \\ -p_{2,n-r} \\ \vdots \\ -p_{r,n-r} \\ 0 \\ 0 \\ \vdots \\ 1 \end{pmatrix}$$

现在来证明 $\boldsymbol{\xi}_1,\boldsymbol{\xi}_2,\cdots,\boldsymbol{\xi}_{n-r}$ 就是方程组(3.12)的一个基础解系,首先来证明 $\boldsymbol{\xi}_1,\boldsymbol{\xi}_2,\cdots,\boldsymbol{\xi}_{n-r}$ 线性无关。

设

$$\boldsymbol{C} = \begin{pmatrix} -p_{11} & -p_{12} & \cdots & -p_{1,n-r} \\ -p_{21} & -p_{22} & \cdots & -p_{2,n-r} \\ \vdots & \vdots & & \vdots \\ -p_{r1} & -p_{r2} & \cdots & -p_{r,n-r} \\ 1 & 0 & \cdots & 0 \\ 0 & 1 & \cdots & 0 \\ \vdots & \vdots & & \vdots \\ 0 & 0 & \cdots & 1 \end{pmatrix}$$

则 $\boldsymbol{C}$ 为 $n \times (n-r)$ 矩阵。有 $n-r$ 阶子式

$$\begin{vmatrix} 1 & 0 & \cdots & 0 \\ 0 & 1 & \cdots & 0 \\ \vdots & \vdots & & \vdots \\ 0 & 0 & \cdots & 1 \end{vmatrix} = 1 \neq 0$$

即
$$r(\boldsymbol{C}) = n - r$$
所以 $\boldsymbol{\xi}_1,\boldsymbol{\xi}_2,\cdots,\boldsymbol{\xi}_{n-r}$ 线性无关。

再证明方程组(3.12)任意一个解,即

$$\boldsymbol{\xi} = \begin{pmatrix} \lambda_1 \\ \lambda_2 \\ \vdots \\ \lambda_r \\ \lambda_{r+1} \\ \vdots \\ \lambda_n \end{pmatrix}$$

都是 $\boldsymbol{\xi}_1,\boldsymbol{\xi}_2,\cdots,\boldsymbol{\xi}_{n-r}$ 线性组合。

因为

$$\begin{aligned} \lambda_1 &= - p_{11}\lambda_{r+1} - p_{12}\lambda_{r+2} - \cdots - p_{1,n-r}\lambda_n \\ \lambda_2 &= - p_{21}\lambda_{r+1} - p_{22}\lambda_{r+2} - \cdots - p_{2,n-r}\lambda_n \\ &\vdots \\ \lambda_r &= - p_{r1}\lambda_{r+1} - p_{r2}\lambda_{r+2} - \cdots - p_{r,n-r}\lambda_n \end{aligned}$$

所以

$$\boldsymbol{\xi} = \begin{pmatrix} - p_{11}\lambda_{r+1} - p_{12}\lambda_{r+2} - \cdots - p_{1,n-r}\lambda_n \\ - p_{21}\lambda_{r+1} - p_{22}\lambda_{r+2} - \cdots -- p_{2,n-r}\lambda_n \\ \vdots \\ - p_{r1}\lambda_{r+1} - p_{r2}\lambda_{r+2} - \cdots - p_{r,n-r}\lambda_n \\ \lambda_{r+1} \\ \lambda_{r+2} \\ \ddots \\ \lambda_n \end{pmatrix} =$$

$$\lambda_{r+1}\begin{pmatrix} -p_{11} \\ -p_{21} \\ \vdots \\ -p_{r1} \\ 1 \\ 0 \\ \vdots \\ 0 \end{pmatrix} + \lambda_{r+2}\begin{pmatrix} -p_{12} \\ -p_{22} \\ \vdots \\ -p_{r2} \\ 0 \\ 1 \\ \vdots \\ 0 \end{pmatrix} + \cdots + \lambda_n\begin{pmatrix} -p_{1,n-r} \\ -p_{2,n-r} \\ \vdots \\ -p_{r,n-r} \\ 0 \\ 0 \\ \vdots \\ 1 \end{pmatrix} =$$

$$\lambda_{r+1}\xi_1 + \lambda_{r+2}\xi_2 + \cdots + \lambda_n\xi_{n-1}$$

即 ξ 是 $\xi_1,\xi_2,\cdots,\xi_{n-r}$ 的线性组合。

所以 $\xi_1,\xi_2,\cdots,\xi_{n-r}$ 是方程组(3.12)的一个基础解系。因此方程组(3.12)的全部解为

$$k_1\xi_1 + k_2\xi_2 + \cdots + k_{n-r}\xi_{n-r}$$

其中，$k_1,k_2,\cdots,k_{n-r}$ 为任意常数。

上面的证明过程给我们指出了求齐次线性方程组的基础解系的方法。

【例 1】 求齐次线性方程组

$$\begin{cases} x_1 + x_2 - x_3 - x_4 = 0 \\ 2x_1 - 5x_2 + 3x_3 + 2x_4 = 0 \\ 7x_1 - 7x_2 + 3x_3 + x_4 = 0 \end{cases}$$

的基础解系与全部解。

【解】 设方程组的增广矩阵为 $\boldsymbol{B}$ 并对 $\boldsymbol{B}$ 施以如下初等行变换

$$\boldsymbol{B} = \begin{pmatrix} 1 & 1 & -1 & -1 & 0 \\ 2 & -5 & 3 & 2 & 0 \\ 7 & -7 & 3 & 1 & 0 \end{pmatrix} \xrightarrow[r_3 - 7r_1]{r_1 - 2r_1} \begin{pmatrix} 1 & 1 & -1 & -1 & 0 \\ 0 & -7 & 5 & 4 & 0 \\ 0 & -14 & 10 & 8 & 0 \end{pmatrix} \xrightarrow{r_3 - 2r_2}$$

$$\begin{pmatrix} 1 & 1 & -1 & -1 & 0 \\ 0 & -7 & 5 & 4 & 0 \\ 0 & 0 & 0 & 0 & 0 \end{pmatrix} \xrightarrow[r_1 - r_2]{r_2 \div (-7)} \begin{pmatrix} 1 & 0 & -\frac{2}{7} & -\frac{3}{7} & 0 \\ 0 & 1 & -\frac{5}{7} & -\frac{4}{7} & 0 \\ 0 & 0 & 0 & 0 & 0 \end{pmatrix}$$

则即原方程组与下面方程组

$$\begin{cases} x_1 = \frac{2}{7}x_3 + \frac{3}{7}x_4 \\ x_2 = \frac{5}{7}x_3 + \frac{4}{7}x_4 \end{cases}$$

同解，其中，x_3,x_4 为自由未知量。

让自由未知量 $\begin{pmatrix} x_3 \\ x_4 \end{pmatrix}$ 取值 $\begin{pmatrix} 1 \\ 0 \end{pmatrix},\begin{pmatrix} 0 \\ 1 \end{pmatrix}$，得方程组的基础解系为

$$\xi_1 = \begin{pmatrix} \frac{2}{7} \\ \frac{5}{7} \\ 1 \\ 0 \end{pmatrix}, \xi_2 = \begin{pmatrix} \frac{3}{7} \\ \frac{4}{7} \\ 0 \\ 1 \end{pmatrix}$$

全部解为

$$\begin{pmatrix} x_1 \\ x_2 \\ x_3 \\ x_4 \end{pmatrix} = k_1 \begin{pmatrix} \frac{2}{7} \\ \frac{5}{7} \\ 1 \\ 0 \end{pmatrix} + k_2 \begin{pmatrix} \frac{3}{7} \\ \frac{4}{7} \\ 0 \\ 1 \end{pmatrix} \quad (k_1, k_2 \text{ 为任意常数})$$

【例 2】 设 $\boldsymbol{A}, \boldsymbol{B}$ 分别是 $m \times n$ 和 $n \times s$ 矩阵，且 $\boldsymbol{AB} = \boldsymbol{0}$，证明

$$r(\boldsymbol{A}) + r(\boldsymbol{B}) \leqslant n$$

【证】 将 $\boldsymbol{B}$ 按列分块为 $\boldsymbol{B} = (\boldsymbol{\beta}_1, \boldsymbol{\beta}_2, \cdots, \boldsymbol{\beta}_s)$，由 $\boldsymbol{AB} = \boldsymbol{0}$ 得

$$\boldsymbol{A\beta}_j = \boldsymbol{0}, j = 1,2,\cdots,s$$

即 $\boldsymbol{B}$ 的每一列都是 $\boldsymbol{AX} = \boldsymbol{0}$ 的解，而 $\boldsymbol{AX} = \boldsymbol{0}$ 的基础解系含 $n - r(\boldsymbol{A})$ 个解，即 $\boldsymbol{AX} = \boldsymbol{0}$ 的任何一组解中至多含 $n - r(\boldsymbol{A})$ 个线性无关的解。因此

$$r(\boldsymbol{B}) = r(\boldsymbol{\beta}_1, \boldsymbol{\beta}_2, \cdots, \boldsymbol{\beta}_s) \leqslant n - r(\boldsymbol{A})$$

故

$$r(\boldsymbol{A}) + r(\boldsymbol{B}) \leqslant n$$

【例 3】 证明 $r(\boldsymbol{A}^{\mathrm{T}}\boldsymbol{A}) = r(\boldsymbol{A})$。

【证】 设 $\boldsymbol{A}$ 为 $m \times n$ 矩阵，$\boldsymbol{X}$ 为 n 维列向量。

若 $\boldsymbol{X}$ 满足 $\boldsymbol{AX} = \boldsymbol{0}$，则有 $\boldsymbol{A}^{\mathrm{T}}(\boldsymbol{AX}) = \boldsymbol{0}$，即 $(\boldsymbol{A}^{\mathrm{T}}\boldsymbol{A})\boldsymbol{X} = \boldsymbol{0}$；若 $\boldsymbol{X}$ 满足 $(\boldsymbol{A}^{\mathrm{T}}\boldsymbol{A})\boldsymbol{X} = \boldsymbol{0}$，则 $\boldsymbol{X}^{\mathrm{T}}(\boldsymbol{A}^{\mathrm{T}}\boldsymbol{A})\boldsymbol{X} = \boldsymbol{0}$，即 $(\boldsymbol{AX})^{\mathrm{T}}(\boldsymbol{AX}) = \boldsymbol{0}$，从而得知 $\boldsymbol{AX} = \boldsymbol{0}$；综上所述，方程组 $\boldsymbol{AX} = \boldsymbol{0}$ 与 $(\boldsymbol{A}^{\mathrm{T}}\boldsymbol{A})\boldsymbol{X} = \boldsymbol{0}$ 同解，因此 $r(\boldsymbol{A}^{\mathrm{T}}\boldsymbol{A}) = r(\boldsymbol{A})$。

3.5.2 非齐次线性方程组解的结构

非齐次线性方程组

$$\begin{cases} a_{11}x_1 + a_{12}x_2 + \cdots + a_{1n}x_n = b_1 \\ a_{21}x_1 + a_{22}x_2 + \cdots + a_{2n}x_n = b_2 \\ \vdots \\ a_{m1}x_1 + a_{m2}x_2 + \cdots + a_{mn}x_n = b_m \end{cases}$$

可写成向量形式

$$\boldsymbol{AX} = \boldsymbol{b} \tag{3.13}$$

$\boldsymbol{b} = \boldsymbol{0}$ 时，对应(3.13)有方程组 $\boldsymbol{AX} = \boldsymbol{0}$ 称为 $\boldsymbol{AX} = \boldsymbol{b}$ 的导出组。

非齐次线性方程组(3.13)与其导出组的解之间有如下性质：

(1) 如果 $\boldsymbol{X} = \boldsymbol{\eta}$ 是方程组(3.13)的解，$\boldsymbol{X} = \boldsymbol{\xi}$ 是(3.13)对应的导出组的解。则 $\boldsymbol{X} = \boldsymbol{\xi} + \boldsymbol{\eta}$ 仍是方程组(3.13)的解。

【证】
$$\boldsymbol{A}(\boldsymbol{\xi} + \boldsymbol{\eta}) = \boldsymbol{A\xi} + \boldsymbol{A\eta} = \boldsymbol{0} + \boldsymbol{b} = \boldsymbol{b}$$

即 $\boldsymbol{X} = \boldsymbol{\xi} + \boldsymbol{\eta}$ 满足方程组(3.13)。

(2) 如果 $X = \boldsymbol{\eta}_1, X = \boldsymbol{\eta}_2$ 都是方程组(3.13)的解,则 $X = \boldsymbol{\eta}_1 - \boldsymbol{\eta}_2$ 为其导出组的解。

【证】
$$A(\boldsymbol{\eta}_1 - \boldsymbol{\eta}_2) = A\boldsymbol{\eta}_1 - A\boldsymbol{\eta}_2 = \boldsymbol{b} - \boldsymbol{b} = \boldsymbol{0}$$
即 $X = \boldsymbol{\eta}_1 - \boldsymbol{\eta}_2$ 满足 $AX = \boldsymbol{0}$。

【定理 3.13】 如果 $\boldsymbol{\eta}^*$ 是非齐次线性方程组的一个解,$\boldsymbol{\xi}$ 为其导出组的全部解,则 $\boldsymbol{\eta} = \boldsymbol{\xi} + \boldsymbol{\eta}^*$ 是非齐次线性方程组的全部解。

【证】 由性质(1)得,$\boldsymbol{\eta}^*$ 加上其导出组的一个解,仍是非齐次线性方程组的一个解。设 $\boldsymbol{\eta}_1$ 为非齐次线性方程组的任意一个解,$\boldsymbol{\xi}_1$ 为导出组的一个解。取
$$\boldsymbol{\xi}_1 = \boldsymbol{\eta}_1 - \boldsymbol{\eta}^*$$
由性质(2)可知 $\boldsymbol{\xi}_1$ 是导出组的一个解,于是得到
$$\boldsymbol{\eta}_1 = \boldsymbol{\xi}_1 + \boldsymbol{\eta}^*$$
即非齐次线性方程组的任意一个解,都是其一个解 $\boldsymbol{\eta}^*$ 与其导出组某一个解的和。

由此定理可知,如果非齐次线性方程组有解,则只需求出它的一个解 $\boldsymbol{\eta}^*$,并求出其导出组的基础解系 $\boldsymbol{\xi}_1, \boldsymbol{\xi}_2, \cdots, \boldsymbol{\xi}_{n-r}$,则其全部解可以表示为
$$\boldsymbol{\eta} = \boldsymbol{\eta}^* + k_1\boldsymbol{\xi}_1 + k_2\boldsymbol{\xi}_2 + \cdots + k_{n-r}\boldsymbol{\xi}_{n-r}$$
如果非齐次线性方程组的导出组仅有零解,则该非齐次线性方程组只有一个解,如果其导出组有无穷多解,则它也有无穷多个解。

【例 4】 解方程组
$$\begin{cases} x_1 + 2x_2 - 2x_3 + 3x_4 = 2 \\ 2x_1 + 4x_2 - 3x_3 + 4x_4 = 5 \\ 5x_1 + 10x_2 - 8x_3 + 11x_4 = 12 \end{cases}$$
【解】 对增广矩阵 $\boldsymbol{B}$ 施以初等行变换
$$\boldsymbol{B} = \begin{pmatrix} 1 & 2 & -2 & 3 & 2 \\ 2 & 4 & -3 & 4 & 5 \\ 5 & 10 & -8 & 11 & 12 \end{pmatrix} \xrightarrow[r_3 - 5r_1]{r_2 - 2r_1} \begin{pmatrix} 1 & 2 & -2 & 3 & 2 \\ 0 & 0 & 1 & -2 & 1 \\ 0 & 0 & 2 & -4 & 2 \end{pmatrix} \xrightarrow[r_3 - 2r_2]{r_1 + 2r_2}$$
$$\begin{pmatrix} 1 & 2 & 0 & -1 & 4 \\ 0 & 0 & 1 & -2 & 1 \\ 0 & 0 & 0 & 0 & 0 \end{pmatrix}$$
可见 $r(\boldsymbol{A}) = r(\boldsymbol{B}) = 2 < 4$,故方程组有无穷多个解。

取 x_2, x_4 为自由未知量,原方程的同解方程组为
$$\begin{cases} x_1 = 4 - 2x_2 + x_4 \\ x_3 = 1 + 2x_4 \end{cases}$$

令 $x_2 = x_4 = 0$,得 $x_1 = 4, x_3 = 1$,得到非齐次线性方程组的一个解

$$\boldsymbol{\eta}^* = \begin{pmatrix} 4 \\ 0 \\ 1 \\ 0 \end{pmatrix}$$

在对应的齐次线性方程组

$$\begin{cases} x_1 = -2x_2 + x_4 \\ x_3 = 2x_4 \end{cases}$$

中取

$$\begin{pmatrix} x_2 \\ x_4 \end{pmatrix} = \begin{pmatrix} 1 \\ 0 \end{pmatrix} \text{及} \begin{pmatrix} 0 \\ 1 \end{pmatrix}$$

得到齐次线性方程组的基础解系

$$\boldsymbol{\xi}_1 = \begin{pmatrix} -2 \\ 1 \\ 0 \\ 0 \end{pmatrix}, \boldsymbol{\xi}_2 = \begin{pmatrix} 1 \\ 0 \\ 2 \\ 1 \end{pmatrix}$$

因此,原方程的全部解为

$$\begin{pmatrix} x_1 \\ x_2 \\ x_3 \\ x_4 \end{pmatrix} = k_1 \begin{pmatrix} -2 \\ 1 \\ 0 \\ 0 \end{pmatrix} + k_2 \begin{pmatrix} 1 \\ 0 \\ 2 \\ 1 \end{pmatrix} + \begin{pmatrix} 4 \\ 0 \\ 1 \\ 0 \end{pmatrix}$$

即
$$\boldsymbol{X} = k_1 \boldsymbol{\xi}_1 + k_2 \boldsymbol{\xi}_2 + \boldsymbol{\eta}^*$$

其中,k_1, k_2 为任意常数

【例 5】 设线性方程组

$$\begin{cases} x_1 + 2x_2 - x_3 - 2x_4 = 0 \\ 2x_1 - x_2 - x_3 + x_4 = 1 \\ 3x_1 + x_2 - 2x_3 - x_4 = a \end{cases}$$

试确定 a 的值,使方程组有解,并求其全部解。

【解】 对增广矩阵作初等行变换

$$\boldsymbol{B} = \begin{pmatrix} 1 & 2 & -1 & -2 & 0 \\ 2 & -1 & -1 & 1 & 1 \\ 3 & 1 & -2 & -1 & a \end{pmatrix} \xrightarrow[r_3 - 3r_1]{r_2 - 2r_1} \begin{pmatrix} 1 & 2 & -1 & -2 & 0 \\ 0 & -5 & 1 & 5 & 1 \\ 0 & -5 & 1 & 5 & a \end{pmatrix} \xrightarrow{r_3 - r_2}$$

$$\begin{pmatrix}1 & 2 & -1 & -2 & 0\\0 & -5 & 1 & 5 & 1\\0 & 0 & 0 & 0 & a-1\end{pmatrix}$$

因此当 $a=1$ 时，$r(\boldsymbol{A})=r(\boldsymbol{B})=2$，方程组有解。$a=1$ 时

$$\boldsymbol{B}\rightarrow\begin{pmatrix}1 & 2 & -1 & -2 & 0\\0 & -5 & 1 & 5 & 1\\0 & 0 & 0 & 0 & 0\end{pmatrix}\xrightarrow{r_1+r_2}\begin{pmatrix}1 & -3 & 0 & 3 & 1\\0 & -5 & 1 & 5 & 1\\0 & 0 & 0 & 0 & 0\end{pmatrix}$$

得到同解方程组

$$\begin{cases}x_1=1+3x_2-3x_4\\x_3=1+5x_2-5x_4\end{cases}$$

取 x_2,x_4 为自由未知量，令 $x_2=x_4=0$，得到特解 $\boldsymbol{\eta}^*=(1,0,1,0)^{\mathrm{T}}$，则导出组的一般解为

$$\begin{cases}x_1=3x_2-3x_4\\x_3=5x_2-5x_4\end{cases}$$

令 $\begin{pmatrix}x_2\\x_4\end{pmatrix}=\begin{pmatrix}1\\0\end{pmatrix}$ 及 $\begin{pmatrix}0\\1\end{pmatrix}$，得基础解系 $\boldsymbol{\eta}_1=(3,1,5,0)^{\mathrm{T}}$，$\boldsymbol{\eta}_2=(-3,0,-5,1)^{\mathrm{T}}$

于是原方程的全部解为

$$\boldsymbol{X}=\boldsymbol{\eta}^*+c_1\boldsymbol{\eta}_1+c_2\boldsymbol{\eta}_2\qquad(c_1,c_2\text{ 为任意常数})$$

【例 6】 已知三元非齐次线性方程组，其增广矩阵的秩与系数矩阵的秩都等于 2，且

$$\boldsymbol{\eta}_1=\begin{pmatrix}0\\1\\2\end{pmatrix},\boldsymbol{\eta}_2=\begin{pmatrix}2\\3\\-1\end{pmatrix}$$

都是它的解，求它的全部解。

【解】 由于此非齐次线性方程组导出组含有三个未知量，且系数矩阵的秩等于 2，于是基础解系包括 $3-2=1$ 个解向量。

根据非齐次线性方程组解的性质(2)，得到

$$\boldsymbol{\xi}=\boldsymbol{\eta}_1-\boldsymbol{\eta}_2=\begin{pmatrix}0\\1\\2\end{pmatrix}-\begin{pmatrix}2\\3\\-1\end{pmatrix}=\begin{pmatrix}-2\\-2\\3\end{pmatrix}$$

为导出组的解，它构成基础解系。

因此，非齐次线性方程组的全部解为

$$\boldsymbol{X}=k\boldsymbol{\xi}+\boldsymbol{\eta}_1=k\begin{pmatrix}-2\\-2\\3\end{pmatrix}+\begin{pmatrix}0\\1\\2\end{pmatrix}$$

其中,k 为任意常数。

3.6 范　例

【例1】 设 n 维行向量 $\boldsymbol{\alpha}=(\frac{1}{2},0,\cdots,0,\frac{1}{2})$,矩阵 $\boldsymbol{A}=\boldsymbol{I}-\boldsymbol{\alpha}^{\mathrm{T}}\boldsymbol{\alpha}$,$\boldsymbol{B}=\boldsymbol{I}+2\boldsymbol{\alpha}^{\mathrm{T}}\boldsymbol{\alpha}$,其中,$\boldsymbol{I}$ 为 n 阶单位矩阵,则 $\boldsymbol{AB}$ 等于 (　　)

(A)$\boldsymbol{0}$　　(B)$-\boldsymbol{I}$　　(C)$\boldsymbol{I}$　　(D)$\boldsymbol{I}+\boldsymbol{\alpha}^{\mathrm{T}}\boldsymbol{\alpha}$

【解】 $\boldsymbol{AB}=(\boldsymbol{I}-\boldsymbol{\alpha}^{\mathrm{T}}\boldsymbol{\alpha})(\boldsymbol{I}+2\boldsymbol{\alpha}^{\mathrm{T}}\boldsymbol{\alpha})=\boldsymbol{I}-\boldsymbol{\alpha}^{\mathrm{T}}\boldsymbol{\alpha}+2\boldsymbol{\alpha}^{\mathrm{T}}\boldsymbol{\alpha}-2\boldsymbol{\alpha}^{\mathrm{T}}\boldsymbol{\alpha}\boldsymbol{\alpha}^{\mathrm{T}}\boldsymbol{\alpha}=$

$$\boldsymbol{I}-\boldsymbol{\alpha}^{\mathrm{T}}\boldsymbol{\alpha}+2\boldsymbol{\alpha}^{\mathrm{T}}\boldsymbol{\alpha}-2\boldsymbol{\alpha}^{\mathrm{T}}(\boldsymbol{\alpha}\boldsymbol{\alpha}^{\mathrm{T}})\boldsymbol{\alpha}$$

因为 $\boldsymbol{\alpha}$ 为行向量,$\boldsymbol{\alpha}\boldsymbol{\alpha}^{\mathrm{T}}$ 是一个数,且

$$\boldsymbol{\alpha}\boldsymbol{\alpha}^{\mathrm{T}}=(\frac{1}{2},0,\cdots,0,\frac{1}{2})\begin{pmatrix}\frac{1}{2}\\0\\\vdots\\0\\\frac{1}{2}\end{pmatrix}=\frac{1}{4}+\frac{1}{4}=\frac{1}{2}$$

所以

$$\boldsymbol{AB}=\boldsymbol{I}-\boldsymbol{\alpha}^{\mathrm{T}}\boldsymbol{\alpha}+2\boldsymbol{\alpha}^{\mathrm{T}}\boldsymbol{\alpha}-2(\boldsymbol{\alpha}\boldsymbol{\alpha}^{\mathrm{T}})\boldsymbol{\alpha}^{\mathrm{T}}\boldsymbol{\alpha}=$$
$$\boldsymbol{I}-\boldsymbol{\alpha}^{\mathrm{T}}\boldsymbol{\alpha}+2\boldsymbol{\alpha}^{\mathrm{T}}\boldsymbol{\alpha}-\boldsymbol{\alpha}^{\mathrm{T}}\boldsymbol{\alpha}=\boldsymbol{I}$$

选(C)。

【例2】 设 $\boldsymbol{\alpha}=(1,2,3)$,$\boldsymbol{\beta}=(1,\frac{1}{2},\frac{1}{3})$,$\boldsymbol{A}=\boldsymbol{\alpha}^{\mathrm{T}}\boldsymbol{\beta}$,其中,$\boldsymbol{\alpha}^{\mathrm{T}}$ 为 $\boldsymbol{\alpha}$ 的转置,求 $\boldsymbol{A}^n$。

【解】 因为 $\boldsymbol{\alpha}^{\mathrm{T}}=(1,2,3)^{\mathrm{T}}$,故

$$\boldsymbol{\beta}\boldsymbol{\alpha}^{\mathrm{T}}=(1,\frac{1}{2},\frac{1}{3})\begin{pmatrix}1\\2\\3\end{pmatrix}=3$$

且

$$\boldsymbol{A}=\boldsymbol{\alpha}^{\mathrm{T}}\boldsymbol{\beta}=\begin{pmatrix}1\\2\\3\end{pmatrix}(1,\frac{1}{2},\frac{1}{3})=\begin{pmatrix}1&\frac{1}{2}&\frac{1}{3}\\2&1&\frac{2}{3}\\3&\frac{3}{2}&1\end{pmatrix}$$

所以

$$A^n=(\boldsymbol{\alpha}^{\mathrm T}\boldsymbol{\beta})^n=\boldsymbol{\alpha}^{\mathrm T}\boldsymbol{\beta}\boldsymbol{\alpha}^{\mathrm T}\boldsymbol{\beta}\cdots\boldsymbol{\alpha}^{\mathrm T}\boldsymbol{\beta}\boldsymbol{\alpha}^{\mathrm T}\boldsymbol{\beta}=\boldsymbol{\alpha}^{\mathrm T}\underbrace{(\boldsymbol{\beta}\boldsymbol{\alpha}^{\mathrm T})(\boldsymbol{\beta}\boldsymbol{\alpha}^{\mathrm T})\cdots(\boldsymbol{\beta}\boldsymbol{\alpha}^{\mathrm T})}_{n-1\text{个}\boldsymbol{\beta}\boldsymbol{\alpha}^{\mathrm T}}\boldsymbol{\beta}=$$

$$(\boldsymbol{\beta}\boldsymbol{\alpha}^{\mathrm T})^{n-1}\boldsymbol{\alpha}^{\mathrm T}\boldsymbol{\beta}=3^{n-1}\begin{pmatrix}1&\frac{1}{2}&\frac{1}{3}\\2&1&\frac{2}{3}\\3&\frac{3}{2}&1\end{pmatrix}$$

【例 3】 设 $\boldsymbol{\alpha}_1,\boldsymbol{\alpha}_2,\boldsymbol{\alpha}_3,\boldsymbol{\beta}_1,\boldsymbol{\beta}_2$ 均为四维列向量，且四阶行列式

$$|\boldsymbol{\alpha}_1,\boldsymbol{\alpha}_2,\boldsymbol{\alpha}_3,\boldsymbol{\beta}_1|=m,\ |\boldsymbol{\alpha}_1,\boldsymbol{\alpha}_2,\boldsymbol{\beta}_2,\boldsymbol{\alpha}_3,|=n$$

求 $|\boldsymbol{\alpha}_3,\boldsymbol{\alpha}_2,\boldsymbol{\alpha}_1,(\boldsymbol{\beta}_1+\boldsymbol{\beta}_2)|$。

【解】 $|\boldsymbol{\alpha}_3,\boldsymbol{\alpha}_2,\boldsymbol{\alpha}_1,(\boldsymbol{\beta}_1+\boldsymbol{\beta}_2)|=|\boldsymbol{\alpha}_3,\boldsymbol{\alpha}_2,\boldsymbol{\alpha}_1,\boldsymbol{\beta}_1|+|\boldsymbol{\alpha}_3,\boldsymbol{\alpha}_2,\boldsymbol{\alpha}_1,\boldsymbol{\beta}_2|=$

$-|\boldsymbol{\alpha}_1,\boldsymbol{\alpha}_2,\boldsymbol{\alpha}_3,\boldsymbol{\beta}_1,|+|\boldsymbol{\alpha}_1,\boldsymbol{\alpha}_2,\boldsymbol{\beta}_2,\boldsymbol{\alpha}_3|=-m+n=n-m$

【例 4】 设

$$\boldsymbol{A}=\begin{pmatrix}a_1b_1&a_1b_2&\cdots&a_1b_n\\a_2b_1&a_2b_2&\cdots&a_2b_n\\\vdots&\vdots&&\vdots\\a_nb_1&a_nb_2&\cdots&a_nb_n\end{pmatrix}$$

试计算 $\boldsymbol{A}^m$，其中，m 为正整数。

【解】 将 $\boldsymbol{A}$ 分解成一个列向量与一个行向量的乘积再计算 $\boldsymbol{A}^m$。

令

$$\boldsymbol{\alpha}=\begin{pmatrix}a_1\\a_2\\\vdots\\a_n\end{pmatrix},\boldsymbol{\beta}=(b_1,b_2,\cdots,b_n)$$

则 $A=\boldsymbol{\alpha}\boldsymbol{\beta}$，且 $\boldsymbol{\beta}\boldsymbol{\alpha}=(b_1,b_2,\cdots,b_n)\begin{pmatrix}a_1\\a_2\\\vdots\\a_n\end{pmatrix}=\sum\limits_{i=1}^{n}a_ib_i$ 为一个数。因此

$$\boldsymbol{A}^m=(\boldsymbol{\alpha}\boldsymbol{\beta})^m=\boldsymbol{\alpha}\boldsymbol{\beta}\boldsymbol{\alpha}\boldsymbol{\beta}\boldsymbol{\alpha}\boldsymbol{\beta}\cdots\boldsymbol{\alpha}\boldsymbol{\beta}=\boldsymbol{\alpha}\underbrace{(\boldsymbol{\beta}\boldsymbol{\alpha})(\boldsymbol{\beta}\boldsymbol{\alpha})\cdots(\boldsymbol{\beta}\boldsymbol{\alpha})}_{m-1\text{个}\boldsymbol{\beta}\boldsymbol{\alpha}}\boldsymbol{\beta}=$$

$$(\boldsymbol{\beta}\boldsymbol{\alpha})^{m-1}(\boldsymbol{\alpha}\boldsymbol{\beta})=(\sum_{i=1}^{n}a_ib_i)^{m-1}\boldsymbol{A}$$

【例5】 设4阶方阵 $\boldsymbol{A}=(\boldsymbol{\alpha},\gamma_2,\gamma_3,\gamma_4)$，$\boldsymbol{B}=(\boldsymbol{\beta},\gamma_2,\gamma_3,\gamma_4)$，其中，$\boldsymbol{\alpha},\boldsymbol{\beta}$，$\gamma_2,\gamma_3,\gamma_4$ 均为 4 维列向量。且已知 $|\boldsymbol{A}|=4$，$|\boldsymbol{B}|=1$，试求 $|\boldsymbol{A}+\boldsymbol{B}|$ 的值。

【解】 求出两矩阵 $\boldsymbol{A}$ 与 $\boldsymbol{B}$ 之和，要注意两矩阵相加是多列分别相加。

$$|A+B| = |\boldsymbol{\alpha}+\boldsymbol{\beta},\gamma_2+\gamma_2,\gamma_3+\gamma_3,\gamma_4+\gamma_4| = |\boldsymbol{\alpha}+\boldsymbol{\beta},2\gamma_2,2\gamma_3,2\gamma_4| =$$
$$2^3|\boldsymbol{\alpha}+\boldsymbol{\beta},\gamma_2,\gamma_3,\gamma_4| = 8|\boldsymbol{\alpha},\gamma_2,\gamma_3,\gamma_4|+$$
$$8|\boldsymbol{\beta},\gamma_2,\gamma_3,\gamma_4| = 8(|A|+|B|) = 8(4+1) = 40$$

【例 6】 若 $\boldsymbol{\alpha}_1,\boldsymbol{\alpha}_2,\cdots,\boldsymbol{\alpha}_m$ 线性相关，则对任一组不全为 0 的数 $k_1,k_2,\cdots,k_m$ 总有 $k_1\boldsymbol{\alpha}_1+k_2\boldsymbol{\alpha}_2+\cdots+k_m\boldsymbol{\alpha}_m=\mathbf{0}$，问这命题是否正确。

【解】 不正确。由定义，只要有一组不全为 0 的数 $s_1,s_2,\cdots,s_m$ 使 $s_1\boldsymbol{\alpha}_1+s_2\boldsymbol{\alpha}_2+\cdots+s_m\boldsymbol{\alpha}_m=\mathbf{0}$ 就行了。

【例 7】 设 $\boldsymbol{\alpha}_1=(1,1,1),\boldsymbol{\alpha}_2=(1,2,3),\boldsymbol{\alpha}_3=(1,3,t)$

问：(1) 当 t 为何值时，向量组 $\boldsymbol{\alpha}_1,\boldsymbol{\alpha}_2,\boldsymbol{\alpha}_3$ 线性无关。

(2) 当 t 为何值时，向量组 $\boldsymbol{\alpha}_1,\boldsymbol{\alpha}_2,\boldsymbol{\alpha}_3$ 线性相关。当向量组 $\boldsymbol{\alpha}_1,\boldsymbol{\alpha}_2,\boldsymbol{\alpha}_3$ 线性相关时，将 $\boldsymbol{\alpha}_3$ 表示成 $\boldsymbol{\alpha}_1,\boldsymbol{\alpha}_2$ 的线性组合。

【解】 令

$$A=\begin{pmatrix}\boldsymbol{\alpha}_1\\\boldsymbol{\alpha}_2\\\boldsymbol{\alpha}_3\end{pmatrix}=\begin{pmatrix}1&1&1\\1&2&3\\1&3&t\end{pmatrix}\to\begin{pmatrix}1&1&1\\0&1&2\\0&2&t-1\end{pmatrix}\to\begin{pmatrix}1&1&1\\0&1&2\\0&0&t-5\end{pmatrix}$$

(1) 当 $t\neq5$ 时，$r(A)=3$，A 的行向量组 $\boldsymbol{\alpha}_1,\boldsymbol{\alpha}_2,\boldsymbol{\alpha}_3$ 线性无关。

(2) 当 $t=5$ 时，$r(A)=2<3$，A 的行向量组 $\boldsymbol{\alpha}_1,\boldsymbol{\alpha}_2,\boldsymbol{\alpha}_3$ 线性相关。

设
$$\boldsymbol{\alpha}_3=x_1\boldsymbol{\alpha}_1+x_2\boldsymbol{\alpha}_2$$
则
$$\begin{cases}x_1+x_2=1\\x_1+2x_2=3\\x_1+3x_2=5\end{cases}$$
解得 $x_1=-1,x_2=2$，于是 $\alpha_3=-\alpha_1+2\alpha_2$。

【例 8】 已知向量组 $\boldsymbol{\alpha}_1,\boldsymbol{\alpha}_2,\boldsymbol{\alpha}_3,\boldsymbol{\alpha}_4$ 线性无关，则命题正确的是 (　　)

(A) $\boldsymbol{\alpha}_1+\boldsymbol{\alpha}_2,\boldsymbol{\alpha}_2+\boldsymbol{\alpha}_3,\boldsymbol{\alpha}_3+\boldsymbol{\alpha}_4,\boldsymbol{\alpha}_4+\boldsymbol{\alpha}_1$ 线性无关

(B) $\boldsymbol{\alpha}_1-\boldsymbol{\alpha}_2,\boldsymbol{\alpha}_2-\boldsymbol{\alpha}_3,\boldsymbol{\alpha}_3-\boldsymbol{\alpha}_4,\boldsymbol{\alpha}_4-\boldsymbol{\alpha}_1$ 线性无关

(C) $\boldsymbol{\alpha}_1+\boldsymbol{\alpha}_2,\boldsymbol{\alpha}_2+\boldsymbol{\alpha}_3,\boldsymbol{\alpha}_3-\boldsymbol{\alpha}_4,\boldsymbol{\alpha}_4-\boldsymbol{\alpha}_1$ 线性无关

(D) $\boldsymbol{\alpha}_1+\boldsymbol{\alpha}_2,\boldsymbol{\alpha}_2-\boldsymbol{\alpha}_3,\boldsymbol{\alpha}_3-\boldsymbol{\alpha}_4,\boldsymbol{\alpha}_4-\boldsymbol{\alpha}_1$ 线性无关

【解】 由观察法对于(A) $(\boldsymbol{\alpha}_1+\boldsymbol{\alpha}_2)-(\boldsymbol{\alpha}_2+\boldsymbol{\alpha}_3)+(\boldsymbol{\alpha}_3+\boldsymbol{\alpha}_4)-(\boldsymbol{\alpha}_4+\boldsymbol{\alpha}_1)=\mathbf{0}$，线性相关；对于(B) $(\boldsymbol{\alpha}_1-\boldsymbol{\alpha}_2)+(\boldsymbol{\alpha}_2-\boldsymbol{\alpha}_3)+(\boldsymbol{\alpha}_3-\boldsymbol{\alpha}_4)+(\boldsymbol{\alpha}_4-\boldsymbol{\alpha}_1)=\mathbf{0}$，线性相关；对于(C) $(\boldsymbol{\alpha}_1+\boldsymbol{\alpha}_2)-(\boldsymbol{\alpha}_2+\boldsymbol{\alpha}_3)+(\boldsymbol{\alpha}_3-\boldsymbol{\alpha}_4)+(\boldsymbol{\alpha}_4-\boldsymbol{\alpha}_1)=\mathbf{0}$，线性相关。

由排除法知(D)正确。

【例9】 设$\boldsymbol{\beta}$可用$\boldsymbol{\alpha}_1,\boldsymbol{\alpha}_2,\cdots,\boldsymbol{\alpha}_m$线性表示但不能由$\boldsymbol{\alpha}_1,\boldsymbol{\alpha}_2,\cdots,\boldsymbol{\alpha}_{m-1}$线性表示,证明,$\boldsymbol{\alpha}_m$可由$\boldsymbol{\alpha}_1,\boldsymbol{\alpha}_2,\cdots,\boldsymbol{\alpha}_{m-1},\boldsymbol{\beta}$线性表示。

【证】 因为$\boldsymbol{\beta}$可由$\boldsymbol{\alpha}_1,\boldsymbol{\alpha}_2,\cdots,\boldsymbol{\alpha}_m$线性表示,所以存在$m$个常数$k_1,k_2,\cdots,k_m$使

$$\boldsymbol{\beta} = k_1\boldsymbol{\alpha}_1 + k_2\boldsymbol{\alpha}_2 + \cdots + k_m\boldsymbol{\alpha}_m$$

要证$\boldsymbol{\alpha}_m$可由$\boldsymbol{\alpha}_1,\boldsymbol{\alpha}_2,\cdots,\boldsymbol{\alpha}_{m-1},\boldsymbol{\beta}$线性表示,只需证$k_m \neq 0$。

设$k_m = 0$,则$\boldsymbol{\beta} = k_1\boldsymbol{\alpha}_1 + k_2\boldsymbol{\alpha}_2 + \cdots + k_{m-1}\boldsymbol{\alpha}_{m-1}$,即$\boldsymbol{\beta}$可由$\boldsymbol{\alpha}_1,\boldsymbol{\alpha}_2,\cdots,\boldsymbol{\alpha}_{m-1}$线性表示,与题设矛盾,所以$k_m \neq 0$,于是

$$\boldsymbol{\alpha}_m = \frac{1}{k_m}\boldsymbol{\beta} - \frac{k_1}{k_m}\boldsymbol{\alpha}_1 - \cdots - \frac{k_{m-1}}{k_m}\boldsymbol{\alpha}_{m-1}$$

证毕。

【例10】 设向量组$\boldsymbol{\alpha}_1,\boldsymbol{\alpha}_2,\cdots,\boldsymbol{\alpha}_s,\boldsymbol{\alpha}_{s+1}(s \geqslant 1)$线性无关,向量组$\boldsymbol{\beta}_1,\boldsymbol{\beta}_2,\cdots,\boldsymbol{\beta}_s$可表示为$\boldsymbol{\beta}_i = \boldsymbol{\alpha}_i + t_i\boldsymbol{\alpha}_{i+1}(i = 1,2,\cdots,s)$其中,$t_i(i = 1,2,\cdots,s)$是实数,试证向量组$\boldsymbol{\beta}_1,\boldsymbol{\beta}_2,\cdots,\boldsymbol{\beta}_s$线性无关。

【证】 设存在s个常数$k_1,k_2,\cdots,k_s$,使$k_1\boldsymbol{\beta}_1 + k_2\boldsymbol{\beta}_2 + \cdots + k_s\boldsymbol{\beta}_s = \mathbf{0}$,即

$$k_1(\boldsymbol{\alpha}_1 + t_1\boldsymbol{\alpha}_2) + k_2(\boldsymbol{\alpha}_2 + t_2\boldsymbol{\alpha}_3) + \cdots + k_s(\boldsymbol{\alpha}_s + t_s\boldsymbol{\alpha}_{s+1}) = \mathbf{0}$$

展开并整理得

$$k_1\boldsymbol{\alpha}_1 + (k_1t_1 + k_2)\boldsymbol{\alpha}_2 + \cdots + (k_{s-1}t_{s-1} + k_s)\boldsymbol{\alpha}_s + k_st_s\boldsymbol{\alpha}_{s+1} = \mathbf{0}$$

因为$\boldsymbol{\alpha}_1,\boldsymbol{\alpha}_2,\cdots,\boldsymbol{\alpha}_s,\boldsymbol{\alpha}_{s+1}$线性无关。所以

$$\begin{cases} k_1 = 0 \\ k_1t_1 + k_2 = 0 \\ \vdots \\ k_{s-1}t_{s-1} + k_s = 0 \\ k_st_s = 0 \end{cases}$$

所以 $$k_1 = k_2 = \cdots = k_s = 0$$

即$\boldsymbol{\beta}_1,\boldsymbol{\beta}_2,\cdots,\boldsymbol{\beta}_s$线性无关。

【例11】 判断$\boldsymbol{\alpha}_1 = (1,0,2,3)^{\mathrm{T}},\boldsymbol{\alpha}_2 = (1,1,3,5)^{\mathrm{T}},\boldsymbol{\alpha}_3 = (1,-1,a+2,1)^{\mathrm{T}},\boldsymbol{\alpha}_3 = (1,2,4,a+9)^{\mathrm{T}}$线性相关性。

解法一 因为

$$\begin{vmatrix} 1 & 1 & 1 & 1 \\ 0 & 1 & -1 & 2 \\ 2 & 3 & a+2 & 4 \\ 3 & 5 & 1 & a+9 \end{vmatrix} = (a+1)(a+2)$$

所以,$a = -1$或$a = -2$时,向量组线性相关,否则线性无关。

解法二 设
$$x_1\boldsymbol{\alpha}_1+x_2\boldsymbol{\alpha}_2+x_3\boldsymbol{\alpha}_3+x_4\boldsymbol{\alpha}_4=\mathbf{0}$$
即
$$\begin{cases}x_1+x_2+x_3+x_4=0\\ \quad x_2-x_3+2x_4=0\\ 2x_1+3x_2+(a+2)x_3+4x_4=0\\ 3x_1+5x_2+x_3+(a+9)x_4=0\end{cases}$$

系数矩阵 $\boldsymbol{A}=\begin{pmatrix}1&1&1&1\\0&1&-1&2\\2&3&a+2&4\\3&5&1&a+9\end{pmatrix}\to\begin{pmatrix}1&1&1&1\\0&1&-1&2\\0&1&a&2\\0&2&-2&a+6\end{pmatrix}\to$
$$\begin{pmatrix}1&1&1&1\\0&1&-1&2\\0&0&a+1&0\\0&0&0&a+2\end{pmatrix}$$

当 $a=-1$ 或 $a=-2$ 时,$r(\boldsymbol{A})=3<4$,齐次方程组有非零解,向量组线性相关,否则线性无关。

【例 12】 设 $\boldsymbol{A}$ 是 n 阶矩阵,若存在正整数 k 使方程组 $\boldsymbol{A}^k\boldsymbol{X}=\mathbf{0}$ 有解向量 $\boldsymbol{\alpha}$,且 $\boldsymbol{A}^{k-1}\boldsymbol{\alpha}\neq 0$,证明向量组 $\boldsymbol{\alpha},\boldsymbol{A\alpha},\cdots,\boldsymbol{A}^{k-1}\boldsymbol{\alpha}$ 是线性无关的。

【证】 用反证法

设存在不全为零的数 $\lambda_1,\lambda_2,\cdots,\lambda_k$ 使
$$\lambda_1\boldsymbol{\alpha}+\lambda_2\boldsymbol{A}\boldsymbol{\alpha}_2+\cdots+\lambda_k\boldsymbol{A}^{k-1}\boldsymbol{\alpha}=\mathbf{0}$$
设 $\lambda_1,\lambda_2,\cdots,\lambda_k$ 中第一个不为 0 的数是 λ_i,则
$$\lambda_i\boldsymbol{A}^{i-1}\boldsymbol{\alpha}+\lambda_{i+1}\boldsymbol{A}^{i}\boldsymbol{\alpha}+\cdots+\lambda_k\boldsymbol{A}^{k-1}\boldsymbol{\alpha}=\mathbf{0}$$
用 $\boldsymbol{A}^{k-i}$ 左乘上式,利用 $\boldsymbol{A}^k\boldsymbol{\alpha}=\boldsymbol{A}^{k+1}\boldsymbol{\alpha}=\cdots=\mathbf{0}$,得 $\lambda_i\boldsymbol{A}^{k-1}\boldsymbol{\alpha}=\mathbf{0}$。

由于 $\lambda_i\neq 0$,得 $\boldsymbol{A}^{k-1}\boldsymbol{\alpha}=\mathbf{0}$ 与题设矛盾。

因此 $\lambda_1,\lambda_2,\cdots,\lambda_k$ 全为 0,即 $\boldsymbol{\alpha},\boldsymbol{A\alpha},\cdots,\boldsymbol{A}^{k-1}\boldsymbol{\alpha}$ 线性无关。

【例 13】 设向量组 $\boldsymbol{\alpha}_1,\boldsymbol{\alpha}_2,\boldsymbol{\alpha}_3$ 线性无关,若向量组 $k_1\boldsymbol{\alpha}_1+\boldsymbol{\alpha}_2,\boldsymbol{\alpha}_2+\boldsymbol{\alpha}_3,k_2\boldsymbol{\alpha}_3+\boldsymbol{\alpha}_1$ 也线性无关,则参数 k_1,k_2 满足什么条件?

【解】 设
$$\boldsymbol{\beta}_1=k_1\boldsymbol{\alpha}_1+\boldsymbol{\alpha}_2,\boldsymbol{\beta}_2=\boldsymbol{\alpha}_2+\boldsymbol{\alpha}_3,\boldsymbol{\beta}_3=k_2\boldsymbol{\alpha}_3+\boldsymbol{\alpha}_1$$
则
$$(\boldsymbol{\beta}_1,\boldsymbol{\beta}_2,\boldsymbol{\beta}_3)=(\boldsymbol{\alpha}_1,\boldsymbol{\alpha}_2,\boldsymbol{\alpha}_3)\begin{pmatrix}k_1&0&1\\1&1&0\\0&1&k_2\end{pmatrix}$$
因为 $\boldsymbol{\alpha}_1,\boldsymbol{\alpha}_2,\boldsymbol{\alpha}_3$ 线性无关。所以 $\boldsymbol{\beta}_1,\boldsymbol{\beta}_2,\boldsymbol{\beta}_3$ 线性无关的充分条件是

$$r\begin{pmatrix} k_1 & 0 & 1 \\ 1 & 1 & 0 \\ 0 & 1 & k_2 \end{pmatrix} = 3$$

即
$$\begin{vmatrix} k_1 & 0 & 1 \\ 1 & 1 & 0 \\ 0 & 1 & k_2 \end{vmatrix} = k_1k_2 + 1 \neq 0$$

即
$$k_1k_2 \neq -1$$

【例 14】 设 $\boldsymbol{A}$ 是 n 阶方阵，$\boldsymbol{\alpha}_1,\boldsymbol{\alpha}_2,\boldsymbol{\alpha}_3$ 是 n 维列向量，且 $\boldsymbol{\alpha}_1 \neq \boldsymbol{0}$，$\boldsymbol{A\alpha}_1 = \boldsymbol{\alpha}_1$，$\boldsymbol{A\alpha}_2 = \boldsymbol{\alpha}_1 + \boldsymbol{\alpha}_2$，$\boldsymbol{A\alpha}_3 = \boldsymbol{\alpha}_2 + \boldsymbol{\alpha}_3$，试证 $\boldsymbol{\alpha}_1,\boldsymbol{\alpha}_2,\boldsymbol{\alpha}_3$ 线性无关。

【证】 由

$$\begin{cases} \boldsymbol{A\alpha}_1 = \boldsymbol{\alpha}_1 \\ \boldsymbol{A\alpha}_2 = \boldsymbol{\alpha}_1 + \boldsymbol{\alpha}_2 \\ \boldsymbol{A\alpha}_3 = \boldsymbol{\alpha}_2 + \boldsymbol{\alpha}_3 \end{cases}$$

得

$$\begin{cases} (\boldsymbol{A} - \boldsymbol{I})\boldsymbol{\alpha}_1 = \boldsymbol{0} \\ (\boldsymbol{A} - \boldsymbol{I})\boldsymbol{\alpha}_2 = \boldsymbol{\alpha}_1 \\ (\boldsymbol{A} - \boldsymbol{I})\boldsymbol{\alpha}_3 = \boldsymbol{\alpha}_2 \end{cases} \tag{3.14}$$

设存在三个常数 k_1,k_2,k_3 使得

$$k_1\boldsymbol{\alpha}_1 + k_2\boldsymbol{\alpha}_2 + k_3\boldsymbol{\alpha}_3 = \boldsymbol{0} \tag{3.15}$$

用$(\boldsymbol{A} - \boldsymbol{I})$左乘上式得

$$k_1(\boldsymbol{A} - \boldsymbol{I})\boldsymbol{\alpha}_1 + k_2(\boldsymbol{A} - \boldsymbol{I})\boldsymbol{\alpha}_2 + k_3(\boldsymbol{A} - \boldsymbol{I})\boldsymbol{\alpha}_3 = \boldsymbol{0}$$

将式(3.14)代入上式得

$$k_1\boldsymbol{\alpha}_1 + k_3\boldsymbol{\alpha}_2 = \boldsymbol{0} \tag{3.16}$$

再用$(\boldsymbol{A} - \boldsymbol{I})$左乘上式得

$$k_3\boldsymbol{\alpha}_1 = \boldsymbol{0}$$

由于 $\boldsymbol{\alpha}_1 \neq 0$，所以

$$k_3 = 0$$

依次代入(3.15)，(3.16)得

$$k_2 = 0, k_1 = 0$$

于是 $k_1 = k_2 = k_3 = 0$，$\boldsymbol{\alpha}_1,\boldsymbol{\alpha}_2,\boldsymbol{\alpha}_3$ 线性无关。

【例 15】 已知 $\boldsymbol{\alpha}_1,\boldsymbol{\alpha}_2,\boldsymbol{\alpha}_3,\boldsymbol{\alpha}_4$ 均可由 $\boldsymbol{\beta}_1,\boldsymbol{\beta}_2,\boldsymbol{\beta}_3$ 线性表示，证明 $\boldsymbol{\alpha}_1,\boldsymbol{\alpha}_2,\boldsymbol{\alpha}_3,\boldsymbol{\alpha}_4$ 线性相关。

【证】 设

$$\begin{cases}\boldsymbol{\alpha}_1 = c_{11}\boldsymbol{\beta}_1 + c_{21}\boldsymbol{\beta}_2 + c_{31}\boldsymbol{\beta}_3 \\ \boldsymbol{\alpha}_2 = c_{12}\boldsymbol{\beta}_1 + c_{22}\boldsymbol{\beta}_2 + c_{32}\boldsymbol{\beta}_3 \\ \boldsymbol{\alpha}_3 = c_{13}\boldsymbol{\beta}_1 + c_{23}\boldsymbol{\beta}_2 + c_{33}\boldsymbol{\beta}_3 \\ \boldsymbol{\alpha}_4 = c_{14}\boldsymbol{\beta}_1 + c_{24}\boldsymbol{\beta}_2 + c_{34}\boldsymbol{\beta}_3\end{cases}$$

即
$$(\boldsymbol{\alpha}_1,\boldsymbol{\alpha}_2,\boldsymbol{\alpha}_3,\boldsymbol{\alpha}_4) = \boldsymbol{\beta}_1,\boldsymbol{\beta}_2,\boldsymbol{\beta}_3\begin{pmatrix} c_{11} & c_{12} & c_{13} & c_{14} \\ c_{21} & c_{22} & c_{23} & c_{24} \\ c_{31} & c_{32} & c_{33} & c_{34}\end{pmatrix}$$

若
$$x_1\boldsymbol{\alpha}_1 + x_2\boldsymbol{\alpha}_2 + x_3\boldsymbol{\alpha}_3 + x_4\boldsymbol{\alpha}_4 = \mathbf{0}$$
即

$$(\boldsymbol{\beta}_1,\boldsymbol{\beta}_2,\boldsymbol{\beta}_3)\begin{pmatrix} c_{11} & c_{12} & c_{13} & c_{14} \\ c_{21} & c_{22} & c_{23} & c_{24} \\ c_{31} & c_{32} & c_{33} & c_{34}\end{pmatrix}\begin{pmatrix} x_1 \\ x_2 \\ x_3 \\ x_4\end{pmatrix} = (\boldsymbol{\alpha}_1,\boldsymbol{\alpha}_2,\boldsymbol{\alpha}_3,\boldsymbol{\alpha}_4)\begin{pmatrix} x_1 \\ x_2 \\ x_3 \\ x_4\end{pmatrix} = \mathbf{0}$$

对于齐次方程组

$$\begin{pmatrix} c_{11} & c_{12} & c_{13} & c_{14} \\ c_{21} & c_{22} & c_{23} & c_{24} \\ c_{31} & c_{32} & c_{33} & c_{34}\end{pmatrix}\begin{pmatrix} x_1 \\ x_2 \\ x_3 \\ x_4\end{pmatrix} = \begin{pmatrix} 0 \\ 0 \\ 0\end{pmatrix}$$

由于方程个数小于未知量个数,此齐次方程组必有非零解,设 $x_1 = k_1, x_2 = k_2, x_3 = k_3, x_4 = k_4, k_1, k_2, k_3, k_4$ 不全为0,有
$$k_1\boldsymbol{\alpha}_1 + k_2\boldsymbol{\alpha}_2 + k_3\boldsymbol{\alpha}_3 + k_4\boldsymbol{\alpha}_4 = \mathbf{0}$$
即 $\boldsymbol{\alpha}_1,\boldsymbol{\alpha}_2,\boldsymbol{\alpha}_3,\boldsymbol{\alpha}_4$ 线性相关。

【例16】 设向量组 $\boldsymbol{A}:\boldsymbol{\alpha}_1,\boldsymbol{\alpha}_2,\boldsymbol{\alpha}_3$;向量组 $\boldsymbol{B}:\boldsymbol{\alpha}_1,\boldsymbol{\alpha}_2,\boldsymbol{\alpha}_3,\boldsymbol{\alpha}_4$;向量组 $\boldsymbol{C}:\boldsymbol{\alpha}_1,\boldsymbol{\alpha}_2,\boldsymbol{\alpha}_3,\boldsymbol{\alpha}_5$,若 $r(\boldsymbol{A}) = r(\boldsymbol{B}) = 3, r(\boldsymbol{C}) = 4$,证明
$$r(\boldsymbol{\alpha}_1,\boldsymbol{\alpha}_2,\boldsymbol{\alpha}_3,\boldsymbol{\alpha}_5 - \boldsymbol{\alpha}_4) = 4$$

【证】 设存在四个常数,k_1, k_2, k_3, k_4 使得
$$k_1\boldsymbol{\alpha}_1 + k_2\boldsymbol{\alpha}_2 + k_3\boldsymbol{\alpha}_3 + k_4(\boldsymbol{\alpha}_5 - \boldsymbol{\alpha}_4) = \mathbf{0} \tag{3.17}$$

因为
$$r(\boldsymbol{A}) = r(\boldsymbol{B}) = 3$$
所以 $\boldsymbol{\alpha}_1,\boldsymbol{\alpha}_2,\boldsymbol{\alpha}_3$,线性无关,而 $\boldsymbol{\alpha}_1,\boldsymbol{\alpha}_2,\boldsymbol{\alpha}_3,\boldsymbol{\alpha}_4$ 线性相关,因此 $\boldsymbol{\alpha}_4$ 可由 $\boldsymbol{\alpha}_1,\boldsymbol{\alpha}_2,\boldsymbol{\alpha}_3$ 唯一表示,即存在常数 $\lambda_1,\lambda_2,\lambda_3$,使
$$\boldsymbol{\alpha}_4 = \lambda_1\boldsymbol{\alpha}_1 + \lambda_2\boldsymbol{\alpha}_2 + \lambda_3\boldsymbol{\alpha}_3 \tag{3.18}$$

将式(3.18)代入(3.17)并整理得
$$(k_1 - \lambda_1 k_4)\boldsymbol{\alpha}_1 + (k_2 - \lambda_2 k_4)\boldsymbol{\alpha}_2 + (k_3 - \lambda_3 k_4)\boldsymbol{\alpha}_3 + k_4\boldsymbol{\alpha}_5 = \mathbf{0}$$

又因为 $r(\boldsymbol{C})=4$,所以 $\boldsymbol{\alpha}_1,\boldsymbol{\alpha}_2,\boldsymbol{\alpha}_3,\boldsymbol{\alpha}_5$ 线性无关。于是

$$\begin{cases} k_1-\lambda_1 k_4=0 \\ k_2-\lambda_2 k_4=0 \\ k_3-\lambda_3 k_4=0 \\ k_4=0 \end{cases}$$

解之得

$$k_1=k_2=k_3=k_4=0$$

因此 $\boldsymbol{\alpha}_1,\boldsymbol{\alpha}_2,\boldsymbol{\alpha}_3,\boldsymbol{\alpha}_5-\boldsymbol{\alpha}_4$ 线性无关,即

$$r(\boldsymbol{\alpha}_1,\boldsymbol{\alpha}_2,\boldsymbol{\alpha}_3,\boldsymbol{\alpha}_5-\boldsymbol{\alpha}_4)=4$$

【例 17】 设 $n(n\geqslant s)$ 阶矩阵

$$\boldsymbol{A}=\begin{pmatrix} 1 & a & a & \cdots & a \\ a & 1 & a & \cdots & a \\ a & a & 1 & \cdots & a \\ \vdots & \vdots & \vdots & & \vdots \\ a & a & a & \cdots & 1 \end{pmatrix}$$

若 $r(\boldsymbol{A})=n-1$,则 a 必为 ( )

(A)1　(B) $\dfrac{1}{1-n}$　(C) -1　(D) $\dfrac{1}{n-1}$

【解】 由于 $r(\boldsymbol{A})=n-1$,知 $|\boldsymbol{A}|=0$,且有 $n-1$ 阶子式不为 0。

若 $a=1$,则 $|\boldsymbol{A}|$ 的 2 阶子式全为 0。故(A) 错。

而 $a\neq 1$ 时,由题设

$$|\boldsymbol{A}|=[(n-1)a+1]\begin{vmatrix} 1 & 1 & 1 & \cdots & 1 \\ a & 1 & a & \cdots & a \\ a & a & 1 & \cdots & a \\ \vdots & \vdots & \vdots & & \vdots \\ a & a & a & \cdots & 1 \end{vmatrix}=[(n-1)a+1]\times$$

$$\begin{vmatrix} 1 & 1 & 1 & \cdots & 1 \\ 0 & 1-a & 0 & \cdots & 0 \\ 0 & 0 & 1-a & \cdots & 0 \\ \vdots & \vdots & \vdots & & \vdots \\ 0 & 0 & 0 & \cdots & 1-a \end{vmatrix}=0$$

有

$$(n-1)a+1=0$$

故

$$a=\frac{1}{1-n}$$

选(B)。

【例 18】 设 A 是 $m \times n$ 矩阵，B 是 $n \times p$ 矩阵，$r(B) = n$，$AB = 0$。证明 $A = 0$。

【证】 由于 $r(B) = n$，所以 B 的列向量中有 n 个是线性无关的，设这 n 个线性无关的列向量为 $\beta_1, \beta_2, \cdots, \beta_n$，令 $B_1 = (\beta_1, \beta_2, \cdots, \beta_n)$，它是 n 阶矩阵，其秩为 n，因此 B_1 可逆。

因为 $AB = 0$，所以 $AB_1 = 0$，右乘 B_1^{-1} 得

$$(AB_1)B^{-1} = 0B^{-1}$$

即

$$A = 0$$

【例 19】 设 A 为 $m \times n$ 矩阵，B 为 $n \times p$ 矩阵，证明若 $AB = 0$，则

$$r(A) + r(B) \leqslant n$$

【证】 将矩阵 B 按列分块，即

$$B = (\beta_1, \beta_2, \cdots, \beta_p)$$

则有

$$AB = A(\beta_1, \beta_2, \cdots, \beta_p) = (A\beta_1, A\beta_2, \cdots, A\beta_p)$$

上式可写为

$$A\beta_i = 0 \qquad (i = 1, 2, \cdots, p)$$

即 B 的每个列向量都是齐次线性方程组 $AX = 0$ 的解向量，因此向量组 $\beta_1, \beta_2, \cdots, \beta_p$ 是方程组 $AX = 0$ 的解集合的子集合。即 $\beta_1, \beta_2, \cdots, \beta_p$ 可由 $Ax = 0$ 的基础解系线性表出。

而 $AX = 0$ 的基础解系中解向量构成的向量组的秩为 $n - r(A)$。

所以

$$r(B) = r(\beta_1, \beta_2, \cdots, \beta_p) \leqslant n - r(A)$$

即

$$r(A) + r(B) \leqslant n$$

【例 20】 设线性方程组

$$\begin{cases} x_1 + 2x_2 - 2x_3 = 0 \\ 2x_1 - x_2 + \lambda x_3 = 0 \\ 3x_1 + 2x_2 - x_3 = 0 \end{cases}$$

系数矩阵为 A，存在 3 阶矩阵 $B \neq 0$，且 $AB = 0$，试求 λ 的值。

【解】

$$A = \begin{pmatrix} 1 & 2 & -2 \\ 2 & -1 & \lambda \\ 3 & 1 & -1 \end{pmatrix}$$

因为

$$B \neq 0$$

所以

$$r(B) \geqslant 1 \tag{3.17}$$

又因为

$$AB = 0$$

所以

$$r(\boldsymbol{A})+r(\boldsymbol{B})\leqslant 3 \tag{3.18}$$

由式(3.17),(3.18)得

$$r(\boldsymbol{A})\leqslant 3-r(\boldsymbol{B})\leqslant 3-1=2$$

矩阵 $\boldsymbol{A}$ 不可逆,即

$$|\boldsymbol{A}|=0$$

$$\begin{vmatrix}1 & 2 & -2\\ 2 & -1 & \lambda\\ 3 & 1 & -1\end{vmatrix}=5(\lambda-1)=0$$

所以

$$\lambda=1$$

【例 21】 设 $\boldsymbol{A}$ 是 $m\times n$ 矩阵,$\boldsymbol{B}$ 是 n 阶知阵,若 $r(\boldsymbol{A})=n$,$\boldsymbol{AB}=\boldsymbol{A}$,证明 $\boldsymbol{B}=\boldsymbol{I}$。

【证】 将 $\boldsymbol{A}$ 按列分块,即

$$\boldsymbol{A}=(\boldsymbol{\alpha}_1,\boldsymbol{\alpha}_2,\cdots,\boldsymbol{\alpha}_n)$$

因为 $r(\boldsymbol{A})=n$,所以 $\boldsymbol{\alpha}_1,\boldsymbol{\alpha}_2,\cdots,\boldsymbol{\alpha}_n$ 线性无关,因此齐次线性方程组 $\boldsymbol{AX}=\boldsymbol{0}$ 只有零解。

已知 $\boldsymbol{AB}=\boldsymbol{A}$,即 $\boldsymbol{A}(\boldsymbol{B}-\boldsymbol{I})=\boldsymbol{0}$,$\boldsymbol{B}-\boldsymbol{I}$ 的每一列都是 $\boldsymbol{AX}=\boldsymbol{0}$ 的解。因此

$$\boldsymbol{B}-\boldsymbol{I}=\boldsymbol{0}$$

即

$$\boldsymbol{B}=\boldsymbol{I}$$

【例 22】 设 n 阶方阵 $\boldsymbol{A}$ 的各行元素之和均为 0,且 $r(\boldsymbol{A})=n-1$,则线性方程组 $\boldsymbol{AX}=\boldsymbol{0}$ 的全部解为________。

【解】 因为

$$r(\boldsymbol{A})=n-1$$

所以齐次线性方程组 $\boldsymbol{AX}=\boldsymbol{0}$ 的基础解系所含向量个数为

$$n-(n-1)=1$$

由题设可知

$$a_{i1}+a_{i2}+\cdots+a_{in}=0 \quad (i=1,2,\cdots,n)$$

显然

$$a_{i1}\cdot 1+a_{i2}\cdot 1+\cdots+a_{in}\cdot 1=0 \quad (i=1,2,\cdots,n)$$

即 $\boldsymbol{\xi}=(1,1,\cdots,1)^{\mathrm{T}}$ 是 $\boldsymbol{AX}=\boldsymbol{0}$ 的一个非零解。

因此 $\boldsymbol{AX}=\boldsymbol{0}$ 的全部解为

$$k\boldsymbol{\xi}=k\begin{pmatrix}1\\1\\ \vdots\\1\end{pmatrix} \quad (k\ \text{为任意常数})$$

【例 23】 设 $\boldsymbol{\alpha}_1,\boldsymbol{\alpha}_2$ 为方程组

$$\begin{cases} x_1 - x_2 + 2x_3 = 3 \\ 2x_1 - 3x_3 = 1 \\ -2x_1 + ax_2 + 10x_3 = 4 \end{cases}$$

的两个不同的解向量,则 $a =$ ________。

【解】 因为 $\boldsymbol{\alpha}_1 - \boldsymbol{\alpha}_2$ 是导出组

$$\begin{cases} x_1 - x_2 + 2x_3 = 0 \\ 2x_1 - 3x_3 = 0 \\ -2x_1 + ax_2 + 10x_3 = 0 \end{cases}$$

的非零解。所以系数行列式

$$\begin{vmatrix} 1 & -1 & 2 \\ 2 & 0 & -3 \\ -2 & a & 10 \end{vmatrix} = 7a + 14 = 0$$

所以

$$a = -2$$

【例 24】 已知 4 阶方阵 $\boldsymbol{A} = (\boldsymbol{\alpha}_1,\boldsymbol{\alpha}_2,\boldsymbol{\alpha}_3,\boldsymbol{\alpha}_4)$,$\boldsymbol{\alpha}_1,\boldsymbol{\alpha}_2,\boldsymbol{\alpha}_3,\boldsymbol{\alpha}_4$ 均为 4 维列向量,其中,$\boldsymbol{\alpha}_2,\boldsymbol{\alpha}_3,\boldsymbol{\alpha}_4$ 线性无关,$\boldsymbol{\alpha}_1 = 2\boldsymbol{\alpha}_2 - \boldsymbol{\alpha}_3$。若 $\boldsymbol{\beta} = \boldsymbol{\alpha}_1 + \boldsymbol{\alpha}_2 + \boldsymbol{\alpha}_3 + \boldsymbol{\alpha}_4$,求线性方程组 $\boldsymbol{AX} = \boldsymbol{\beta}$ 的全部解。

【解】 设 $\boldsymbol{X} = (x_1,x_2,x_3,x_4)^{\mathrm{T}}$,则 $\boldsymbol{AX} = \boldsymbol{0}$ 为

$$(\boldsymbol{\alpha}_1,\boldsymbol{\alpha}_2,\boldsymbol{\alpha}_3,\boldsymbol{\alpha}_4)\begin{pmatrix} x_1 \\ x_2 \\ x_3 \\ x_4 \end{pmatrix} = \boldsymbol{0}$$

即

$$x_1\boldsymbol{\alpha}_1 + x_2\boldsymbol{\alpha}_2 + x_3\boldsymbol{\alpha}_3 + x_4\boldsymbol{\alpha}_4 = \boldsymbol{0}$$

$$x_1(2\boldsymbol{\alpha}_2 - \boldsymbol{\alpha}_3) + x_2\boldsymbol{\alpha}_2 + x_3\boldsymbol{\alpha}_3 + x_4\boldsymbol{\alpha}_4 = \boldsymbol{0}$$

所以

$$(2x_1 + x_2)\boldsymbol{\alpha}_2 + (-x_1 + x_3)\boldsymbol{\alpha}_3 + x_4\boldsymbol{\alpha}_4 = \boldsymbol{0}$$

又因为 $\boldsymbol{\alpha}_2,\boldsymbol{\alpha}_3,\boldsymbol{\alpha}_4$ 线性无关,所以

$$\begin{cases} 2x_1 + x_2 = 0 \\ -x_1 + x_3 = 0 \\ x_4 = 0 \end{cases}$$

解之得其全部解为

$$\begin{pmatrix} x_1 \\ x_2 \\ x_3 \\ x_4 \end{pmatrix} = k\begin{pmatrix} 1 \\ -2 \\ 1 \\ 0 \end{pmatrix}$$

再求 $\boldsymbol{AX}=\boldsymbol{\beta}$ 的一个特解。

因为

$$x_1\boldsymbol{\alpha}_1 + x_2\boldsymbol{\alpha}_2 + x_3\boldsymbol{\alpha}_3 + x_4\boldsymbol{\alpha}_4 = \boldsymbol{\beta} = \boldsymbol{\alpha}_1 + \boldsymbol{\alpha}_2 + \boldsymbol{\alpha}_3 + \boldsymbol{\alpha}_4$$

故 $(1,1,1,1)^{\mathrm{T}}$ 为 $\boldsymbol{AX}=\boldsymbol{\beta}$ 的一个特解。

因此所求全部解为

$$\boldsymbol{X} = \begin{pmatrix} 1 \\ 1 \\ 1 \\ 1 \end{pmatrix} + k\begin{pmatrix} 1 \\ -2 \\ 1 \\ 0 \end{pmatrix}$$

其中，k 为任意常数。

【例 25】 设 $\boldsymbol{A}$ 为 5×4 矩阵，且 $r(\boldsymbol{A})=3$，$\boldsymbol{\alpha}_1,\boldsymbol{\alpha}_2,\boldsymbol{\alpha}_3$ 是非齐次线性方程组 $\boldsymbol{AX}=\boldsymbol{b}$ 的三个不同的解。若

$$\boldsymbol{\alpha}_1 + \boldsymbol{\alpha}_2 + 2\boldsymbol{\alpha}_3 = (2,0,0,0)^{\mathrm{T}}$$
$$3\boldsymbol{\alpha}_1 + \boldsymbol{\alpha}_2 = (2,4,6,8)^{\mathrm{T}}$$

则方程组 $\boldsymbol{AX}=\boldsymbol{b}$ 的全部解是________。

【解】 因为 $r(\boldsymbol{A})=3$，所以齐次线性方程组 $\boldsymbol{AX}=\boldsymbol{0}$ 的基础解系由 $4-r(\boldsymbol{A})=1$ 个向量组成。

又因为

$$\boldsymbol{\alpha}_1 + \boldsymbol{\alpha}_2 + 2\boldsymbol{\alpha}_3 - (3\boldsymbol{\alpha}_1 + \boldsymbol{\alpha}_2) = 2(\boldsymbol{\alpha}_3 - \boldsymbol{\alpha}_1) = (0,-4,-6,-8)^{\mathrm{T}}$$

而 $\boldsymbol{\alpha}_3-\boldsymbol{\alpha}_1$ 是 $\boldsymbol{AX}=\boldsymbol{0}$ 的解，即是其基础解系。由

$$\boldsymbol{A}(\boldsymbol{\alpha}_1 + \boldsymbol{\alpha}_2 + 2\boldsymbol{\alpha}_3) = \boldsymbol{A\alpha}_1 + \boldsymbol{A\alpha}_2 + 2\boldsymbol{A\alpha}_3 = 4\boldsymbol{b}$$

得 $\frac{1}{4}(\boldsymbol{\alpha}_1 + \boldsymbol{\alpha}_2 + 2\boldsymbol{\alpha}_3)$ 是方程组 $\boldsymbol{AX}=\boldsymbol{b}$ 的一个解。

根据方程组解的结构知其全部解为

$$\left(\frac{1}{2},0,0,0\right)^{\mathrm{T}} + k(0,2,3,4)^{\mathrm{T}}$$

其中，k 为任意常数。

【例 26】 已知 $\boldsymbol{\alpha}_1,\boldsymbol{\alpha}_2,\boldsymbol{\alpha}_3$ 是齐次线性方程组 $\boldsymbol{AX}=\boldsymbol{0}$ 的一个基础解系，证明 $\boldsymbol{\alpha}_1+\boldsymbol{\alpha}_2,\boldsymbol{\alpha}_2+\boldsymbol{\alpha}_3,\boldsymbol{\alpha}_3+\boldsymbol{\alpha}_1$ 也是该方程的一个基础解系。

【证】 由于 $\boldsymbol{A}(\boldsymbol{\alpha}_1 + \boldsymbol{\alpha}_2) = \boldsymbol{A\alpha}_1 + \boldsymbol{A\alpha}_2 = \boldsymbol{0} + \boldsymbol{0} = \boldsymbol{0}$

所以 $\boldsymbol{\alpha}_1+\boldsymbol{\alpha}_2$ 是齐次方程组 $\boldsymbol{AX}=\boldsymbol{0}$ 的解。

同理 $\boldsymbol{\alpha}_1+\boldsymbol{\alpha}_3,\boldsymbol{\alpha}_3+\boldsymbol{\alpha}_1$ 也是 $\boldsymbol{AX}=\boldsymbol{0}$ 的解。

若
$$k_1(\boldsymbol{\alpha}_1+\boldsymbol{\alpha}_2)+k_2(\boldsymbol{\alpha}_2+\boldsymbol{\alpha}_3)+k_3(\boldsymbol{\alpha}_3+\boldsymbol{\alpha}_1)=\boldsymbol{0}$$
即
$$(k_1+k_3)\boldsymbol{\alpha}_1+(k_1+k_2)\boldsymbol{\alpha}_2+(k_2+k_3)\boldsymbol{\alpha}_3=\boldsymbol{0}$$

因为 $\boldsymbol{\alpha}_1,\boldsymbol{\alpha}_2,\boldsymbol{\alpha}_3$ 是基础解系,所以它们线性无关。故
$$\begin{cases}k_1+k_3=0\\k_1+k_2=0\\k_2+k_3=0\end{cases}$$

因为此方程组系数行列式
$$D=\begin{vmatrix}1&0&1\\1&1&0\\0&1&1\end{vmatrix}=2\neq0$$
所以
$$k_1=k_2=k_3=0$$
因此 $\boldsymbol{\alpha}_1+\boldsymbol{\alpha}_2,\boldsymbol{\alpha}_2+\boldsymbol{\alpha}_3,\boldsymbol{\alpha}_3+\boldsymbol{\alpha}_1$ 是线性无关的。

因为 $\boldsymbol{AX}=\boldsymbol{0}$ 的基础解系含有三个线性无关的向量,所以 $\boldsymbol{\alpha}_1+\boldsymbol{\alpha}_2,\boldsymbol{\alpha}_2+\boldsymbol{\alpha}_3,\boldsymbol{\alpha}_3+\boldsymbol{\alpha}_1$ 是方程组 $\boldsymbol{AX}=\boldsymbol{0}$ 的基础解系。

【例 27】 设一个 n 元齐次线性方程组的系数矩阵的秩 $r(\boldsymbol{A})=n-3$,且 $\boldsymbol{\alpha}_1,\boldsymbol{\alpha}_2,\boldsymbol{\alpha}_3$ 为此方程组的三个线性无关解,则此方程的基础解系为 ( )

(A) $-\boldsymbol{\alpha}_1,2\boldsymbol{\alpha}_2,3\boldsymbol{\alpha}_3+\boldsymbol{\alpha}_1-2\boldsymbol{\alpha}_2$ (B) $\boldsymbol{\alpha}_1+\boldsymbol{\alpha}_2,\boldsymbol{\alpha}_2-\boldsymbol{\alpha}_3,\boldsymbol{\alpha}_3+\boldsymbol{\alpha}_1$

(C) $\boldsymbol{\alpha}_1-2\boldsymbol{\alpha}_2,-2\boldsymbol{\alpha}_2+\boldsymbol{\alpha}_1,-3\boldsymbol{\alpha}_3+2\boldsymbol{\alpha}_2$ (D) $2\boldsymbol{\alpha}_1+4\boldsymbol{\alpha}_2,-2\boldsymbol{\alpha}_2+\boldsymbol{\alpha}_3,\boldsymbol{\alpha}_1+\boldsymbol{\alpha}_3$

【解】 因为 $r(\boldsymbol{A})=n-3$,所以基础解系所含向量个数 $=n-(n-3)=3$。

由解的性质可知,四个选项中的三个向量均为解向量,需要验证哪组解线性无关。(A) 组对应的系数行列式为
$$\begin{vmatrix}-1&0&0\\0&2&0\\1&-2&3\end{vmatrix}=-6\neq0$$
所以 $-\boldsymbol{\alpha}_1,2\boldsymbol{\alpha}_2,3\boldsymbol{\alpha}_3+\boldsymbol{\alpha}_1-2\boldsymbol{\alpha}_2$ 线性无关,选(A)。

【例 28】 已知
$$\boldsymbol{\alpha}_1=\begin{pmatrix}a\\1\\1\end{pmatrix},\boldsymbol{\alpha}_2=\begin{pmatrix}1\\a\\1\end{pmatrix},\boldsymbol{\alpha}_3=\begin{pmatrix}1\\1\\a\end{pmatrix}$$
线性无关,将 $\boldsymbol{\beta}=\begin{pmatrix}a-3\\-2\\-2\end{pmatrix}$ 用 $\boldsymbol{\alpha}_1,\boldsymbol{\alpha}_2,\boldsymbol{\alpha}_3$ 线性表示,若 $\boldsymbol{\alpha}_1,\boldsymbol{\alpha}_2,\boldsymbol{\alpha}_3$ 线性相关,$\boldsymbol{\beta}$ 能

否用$\boldsymbol{\alpha}_1,\boldsymbol{\alpha}_2,\boldsymbol{\alpha}_3$线性表示。

【解】 设 $x_1\boldsymbol{\alpha}_1+x_2\boldsymbol{\alpha}_2+x_3\boldsymbol{\alpha}_3=\boldsymbol{\beta}$,即

$$\begin{cases}ax_1+x_2+x_3=a-3\\x_1+ax_2+x_3=-2\\x_1+x_2+ax_3=-2\end{cases}$$

其增广矩阵为

$$\boldsymbol{B}=\begin{pmatrix}a&1&1&a-3\\1&a&1&-2\\1&1&a&-2\end{pmatrix}\xrightarrow{\text{初等行变换}}\begin{pmatrix}1&1&a&-2\\0&a-1&1-a&0\\0&0&-(a+2)(a-1)&3(a-1)\end{pmatrix}$$

由于 $\boldsymbol{\alpha}_1,\boldsymbol{\alpha}_2,\boldsymbol{\alpha}_3$ 线性无关。所以 $r(\boldsymbol{A})=3$,因此 $a\neq1$ 且 $a\neq-2$,有

$$x_1=\frac{a-1}{a+2},x_2=-\frac{3}{a+2},x_3=-\frac{3}{a+2}$$

因此

$$\boldsymbol{\beta}=\frac{a-1}{a+2}\boldsymbol{\alpha}_1-\frac{3}{a+2}\boldsymbol{\alpha}_2-\frac{3}{a+2}\boldsymbol{\alpha}_3$$

若 $\boldsymbol{\alpha}_1,\boldsymbol{\alpha}_2,\boldsymbol{\alpha}_3$ 线性相关,则 $a=1$ 或 $a=-2$。

当 $a=1$ 时,$r(\boldsymbol{A})=r(\boldsymbol{B})=1$,方程组有无穷多解,$\boldsymbol{\beta}$可由$\boldsymbol{\alpha}_1,\boldsymbol{\alpha}_2,\boldsymbol{\alpha}_3$线性表示,且表示法不唯一。

当 $a=-2$ 时,$r(\boldsymbol{A})=2,r(\boldsymbol{B})=3$,方程组无解,$\boldsymbol{\beta}$不能用$\boldsymbol{\alpha}_1,\boldsymbol{\alpha}_2,\boldsymbol{\alpha}_3$线性表示。

【例 29】 已知 $\boldsymbol{A}$ 是$m\times n$ 矩阵,其 m 个行向量是齐次线性方程组$\boldsymbol{CX}=\boldsymbol{0}$的基础解系,$\boldsymbol{B}$ 是m 阶可逆矩阵,证明 $\boldsymbol{BA}$ 的行向量也是齐次方程组$\boldsymbol{CX}=\boldsymbol{0}$的基础解系。

【证】 因为 $\boldsymbol{A}$ 的行向量是$\boldsymbol{CX}=\boldsymbol{0}$的基础解,即 $\boldsymbol{CA}^{\mathrm{T}}=\boldsymbol{0}$,则

$$\boldsymbol{C}(\boldsymbol{BA})^{\mathrm{T}}=\boldsymbol{CA}^{\mathrm{T}}\boldsymbol{B}^{\mathrm{T}}=\boldsymbol{0B}^{\mathrm{T}}=\boldsymbol{0}$$

可见 $\boldsymbol{BA}$ 的行向量也是方程组$\boldsymbol{CX}=\boldsymbol{0}$的解。

因为 $\boldsymbol{A}$ 的行向量是基础解系,所以 $\boldsymbol{A}$ 的行向量线性无关,于是

$$m=r(\boldsymbol{A})=n-r(\boldsymbol{C})$$

又因为$\boldsymbol{B}$是可逆矩阵,$r(\boldsymbol{BA})=m=n-r(\boldsymbol{C})$,所以$\boldsymbol{BA}$的行向量线性无关,其向量个数正好是 $n-r(\boldsymbol{C})$,从而是方程组 $\boldsymbol{CX}=\boldsymbol{0}$的基础解系。

【例 30】 已知 $\boldsymbol{\xi}_1=(0,0,1,0)^{\mathrm{T}},\boldsymbol{\xi}_2=(-1,1,0,1)^{\mathrm{T}}$,是齐次线性方程组(Ⅰ)的基础解系,$\boldsymbol{\eta}_1=(0,1,1,0)^{\mathrm{T}},\boldsymbol{\eta}_2=(-1,2,2,1)^{\mathrm{T}}$是齐次线性方程组(Ⅱ)的基础解系,求齐次线性方程组(Ⅰ)(Ⅱ)的公共解。

【解】 方程组(Ⅰ)的通解为 $x_1\boldsymbol{\xi}_1+x_2\boldsymbol{\xi}_2$,方程组(Ⅱ)的通解为 $y_1\boldsymbol{\eta}_1+y_2\boldsymbol{\eta}_2$,若存在常数 x_1,x_2,y_1,y_2使 $\boldsymbol{\alpha}=x_1\boldsymbol{\xi}_1+x_2\boldsymbol{\xi}_2=y_1\boldsymbol{\eta}_1+y_2\boldsymbol{\eta}_2$,则向量$\boldsymbol{\alpha}$就

是方程组(Ⅰ),(Ⅱ)的公共解。

下面求解方程 $x_1\boldsymbol{\xi}_1 + x_2\boldsymbol{\xi}_2 - y_1\boldsymbol{\eta}_1 - y_2\boldsymbol{\eta}_2 = \mathbf{0}$,即

$$(\boldsymbol{\xi}_1, \boldsymbol{\xi}_2, -\boldsymbol{\eta}_1, -\boldsymbol{\eta}_2)\begin{pmatrix} x_1 \\ x_2 \\ y_1 \\ y_2 \end{pmatrix} = \mathbf{0}$$

则

系数矩阵 $\boldsymbol{A} = (\boldsymbol{\xi}_1, \boldsymbol{\xi}_2, -\boldsymbol{\eta}_1, -\boldsymbol{\eta}_2) = \begin{pmatrix} 0 & -1 & 0 & 1 \\ 0 & 1 & -1 & -2 \\ 1 & 0 & -1 & -2 \\ 0 & 1 & 0 & -1 \end{pmatrix} \to$

$$\begin{pmatrix} 1 & 0 & -1 & -2 \\ 0 & 1 & 0 & -1 \\ 0 & 0 & 1 & 1 \\ 0 & 0 & 0 & 0 \end{pmatrix}$$

因为 $r(\boldsymbol{A}) = 3$,未知量个数为 4,所以基础解系只含一个向量。

$\boldsymbol{A}$ 的化简矩阵对应的方程组为

$$\begin{cases} x_1 - y_1 - 2y_2 = 0 \\ x_2 - y_2 = 0 \\ y_1 + y_2 = 0 \end{cases}$$

解之得基础解系为

$$(1,1,-1,1)^{\mathrm{T}}$$

全部解为

$$(x_1, x_2, y_1, y_2) = k(1,1,-1,1)^{\mathrm{T}}$$

k 为任意常数,则

$$x_1 = x_2 = k$$

因此方程组(Ⅰ),(Ⅱ)有公共解

$$\boldsymbol{\alpha} = x_1\boldsymbol{\xi}_1 + x_2\boldsymbol{\xi}_2 = k(\boldsymbol{\xi}_1 + \boldsymbol{\xi}_2) = k(-1,1,1,1)^{\mathrm{T}}$$

习　题

1. 用消元法解下列线性方程组。

$$(1)\begin{cases}3x_1+x_2-5x_3=0\\2x_1-x_2+5x_3=3\\4x_1-x_2+x_3=3\\x_1+3x_2-13x_3=-6\end{cases}$$

$$(2)\begin{cases}2x_1-x_2+3x_3-2x_4=-1\\x_1-x_2+x_3-x_4=0\\3x_1-2x_2-x_3+2x_4=4\end{cases}$$

$$(3)\begin{cases}x_1-2x_2+x_3-5x_4=5\\x_1-2x_2+x_3+x_4=1\\x_1-2x_2+x_3-x_4=-1\end{cases}$$

$$(4)\begin{cases}x_1-2x_2+3x_3-4x_4=4\\x_2-x_3+x_4=-3\\3x_1+3x_2-3x_4=1\\-7x_2+3x_3+x_4=-1\end{cases}$$

$$(5)\begin{cases}x_1-x_2-3x_3+2x_4=0\\x_1-x_2+4x_3-2x_4=0\\x_1-3x_2-12x_3+6x_4=0\\3x_1+x_2+7x_3-2x_4=0\end{cases}$$

$$(6)\begin{cases}x_1+x_2-3x_4-x_5=0\\x_1-x_2+2x_3-x_4=0\\4x_1-2x_2+6x_3+3x_4-4x_5=0\\2x_1+4x_2-2x_3+4x_4-7x_5=0\end{cases}$$

$$(7)\begin{cases}x_1+2x_2+3x_3=8\\2x_1+5x_2+9x_3=16\\3x_1-4x_2-5x_3=32\end{cases}$$

$$(8)\begin{cases}2x_1-3x_2+x_3+5x_4=6\\-3x_1+x_2+2x_3-4x_4=5\\-x_1-x_2+3x_3+x_4=2\end{cases}$$

$$(9)\begin{cases}x_1-2x_2+3x_3=4\\2x_1+x_2-3x_3=5\\-x_1+2x_2+2x_3=6\\3x_1-3x_2+2x_3=7\end{cases}$$

(10) $\begin{cases} -x_1+3x_2-12x_3=-15 \\ 2x_1-x_2+5x_3=7 \\ 3x_1+x_2-2x_3=-1 \end{cases}$

2. 判别下列线性方程组的解的情况。

(1) $\begin{cases} 3x_1+x_2-8x_3+2x_4+x_5=0 \\ x_1+11x_2-12x_3+34x_4-5x_5=0 \\ x_1-5x_2+2x_3-16x_4+3x_5=0 \\ 2x_1-2x_2-3x_3-7x_4+2x_5=0 \end{cases}$

(2) $\begin{cases} -2x_1+4x_2-x_3+3x_4=0 \\ 3x_1+9x_2-7x_3+6x_4=0 \\ x_1+2x_2-4x_3+2x_4=0 \\ 3x_1-x_2+2x_3-x_4=0 \end{cases}$

(3) $\begin{cases} 2x_1-x_2+x_3-3x_4=4 \\ 2x_1+x_2-x_3+x_4=1 \\ 3x_1-2x_2+2x_3-3x_4=2 \\ 5x_1+x_2-x_3+2x_4=-1 \end{cases}$

(4) $\begin{cases} x_1+x_2+5x_3=-7 \\ x_1+3x_2+x_3=5 \\ 2x_1+3x_2-3x_3=14 \\ 2x_1+x_2+x_3=2 \end{cases}$

(5) $\begin{cases} x_1+x_2+x_3=1 \\ 3x_1+3x_2-5x_3=-5 \\ 2x_1+2x_2-2x_3=-2 \\ x_1+x_2-3x_3=-3 \end{cases}$

3. 已知向量 $\boldsymbol{\alpha}_1=(2,5,1,3)$，$\boldsymbol{\alpha}_2=(10,1,5,10)$，$\boldsymbol{\alpha}_3=(4,1,-1,1)$。

问：(1) 如果 $\boldsymbol{\alpha}_1+2(\boldsymbol{\alpha}_1+\boldsymbol{\beta})=3(\boldsymbol{\alpha}_3+\boldsymbol{\beta})$，求 $\boldsymbol{\beta}$；

(2) 如果 $3(\boldsymbol{\alpha}_1-\boldsymbol{\beta})+2(\boldsymbol{\alpha}_2+\boldsymbol{\beta})=5(\boldsymbol{\alpha}_3+\boldsymbol{\beta})$，求 $\boldsymbol{\beta}$。

4. 已知向量 $\boldsymbol{\alpha}_1=(1,2,3)$，$\boldsymbol{\alpha}_2=(3,2,1)$，$\boldsymbol{\alpha}_3=(-2,0,2)$，$\boldsymbol{\alpha}_4=(1,2,4)$

求：(1) $3\boldsymbol{\alpha}_1+2\boldsymbol{\alpha}_2-5\boldsymbol{\alpha}_3+4\boldsymbol{\alpha}_4$

(2) $5\boldsymbol{\alpha}_1+2\boldsymbol{\alpha}_2-\boldsymbol{\alpha}_3-\boldsymbol{\alpha}_4$

5. 设 $\boldsymbol{\beta}_1=\boldsymbol{\alpha}_1$，$\boldsymbol{\beta}_2=\boldsymbol{\alpha}_1+\boldsymbol{\alpha}_2$，…，$\boldsymbol{\beta}_r=\boldsymbol{\alpha}_1+\boldsymbol{\alpha}_2+\cdots+\boldsymbol{\alpha}_r$，且向量组 $\boldsymbol{\alpha}_1$，$\boldsymbol{\alpha}_2$，…，$\boldsymbol{\alpha}_r$ 线性无关，证明向量组 $\boldsymbol{\beta}_1$，$\boldsymbol{\beta}_2$，…，$\boldsymbol{\beta}_r$ 线性无关。

6.设 $\boldsymbol{\beta}_1=\boldsymbol{\alpha}_1+\boldsymbol{\alpha}_2,\boldsymbol{\beta}_2=\boldsymbol{\alpha}_2+\boldsymbol{\alpha}_3,\boldsymbol{\beta}_3=\boldsymbol{\alpha}_3+\boldsymbol{\alpha}_4,\boldsymbol{\beta}_4=\boldsymbol{\alpha}_4+\boldsymbol{\alpha}_1$,证明向量组 $\boldsymbol{\beta}_1,\boldsymbol{\beta}_2,\boldsymbol{\beta}_3,\boldsymbol{\beta}_4$ 线性相关。

7.判定下列向量组是线性相关还是线性无关。

(1)$\boldsymbol{\alpha}_1=(1,0,-1),\boldsymbol{\alpha}_2=(-2,2,0),\boldsymbol{\alpha}_3=(3,-5,2)$

(2)$\boldsymbol{\alpha}_1=(3,-1,2,4),\boldsymbol{\alpha}_2=(2,2,7,1),\boldsymbol{\alpha}_3=(1,1,3,1)$

8.设 $\boldsymbol{\alpha}_1,\boldsymbol{\alpha}_2,\cdots,\boldsymbol{\alpha}_n$ 是一组 n 维向量,证明它们线性无关的充分必要条件是任一 n 维向量都可由它们线性表示。

9.设 $a_1,a_2,\cdots,a_r$ 是互不相同的数,$r\leqslant n$,证明 $\boldsymbol{\alpha}_i=(1,a_i,\cdots,a_i^{n-1})(i=1,2,\cdots,r)$ 线性无关。

10.试证 $r(\boldsymbol{A}\pm\boldsymbol{B})\leqslant r(\boldsymbol{A})+r(\boldsymbol{B})$,并利用此结果证明

$$r(\boldsymbol{A}+\boldsymbol{B})\geqslant r(\boldsymbol{A})-r(\boldsymbol{B})$$

11.求下列向量组的秩及其一个极大无关组,并将其余向量用极大无关组线性表示。

(1)$\boldsymbol{\alpha}_1=(1,-1,2,4)^{\mathrm{T}},\boldsymbol{\alpha}_2=(0,3,1,2)^{\mathrm{T}},\boldsymbol{\alpha}_3=(3,0,7,14)^{\mathrm{T}},\boldsymbol{\alpha}_4=(2,1,5,6)^{\mathrm{T}},\boldsymbol{\alpha}_5=(1,-1,2,0)^{\mathrm{T}}$

(2)$\boldsymbol{\alpha}_1=(6,4,1,9,2)^{\mathrm{T}},\boldsymbol{\alpha}_2=(1,0,2,3,-4)^{\mathrm{T}},\boldsymbol{\alpha}_3=(1,4,-9,-6,22)^{\mathrm{T}},\boldsymbol{\alpha}_4=(7,1,0,-1,3)^{\mathrm{T}}$

(3)$\boldsymbol{\alpha}_1=(1,1,1)^{\mathrm{T}},\boldsymbol{\alpha}_2=(1,1,0)^{\mathrm{T}},\boldsymbol{\alpha}_3=(1,0,0)^{\mathrm{T}},\boldsymbol{\alpha}_4=(1,2,-3)^{\mathrm{T}}$

12.求下列向量组的秩,并求出一个极大无关组。

$\boldsymbol{\alpha}_1=(1,2,-1,4)^{\mathrm{T}},\boldsymbol{\alpha}_2=(9,100,10,4)^{\mathrm{T}},\boldsymbol{\alpha}_3=(-2,-4,2,-8)^{\mathrm{T}}$

13.设向量组 $\boldsymbol{A}:\boldsymbol{\alpha}_1,\boldsymbol{\alpha}_2,\cdots,\boldsymbol{\alpha}_s$ 的秩为 r_1;向量组 $\boldsymbol{B}:\boldsymbol{\beta}_1,\boldsymbol{\beta}_2,\cdots,\boldsymbol{\beta}_t$ 的秩为 r_2;向量组 $\boldsymbol{C}:\boldsymbol{\alpha}_1,\boldsymbol{\alpha}_2,\cdots,\boldsymbol{\alpha}_s,\boldsymbol{\beta}_1,\boldsymbol{\beta}_2,\cdots,\boldsymbol{\beta}_t$ 的秩为 r_3,证明

$$\max\{r_1,r_2\}\leqslant r_3\leqslant r_1+r_2$$

14.问 t 取何值时,下列向量组线性相关。

$\boldsymbol{\alpha}_1=(t,-1,-1)^{\mathrm{T}},\boldsymbol{\alpha}_2=(-1,t,-1)^{\mathrm{T}},\boldsymbol{\alpha}_3=(-1,-1,t)^{\mathrm{T}}$

15.已知

$$\boldsymbol{\alpha}_1=(1,0,2,3)^{\mathrm{T}},\boldsymbol{\alpha}_2=(1,1,3,5)^{\mathrm{T}},\boldsymbol{\alpha}_3=(1,-1,a+2,1)^{\mathrm{T}},$$
$$\boldsymbol{\alpha}_4=(1,2,4,a+8)^{\mathrm{T}},\boldsymbol{\beta}=(1,1,b+3,5)^{\mathrm{T}}$$

问:(1)a,b 为何值时,$\boldsymbol{\beta}$ 不能表示成 $\boldsymbol{\alpha}_1,\boldsymbol{\alpha}_2,\boldsymbol{\alpha}_3,\boldsymbol{\alpha}_4$ 的线性组合。

(2)a,b 为何值时,$\boldsymbol{\beta}$ 能唯一由 $\boldsymbol{\alpha}_1,\boldsymbol{\alpha}_2,\boldsymbol{\alpha}_3,\boldsymbol{\alpha}_4$ 线性表示。

16.求下列齐次线性方程组的一个基础解系和全部解。

$$(1)\begin{cases}2x_1-5x_2+x_3-3x_4=0\\x_1+2x_2-x_3+3x_4=0\\-3x_1+4x_2-2x_3+x_4=0\\-2x_1+15x_2-6x_3+13x_4=0\end{cases}$$

(2) $\begin{cases}2x_1+6x_2+x_3-4x_4-2x_5=0\\5x_1-15x_2+15x_3-10x_4-5x_5=0\\x_1-3x_2+x_3-2x_4-x_5=0\\-3x_1+9x_2-3x_3+6x_4+3x_5=0\end{cases}$

(3) $\begin{cases}x_1+11x_2-12x_3+34x_4-5x_5=0\\2x_1-x_2-3x_3-7x_4+2x_5=0\\x_1-5x_2+2x_3-16x_4+3x_5=0\\3x_1+x_2-8x_3+2x_4+x_5=0\end{cases}$

17. 求解下列非齐次线性方程组。

(1) $\begin{cases}4x_1+2x_2-x_3=2\\3x_1-x_2+2x_3=10\\11x_1+3x_2=8\end{cases}$

(2) $\begin{cases}3x_1+3x_3=0\\2x_1+x_2+x_3=1\\x_1-x_2+2x_3=-1\\5x_1+x_2+4x_3=1\end{cases}$

(3) $\begin{cases}9x_1+4x_2+x_3+7x_4=2\\2x_1+7x_2+3x_3+x_4=6\\3x_1+5x_2+2x_3+2x_4=4\end{cases}$

18. 设四元非齐次线性方程组的系数矩阵秩为3,已知 $\boldsymbol{\eta}_1,\boldsymbol{\eta}_2,\boldsymbol{\eta}_3$ 是它的三个解,且

$$\boldsymbol{\eta}_1=\begin{pmatrix}2\\3\\4\\5\end{pmatrix},\boldsymbol{\eta}_2+\boldsymbol{\eta}_3=\begin{pmatrix}1\\2\\3\\4\end{pmatrix}$$

求该方程组的解。

19. 设 $\boldsymbol{A}$ 是一个 n 阶方阵,试证存在非零矩阵 $\boldsymbol{B}$,使得 $\boldsymbol{AB}=\boldsymbol{0}$ 的充分必要条件是 $|\boldsymbol{A}|=\boldsymbol{0}$。

20. 设 $\boldsymbol{\eta}_1,\boldsymbol{\eta}_2,\cdots,\boldsymbol{\eta}_s$ 是非齐次线性方程组 $\boldsymbol{AX}=\boldsymbol{b}$ 的 s 个解,$k_1,k_2,\cdots,k_s$ 为实数,满足 $k_1+k_2+\cdots+k_s=1$,证明

$$\boldsymbol{X}=k_1\boldsymbol{\eta}_1+k_2\boldsymbol{\eta}_2+\cdots+k_s\boldsymbol{\eta}_s$$

也是它的解。

第 4 章　二 次 型

4.1　二次型与对称矩阵

在解析几何中二次曲线的一般方程是

$$ax^2 + 2bxy + cy^2 + 2dx + 2ey + f = 0$$

它的二次项 $\varphi(x,y) = ax^2 + 2bxy + cy^2$ 是一个二元二次齐次多项式。在科学技术和经济管理中,我们经常遇到这样的 n 元二次齐次多项式。

【定义 4.1】 n 个变量的实系数二次齐次多项式,叫做 n 元二次型,简称二次型。

变量 $x_1,x_2,\cdots,x_n$ 的二次型,其一般形式是

$$f(x_1,x_2,\cdots,x_n) = a_{11}x_1^2 + 2a_{12}x_1x_2 + \cdots + 2a_{1n}x_1x_n + a_{22}x_2^2 + 2a_{23}x_2x_3 + \cdots + 2a_{2n}x_2x_n + \cdots + a_{nn}x_n^2 \tag{4.1}$$

式(4.1) 的每个混合乘积项 $2a_{ij}x_ix_j(i \neq j)$ 可写成两项之和。令 $a_{ji} = a_{ij}$,有

$$2a_{ij}x_ix_j = a_{ij}x_ix_j + a_{ji}x_jx_i$$

这样式(4.1) 的二次型可写成

$$f(x_1,x_2,\cdots,x_n) = \sum_{i=1}^{n}\sum_{j=1}^{n} a_{ij}x_ix_j \tag{4.2}$$

式(4.2) 中的系数构成一个 n 阶实对称矩阵

$$\boldsymbol{A} = \begin{pmatrix} a_{11} & a_{12} & \cdots & a_{1n} \\ a_{21} & a_{22} & \cdots & a_{2n} \\ \vdots & \vdots & & \vdots \\ a_{n1} & a_{n2} & \cdots & a_{nn} \end{pmatrix}$$

称为二次型(4.1) 的矩阵。

记向量 $\boldsymbol{X} = (x_1,x_2,\cdots,x_n)^{\mathrm{T}}$,由矩阵乘法有

$$\boldsymbol{X}^{\mathrm{T}}\boldsymbol{A}\boldsymbol{X} = (x_1,x_2,\cdots,x_n)\begin{pmatrix} a_{11} & a_{12} & \cdots & a_{1n} \\ a_{21} & a_{22} & \cdots & a_{2n} \\ \vdots & \vdots & & \vdots \\ a_{n1} & a_{n2} & \cdots & a_{nn} \end{pmatrix}\begin{pmatrix} x_1 \\ x_2 \\ \vdots \\ x_n \end{pmatrix} =$$

$$a_{11}x_1^2 + a_{12}x_1x_2 + \cdots + a_{1n}x_1x_n + a_{21}x_2x_1 + a_{22}x_2^2 + \cdots +$$

$$a_{2n}x_2x_n + \cdots + a_{n1}x_nx_1 + a_{n2}x_nx_2 + \cdots + a_{nn}x_n^2$$

因为 $a_{ij} = a_{ji}$,于是上式可写成

$$X^{\mathrm{T}}AX = a_{11}x_1^2 + 2a_{12}x_1x_2 + \cdots + 2a_{1n}x_1x_n +$$
$$a_{22}^2 + \cdots + 2a_{2n}x_2x_n + \cdots + a_{nn}x_n^2$$

我们经常用

$$f(X) = X^{\mathrm{T}}AX, A^{\mathrm{T}} = A\cdots \tag{4.3}$$

表示二次型(4.1),称为二次型(4.1)的矩阵形式。

任何一个 n 元二次型都可以表示成为 $X^{\mathrm{T}}AX$,其中,A 是这个二次型的矩阵,它由二次型的系数决定。一个二次型与一个对称矩阵相对应。

例如,二次型 $f(x_1,x_2,x_3) = x_1^2 + 4x_1x_2 - 3x_2^2 - 18x_2x_3 + 5x_3^3$ 所对应的对称矩阵为

$$A = \begin{pmatrix} 1 & 2 & 0 \\ 2 & -3 & -9 \\ 0 & -9 & 5 \end{pmatrix}$$

本二次型的矩阵表示为

$$f(x_1,x_2,x_3) = (x_1,x_2,x_3)\begin{pmatrix} 1 & 2 & 0 \\ 2 & -3 & -9 \\ 0 & -9 & 5 \end{pmatrix}\begin{pmatrix} x_1 \\ x_2 \\ x_3 \end{pmatrix}$$

【定义 4.2】 关系式

$$\begin{cases} x_1 = c_{11}y_1 + c_{12}y_2 + \cdots + c_{1n}y_n \\ x_2 = c_{21}y_1 + c_{22}y_2 + \cdots + c_{2n}y_n \\ \vdots \\ x_n = c_{n1}y_1 + c_{n2}y_2 + \cdots + c_{nn}y_n \end{cases} \tag{4.4}$$

称为变量 $x_1,x_2,\cdots,x_n$ 到 $y_1,y_2,\cdots,y_n$ 的一个线性变换。

矩阵 $C = \begin{pmatrix} c_{11} & c_{12} & \cdots & c_{1n} \\ c_{21} & c_{22} & \cdots & c_{2n} \\ \vdots & \vdots & & \vdots \\ c_{n1} & c_{n2} & \cdots & c_{nn} \end{pmatrix}$ 称为线性变换(4.4)的矩阵。$|C| \neq 0$ 时称(4.4)为非退化的线性变换。

若设

$$X = (x_1,x_2,\cdots,x_n)^{\mathrm{T}}, Y = (y_1,y_2,\cdots,y_n)^{\mathrm{T}}$$

则(4.4)可写成矩阵形式 $X = CY$。

当 $|C| \neq 0$ 时,有 $Y = C^{-1}X$。

将线性变换(4.4)代入二次型(4.3)得

$$X^{T}AX = (CY)^{T}A(CY) = Y^{T}C^{T}ACY = Y^{T}BY$$

其中

$$B = C^{T}AC, B^{T} = (C^{T}AC)^{T} = C^{T}AC = B$$

因此,$Y^{T}BY$ 是以 B 为矩阵的 n 元二次型。

例如,二次型 $f(x_1, x_2, x_3) = x_1^2 + 4x_1x_2 - 4x_1x_3 + 2x_2^2 - 4x_2x_3 - x_3^2$ 通过线性变换

$$\begin{cases} x_1 = y_1 - 2y_2 \\ x_2 = y_2 + y_3 \\ x_3 = y_3 \end{cases}$$

得到关于 Y 的二次型

$$f(x_1, x_2, x_3) = (y_1 - 2y_2)^2 + 4(y_1 - 2y_2)(y_2 + y_3) - 4(y_1 - 2y_2)y_3 + 2(y_2 + y_3)^2 - 4(y_2 + y_3)y_3 - y_3^2 = y_3^2 - 2y_2^2 - 3y_3^2$$

设

$$A = \begin{pmatrix} 1 & 2 & -2 \\ 2 & 2 & -2 \\ -2 & -2 & -1 \end{pmatrix}, C = \begin{pmatrix} 1 & -2 & 0 \\ 0 & 1 & 1 \\ 0 & 0 & 1 \end{pmatrix}$$

分别为原二次型的矩阵及线性变换矩阵。可得

$$C^{T}AC = \begin{pmatrix} 1 & 0 & 0 \\ -2 & 1 & 0 \\ 0 & 1 & 1 \end{pmatrix}\begin{pmatrix} 1 & 2 & -2 \\ 2 & 2 & -2 \\ -2 & -2 & -1 \end{pmatrix}\begin{pmatrix} 1 & -2 & 0 \\ 0 & 1 & 1 \\ 0 & 0 & 1 \end{pmatrix} = \begin{pmatrix} 1 & 0 & 0 \\ 0 & -2 & 0 \\ 0 & 0 & -3 \end{pmatrix}$$

从而有

$$Y^{T}(C^{T}AC)Y = y_1^2 - 2y_2^2 - 3y_3^2$$

4.2 二次型的标准形

通过非退化的线性变换 $X = CY$,使二次型只含有平方项,即

$$f = d_1y_1^2 + d_2y_2^2 + \cdots + d_ny_n^2$$

这种只含平方项的二次型,称为二次型的标准形。

4.2.1 配方法

对任何一个二次型 $f = X^{T}AX$ 都可用配方法找到非退化线性变换 $X =$

$\boldsymbol{CY}$。化二次型 f 为标准形，这里用例子来说明。

【例 1】 化二次型 $f = x_1^2 + 2x_2^2 + 5x_3^2 + 2x_1x_2 + 2x_1x_3 + 6x_2x_3$ 成标准型，并求所用的变换矩阵。

【解】 由于 f 中含变量 x_1 的平方项，故把含 x_1 的项归并起来，配方可得

$$\begin{aligned} f = & x_1^2 + 2x_1x_2 + 2x_1x_3 + 2x_2^2 + 5x_3^2 + 6x_2x_3 = \\ & (x_1 + x_2 + x_3)^2 - x_2^2 - x_3^2 - 2x_2x_3 + 2x_2^2 + 5x_3^2 + 6x_2x_3 = \\ & (x_1 + x_2 + x_3)^2 + x_2^2 + 4x_2x_3 + 4x_3^2 \end{aligned}$$

上式右端除第一项外，已不再含 x_1，继续配方，可得

$$f = (x_1 + x_2 + x_3)^2 + (x_2 + 2x_3)^2$$

令

$$\begin{cases} y_1 = x_1 + x_2 + x_3 \\ y_2 = x_2 + 2x_3 \\ y_3 = x_3 \end{cases}$$

即

$$\begin{cases} x_1 = y_1 - y_2 + y_3 \\ x_2 = y_2 - 2y_3 \\ x_3 = y_3 \end{cases}$$

就把 f 化成标准形 $f = y_1^2 + y_2^2$，所用变换矩阵为

$$\boldsymbol{C} = \begin{pmatrix} 1 & -1 & 1 \\ 0 & 1 & -2 \\ 0 & 0 & 1 \end{pmatrix} \qquad (|\boldsymbol{C}| = 1 \neq 0)$$

【例 2】 用配方法将二次型 $f = 2x_1x_2 - x_1x_3 + x_1x_4 - x_2x_3 + x_2x_4 - 2x_3x_4$ 化成标准形，并求所用的变换矩阵。

【解】 这时缺少了平方项，因此无法配方，但我们可做如下变换

$$\begin{cases} x_1 = y_1 + y_2 \\ x_2 = y_1 - y_2 \\ x_3 = y_3 \\ x_4 = y_4 \end{cases}$$

代入原二次型，得到一个关于 $\boldsymbol{Y}$ 的二次型

$$f = 2y_1^2 - 2y_2^2 - 2y_1y_3 + 2y_1y_4 - 2y_3y_4$$

配方如下

$$\begin{aligned} f = & (2y_1^2 - 2y_1y_3 + 2y_1y_4) - 2y_2^2 - 2y_3y_4 = \\ & 2[(y_1 - \frac{1}{2}y_3 + \frac{1}{2}y_4)^2 - \frac{1}{4}y_3^2 - \frac{1}{4}y_4^2 + \frac{1}{2}y_3y_4] - 2y_2^2 - 2y_3y_4 = \end{aligned}$$

$$2(y_1 - \frac{1}{2}y_3 + \frac{1}{2}y_4)^2 - 2y_2^2 - \frac{1}{2}y_3^2 - y_3y_4 - \frac{1}{2}y_4^2 =$$

$$2(y_1 - \frac{1}{2}y_3 + \frac{1}{2}y_4)^2 - 2y_2^2 - \frac{1}{2}(y_3 + y_4)^2$$

令

$$\begin{cases} z_1 = y_1 - \frac{1}{2}y_3 + \frac{1}{2}y_4 \\ z_2 = y_2 \\ z_3 = y_3 + y_4 \\ z_4 = y_4 \end{cases}$$

即

$$\begin{cases} y_1 = z_1 + \frac{1}{2}z_3 - z_4 \\ y_2 = z_2 \\ y_3 = z_3 \\ y_4 = z_4 \end{cases}$$

化原二次型为标准形,即

$$f = 2z_1^2 - 2z_2^2 - \frac{1}{2}z_3^2$$

变换矩阵为

$$C = \begin{pmatrix} 1 & 1 & 0 & 0 \\ 1 & -1 & 0 & 0 \\ 0 & 0 & 1 & 0 \\ 0 & 0 & 0 & 1 \end{pmatrix}\begin{pmatrix} 1 & 0 & \frac{1}{2} & -1 \\ 0 & 1 & 0 & 0 \\ 0 & 0 & 1 & -1 \\ 0 & 0 & 0 & 1 \end{pmatrix} = \begin{pmatrix} 1 & 1 & \frac{1}{2} & -1 \\ 1 & -1 & \frac{1}{2} & -1 \\ 0 & 0 & 1 & -1 \\ 0 & 0 & 0 & 1 \end{pmatrix}$$

一般地,任何二次型都可用上面两例的方法找到非退化线性变换,把二次型化成标准形。

4.2.2 初等变换法

由于任一二次型 $f = \boldsymbol{X}^{\mathrm{T}}\boldsymbol{A}\boldsymbol{X}$ 都可找到非退化线性变换 $\boldsymbol{X} = \boldsymbol{C}\boldsymbol{Y}$ 将其化为标准形,即存在满秩方阵 $\boldsymbol{C}$,使 $\boldsymbol{C}^{\mathrm{T}}\boldsymbol{A}\boldsymbol{C}$ 为对角矩阵,而任一满秩方阵都可写成若干初等矩阵的乘积,即存在初等方阵 $\boldsymbol{P}_1, \boldsymbol{P}_2, \cdots, \boldsymbol{P}_s$ 使 $\boldsymbol{C} = \boldsymbol{P}_1\boldsymbol{P}_2\cdots\boldsymbol{P}_s$。

考虑到 $\boldsymbol{P}_i^{\mathrm{T}}(1 \leqslant i \leqslant s)$ 与 $\boldsymbol{P}_i$ 是同种初等矩阵,则对角矩阵

$$\boldsymbol{C}^{\mathrm{T}}\boldsymbol{A}\boldsymbol{C} = \boldsymbol{P}_s^{\mathrm{T}}\cdots\boldsymbol{P}_2^{\mathrm{T}}\boldsymbol{P}_1^{\mathrm{T}}\boldsymbol{A}\boldsymbol{P}_1\boldsymbol{P}_2\cdots\boldsymbol{P}_s$$

初等变换法化二次型为标准型的步骤如下:

(1) 构造 $2n \times n$ 矩阵$\begin{pmatrix} A \\ I \end{pmatrix}$,对 A 每施以一次初等行变换,就对$\begin{pmatrix} A \\ I \end{pmatrix}$施以一次同种的初等列变换。

(2) 当 A 化为对角矩阵时,I 将化为满秩矩阵 C.

(3) 得到非退化线性变换 $X = CY$ 及二次型的标准形。

【例 3】 用初等变换法将二次型 $2x_1x_2 + 2x_1x_3 - 4x_2x_3$ 化为标准形。

【解】 此二次型对应的矩阵为

$$A = \begin{pmatrix} 0 & 1 & 1 \\ 1 & 0 & -2 \\ 1 & -2 & 0 \end{pmatrix}$$

有

$$\begin{pmatrix} A \\ I \end{pmatrix} = \begin{pmatrix} 0 & 1 & 1 \\ 1 & 0 & -2 \\ 1 & -2 & 0 \\ 1 & 0 & 0 \\ 0 & 1 & 0 \\ 0 & 0 & 1 \end{pmatrix} \xrightarrow[c_1 + c_2]{r_1 + r_2} \begin{pmatrix} 2 & 1 & -1 \\ 1 & 0 & -2 \\ -1 & -2 & 0 \\ 1 & 0 & 0 \\ 1 & 1 & 0 \\ 0 & 0 & 1 \end{pmatrix} \xrightarrow[\substack{c_2 - \frac{1}{2}c_1 \\ c_3 + \frac{1}{2}c_1}]{\substack{r_2 - \frac{1}{2}r_1 \\ r_3 + \frac{1}{2}r_1}} \begin{pmatrix} 2 & 0 & 0 \\ 0 & -\frac{1}{2} & -\frac{3}{2} \\ 0 & -\frac{3}{2} & -\frac{1}{2} \\ 1 & -\frac{1}{2} & \frac{1}{2} \\ 1 & \frac{1}{2} & \frac{1}{2} \\ 0 & 0 & 1 \end{pmatrix}$$

$$\xrightarrow[c_3 - 3c_2]{r_3 - 3r_2} \begin{pmatrix} 2 & 0 & 0 \\ 0 & -\frac{1}{2} & 0 \\ 0 & 0 & 4 \\ 1 & -\frac{1}{2} & 2 \\ 1 & \frac{1}{2} & -1 \\ 0 & 0 & 1 \end{pmatrix}$$

所以

$$C = \begin{pmatrix} 1 & -\frac{1}{2} & 2 \\ 1 & \frac{1}{2} & -1 \\ 0 & 0 & 1 \end{pmatrix} \quad (|C| = 1 \neq 0)$$

令

$$\begin{cases} x_1 = z_1 - \dfrac{1}{2}z_2 + 2z_3 \\ x_2 = z_1 + \dfrac{1}{2}z_2 - z_3 \\ x_3 = z_3 \end{cases}$$

代入原二次型可得标准形为

$$f = 2z_1^2 - \frac{1}{2}z_2^2 + 4z_3^2$$

4.3 矩阵的合同

【定义4.3】 设 $\boldsymbol{A},\boldsymbol{B}$ 为两个 n 阶矩阵,如果存在 n 阶非奇异矩阵 $\boldsymbol{C}$,使得 $\boldsymbol{C}^{\mathrm{T}}\boldsymbol{A}\boldsymbol{C} = \boldsymbol{B}$,则称矩阵 $\boldsymbol{A}$ 合同于矩阵 $\boldsymbol{B}$,或 $\boldsymbol{A}$ 与 $\boldsymbol{B}$ 合同,记为 $\boldsymbol{A} \simeq \boldsymbol{B}$。

可见二次型的矩阵 $\boldsymbol{A}$ 与经过非退化线性变换 $\boldsymbol{X} = \boldsymbol{C}\boldsymbol{Y}$ 得出的二次型的矩阵 $\boldsymbol{C}^{\mathrm{T}}\boldsymbol{A}\boldsymbol{C}$ 合同的。

合同关系具有以下性质:

(1) 对于任意一个方阵 $\boldsymbol{A}$,都有 $\boldsymbol{A} \simeq \boldsymbol{A}$。

因为 $\boldsymbol{I}_n^{\mathrm{T}}\boldsymbol{A}\boldsymbol{I}_n = \boldsymbol{A}$,$\boldsymbol{I}_n$ 为 n 阶单位矩阵。

(2) 如果 $\boldsymbol{A} \simeq \boldsymbol{B}$,则 $\boldsymbol{B} \simeq \boldsymbol{A}$。

因为 $\boldsymbol{C}^{\mathrm{T}}\boldsymbol{A}\boldsymbol{C} = \boldsymbol{B}$,则$(\boldsymbol{C}^{-1})^{\mathrm{T}}\boldsymbol{B}\boldsymbol{C}^{-1} = \boldsymbol{A}$。

(3) 如果 $\boldsymbol{A} \simeq \boldsymbol{B}$,且 $\boldsymbol{B} \simeq \boldsymbol{C}$,则 $\boldsymbol{A} \simeq \boldsymbol{C}$。

因为 $\boldsymbol{C}_1^{\mathrm{T}}\boldsymbol{A}\boldsymbol{C}_1 = \boldsymbol{B}$,$\boldsymbol{C}_2^{\mathrm{T}}\boldsymbol{B}\boldsymbol{C}_2 = \boldsymbol{C}$,则$(\boldsymbol{C}_1\boldsymbol{C}_2)^{\mathrm{T}}\boldsymbol{A}(\boldsymbol{C}_1\boldsymbol{C}_2) = \boldsymbol{C}$ 而

$$|\boldsymbol{C}_1\boldsymbol{C}_2| = |\boldsymbol{C}_1|\cdot|\boldsymbol{C}_2| \neq 0$$

【定理4.1】 对任意一个对称矩阵 $\boldsymbol{A}$,存在一个非奇异矩阵 $\boldsymbol{C}$,使 $\boldsymbol{C}^{\mathrm{T}}\boldsymbol{A}\boldsymbol{C}$ 为对角形矩阵(称这个对角矩阵为 $\boldsymbol{A}$ 的标准形),即任何一个对称矩阵都与一个对角矩阵合同。

对二次型作的线性变换相当于对二次型的矩阵作合同变换。显然,平方和形式的二次型的矩阵是对角阵。因此,通过变量的非退化线性变换化二次型为标准形,相当于通过合同变换化对称矩阵为对角阵。

【例1】 求一非奇异矩阵 $\boldsymbol{C}$,使 $\boldsymbol{C}^{\mathrm{T}}\boldsymbol{A}\boldsymbol{C}$ 为对角矩阵。

$$\boldsymbol{A} = \begin{pmatrix} 1 & 1 & 1 \\ 1 & 2 & 2 \\ 1 & 2 & 1 \end{pmatrix}$$

【解】 $\begin{pmatrix} A \\ I \end{pmatrix} = \begin{pmatrix} 1 & 1 & 1 \\ 1 & 2 & 2 \\ 1 & 2 & 1 \\ 1 & 0 & 0 \\ 0 & 1 & 0 \\ 0 & 0 & 1 \end{pmatrix} \xrightarrow[\substack{c_2 - c_1 \\ c_3 - c_1}]{\substack{r_2 - r_1 \\ r_3 - r_1}} \begin{pmatrix} 1 & 0 & 0 \\ 0 & 1 & 1 \\ 0 & 1 & 0 \\ 1 & -1 & -1 \\ 0 & 1 & 0 \\ 0 & 0 & 1 \end{pmatrix} \xrightarrow[c_3 - c_2]{r_3 - r_2} \begin{pmatrix} 1 & 0 & 0 \\ 0 & 1 & 0 \\ 0 & 0 & -1 \\ 1 & -1 & 0 \\ 0 & 1 & -1 \\ 0 & 0 & 1 \end{pmatrix}$

因此 $\quad C = \begin{pmatrix} 1 & -1 & 0 \\ 0 & 1 & -1 \\ 0 & 0 & 1 \end{pmatrix}, C^{\mathrm{T}}AC = \begin{pmatrix} 1 & 0 & 0 \\ 0 & 1 & 0 \\ 0 & 0 & -1 \end{pmatrix}$

4.4 二次型与对称矩阵的有定性

4.4.1 惯性定理和规范形

【定理 4.2】（惯性定理） 设实二次型 $f = X^{\mathrm{T}}AX$ 的秩为 r（即 A 的秩）有两个非退化的线性变换

$$X = CY \text{ 及 } X = PZ$$

使

$$f = k_1 y_1^2 + \cdots + k_p y_p^2 - k_{p+1} y_{p+1}^2 - \cdots - k_r y_r^2 \quad (k_i > 0, i = 1,2,\cdots,r)$$

及

$$f = \lambda_1 z_1^2 + \cdots + \lambda_q z_q^2 - \lambda_{q+1} z_{q+1}^2 - \cdots - \lambda_r z_r^2 \quad (\lambda_i > 0)$$

则 $p = q$，且称 p 为二次型 f 或矩阵 A 的正惯性指数，$r - p$ 为二次型 f 或矩阵 A 的负惯性指数。

对二次型作如下线性变换

$$\begin{cases} y_i = \dfrac{1}{\sqrt{k_i}} t_i & i = 1,2,\cdots,r \\ y_j = t_j & j = r+1, r+2,\cdots,n \end{cases}$$

则有

$$f = t_1^2 + \cdots + t_p^2 - t_{p+1}^2 - \cdots - t_r^2$$

称之为二次型 f 的规范形。

实际上，任意实二次型都可通过非退化的线性变换化为规范型，且规范型唯一。

任何合同的对称矩阵，具有相同的规范型，即

$$\begin{pmatrix} I_p & 0 & 0 \\ 0 & -I_{r-p} & 0 \\ 0 & 0 & 0 \end{pmatrix}$$

由惯性定理可知,合同的对称矩阵具有相同的正惯性指数和秩。

4.4.2 二次型与对称矩阵的有定性

【定义4.4】 设实二次型$f(\boldsymbol{X}) = \boldsymbol{X}^{\mathrm{T}}\boldsymbol{A}\boldsymbol{X}$,如果对任何$\boldsymbol{X} \neq \boldsymbol{0}$,都有$f(\boldsymbol{X}) > 0$,则称$f$为正定二次型,并称对称矩阵$\boldsymbol{A}$是正定的,记作$\boldsymbol{A} > 0$。如果对任何$\boldsymbol{X} \neq \boldsymbol{0}$,都有$f(\boldsymbol{X}) < 0$,则称$f$为负定二次型,并称对称矩阵$\boldsymbol{A}$是负定的,记作$\boldsymbol{A} < \boldsymbol{0}$。

另外还有半正定,半负定的概念,即将定义中的$f(\boldsymbol{X}) > 0$和$f(\boldsymbol{X}) < 0$改为$f(\boldsymbol{X}) \geqslant 0$和$f(\boldsymbol{X}) \leqslant 0$便可得到,这里不多作解释。

我们将二次型及其矩阵的正定(负定),半正定(半负定)统称为二次型及其矩阵的有定性;将不具有有定性的二次型及其矩阵称为不定的。

【例1】 二次型$f(x_1, x_2, \cdots, x_n) = x_1^2 + x_2^2 + \cdots + x_n^2$,当$(x_1, x_2 \cdots x_n)^{\mathrm{T}} \neq 0$时,显然$f(x_1, x_2 \cdots x_n) > 0$,所以这个二次型是正定的,其矩阵$\boldsymbol{I}_n$是正定矩阵。

【例2】 设$\boldsymbol{A}, \boldsymbol{B}$均为$n$阶正定矩阵,$a, b > 0$,证明$a\boldsymbol{A} + b\boldsymbol{B}$为正定矩阵。

【证】 因为$\boldsymbol{A}, \boldsymbol{B}$是正定矩阵,所以对任意非零向量$\boldsymbol{X} \neq \boldsymbol{0}, \boldsymbol{X}^{\mathrm{T}}\boldsymbol{A}\boldsymbol{X} > 0$,$\boldsymbol{X}^{\mathrm{T}}\boldsymbol{B}\boldsymbol{x} > 0$,而$a, b > 0$,于是$\boldsymbol{X}^{\mathrm{T}}(a\boldsymbol{A} + b\boldsymbol{B})\boldsymbol{X} = a\boldsymbol{X}^{\mathrm{T}}\boldsymbol{A}\boldsymbol{X} + b\boldsymbol{X}^{\mathrm{T}}\boldsymbol{B}\boldsymbol{X} > 0$。

因此,$a\boldsymbol{A} + b\boldsymbol{B}$为正定矩阵。

【例3】 设有n元实二次型

$$f = (x_1 + a_1x_2)^2 + (x_2 + a_2x_3)^2 + \cdots + (a_{n-1} + a_{n-1}x_n)^2 + (a_n + a_nx_1)^2$$

其中,$a_i (i = 1, 2, \cdots, n)$为实数。问当$a_1, a_2, \cdots, a_n$满足何种条件时,$f$为正定二次型。

【解】 由题设条件,对任意的$x_1, x_2, \cdots, x_n$有$f \geqslant 0$,其中等号成立当且仅当

$$\begin{cases} x_1 + a_1x_2 = 0 \\ x_2 + a_2x_3 = 0 \\ \vdots \\ x_{n-1} + a_{n-1}x_n = 0 \\ x_n + a_nx_1 = 0 \end{cases}$$

此方程组仅有零解的充分必要条件是系数行列式

$$\begin{vmatrix} 1 & a_1 & 0 & \cdots & 0 & 0 \\ 0 & 1 & a_2 & \cdots & 0 & 0 \\ \vdots & \vdots & \vdots & & \vdots & \vdots \\ 0 & 0 & 0 & \cdots & 1 & a_{n-1} \\ a_n & 0 & 0 & \cdots & 0 & 0 \end{vmatrix} = 1 + (-1)^{n+1} a_1 a_2 \cdots a_n \neq 0$$

即当 $a_1 a_2 \cdots a_n \neq (-1)^n$ 时,f 为正定二次型。

【例 4】 证明,设 $\boldsymbol{A}$ 为正定矩阵,若 $\boldsymbol{A} \simeq \boldsymbol{B}$,则 $\boldsymbol{B}$ 也是正定矩阵。

【证】 因为 $\boldsymbol{A} \simeq \boldsymbol{B}$,有可逆矩阵 $\boldsymbol{C}$,满足 $\boldsymbol{B} = \boldsymbol{C}^{\mathrm{T}}\boldsymbol{A}\boldsymbol{C}$。

对任意非零向量 $\boldsymbol{X}$,令 $\boldsymbol{X} = \boldsymbol{C}\boldsymbol{Y}$,$|\boldsymbol{C}| \neq 0$,对任意 $\boldsymbol{Y} \neq \boldsymbol{0}$,均有 $\boldsymbol{X} \neq \boldsymbol{0}$,因此

$$\boldsymbol{Y}^{\mathrm{T}}\boldsymbol{B}\boldsymbol{Y} = \boldsymbol{Y}^{\mathrm{T}}\boldsymbol{C}^{\mathrm{T}}\boldsymbol{A}\boldsymbol{C}\boldsymbol{Y} = (\boldsymbol{C}\boldsymbol{Y})^{\mathrm{T}}\boldsymbol{A}(\boldsymbol{C}\boldsymbol{Y}) = \boldsymbol{X}^{\mathrm{T}}\boldsymbol{A}\boldsymbol{X} > 0$$

即 $\boldsymbol{B}$ 为正定矩阵。

【定理 4.3】 实二次型 $f = \boldsymbol{X}^{\mathrm{T}}\boldsymbol{A}\boldsymbol{X}$ 为正定的充分必要条件是它的标准形的 n 个系数全为正。

【证】 设非退化线性变换 $\boldsymbol{X} = \boldsymbol{C}\boldsymbol{Y}$,使

$$f(\boldsymbol{X}) = f(\boldsymbol{C}\boldsymbol{Y}) = \sum_{i=1}^{n} k_i y_i^2$$

充分性

设 $k_i > 0(i = 1,2,\cdots,n)$,任意,$\boldsymbol{X} \neq \boldsymbol{0}$,则,$\boldsymbol{Y} = \boldsymbol{C}^{-1}\boldsymbol{X} \neq \boldsymbol{0}$,故

$$f(\boldsymbol{X}) = \sum_{i=1}^{n} k_i y_i^2 > 0$$

必要性

用反证法,假设有 $k_t \leqslant 0$,则当 $y = \boldsymbol{e}_t$(单位坐标向量)时,$f(\boldsymbol{C}\boldsymbol{e}_t) = k_t \leqslant 0$,显然 $\boldsymbol{C}\boldsymbol{e}_t \neq 0$,这与 f 为正定相矛盾,因此

$$k_i > 0 \quad (i = 1,2,\cdots,n)$$

【推论 1】 对角矩阵

$$\boldsymbol{D} = \begin{pmatrix} d_1 & & & \\ & d_2 & & \\ & & \ddots & \\ & & & d_n \end{pmatrix}$$

为正定的充分必要条件是

$$d_i > 0 \quad (i = 1,2,\cdots,n)$$

【定理 4.4】 矩阵 $\boldsymbol{A}$ 为正定的充分必要条件是存在非奇异矩阵 $\boldsymbol{C}$,使

$$\boldsymbol{A} = \boldsymbol{C}^{\mathrm{T}}\boldsymbol{C}$$

【证】 因为 $A^{T} = A$,有 $A \simeq \begin{pmatrix} I_p & 0 & 0 \\ 0 & -I_{1-p} & 0 \\ 0 & 0 & 0 \end{pmatrix}$,由于 A 是正定的,所以 $p = n$,即 $A \simeq I_n$。反之,若 $A \simeq I_n$,则 A 正定。

即存在非奇异矩阵 C 使

$$A = C^{T} I_n C = C^{T} C$$

【推论 2】 若 A 为正定矩阵,则

$$|A| > 0$$

【定理 4.5】 对称矩阵 A 为正定的充分必要条件是 A 的各阶主子式都为正,即

$$|a_{11}| > 0, \begin{vmatrix} a_{11} & a_{12} \\ a_{21} & a_{22} \end{vmatrix} > 0, \cdots, \begin{vmatrix} a_{11} & \cdots & a_{1n} \\ \vdots & & \vdots \\ a_{n1} & \cdots & a_{nn} \end{vmatrix} > 0$$

对称矩阵 A 为负定的充分必要条件是奇数阶主子式为负,而偶数阶主子式为正,即

$$(-1)^k \begin{vmatrix} a_{11} & \cdots & a_{1k} \\ \vdots & & \vdots \\ a_{k1} & \cdots & a_{kk} \end{vmatrix} > 0 \quad (k = 1,2,\cdots,n)$$

这个定理不予证明。

如果 A 是负定矩阵,则 $-A$ 为正定矩阵,对半负定矩阵也有以上结论。

【例 5】 已知对称矩阵

$$A = \begin{pmatrix} 1 & \lambda & -1 \\ \lambda & 4 & 2 \\ -1 & 2 & 4 \end{pmatrix}$$

试问,λ 为何值时 A 是正定的。

【解】 计算 A 的各阶主子式

$$|A_1| = 1, \ |A_2| = \begin{vmatrix} 1 & \lambda \\ \lambda & 4 \end{vmatrix} = 4 - \lambda^2$$

$$|A_3| = \begin{vmatrix} 1 & \lambda & -1 \\ \lambda & 4 & 2 \\ -1 & 2 & 4 \end{vmatrix} = -4(\lambda - 1)(\lambda + 2)$$

当 $-2 < \lambda < 2$ 时,$|A_2| > 0$。

当 $-2 < \lambda < 1$ 时,$|A_3| > 0$。

所以仅当 $-2 < \lambda < 1$ 时,矩阵 A 是正定的。

【例 6】 判断下列二次型的有定性。

(1) $f_1 = 2x_1^2 + 2x_2^2 + x_3^2 - 2x_1x_2 + 2x_2x_3$

(2) $f_2 = \sum_{i=1}^{n} x_i^2 + \sum_{1 \leqslant i < j \leqslant n} x_ix_j$

【解】 (1) f_1 的矩阵为

$$A = \begin{pmatrix} 2 & -1 & 0 \\ -1 & 2 & 1 \\ 0 & 1 & 1 \end{pmatrix}$$

各阶顺序主子式为

$$|A_1| = 2 > 0,\ |A_2| = \begin{vmatrix} 2 & -1 \\ -1 & 2 \end{vmatrix} = 3 > 0,\ |A_3| = |A| = 1 > 0$$

故 f_1 正定。

(2) f_2 的矩阵为

$$\begin{pmatrix} 1 & \frac{1}{2} & \cdots & \frac{1}{2} \\ \frac{1}{2} & 1 & \cdots & \frac{1}{2} \\ \vdots & \vdots & & \vdots \\ \frac{1}{2} & \frac{1}{2} & \cdots & 1 \end{pmatrix}$$

各阶顺序主子式为

$$|A_k| = (1 - \frac{1}{2})^{k-1}[1 + (k-1)\frac{1}{2}] = (\frac{1}{2})^{k-1}(\frac{1}{2} + \frac{k}{2}) > 0, k = 1,2,\cdots,n$$

故 f_2 正定。

【例 7】 证明,若 A 为正定矩阵,则 A^{-1} 也是正定矩阵。

【证】 A 是正定矩阵,则存在非奇异矩阵 C,使 $C^{\mathrm{T}}AC = I_n$,两边取逆得

$$C^{-1}A^{-1}(C^{\mathrm{T}})^{-1} = I_n$$

又因为

$$(C^{\mathrm{T}})^{-1} = (C^{-1})^{\mathrm{T}},((C^{-1})^{\mathrm{T}})^{\mathrm{T}} = C^{-1}$$

因此 $$((C^{-1})^{\mathrm{T}})^{\mathrm{T}}A^{-1}(C^{-1})^{\mathrm{T}} = I_n,\ |(C^{-1})^{\mathrm{T}}| = |C|^{-1} \neq 0$$

故 $A^{-1} \simeq I_n$,即 A^{-1} 为正定矩阵。

【例 8】 设 A,B 都是 n 阶对称矩阵,并且 A 是正定的,B 是半正定的,则 $A + B$ 是正定的。

【证】 任取非零向量 X,有

$$X^{\mathrm{T}}(A + B)X = X^{\mathrm{T}}AX + X^{\mathrm{T}}BX$$

由于 A 正定，所以 $X^{T}AX > 0$，由于 B 半正定，所以 $X^{T}BX \geqslant 0$，从而 $X^{T}(A+B)X > 0$，即 $A+B$ 是正定的。

4.4.3 二次型有定性的一个应用

我们利用二次型的有定性，给出在多元微积分中，关于多元函数极值的判定的一个充分条件。

设 n 元函数 $f(x_1,x_2,\cdots,x_n)$ 在 $(x_1^0,x_2^0,\cdots,x_n^0)$ 的某一邻域中有一阶，二阶连续偏导数，当 $X_0=(x_1^0,x_2^0,\cdots,x_n^0)$ 是 $f(X)$ 的驻点时，则有 $f_i(X_0)=\mathbf{0}(i=1,2,\cdots,n)$，$f(X_0)$ 是否为 $f(X)$ 的极值，取决于矩阵

$$H(X_0)=\begin{pmatrix} f_{11}(X_0) & f_{12}(X_0) & \cdots & f_{1n}(X_0) \\ f_{21}(X_0) & f_{22}(X_0) & \cdots & f_{2n}(X_0) \\ \vdots & \vdots & & \vdots \\ f_{n1}(X_0) & f_{n2}(X_0) & \cdots & f_{nn}(X_0) \end{pmatrix}$$

是否为有定矩阵。

$H(X_0)$ 为对称矩阵，我们称 $H(X_0)$ 为 $f(X)$ 在 X_0 处的 n 阶赫斯矩阵，其顺序 k 阶主子式记为

$$|H_k(X_0)| \quad (k=1,2,\cdots,n)$$

我们有如下判别法：

(1) 当 $|H_k(X_0)|>0(k=1,2,\cdots,n)$，则 $f(X_0)$ 为 $f(X)$ 的极小值。

(2) 当 $(-1)^k|H_k(X_0)|>0(k=1,2,\cdots,n)$，则 $f(X_0)$ 为 $f(X)$ 的极大值。

(3) $H(X_0)$ 为不定矩阵，$f(X_0)$ 不是 $f(X)$ 的极值。

【例 9】 求函数

$$f(x_1,x_2,x_3)=x_1+x_2-e^{x_1}-e^{x_2}+2e^{x_3}-e^{x_3^2}$$

的极值。

【解】 由题设，有

$$\begin{cases} f_1=1-e^{x_1}=0 \\ f_2=1-e^{x_2}=0 \\ f_3=2e^{x_3}-2x_3e^{x_3^2}=0 \end{cases}$$

得驻点 $X_0=(0,0,1)$。有

$$f_{11}=-e^{x_1},f_{12}=0,f_{13}=0$$

$$f_{21}=0,f_{22}=-e^{x_2},f_{23}=0$$

$$f_{31}=0,f_{32}=0,f_{33}=2e^{x_3}-(2+4x_3^2)e^{x_3^2}$$

$f(x_1,x_2,x_3)$ 在(0,0,1) 处的赫斯矩阵为

$$H(X_0)=\begin{pmatrix}-1 & 0 & 0\\ 0 & -1 & 0\\ 0 & 0 & -4e\end{pmatrix}$$

因为

$$|H_1(X_0)|=-1<0,\ |H_2(X_0)|=\begin{vmatrix}-1 & 0\\ 0 & -1\end{vmatrix}=1>0$$

$$|H_3(X_0)|=\begin{vmatrix}-1 & 0 & 0\\ 0 & -1 & 0\\ 0 & 0 & -4e\end{vmatrix}=-4e<0$$

故 $H(X_0)$ 为负定矩阵,所以 $f(0,0,1)=e-1$ 为 $f(x_1,x_2,x_3)$ 的极大值。

【例 10】 求函数

$$f(x_1,x_2,x_3)=x_1^3+x_2^2+x_3^2+12x_1x_2+2x_3$$

的极值。

【解】

$$\begin{cases}f_1=3x_1^2+12x_2=0\\ f_2=2x_2+12x_1=0\\ f_3=2x_3+2=0\end{cases}$$

解之得驻点为

$$X_0=(0,0,-1),X'_0=(24,-144,-1)$$

有

$$f_{11}=6x_1,f_{12}=12,f_{13}=0$$
$$f_{21}=12,f_{22}=2,f_{23}=0$$
$$f_{31}=0,f_{32}=0,f_{33}=2$$

$f(x)$ 在 X_0 和 X'_0 处的赫斯矩阵为

$$H(X_0)=\begin{pmatrix}0 & 12 & 0\\ 12 & 0 & 0\\ 0 & 0 & 2\end{pmatrix},H(X'_0)=\begin{pmatrix}144 & 12 & 0\\ 12 & 2 & 0\\ 0 & 0 & 2\end{pmatrix}$$

因为

$$|H_1(X_0)|=0,\ |H_2(X_0)|=\begin{pmatrix}0 & 12\\ 12 & 0\end{pmatrix}=-144$$

$$|H_3(X_0)|=\begin{pmatrix}0 & 12 & 0\\ 12 & 0 & 0\\ 0 & 0 & 2\end{pmatrix}=-288$$

所以 $H(X_0)$ 不是有定矩阵,故在 X_0 处 $f(X)$ 无极值。

因为

$$|\boldsymbol{H}_1(\boldsymbol{X}'_0)| = 144 > 0,\ |\boldsymbol{H}_2(\boldsymbol{X}'_0)| = \begin{vmatrix} 144 & 12 \\ 12 & 2 \end{vmatrix} = 144 > 0$$

$$|\boldsymbol{H}_3(\boldsymbol{X}'_0)| = \begin{pmatrix} 144 & 12 & 0 \\ 12 & 2 & 0 \\ 0 & 0 & 2 \end{pmatrix} = 288 > 0$$

$\boldsymbol{H}(\boldsymbol{X}'_0)$ 为正定矩阵，故在 $\boldsymbol{X}'_0$ 处 $f(\boldsymbol{X})$ 为极小值。所以极小值为

$$f(\boldsymbol{X}'_0) = f(24, -144, -1) = -6\,913$$

4.5 范　例

【例 1】 下列各式中不等于 $x_1^2 + 6x_1x_2 + 3x_2^2$ 的是 (　　)

(A) $(x_1, x_2)\begin{pmatrix} 1 & 2 \\ 4 & 3 \end{pmatrix}\begin{pmatrix} x_1 \\ x_2 \end{pmatrix}$ (B) $(x_1, x_2)\begin{pmatrix} 1 & 3 \\ 3 & 3 \end{pmatrix}\begin{pmatrix} x_1 \\ x_2 \end{pmatrix}$

(C) $(x_1, x_2)\begin{pmatrix} 1 & -1 \\ -5 & 3 \end{pmatrix}\begin{pmatrix} x_1 \\ x_2 \end{pmatrix}$ (D) $(x_1, x_2)\begin{pmatrix} 1 & -1 \\ 7 & 3 \end{pmatrix}\begin{pmatrix} x_1 \\ x_2 \end{pmatrix}$

【解】 直接用矩阵乘法可得(A),(B),(C) 中的三个矩阵相乘都等于给定的二次型，故选(D)。

在本题中，二次型的矩阵必须是对称矩阵，即只有(B) 是该二次型的矩阵。

【例 2】 将二次型

$$f(x_1, x_2, x_3) = (ax_1 + bx_2 + cx_3)^2$$

用矩阵形式表示。

【解】 $f(x_1, x_2, x_3) = (ax_1 + bx_2 + cx_3)^2 =$

$$(ax_1 + bx_2 + cx_3)(ax_1 + bx_2 + cx_3) =$$

$$\left((x_1, x_2, x_3)\begin{pmatrix} a \\ b \\ c \end{pmatrix}\right)\left((a, b, c)\begin{pmatrix} x_1 \\ x_2 \\ x_3 \end{pmatrix}\right) =$$

$$(x_1, x_2, x_3)\left(\begin{pmatrix} a \\ b \\ c \end{pmatrix}(a, b, c)\right)\begin{pmatrix} x_1 \\ x_2 \\ x_3 \end{pmatrix} =$$

$$(x_1, x_2, x_3)\begin{pmatrix} a^2 & ab & ac \\ ab & b^2 & bc \\ ac & bc & c^2 \end{pmatrix}\begin{pmatrix} x_1 \\ x_2 \\ x_3 \end{pmatrix}$$

【例 3】 设二次型

$$f(x_1,x_2,x_3) = -4x_1x_2 + 2x_1x_3 + 2tx_2x_3$$

的秩为 2,则 $t =$ ________。

【解】 f 的实对称矩阵

$$A = \begin{pmatrix} 0 & -2 & 1 \\ -2 & 0 & t \\ 1 & t & 0 \end{pmatrix}$$

因为 $$r(A) = 2$$

所以 $$|A| = \begin{vmatrix} 0 & -2 & 1 \\ -2 & 0 & t \\ 1 & t & 0 \end{vmatrix} = -4t = 0$$

即 $$t = 0$$

【例 4】 下列矩阵中,正定矩阵是 ( )

(A) $\begin{pmatrix} 1 & 2 & 3 \\ 2 & 4 & 5 \\ 3 & 5 & 6 \end{pmatrix}$ (B) $\begin{pmatrix} 1 & 2 & 3 \\ 2 & 5 & 4 \\ 3 & 4 & -6 \end{pmatrix}$

(C) $\begin{pmatrix} 2 & 2 & -2 \\ 2 & 5 & -4 \\ -2 & -4 & 5 \end{pmatrix}$ (D) $\begin{pmatrix} 5 & 2 & 1 \\ 2 & 1 & 3 \\ 1 & 3 & 0 \end{pmatrix}$

【解】 二次型正定的必要条件是

$$a_{ii} > 0$$

在(B)中有 $a_{33} = -6$,在(D)中有 $a_{33} = 0$,故排除(B),(D)二次型正定的充分必要条件是各阶顺序主子式全大于零,在(A)中 $\begin{vmatrix} 1 & 2 \\ 2 & 4 \end{vmatrix} = 0$,因此选(C)。

【例 5】 已知二次型

$$f = 2x_1^2 + x_2^2 + x_3^2 + 2x_1x_2 + tx_2x_3$$

为正定二次型,求 t。

【解】 二次型 f 的矩阵为

$$A = \begin{pmatrix} 2 & 1 & 0 \\ 1 & 1 & \frac{t}{2} \\ 0 & \frac{t}{2} & 1 \end{pmatrix}$$

由 f 正定知 A 正定,因而 A 的各阶顺序主子式大于 0,从而

$$|A| = \begin{vmatrix} 2 & 1 & 0 \\ 1 & 1 & \frac{t}{2} \\ 0 & \frac{t}{2} & 1 \end{vmatrix} = 1 - \frac{1}{2}t^2 > 0$$

所以
$$-\sqrt{2} < t < \sqrt{2}$$

【例 6】 设

$$A = \begin{pmatrix} a_1 & & \\ & a_2 & \\ & & a_3 \end{pmatrix}, B = \begin{pmatrix} a_3 & & \\ & a_1 & \\ & & a_2 \end{pmatrix}$$

证明 $A \simeq B$。

【证】 令 $P_1 = \begin{pmatrix} 0 & 0 & 1 \\ 0 & 1 & 0 \\ 1 & 0 & 0 \end{pmatrix}, P_2 = \begin{pmatrix} 1 & 0 & 0 \\ 0 & 0 & 1 \\ 0 & 1 & 0 \end{pmatrix}, C = P_1 P_2$

则 C 可逆,且

$$C^T A C = P_2^T P_1^T A P_1 P_2 = P_2^T \begin{pmatrix} a_3 & & \\ & a_2 & \\ & & a_1 \end{pmatrix} P_2 = B$$

即
$$A \simeq B$$

【例 7】 设实对称矩阵 $A = \begin{pmatrix} 1 & 2 & 0 \\ 2 & 0 & 2 \\ 0 & 2 & -1 \end{pmatrix}$ 合同于对角阵,则存在可逆矩阵 C,使 $C^T A C = \Lambda$,则 $C =$ ________。

【解】 A 所对应的二次型为

$$f = x_1^2 - x_3^2 + 4x_1x_2 + 4x_2x_3 = $$
$$(x_1^2 + 4x_1x_2 + 4x_2^2) - 4x_2^2 + 4x_2x_3 - x_3^2 = $$
$$(x_1 + 2x_2)^2 - (2x_2 - x_3)^2$$

令
$$\begin{cases} y_1 = x_1 + 2x_2 \\ y_2 = 2x_2 - x_3 \\ y_3 = x_3 \end{cases}$$

即
$$\begin{cases} x_1 = y_1 - y_2 - y_3 \\ x_2 = \frac{1}{2}(y_2 + y_3) \\ x_3 = y_3 \end{cases}$$

有
$$\begin{pmatrix}x_1\\x_2\\x_3\end{pmatrix}=\begin{pmatrix}1&-1&-1\\0&\frac{1}{2}&\frac{1}{2}\\0&0&1\end{pmatrix}\begin{pmatrix}y_1\\y_2\\y_3\end{pmatrix}$$
得
$$C=\begin{pmatrix}1&-1&-1\\0&\frac{1}{2}&\frac{1}{2}\\0&0&1\end{pmatrix}$$

【例 8】 证明矩阵 $\boldsymbol{A}$ 正定的充要条件是存在可逆矩阵 $\boldsymbol{P}$ 使 $\boldsymbol{A}=\boldsymbol{P}^{\mathrm{T}}\boldsymbol{P}$。

【证】 **必要性**

因为 $\boldsymbol{A}$ 是正定的，所以存在可逆矩阵 $\boldsymbol{Q}$ 使 $\boldsymbol{Q}^{\mathrm{T}}\boldsymbol{A}\boldsymbol{Q}=\boldsymbol{I}$，于是
$$\boldsymbol{A}=(\boldsymbol{Q}^{\mathrm{T}})^{-1}\boldsymbol{I}\boldsymbol{Q}^{-1}=(\boldsymbol{Q}^{-1})^{\mathrm{T}}(\boldsymbol{Q}^{-1})$$
取 $\boldsymbol{P}=\boldsymbol{Q}^{-1}$，则 $\boldsymbol{A}=\boldsymbol{P}^{\mathrm{T}}\boldsymbol{P}$。

充分性

设 $\boldsymbol{A}=\boldsymbol{P}^{\mathrm{T}}\boldsymbol{P}$，则 $\boldsymbol{A}=\boldsymbol{P}^{\mathrm{T}}\boldsymbol{I}\boldsymbol{P}$，左乘 $(\boldsymbol{P}^{\mathrm{T}})^{-1}$，右乘 $\boldsymbol{P}^{-1}$，得
$$(\boldsymbol{P}^{\mathrm{T}})^{-1}\boldsymbol{A}\boldsymbol{P}^{-1}=\boldsymbol{I}$$
故 $\boldsymbol{A}$ 正定。

【例 9】 已知 $\boldsymbol{A}$ 是 n 阶可逆矩阵。证明 $\boldsymbol{A}^{\mathrm{T}}\boldsymbol{A}$ 是对称、正定矩阵。

【证】 因为 $(\boldsymbol{A}^{\mathrm{T}}\boldsymbol{A})^{\mathrm{T}}=\boldsymbol{A}^{\mathrm{T}}(\boldsymbol{A}^{\mathrm{T}}\boldsymbol{A})^{\mathrm{T}}=\boldsymbol{A}^{\mathrm{T}}$，所以 $\boldsymbol{A}^{\mathrm{T}}\boldsymbol{A}$ 是对称矩阵。

由于 $\boldsymbol{A}^{\mathrm{T}}\boldsymbol{A}=\boldsymbol{A}^{\mathrm{T}}\boldsymbol{I}\boldsymbol{A}$，且 $\boldsymbol{A}$ 是可逆矩阵，所以 $\boldsymbol{A}^{\mathrm{T}}\boldsymbol{A}$ 与 $\boldsymbol{I}$ 合同，从而 $\boldsymbol{A}^{\mathrm{T}}\boldsymbol{A}$ 是正定矩阵。

【例 10】 设 $\boldsymbol{A}$ 为 n 阶实对称矩阵，$\boldsymbol{AB}+\boldsymbol{B}^{\mathrm{T}}\boldsymbol{A}$ 是正定矩阵，证明 $\boldsymbol{A}$ 是可逆矩阵。

【证】 对任意 $\boldsymbol{X}\neq\boldsymbol{0}$，有
$$\begin{aligned}\boldsymbol{X}^{\mathrm{T}}(\boldsymbol{AB}+\boldsymbol{B}^{\mathrm{T}}\boldsymbol{A})\boldsymbol{X}=&\ \boldsymbol{X}^{\mathrm{T}}\boldsymbol{ABX}+\boldsymbol{X}^{\mathrm{T}}\boldsymbol{B}^{\mathrm{T}}\boldsymbol{AX}=\\&\ \boldsymbol{X}^{\mathrm{T}}\boldsymbol{A}^{\mathrm{T}}\boldsymbol{BX}+(\boldsymbol{BX})^{\mathrm{T}}(\boldsymbol{AX})=\\&\ (\boldsymbol{AX})^{\mathrm{T}}(\boldsymbol{BX})+(\boldsymbol{BX})^{\mathrm{T}}(\boldsymbol{AX})>0\end{aligned}$$
所以对任意 $\boldsymbol{X}\neq\boldsymbol{0}$，恒有 $\boldsymbol{AX}\neq\boldsymbol{0}$，即方程组 $\boldsymbol{AX}=\boldsymbol{0}$ 只有零解。

因此 $r(\boldsymbol{A})=n$，$\boldsymbol{A}$ 为可逆矩阵。

【例 11】 设 $\boldsymbol{A}$ 为 m 阶实对称矩阵且正定，$\boldsymbol{B}$ 为 $m\times n$ 实矩阵，试证，$\boldsymbol{B}^{\mathrm{T}}\boldsymbol{AB}$ 为正定矩阵的充要条件是 $r(\boldsymbol{B})=n$。

【证】 **必要性**

设 $\boldsymbol{B}^{\mathrm{T}}\boldsymbol{AB}$ 为正定矩阵，则对任意实 n 维列向量 $\boldsymbol{X}\neq\boldsymbol{0}$，有
$$\boldsymbol{X}^{\mathrm{T}}(\boldsymbol{B}^{\mathrm{T}}\boldsymbol{AB})\boldsymbol{X}>0$$
即
$$(\boldsymbol{BX})^{\mathrm{T}}\boldsymbol{A}(\boldsymbol{BX})>0$$

所以必有 $BX \neq 0$,即 $BX = 0$ 只有零解,$r(B) = n$。

充分性

因为
$$(B^TAB)^T = B^TA^T(B^T)^T = B^TAB$$
所以 B^TAB 为实对称矩阵。

若 $r(B) = n$,则方程组 $BX = 0$ 只有零解,从而对于任意 $X \neq 0$,有 $BX \neq 0$,而 A 为正定矩阵,所以对于 $BX \neq 0$,有
$$(BX)^TA(BX) > 0$$
因此,当 $X \neq 0$ 时,有
$$(BX)^TA(BX) = X^T(B^TAB)X > 0$$
故 B^TAB 为正定矩阵。

习　题

1. 写出下列二次型的矩阵。

(1) $f = x^2 + 4xy + 4y^2 + 2xz + z^2 + 4yz$

(2) $f = x_1^2 - 2x_1x_2 + 3x_1x_3 - 2x_2^2 + 8x_2x_3 + 3x_3^2$

2. 写出下列各对称矩阵对应的二次型。

(1) $A = \begin{pmatrix} 0 & \frac{1}{2} & -1 & 0 \\ \frac{1}{2} & -1 & \frac{1}{2} & \frac{1}{2} \\ -1 & \frac{1}{2} & 0 & \frac{1}{2} \\ 0 & \frac{1}{2} & \frac{1}{2} & 1 \end{pmatrix}$　　(2) $A = \begin{pmatrix} 1 & -1 & -3 & 1 \\ -1 & 0 & -2 & \frac{1}{2} \\ -3 & -2 & \frac{1}{3} & -\frac{3}{2} \\ 1 & \frac{1}{2} & -\frac{3}{2} & 0 \end{pmatrix}$

3. 求正交变换 $X = PY$,将下列二次型化为标准形。

(1) $f = 2x_1^2 + 3x_2^2 + 3x_3^2 + 4x_2x_3$

(2) $f = x_1^2 + 4x_2^2 + 4x_3^2 - 4x_1x_2 + 4x_1x_3 - 8x_2x_3$

4. 已知二次型 $f = 2x_1^2 + 3x_2^2 + 2tx_2x_3 + 3x_3^2 (t < 0)$,通过正交变换 $X = PY$ 可化成标准型 $f = y_1^2 + 2y_2^2 + 5y_3^2$,求参数 t 及所用的正交变换矩阵 P。

5. 设 A 是可逆矩阵,且 A 与 B 合同,试证 B 为可逆矩阵。

6. 设 A 为可逆矩阵,且 $A \simeq B$,试证 $A \simeq kA (k > 0)$,$kA \simeq kB$。

7. 设 A,B,C,D 均为 n 阶对称方阵,且 $A \simeq B$,$C \simeq D$,证明
$$\begin{pmatrix} A & 0 \\ 0 & C \end{pmatrix} \simeq \begin{pmatrix} B & 0 \\ 0 & D \end{pmatrix}$$

8. 求一非奇异矩阵 C,使 C^TAC 为对角矩阵。

(1) $A=\begin{pmatrix}1&2&0\\2&0&1\\0&1&3\end{pmatrix}$ (2) $A=\begin{pmatrix}0&1&2\\1&0&-1\\-2&-1&0\end{pmatrix}$

9. 判断以下二次型是否正定。

(1) $2x_1^2+x_2^2-3x_3^2+6x_1x_2-2x_1x_3+5x_2x_3$

(2) $x_1^2+3x_2^2+9x_3^2+19x_4^2-2x_1x_2+4x_1x_3+2x_1x_4-6x_2x_4-12x_3x_4$

10. 求 t 的值，使下列二次型为正定。

(1) $x_1^2+x_2^2+5x_3^2+2tx_1x_2-2x_1x_3+4x_2x_3$

(2) $5x_1^2+x_2^2+tx_3^2+4x_1x_2-2x_1x_3-2x_2x_3$

11. 设 $\boldsymbol{A}$ 是正定矩阵，证明 $\boldsymbol{A}^{\mathrm{T}},\boldsymbol{A}^{-1},\boldsymbol{A}^{*}$ 也是正定矩阵。

12. 设 $\boldsymbol{A},\boldsymbol{B}$ 均为 n 阶正定矩阵，证明 $\boldsymbol{BAB}$ 也是正定矩阵。

13. 设 $\boldsymbol{A}$ 为负定矩阵，试证存在负定矩阵 $\boldsymbol{B}$，使 $\boldsymbol{A}=\boldsymbol{B}^3$。

14. 设实对称矩阵 $\boldsymbol{A}$ 满足 $\boldsymbol{A}^3-2\boldsymbol{A}^2-\boldsymbol{A}+2\boldsymbol{I}=\boldsymbol{0}$，试证 $t\boldsymbol{I}+\boldsymbol{A}\ (t>1)$ 为正定矩阵。

第5章　矩阵的特征值和特征向量

在经济理论及其应用的研究中,经常需要讨论有关矩阵的特征值和特征向量的问题。本章主要介绍矩阵的特征值和特征向量的概念、性质以及计算方法等。

5.1　预备知识

5.1.1　向量的内积

【定义5.1】　设有 n 维向量

$$\boldsymbol{X}=\begin{pmatrix}x_1\\x_2\\\vdots\\x_n\end{pmatrix},\boldsymbol{Y}=\begin{pmatrix}y_1\\y_2\\\vdots\\y_n\end{pmatrix}$$

则$[\boldsymbol{X},\boldsymbol{Y}]=x_1y_1+x_2y_2+\cdots+x_ny_n$称为向量$\boldsymbol{X}$与$\boldsymbol{Y}$的内积。

当$\boldsymbol{X}$与$\boldsymbol{Y}$都是列向量时,有

$$[\boldsymbol{X},\boldsymbol{Y}]=\boldsymbol{X}^{\mathrm{T}}\boldsymbol{Y}$$

向量的内积具有如下性质(其中,$\boldsymbol{X},\boldsymbol{Y},\boldsymbol{Z}$为$n$维向量,$\lambda$为实数):

(1)$[\boldsymbol{X},\boldsymbol{Y}]=[\boldsymbol{Y},\boldsymbol{X}]$

(2)$[\lambda\boldsymbol{X},\boldsymbol{Y}]=\lambda[\boldsymbol{X},\boldsymbol{Y}]$

(3)$[\boldsymbol{X}+\boldsymbol{Y},\boldsymbol{Z}]=[\boldsymbol{X},\boldsymbol{Z}]+[\boldsymbol{Y},\boldsymbol{Z}]$

(4)$[\boldsymbol{X},\boldsymbol{X}]\geqslant 0$,当且仅当$\boldsymbol{X}=\boldsymbol{0}$时等号成立。

在解析几何中,向量的数量积$\boldsymbol{X}\cdot\boldsymbol{Y}=|\boldsymbol{X}||\boldsymbol{Y}|\cos\theta$,且在直角坐标系中有

$$(x_1,x_2,x_3)(y_1,y_2,y_3)=x_1y_1+x_2y_2+x_3y_3$$

n维向量的内积是数量积的一种推广。

【定义5.2】　令

$$\|\boldsymbol{X}\|=\sqrt{[\boldsymbol{X},\boldsymbol{X}]}=\sqrt{x_1^2+x_2^2+\cdots+x_n^2}$$

称为n维向量$\boldsymbol{X}$的长度(或范数)。

向量的长度具有如下性质:

(1) 非负性：当 $X \neq \mathbf{0}$ 时，$\| X \| > 0$；当 $X = \mathbf{0}$ 时，$\| X \| = 0$。

(2) 齐次性：$\| \lambda X \| = \lambda \| X \|$。

(3) 三角不等式：$\| X + Y \| \leqslant \| X \| + \| Y \|$。

当 $\| X \| = 1$ 时，称 X 为单位向量。

向量的内积满足 $[X, Y]^2 \leqslant [X, X][Y, Y]$（施瓦茨不等式）。

所以 $$\left| \frac{[X, Y]}{\| X \| \cdot \| Y \|} \right| \leqslant 1 \qquad (\text{当 } \| X \| \| Y \| \neq 0 \text{ 时})$$

【定义5.3】 当 $\| X \| \neq 0$，$\| Y \| \neq 0$ 时，$\theta = \arccos \dfrac{[X, Y]}{\| X \|, \| Y \|}$，称为 n 维向量 X 与 Y 成夹角。

【定义5.4】 当 $[X, Y] = 0$ 时，称向量 X 与 Y 正交。显然，若 $X = \mathbf{0}$，则 X 与任何向量都正交。

所谓正交向量组就是指一组两两正交的非零向量。若正交向量组中的每一个向量都是单位向量，则称此向量组为正交规范向量组或标准正交向量组。

例如，$\boldsymbol{e}_1 = \begin{pmatrix} 1 \\ 0 \\ 0 \end{pmatrix}, \boldsymbol{e}_2 = \begin{pmatrix} 0 \\ 1 \\ 0 \end{pmatrix}, \boldsymbol{e}_3 = \begin{pmatrix} 0 \\ 0 \\ 1 \end{pmatrix}$ 就是一个标准正交向量组。

【定理5.1】 若 n 维向量 $\boldsymbol{\alpha}_1, \boldsymbol{\alpha}_2, \cdots, \boldsymbol{\alpha}_r$ 是一组两两正交的非零向量，则 $\boldsymbol{\alpha}_1, \boldsymbol{\alpha}_2, \cdots, \boldsymbol{\alpha}_r$ 线性无关。

【证】 设有 $k_1, k_2, \cdots, k_r$，使

$$k_1 \boldsymbol{\alpha}_1 + k_2 \boldsymbol{\alpha}_2 + \cdots + k_r \boldsymbol{\alpha}_r = \mathbf{0}$$

以 $\boldsymbol{\alpha}_1^{\mathrm{T}}$ 左乘上式两端得

$$k_1 \boldsymbol{\alpha}_1^{\mathrm{T}} \boldsymbol{\alpha}_1 = \mathbf{0}$$

因 $\boldsymbol{\alpha}_1 \neq \mathbf{0}$，故 $\boldsymbol{\alpha}_1^{\mathrm{T}} \boldsymbol{\alpha}_1 = \| \boldsymbol{\alpha}_1 \|^2 \neq 0$。从而必有 $k_1 = 0$。类似可证 $k_2 = k_3 = \cdots = k_r = 0$，于是向量组 $\boldsymbol{\alpha}_1, \boldsymbol{\alpha}_2, \cdots, \boldsymbol{\alpha}_r$ 线性无关。

【例1】 已知两个3维向量 $\boldsymbol{\alpha}_1 = (1,1,1)^{\mathrm{T}}, \boldsymbol{\alpha}_2 = (1,-2,1)^{\mathrm{T}}$，$\boldsymbol{\alpha}_1$ 与 $\boldsymbol{\alpha}_2$ 正交，试求一个非零向量 $\boldsymbol{\alpha}_3$ 使 $\boldsymbol{\alpha}_1, \boldsymbol{\alpha}_2, \boldsymbol{\alpha}_3$ 两两正交。

【解】 设 $$\boldsymbol{A} = \begin{pmatrix} \boldsymbol{\alpha}_1^{\mathrm{T}} \\ \boldsymbol{\alpha}_2^{\mathrm{T}} \end{pmatrix} = \begin{pmatrix} 1 & 1 & 1 \\ 1 & -2 & 1 \end{pmatrix}$$

要使 $\boldsymbol{\alpha}_1, \boldsymbol{\alpha}_2, \boldsymbol{\alpha}_3$ 两两正交，必须

$$\boldsymbol{A} \boldsymbol{\alpha}_3 = \mathbf{0}$$

即

$$\begin{pmatrix} 1 & 1 & 1 \\ 1 & -2 & 1 \end{pmatrix} \begin{pmatrix} x_1 \\ x_2 \\ x_3 \end{pmatrix} = \begin{pmatrix} 0 \\ 0 \end{pmatrix}$$

$$A \xrightarrow{r_2 - r_1} \begin{pmatrix} 1 & 1 & 1 \\ 0 & -3 & 0 \end{pmatrix} \xrightarrow[r_1 - r_2]{r_2 \div (-3)} \begin{pmatrix} 1 & 0 & 1 \\ 0 & 1 & 0 \end{pmatrix}$$

得基础解系为$\begin{pmatrix} -1 \\ 0 \\ 1 \end{pmatrix}$,取 $\boldsymbol{\alpha}_3 = \begin{pmatrix} -1 \\ 0 \\ 1 \end{pmatrix}$即可。

5.1.2 施密特正交化方法

施密特正交化方法是将一组线性无关的向量 $\boldsymbol{\alpha}_1,\boldsymbol{\alpha}_2,\cdots,\boldsymbol{\alpha}_r$,作如下的线性变换,化为一组与之等价的正交向量组 $\boldsymbol{\beta}_1,\boldsymbol{\beta}_2,\cdots,\boldsymbol{\beta}_r$ 的方法,即

$$\boldsymbol{\beta}_1 = \boldsymbol{\alpha}_1$$

$$\boldsymbol{\beta}_2 = \boldsymbol{\alpha}_2 - \frac{[\boldsymbol{\beta}_1,\boldsymbol{\alpha}_2]}{[\boldsymbol{\beta}_1,\boldsymbol{\beta}_1]}\boldsymbol{\beta}_1$$

$$\vdots$$

$$\boldsymbol{\beta}_r = \boldsymbol{\alpha}_r - \frac{[\boldsymbol{\beta}_1,\boldsymbol{\alpha}_r]}{[\boldsymbol{\beta}_1,\boldsymbol{\beta}_1]}\boldsymbol{\beta}_1 - \frac{[\boldsymbol{\beta}_2,\boldsymbol{\alpha}_r]}{[\boldsymbol{\beta}_2,\boldsymbol{\beta}_2]}\boldsymbol{\beta}_2 - \cdots - \frac{[\boldsymbol{\beta}_{r-1},\boldsymbol{\alpha}_r]}{[\boldsymbol{\beta}_{r-1},\boldsymbol{\beta}_{r-1}]}\boldsymbol{\beta}_{r-1}$$

容易验证,$\boldsymbol{\beta}_1,\boldsymbol{\beta}_2,\cdots,\boldsymbol{\beta}_r$ 两两正交,且 $\boldsymbol{\beta}_1,\boldsymbol{\beta}_2,\cdots,\boldsymbol{\beta}_r$ 与 $\boldsymbol{\alpha}_1,\boldsymbol{\alpha}_2,\cdots,\boldsymbol{\alpha}_r$ 等价。施密特正交化过程再加上以下单位化过程,便是规范正交化过程。单位化,即

$$\boldsymbol{e}_1 = \frac{\boldsymbol{\beta}_1}{\|\boldsymbol{\beta}_1\|},\boldsymbol{e}_2 = \frac{\boldsymbol{\beta}_2}{\|\boldsymbol{\beta}_2\|},\cdots,\boldsymbol{e}_r = \frac{\boldsymbol{\beta}_r}{\|\boldsymbol{\beta}_r\|}$$

【例 2】 将线性无关向量组 $\boldsymbol{\alpha}_1 = (1,1,1,1),\boldsymbol{\alpha}_2 = (3,3,-1,-1),\boldsymbol{\alpha}_3 = (-2,0,6,8)$ 正交化并单位化。

【解】 利用施密特正交化方法,有

$$\boldsymbol{\beta}_1 = \boldsymbol{\alpha}_1 = (1,1,1,1)$$

$$\boldsymbol{\beta}_2 = \boldsymbol{\alpha}_2 - \frac{[\boldsymbol{\alpha}_2,\boldsymbol{\beta}_1]}{[\boldsymbol{\beta}_1,\boldsymbol{\beta}_1]}\boldsymbol{\beta}_1 = (3,3,-1,-1) - \frac{4}{4}(1,1,1,1) = (2,2,-2,-2)$$

$$\boldsymbol{\beta}_3 = \boldsymbol{\alpha}_3 - \frac{[\boldsymbol{\alpha}_3,\boldsymbol{\beta}_1]}{[\boldsymbol{\beta}_1,\boldsymbol{\beta}_1]}\boldsymbol{\beta}_1 - \frac{[\boldsymbol{\alpha}_3,\boldsymbol{\beta}_2]}{[\boldsymbol{\beta}_2,\boldsymbol{\beta}_2]}\boldsymbol{\beta}_2 = (-2,0,6,8) - \frac{12}{4}(1,1,1,1) - \frac{-32}{16}(2,2,-2,-2) = (-1,1,-1,1)$$

再将 $\boldsymbol{\beta}_1,\boldsymbol{\beta}_2,\boldsymbol{\beta}_3$ 单位化,即

$$\boldsymbol{e}_1 = \frac{\boldsymbol{\beta}_1}{\|\boldsymbol{\beta}_1\|} = (\frac{1}{2},\frac{1}{2},\frac{1}{2},\frac{1}{2})$$

$$\boldsymbol{e}_2 = \frac{\boldsymbol{\beta}_2}{\|\boldsymbol{\beta}_2\|} = (\frac{1}{2},\frac{1}{2},-\frac{1}{2},-\frac{1}{2})$$

$$\boldsymbol{e}_3 = \frac{\boldsymbol{\beta}_3}{\|\boldsymbol{\beta}_3\|} = (-\frac{1}{2},\frac{1}{2},-\frac{1}{2},\frac{1}{2})$$

于是 e_1,e_2,e_3 就是一个正交单位向量组。

5.1.3 正交矩阵

【定义 5.5】 如果 n 阶矩阵 A 满足 $AA^T = A^TA = I$(即 $A^{-1} = A^T$),那么称 A 为正交矩阵。

若用向量表示,即

$$\begin{pmatrix} \alpha_1^T \\ \alpha_2^T \\ \vdots \\ \alpha_n^T \end{pmatrix}(\alpha_1,\alpha_2,\cdots,\alpha_n) = I$$

因此 $$\alpha_i^T\alpha_j = \begin{cases} 1 & 当\ i = j\ 时 \\ 0 & 当\ i \neq j\ 时 \end{cases} \quad (i,j = 1,2,\cdots,n)$$

这说明 n 阶矩阵 A 为正交矩阵的充分必要条件是 A 的列向量都是单位向量,且两两正交。

【定义 5.6】 若 P 为正交矩阵,则线性变换 $Y = PX$ 称为正交变换。

由于 $\|Y\| = \sqrt{Y^TY} = \sqrt{X^TP^TPX} = \sqrt{X^TX} = \|X\|$,所以正交变换后向量的长度不变。

【例 3】 判断下列矩阵是否为正交矩阵。

(1) $\begin{pmatrix} -\frac{1}{\sqrt{3}} & -\frac{1}{\sqrt{2}} & \frac{1}{\sqrt{6}} \\ -\frac{1}{\sqrt{3}} & \frac{1}{\sqrt{2}} & \frac{1}{\sqrt{6}} \\ \frac{1}{\sqrt{3}} & 0 & \frac{2}{\sqrt{6}} \end{pmatrix}$ (2) $\begin{pmatrix} -1 & 1 & 1 \\ 1 & 0 & -1 \\ 0 & -1 & 1 \end{pmatrix}$

【解】 (1) $$AA^T = \begin{pmatrix} -\frac{1}{\sqrt{3}} & -\frac{1}{\sqrt{2}} & \frac{1}{\sqrt{6}} \\ -\frac{1}{\sqrt{3}} & \frac{1}{\sqrt{2}} & \frac{1}{\sqrt{6}} \\ \frac{1}{\sqrt{3}} & 0 & \frac{2}{\sqrt{6}} \end{pmatrix}\begin{pmatrix} -\frac{1}{\sqrt{3}} & -\frac{1}{\sqrt{3}} & \frac{1}{\sqrt{3}} \\ -\frac{1}{\sqrt{2}} & \frac{1}{\sqrt{2}} & 0 \\ \frac{1}{\sqrt{6}} & \frac{1}{\sqrt{6}} & \frac{2}{\sqrt{6}} \end{pmatrix} = \begin{pmatrix} 1 & 0 & 0 \\ 0 & 1 & 0 \\ 0 & 0 & 1 \end{pmatrix} = I$$

所以 A 为正交矩阵。

(2) 设 $A = (\alpha_1,\alpha_2,\alpha_3)$,即

$$\alpha_1 = \begin{pmatrix} -1 \\ 0 \\ 1 \end{pmatrix},\alpha_2 = \begin{pmatrix} 1 \\ 0 \\ -1 \end{pmatrix}\alpha_3 = \begin{pmatrix} 1 \\ -1 \\ 1 \end{pmatrix}$$

可以验证 $\boldsymbol{\alpha}_1^{\mathrm{T}}\boldsymbol{\alpha}_2 = \mathbf{0}, \boldsymbol{\alpha}_1^{\mathrm{T}}\boldsymbol{\alpha}_3 = \mathbf{0}, \boldsymbol{\alpha}_2^{\mathrm{T}}\boldsymbol{\alpha}_3 = \mathbf{0}$。

$\boldsymbol{A}$ 的列向量相互正交，但是 $\boldsymbol{\alpha}_1, \boldsymbol{\alpha}_2, \boldsymbol{\alpha}_3$ 均不为单位向量，所以 $\boldsymbol{A}$ 不是正交矩阵。

5.2 矩阵的特征值和特征向量

在工程和经济中，许多问题可以归结为求一个方阵的特征值和特征向量。因此，我们提出特征值和特征向量的概念。

5.2.1 特征值和特征向量的定义及求法

【定义 5.7】 设 $\boldsymbol{A}$ 为 n 阶方阵，λ 是一个数，若存在非零向量 $\boldsymbol{X}$，使得

$$\boldsymbol{AX} = \lambda\boldsymbol{X} \tag{5.1}$$

成立，则称 λ 是 $\boldsymbol{A}$ 的一个特征值，$\boldsymbol{X}$ 为 $\boldsymbol{A}$ 的属于特征值 λ 的特征向量。

将(5.1) 改写为

$$(\boldsymbol{A} - \lambda\boldsymbol{I})\boldsymbol{X} = \mathbf{0}$$

这是一个 n 个未知数 n 个方程的齐次线性方程组，它有非零解的充分必要条件是

$$|\boldsymbol{A} - \lambda\boldsymbol{I}| = 0$$

即

$$\begin{vmatrix} a_{11} - \lambda & a_{12} & \cdots & a_{1n} \\ a_{21} & a_{21} - \lambda & \cdots & a_{2n} \\ \vdots & \vdots & & \vdots \\ a_{n1} & a_{n2} & \cdots & a_{nn} - \lambda \end{vmatrix} = 0$$

上式称为方阵 $\boldsymbol{A}$ 的特征方程。

等式左端是 λ 的 n 次多项式，记作 $f(\lambda)$，称为方阵 $\boldsymbol{A}$ 的特征多项式。显然，$\boldsymbol{A}$ 的特征值就是特征方程的解。

特征方程的解有可能是复数，也就是说，n 阶方阵有 n 个特征值。

若 λ_i 是 $|\boldsymbol{A} - \lambda\boldsymbol{I}| = 0$ 的 n_i 重根，则称 λ_i 为 $\boldsymbol{A}$ 的 n_i 重特征值。

由以上可知求 n 阶方阵 $\boldsymbol{A}$ 的特征值与特征向量的步骤为：

(1) 求出 n 阶方阵 $\boldsymbol{A}$ 的特征多项式 $f(\lambda) = |\boldsymbol{A} - \lambda\boldsymbol{I}|$。

(2) 求出特征方程 $f(\lambda) = 0$ 的全部根 $\lambda_1, \lambda_2, \cdots, \lambda_n$，即是 $\boldsymbol{A}$ 的特征值。

(3) 把每个特征值 λ_i 代入线性方程组 $(\boldsymbol{A} - \lambda\boldsymbol{I})\boldsymbol{X} = \mathbf{0}$ 求出基础解系，就是 $\boldsymbol{A}$ 的属于 λ_i 的特征向量，基础解系的线性组合（不包括零向量）就是 $\boldsymbol{A}$ 的属于 λ_i 的全部特征向量。

【例 1】 求矩阵 $A = \begin{pmatrix} 3 & 1 \\ 5 & -1 \end{pmatrix}$ 的特征值与特征向量。

【解】 矩阵 A 的特征方程

$$|A - \lambda I| = \begin{vmatrix} 3-\lambda & 1 \\ 5 & -1-\lambda \end{vmatrix} = 0$$

化简得

$$(\lambda - 4)(\lambda + 2) = 0$$

所以 $\lambda_1 = 4, \lambda_2 = -2$ 为矩阵 A 的两个不同的特征值。

以 $\lambda_1 = 4$ 代入齐次线性方程组

$$(A - \lambda I)x = 0$$

得

$$\begin{cases} x_1 - x_2 = 0 \\ -5x_1 + 5x_2 = 0 \end{cases}$$

求得基础解系为 $\begin{pmatrix} 1 \\ 1 \end{pmatrix}$,所以 $c\begin{pmatrix} 1 \\ 1 \end{pmatrix}(c \neq 0)$ 是矩阵 A 的属于 $\lambda_1 = 4$ 的全部特征向量。

同样,将 $\lambda_2 = -2$ 代入 $(A - \lambda I)X = 0$ 得

$$\begin{cases} -5x_1 - x_2 = 0 \\ -5x_1 - x_2 = 0 \end{cases}$$

解之得基础解系为 $\begin{pmatrix} 1 \\ -5 \end{pmatrix}$,所以 $c\begin{pmatrix} 1 \\ -5 \end{pmatrix}(c \neq 0)$ 是矩阵 A 的属于 $\lambda_2 = -2$ 的全部特征向量。

【例 2】 求矩阵 $A = \begin{pmatrix} -1 & 1 & 0 \\ -4 & 3 & 0 \\ 1 & 0 & 2 \end{pmatrix}$ 的特征值和特征向量。

【解】 A 的特征多项式为

$$f(\lambda) = |A - \lambda I| = \begin{vmatrix} -1-\lambda & 1 & 0 \\ -4 & 3-\lambda & 0 \\ 1 & 0 & 2-\lambda \end{vmatrix} = (2-\lambda)(1-\lambda)^2$$

令 $f(\lambda) = 0$ 得 $\lambda_1 = 2, \lambda_2 = \lambda_3 = 1$ 为 A 的三个特征值。当 $\lambda_1 = 2$ 时,解方程组 $(A - 2I)X = 0$,由

$$A - 2I = \begin{pmatrix} -3 & 1 & 0 \\ -4 & 1 & 0 \\ 1 & 0 & 0 \end{pmatrix} \to \begin{pmatrix} 1 & 0 & 0 \\ 0 & 1 & 0 \\ 0 & 0 & 0 \end{pmatrix}$$

得基础解系为$\begin{pmatrix}0\\0\\1\end{pmatrix}$,所以 $c\begin{pmatrix}0\\0\\1\end{pmatrix}(c\neq 0)$ 为 $\lambda_1=2$ 的全部特征向量。

当 $\lambda_2=\lambda_3=1$ 时,解方程组 $(\boldsymbol{A}-2\boldsymbol{I})\boldsymbol{X}=\boldsymbol{0}$,由

$$\boldsymbol{A}-\boldsymbol{I}=\begin{pmatrix}-2&1&0\\-4&2&0\\1&0&1\end{pmatrix}\to\begin{pmatrix}1&0&1\\0&1&2\\0&0&0\end{pmatrix}$$

得基础解系为$\begin{pmatrix}-1\\-2\\1\end{pmatrix}$,所以 $c\begin{pmatrix}-1\\-2\\1\end{pmatrix}(c\neq 0)$ 为 $\lambda_2=\lambda_3=1$ 的全部特征向量。

【例 3】 已知 $\boldsymbol{\alpha}=\begin{pmatrix}1\\1\\-1\end{pmatrix}$ 是 $\boldsymbol{A}=\begin{pmatrix}2&-1&2\\5&a&3\\-1&b&-2\end{pmatrix}$ 的一个特征向量,试确定 a,b 的值及特征向量 $\boldsymbol{\alpha}$ 所对应的特征值 λ。

【解】 由特征值和特征向量的定义可知

$$\boldsymbol{A\alpha}=\lambda\boldsymbol{\alpha}$$

即

$$\begin{pmatrix}2&-1&2\\5&a&3\\-1&b&-2\end{pmatrix}\begin{pmatrix}1\\1\\-1\end{pmatrix}=\lambda\begin{pmatrix}1\\1\\-1\end{pmatrix}$$

有

$$\begin{pmatrix}-1\\2+a\\b+1\end{pmatrix}=\begin{pmatrix}\lambda\\\lambda\\-\lambda\end{pmatrix}$$

于是

$$-1=\lambda,2+a=\lambda,b+1=-\lambda$$

得

$$a=-3,b=0,\lambda=-1$$

【例 4】 求 n 阶数值矩阵

$$\boldsymbol{A}=\begin{pmatrix}a&&&\\&a&&\\&&\ddots&\\&&&a\end{pmatrix}$$

的特征值与特征向量。

【解】 因为

$$|\boldsymbol{A}-\lambda\boldsymbol{I}|=\begin{vmatrix}a-\lambda&&&\\&a-\lambda&&\\&&\ddots&\\&&&a-\lambda\end{vmatrix}=(a-\lambda)^n$$

因此 $\boldsymbol{A}$ 的特征值为

$$\lambda_1 = \lambda_2 = \cdots \lambda_n = a$$

将 $\lambda = a$ 代入 $(\boldsymbol{A} - \lambda \boldsymbol{I})\boldsymbol{X} = \boldsymbol{0}$,即

$$0 \cdot x_1 = 0, 0 \cdot x_2 = 0, \cdots, 0 \cdot x_n = 0$$

所以任意 n 个线性无关的向量都是它的基础解系。

取单位向量组

$$\boldsymbol{\varepsilon}_1 = \begin{pmatrix} 1 \\ 0 \\ \vdots \\ 0 \end{pmatrix}, \boldsymbol{\varepsilon}_2 = \begin{pmatrix} 0 \\ 1 \\ \vdots \\ 0 \end{pmatrix}, \cdots, \boldsymbol{\varepsilon}_n = \begin{pmatrix} 0 \\ 0 \\ \vdots \\ 1 \end{pmatrix}$$

作为基础解系,于是 $\boldsymbol{A}$ 的全部特征向量为

$$c_1\boldsymbol{\varepsilon}_1 + c_2\boldsymbol{\varepsilon}_2 + \cdots + c_n\boldsymbol{\varepsilon}_n \qquad (c_1, c_2, \cdots, c_n \text{ 不全为 } 0)$$

【例 5】 设 λ 是方阵 $\boldsymbol{A}$ 的特征值,证明 λ^2 是 $\boldsymbol{A}^2$ 的特征值。

【证】 因为 λ 是 $\boldsymbol{A}$ 的特征值,故有 $\boldsymbol{\alpha} \neq \boldsymbol{0}$,使 $\boldsymbol{A\alpha} = \lambda\boldsymbol{\alpha}$,于是

$$\boldsymbol{A}^2\boldsymbol{\alpha} = \boldsymbol{A}(\boldsymbol{A\alpha}) = \boldsymbol{A}(\lambda\boldsymbol{\alpha}) = \lambda(\boldsymbol{A\alpha}) = \lambda^2\boldsymbol{\alpha}$$

所以 λ^2 是 $\boldsymbol{A}^2$ 的特征值。

按此例推广,容易证明,若 λ 是 $\boldsymbol{A}$ 的特征值,则 λ^k 是 $\boldsymbol{A}^k$ 的特征值;$\varphi(\lambda)$ 是 $\varphi(\boldsymbol{A})$ 的特征值,其中

$$\varphi(\lambda) = a_0 + a_1\lambda + \cdots + a_m\lambda^m, \varphi(\boldsymbol{A}) = a_0\boldsymbol{I} + a_1\boldsymbol{A} + \cdots + a_m\boldsymbol{A}^m$$

5.2.2 特征值和特征向量的性质

【定理 5.2】 n 阶阵 $\boldsymbol{A}$ 和它的转置矩阵 $\boldsymbol{A}^{\mathrm{T}}$ 有相同的特征值。

【证】 由

$$(\boldsymbol{A} - \lambda\boldsymbol{I})^{\mathrm{T}} = \boldsymbol{A}^{\mathrm{T}} - \lambda\boldsymbol{I}$$

得

$$|\boldsymbol{A}^{\mathrm{T}} - \lambda\boldsymbol{I}| = |(\boldsymbol{A} - \lambda\boldsymbol{I})^{\mathrm{T}}| = |\boldsymbol{A} - \lambda\boldsymbol{I}|$$

由于 $\boldsymbol{A}$ 与 $\boldsymbol{A}^{\mathrm{T}}$ 有相同的特征多项式,所以它们的特征值相同。

例如,设

$$\boldsymbol{A} = \begin{pmatrix} 3 & 1 \\ 5 & -1 \end{pmatrix}, |\boldsymbol{A} - \lambda\boldsymbol{I}| = \begin{vmatrix} 3-\lambda & 1 \\ 5 & -1-\lambda \end{vmatrix} = (\lambda - 4)(\lambda + 2) = 0$$

得 $\boldsymbol{A}$ 的特征值

$$\lambda_1 = 4, \lambda_2 = -2$$

由 $$|\boldsymbol{A}^{\mathrm{T}} - \lambda\boldsymbol{I}| = \begin{vmatrix} 3-\lambda & 5 \\ 1 & -1-\lambda \end{vmatrix} = (\lambda - 4)(\lambda + 2) = 0$$

得 $\boldsymbol{A}^{\mathrm{T}}$ 的特征值

$$\lambda_1 = 4, \lambda_2 = -2$$

【定理 5.3】 分别属于 n 阶矩阵 $\boldsymbol{A}$ 的互不相同的特征值 $\lambda_1,\lambda_2,\cdots,\lambda_m$ 的特征向量 $\boldsymbol{\alpha}_1,\boldsymbol{\alpha}_2,\cdots,\boldsymbol{\alpha}_m$ 线性无关。

【证】 用数学归纳法证明。

当 $m=1$ 时,由于特征向量不为零,因此定理成立。

设 $\boldsymbol{A}$ 的 $m-1$ 个互不相同的特征值 $\lambda_1,\lambda_2,\cdots,\lambda_{m-1}$ 对应的特征向量 $\boldsymbol{\alpha}_1,\boldsymbol{\alpha}_2,\cdots,\boldsymbol{\alpha}_{m-1}$ 线性无关,现证明 m 个互不相同的特征值 $\lambda_1,\lambda_2,\cdots,\lambda_{m-1},\lambda_m$ 所对应的特征向量 $\boldsymbol{\alpha}_1,\boldsymbol{\alpha}_2,\cdots,\boldsymbol{\alpha}_{m-1},\boldsymbol{\alpha}_m$ 线性无关。

设

$$k_1\boldsymbol{\alpha}_1+\cdots+k_{m-1}\boldsymbol{\alpha}_{m-1}+k_m\boldsymbol{\alpha}_m=\boldsymbol{0} \tag{5.2}$$

将矩阵 $\boldsymbol{A}$ 左乘式(5.2)得

$$k_1\boldsymbol{A}\boldsymbol{\alpha}_1+\cdots+k_{m-1}\boldsymbol{A}\boldsymbol{\alpha}_{m-1}+k_m\boldsymbol{A}\boldsymbol{\alpha}_m=\boldsymbol{0}$$

由于 $\boldsymbol{A}\boldsymbol{\alpha}_i=\lambda_i\boldsymbol{\alpha}_i,i=1,2,\cdots,m$,于是

$$k_1\lambda_1\boldsymbol{\alpha}_1+\cdots+k_{m-1}\lambda_{m-1}\boldsymbol{\alpha}_{m-1}+k_m\lambda_m\boldsymbol{\alpha}_m=\boldsymbol{0} \tag{5.3}$$

再用 λ_m 乘式(5.2)得

$$k_1\lambda_m\boldsymbol{\alpha}_1+\cdots+k_{m-1}\lambda_m\boldsymbol{\alpha}_{m-1}+k_m\lambda_m\boldsymbol{\alpha}_m=\boldsymbol{0} \tag{5.4}$$

用式(5.3)减去式(5.4)得

$$k_1(\lambda_1-\lambda_m)\boldsymbol{\alpha}_1+\cdots+k_{m-1}(\lambda_{m-1}-\lambda_m)\boldsymbol{\alpha}_{m-1}=\boldsymbol{0}$$

由归纳假设得 $\boldsymbol{\alpha}_1,\boldsymbol{\alpha}_2,\cdots,\boldsymbol{\alpha}_{m-1}$ 线性无关。故

$$k_i(\lambda_i-\lambda_m)=0 \qquad (i=1,2,\cdots,m-1)$$

由于 $\lambda_i-\lambda_m\neq 0(i=1,2,\cdots,m-1)$ 故

$$k_1=k_2=\cdots=k_{m-1}=0$$

于是式(5.2)变为

$$k_m\boldsymbol{\alpha}_m=\boldsymbol{0}$$

又因 $\boldsymbol{\alpha}_m\neq\boldsymbol{0}$,所以 $k_m=0$,故得 $\boldsymbol{\alpha}_1,\boldsymbol{\alpha}_2,\cdots,\boldsymbol{\alpha}_m$ 线性无关。

【推论 1】 如果 n 阶矩阵 $\boldsymbol{A}$ 有 n 个互不相同的特征值,则 $\boldsymbol{A}$ 有 n 个线性无关的特征向量。

【定理 5.4】 设 n 阶方阵 $\boldsymbol{A}=(a_{ij})$ 的 n 个特征值为 $\lambda_1,\lambda_2,\cdots,\lambda_n$,则

(1) $\sum\limits_{i=1}^{n}\lambda_i=\sum\limits_{i=1}^{n}a_{ii}$,其中,$\sum\limits_{i=1}^{n}a_{ii}$ 是 $\boldsymbol{A}$ 的主对角元之和,称为矩阵 $\boldsymbol{A}$ 的迹,记作 $\mathrm{tr}(\boldsymbol{A})$。

(2) $\prod\limits_{i=1}^{n}\lambda_i=|\boldsymbol{A}|$

【推论 2】 n 阶矩阵 $\boldsymbol{A}$ 可逆的充分必要条件是 $\boldsymbol{A}$ 的所有特征值皆不为零。

【例 6】 证明,设 $\boldsymbol{A}$ 是可逆矩阵,λ 是 $\boldsymbol{A}$ 的特征值,则 $\dfrac{1}{\lambda}$ 是 $\boldsymbol{A}^{-1}$ 的特征值。

【证】 因为 $\boldsymbol{A}$ 可逆,所以特征值 $\lambda \neq 0$,设 $\boldsymbol{\alpha}$ 是 $\boldsymbol{A}$ 的属于 λ 的特征向量,则

$$\boldsymbol{A\alpha} = \lambda\boldsymbol{\alpha}, \boldsymbol{A}^{-1}(\boldsymbol{A\alpha}) = \boldsymbol{A}^{-1}(\lambda\boldsymbol{\alpha})$$

故 $\boldsymbol{\alpha} = \lambda(\boldsymbol{A}^{-1}\boldsymbol{\alpha}), \boldsymbol{A}^{-1}\boldsymbol{\alpha} = \dfrac{1}{\lambda}\boldsymbol{\alpha}$,证毕。

【例 7】 设 $\boldsymbol{A} = \begin{pmatrix} 1 & 2 & 3 \\ x & y & z \\ 0 & 0 & 1 \end{pmatrix}$,已知 $\boldsymbol{A}$ 的特征值 1,2,3,求 x,y,z 的值。

【解】 由 $\boldsymbol{A}$ 的特征值之和为 $\boldsymbol{A}$ 的迹,$\boldsymbol{A}$ 的特征值之积为 $|\boldsymbol{A}|$,有

$$y + 2 = 6, y - 2x = 6$$

解得 $x = -1, y = 4, z$ 为任意实数。

5.3 相似矩阵

5.3.1 相似矩阵的概念和性质

【定义 5.8】 设 $\boldsymbol{A},\boldsymbol{B}$ 都是 n 阶矩阵,若有可逆矩阵 $\boldsymbol{P}$ 使

$$\boldsymbol{P}^{-1}\boldsymbol{AP} = \boldsymbol{B}$$

则称矩阵 $\boldsymbol{A}$ 与 $\boldsymbol{B}$ 相似,或称 $\boldsymbol{B}$ 是 $\boldsymbol{A}$ 的相似矩阵,记作 $\boldsymbol{A} \sim \boldsymbol{B}$。

例如,设

$$\boldsymbol{A} = \begin{pmatrix} 3 & -1 \\ -1 & 3 \end{pmatrix}, \boldsymbol{B} = \begin{pmatrix} 4 & -3 \\ 0 & 2 \end{pmatrix}, \boldsymbol{P} = \begin{pmatrix} 1 & -1 \\ -1 & 2 \end{pmatrix}$$

则 $$\boldsymbol{P}^{-1}\boldsymbol{AP} = \begin{pmatrix} 1 & -1 \\ -1 & 2 \end{pmatrix}\begin{pmatrix} 3 & -1 \\ -1 & 3 \end{pmatrix}\begin{pmatrix} 1 & -1 \\ -1 & 2 \end{pmatrix} = \begin{pmatrix} 4 & -3 \\ 0 & 2 \end{pmatrix} = \boldsymbol{B}$$

有 $\boldsymbol{A}$ 与 $\boldsymbol{B}$ 相似。

相似矩阵有如下性质:

(1) 反身性:$\boldsymbol{A} \sim \boldsymbol{A}$。

(2) 对称性:$\boldsymbol{A} \sim \boldsymbol{B}$,则 $\boldsymbol{B} \sim \boldsymbol{A}$。

(3) 传递性:$\boldsymbol{A} \sim \boldsymbol{B}, \boldsymbol{B} \sim \boldsymbol{C}$,则 $\boldsymbol{A} \sim \boldsymbol{C}$。

【证】 (1) 因为 $\boldsymbol{I}^{-1}\boldsymbol{AI} = \boldsymbol{A}$,所以 $\boldsymbol{A}$ 与 $\boldsymbol{A}$ 相似。

(2) 由 $\boldsymbol{A}$ 与 $\boldsymbol{B}$ 相似可知,存在可逆矩阵 $\boldsymbol{P}$,使 $\boldsymbol{P}^{-1}\boldsymbol{AP} = \boldsymbol{B}$,于是

$$\boldsymbol{A} = \boldsymbol{PBP}^{-1} = (\boldsymbol{P}^{-1})^{-1}\boldsymbol{BP}^{-1}$$

所以 $\boldsymbol{B}$ 与 $\boldsymbol{A}$ 相似。

(3) 由 $\boldsymbol{A}$ 与 $\boldsymbol{B}$ 相似,$\boldsymbol{B}$ 与 $\boldsymbol{C}$ 相似可知存在可逆矩阵 $\boldsymbol{P},\boldsymbol{Q}$ 使

$$\boldsymbol{P}^{-1}\boldsymbol{AP} = \boldsymbol{B}, \boldsymbol{Q}^{-1}\boldsymbol{BQ} = \boldsymbol{C}$$

于是 $$\boldsymbol{Q}^{-1}(\boldsymbol{P}^{-1}\boldsymbol{AP})\boldsymbol{Q} = \boldsymbol{C}$$

即 $$(PQ)^{-1}A(PQ)=C$$

从而 A 与 C 相似。

【定理 5.5】 如果 n 阶矩阵 A,B 相似,则它们有相同的特征值。

【证】 因为 $$P^{-1}AP=B$$

有

$$|B-\lambda I|=|P^{-1}AP-\lambda I|=|P^{-1}AP-P^{-1}(\lambda I)P|=$$
$$|P^{-1}(A-\lambda I)P|=|P^{-1}||A-\lambda I||P|=|A-\lambda I|$$

A 与 B 有相同的特征多项式,所以它们有相同的特征值。

【推论 3】 若 n 阶矩阵 A 与对角矩阵

$$\Lambda=\begin{pmatrix}\lambda_1 & & & \\ & \lambda_2 & & \\ & & \ddots & \\ & & & \lambda_n\end{pmatrix}$$

相似,则 $\lambda_1,\lambda_2,\cdots,\lambda_n$ 是 A 的 n 个特征值。

【证】 因为 $\lambda_1,\lambda_2,\cdots,\lambda_n$ 是 A 的 n 个特征值,而 A 与 Λ 相似,由上一定理可知 $\lambda_1,\lambda_2,\cdots,\lambda_n$ 是 A 的 n 个特征值。

【定理 5.6】 n 阶矩阵 A 与 n 阶对角矩阵

$$\Lambda=\begin{pmatrix}\lambda_1 & & & \\ & \lambda_2 & & \\ & & \ddots & \\ & & & \lambda_n\end{pmatrix}$$

相似(即 A 能对角化)的充分必要条件是矩阵 A 有 n 个线性无关的特征向量。

【证】 **必要性**

设 A 与对角矩阵 Λ 相似,则存在可逆矩阵 P 使 $P^{-1}AP=\Lambda$ 成立。

设 $$P=(P_1,P_2,\cdots,P_n)$$

对 $P^{-1}AP=\Lambda$ 两边同时左乘 P 得

$$AP=P\Lambda$$

有 $$A(P_1,P_2,\cdots,P_n)=(P_1,P_2,\cdots,P_n)\begin{pmatrix}\lambda_1 & & & \\ & \lambda_2 & & \\ & & \ddots & \\ & & & \lambda_n\end{pmatrix}$$

可得 $$AP_i=\lambda_i P_i \qquad (i=1,2\cdots n)$$

因为 P 可逆,有 $|P|\neq 0$,所以 $P_i(i=1,2,\cdots,n)$ 都是非零向量,因而 $P_1,P_2,\cdots,P_n$ 都是 A 的特征向量,并且这 n 个特征向量线性无关。

充分性

设 $\boldsymbol{P}_1,\boldsymbol{P}_2,\cdots,\boldsymbol{P}_n$ 为 $\boldsymbol{A}$ 的 n 个线性无关的特征向量，它们所对应的特征值依次为 $\lambda_1,\lambda_2,\cdots,\lambda_n$，则有

$$\boldsymbol{AP}_i = \lambda_i\boldsymbol{P}_i \qquad (i = 1,2,\cdots,n)$$

令 $\boldsymbol{P} = (\boldsymbol{P}_1,\boldsymbol{P}_2,\cdots,\boldsymbol{P}_n)$，因为 $\boldsymbol{P}_1,\boldsymbol{P}_2,\cdots,\boldsymbol{P}_n$ 线性无关，所以 $\boldsymbol{P}$ 可逆。

$$\boldsymbol{AP} = \boldsymbol{A}(\boldsymbol{P}_1,\boldsymbol{P}_2,\cdots,\boldsymbol{P}_n) = (\boldsymbol{AP}_1,\boldsymbol{AP}_2,\cdots,\boldsymbol{AP}_n) =$$

$$(\lambda_1\boldsymbol{P}_1,\lambda_2\boldsymbol{P}_2,\cdots,\lambda_n\boldsymbol{P}_n) =$$

$$(\boldsymbol{P}_1,\boldsymbol{P}_2,\cdots,\boldsymbol{P}_n)\begin{pmatrix}\lambda_1 & & & \\ & \lambda_2 & & \\ & & \ddots & \\ & & & \lambda_n\end{pmatrix} = \boldsymbol{P\Lambda}$$

用 $\boldsymbol{P}^{-1}$ 左乘上式两端得

$$\boldsymbol{P}^{-1}\boldsymbol{AP} = \boldsymbol{\Lambda}$$

即矩阵 $\boldsymbol{A}$ 与对角矩阵 $\boldsymbol{\Lambda}$ 相似。

【推论4】 如果 n 阶矩阵 $\boldsymbol{A}$ 的 n 个特征值互不相等，则 $\boldsymbol{A}$ 与对角矩阵相似。

当 $\boldsymbol{A}$ 的特征方程有重根时，就不一定有 n 个线性无关的特征向量，从而不一定能对角化。

例如
$$\boldsymbol{A} = \begin{pmatrix}-1 & 1 & 0\\ -4 & 3 & 0\\ 1 & 0 & 2\end{pmatrix}$$

$\boldsymbol{A}$ 的特征多项式为

$$|\boldsymbol{A} - \lambda\boldsymbol{I}| = \begin{vmatrix}-1-\lambda & 1 & 0\\ -4 & 3-\lambda & 0\\ 1 & 0 & 2-\lambda\end{vmatrix} = (2-\lambda)(1-\lambda)^2$$

得 $\boldsymbol{A}$ 的特征值

$$\lambda_1 = 2,\lambda_2 = \lambda_3 = 1$$

$\boldsymbol{A}$ 的特征方程有重根

$$\lambda_2 = \lambda_3 = 1$$

对应 $\lambda_1 = 2$ 的特征向量可解方程 $(\boldsymbol{A} - 2\boldsymbol{I})\boldsymbol{X} = \boldsymbol{0}$ 得

$$k_1\boldsymbol{P}_1 = k_1\begin{pmatrix}0\\0\\1\end{pmatrix} \qquad (k_1 \neq 0)$$

对应 $\lambda_2 = \lambda_3 = 1$ 的特征向量可解方程 $(\boldsymbol{A} - \boldsymbol{I})\boldsymbol{X} = \boldsymbol{0}$ 得

$$k_2\boldsymbol{P}_2 = k_2\begin{pmatrix} -1 \\ -2 \\ 1 \end{pmatrix} \qquad (k_2 \neq 0)$$

$\boldsymbol{A}$ 的特征向量中找不到 3 个是线性无关的，因此 $\boldsymbol{A}$ 不能对角化。

但是特征方程有重根也可能找到 n 个线性无关的特征向量，从而可对角化。

例如，设

$$\boldsymbol{A} = \begin{pmatrix} -2 & 1 & 1 \\ 0 & 2 & 0 \\ -4 & 1 & 3 \end{pmatrix}$$

$\boldsymbol{A}$ 的特征多项式为

$$|\boldsymbol{A} - \lambda\boldsymbol{I}| = \begin{vmatrix} -2-\lambda & 1 & 1 \\ 0 & 2-\lambda & 0 \\ -4 & 1 & 3-\lambda \end{vmatrix} = -(\lambda+1)(\lambda-2)^2$$

从而 $\boldsymbol{A}$ 的特征值为

$$\lambda_1 = -1, \lambda_2 = \lambda_3 = 2(\text{重根})$$

当 $\lambda = -1$ 时，解方程 $(\boldsymbol{A}+\boldsymbol{I})\boldsymbol{X} = \boldsymbol{0}$，得 $\boldsymbol{A}$ 的属于 $\lambda_1 = -1$ 的特征向量为

$$k_1\boldsymbol{P}_1 = k_1\begin{pmatrix} 1 \\ 0 \\ 1 \end{pmatrix} \qquad (k_1 \neq 0)$$

当 $\lambda_2 = \lambda_3 = 2$ 时解方程 $(\boldsymbol{A}-2\boldsymbol{I})\boldsymbol{X} = \boldsymbol{0}$，得 $\boldsymbol{A}$ 的属于 $\lambda_2 = \lambda_3 = 2$ 的特征向量为

$$k_2\boldsymbol{P}_2 + k_3\boldsymbol{P}_3 = k_2\begin{pmatrix} 0 \\ 1 \\ -1 \end{pmatrix} + k_3\begin{pmatrix} 1 \\ 0 \\ 4 \end{pmatrix} \qquad (k_2, k_3 \text{ 不同时为 } 0)$$

在 $\boldsymbol{A}$ 的特征向量中可以找到3个线性无关的，例如 $\boldsymbol{P}_1, \boldsymbol{P}_2, \boldsymbol{P}_3$，因此 $\boldsymbol{A}$ 可对角化。

这个例子也说明了 $\boldsymbol{A}$ 的特征值不全相异时，$\boldsymbol{A}$ 也可能对角化。

【定理 5.7】 n 阶矩阵 $\boldsymbol{A}$ 与对角矩阵相似的充分必要条件是对每一个 n_i 重根 λ_i，矩阵 $\boldsymbol{A} - \lambda_i\boldsymbol{I}$ 的秩是 $n - n_i$。

这里不对此定理作出证明。

在前面的例子中

$$\boldsymbol{A} = \begin{pmatrix} -1 & 1 & 0 \\ -4 & 3 & 0 \\ 1 & 0 & 2 \end{pmatrix}$$

的特征值

$$\lambda_1 = 2, \lambda_2 = \lambda_3 = 1$$

1 是 $\boldsymbol{A}$ 的二重特征值，而 $r(\boldsymbol{A} - \boldsymbol{I}) = 2, n - n_i = 3 - 2 = 1$，二者不相等，所以，$\boldsymbol{A}$ 不能对角化。

再如

$$\boldsymbol{A} = \begin{pmatrix} -2 & 1 & 1 \\ 0 & 2 & 0 \\ -4 & 1 & 3 \end{pmatrix}$$

的特征值为

$$\lambda_1 = -1, \lambda_2 = \lambda_3 = 2$$

2 为 $\boldsymbol{A}$ 的二重特征值，而 $r(\boldsymbol{A} - 2\boldsymbol{I}) = 1, n - n_i = 1$，二者相等，所以，$\boldsymbol{A}$ 可对角化。

5.3.2 对称矩阵的相似矩阵

【定理 5.8】 设 $\boldsymbol{A}$ 是实对称矩阵，$\boldsymbol{P}_1, \boldsymbol{P}_2$ 分别是 $\boldsymbol{A}$ 的属于不同特征值 λ_1，λ_2 的特征向量，则 $\boldsymbol{P}_1$ 和 $\boldsymbol{P}_2$ 正交。

【证】 由假设

$$\boldsymbol{AP}_1 = \lambda_1 \boldsymbol{P}_1, \boldsymbol{AP}_2 = \lambda_2 \boldsymbol{P}_2$$

于是

$$\lambda_1 \boldsymbol{P}_1^{\mathrm{T}} \boldsymbol{P}_2 = (\lambda_1 \boldsymbol{P}_1)^{\mathrm{T}} \boldsymbol{P}_2 = (\boldsymbol{AP}_1)^{\mathrm{T}} \boldsymbol{P}_2 = \boldsymbol{P}_1^{\mathrm{T}} \boldsymbol{A}^{\mathrm{T}} \boldsymbol{P}_2 = \boldsymbol{P}_1^{\mathrm{T}} (\boldsymbol{AP}_2) = \boldsymbol{P}_1^{\mathrm{T}} (\lambda_2 \boldsymbol{P}_2) = \lambda_2 \boldsymbol{P}_1^{\mathrm{T}} \boldsymbol{P}_2$$

得

$$(\lambda_1 - \lambda_2) \boldsymbol{P}_1^{\mathrm{T}} \boldsymbol{P}_2 = 0$$

但 $\lambda_1 - \lambda_2 \neq 0$，所以 $\boldsymbol{P}_1^{\mathrm{T}} \boldsymbol{P}_2 = 0$，即$[\boldsymbol{P}_1, \boldsymbol{P}_2] = 0$ 所以 $\boldsymbol{P}_1$ 与 $\boldsymbol{P}_2$ 正交。

【例 1】 验证矩阵 $\boldsymbol{A} = \begin{pmatrix} 3 & 2 & 4 \\ 2 & 0 & 2 \\ 4 & 2 & 3 \end{pmatrix}$ 的属于不同特征值的特征向量正交。

【解】 $|\boldsymbol{A} - \lambda \boldsymbol{I}| = \begin{vmatrix} 3-\lambda & 2 & 4 \\ 2 & -\lambda & 2 \\ 4 & 2 & 3-\lambda \end{vmatrix} = (\lambda + 1)^2 (8 - \lambda)$

于是 $\boldsymbol{A}$ 的特征值为

$$\lambda_1 = \lambda_2 = -1, \lambda_3 = 8$$

解齐次线性方程组$(\boldsymbol{A} + \boldsymbol{I})\boldsymbol{X} = \boldsymbol{0}$，得其基础解系为

$$\boldsymbol{\alpha}_1 = (-1, 2, 0)^{\mathrm{T}}, \boldsymbol{\alpha}_2 = (-1, 0, 1)^{\mathrm{T}}$$

所以 $\boldsymbol{A}$ 的属于特征值 -1 的特征向量为

$$c_1 \boldsymbol{\alpha}_1 + c_2 \boldsymbol{\alpha}_2 \qquad (c_1, c_2 \text{ 不全为零})$$

A 的属于特征值 8 的特征向量为 $c_3\boldsymbol{\alpha}_3(c_3 \neq 0)$，有

$$\boldsymbol{\alpha}_1^{\mathrm{T}}\boldsymbol{\alpha}_3 = (-1,2,0)\begin{pmatrix}2\\1\\2\end{pmatrix} = 0$$

$$\boldsymbol{\alpha}_2^{\mathrm{T}}\boldsymbol{\alpha}_3 = (-1,0,1)\begin{pmatrix}2\\1\\2\end{pmatrix} = 0$$

于是 $\boldsymbol{\alpha}_1,\boldsymbol{\alpha}_2$ 与 $\boldsymbol{\alpha}_3$ 正交，即属于特征值 -1 的任一特征向量都与属于特征值 8 的任一特征向量正交。

【定理 5.9】 设 $\boldsymbol{A}$ 为 n 阶实对称矩阵，λ 是 $\boldsymbol{A}$ 的特征方程的 r 重根，则矩阵 $\boldsymbol{A}-\lambda\boldsymbol{I}$ 的秩 $r(\boldsymbol{A}-\lambda\boldsymbol{I}) = n-r$，从而对应特征值 λ 恰有 r 个线性无关的特征向量。此定理不予证明。

例如，在上例中 $\lambda_1 = \lambda_2 = -1$ 时

$$\boldsymbol{A}-\boldsymbol{I} = \begin{pmatrix}4&2&4\\2&1&2\\4&2&4\end{pmatrix} \to \begin{pmatrix}4&2&4\\0&0&0\\0&0&0\end{pmatrix}, r(\boldsymbol{A}-\boldsymbol{I}) = 3-2 = 1$$

对应 -1 有 $r = 2$ 个特征向量 $\boldsymbol{\alpha}_1,\boldsymbol{\alpha}_2$。

【定理 5.10】 设 $\boldsymbol{A}$ 为 n 阶实对称矩阵，则必有正交矩阵 $\boldsymbol{P}$，使 $\boldsymbol{P}^{-1}\boldsymbol{A}\boldsymbol{P} = \boldsymbol{\Lambda}$，其中 $\boldsymbol{\Lambda}$ 是以 $\boldsymbol{A}$ 的 n 个特征值为对角元素的对角矩阵。

【证】 设 $\boldsymbol{A}$ 的互不相等的特征值为 $\lambda_1,\lambda_2,\cdots,\lambda_s$，它们的重数依次为 $r_1, r_2,\cdots,r_s(r_1+r_2+\cdots+r_s = n)$。

由上一定理得，对应特征值 $\lambda_i(i = 1,2,\cdots,s)$ 恰有 r_i 个线性无关的特征向量，把它们规范正交化，即得 r_i 个正交的单位特征向量，由 $r_1+r_2+\cdots+r_s = n$，知共有 n 个这样的特征向量。

由于对应不同特征值的特征向量正交，故这 n 个单位特征向量两两正交，于是以它们为列向量构成正交矩阵 $\boldsymbol{P}$，并有

$$\boldsymbol{P}^{-1}\boldsymbol{A}\boldsymbol{P} = \boldsymbol{P}^{-1}\boldsymbol{P}\boldsymbol{\Lambda} = \boldsymbol{\Lambda}$$

其中对角矩阵 $\boldsymbol{\Lambda}$ 的对角元素含 r_1 个 λ_1，r_2 个 λ_2，……，r_3 个 λ_3，恰是 $\boldsymbol{A}$ 的 n 个特征值。

【例 2】 求正交矩阵 $\boldsymbol{P}$，使 $\boldsymbol{P}^{-1}\boldsymbol{A}\boldsymbol{P}$ 为对角矩阵，其中

$$\boldsymbol{A} = \begin{pmatrix}1&-2&2\\-2&-2&4\\2&4&-2\end{pmatrix}$$

【解】 $\boldsymbol{A}$ 的特征多项式为

$$|A-\lambda I|=\begin{vmatrix}1-\lambda & -2 & 2\\ -2 & -2-\lambda & 4\\ 2 & 4 & -2-\lambda\end{vmatrix}=-(\lambda+7)(\lambda-2)^2$$

得 $\boldsymbol{A}$ 的特征值为

$$\lambda_1=-7,\lambda_2=\lambda_3=2$$

解方程 $(\boldsymbol{A}+7\boldsymbol{I})\boldsymbol{X}=\boldsymbol{0}$，得 $\lambda_1=-7$ 的一个特征向量为

$$\boldsymbol{\alpha}_1=\begin{pmatrix}1\\2\\-2\end{pmatrix}$$

解方程 $(\boldsymbol{A}-2\boldsymbol{I})\boldsymbol{X}=\boldsymbol{0}$，得 $\lambda_2=\lambda_3=2$ 的两个特征向量为

$$\boldsymbol{\alpha}_2=\begin{pmatrix}-2\\1\\0\end{pmatrix},\boldsymbol{\alpha}_3=\begin{pmatrix}2\\0\\1\end{pmatrix}$$

用施密特正交化方法将 $\boldsymbol{\alpha}_2,\boldsymbol{\alpha}_3$ 正交化得

$$\boldsymbol{\beta}_2=\boldsymbol{\alpha}_2=\begin{pmatrix}-2\\1\\0\end{pmatrix},\boldsymbol{\beta}_3=\boldsymbol{\alpha}_3-\frac{[\boldsymbol{\alpha}_3,\boldsymbol{\beta}_2]}{[\boldsymbol{\beta}_2,\boldsymbol{\beta}_2]}\boldsymbol{\beta}_2=\begin{pmatrix}2\\0\\1\end{pmatrix}-\frac{-4}{5}\begin{pmatrix}-2\\1\\0\end{pmatrix}=\begin{pmatrix}\frac{2}{5}\\\frac{4}{5}\\1\end{pmatrix}$$

由于 $\boldsymbol{\alpha}_1$ 与 $\boldsymbol{\beta}_2,\boldsymbol{\beta}_3$ 正交，于是

$$\boldsymbol{\beta}_1=\boldsymbol{\alpha}_1=\begin{pmatrix}1\\2\\-2\end{pmatrix},\boldsymbol{\beta}_2=\begin{pmatrix}-2\\1\\0\end{pmatrix},\boldsymbol{\beta}_3=\begin{pmatrix}\frac{2}{5}\\\frac{4}{5}\\1\end{pmatrix}$$

相互正交，再将其单位化得

$$\boldsymbol{\xi}_1=\begin{pmatrix}\frac{1}{3}\\\frac{2}{3}\\-\frac{2}{3}\end{pmatrix},\boldsymbol{\xi}_2=\begin{pmatrix}-\frac{2}{\sqrt{5}}\\\frac{1}{\sqrt{5}}\\0\end{pmatrix},\xi_3=\begin{pmatrix}\frac{2}{3\sqrt{5}}\\\frac{4}{3\sqrt{5}}\\\frac{5}{3\sqrt{5}}\end{pmatrix}$$

令

$$
\boldsymbol{P} = (\boldsymbol{\xi}_1, \boldsymbol{\xi}_2, \boldsymbol{\xi}_3) = \begin{pmatrix} \frac{1}{3} & -\frac{2}{\sqrt{5}} & \frac{2}{3\sqrt{5}} \\ \frac{2}{3} & \frac{1}{\sqrt{5}} & \frac{4}{3\sqrt{5}} \\ -\frac{2}{3} & 0 & \frac{5}{3\sqrt{5}} \end{pmatrix}
$$

则

$$
\boldsymbol{P}^{-1}\boldsymbol{A}\boldsymbol{P} = \begin{pmatrix} \frac{1}{3} & -\frac{2}{3} & -\frac{2}{3} \\ \frac{2}{\sqrt{5}} & \frac{1}{\sqrt{5}} & 0 \\ \frac{2}{3\sqrt{5}} & \frac{4}{3\sqrt{5}} & \frac{5}{3\sqrt{5}} \end{pmatrix} \begin{pmatrix} 1 & 12 & 2 \\ -2 & -2 & 4 \\ 2 & 4 & 2 \end{pmatrix} \begin{pmatrix} \frac{1}{3} & -\frac{2}{\sqrt{5}} & \frac{2}{3\sqrt{5}} \\ \frac{2}{3} & \frac{1}{\sqrt{5}} & \frac{4}{3\sqrt{5}} \\ -\frac{2}{3} & 0 & \frac{5}{3\sqrt{5}} \end{pmatrix} = \begin{pmatrix} -7 & & \\ & 2 & \\ & & 2 \end{pmatrix}.
$$

5.3.3 约当形矩阵

如果 $\boldsymbol{A}$ 不存在 n 个线性无关的特征向量，则 $\boldsymbol{A}$ 不能与一个对角矩阵相似，它能与一个比较简单的矩阵相似吗?答案是肯定的，这个矩阵就是约当形矩阵。本节将介绍约当形矩阵的基本概念。

【定义 5.9】 类似

$$
\boldsymbol{J} = \begin{pmatrix} \lambda & 1 & & & \\ & \lambda & 1 & & \\ & & \ddots & \ddots & \\ & & & \lambda & 1 \\ & & & & \lambda \end{pmatrix}
$$

的矩阵称为约当块。

如果一个分块对角矩阵的所有子块都是约当块，即

$$
\boldsymbol{J} = \begin{pmatrix} J_1 & & & \\ & J_2 & & \\ & & \ddots & \\ & & & J_s \end{pmatrix}
$$

其中，$\boldsymbol{J}_i(i = 1,2,\cdots,s)$ 都是约当块，则称 $\boldsymbol{J}$ 为约当矩阵，或称约当标准形。

例如
$$\begin{pmatrix} 2 & 1 & 0 \\ 0 & 2 & 1 \\ 0 & 0 & 2 \end{pmatrix},\begin{pmatrix} 0 & 1 & 0 \\ 0 & 0 & 1 \\ 0 & 0 & 0 \end{pmatrix},\begin{pmatrix} 3 & 1 \\ 0 & 3 \end{pmatrix}$$
都是约当块。
$$\left(\begin{array}{ccc:cc} 2 & 1 & 0 & 0 & 0 \\ 0 & 2 & 1 & 0 & 0 \\ 0 & 0 & 0 & 0 & 0 \\ \hdashline 0 & 0 & 0 & 3 & 1 \\ 0 & 0 & 0 & 0 & 3 \end{array}\right),\left(\begin{array}{cc:c:ccc} 3 & 1 & 0 & 0 & 0 & 0 \\ 0 & 3 & 0 & 0 & 0 & 0 \\ \hdashline 0 & 0 & 5 & 0 & 0 & 0 \\ \hdashline 0 & 0 & 0 & 0 & 1 & 0 \\ 0 & 0 & 0 & 0 & 0 & 1 \\ 0 & 0 & 0 & 0 & 0 & 0 \end{array}\right)$$
都是约当形矩阵。

对角矩阵可看成每个约当块都为一阶的约当形矩阵,即
$$\boldsymbol{\Lambda} = \left(\begin{array}{c:c:c:c} \lambda_1 & & & \\ \hdashline & \lambda_2 & & \\ \hdashline & & \ddots & \\ \hdashline & & & \lambda_n \end{array}\right)$$

【定理 5.11】 任意一个 n 阶矩阵 $\boldsymbol{A}$,都存在 n 阶可逆矩阵 $\boldsymbol{P}$,使得
$$\boldsymbol{P}^{-1}\boldsymbol{A}\boldsymbol{P} = \boldsymbol{J}$$
即任意一个 n 阶矩阵 $\boldsymbol{A}$ 都与 n 阶约当矩阵 $\boldsymbol{J}$ 相似。

证明略。

例如
$$\boldsymbol{A} = \begin{pmatrix} 3 & -1 & 1 \\ 2 & 0 & 1 \\ 1 & -1 & 2 \end{pmatrix}$$

有两个不同的特征值 $\lambda_1 = \lambda_2 = 2, \lambda_3 = 1$,而且仅有两个线性无关的特征向量
$$\boldsymbol{\xi}_1 = \begin{pmatrix} 1 \\ 1 \\ 0 \end{pmatrix},\boldsymbol{\xi}_2 = \begin{pmatrix} 0 \\ 1 \\ 1 \end{pmatrix}$$
所以它不能与对角矩阵相似,但它与约当矩阵
$$\boldsymbol{J} = \begin{pmatrix} 2 & 1 & 0 \\ 0 & 2 & 0 \\ 0 & 0 & 1 \end{pmatrix}$$
相似,此时

$$P = \begin{pmatrix} 1 & 1 & 0 \\ 1 & 1 & 1 \\ 0 & 1 & 1 \end{pmatrix}$$

容易验证 $P^{-1}AP = J$。

5.4 矩阵级数的收敛性

5.4.1 关于向量序列与矩阵序列的基本概念

1.向量序列的极限

设 n 维向量

$$X^{(k)} = (x_1^{(k)}, x_2^{(k)}, \cdots, x_n^{(k)})$$

若向量序列

$$\begin{aligned} X^{(1)} &= (x_1^{(1)}, x_2^{(1)}, \cdots, x_n^{(1)}) \\ X^{(2)} &= (x_1^{(2)}, x_2^{(2)}, \cdots, x_n^{(2)}) \\ &\vdots \\ X^{(k)} &= (x_1^{(k)}, x_2^{(k)}, \cdots, x_n^{(k)}) \\ &\vdots \end{aligned}$$

的每一个分量序列都有极限,即

$$\lim_{k\to\infty} \boldsymbol{x}_i^{(k)} = \boldsymbol{x}_i (i = 1,2,\cdots,n)$$

则称向量 $X = (x_1, x_2, \cdots, x_n)$ 为向量序列 $X^{(1)}, X^{(2)}, \cdots, X^{(k)}, \cdots$ 的极限,记作

$$\lim_{k\to\infty} \boldsymbol{x}_i^{(k)} = \boldsymbol{x} \text{ 或} X^{(k)} \to X \quad (k \to \infty)$$

【例 1】 设向量序列

$$\boldsymbol{x}^{(k)} = (\frac{1}{3^k}, \frac{1}{2 + k}, \frac{k}{k + 5})$$

因为 $$\lim_{k\to\infty} \frac{1}{3^k} = 0, \lim_{k\to\infty} \frac{1}{3 + k} = 0, \lim_{k\to\infty} \frac{k}{k + 5} = 1$$

所以 $$\lim_{k\to\infty} x^{(k)} = \lim_{k\to\infty} (\frac{1}{3^k}, \frac{1}{2 + k}, \frac{k}{k + 5}) = (0,0,1)$$

2.矩阵序列的极限

与向量序列极限类似,设矩阵序列 $A^{(1)}, A^{(2)}, \cdots, A^{(k)}, \cdots$,有

$$A^{(1)} = \begin{pmatrix} a_{11}^{(1)} & a_{12}^{(1)} & \cdots & a_{1n}^{(1)} \\ a_{21}^{(1)} & a_{22}^{(1)} & \cdots & a_{2n}^{(1)} \\ \vdots & \vdots & & \vdots \\ a_{m1}^{(1)} & a_{m2}^{(1)} & \cdots & a_{mn}^{(1)} \end{pmatrix}$$

$$A^{(2)}=\begin{pmatrix} a_{11}^{(2)} & a_{12}^{(2)} & \cdots & a_{1n}^{(2)} \\ a_{21}^{(2)} & a_{22}^{(2)} & \cdots & a_{2n}^{(2)} \\ \vdots & \vdots & & \vdots \\ a_{m1}^{(2)} & a_{m2}^{(2)} & \cdots & a_{mn}^{(2)} \end{pmatrix}$$

$$\vdots$$

$$A^{(k)}=\begin{pmatrix} a_{11}^{(k)} & a_{12}^{(k)} & \cdots & a_{1n}^{(k)} \\ a_{21}^{(k)} & a_{22}^{(k)} & \cdots & a_{2n}^{(k)} \\ \vdots & \vdots & & \vdots \\ a_{m1}^{(k)} & a_{m2}^{(k)} & \cdots & a_{mn}^{(k)} \end{pmatrix}$$

$$\vdots$$

若每一个元素序列都有极限,即

$$\lim_{k\to\infty} a_{ij}^{(k)} = a_{ij} \qquad (i=1,2,\cdots,m;j=1,2,\cdots,n)$$

则称 $A=(a_{ij})_{m\times n}$ 为矩阵序列 $A^{(1)},A^{(2)},\cdots,A^{(k)},\cdots$ 的极限,记作

$$\lim_{k\to\infty} A^{(k)} = A \text{ 或 } A^{(k)} \to A \qquad (k\to\infty)$$

例如

$$\begin{pmatrix} \frac{1}{3^k} & \frac{1}{k+2} \\ \frac{k}{k+5} & \frac{2k^2}{k^2+1} \end{pmatrix} \to \begin{pmatrix} 0 & 0 \\ 1 & 2 \end{pmatrix} \qquad (k\to\infty)$$

3.向量无穷级数与矩阵无穷级数的收敛性

若向量序列 $X^{(1)},X^{(2)},\cdots,X^{(k)},\cdots$ 的前 k 项之和为

$$XY^{(k)} = X^{(1)} + X^{(2)} + \cdots + X^{(k)}$$

在 $k\to\infty$ 时极限存在,则称向量无穷级数

$$X^{(1)} + X^{(2)} + \cdots + X^{(k)} + \cdots \tag{5.5}$$

收敛,否则称向量无穷极数发散。

若 $Y^{(k)} \to Y(k\to\infty)$,则称 Y 是向量无穷级数(5.5)的和记作 $Y=\sum_{k=1}^{\infty} X^{(k)}$。

类似地,若矩阵序列 $A^{(1)},A^{(2)},\cdots,A^{(k)},\cdots$ 前 k 项之和为

$$B^{(k)} = A^{(1)} + A^{(2)} + \cdots + A^{(k)}$$

极限存在,则称矩阵无穷级数

$$A^{(1)} + A^{(2)} + \cdots + A^{(k)} + \cdots \tag{5.6}$$

收敛,否则称矩阵无穷级数发散。

若 $B^{(k)} \to B(k\to\infty)$,则称 B 是矩阵无穷级数(5.6)的和。记作

$$B = \sum_{k=1}^{\infty} A^{(k)}$$

5.4.2 关于矩阵极限的几个定理

【定理 5.12】 n 阶矩阵$\boldsymbol{A}$ 的m 次幂$\boldsymbol{A}^m \to \boldsymbol{0}(m \to \infty)$ 的充分必要条件是 $\boldsymbol{A}$ 的一切特征值 λ_i 满足

$$|\lambda_i| < 1 \qquad (i = 1,2,\cdots,n)$$

【证】 若 $\boldsymbol{A}$ 与对角矩阵相似,即有 n 阶可逆矩阵$\boldsymbol{P}$,使 $\boldsymbol{\Lambda} = \boldsymbol{PAP}^{-1}$,其中

$$\boldsymbol{\Lambda} = \begin{pmatrix} \lambda_1 & & & \\ & \lambda_2 & & \\ & & \ddots & \\ & & & \lambda_n \end{pmatrix}$$

$\lambda_1,\lambda_2,\cdots,\lambda_n$ 是$\boldsymbol{A}$ 的特征值。

由 $$\boldsymbol{A}^m = \boldsymbol{P\Lambda}^m\boldsymbol{P}^{-1} \text{ 及 } \boldsymbol{\Lambda}^m = \begin{pmatrix} \lambda_1^m & & & \\ & \lambda_2^m & & \\ & & \ddots & \\ & & & \lambda_n^m \end{pmatrix}$$

有 $\boldsymbol{A}^m \to \boldsymbol{0}(m \to \infty)$ 的充分必要条件为 $\boldsymbol{\Lambda}^m \to \boldsymbol{0}(m \to \infty)$,而 $\boldsymbol{\Lambda}^m \to \boldsymbol{0}(m \to \infty)$ 的充分必要条件是

$$|\lambda_i^m| \to 0(m \to \infty) \qquad (i = 1,2,\cdots,n)$$

即 $$|\lambda_i| < 1$$

若 $\boldsymbol{A}$ 与对角矩阵不相似,则由 $\boldsymbol{A}$ 与约当矩阵相似,也可证明定理成立。(证明略)

【定理 5.13】 设 $\boldsymbol{A} = (a_{ij})$ 为 n 阶矩阵,若

$$\sum_{j=1}^{n} |a_{ij}| < 1 \qquad (i = 1,2,\cdots,n)$$

或 $$\sum_{i=1}^{n} |a_{ij}| < 1 \qquad (j = 1,2,\cdots,n)$$

则 $$\boldsymbol{A}^m \to \boldsymbol{0}$$

5.5 线性方程组的迭代解法

迭代法是重复一系列步骤求解的方法,便于在计算机上实现,因而在实际中有很重要的作用。本节研究线性方程组迭代解法的基本原理。

5.5.1 迭代法解线性方程组的一般过程

设线性方程组为

$$\begin{cases} c_{11}x_1 + c_{12}x_2 + \cdots + c_{1n}x_n = d_1 \\ c_{21}x_1 + c_{22}x_2 + \cdots + c_{2n}x_n = d_2 \\ \vdots \\ c_{n1}x_1 + c_{n2}x_2 + \cdots + c_{nn}x_n = d_n \end{cases}$$

上述方程组可化为

$$\begin{cases} x_1 = a_{11}x_1 + a_{12}x_2 + \cdots + a_{1n}x_n + b_1 \\ x_2 = a_{21}x_1 + a_{22}x_2 + \cdots + a_{2n}x_n + b_2 \\ \vdots \\ x_n = a_{n1}x_1 + a_{n2}x_2 + \cdots + a_{nn}x_n + b_n \end{cases} \tag{5.7}$$

记

$$\boldsymbol{A} = \begin{pmatrix} a_{11} & a_{12} & \cdots & a_{1n} \\ a_{21} & a_{22} & \cdots & a_{2n} \\ \vdots & \vdots & & \vdots \\ a_{n1} & a_{n2} & \cdots & a_{nn} \end{pmatrix}, \boldsymbol{X} = \begin{pmatrix} x_1 \\ x_2 \\ \vdots \\ x_n \end{pmatrix}, \boldsymbol{b} = \begin{pmatrix} b_1 \\ b_2 \\ \vdots \\ b_n \end{pmatrix}$$

则方程组(5.7)可写成矩阵形式

$$\boldsymbol{X} = \boldsymbol{A}\boldsymbol{x} + \boldsymbol{b} \tag{5.8}$$

赋以向量 $\boldsymbol{X}$ 以任意初始值

$$\boldsymbol{X}^{(0)} = \begin{pmatrix} x_1^{(0)} \\ x_2^{(0)} \\ \vdots \\ x_n^{(0)} \end{pmatrix}$$

代入式(5.8)右端得

$$\boldsymbol{X}^{(1)} = \begin{pmatrix} x_1^{(1)} \\ x_2^{(1)} \\ \vdots \\ x_n^{(1)} \end{pmatrix}$$

即
$$\boldsymbol{X}^{(1)} = \boldsymbol{A}\boldsymbol{x}^{(0)} + \boldsymbol{b}$$

若 $\boldsymbol{X}^{(1)} = \boldsymbol{X}^{(0)}$，则 $\boldsymbol{X}^{(0)}$ 是方程组(5.8)的解。

若 $\boldsymbol{X}^{(1)} \neq \boldsymbol{X}^{(0)}$，用 $\boldsymbol{X}^{(1)}$ 作为 $\boldsymbol{X}$ 的第一次近似值代入(5.8)右端，如此一步一步作下去，便得到 $\boldsymbol{X}$ 的一系列近似值 $\boldsymbol{X}^{(0)}, \boldsymbol{X}^{(1)}, \cdots, \boldsymbol{X}^{(k)}, \cdots$

称 $\boldsymbol{X}^{(k)} = \boldsymbol{A}\boldsymbol{X}^{(k-1)} + \boldsymbol{b}(k = 1,2,\cdots)$ 为方程(5.8)的简单迭代公式。

【例 1】 用迭代法解线性方程组

$$\begin{cases}10x_1 - x_2 = 9\\ -x_1 + 10x_2 - 2x_3 = 7\\ -4x_2 + 10x_3 = 6\end{cases}$$

【解】 原方程组可化为

$$\begin{cases}x_1 = \dfrac{1}{10}(9 + x_2)\\ x_2 = \dfrac{1}{10}(7 + x_1 + 2x_3)\\ x_3 = \dfrac{1}{10}(6 + 4x_2)\end{cases} \tag{5.9}$$

取 $\boldsymbol{X}^{(0)} = (0,0,0)$ 作为初始值代入方程组(5.9)右端,得

$$\boldsymbol{X}^{(1)} = (x_1^{(1)}, x_2^{(1)}, x_3^{(1)}) = (0.9,0.7,0.6)$$

再将 $\boldsymbol{X}^{(1)}$ 代入方程组(5.9)的右端,得

$$\boldsymbol{X}^{(2)} = (x_1^{(2)}, x_2^{(2)}, x_3^{(2)}) = (0.97,0.91,0.88)$$

类似得到一系列值,即

$$\begin{aligned}\boldsymbol{X}^{(0)} &= (0,0,0)\\ \boldsymbol{X}^{(1)} &= (0.9,0.7,0.6)\\ \boldsymbol{X}^{(2)} &= (0.97,0.91,0.88)\\ \boldsymbol{X}^{(3)} &= (0.991,0.973,0.964)\\ \boldsymbol{X}^{(4)} &= (0.997\,3,0.991\,9,0.989\,2)\\ \boldsymbol{X}^{(5)} &= (0.999\,19,0.997\,57,0.996\,76)\\ \boldsymbol{X}^{(6)} &= (0.999\,757,0.999\,271,0.999\,028)\\ &\vdots\end{aligned}$$

我们看到 $\boldsymbol{X}^{(k)}$ 离方程组的精确解(1,1,1)越来越近。

$|x_i^{(6)} - x_i^{(5)}| < 0.003(i = 1,2,3)$,若允许有0.003的误差,则迭代停止,把 $\boldsymbol{X}^{(6)}$ 作为近似解。

5.5.2 迭代法收敛的条件

我们先看一个例子。

【例 2】 方程组

$$\begin{cases}x_1 + x_2 = 1\\ x_2 + x_3 = 2\\ x_1 + x_2 + x_3 = 3\end{cases}$$

可化为

$$\begin{cases} x_1 = -x_2 + 1 \\ x_2 = -x_3 + 2 \\ x_3 = -x_1 - x_2 + 3 \end{cases} \tag{5.10}$$

取 $\boldsymbol{X}^{(0)} = (0,0,0)$,用迭代法可得一系列值,即

$$\begin{aligned} X^{(1)} &= (1,2,3) \\ X^{(2)} &= (-1,-1,0) \\ X^{(3)} &= (2,2,5) \\ X^{(4)} &= (-1,-3,-1) \\ X^{(5)} &= (4,3,7) \\ &\vdots \end{aligned}$$

可以看出 $\boldsymbol{X}^{(k)}(k = 1,2,\cdots)$ 的值与方程组的值(1,0,2)偏离越来越远,所以在用迭代法时,还需考虑迭代法是否收敛。

将方程组 $\boldsymbol{X} = \boldsymbol{AX} + \boldsymbol{b}$ 改写为

$$(\boldsymbol{I} - \boldsymbol{A})\boldsymbol{X} = \boldsymbol{b}$$

若 $|\boldsymbol{I} - \boldsymbol{A}| \neq 0$,则它有解

$$\boldsymbol{X} = (\boldsymbol{I} - \boldsymbol{A})^{-1}\boldsymbol{b}$$

把迭代公式写出为

$$\begin{aligned} \boldsymbol{X}^{(1)} &= \boldsymbol{AX}^{(0)} + \boldsymbol{b} \\ \boldsymbol{X}^{(2)} &= \boldsymbol{AX}^{(1)} + \boldsymbol{b} = \boldsymbol{A}(\boldsymbol{AX}^{(0)} + \boldsymbol{b}) + \boldsymbol{b} = \boldsymbol{A}^2\boldsymbol{X}^{(0)} + (\boldsymbol{I} + \boldsymbol{A})\boldsymbol{b} \\ \boldsymbol{X}^{(3)} &= \boldsymbol{AX}^{(2)} + \boldsymbol{b} = \boldsymbol{A}(\boldsymbol{A}^2\boldsymbol{X}^{(0)} + (\boldsymbol{I} + \boldsymbol{A})\boldsymbol{b})\boldsymbol{b} = \boldsymbol{A}^3\boldsymbol{X}^{(0)} + (\boldsymbol{I} + \boldsymbol{A} + \boldsymbol{A}^2)\boldsymbol{b} \\ &\vdots \\ \boldsymbol{X}^{(k)} &= \boldsymbol{A}^k\boldsymbol{X}^{(0)} + (\boldsymbol{I} + \boldsymbol{A} + \boldsymbol{A}^2 + \cdots + \boldsymbol{A}^{k-1})\boldsymbol{b} \end{aligned}$$

若 $\boldsymbol{I} - \boldsymbol{A}$ 可逆,则

$$(\boldsymbol{I} + \boldsymbol{A} + \boldsymbol{A}^2 + \cdots + \boldsymbol{A}^{k-1})(\boldsymbol{I} - \boldsymbol{A}) = \boldsymbol{I} - \boldsymbol{A}^k$$

两端右乘 $(\boldsymbol{I} - \boldsymbol{A})^{-1}$ 得

$$\boldsymbol{I} + \boldsymbol{A} + \boldsymbol{A}^2 + \cdots + \boldsymbol{A}^{k-1} = (\boldsymbol{I} - \boldsymbol{A})^{-1} - \boldsymbol{A}^k(\boldsymbol{I} - \boldsymbol{A})^{-1}$$

若 $\boldsymbol{A}^k \to \boldsymbol{0}(k \to \infty)$,则

$$\boldsymbol{I} + \boldsymbol{A} + \boldsymbol{A}^2 + \cdots + \boldsymbol{A}^{k-1} \to (\boldsymbol{I} - \boldsymbol{A})^{-1}$$

我们知道若 $\boldsymbol{A}$ 的特征值的绝对值 $|\lambda_i| < 1(i = 1,2,\cdots,n)$ 则

$$\boldsymbol{A}^m \to \boldsymbol{0}(m \to \infty)$$

所以有以下定理。

【定理 5.14】 若矩阵 $\boldsymbol{A}$ 的所有特征值 λ_i 的模 $|\lambda_i| < 1$,则迭代法收敛。

【定理 5.15】 如果 n 阶矩阵 $\boldsymbol{A} = (a_{ij})$ 满足

$$\sum_{j=1}^{n} |a_{ij}| < 1 \qquad (i = 1,2,\cdots,n)$$

或
$$\sum_{i=1}^{n} |a_{ij}| < 1 \qquad (j = 1,2,\cdots,n)$$

则迭代法收敛。

例如，在例1中，方程组(5.9)的系数矩阵

$$A = \begin{pmatrix} 0 & 0.1 & 0 \\ 0.1 & 0 & 0.2 \\ 0 & 0.4 & 0 \end{pmatrix}$$

满足$\sum_{j=1}^{3} |a_{ij}| < 1(i = 1,2,3)$，所以它是收敛的，因此可以用迭代法求解。而在例2中，方程组(5.10)有$\sum_{j=1}^{3} |a_{3j}| = 2$，它不满足收敛条件，所以不能用迭代法求解。

5.6 范 例

【例1】 设$\boldsymbol{\alpha} = (1,0,-1)^{\mathrm{T}}$，矩阵$\boldsymbol{A} = \boldsymbol{\alpha}\boldsymbol{\alpha}^{\mathrm{T}}$，$n$为正整数，则$|a\boldsymbol{I} - \boldsymbol{A}^n| =$ ________。

【解】 由于$\boldsymbol{A}^2 = \boldsymbol{\alpha}(\boldsymbol{\alpha}^{\mathrm{T}}\boldsymbol{\alpha})\boldsymbol{\alpha}^{\mathrm{T}} = 2\boldsymbol{A}$，且$r(\boldsymbol{A}) = 1$，则$\boldsymbol{A}$的特征值为2,0,0。于是$\boldsymbol{A}^n$的特征值是$2^n$,0,0，进而有$a\boldsymbol{I} - \boldsymbol{A}^n$的特征值是$a - 2^n$，$a$，$a$，所以

$$|a\boldsymbol{I} - \boldsymbol{A}^n| = a^2(a - 2^n)$$

【例2】 设
$$\boldsymbol{A} = \begin{pmatrix} 0 & 0 & 1 \\ x & 1 & y \\ 1 & 0 & 0 \end{pmatrix}$$
有三个线性无关的特征向量，则x和y应满足什么条件？

解
$$|\boldsymbol{A} - \lambda\boldsymbol{I}| = \begin{vmatrix} -\lambda & 0 & 1 \\ x & 1-\lambda & y \\ 1 & 0 & -\lambda \end{vmatrix} = (\lambda - 1)^2(\lambda + 1) = 0$$

于是$\boldsymbol{A}$有三个特征值$\lambda_1 = 1, \lambda_2 = 1, \lambda_3 = -1$，显然要使$\boldsymbol{A}$有3个线性无关的特征向量必须$\lambda = 1$有两个线性无关的特征向量，即$r(\boldsymbol{A} - \boldsymbol{I}) = 1$，有

$$\boldsymbol{A} - \boldsymbol{I} = \begin{pmatrix} -1 & 0 & 1 \\ x & 0 & y \\ 1 & 0 & -1 \end{pmatrix} \to \begin{pmatrix} -1 & 0 & 1 \\ x & 0 & y \\ 0 & 0 & 0 \end{pmatrix}$$

所以$\begin{vmatrix} -1 & 1 \\ x & y \end{vmatrix} = 0$，即

$$x+y=0$$

【例 3】 已知矩阵 $A=\begin{pmatrix} a & 1 & b \\ 2 & 3 & 4 \\ -1 & 1 & -1 \end{pmatrix}$的特征值之和为 3,特征值积为 -24,则 $b=$ ________。

【解】 因为 $$\sum \lambda_i = \sum a_{ii} = a+3+(-1)=3$$

所以 $$a=1$$

因为 $$\prod \lambda_i = \begin{vmatrix} a & 1 & b \\ 2 & 3 & 4 \\ -1 & 1 & -1 \end{vmatrix} = \begin{vmatrix} 1 & 1 & b \\ 2 & 3 & 4 \\ -1 & 1 & -1 \end{vmatrix} = 5b-9=-24$$

所以 $$b=-3$$

【例 4】 设 A 为 4 阶方阵满足条件 $|8I+A|=0, AA^{\mathrm{T}}=2I, |A|<0$,则 A^* 的一个特征值为________。

【解】 由于 $$|8I+A|=|A-(-8I)|=0$$
所以 $\lambda=-8$ 为 A 的一个特征值。

又因为

$$|AA^{\mathrm{T}}|=|2I|=|A|^2=16$$

所以 $$|A|=\pm 4$$

而 $|A|<0$,所以

$$|A|=-4$$

A^* 的特征值为

$$\frac{|A|}{\lambda}=\frac{-4}{-8}=\frac{1}{2}$$

【例 5】 已知 $\xi=\begin{pmatrix} 1 \\ 1 \\ -1 \end{pmatrix}$是矩阵 $A=\begin{pmatrix} a & -1 & 2 \\ 5 & b & 3 \\ -1 & 0 & -2 \end{pmatrix}$的特征向量,求 a,b 的值,并证明 A 的任一特征向量均能由 ξ 线性表示。

【解】 令 $$A\xi=\lambda\xi$$

即 $$\begin{pmatrix} a & -1 & 2 \\ 5 & b & 3 \\ -1 & 0 & -2 \end{pmatrix}\begin{pmatrix} 1 \\ 1 \\ -1 \end{pmatrix}=\lambda\begin{pmatrix} 1 \\ 1 \\ -1 \end{pmatrix}$$

因为 $$\begin{cases} a-1-2=\lambda \\ 5+b-3=\lambda \\ -1+2=-\lambda \end{cases}$$

所以
$$\begin{cases}\lambda = -1 \\ a = 2 \\ b = -3\end{cases}$$

有
$$A = \begin{pmatrix} 2 & -1 & 2 \\ 5 & -3 & 3 \\ -1 & 0 & -2 \end{pmatrix}$$

又因为

$$|A - \lambda I| = \begin{vmatrix} 2-\lambda & -1 & 2 \\ 5 & -3-\lambda & 3 \\ -1 & 0 & -2-\lambda \end{vmatrix} = -(\lambda+1)^3 = 0$$

所以 $\lambda = -1$ 是 A 的三重特征值。

设
$$\boldsymbol{\eta} = \begin{pmatrix} x_1 \\ x_2 \\ x_3 \end{pmatrix} \neq \mathbf{0}$$

使
$$A\boldsymbol{\eta} = -\boldsymbol{\eta}$$

则
$$(A + I)\boldsymbol{\eta} = \mathbf{0}$$

即
$$\begin{pmatrix} 3 & -1 & 2 \\ 5 & -2 & 3 \\ -1 & 0 & -1 \end{pmatrix}\begin{pmatrix} x_1 \\ x_2 \\ x_3 \end{pmatrix} = \begin{pmatrix} 0 \\ 0 \\ 0 \end{pmatrix}$$

所以
$$\begin{pmatrix} 3 & -1 & 2 \\ 5 & -2 & 3 \\ -1 & 0 & -1 \end{pmatrix} \to \begin{pmatrix} 0 & -1 & -1 \\ 0 & -2 & -2 \\ 1 & 0 & 1 \end{pmatrix} \to \begin{pmatrix} 1 & 0 & 1 \\ 0 & 1 & 1 \\ 0 & 0 & 0 \end{pmatrix}$$

同解方程组为

$$\begin{cases} x_1 + x_3 = 0 \\ x_2 + x_3 = 0 \end{cases}$$

其基础解系为

$$\boldsymbol{\xi} = \begin{pmatrix} 1 \\ 1 \\ -1 \end{pmatrix}$$

所以 $\boldsymbol{\eta} = k\boldsymbol{\xi} (k \neq 0)$,即 A 的任一特征向量均能由 $\boldsymbol{\xi}$ 线性表示。

【例 6】 设 A 为三阶方阵,满足 $|A - I| = |A + 2I| = |3A - 2I| = 0$,则 $|2A + I| =$ ________。

【解】 因为 $|A - I| = |A + 2I| = |3A - 2I| = 0$

所以 A 的特征值为 $1,2,\frac{2}{3}$,则 $2A + I$ 的特征值 $2\lambda + 1$,即 $3, -3, \frac{7}{3}$,所以

$$|2\boldsymbol{A}+\boldsymbol{I}|=3\times(-3)\times\frac{7}{3}=-21$$

【例 7】 求

$$\boldsymbol{A}=\begin{pmatrix} n & 1 & \cdots & 1 \\ 1 & n & \cdots & 1 \\ \vdots & \vdots & & \vdots \\ 1 & 1 & \cdots & n \end{pmatrix}$$

的特征值,特征向量。

【解】 由于 $\boldsymbol{A}=(n-1)\boldsymbol{I}+\boldsymbol{B}$,其中

$$\boldsymbol{B}=\begin{pmatrix} 1 & 1 & \cdots & 1 \\ 1 & 1 & \cdots & 1 \\ \vdots & \vdots & & \vdots \\ 1 & 1 & \cdots & 1 \end{pmatrix}=\begin{pmatrix} 1 \\ 1 \\ \vdots \\ 1 \end{pmatrix}(1,1,\cdots,1)$$

而

$$\boldsymbol{B}^2=\begin{pmatrix} 1 \\ 1 \\ \vdots \\ 1 \end{pmatrix}(1,1,\cdots,1)\begin{pmatrix} 1 \\ 1 \\ \vdots \\ 1 \end{pmatrix}(1,1,\cdots 1)=n\boldsymbol{B}$$

所以 $\boldsymbol{B}$ 的特征值只能是 0 或 n,且由于 $\sum\limits_{i=1}^{n}\lambda_i=\sum\limits_{i=1}^{n}b_{ii}=n$,故 $\boldsymbol{B}$ 的特征值必是 $0(n-1$ 重$)$,n(单根)。因此 $\boldsymbol{A}$ 的特征值为

$$\lambda_1=2n-1(\text{单根}),\lambda_2=n-1(n-1\text{重})$$

$\lambda_1=2n-1$ 时,解齐次方程组 $(\boldsymbol{A}-\lambda_1\boldsymbol{I})\boldsymbol{X}=\boldsymbol{0}$,有

$$\begin{pmatrix} 1-n & 1 & 1 & \cdots & 1 & 1 \\ 1 & 1-n & 1 & \cdots & 1 & 1 \\ 1 & 1 & 1-n & \cdots & 1 & 1 \\ \vdots & \vdots & \vdots & & \vdots & \vdots \\ 1 & 1 & 1 & \cdots & 1 & n-1 \end{pmatrix}\to$$

$$\begin{pmatrix} 1-n & 1 & 1 & \cdots & 1 & 1 \\ n & -n & 0 & \cdots & 0 & 0 \\ 0 & n & -n & \cdots & 0 & 0 \\ \vdots & \vdots & \vdots & & \vdots & \vdots \\ 0 & 0 & 0 & \cdots & -n & 0 \\ 0 & 0 & 0 & \cdots & n & -n \end{pmatrix}$$

得基础解系为

$$\boldsymbol{X}=(1,1,\cdots,1)^{\mathrm{T}}$$

$\lambda_2 = n-1$时,齐次方程组$(\boldsymbol{A}-\lambda_2\boldsymbol{I})\boldsymbol{X}=\boldsymbol{0}$等价于$\boldsymbol{x}_1+\boldsymbol{x}_2+\cdots+\boldsymbol{x}_n=\boldsymbol{0}$。得基础解系为

$$\boldsymbol{\xi}_1=(-1,1,0,\cdots,0)^{\mathrm{T}},\boldsymbol{\xi}_2=(-1,0,1,\cdots,0)^{\mathrm{T}},\cdots,\boldsymbol{\xi}_{n-1}=(-1,0,0,\cdots,1)^{\mathrm{T}}$$

所以$\boldsymbol{A}$的特征向量为$k\boldsymbol{\xi}$及$k_1\boldsymbol{\xi}_1+k_2\boldsymbol{\xi}_2+\cdots+k_{n-1}\boldsymbol{\xi}_{n-1}$(其中,$k$不为0;$k_1,k_2,\cdots,k_{n-1}$不全为0)。

【例8】 设$\boldsymbol{A},\boldsymbol{B}$为$n$阶方阵,且$\boldsymbol{A}$与$\boldsymbol{B}$相似,$\boldsymbol{I}$为$n$阶单位矩阵,则

(A)$\lambda\boldsymbol{I}-\boldsymbol{A}=\lambda\boldsymbol{I}-\boldsymbol{B}$

(B)$\boldsymbol{A}$与$\boldsymbol{B}$有相同的特征值和特征向量

(C)$\boldsymbol{A}$与$\boldsymbol{B}$都相似于一个对角矩阵

(D)对任意常数t,$t\boldsymbol{I}-\boldsymbol{A}$与$t\boldsymbol{I}-\boldsymbol{B}$

【解】 因为$\boldsymbol{A}\sim\boldsymbol{B}$,所以存在可逆矩阵$\boldsymbol{P}$,使得

$$\boldsymbol{P}^{-1}\boldsymbol{A}\boldsymbol{P}=\boldsymbol{B}$$

于是

$$\boldsymbol{P}^{-1}(t\boldsymbol{I}-\boldsymbol{A})\boldsymbol{P}=\boldsymbol{P}^{-1}(t\boldsymbol{I})\boldsymbol{P}-\boldsymbol{P}^{-1}\boldsymbol{A}\boldsymbol{P}=t\boldsymbol{I}-\boldsymbol{B}$$

故

$$t\boldsymbol{I}-\boldsymbol{A}\sim t\boldsymbol{I}-\boldsymbol{B}$$

选(D)。

对于(A),由$\lambda\boldsymbol{I}-\boldsymbol{A}=\lambda\boldsymbol{I}-\boldsymbol{B}$得$\boldsymbol{A}=\boldsymbol{B}$,因为$\boldsymbol{A}\sim\boldsymbol{B}$不一定有$\boldsymbol{A}=\boldsymbol{B}$,所以(A)错。

对于(B),$\boldsymbol{A}\sim\boldsymbol{B}$只能得出$\boldsymbol{A}$与$\boldsymbol{B}$的特征值相同,得不出$\boldsymbol{A}$与$\boldsymbol{B}$的特征向量相等,故(B)错。

对于(C),因为$\boldsymbol{A}$与$\boldsymbol{B}$不一定与对角矩阵相似,故(C)错。

【例9】 设$\boldsymbol{A}$满足$\boldsymbol{A}^2-3\boldsymbol{A}+2\boldsymbol{I}=\boldsymbol{0}$,其中,$\boldsymbol{I}$为单位矩阵,试求$2\boldsymbol{A}^{-1}+3\boldsymbol{I}$的特征值。

【解】 设λ为$\boldsymbol{A}$的特征值,对应特征向量为$\boldsymbol{X}\neq\boldsymbol{0}$,则$\boldsymbol{A}\boldsymbol{X}=\lambda\boldsymbol{X}$,有

$$(\boldsymbol{A}^2-3\boldsymbol{A}+2\boldsymbol{I})\boldsymbol{X}=\boldsymbol{A}^2\boldsymbol{X}-3\boldsymbol{A}\boldsymbol{X}+2\boldsymbol{X}=\lambda^2\boldsymbol{X}-3\lambda\boldsymbol{X}+2\boldsymbol{X}=$$

$$(\lambda^2-3\lambda+2)\boldsymbol{X}=\boldsymbol{0}$$

所以$\boldsymbol{A}$的特征值为$\lambda_1=1,\lambda_2=2$;$2\boldsymbol{A}^{-1}+3\boldsymbol{I}$的特征值为5或4。

【例10】 设$\boldsymbol{A}$是3阶实对称矩阵,$\boldsymbol{A}$的特征值为$1,-1,0$,其中,$\lambda=1$与$\lambda=0$的特征向量分别是$(1,a,1)^{\mathrm{T}}$与$(a,a+1,1)^{\mathrm{T}}$,求矩阵$\boldsymbol{A}$。

【解】 因为$\boldsymbol{A}$是实对称矩阵,属于不同特征值的特征向量相互正交,所以$1\times a+a(a+1)+1\times1=0$,解出$a=-1$。

设属于$\lambda=-1$的特征向量为$(x_1,x_2,x_3)^{\mathrm{T}}$,它与$\lambda=1,\lambda=0$的特征向量均正交,于是

$$\begin{cases}x_1-x_2+x_3=0\\-x_1+x_3=0\end{cases}$$

解得$(1,2,1)^{\mathrm{T}}$是$\lambda=-1$的特征向量。那么

$$\boldsymbol{A}\sim\boldsymbol{\Lambda}=\begin{pmatrix}1&&\\&-1&\\&&0\end{pmatrix},\boldsymbol{P}=\begin{pmatrix}1&1&-1\\-1&2&0\\1&1&1\end{pmatrix}$$

故
$$\boldsymbol{A}=\boldsymbol{P}\boldsymbol{\Lambda}\boldsymbol{P}^{-1}=\begin{pmatrix}1&-4&1\\-4&-2&-4\\1&-4&1\end{pmatrix}$$

【例 11】 证明,设$\boldsymbol{A}$为n阶正交矩阵,$|\boldsymbol{A}|<0$,则$\boldsymbol{I}+\boldsymbol{A}$不可逆。

【证】 因为 $$\boldsymbol{A}^{\mathrm{T}}\boldsymbol{A}=\boldsymbol{A}\boldsymbol{A}^{\mathrm{T}}=\boldsymbol{I},\ |\boldsymbol{A}\boldsymbol{A}^{\mathrm{T}}|=|\boldsymbol{I}|=|\boldsymbol{A}|^2=1$$

而
$$|\boldsymbol{A}|<1$$

所以
$$|\boldsymbol{A}|=-1$$

又因为

$$|\boldsymbol{I}+\boldsymbol{A}|=|\boldsymbol{A}^{\mathrm{T}}\boldsymbol{A}+\boldsymbol{A}|=|\boldsymbol{A}^{\mathrm{T}}+\boldsymbol{I}||\boldsymbol{A}|=|(\boldsymbol{A}+\boldsymbol{I})^{\mathrm{T}}||\boldsymbol{A}|=-|\boldsymbol{I}+\boldsymbol{A}|$$

所以
$$2|\boldsymbol{I}+\boldsymbol{A}|=0$$

所以
$$|\boldsymbol{I}+\boldsymbol{A}|=0$$

即$\boldsymbol{I}+\boldsymbol{A}$不可逆。

【例 12】 设 $$\boldsymbol{A}=\begin{pmatrix}0&3&3\\a&b&c\\2&-14&-10\end{pmatrix},\boldsymbol{B}=\begin{pmatrix}0&0&0\\0&-1&1\\0&0&-1\end{pmatrix},\boldsymbol{A}\sim\boldsymbol{B}$$

求a,b,c的值。

【解】 由于$\boldsymbol{A}\sim\boldsymbol{B}$,它们有相同的特征值,相同的迹,又因为$\boldsymbol{B}$是上三角矩阵,故$0,-1,-1$是$\boldsymbol{B}$的特征值。于是

$$0+b+(-10)=0+(-1)+(-1)$$
$$|\boldsymbol{A}|=-12a-6b+6c=0$$
$$|-\boldsymbol{I}-\boldsymbol{A}|=15a+15b-20c+15=0$$

解得

$$a=-1,b=8,c=-10$$

【例 13】 设n阶方阵$\boldsymbol{A}$可对角化,$|\boldsymbol{A}|\neq0$,证明$\boldsymbol{A}$的伴随矩阵$\boldsymbol{A}^*$也可对角化。

【证】 因为$\boldsymbol{A}$可对角化,所以存在可逆矩阵$\boldsymbol{P}$,使

$$\boldsymbol{P}^{-1}\boldsymbol{A}\boldsymbol{P}=\begin{pmatrix}\lambda_1&&&\\&\lambda_2&&\\&&\ddots&\\&&&\lambda_n\end{pmatrix}\tag{5.11}$$

其中，$\lambda_1,\lambda_2,\cdots,\lambda_n$ 为 $\boldsymbol{A}$ 的特征值，因为 $|\boldsymbol{A}|\neq 0$，所以 $\lambda_i\neq 0, i=1,2,\cdots,n$。对式(5.11)两边取逆得

$$\boldsymbol{P}^{-1}\boldsymbol{A}^{-1}\boldsymbol{P}=\begin{pmatrix}\frac{1}{\lambda_1} & & & \\ & \frac{1}{\lambda_2} & & \\ & & \ddots & \\ & & & \frac{1}{\lambda_n}\end{pmatrix} \tag{5.12}$$

对式(5.12)两边同乘以 $|\boldsymbol{A}|$ 得

$$\boldsymbol{P}^{-1}|\boldsymbol{A}|\boldsymbol{A}^{-1}\boldsymbol{P}=\begin{pmatrix}\frac{|\boldsymbol{A}|}{\lambda_1} & & & \\ & \frac{|\boldsymbol{A}|}{\lambda_2} & & \\ & & \ddots & \\ & & & \frac{|\boldsymbol{A}|}{\lambda_n}\end{pmatrix}$$

即

$$\boldsymbol{P}^{-1}\boldsymbol{A}^{*}\boldsymbol{P}=\begin{pmatrix}\frac{|\boldsymbol{A}|}{\lambda_1} & & & \\ & \frac{|\boldsymbol{A}|}{\lambda_2} & & \\ & & \ddots & \\ & & & \frac{|\boldsymbol{A}|}{\lambda_n}\end{pmatrix}$$

得出 $\boldsymbol{A}^{*}$ 可对角化。

【例 14】 已知 $\lambda=0$ 是

$$\boldsymbol{A}=\begin{pmatrix}3 & 2 & -2\\ -k & 1 & k\\ 4 & k & -3\end{pmatrix}$$

的特征值，判断 $\boldsymbol{A}$ 能否对角化。

【解】 因为 $\lambda=0$ 是 $\boldsymbol{A}$ 的特征值。所以

$$|\boldsymbol{A}|=\begin{vmatrix}3 & 2 & -2\\ -k & 1 & k\\ 4 & k & -3\end{vmatrix}=-(k-1)^2=0$$

由

$$|\boldsymbol{A}-\lambda\boldsymbol{I}|=\begin{vmatrix}3-\lambda & 2 & -2\\ -1 & 1-\lambda & 1\\ 4 & 1 & -3-\lambda\end{vmatrix}=\lambda^2(1-\lambda)$$

知 $\lambda=0$ 是 $\boldsymbol{A}$ 的二重特征值。而

$$r(\boldsymbol{A}-0\boldsymbol{I})=r(\boldsymbol{A})=r\begin{pmatrix}3 & 2 & -2\\ -1 & 1 & 1\\ 4 & 1 & -3\end{pmatrix}=2\neq n-n_i=3-2$$

因此 $\boldsymbol{A}$ 不能对角化。

【例 15】 设方阵 $\boldsymbol{A}$ 非奇异,证明 $\boldsymbol{AB}\sim\boldsymbol{BA}$。

【证】 因为 $\boldsymbol{A}$ 非奇异,所以可取 $\boldsymbol{P}=\boldsymbol{A}$,于是

$$\boldsymbol{P}^{-1}\boldsymbol{ABP}=\boldsymbol{A}^{-1}(\boldsymbol{AB})\boldsymbol{A}=(\boldsymbol{A}^{-1}\boldsymbol{A})\boldsymbol{BA}=\boldsymbol{BA}$$

故

$$\boldsymbol{AB}\sim\boldsymbol{BA}$$

【例16】 已知3阶矩阵 $\boldsymbol{A}$ 与三维向量 $\boldsymbol{X}$,使向量组 $\boldsymbol{X},\boldsymbol{AX},\boldsymbol{A}^2\boldsymbol{X}$ 线性无关,且满足 $\boldsymbol{A}^3\boldsymbol{X}=3\boldsymbol{AX}-2\boldsymbol{A}^2\boldsymbol{X}$。

(1) 记 $\boldsymbol{P}=(\boldsymbol{X},\boldsymbol{AX},\boldsymbol{A}^2\boldsymbol{X})$,求三阶矩阵 $\boldsymbol{B}$,使 $\boldsymbol{A}=\boldsymbol{PBP}^{-1}$。

(2) 计算行列式 $|\boldsymbol{A}+\boldsymbol{I}|$。

【解】 设

$$\boldsymbol{B}=\begin{pmatrix}a_1 & a_2 & a_3\\ b_1 & b_2 & b_3\\ c_1 & c_2 & c_3\end{pmatrix}$$

则由 $\boldsymbol{AP}=\boldsymbol{PB}$ 得

$$(\boldsymbol{AX},\boldsymbol{A}^2\boldsymbol{X},\boldsymbol{A}^3\boldsymbol{X})=(\boldsymbol{X},\boldsymbol{AX},\boldsymbol{A}^2\boldsymbol{X})\begin{pmatrix}a_1 & a_2 & a_3\\ b_1 & b_2 & b_3\\ c_1 & c_2 & c_3\end{pmatrix}$$

即

$$\begin{cases}\boldsymbol{AX}=a_1x+b_1\boldsymbol{AX}+c_1\boldsymbol{A}^2\boldsymbol{X} & (5.12)\\ \boldsymbol{A}^2\boldsymbol{X}=a_2x+b_2\boldsymbol{AX}+c_2\boldsymbol{A}^2\boldsymbol{X} & (5.13)\\ \boldsymbol{A}^3\boldsymbol{X}=a_3x+b_3\boldsymbol{AX}+c_3\boldsymbol{A}^2\boldsymbol{x} & (5.14)\end{cases}$$

由于 $\boldsymbol{X},\boldsymbol{AX},\boldsymbol{A}^2\boldsymbol{X}$ 线性无关,故由式(5.12)得

$$a_1=0,b_1=1,c_1=0$$

由式(5.13)得

$$a_2=0,b_2=0,c_2=1$$

将 $\boldsymbol{A}^3\boldsymbol{X}=3\boldsymbol{AX}-2\boldsymbol{A}^2\boldsymbol{X}$ 代入式(5.14)得

$$3\boldsymbol{AX}-2\boldsymbol{A}^2\boldsymbol{X}=a_3\boldsymbol{X}+b_3\boldsymbol{AX}+c_3\boldsymbol{A}^2\boldsymbol{X}$$

由此式可得

$$a_3 = 0, b_3 = 3, c_3 = -2$$

因此

$$\boldsymbol{B} = \begin{pmatrix} 0 & 0 & 0 \\ 1 & 0 & 3 \\ 0 & 1 & -2 \end{pmatrix}$$

(2) 由(1) 知 $\boldsymbol{A} \sim \boldsymbol{B}$,故

$$\boldsymbol{A} + \boldsymbol{I} \sim \boldsymbol{B} + \boldsymbol{I}$$

从而

$$|\boldsymbol{A} + \boldsymbol{I}| = |\boldsymbol{B} + \boldsymbol{I}| = \begin{vmatrix} 1 & 0 & 0 \\ 1 & 0 & 3 \\ 0 & 1 & -1 \end{vmatrix} = -4$$

【例 17】 三阶矩阵 $\boldsymbol{A}$ 有特征值 ± 1 和 2。证明 $\boldsymbol{B} = (\boldsymbol{I} + \boldsymbol{A}^*)^2$ 可以对角化,并求 $\boldsymbol{B}$ 的相似对角形矩阵。

【证】 因为 $|\boldsymbol{A}| = 1 \times (-1) \times 2 = -2$,$\boldsymbol{A}^*$ 的特征值为$\dfrac{-2}{\pm 1}$,和$\dfrac{-2}{-1}$,即± 2 和 -1。于是 $\boldsymbol{I} + \boldsymbol{A}^*$ 的特征值为 $3, -1, 0$。从而 $\boldsymbol{B}$ 的特征值为 $9, 1, 0$。

因为 $\boldsymbol{B}$ 有三个不同的特征值,所以 $\boldsymbol{B}$ 能对角化,且

$$\boldsymbol{B} \sim \boldsymbol{\Lambda} = \begin{pmatrix} 9 & & \\ & 1 & \\ & & 0 \end{pmatrix}$$

【例 18】 设 $\boldsymbol{A}$ 是 n 阶矩阵,$2, 4, \cdots, 2n$ 是 $\boldsymbol{A}$ 的 n 个特征值,$\boldsymbol{I}$ 是 n 阶单位矩阵,计算行列式 $|\boldsymbol{A} - 3\boldsymbol{I}|$。

【解】 因为 $\boldsymbol{A}$ 有 n 个不同的特征值,所以存在可逆矩阵 $\boldsymbol{P}$ 使

$$\boldsymbol{P}^{-1}\boldsymbol{A}\boldsymbol{P} = \begin{pmatrix} 2 & & & \\ & 4 & & \\ & & \ddots & \\ & & & 2n \end{pmatrix} = \boldsymbol{\Lambda}$$

于是 $\boldsymbol{A} = \boldsymbol{P}\boldsymbol{\Lambda}\boldsymbol{P}^{-1}, \boldsymbol{A} - 3\boldsymbol{I} = \boldsymbol{P}\boldsymbol{\Lambda}\boldsymbol{P}^{-1} - 3\boldsymbol{P}\boldsymbol{P}^{-1} = \boldsymbol{P}(\boldsymbol{\Lambda} - 3\boldsymbol{I})\boldsymbol{P}^{-1}$

因此 $|\boldsymbol{A} - 3\boldsymbol{I}| = |\boldsymbol{P}|, |\boldsymbol{\Lambda} - 3\boldsymbol{I}||\boldsymbol{P}^{-1}| = |\boldsymbol{\Lambda} - 3\boldsymbol{I}| = -(2n-3)!!$

【例 19】 已知矩阵 $\boldsymbol{A}$ 与 $\boldsymbol{B}$ 相似,其中

$$\boldsymbol{A} = \begin{pmatrix} 1 & 4 \\ 2 & 3 \end{pmatrix}, \boldsymbol{B} = \begin{pmatrix} 6 & a \\ -1 & b \end{pmatrix}$$

求 a, b 的值及矩阵 $\boldsymbol{P}$,使 $\boldsymbol{P}^{-1}\boldsymbol{A}\boldsymbol{P} = \boldsymbol{B}$。

【解】 由 $\boldsymbol{A} \sim \boldsymbol{B}$ 得

$$\begin{cases}1+3=6+b\\-5=a+6b\end{cases}$$

解之得

$$a=7, b=-2$$

因为 $$|A-\lambda I|=\begin{vmatrix}1-\lambda & 4\\ 2 & 3-\lambda\end{vmatrix}=\lambda^2-4\lambda-5$$

所以 $\boldsymbol{A}$ 的特征值为 $\lambda_1=5, \lambda_2=-1$,它亦是 $\boldsymbol{B}$ 的特征值。

解齐次方程组 $(\boldsymbol{A}-5\boldsymbol{I})\boldsymbol{X}=\boldsymbol{0}$ 及 $(\boldsymbol{A}+\boldsymbol{I})\boldsymbol{X}=\boldsymbol{0}$ 可得矩阵属于矩阵 $\boldsymbol{A}$ 的属于 $\lambda_1=5, \lambda_2=-1$ 的特征向量

$$\boldsymbol{\alpha}_1=\begin{pmatrix}1\\1\end{pmatrix}, \boldsymbol{\alpha}_2=\begin{pmatrix}-2\\1\end{pmatrix}$$

解齐次方程组 $(\boldsymbol{B}-5\boldsymbol{I})\boldsymbol{X}=\boldsymbol{0}$ 及 $(\boldsymbol{B}+\boldsymbol{I})\boldsymbol{X}=\boldsymbol{0}$ 得 $\boldsymbol{B}$ 的特征向量分别为

$$\boldsymbol{\beta}_1=\begin{pmatrix}-7\\1\end{pmatrix}, \boldsymbol{\beta}_2=\begin{pmatrix}-1\\1\end{pmatrix}$$

令 $$\boldsymbol{P}_1=\begin{pmatrix}1 & -2\\1 & 1\end{pmatrix}, \boldsymbol{P}_2=\begin{pmatrix}-7 & -1\\1 & 1\end{pmatrix}$$

有 $$\boldsymbol{P}_1^{-1}\boldsymbol{A}\boldsymbol{P}_1=\begin{pmatrix}5 & \\ & -1\end{pmatrix}=\boldsymbol{P}_2^{-1}\boldsymbol{B}\boldsymbol{P}_2$$

即 $$\boldsymbol{P}_2\boldsymbol{P}_1^{-1}\boldsymbol{A}\boldsymbol{P}_1\boldsymbol{P}_2^{-1}=\boldsymbol{B}$$

因此取

$$\boldsymbol{P}=\boldsymbol{P}_1\boldsymbol{P}_2^{-1}=\begin{pmatrix}-\frac{1}{2} & -\frac{5}{2}\\ 0 & 1\end{pmatrix}$$

有 $$\boldsymbol{P}^{-1}\boldsymbol{A}\boldsymbol{P}=\boldsymbol{B}$$

【例20】 已知向量 $\boldsymbol{\alpha}=(1,k,1)^{\mathrm{T}}$ 是矩阵 $\boldsymbol{A}=\begin{pmatrix}2 & 1 & 1\\1 & 2 & 1\\1 & 1 & 2\end{pmatrix}$ 的逆矩阵 $\boldsymbol{A}^{-1}$ 的特征向量,求常数 k 的值。

【解】 设 λ 为 $\boldsymbol{A}^{-1}$ 对应于特征向量 $\boldsymbol{\alpha}$ 的特征值。于是

$$\boldsymbol{A}^{-1}\boldsymbol{\alpha}=\lambda\boldsymbol{\alpha}$$

上式两端左乘 $\boldsymbol{A}$,得 $\boldsymbol{\alpha}=\lambda\boldsymbol{A}\boldsymbol{\alpha}$,即

$$\begin{pmatrix}1\\k\\1\end{pmatrix}=\lambda\begin{pmatrix}2 & 1 & 1\\1 & 2 & 1\\1 & 1 & 2\end{pmatrix}\begin{pmatrix}1\\k\\1\end{pmatrix}$$

由此得到关于参数 k 及 λ 的方程组

$$\begin{cases}\lambda(3+k)=1\\ \lambda(2+2k)=k\end{cases}$$

显然 $\lambda \neq 0$,将上面两式相除得

$$\frac{3+k}{2+2k}=\frac{1}{k}$$

即 $k^2+k-2=0$,得到 $k=1$ 或 -2。

【例 21】 已知 $\boldsymbol{A}$ 是 3 阶实对称矩阵,特征值是 $1,1,-2$。若属于 $\lambda_3=-2$ 的特征向量为 $\boldsymbol{\alpha}_3=(1,-1,-1)^{\mathrm{T}}$,求矩阵 $\boldsymbol{A}$。

【解】 因为 $\boldsymbol{A}$ 是实对称矩阵,所以不同特征值的特征向量相互正交。

设 $\lambda_1=\lambda_2=1$ 对应的特征向量为 $\boldsymbol{X}=(x_1,x_2,x_3)^{\mathrm{T}}$,那么

$$\boldsymbol{\alpha}_3^{\mathrm{T}}\boldsymbol{X}=x_1-x_2-x_3=0$$

可得基础解系为

$$\boldsymbol{\alpha}_1=(1,1,0)^{\mathrm{T}},\boldsymbol{\alpha}_2=(1,0,1)^{\mathrm{T}}$$

即为 $\lambda_1=\lambda_2=1$ 的特征向量,于是

$$\boldsymbol{A}(\boldsymbol{\alpha}_1,\boldsymbol{\alpha}_2,\boldsymbol{\alpha}_3)=(\boldsymbol{\alpha}_1,\boldsymbol{\alpha}_2,-2\boldsymbol{\alpha}_3)$$

有

$$\boldsymbol{A}=(\boldsymbol{\alpha}_1,\boldsymbol{\alpha}_2,-2\boldsymbol{\alpha}_3)(\boldsymbol{\alpha}_1,\boldsymbol{\alpha}_2,\boldsymbol{\alpha}_3)^{-1}=\begin{pmatrix}1&1&-2\\1&0&2\\0&1&2\end{pmatrix}\begin{pmatrix}1&1&1\\1&0&-1\\0&1&-1\end{pmatrix}^{-1}=$$

$$\begin{pmatrix}0&1&1\\1&0&-1\\1&-1&0\end{pmatrix}$$

【例 22】 设

$$\boldsymbol{A}=\begin{pmatrix}1&2\\2&1\end{pmatrix}$$

求:(1) 正交矩阵 $\boldsymbol{P}$ 使 $\boldsymbol{P}^{-1}\boldsymbol{A}\boldsymbol{P}$ 为对角矩阵。

(2)$\boldsymbol{A}^n$(n 为正整数)。

【解】 (1) 由

$$|\boldsymbol{A}-\lambda\boldsymbol{I}|=\begin{vmatrix}1-\lambda&2\\2&1-\lambda\end{vmatrix}=(\lambda-3)(\lambda+1)$$

得 $\boldsymbol{A}$ 的特征值为

$$\lambda_1=3,\lambda_2=-1$$

解齐次线性方程组 $(\boldsymbol{A}-3\boldsymbol{I})\boldsymbol{X}=\boldsymbol{0}$ 得基础解系为

$$\boldsymbol{\xi}_1=\begin{pmatrix}1\\1\end{pmatrix}$$

即为 $\lambda_1 = 3$ 的特征向量,单位化得

$$\boldsymbol{\eta}_1 = \frac{1}{\sqrt{2}}\begin{pmatrix}1\\1\end{pmatrix}$$

解齐次线性方程组$(\boldsymbol{A}+\boldsymbol{I})\boldsymbol{X}=\boldsymbol{0}$,得基础解系为

$$\boldsymbol{\xi}_2 = \begin{pmatrix}1\\-1\end{pmatrix}$$

即为 $\lambda_2 = -1$ 的特征向量,单位化得

$$\boldsymbol{\eta}_2 = \frac{1}{\sqrt{2}}\begin{pmatrix}1\\1\end{pmatrix}$$

故所求正交矩阵为

$$\boldsymbol{P} = (\boldsymbol{\eta}_1,\boldsymbol{\eta}_2) = \frac{1}{\sqrt{2}}\begin{pmatrix}1 & 1\\1 & -1\end{pmatrix}$$

则

$$\boldsymbol{P}^{-1}\boldsymbol{A}\boldsymbol{P} = \begin{pmatrix}3 & 0\\0 & -1\end{pmatrix}$$

(2) 由(1) 知

$$\boldsymbol{A} = \boldsymbol{P}\begin{pmatrix}3 & 0\\0 & -1\end{pmatrix}\boldsymbol{P}^{-1},\boldsymbol{A}^2 = \boldsymbol{P}\begin{pmatrix}3 & 0\\0 & -1\end{pmatrix}^2\boldsymbol{P}^{-1}$$

所以

$$\boldsymbol{A}^n = \boldsymbol{P}\begin{pmatrix}3 & 0\\0 & -1\end{pmatrix}^n\boldsymbol{P}^{-1} = \boldsymbol{P}\begin{pmatrix}3^n & 0\\0 & (-1)^n\end{pmatrix}\boldsymbol{P}^{\mathrm{T}} =$$

$$\frac{1}{2}\begin{pmatrix}3^n+(-1)^n & 3^n+(-1)^{n+1}\\3^n+(-1)^{n+1} & 3^n+(-1)^n\end{pmatrix}$$

习　题

1. 求与向量

$\boldsymbol{\alpha}_1 = (1,1,-1,1)^{\mathrm{T}},\boldsymbol{\alpha}_2 = (1,-1,-1,1)^{\mathrm{T}},\boldsymbol{\alpha}_3 = (2,1,1,3)^{\mathrm{T}}$

都正交的单位向量。

2. 用施密特正交化法将下列向量组正交化。

$$(1)(\boldsymbol{\alpha}_1,\boldsymbol{\alpha}_2,\boldsymbol{\alpha}_3) = \begin{pmatrix}1 & 1 & 1\\1 & 2 & 4\\1 & 3 & 9\end{pmatrix}$$

$$(2)(\boldsymbol{\alpha}_1,\boldsymbol{\alpha}_2,\boldsymbol{\alpha}_3) = \begin{pmatrix}1 & 1 & -1\\0 & -1 & 1\\-1 & 0 & 1\\1 & 1 & 0\end{pmatrix}$$

3. 设 $\boldsymbol{\alpha}_1 = (1,2,3)^{\mathrm{T}}$，求非零向量 $\boldsymbol{\alpha}_2,\boldsymbol{\alpha}_3$ 使向量组 $\boldsymbol{\alpha}_1,\boldsymbol{\alpha}_2,\boldsymbol{\alpha}_3$ 两两正交。

4. 证明，若 $\boldsymbol{A},\boldsymbol{B}$ 都是 n 阶正交矩阵，则 $\boldsymbol{AB}$ 也是正交矩阵。

5. 已知向量 $\boldsymbol{\alpha}$ 与 $\boldsymbol{\beta}$ 正交，证明 $\|\boldsymbol{\alpha}+\boldsymbol{\beta}\|^2 = \|\boldsymbol{\alpha}\|^2 + \|\boldsymbol{\beta}\|^2$。

6. 若 $\boldsymbol{A}$ 为正交矩阵，证明 $\boldsymbol{A}^{-1}$ 也为正交矩阵。

7. 求下列矩阵的特征值和特征向量。

(1) $\begin{pmatrix} 3 & 4 \\ 5 & 2 \end{pmatrix}$　(2) $\begin{pmatrix} 2 & 0 & 0 \\ 1 & 1 & 1 \\ 1 & -1 & 3 \end{pmatrix}$　(3) $\begin{pmatrix} 1 & -3 & 3 \\ 3 & -5 & 3 \\ 6 & -6 & 4 \end{pmatrix}$

8. 设矩阵 $\boldsymbol{A} = \begin{pmatrix} 2 & 1 & 1 \\ 1 & 2 & 1 \\ 1 & 1 & 2 \end{pmatrix}$ 的伴随矩阵 $\boldsymbol{A}^*$ 的一个特征向量为 $\boldsymbol{\alpha} = (1,k,1)^{\mathrm{T}}$，求 k 的值。

9. 设 $\boldsymbol{A},\boldsymbol{B}$ 都是 n 阶矩阵，且 $|\boldsymbol{A}| \neq 0$，证明 $\boldsymbol{AB} \sim \boldsymbol{BA}$。

10. 若 n 阶矩阵 $\boldsymbol{A}$ 满足 $\boldsymbol{A}^2 = \boldsymbol{A}$，证明 $\boldsymbol{A}$ 的特征值只能是 1 或 0。

11. 设矩阵 $\boldsymbol{A} = \begin{pmatrix} 0 & 0 & 1 \\ x & 1 & y \\ 1 & 0 & 0 \end{pmatrix}$ 可对角化，求 x 和 y 应满足的条件。

12. 证明，设 λ_1,λ_2 是 n 阶矩阵 $\boldsymbol{A}$ 的两个不同特征值，$\boldsymbol{\alpha}_1,\boldsymbol{\alpha}_2$ 分别是属于 λ_1，λ_2 的特征向量，则 $\boldsymbol{\alpha}_1 + \boldsymbol{\alpha}_2$ 不是 $\boldsymbol{A}$ 的特征向量。

13. 设 $\boldsymbol{A} = \begin{pmatrix} -3 & 2 \\ -2 & 2 \end{pmatrix}$，求 $\boldsymbol{A}^n$。

14. 设 3 阶对称矩阵 $\boldsymbol{A}$ 的特征值为 6,3,3，与特征值 6 对应的特征向量为 $\boldsymbol{\alpha}_1 = (1,1,1)^{\mathrm{T}}$，求 $\boldsymbol{A}$。

15. 设 $\boldsymbol{A} \sim \boldsymbol{B}$，$\boldsymbol{C} \sim \boldsymbol{D}$，证明 $\begin{pmatrix} \boldsymbol{A} & \boldsymbol{0} \\ \boldsymbol{0} & \boldsymbol{C} \end{pmatrix} \sim \begin{pmatrix} \boldsymbol{B} & \boldsymbol{0} \\ \boldsymbol{0} & \boldsymbol{D} \end{pmatrix}$。

16. 设 $\boldsymbol{A} = \begin{pmatrix} 4 & 2 & 2 \\ 2 & 4 & 2 \\ 2 & 2 & 4 \end{pmatrix}$，求正交矩阵 $\boldsymbol{P}$，使 $\boldsymbol{P}^{-1}\boldsymbol{AP}$ 为对角阵。

第 6 章　投入产出数学模型

前面的几章介绍了线性代数的基本知识。线性代数在经济管理和经济分析中有着广泛的作用。本章主要介绍线性代数的一个应用 —— 投入产出数学模型。

6.1　投入产出表与平衡方程组

6.1.1　投入产出表

整个国民经济是一个由许多经济部门组成的有机整体，各经济部门之间在产品的生产与分配上有着复杂的经济与技术联系。任何一个部门生产任何一种产品都要消耗各种原材料、燃料、动力和劳动力，而生产出来的产品，或供其他部门生产中使用，或用于消费、固定资产形成、库存增加等。每个部门既是生产者，又是消费者，各部门之间形成了一个复杂的互相交错的关系。投入产出表，是根据国民经济各部门产品中的投入来源和产品的分配使用去向排列而成的一张棋盘平衡表，它从产品和分配两个角度反映部门之间的产品运动。

平衡表可按实物表编制，也可按价值表现表编制。本章只讲价值平衡表，因此本章提到的“产品量”，“单位产品”，“总产出”，“中间投入”，“最终产品” 等，分别指“产品的价值”，“单位产品价值”，“总产值”，“中间投入的价值量”，“最终使用的价值量” 等。

假设一个经济系统是由 n 个产业部门组成的，将这 n 个产业部门以及它们之间的数量依存关系按一定顺序排列在一张表内，称为投入产出表，如表 6.1 所示。如果这些统计数据是以货币为统一价值单位，则编制的投入产出表称为价值型投入产出表。

表 6.1　投入产出表

投入 \ 部门间流量 \ 产出		中间产品					最终产品	总产出
		1	2	$\cdots$	n	合计		
中间投入	1	x_{11}	x_{12}	$\cdots$	x_{1n}	$\sum_j x_{1j}$	y_1	x_1
	2	x_{21}	x_{22}	$\cdots$	x_{2n}	$\sum_j x_{2j}$	y_2	x_2
	$\vdots$	$\vdots$	$\vdots$		$\vdots$	$\vdots$	$\vdots$	$\vdots$
	n	x_{n1}	x_{n2}	$\cdots$	x_{nn}	$\sum_j x_{nj}$	y_n	x_n
	合计	$\sum_i x_{i1}$	$\sum_i x_{i2}$	$\cdots$	$\sum_i x_{in}$	$\sum_i \sum_j x_{nj}$	$\sum_i y_i$	$\sum_i x_i$
初始投入		z_1	z_2	$\cdots$	z_n	$\sum_j z_j$		
总投入		x_1	x_2	$\cdots$	x_n	$\sum_j x_j$		

在投入产出表中：

x_i 表示第 i 部门总产出或总投入；

y_i 表示第 i 部门最终产品；

x_{ij} 表示第 i 部门分配给第 j 部门的产品量或第 j 部门消耗第 i 部门的产品量；

z_j 表示第 j 部门初始投入(指固定资产和劳动力投入量)($i=1,2,\cdots,n$；$j=1,2,\cdots,n$)。

投入产出表可分为 4 个部分，称为 4 个象限。

左上角为第 Ⅰ 象限，在这部分中，每一个部门都以生产者和消费者的双重身份出现。从每一行来看，该部门作为生产部门以自己的产品分配给各部门；从每一列来看，该部门又作为消耗部门在生产过程中消耗各部门的产品。

行与列交叉点是部门间流量，这个量也是以双重身份出现，它是行部门分配给列部门的产品量，也是列部门消耗行部门的产品量。

这一部分反映了国民经济的物质生产部门之间的技术性联系，它是投入产出表的最基本部分。

右上角为第 Ⅱ 象限，反映各部门用于最终产品的部分。从每一行来看，反映了该部门最终产品的分配情况；从每一列来看，表明用于消费、积累等方面的最终产品分别由各部门提供的数量。

左下角为第 Ⅲ 象限,反映社会初始投入(新创造的价值)部分。每一列指出该部门的初始投入,包括固定资产和劳动力的投入。

右下角为第 Ⅳ 象限,这部分无实际意义。

6.1.2 平衡方程组

投入产出表的水平方向反映各部门产品按经济用途的使用情况。表 6.1 中,前 n 行组成了一个横向长方形表,其中每一行都是一个等式,即

$$x_i = \sum_{j=1}^{n} x_{ij} + y_i \qquad (i = 1,2,\cdots,n) \tag{6.1}$$

称式(6.1) 为分配平衡方程组。

投入产出表的垂直方向反映各部门的产品价值构成。在表 6.1 中,前 n 列组成了一个竖向长方形表,其中每一列都是一个等式,即

$$x_j = \sum_{i=1}^{n} x_{ij} + z_j \qquad (j = 1,2,\cdots,n) \tag{6.2}$$

称式(6.2) 为消耗平衡方程组。

分配平衡方程组和消耗平衡方程组统称为投入产出平衡方程组。

在投入产出表中有几个等式需要注意。

(1) $\sum_{j=1}^{n} x_{kj} + y_k = \sum_{i=1}^{n} x_{ik} + z_k (k = 1,2,\cdots,n)$

这个等式两边都是第 k 部门的总产品 x_k。

(2) $\sum_{i=1}^{n} x_i = \sum_{j=1}^{n} x_j$

这个等式两边都是社会总产品。

(3) 由上两个等式可得

$\sum_{i=1}^{n} y_i = \sum_{j=1}^{n} z_j$

这个等式表明各部门最终产品总和等于新创造的价值总和。等式两端都为国民收入。

但作为某一个部门,一般有

$$y_k \neq z_k \qquad (k = 1,2,\cdots,n)$$

6.2 直接消耗系数与完全消耗系数

6.2.1 直接消耗系数

为了确定各部门间生产技术性的数量关系,我们引入直接消耗系数概念。

【定义 6.1】 第 j 部门生产单位产品直接消耗第 i 部门的产品量，称为第 j 部门对第 i 部门的直接消耗系数，记为 a_{ij}，也就是

$$a_{ij} = \frac{x_{ij}}{x_j} \qquad (i,j = 1,2,\cdots,n)$$

或者说，a_{ij} 是第 j 部门生产单位产品需要从第 i 部门直接分配给第 j 部门的产品量。

直接消耗系数 a_{ij} 有下列性质：

(1) $0 \leqslant a_{ij} < 1 (i,j = 1,2,\cdots,n)$

(2) $\sum_{i=1}^{n} |a_{ij}| < 1 (j = 1,2,\cdots,n)$

【证】 将 $\qquad x_{ij} = a_{ij}x_j \qquad (j = 1,2,\cdots,n)$

代入消耗平衡方程组

$$x_j = \sum_{i=1}^{n} x_{ij} + z_j \qquad (j = 1,2,\cdots,n)$$

得

$$x_j = \sum_{i=1}^{n} a_{ij}x_j + z_j \qquad (j = 1,2,\cdots,n)$$

整理得

$$\left(1 - \sum_{i=1}^{n} a_{ij}\right)x_j = z_j \qquad (j = 1,2,\cdots,n)$$

那么

$$1 - \sum_{i=1}^{n} a_{ij} > 0 \qquad (j = 1,2,\cdots,n)$$

即

$$\sum_{i=1}^{n} a_{ij} < 1 \qquad (j = 1,2,\cdots,n)$$

又因为

$$0 \leqslant a_{ij} < 1$$

所以

$$\sum_{i=1}^{n} |a_{ij}| < 1 \qquad (j = 1,2,\cdots,n)$$

由全部直接消耗系数 a_{ij} 组成的矩阵称为直接消耗系数矩阵，记为

$$\boldsymbol{A} = \begin{pmatrix} a_{11} & a_{12} & \cdots & a_{1n} \\ a_{21} & a_{22} & \cdots & a_{2n} \\ \vdots & \vdots & & \vdots \\ a_{n1} & a_{n2} & \cdots & a_{nn} \end{pmatrix}$$

直接消耗系数是技术性的，因此在短时期内，大部分系数变动不大，a_{ij} 越大，说明 i 和 j 这两个部门间的直接相互依赖性越强。

将 $x_{ij} = a_{ij}x_j$ 代入分配平衡方程组(6.1)得

$$x_i = \sum_{j=1}^{n} a_{ij}x_j + y_j \qquad (i = 1,2,\cdots,n)$$

代入消耗平衡方程组(6.2)得

$$x_j = \sum_{i=1}^{n} a_{ij}x_j + z_j \qquad (j = 1,2,\cdots,n)$$

设
$$\boldsymbol{X} = \begin{pmatrix} x_1 \\ x_2 \\ \vdots \\ x_n \end{pmatrix}, \boldsymbol{Y} = \begin{pmatrix} y_1 \\ y_2 \\ \vdots \\ y_n \end{pmatrix}, \boldsymbol{Z} = \begin{pmatrix} z_1 \\ z_2 \\ \vdots \\ z_n \end{pmatrix}$$

则分配平衡方程组(6.1)可表示成

$$\boldsymbol{X} = \boldsymbol{AX} + \boldsymbol{Y} \text{或} (\boldsymbol{I} - \boldsymbol{AX}) = \boldsymbol{Y}$$

消耗平衡方程组(6.2)可表示成

$$\boldsymbol{X} = \boldsymbol{CX} + \boldsymbol{Z} \text{或} (\boldsymbol{A} - \boldsymbol{C})\boldsymbol{X} = \boldsymbol{Z}$$

其中

$$\boldsymbol{C} = \begin{pmatrix} \sum\limits_{i=1}^{n} a_{i1} & 0 & \cdots & 0 \\ 0 & \sum\limits_{i=1}^{n} a_{i2} & \cdots & 0 \\ \vdots & \vdots & & \vdots \\ 0 & 0 & \cdots & \sum\limits_{i=1}^{n} a_{in} \end{pmatrix}$$

称为中间投入系数矩阵。

【例 1】 设投入产出表如表 6.2 所示。

表 6.2　投入产出表　　亿元

投入 \ 部门间流量 \ 产出		中间产品				最终产品	总产出
		农业	工业	其他	合计		
中间投入	农业	688	1 364	124	2 176	2 494	4 670
	工业	614	6 535	2 711	9 860	3 976	13 836
	其他	169	1 201	833	2 203	4 954	7 157
	合计	1 471	9 100	3 668	14 239	11 424	25 663
初始投入		3 199	4 736	3 489	11 424		
总投入		4 670	13 836	7 157	25 663		

求出直接消耗系数矩阵,并解释工业对企业的直接消耗系数。

【解】 由公式

$$a_{ij} = \frac{x_{ij}}{x_j}$$

得

$$a_{11} = \frac{x_{11}}{x_1} = \frac{688}{4\ 670} = 0.147\ 23$$

$$a_{12} = \frac{x_{12}}{x_2} = \frac{1\ 364}{13\ 836} = 0.098\ 583$$

$$a_{13} = \frac{x_{13}}{x_3} = \frac{124}{7\ 157} = 0.017\ 326$$

同理有

$$a_{21} = 0.131\ 478, a_{22} = 0.472\ 250, a_{23} = 0.370\ 790$$

$$a_{31} = 0.036\ 188, a_{32} = 0.086\ 803, a_{33} = 0.116\ 390$$

于是直接消耗系数矩阵为

$$\boldsymbol{A} = \begin{pmatrix} 0.147\ 23 & 0.098\ 583 & 0.017\ 326 \\ 0.131\ 478 & 0.472\ 250 & 0.370\ 790 \\ 0.036\ 188 & 0.086\ 803 & 0.116\ 390 \end{pmatrix}$$

其中工业对农业的直接消耗系数为 $a_{12} = 0.098\ 583$,表示工业部门每生产一个单位产品需要直接消耗 0.098 583 个单位的农业部门的产品。

6.2.2 完全消耗系数

经济系统各部门之间的生产与消耗,除了直接消耗外,还有间接消耗。我们把第 j 部门生产产品时,通过其他部门间接消耗第 i 部门的产品,称为第 j 部门对第 i 部门的间接消耗。

直接消耗与间接消耗之和称为完全消耗。

【定义 6.2】 第 j 部门生产单位产品时对第 i 部门产品量的完全消耗,称为第 j 部门对第 i 部门的完全消耗系数,记作 b_{ij},即

$$b_{ij} = a_{ij} + \sum_{k=1}^{n} b_{ik}a_{kj} \qquad (i,j = 1,2,\cdots,n) \tag{6.3}$$

其中,$\sum\limits_{k=1}^{n} b_{ik}a_{kj}$ 表示间接消耗的总和。

各部门之间的完全消耗系数构成的 n 阶矩阵,称为完全消耗系数矩阵,记作

$$B=\begin{pmatrix} b_{11} & b_{12} & \cdots & b_{1n} \\ b_{21} & b_{22} & \cdots & b_{2n} \\ \vdots & \vdots & & \vdots \\ b_{n1} & b_{n2} & \cdots & b_{nn} \end{pmatrix}$$

式(6.3)用矩阵表示就是

$$\boldsymbol{B}=\boldsymbol{A}+\boldsymbol{BA}$$

由直接消耗系数的性质可证明$(\boldsymbol{I}-\boldsymbol{A})$和$(\boldsymbol{I}-\boldsymbol{C})$都可逆,其中,$\boldsymbol{A}$是直接消耗矩阵,$\boldsymbol{C}$是中间投入系数矩阵。因此有

$$\boldsymbol{B}=\boldsymbol{A}(\boldsymbol{I}-\boldsymbol{A})^{-1}=(\boldsymbol{I}-\boldsymbol{A})^{-1}-(\boldsymbol{I}-\boldsymbol{A})(\boldsymbol{I}-\boldsymbol{A})^{-1}=(\boldsymbol{I}-\boldsymbol{A})^{-1}-\boldsymbol{I}$$

得到完全消耗系数矩阵的计算公式为

$$\boldsymbol{B}=(\boldsymbol{I}-\boldsymbol{A})^{-1}-\boldsymbol{I}$$

完全消耗系数能更深刻、更全面地反映各部门间相互依存,相互制约的关系。

【例 2】 已知某经济系统的直接消耗矩阵

$$\boldsymbol{A}=\begin{pmatrix} 0.25 & 0.1 & 0.1 \\ 0.2 & 0.2 & 0.1 \\ 0.1 & 0.1 & 0.2 \end{pmatrix}$$

求该经济系统的完全消耗系数矩阵。

【解】

$$\boldsymbol{I}-\boldsymbol{A}=\begin{pmatrix} 0.75 & -0.1 & -0.1 \\ -0.2 & 0.8 & -0.1 \\ -0.1 & -0.1 & 0.8 \end{pmatrix}$$

求出

$$(\boldsymbol{I}-\boldsymbol{A})^{-1}=\frac{1}{0.445\,5}\begin{pmatrix} 0.63 & 0.09 & 0.09 \\ 0.17 & 0.59 & 0.095 \\ 0.1 & 0.085 & 0.58 \end{pmatrix}$$

于是完全消耗系数矩阵为

$$\boldsymbol{B}=(\boldsymbol{I}-\boldsymbol{A})^{-1}-\boldsymbol{I}=\frac{1}{0.445\,5}\begin{pmatrix} 0.184\,5 & 0.09 & 0.09 \\ 0.17 & 0.144\,5 & 0.095 \\ 0.1 & 0.085 & 0.134\,5 \end{pmatrix}$$

6.3 平衡方程组的解

6.3.1 分配平衡方程组的解

分配平衡方程组

$$x_i = \sum_{j=1}^{n} a_{ij}x_j + y_i \qquad (i = 1,2,\cdots,n)$$

直接消耗系数 a_{ij} 已知,则它就是一个线性方程组,用矩阵表示为

$$(\boldsymbol{I} - \boldsymbol{A})\boldsymbol{X} = \boldsymbol{Y}$$

(1) 若 $\boldsymbol{X}$ 的值已知,则通过 $\boldsymbol{Y} = (\boldsymbol{I} - \boldsymbol{A})\boldsymbol{X}$ 可求出 $\boldsymbol{Y}$ 的值。

(2) 若 $\boldsymbol{Y}$ 的值已知,则通过 $\boldsymbol{X} = (\boldsymbol{I} - \boldsymbol{A})^{-1}\boldsymbol{Y}$ 可求出 $\boldsymbol{X}$ 的值。

特别地,若已知完全消耗系数矩阵 $\boldsymbol{B}$ 及 $\boldsymbol{Y}$ 的值,可通过公式 $\boldsymbol{X} = (\boldsymbol{B} + \boldsymbol{I})\boldsymbol{Y}$ 求出 $\boldsymbol{X}$ 的值。

因为

$$\begin{cases} \boldsymbol{B} = (\boldsymbol{I} - \boldsymbol{A})^{-1} - \boldsymbol{I} \\ \boldsymbol{X} = (\boldsymbol{I} - \boldsymbol{A})^{-1}\boldsymbol{Y} \end{cases}$$

所以

$$\boldsymbol{X} = (\boldsymbol{B} + \boldsymbol{I})\boldsymbol{Y}$$

【例 1】 已知三个部门在某一生产周期内,直接消耗系数矩阵为

$$\boldsymbol{A} = \begin{pmatrix} 0.3 & 0.4 & 0.1 \\ 0.5 & 0.2 & 0.6 \\ 0.1 & 0.3 & 0.1 \end{pmatrix}$$

(1) 已知三个部门的总投入为

$$\boldsymbol{X} = \begin{pmatrix} 200 \\ 240 \\ 140 \end{pmatrix}$$

求各部门的最终产品 $\boldsymbol{Y}$。

(2) 已知三个部门的最终产品为

$$\boldsymbol{Y} = \begin{pmatrix} 20 \\ 10 \\ 30 \end{pmatrix}$$

求各部门的总投入 $\boldsymbol{X}$。

【解】 (1) 已知 $\boldsymbol{A}, \boldsymbol{X}$,求 $\boldsymbol{Y}$。利用公式

$$\boldsymbol{Y} = (\boldsymbol{I} - \boldsymbol{A})\boldsymbol{X} = \begin{pmatrix} 0.7 & -0.4 & -0.1 \\ -0.5 & 0.8 & -0.6 \\ -0.1 & -0.3 & 0.9 \end{pmatrix} \begin{pmatrix} 200 \\ 240 \\ 140 \end{pmatrix} = \begin{pmatrix} 30 \\ 8 \\ 34 \end{pmatrix}$$

即各部门的最终产品分别为 30 单位,8 单位,34 单位。

(2) 已知 $\boldsymbol{A}, \boldsymbol{Y}$,求 $\boldsymbol{X}$。利用公式

$$(\boldsymbol{I} - \boldsymbol{A})^{-1} = \frac{1}{0.151} \begin{pmatrix} 0.54 & 0.39 & 0.32 \\ 0.51 & 0.62 & 0.47 \\ 0.23 & 0.25 & 0.36 \end{pmatrix}$$

$$X = (I - A)^{-1}Y = \frac{1}{0.151}\begin{pmatrix} 0.54 & 0.39 & 0.32 \\ 0.51 & 0.62 & 0.47 \\ 0.23 & 0.25 & 0.36 \end{pmatrix}\begin{pmatrix} 20 \\ 10 \\ 30 \end{pmatrix} = \begin{pmatrix} 160.93 \\ 201.99 \\ 118.54 \end{pmatrix}$$

即各部门的总投入分别为 160.93 个单位，201.99 个单位，118.54 个单位。

【例 2】 已知某一经济系统的完全消耗系数矩阵 $\boldsymbol{B}$ 和最终产品矩阵 $\boldsymbol{Y}$ 如下

$$\boldsymbol{B} = \begin{pmatrix} 0.30 & 0.25 & 0.075 \\ 0.46 & 0.88 & 0.68 \\ 0.21 & 0.22 & 0.20 \end{pmatrix}, \boldsymbol{Y} = \begin{pmatrix} 60 \\ 70 \\ 60 \end{pmatrix}$$

试求该系统的总产出矩阵 $\boldsymbol{X}$。

【解】 由公式 $\boldsymbol{X} = (\boldsymbol{B} + \boldsymbol{I})\boldsymbol{Y}$ 便可求出

$$\boldsymbol{B} + \boldsymbol{I} = \begin{pmatrix} 1.30 & 0.25 & 0.075 \\ 0.46 & 1.88 & 0.68 \\ 0.21 & 0.22 & 1.20 \end{pmatrix}$$

于是

$$\boldsymbol{X} = \begin{pmatrix} 1.30 & 0.25 & 0.075 \\ 0.46 & 1.88 & 0.68 \\ 0.21 & 0.22 & 1.20 \end{pmatrix}\begin{pmatrix} 60 \\ 70 \\ 60 \end{pmatrix} = \begin{pmatrix} 100 \\ 200 \\ 100 \end{pmatrix}$$

6.3.2 消耗平衡方程组的解

消耗平衡方程组

$$x_j = \sum_{i=1}^{n} a_{ij}x_j + z_j \qquad (j = 1,2,\cdots,n)$$

其中，a_{ij} 为已知的直接消耗系数。

(1) 若 x_j 的值已知，则求 z_j 的公式为

$$z_j = (1 - \sum_{i=1}^{n} a_{ij})x_j \qquad (j = 1,2,\cdots,n)$$

用矩阵表示为

$$\boldsymbol{Z} = (\boldsymbol{I} - \boldsymbol{C})\boldsymbol{X}$$

其中，$\boldsymbol{C}$ 为中间投入系数矩阵。

(2) 若 z_j 的值已知，则求 x_j 的公式为

$$x_j = \frac{z_j}{1 - \sum_{i=1}^{n} a_{ij}} \qquad (j = 1,2,\cdots,n)$$

用矩阵表示为

$$\boldsymbol{X} = (\boldsymbol{I} - \boldsymbol{C})^{-1}\boldsymbol{Z}$$

【例 3】 某经济系统有三个主要部门，假设在一个周期内，每个部门计划的直接消耗系数矩阵为

$$A = \begin{pmatrix} 0 & 0.65 & 0.55 \\ 0.25 & 0.05 & 0.10 \\ 0.25 & 0.05 & 0 \end{pmatrix}$$

(1) 已知一个周期内每个部门的总产出

$$X = \begin{pmatrix} 200 \\ 120 \\ 72 \end{pmatrix}$$

求每个部门的初始投入 Z。

(2) 已知一个周期内每个部门的初始投入

$$Z = \begin{pmatrix} 100 \\ 30 \\ 25.2 \end{pmatrix}$$

求每个部门的总产出 X。

【解】 因为总产出 X 已知，根据公式

$$z_j = (1 - \sum_{i=1}^{n} a_{ij}) x_j \quad (j = 1,2,3)$$

得

$$z_1 = (1 - 0 - 0.25 - 0.25) \times 200 = 100$$

$$z_2 = (1 - 0.65 - 0.05 - 0.05) \times 120 = 30$$

$$z_3 = (1 - 0.55 - 0.10 - 0) \times 72 = 25.2$$

因此

$$Z = \begin{pmatrix} 100 \\ 30 \\ 25.2 \end{pmatrix}$$

(2) 因为初始投入 Z 已知，根据公式

$$x_j = \frac{z_j}{1 - \sum_{i=1}^{n} a_{ij}} \quad (j = 1,2,3)$$

得

$$x_1 = \frac{100}{1 - 0 - 0.25 - 0.25} = 200$$

$$x_2 = \frac{30}{1 - 0.65 - 0.05 - 0.05} = 120$$

$$x_3 = \frac{25.2}{1 - 0.55 - 0.10 - 0} = 72$$

因此
$$X=\begin{pmatrix}200\\120\\72\end{pmatrix}$$

6.4 投入产出表的编制

利用投入产出方法制定计划方案的方法比较多,这里介绍一种最简单、方便的方法,共分以下几步:

(1) 决定计划期的最终产品量 $\boldsymbol{y}$。

(2) 利用报告期的直接消耗系数矩阵 $\boldsymbol{A}$,求出逆矩阵 $(\boldsymbol{I}-\boldsymbol{A})^{-1}$,并利用公式 $\boldsymbol{X}=(\boldsymbol{I}-\boldsymbol{A})^{-1}\boldsymbol{Y}$,求出计划期的总产出量 $\boldsymbol{X}$。

(3) 利用公式
$$x_{ij}=a_{ij}x_j\qquad(i,j=1,2,\cdots,n)$$
求出计划期部门间流量 x_{ij}。

(4) 利用公式
$$z_j=(1-\sum_{i=1}^{n}a_{ij})x_j\qquad(j=1,2,\cdots,n)$$
求出计划期各部门初始投入 z_j。

(5) 根据上述结果,编制计划期的计划方案表,即投入产出表。

投入产出数学模型对计划工作的意义在于,它为我们从最终产品出发编制国民经济计划和综合平衡提供了一种比较科学的方法。

【例 1】 设某一经济系统报告期的直接消耗系数矩阵
$$\boldsymbol{A}=\begin{pmatrix}0.2&0.1&0.2\\0.1&0.2&0.2\\0.1&0.1&0.1\end{pmatrix}$$
如果其计划期的终产品为
$$\boldsymbol{Y}=\begin{pmatrix}75\\120\\225\end{pmatrix}$$
试编制计划期的投入产出表。

【解】 (1) 设 $x_i(i=1,2,3)$ 为计划期第 i 部门的总产出,由
$$\boldsymbol{A}=\begin{pmatrix}0.2&0.1&0.2\\0.1&0.2&0.2\\0.1&0.1&0.1\end{pmatrix}$$

得
$$(\boldsymbol{I}-\boldsymbol{A})^{-1}=\frac{10}{531}\begin{pmatrix}70 & 11 & 18\\11 & 70 & 18\\9 & 9 & 63\end{pmatrix}$$

(2) 由 $\boldsymbol{X}=(\boldsymbol{I}-\boldsymbol{A})^{-1}\boldsymbol{Y}$ 可得计划期各部门的总产出

$$\boldsymbol{X}=\frac{10}{531}\begin{pmatrix}70 & 11 & 18\\11 & 70 & 18\\9 & 9 & 63\end{pmatrix}\begin{pmatrix}75\\120\\225\end{pmatrix}=\begin{pmatrix}200\\250\\300\end{pmatrix}$$

(3) 由公式 $x_{ij}=a_{ij}x_j$ 可计算出计划期部门间流量

$$x_{11}=40, x_{12}=25, x_{13}=60$$
$$x_{21}=20, x_{22}=50, x_{23}=60$$
$$x_{31}=20, x_{32}=20, x_{33}=30$$

(4) 由公式 $z_j=(1-\sum_{i=1}^{n}a_{ij})x_j$ 可计算出各部门的初始投入 z_j

$$z_1=120, z_2=150, z_3=150$$

(5) 利用上述结果,编制计划期的投入产出表,如表 6.3 所示。

表 6.3　某经济系统计划期投入产出表

投入 \ 部门间流量 \ 产出		中间产品				最终产品	总产出
		1	2	3	合计		
中间投入	1	40	25	60	125	75	200
	2	20	50	60	130	120	250
	3	20	25	30	75	225	300
	合计	80	100	150	330	420	750
初始投入		120	150	150	420		
总投入		200	250	300	750		

习　题

1. 已知某一经济系统在一个生产周期内各总部门的产品分配与消耗情况如表 6.4 所示。

表 6.4　产品分配与消耗情况表

<table>
<tr><th colspan="2" rowspan="2">产出 / 部门间流量 / 投入</th><th colspan="3">中间产品</th><th rowspan="2">最终产品</th><th rowspan="2">总产出</th></tr>
<tr><th>1</th><th>2</th><th>3</th></tr>
<tr><td rowspan="3">中间投入</td><td>1</td><td>100</td><td>25</td><td>30</td><td>y_1</td><td>400</td></tr>
<tr><td>2</td><td>80</td><td>50</td><td>30</td><td>y_2</td><td>250</td></tr>
<tr><td>3</td><td>40</td><td>25</td><td>60</td><td>y_3</td><td>300</td></tr>
<tr><td colspan="2">初始投入</td><td>z_1</td><td>z_2</td><td>z_3</td><td></td><td></td></tr>
<tr><td colspan="2">总投入</td><td>400</td><td>250</td><td>300</td><td></td><td></td></tr>
</table>

求：(1) 各部门的最终产品 y_1, y_2, y_3。

(2) 各部门的初始投入 z_1, z_2, z_3。

(3) 直接消耗系数矩阵。

2. 一个包括三个部门的经济系统，已知报告期的直接消耗系数矩阵为

$$\boldsymbol{A} = \begin{pmatrix} 0.2 & 0.2 & 0.3125 \\ 0.14 & 0.15 & 0.25 \\ 0.16 & 0.5 & 0.1875 \end{pmatrix}$$

(1) 如果计划期最终产品为 $\boldsymbol{Y} = \begin{pmatrix} 60 \\ 55 \\ 120 \end{pmatrix}$，求计划期各部门总产品 $\boldsymbol{X}$。

(2) 如果计划期最终产品为 $\boldsymbol{Y} = \begin{pmatrix} 70 \\ 55 \\ 120 \end{pmatrix}$，求计划期各部门总产品 $\boldsymbol{X}$。

3. 已知经济系统报告期的直接消耗系数矩阵

$$\boldsymbol{A} = \begin{pmatrix} 0.35 & 0.3 & 0.25 \\ 0.15 & 0.2 & 0.15 \\ 0.2 & 0.1 & 0.1 \end{pmatrix}$$

如果该经济系统三个部门的计划期最终产品为

$$\boldsymbol{Y} = \begin{pmatrix} 216 \\ 176 \\ 120 \end{pmatrix}$$

试编制该系统的计划期投入产出表。(单位：万元)

第2篇　概率论与统计

第7章　随机事件及其概率

7.1　随机事件

7.1.1　随机现象和随机试验

在自然界和人类社会中,人们经常可遇到两类不同的现象。一类是确定(或必然)性现象,是指在一定条件下重复试验必然发生某一确定结果的现象。例如,在一个大气压下,水温在 100℃ 时,水必然沸腾;向上抛一硬币,必然下落。另一类是非确定性现象,也称随机现象,即在相同条件下,多次进行同一试验,所得结果不完全一样,而且事前不能预言将会发生什么结果的现象。例如,从一批产品中,随机抽取一件,结果可能是合格品,也可能是次品;抛一枚硬币,结果可能是正面向上,也可能是反面向上。

仅就一次观察而言,随机现象的结果是不确定的。但是人们经过长期的反复实践,发现随机现象在大量重复试验下,所得的结果却呈现出一定的规律性。英国数学家皮尔逊(K.Pearson)曾经做过 24 000 次抛硬币的重复试验,结果正面朝上为 12 012 次,反面朝上为 11 988 次,比率分别为 0.500 5 和 0.499 5,都接近 0.5,这种性质就称为随机现象的统计规律性。概率论就是研究这种统计规律性的学科。

为了研究随机现象,就要对客观事物进行观察,这种观察的过程称为随机试验,简称试验。随机试验有以下特点:

(1) 试验可以在相同的条件下重复进行;

(2) 每次试验的所有可能的结果不止一个,而且在试验之前可以明确试验的所有可能结果;

(3) 每次试验的结果都是事前不能确定的。

7.1.2　随机事件的概念

在概率论中，将试验的结果称为事件。每次试验中可能发生也可能不发生，而在大量试验中具有某种规律性的事件称为随机事件，简称事件，常用大写字母 A,B,C 等表示，类似于集合的表示方法。随机试验 E 中每一个可能结果称为基本事件或样本点，记作 $w_1,w_2,\cdots$。所有基本事件组成的集合称为 E 的样本空间，记作 Ω。

例如，试验 E_1：抛硬币，可能结果为正面和反面。E_1 中有 2 个基本事件，即 $\Omega_1=\{正,反\}$；

又如，试验 E_2：掷骰子，可能的点数有 1,2,3,4,5,6。E_2 中有 6 个基本事件，即 $\Omega_2=\{w_1,w_2,w_3,w_4,w_5,w_6\}$；其中 w_i 表示"出现 i 点"$(i=1,2,\cdots,6)$。

再如，试验 E_3：任取 10 个产品，次品数为 0,1,2,…,10。E_3 中有 11 个基本事件，$\omega_3=\{w_0,w_1,w_2,\cdots,w_{10}\}$，其中，$w_i$ 表示"取出 10 个产品中有 i 个次品"$(i=0,1,2,\cdots,10)$。

在随机事件中，有些事件可以看成是由某些事件复合而成，比如"奇数点"也是随机件事，但它不是基本事件。每次试验中一定发生的事件称为必然事件，用符号 Ω 表示；每次试验中一定不发生的事件称为不可能事件，用$\varnothing$表示。

如掷骰子试验中，"点数小于 7" 是必然事件，"点数大于 7" 是不可能事件，而掷 10 颗骰子时，"点数总和小于 7" 也是不可能事件。

【例 1】　观察下列试验的结果是不是随机事件。

(1) 掷一颗骰子，若用 A 表示"出现偶数点"，B 表示"出现点数不小于 5"，C 表示"出现点数小于 4"；

(2) 抛两枚硬币，A 表示"出现两个正面朝上"，B 表示"出现一个正面朝上一个反面朝上"，C 表示"出现两个反面朝上"；

(3) 假设公共汽车总站每 10 分钟发出一辆汽车，乘客随机去沿线某一车站乘车，用 t 表示"乘客到达车站后的候车时间"，记

$$A=\{0<t\leqslant 3\},B=\{0<t\leqslant 5\},C=\{0\leqslant t\leqslant 3\}$$

【解】　(1) 显然，在掷一颗骰子的试验中，A,B,C 中的任何一个都可能出现也可能不出现，所以它们都是随机事件。

(2) 掷两枚硬币，可能出现"正正"，"正反" 或"反正"，"反反" 之一，即 ABC 任何一个都有可能发生，也可能不发生，故它们都是随机事件。

(3) 虽然每 10 分钟有一辆公共汽车经过，但乘客到汽车站却是随机的，不能确定等几分种一定能上车，候车时间不超过 3 分种或不超过 5 分钟，或到车站

即刻上车，都有可能。A,B,C 都可能发生，也可能不发生，故 A,B,C 都是随机事件。

7.2 事件的关系及运算

1. 事件的包含

如果事件 A 发生必导致事件 B 发生，那么称事件 B 包含事件 A，或称事件 A 包含于事件 B，记作 $B \supset A$ 或 $A \subset B$。

2. 事件的相等

如果事件 A 包含事件 B，事件 B 也包含事件 A，称事件 A 与事件 B 相等，即 A 与 B 中的样本点完全相同，记作 $A = B$。

3. 事件的和

事件 A 和事件 B 至少有一个发生，即"A 或 B"，称为事件 A 与 B 的和，也称为事件 A 与事件 B 的并，它是由属于 A 或 B 的所有样本点组成的集合，记作 $A + B$ 或 $A \cup B$。

n 个事件 $A_1, A_2, \cdots, A_n$ 中至少有一个发生，称为 $A_1, A_2, \cdots, A_n$ 的和，记作

$$A_1 + A_2 + \cdots + A_n \text{ 或 } A_1 \cup A_2 \cup \cdots \cup A_n$$

可列个事件 $A_1, A_2, \cdots, A_n, \cdots$ 的和表示可列个事件 $A_1, A_2, \cdots, A_n, \cdots$ 中至少有一个事件发生，记作 $\sum_{i=1}^{\infty} A_i$ 或 $\bigcup_{i=1}^{\infty} A_i$。

4. 事件的积

两个事件 A 与 B 同时发生，即"A 且 B"，称为 A 与 B 的积，也称为 A 与 B 的交。它是由既属于 A 又属于 B 的所有公共样本点构成的集合，记作 AB 或 $A \cap B$。

5. 事件的差

事件 A 发生而事件 B 不发生，称为事件 A 与 B 的差，它是由属于 A 但不属于 B 的样本点构成的集合，记作 $A - B$。

6. 互不相容事件

如果事件 A 与 B 不能同时发生，即 $AB = \varnothing$，称事件 A 与 B 互不相容，或称 A 与 B 互斥，互不相容事件 A 与 B 没有公共的样本点。

7. 对立事件

事件"非 A"称为 A 的对立事件，它是由样本空间中所有不属于 A 的样本点组成的集合，记作 $\bar{A}$。显然 $A\bar{A} = \varnothing$，$A + \bar{A} = \Omega$，$\bar{A} = \Omega - A$，$\bar{\bar{A}} = A$。

8. 完备事件组

若事件 $A_1, \cdots, A_n$ 为两两互不相容的事件，并且 $A_1 + \cdots + A_n = \Omega$，称

$A_1,\cdots,A_n$ 构成一个完备事件组。事件的关系及运算，如图 7.1 所示。

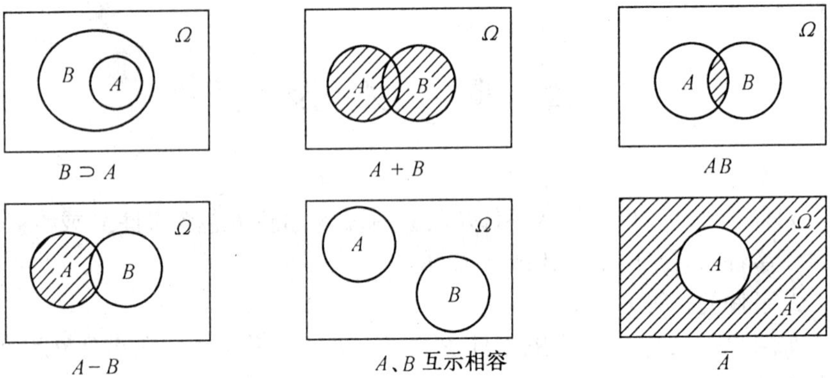

图 7.1

事件的运算规律类似于集合的运算规律，故根据集合的运算性质可推得事件的运算性质如下：

(1) 交换律：$A \cup B = B \cup A, AB = BA$

(2) 结合律：$(A \cup B) \cup C = A \cup (B \cup C), (AB)C = A(BC)$

(3) 分配律：$(A \cup B) \cap C = (A \cap C) \cup (B \cap C), (A \cap B) \cup C = (A \cup C) \cap (B \cup C)$

(4) 对偶原理：$\overline{A \cup B} = \bar{A} \cap \bar{B}, \overline{A \cap B} = \bar{A} \cup \bar{B}$

【例 1】 分析下列事件的关系。

(1) 随机抽查一批产品的质量，设 $A=\{$抽到三个不合格产品$\}$，$B=\{$抽到两个以上的不合格产品$\}$。

(2) 抛两枚硬币，记 $C=\{$不出现反面朝上$\}$，$D=\{$两个都是正面朝上$\}$。

【解】 (1) 因为 A 发生时，即抽到三个不合格产品，也就是抽到两个以上的不合格产品，即事件 B 发生了，故有 $A \subset B$。

(2) 抛两枚硬币试验，不出现反面朝上，必是两个均为正面，显然 $C = D$。

【例 2】 以直径和长度两项指标衡量某零件是否合格，设

$A=\{$零件直径不合格$\}$

$B=\{$零件长度不合格$\}$

$C=\{$零件直径合格$\}$

$D=\{$零件长度合格$\}$

$E=\{$零件不合格$\}$

$F=\{$零件合格$\}$

规定零件的直径或长度之一不合格，就是不合格零件，试用 A,B,C,D 表示 E，F。

【解】 事件 A,B 至少一个发生，则 E 发生，故 $E = A + B$；只有零件的直径和长度都合格零件才合格，即事件 C,D 都发生，事件 F 才发生，所以有 $F = CD$。

【例 3】 观察某电话台 5 分钟内被呼叫的次数，记 A = "5 分钟内被呼叫 10 次"，B = "5 分钟内被呼叫 30 次"。问事件 A,B 是不是互不相容事件？

【解】 在确定的时间内，被呼叫的次数只能是唯一的一个数。若 A 出现，即在 5 分钟内被呼叫了 10 次，当然不可能是 30 次，即事件 A 出现，事件 B 不出现。同理，事件 B 出现，A 就不可能出现。故事件 A,B 是互不相容的事件。

【例 4】 从一批产品中，随机抽取两件产品进行检验，记 A = "抽取两件产品都是合格品"，试表述事件 A 的对立事件。

【解】 两件产品都是合格品的对立事件，就是两件产品都不合格或者一件不合格，一件合格，所以

$$\bar{A} = \text{“取到的两件产品至少一件不合格”}$$

【例 5】 甲、乙两人向一目标各射击一次，A = "甲击中目标"，B = "乙击中目标"，试说明下列各事件的意义。

(1) $A + B$；(2) AB；(3) $\bar{A}$；(4) $\bar{A}\,\bar{B}$；(5) $\bar{A} + \bar{B}$；(6) $\overline{A + B}$；(7) $\overline{AB}$

【解】 (1) $A + B$ 表示甲、乙两人至少有一人击中目标；

(2) AB 表示甲、乙两人都击中目标；

(3) $\bar{A}$ 表示甲未击中目标；

(4) $\bar{A}\,\bar{B}$ 表示甲、乙两人都未击中目标；

(5) $\bar{A} + \bar{B}$ 表示甲、乙两人至少有一人未击中目标；

(6) $\overline{A + B}$ 表示甲、乙两人都未击中目标；

(7) $\overline{AB}$ 表示甲、乙两人至少有一人未击中目标。

7.3 事件的概率

7.3.1 古典概率

一般地，若随机试验满足下面两个条件：

(1) 基本事件的个数是有限的，即

$$\Omega = \{\omega_1, \omega_2, \cdots, \omega_n\}$$

(2) 每个基本事件发生的可能性相同，即

$$P(w_1) = P(w_2) = \cdots = P(w_n)$$

这种随机现象是概率论早期研究的对象，称为古典型随机试验。古典型随

机试验所描述的数学模型称为古典概型。在古典概型中，如果基本事件的总数为 n，而事件 A 又由其中 m_A 个基本事件组成，则定义事件 A 的概率为

$$P(A)=\frac{m_A}{n}=\frac{A\text{ 中包含的基本事件数}}{\text{试验的基本事件总数}}$$

这是概率的古典定义，称为古典概率。可见，对于古典概型的问题，只要求出基本事件总数 n 和事件 A 所包含的基本事件数 m_A，就可直接算出事件 A 的概率了。

排列与组合是古典概率计算必备知识。

1. 两个基本原理

加法原理　完成一件事，有两类不同的办法。在第一类办法中有 m 种方法，在第二类办法中有 n 种方法，两类办法中的每一种方法都能完成这件事，因此完成这件事共有 $m+n$ 种方法。

乘法原理　完成一件事，必须通过两个步骤。通过第一个步骤有 m 种方法，通过第二步骤有 n 种方法，因此完成这件事共有 mn 种不同的方法。

显然，这两条原理可以推广到多个过程的场合。

2. 排列

有重复排列　从 n 个不同的元素中，每次取 m 个元素按一定顺序排成一列，并且每个元素可以重复抽取，这种排列叫做有重复排列，所有不同的排列个数为 $N=n^m$。

无重复排列　从 n 个不同的元素中，每次取 $m(m\leqslant n)$ 个元素按一定顺序排成一列，每个元素不能重复，这种排列叫做无重复排列，所有不同的排列个数为

$$\mathrm{P}_n^m=n(n-1)(n-2)\cdots(n-m+1)$$

当 $m=n$ 时，

$$\mathrm{P}_n^n=n(n-1)(n-2)\cdots3\cdot2\cdot1=n!$$

P_n^n 称为 n 个元素的全排列数，而 $\mathrm{P}_n^m(m<n)$ 称为由 n 个元素中取 m 个的选排列数。

3. 组合

从 n 个不同的元素中，每次取 $m(m\leqslant n)$ 个元素不计次序并成一组，称为组合，所有不同的组合个数为

$$\mathrm{C}_n^m=\frac{\mathrm{P}_n^m}{m!}=\frac{n(n-1)(n-1)\cdots(n-m+1)}{m!}=\frac{n!}{m!(n-m)!}=\mathrm{C}_n^{n-m}$$

规定

$$\mathrm{C}_n^0=1$$

常用组合公式有

$$C_{n+1}^{m} = C_{n}^{m} + C_{n}^{m-1}$$

$$C_{m+n}^{k} = \sum_{i=0}^{k} C_{m}^{i} C_{n}^{k-i}$$

$$\sum_{i=0}^{n} C_{n}^{i} = 2^{n}$$

【例 1】 从分别写有 1,2,…,9 的 9 张纸片中任意抽出一张,问:

(1) 抽到奇数号纸片的概率是多少?

(2) 抽出纸片上的数小于 4 的概率是多少?

【解】 (1) 设

$$A = \{抽到奇数号纸片\}$$

从 9 张纸片中任取 1 张,因为 9 张纸片中任何 1 张被抽到的机会是一样的,因此,基本事件总数 $n = 9$。

取到奇数号纸片,即取到写有 1,3,5,7,9 的纸片,共有 5 张,即 A 所包含的基本事件数 $m_A = 5$。于是

$$P(A) = \frac{m_A}{n} = \frac{5}{9}$$

(2) 设

$$B = \{抽出纸片上的数小于 4\}$$

因为小于 4 的数只有 1,2,3,导致 B 发生的基本事件数 $m_B = 3$,因此有

$$P(B) = \frac{m_B}{n} = \frac{3}{9} = \frac{1}{3}$$

【例 2】 将 10 本书任意放在书架上,求其中指定的 3 本书靠在一起的概率。

【解】 将 10 本书的每一种排列看做基本事件,则基本事件的总数为 10!。

设 A 表示指定的 3 本书靠在一起的事件,如果将 3 本书看做一本书再与剩下的 7 本书进行排列,则有 8!种,而 3 本书靠在一起的排法有 3!种,故 A 中包含的基本事件个数为 8!3!,所以

$$P(A) = \frac{8!3!}{10!} = \frac{1}{15} \approx 0.067$$

【例 3】 在 8 位数的电话号码中,求 8 个数字都不相同的概率。

【解】 8 位数的电话号码与数字顺序有关,故为排列问题,基本事件总数

$$n = 10 \times 10 \times \cdots \times 10 = 10^{8}$$

设 A 表示"8 位数的电话号码中,8 个数字都不相同"的事件,从 0,1,2,…,9 这 10 个数字中任取 8 个不同的数字,可以排成 P_{10}^{8} 个不同的 8 位电话号码,即事件 A 包含基本事件个数 $m_A = P_{10}^{8}$,所以

$$P(A)=\frac{m_A}{n}=\frac{P_{10}^8}{10^8}=\frac{10\times9\times8\times7\times6\times5\times4\times3}{10^8}=0.018\ 144$$

【例 4】 一批产品共 200 个,其中有 6 个废品,求:

(1) 这批产品的废品率;

(2) 任取 3 个恰有 1 个废品的概率;

(3) 任取 3 个全为正品的概率。

【解】 (1) 设 A 表示"任取一个是废品"的事件,有

$$m_A=C_6^1=6,n=C_{200}^1=200$$

有

$$P(A)=\frac{m_A}{n}=\frac{6}{200}=0.03$$

即这批产品的废品率为 0.03。

(2) 由题意,从 200 个产品中任取 3 个是一次试验,因为是一次取 3 个,又与顺序无关,故为组合问题,基本事件总数为

$$n=C_{200}^3$$

设 B 表示"任取 3 个恰有 1 个废品"的事件,为保证事件 B 的发生,须且只须先从 194 个正品中任取 2 个,再从 6 个废品中任取 1 个组成一个基本事件,则 B 所包含的基本事件数 $m_B=C_{194}^2C_6^1$,于是

$$P(B)=\frac{m_B}{n}=\frac{C_{194}^2C_6^1}{C_{200}^3}=\frac{\frac{194\times193}{1\times2}\times6}{\frac{200\times199\times198}{1\times2\times3}}=0.085\ 5$$

(3) 设 C 表示"任取 3 个全为正品"事件,则 C 所包含的基本事件数 $m_C=C_{194}^3$。由(2)有

$$P(C)=\frac{m_C}{n}=\frac{C_{194}^3}{C_{200}^3}=0.912\ 2$$

7.3.2 统计概率

若随机事件 A 在 n 次试验中发生了 m 次,则称 $\frac{m}{n}$ 为随机事件 A 发生的频率,记作 $f_n(A)=\frac{m}{n}$。

显然,任一随机事件 A 在 n 次试验中发生的频率满足

$$0\leqslant f_n(A)\leqslant1$$

若在 n 次重复试验下,当 n 充分大时,事件 A 在这 n 次试验中出现的频率稳定在某个固定常数 p 附近,称此常数 p 为事件 A 出现的统计概率,简称概率,记为 $P(A)=p$。

注意 事件 A 的频率 $f_n(A)$ 与概率 $P(A)$ 是有区别的。频率是个试验值，具有波动性，它回答的是 n 次试验中事件 A 发生的可能性大小，因此它只能是事件 A 发生可能性大小的一种近似度量；而概率是个理论值，它是由事件的本质所决定的，只能取唯一值，它回答的是一次试验中事件 A 发生的可能性的大小。因此，它能精确地度量事件 A 发生的可能性的大小。又由于概率的统计定义只是描述性的，一般不能用来计算事件的概率，通常只能在 n 充分大时，此事件出现的频率才能作为事件概率的近似值，即

$$P(A) \approx f_n(A)$$

在皮尔逊的试验中，硬币正面出现的频率为

$$f_{24\,000}(A) = \frac{12\,012}{24\,000} = 0.500\,5$$

当 n 很大时，硬币正面出现的概率接近于 $\frac{1}{2}$，即

$$P(A) = \frac{1}{2}$$

7.3.3 几何概率

古典概率样本空间中的基本事件个数是有限的，若将其推广，使适用于无限多个基本事件而又有某种等可能性的场合，就是本节所解决的问题。

向一区域 Ω 中掷一质点 M，如果 M 必落在 Ω 内，且落在 Ω 内任何子区域 A 上的可能性只与 A 的度量（长度，面积，……）成正比，而与 A 的位置及形状无关，则这个试验称为几何概型的试验，并定义 M 落在 A 中的概率

$$P(A) = \frac{L(A)}{L(\Omega)}$$

其中，$L(\Omega)$ 是样本空间 Ω 的度量，$L(A)$ 是子区域 A 的度量。这里 $P(A)$ 也称几何概率。

【例 5】 甲、乙两人相约在早上 6 点到 7 点之间在某地会面，先到者等候另一人 20 分钟，过时就离开，如果每个人可能在指定的一小时内的任意时刻到达，试计算两人能会面的概率。

【解】 以 6 点为计算时刻的 0 时，以分钟为单位，x, y 分别表示甲、乙两人到达会面地点的时刻，如图 7.2 所示，则样本空间为

$$\Omega = \{(x,y) \mid 0 \leqslant x \leqslant 60, 0 \leqslant y \leqslant 60\}$$

以 A 表示事件“两人能会面”，则

$$A = \{(x,y) \mid (x,y) \in \Omega, |x - y| \leqslant 20\}$$

这是一个几何概型问题，有

$$P(A)=\frac{S(A)}{S(\Omega)}=\frac{60^2-40^2}{60^2}=\frac{5}{9}$$

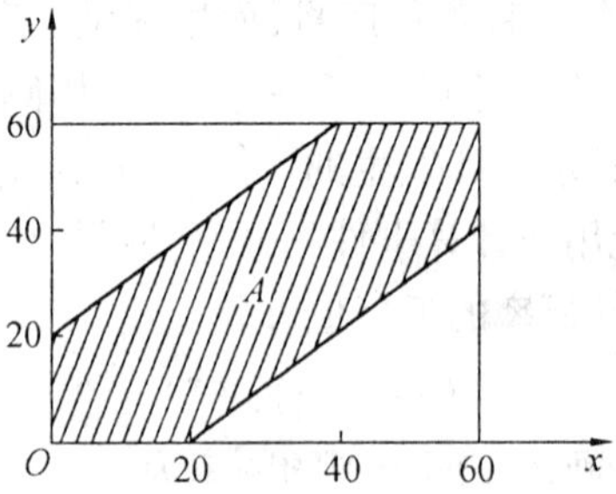

图 7.2

7.3.4 事件的概率的性质

(1) 对任一事件 A,有 $0\leqslant P(A)\leqslant 1$。

(2) $P(\Omega)=1$。

(3) 若事件 A,B 互斥,即 $AB=\varnothing$,则

$$P(A+B)=P(A)+P(B)$$

【证】 设 A,B 分别包含 m_A,m_B 个基本事件,由于

$$P(A)=\frac{m_A}{n},P(B)=\frac{m_B}{n}$$

又据已知条件 A,B 互斥,即 A,B 所包含的基本事件没有相同的,因而 $A+B$ 包含 m_A+m_B 个基本事件。由古典概率得

$$P(A+B)=\frac{m_A+m_B}{n}=\frac{m_A}{n}+\frac{m_B}{n}=P(A)+P(B)$$

【推论 1】 若 $A_1,A_2,\cdots,A_n$ 两两互斥,则

$$P(\bigcup_{i=1}^{n}A_i)=\sum_{i=1}^{n}P(A_i)$$

(4) 对立事件概率之和为 1,即

$$P(A)+P(\bar{A})=1$$

【证】 因 $A,\bar{A}$ 互不相容,则

$$P(A+\bar{A})=P(A)+P(\bar{A})$$

又因为 $A+\bar{A}=\Omega$,故 $P(A+\bar{A})=1$,代入上式即得

$$P(A)+P(\bar{A})=1$$

(5) $P(\varnothing)=0$

【证】 由性质(4),若 $A=\Omega$,则

$$\bar{A}=\varnothing,\text{则 }P(\varnothing)=1-P(\Omega)=0$$

(6) 若 $A \subset B$，则 $P(A) \leqslant P(B)$，且

$$P(B-A)=P(B)-P(A)$$

【证】 因为 $A \subset B$，故 $B=A+(B-A)$，其中 A 与 $B-A$ 互斥，由性质(3) 得

$$P(B)=P(A)+P(B-A)$$

得到

$$P(B-A)=P(B)-P(A)$$

因为

$$P(B-A) \geqslant 0$$

所以

$$P(A) \leqslant P(B)$$

(7) 广义加法定理　若 A,B 为任意二事件，则有

$$P(A \cup B)=P(A)+P(B)-P(AB)$$

【证】 因为

$$A \cup B=A+(B-AB)$$

A 与 $B-AB$ 互斥，由性质(3) 有

$$P(A \cup B)=P(A)+P(B-AB)$$

又因为 $AB \subset B$，由性质(6) 有

$$P(B-AB)=P(B)-P(AB)$$

所以

$$P(A \cup B)=P(A)+P(B)-P(AB)$$

类似地，对于任意三事件 A,B,C，有

$$P(A \cup B \cup C)=P(A)+P(B)+P(C)-P(AB)-P(AC)-P(CA)+P(ABC)$$

【例 6】 一批产品共 50 件，其中有 5 件次品，从这批产品中任取 3 件，求其中有次品的概率。

【解法一】 设事件 A 表示"取出的 3 件产品中有次品"，事件 A_i 表示"取出的 3 件产品中有 i 件次品"$(i=1,2,3)$，显然事件 A_1,A_2,A_3 是互不相容的，且

$$A=A_1+A_2+A_3$$

所以

$$P(A)=P(A_1)+P(A_2)+P(A_3)=\frac{C_5^1C_{45}^2}{C_{50}^3}+\frac{C_5^2C_{43}^1}{C_{50}^3}+\frac{C_5^3C_{45}^0}{C_{50}^3}\approx 0.276$$

【解法二】 因为事件 A 的对立事件 $\bar{A}$ 表示"取出的 3 个产品中没有次品"，所以

$$P(A)=1-P(\bar{A})=1-\frac{C_{45}^3}{C_{50}^3}\approx 0.276$$

【例 7】 某汽车修理厂经理经过长期统计得到，一辆小汽车需要调整刹车的概率是 0.6，需要更换刹车零件的概率是 0.1，两者都需要的概率是 0.02。求：

(1) 汽车不是需要调整刹车就是需要更换刹车零件的概率是多少？

(2) 汽车需要调整刹车，不需要更换刹车零件的概率是多少？

(3) 汽车既不需要调整刹车,也不需要更换刹车零件的概率是多少?

【解】 (1) 设

$$A = \text{“汽车需要调整刹车”}, B = \text{“汽车需要更换刹车零件”}$$

有

$$P(A) = 0.6, P(B) = 0.1, P(AB) = 0.02$$

由概率加法公式,得

$$P(A + B) = P(A) + P(B) - P(AB) = 0.6 + 0.1 - 0.02 = 0.68$$

(2) 所求为事件 $A\bar{B}$ 的概率,因为

$$\bar{B} = \Omega - B, A\bar{B} = A(\Omega - B) = A - AB$$

显然,$AB \subset A$,故所求概率为

$$P(A\bar{B}) = P(A) - P(AB) = 0.6 - 0.02 = 0.58$$

(3) 所求为事件 $\bar{A}\,\bar{B}$ 的概率,由对偶原理得

$$P(\bar{A}\,\bar{B}) = P(\overline{A + B}) = 1 - P(A + B) = 1 - 0.68 = 0.32$$

【例8】 在数轴上[2,10]的范围内任意投一点,设投到每个位置的可能性相同,求投点在[2,5]或[8,10]的概率。

【解】 这是一个几何概型问题,设 A 代表事件“投点在(5,8)上”,则所求为

$$P(\bar{A}) = 1 - P(A) = 1 - \frac{8 - 5}{10 - 2} = \frac{5}{8}$$

【例9】 100个产品中有60个一等品,30个二等品,10个废品,规定一,二等品都为合格品,考察这批产品的合格率与一,二等品率之间的关系。

【解】 设事件 A,B 依次表示产品为一,二等品,显然事件 A 与 B 互不相容,并且事件 $A + B$ 表示产品为合格品,按古典定义有

$$P(A) = \frac{60}{100}, P(B) = \frac{30}{100}$$

所以

$$P(A + B) = \frac{60 + 30}{100} = \frac{90}{100}$$

可见

$$P(A + B) = P(A) + P(B)$$

【例10】 一个袋内有大小相同的7个球,4个是白球,3个为黑球,从中一次抽取3个,计算至少有 i 个白球($i = 2,3$)的概率。

【解】 显然,A_2 与 A_3 互不相容,有

$$P(A_2) = \frac{C_4^2 C_3^1}{C_7^3} = \frac{18}{35}, P(A_3) = \frac{C_4^3}{C_7^3} = \frac{4}{35}$$

根据加法原则,有

$$P(A_2 + A_3) = P(A_2) + P(A_3) = \frac{22}{35}$$

7.4 条件概率

7.4.1 条件概率与概率乘法公式

对任意 A,B 两个事件,且 $P(A)>0$,在事件 A 发生的条件下,事件 B 发生的概率称为条件概率,记为 $P(B\mid A)$。

一般说来,$P(B\mid A)$ 与 $P(B)$ 是不同的。例如,从一副(52 张)扑克牌中任取一张,设 B = "抽到一张红桃 J",则 $P(B)=\frac{1}{52}$。如果再附加一个已发生的条件"抽到的这张牌花色是红桃",记为 A,那么在 A 已发生的条件下抽到一张红桃 J 的概率变成了$\frac{1}{13}$。即 $P(B\mid A)=\frac{1}{13}$。这是因为这个附加条件使试验的样本点数由 52 个缩减为 13 个的缘故。另外,$P(AB)=\frac{1}{52}$,$P(A)=\frac{13}{52}=\frac{1}{4}$。容易验证,$P(B\mid A)=\frac{P(AB)}{P(A)}$。

【定义 7.1】 一般来讲,设 A,B 是两个事件,$P(A)>0$,则

$$P(B\mid A)=\frac{P(AB)}{P(A)}$$

为在事件 A 发生的条件下,事件 B 的条件概率。

乘法定理　设 $P(B)>0$ 则

$$P(AB)=P(B)P(A\mid B)$$

或设 $P(A)>0$ 则

$$P(AB)=P(A)P(B\mid A)$$

即两事件的积事件的概率等于其中一个事件的概率(>0)与另一事件在前一事件发生的条件下的条件概率之积。

类似地,有

$$P(A_1A_2A_3)=P(A_1)P(A_2\mid A_1)P(A_3\mid A_1A_2)$$

【例 1】 已知 10 件同一型号的产品中有 8 件合格品,从这些产品中无放回地抽取两次,每次抽取一件,求在第一次取得合格品的条件下,第二次取得合格品的概率。

【解法一】 设事件 A_i 表示"第 i 次取得合格品"($i=1,2$),则

$$P(A_1)=\frac{8}{10},P(A_1A_2)=\frac{8\times 7}{10\times 9}=\frac{28}{45}$$

由条件概率公式得

$$P(A_2\mid A_1)=\frac{P(A_1A_2)}{P(A_1)}=\frac{7}{9}$$

【解法二】 因为在第一次取出1件合格品的条件下，剩余的9件产品中应有7件合格品，所以直接可求得条件概率，即

$$P(A_2 \mid A_1) = \frac{7}{9}$$

【例2】 某厂产品有4%的次品，而在100件正品中，有75件一等品，试求任取一件产品是一等品的概率。

【解】 设

$$A = \text{“任取一件是正品”}, B = \text{“任取一件是一等品”}$$

则

$$P(A) = 1 - P(\bar{A}) = 1 - 0.04 = 0.96$$

$$P(B \mid A) = \frac{75}{100} = 0.75$$

又有

$$A \supset B, AB = B$$

所以由乘法公式得

$$P(B) = P(AB) = P(A)P(B \mid A) = 0.96 \times 0.75 = 0.72$$

【例3】 设某种动物由出生算起活10岁以上的概率为0.8，活15岁以上的概率为0.4，现有一个10岁的这种动物，问它能活到15岁以上的概率是多少？

【解】 设

$$A = \text{“能活10岁以上”}, B = \text{“能活15岁以上”}$$

则 $$P(A) = 0.8, P(B) = 0.4$$

而所求概率为

$$P(B \mid A) = \frac{P(AB)}{P(A)}$$

由于 $B \subset A$，故 $AB = B$，于是

$$P(B \mid A) = \frac{P(AB)}{P(A)} = \frac{P(B)}{P(A)} = \frac{0.4}{0.8} = 0.5$$

7.4.2 全概率公式

若事件 $A_1, A_2, \cdots, A_n$ 两两互斥，$P(A_i) > 0, i = 1,2,\cdots,n$，并且对任一件事 B，有 $A_1 + A_2 + \cdots + A_n \supset B$，则

$$P(B) = \sum_{i=1}^{n} P(A_i)P(B \mid A_i)$$

【证】 因为 $$A_1 + A_2 + \cdots + A_n \supset B$$

所以 $$B = B(A_1 + A_2 + \cdots + A_n) = BA_1 + BA_2 + \cdots + BA_n$$

由于 $A_1, A_2, \cdots, A_n$ 两两互斥，故 $BA_1, BA_2, \cdots, BA_n$ 也两两互斥，由概率加法公式和乘法定理得

$$P(B) = P(BA_1) + P(BA_2) + \cdots + P(BA_n) = P(A_1)P(B \mid A_1) + P(A_2)P(B \mid A_2) + \cdots + P(A_n)P(B \mid A_n) = \sum_{i=1}^{n} P(A_i)P(B \mid A_i)$$

【例 4】 设某厂有甲、乙、丙三个车间生产同一规格的产品，每个车间的产量依次占总产量的 20%，30% 和 50%，各车间的次品率依次为 8%，6% 和 4%，试求从成品中任取一件产品是合格品的概率。

【解】 设

B = "任取一件产品是合格品"

A_1 = "产品是甲车间生产的"

A_2 = "产品是乙车间生产的"

A_3 = "产品是丙车间生产的"

显然 $B \subset A_1 + A_2 + A_3$，由全概率公式得

$$P(B) = \sum_{i=1}^{3} P(A_i)P(B \mid A_i) = 0.2 \times 0.92 + 0.3 \times 0.94 + 0.5 \times 0.96 = 0.946$$

【例5】 设袋中有 10 个球，其中 8 个是白球，2 个是黑球，甲、乙二人依次抓取一个，求乙抓得黑球的概率。

【解】 设 A，B 分别为甲、乙抓得黑球的事件，则

$$P(A) = \frac{2}{10}$$

A 和 $\bar{A}$ 构成一个完备事件组，即 $A + \bar{A} \supset B$。由全概率公式得

$$P(B) = P(A)P(B \mid A) + P(\bar{A})P(B \mid \bar{A}) = \frac{2}{10} \times \frac{1}{9} + \frac{8}{10} \times \frac{2}{9} = \frac{2}{10}$$

7.4.3 贝叶斯公式

设 $A_1, A_2, \cdots, A_n$ 是两两互斥的事件，且 $P(A_i) > 0 (i = 1, 2, \cdots, n)$，对任意事件 B，若有 $A_1 + A_2 + \cdots + A_n \supset B$，且 $P(B) > 0$，则

$$P(A_i \mid B) = \frac{P(A_i)P(B \mid A_i)}{\sum_{j=1}^{n} P(A_j)P(B \mid A_j)} \quad (i = 1, 2, \cdots, n)$$

【证】

$$P(A_i \mid B) = \frac{P(A_iB)}{P(B)} = \frac{P(A_i)P(B \mid A_i)}{\sum_{j=1}^{n} P(A_j)P(B \mid A_j)}$$

在贝叶斯公式中，$P(A_i)$ 称为先验概率，是在试验前就已知的，但常常是以往经验的总结；$P(A_i \mid B)$ 为后验概率，它反映了试验之后对各种原因发生的可

能性大小的新知识。贝叶斯公式实际上就是根据先验概率求后验概率的公式。

【例 6】 由医学统计数据分析可知,人群中患有某种病菌引起的疾病的人数占总人数的 0.5% 。一种血液化验以 95% 的概率将患有此疾病的人检查出呈阳性,但也以 1% 的概率误将不患此疾病的人检验出呈阳性。现设某人的血液检查出呈阳性反应,问他确患有此疾病的概率是多少?

【解】 设

$$A = \{检验者患此疾病\}, B = \{检验呈阳性\}$$

显然 $B \subset A + \bar{A}$,又因为 $\bar{A}$ 与 A 互斥,且已知

$$P(A) = 0.005, P(\bar{A}) = 0.995$$

$$P(B \mid A) = 0.95, P(B \mid \bar{A}) = 0.01$$

由贝叶斯公式可得

$$P(A \mid B) = \frac{0.005 \times 0.95}{0.005 \times 0.95 + 0.995 \times 0.01} \approx 0.323$$

【例 7】 设仓库中的产品由甲、乙、丙 3 个车间生产,其生产产品数量之比为 5 : 3 : 2,次品率分别为 1% ,2% ,0.5% 。现从中任取一件,经检查是合格品,求这件产品是来自甲车间的概率。

【解】 设 A 表示“产品是合格品”的事件,$B_i(i = 1,2,3)$ 表示“甲、乙、丙车间生产”的事件,由题意得

$$P(B_1) = \frac{5}{10}, P(B_2) = \frac{3}{10}, P(B_3) = \frac{2}{10}$$

$$P(A \mid B_1) = 99\%, P(A \mid B_2) = 98\%, P(A \mid B_3) = 99.5\%$$

由贝叶斯公式得

$$P(B_1 \mid A) = \frac{P(B_1)P(A \mid B_1)}{P(B_1)P(A \mid B_1) + P(B_2)P(A \mid B_2) + P(B_3)P(A \mid B_3)} =$$

$$\frac{0.5 \times 99\%}{0.5 \times 99\% + 0.3 \times 98\% + 0.2 \times 99.5\%} = 0.501$$

7.5 事件的独立性与贝努里概型

7.5.1 事件的独立性

设 A, B 为任意二事件,若 $P(AB) = P(A)P(B)$,则称 A 与 B 是相互独立的。

【例 1】 假设一个问题由两个学生分别独立解决,如果每个学生各自解决该问题的概率是$\frac{1}{3}$,求此问题能够解决的概率。

【解】 设 A,B 分别表示二人各自解决该问题的事件,则有

$$P(A)=P(B)=\frac{1}{3}$$

至少一个人解决了,则此问题得到解决,故所求概率为 $P(A+B)$,因为 A,B 独立,用加法公式和乘法公式得到

$$P(A+B)=P(A)+P(B)-P(AB)=P(A)+P(B)-P(A)P(B)=\frac{1}{3}+\frac{1}{3}-\frac{1}{3}\times\frac{1}{3}=\frac{5}{9}$$

独立性的概念可以推广到多个事件的情况。

如三个事件 A,B,C 独立时,有

$$P(ABC)=P(A)P(B)P(C)$$

【例 2】 某公司招聘职员,需要经过三项考核,三项考核的通过率分别为 0.6,0.8,0.85,求招聘员工时的淘汰率。

【解】 设事件 A_i 表示"通过第 i 项考核"($i=1,2,3$),那么录取的事件为 $A_1A_2A_3$,淘汰的事件为 $\overline{A_1A_2A_3}$,于是所求概率为

$$P(\overline{A_1A_2A_3})=1-P(A_1A_2A_3)$$

由于三项考核是独立的,故所求概率为

$$P(\overline{A_1A_2A_3})=1-P(A_1A_2A_3)=1-P(A_1)P(A_2)P(A_3)=0.592$$

【例 3】 若 A 与 B 相互独立,则 A 与 $\bar{B}$,$\bar{A}$ 与 B,$\bar{A}$ 与 $\bar{B}$ 也分别相互独立。

【证】 先证 A 与 $\bar{B}$ 相互独立。

由 $$P(A)=P(AB+A\bar{B})=P(AB)+P(A\bar{B})$$

得

$$P(A\bar{B})=P(A)-P(AB)=P(A)-P(A)P(B)=P(A)[1-P(B)]=P(A)P(\bar{B})$$

即 A 与 $\bar{B}$ 是相互独立的,再由对称性可知 $\bar{A}$ 与 B 相互独立。最后,由 $\bar{A}$ 和 B 相互独立的条件,利用上面的结果立即可得 $\bar{A}$ 与 $\bar{B}$ 也相互独立。

【例 4】 证明,若事件 $A_1,A_2,\cdots,A_n$ 相互独立,有

$$P(A_1+A_2+\cdots+A_n)=1-P(\bar{A}_1)P(\bar{A}_2)\cdots P(\bar{A}_n)$$

【证】 由

$$P(A_1+A_2+\cdots+A_n)=1-P(\overline{A_1+A_2+\cdots+A_n})=1-P(\bar{A}_1\bar{A}_2\cdots\bar{A}_n)$$

由于 $A_1,A_2,\cdots,A_n$ 相互独立,所以 $\bar{A}_1,\bar{A}_2,\cdots,\bar{A}_n$ 也相互独立,因此

$$P(A_1+A_2+\cdots+A_n)=1-P(\bar{A}_1)P(\bar{A}_2)\cdots P(\bar{A}_n)$$

7.5.2 贝努里概型与二项概率公式

若一个试验只有两个结果 A 和 $\bar{A}$,则称这个试验为贝努里试验。

将一贝努里试验独立重复地进行 n 次的随机试验称为 n 重贝努里试验，或称贝努里概型。

贝努里概型具有下述两个特点：

(1) 试验是重复 n 次某一试验，每次试验只有两个可能的结果，A 和 $\bar{A}$，且 $P(A) = p, P(\bar{A}) = 1 - p = q$，与试验的序号无关。

(2) n 次试验是独立进行的，即每次试验结果出现的概率不受其他各次试验结果的影响。

如果在 n 重贝努里试验中，成功的概率是 $p(0 < p < 1)$，则成功恰好发生 k 次的概率为

$$P_n(k) = C_n^k p^k q^{n-k}$$

其中

$$p + q = 1, k = 0,1,\cdots,n$$

由于上式恰为 $(p + q)^n$ 按二项式定理展开后的第 $k + 1$ 项，故称其为二项概率公式。

【例 5】 某射手射击 1 次的命中率为 0.7，现重复地射击 5 次，求恰好命中 2 次的概率。

【解】 把射击 1 次看做一次试验，每次命中的概率为 $p = 0.7$，那么射击 5 次就是 5 重贝努里试验，于是所求概率为

$$P_5(2) = C_5^2(0.7)^2(0.3)^3 = 0.132\ 3$$

【例 6】 电灯泡使用寿命在 2 000 h 以上的概率为 0.2，求三个灯泡在使用 2 000 h 以后，只有一个不坏的概率。

【解】 设 A 表示"一个灯泡使用寿命在 2 000 h 以上"的事件，$P = P(A) = 0.2, P(\bar{A}) = q = 0.8$，考虑使用三个灯泡相当于进行三次独立试验，只有一个不坏，意味着 A 只发生一次，有 $k = 1$，由二项概率公式得

$$P_3(1) = C_3^1(0.2)^1(0.8)^2 = 0.384$$

【例 7】 某射手的命中率为 $\frac{1}{4}$，求独立射击 8 次，至少命中 2 次的概率。

【解】 这是 8 重贝努里试验。

命中 0 次的概率为

$$P_8(0) = C_8^0(\frac{1}{4})^0(\frac{3}{4})^8 = 0.100\ 1$$

命中 1 次的概率为

$$P_8(1) = C_8^1(\frac{1}{4})^1(\frac{3}{4})^7 = 0.267$$

于是至少命中 2 次的概率为

$$1 - P_8(0) - P_8(1) = 1 - 0.100\ 1 - 0.267 = 0.632\ 9$$

【例8】 若 N 件产品中有 m 件不合格,现每次抽一件检验,检验后再放回,共进行了 n 次随机抽查,问恰好抽得 $k(0 \leqslant k \leqslant n)$ 件不合格品的概率是多少?

【解】 由于是有放回抽样,因此这是 n 重贝努里试验。设 A 为各次抽查时抽到不合格品的事件,则 $P(A) = m/N = p$,故所求概率为

$$P_n(k) = C_n^k\left(\frac{m}{N}\right)^k\left(1 - \frac{m}{N}\right)^{n-k}, k = 0,1,2,\cdots,n$$

7.6 范 例

【例1】 设 A, B 是任意两个随机事件,则

$$P\{(\bar{A} + B)(A + B)(\bar{A} + \bar{B})(A + \bar{B})\} = \underline{\qquad\qquad}$$

【解】 由事件的运算法则知

$$(\bar{A} + B)(A + B) = \bar{A}A + \bar{A}B + BA + BB = \varnothing + (\bar{A} + A)B + B = B$$

$$(\bar{A} + \bar{B})(A + \bar{B}) = \bar{A}A + \bar{A}\bar{B} + A\bar{B} + \bar{B}\bar{B} = \varnothing + (\bar{A} + A)\bar{B} + \bar{B} = \bar{B}$$

所以 $$(\bar{A} + B)(A + B)(\bar{A} + \bar{B})(A + \bar{B}) = \varnothing$$

原式 $= 0$,本题填 0。

【例2】 随机事件 A 与 B 互不相容,且 $A = B$,则 $P(A) = \underline{\qquad}$。

【解】 由于 $A = B$,于是有 $AB = A = B$。又由于 A 与 B 互不相容,所以

$$AB = \varnothing$$

即 $$A = B = \varnothing, P(A) = 0$$

【例3】 设袋中有 a 只红球,b 只白球,每次自袋中任取一只球,观察颜色后放回,并同时放入 m 只与所取出的那只同色的球,连续在袋中取球四次,试求第一,二次取到红球且第三次取白球,第四次取红球的概率。

【解】 设 $A_i(i = 1,2,3,4)$ 表示事件"第 i 次取到红球",$\bar{A}_i$ 表示事件"第 i 次取到白球",所求概率为

$$P(A_1A_2\bar{A}_3A_4) = P(A_4 \mid A_1A_2\bar{A}_3)P(\bar{A}_3 \mid A_1A_2)P(A_2 \mid A_1)P(A_1) =$$

$$\frac{a + 2m}{a + b + 3m} \cdot \frac{b}{a + b + 2m} \cdot \frac{a + m}{a + b + m} \cdot \frac{a}{a + b}$$

【例4】 设随机事件 A 与 B 互不相容,$P(A) > 0, P(B) > 0$,则下列结论中一定成立的是 ( )

(A) A, B 为对立事件　　(B) $\bar{A}, \bar{B}$ 互不相容

(C) A, B 不独立　　(D) A, B 相互独立

【解】 A, B 互不相容,只说明 $AB = \varnothing$,但并不一定满足 $A \cup B = \Omega$,即互不相容的两个事件不一定是对立事件,故 $\overline{A \cup B}$ 即 $\bar{A}\bar{B} = \varnothing$ 亦不一定成立,因此(A)与(B)均不能选。因为 $P(AB) = P(\varnothing) = 0$,但是 $P(A)P(B) > 0$,即

$P(AB) \neq P(A) \cdot P(B)$，故 A 与 B 一定不独立，应选(C)。

【例 5】 设事件 $A, B, A \cup B$ 的概率分别为 p, q, r，求 $P(AB), P(\bar{A}\bar{B})$。

【解】 由概率的加法法则

$$P(A \cup B) = P(A) + P(B) - P(AB)$$

有

$$P(AB) = P(A) + P(B) - P(A \cup B) = p + q - r$$

$$P(\bar{A}\bar{B}) = P(\bar{A}) + P(\bar{B}) - P(\bar{A} \cup \bar{B}) = P(\bar{A}) + P(\bar{B}) - P(\overline{AB}) =$$
$$[1 - P(A)] + [1 - P(B)] - [1 - P(AB)] =$$
$$(1 - p) + (1 - q) - [1 - (p + q - r)] = 1 - r$$

【例 6】 设当 A 与 B 同时发生时，C 必发生，则 ( )

(A) $P(C) \leqslant P(A) + P(B) - 1$ (B) $P(C) \geqslant P(A) + P(B) - 1$

(C) $P(C) = P(AB)$ (D) $P(C) = P(A \cup B)$

【解法一】 由 $C \supset AB$ 和加法法则，得

$$P(C) \geqslant P(AB) = P(A) + P(B) - P(A \cup B) \geqslant P(A) + P(B) - 1$$

【解法二】 取 $A = B = \varnothing, C = \Omega$，依次代入 4 个选项中，只有(B)正确。

【例 7】 k 个坛子各装 n 个球，编号为 $1, 2, \cdots, n$，从每个坛子中各取一个球，计算所取到的 k 个球中最大编号是 $m(1 \leqslant m \leqslant n)$ 的概率.

【解】 设事件 A =“取到的 k 个球中最大编号是 m”，如果每个坛子都从 1 至 m 号球中取一个，则 k 个球的最大编号不超过 m，这种取法共有 m^k 种等可能取法；如果每个坛子都从 1 至 $m - 1$ 号球中取一个，则 k 个球的最大编号不超过 $m - 1$，其等可能取法共有 $(m - 1)^k$ 种，因此

$$P(A) = \frac{m^k - (m - 1)^k}{n^k}$$

【例 8】 12 个乒乓球都是新球，每次比赛取出 3 个用完后放回去，求第三次比赛时取到的 3 个球都是新球的条件下，第二次取到两个新球的概率。

【解】 设 A_i, B_i 分别表示第二，三次比赛时取到 i 个新球，$i = 0, 1, 2, 3$。显然 A_0, A_1, A_2, A_3 构成一个完备事件组，且

$$P(A_i) = \frac{C_9^i C_3^{3-i}}{C_{12}^3} \quad (i = 0, 1, 2, 3)$$

$$P(B_3 \mid A_i) = \frac{C_{9-i}^3}{C_{12}^3} \quad (i = 0, 1, 2, 3)$$

由全概率公式得

$$P(B_3) = \sum_{i=0}^{3} P(A_i) P(B_3 \mid A_i) = \sum_{i=0}^{3} \frac{C_9^i C_3^{3-i}}{C_{12}^3} \cdot \frac{C_{9-i}^3}{C_{12}^3} = 0.146$$

本题所求概率为 $P(A_2 \mid B_3)$，由贝叶斯公式得

$$P(A_2 \mid B_3) = \frac{P(A_2) \cdot P(B_3 \mid A_2)}{P(B_3)} = \frac{3\,780}{7\,056}$$

【例 9】 设 A 与 B 是任意两事件，其中 A 的概率不等于 0 或 1。证明

$$P(B \mid A) = P(B \mid \bar{A})$$

是事件 A 与 B 独立的充分必要条件。

【证明】 **必要性**

已知 A 与 B 独立，由此得 $\bar{A}$ 与 B 独立，因此

$$P(B \mid A) = P(B), P(B \mid \bar{A}) = P(B)$$

故

$$P(B \mid A) = P(B \mid \bar{A})$$

充分性

根据条件概率的计算公式，有

$$P(B \mid A) = P(B \mid \bar{A}) \Rightarrow \frac{P(AB)}{P(A)} = \frac{P(\bar{A}B)}{P(\bar{A})} = \frac{P(B) - P(AB)}{1 - P(A)} \Rightarrow P(AB) = P(A)P(B)$$

故 A 与 B 独立。

【例 10】 已知事件 A,B,C 两两独立，且 $P(A) = [P(A)]^2$。求证这三个事件 A,B,C 相互独立。

【证明】 由题设 $P(A) = [P(A)]^2$ 得

$$P(A) = 0 \text{ 或 } P(A) = 1$$

(1) 若 $P(A) = 0$，则

$$P(A)P(B)P(C) = 0$$

又因为 $A \supset ABC$，故

$$P(ABC) \leqslant P(A) = 0$$

而任何概率都是非负的，可得 $P(ABC) = 0$，即

$$P(ABC) = P(A)P(B)P(C)$$

(2) 若 $P(A) = 1$，则 $P(\bar{A}) = 0$，又因 A,B,C 两两独立，所以 $\bar{A},B,C$ 也两两独立，由(1)同理可得 $\bar{A},B,C$ 相互独立，则 A,B,C 亦相互独立。

【例 11】 对于任意两事件 A 和 B，$0 < P(A) < 1, 0 < P(B) < 1$，$\rho = \dfrac{P(AB) - P(A)P(B)}{\sqrt{P(A)P(B)P(\bar{A})P(\bar{B})}}$ 称作 A 和 B 的相关系数。

证明事件 A 和 B 独立的充分必要条件是其相关系数 $\rho = 0$。

证明 **充分性**

设 $\rho = 0$，则 $P(AB) - P(A)P(B) = 0, P(AB) = P(A)P(B)$，因此 A 和 B 独立。

必要性

设 A 和 B 独立，则

$$P(AB) = P(A)P(B), P(AB) - P(A)P(B) = 0$$

$$\rho = \frac{P(AB) - P(A)P(B)}{\sqrt{P(A)P(B)P(\overline{A})P(\overline{B})}} = 0$$

【例 12】 将 A,B,C 三个字母之一输入信道，输出原字母的概率为 α，而输出其他字母的概率都是 $\frac{1-\alpha}{2}$，今将字母串 $AAAA,BBBB,CCCC$ 之一输入信道，输入的概率分别为 $p_1,p_2,p_3(p_1+p_2+p_3=1)$，已知输出为 $ABCA$，问输入的是 $AAAA$ 的概率是多少？（设信道传输每个字母的工作是相互独立的）

【解】 设 I_A,I_B,I_C 分别表示输入字母串 $AAAA,BBBB,CCCC$ 事件，D 表示"输出字母串为 $ABCA$"事件，由独立性有

$$P(D \mid I_A) = \alpha \cdot \frac{1-\alpha}{2} \cdot \frac{1-\alpha}{2} \cdot \alpha$$

$$P(D \mid I_B) = \frac{1-\alpha}{2} \cdot \alpha \cdot \frac{1-\alpha}{2} \cdot \frac{1-\alpha}{2}$$

$$P(D \mid I_C) = \frac{1-\alpha}{2} \cdot \frac{1-\alpha}{2} \cdot \alpha \cdot \frac{1-\alpha}{2}$$

又 $$P(I_A) = p_1, P(I_B) = p_2, P(I_C) = p_3$$

故

$$P(I_A \mid D) = \frac{P(I_A)P(D \mid I_A)}{P(I_A)P(D \mid I_A) + P(I_B)P(D \mid I_B) + P(I_C)P(D \mid I_C)} = \frac{2\alpha p_1}{3\alpha p_1 - p_1 - \alpha + 1}$$

【例 13】 如果每次试验的成功率都是 p，并且已知在三次独立重复试验中至少成功一次的概率为 $\frac{19}{27}$，则 $p=$ ________。

【解】 这是一个 3 重贝努里概型，三次试验全失败的概率

$$P(B_0) = q^3$$

即 $$q^3 = 1 - \frac{19}{27} = \frac{8}{27} \Rightarrow q = \frac{2}{3}$$

有 $$p = 1 - q = \frac{1}{3}$$

【例 14】 假设随机事件 A 与 B 相互独立，有

$$P(A) = P(\bar{B}) = \alpha - 1, P(A \cup B) = \frac{7}{9}$$

则 $\alpha =$ ________。

【解】

$$P(A \cup B) = P(A) + P(B) - P(AB) = P(A) + P(B) - P(A)P(B)$$

$$\frac{7}{9} = \alpha - 1 + 2 - \alpha - (\alpha - 1)(2 - \alpha)$$

$$\alpha^2 - 3\alpha + \frac{20}{9} = 0$$

所以
$$\alpha = \frac{4}{3} \text{或} \frac{5}{3}$$

【例 15】 设 A,B,C 是三个随机事件,它们满足等式

$$(A \cup \bar{C})(\bar{A} \cup \bar{C}) \cup (\overline{A \cup C}) \cup (\overline{\bar{A} \cup C}) = B$$

则 $P(B \cup C) =$ ________。

【解】

$$B = (A \cup \bar{C})(\bar{A} \cup \bar{C}) \cup (\overline{A \cup C}) \cup (\overline{\bar{A} \cup C}) = \bar{C} \cup \bar{A}\bar{C} \cup A\bar{C} = \bar{C}$$

B 与 C 是对立事件,所以 $P(B \cup C) = 1$。

【例 16】 设随机事件 A 与 B 满足 $P(AB) = P(\bar{A}\,\bar{B})$,且 $P(A) = p$,则 $P(B) =$ ________。

【解】 $P(AB) = P(\bar{A}\,\bar{B}) = P(\overline{A \cup B}) = 1 - P(A \cup B)$

$$P(AB) = 1 - [P(A) + P(B) - P(AB)] \Rightarrow P(A) + P(B) = 1$$

因此
$$P(B) = 1 - P(A) = 1 - p$$

【例 17】 设 A,B,C 是三个随机事件,$\bar{A}\,\bar{B}\,\bar{C} = \varnothing$,$P(A \cup B) = 0.72$,$P(AC \cup BC) = 0.32$,则 $P(C) =$ ________。

【解】 因为 $\bar{A}\,\bar{B}\,\bar{C} = \varnothing$,所以

$$A \cup B \cup C = \Omega, P(A \cup B \cup C) = 1$$

有
$$P(A \cup B \cup C) = P(A \cup B) + P(C) - P((A \cup B)C)$$

因此

$$P(C) = P(A \cup B \cup C) - P(A \cup B) + P(AC \cup BC) = 1 - 0.72 + 0.32 = 0.6$$

【例 18】 在区间(0,1)上随机地取两个数 u,v,则关于 x 的一元二次方程 $x^2 - 2vx + u = 0$ 有实根的概率是________。

【解】 设 A 表示"方程 $x^2 - 2vx + u = 0$ 有实根",即

$$A = \{(u,v) \mid (2v)^2 - 4u \geqslant 0, (u,v) \in D\}$$

其中

$$D = \{(u,v) \mid 0 < u < 1, 0 < v < 1\}$$

A 的样本点区域为阴影部分 D_1,如图 7.3 所示,有

$$D_1 = \{(u,v) \mid v^2 \geqslant u, 0 < v < 1\}$$

面积 $S_1 = \int_v^1 v^2 \mathrm{d}v = \frac{1}{3}$

由几何概率公式得

$$P(A) = \frac{S_{D1}}{S_D} = \frac{1}{3}$$

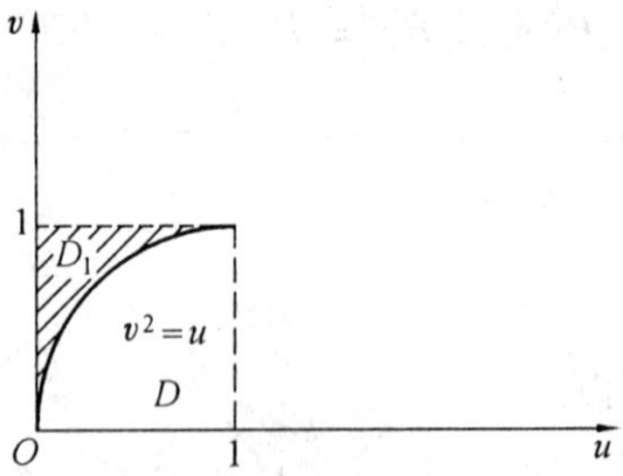

图 7.3

【例 19】 一枚硬币独立地掷两次，引进事件 A_1 = {掷第一次出现正面}，A_2 = {掷第二次出现正面}，A_3 = {正反面各出现一次}，A_4 = {正面出现两次}，则事件 ( )

(A) A_1, A_2, A_3 相互独立 (B) A_2, A_3, A_4 相互独立

(C) A_1, A_2, A_3 两两独立 (D) A_2, A_3, A_4 两两独立

【解】 这是一个古典概型问题，样本空间为{正正，正反，反正，反反}，样本空间的样本点数分别为 2,2,2,1，则事件 A_1, A_2, A_3, A_4 的概率分别为 0.5，0.5,0.5,0.25。因为事件 A_1A_2, A_1A_3, A_2A_3 包含的样本点数分别为 1,1,1，故事件 A_1A_2, A_1A_3, A_2A_3 的概率都是 0.25，因此 A_1, A_2, A_3 两两独立，从而选(C)，注意两两独立未必相互独立。

【例 20】 有两个盒子，第一个盒子中装有 2 个红球，1 个黑球，第二个盒子中装有 2 个红球，2 个黑球，现从这两个盒子中分别取一球放在一起，再从中任取一球，问：(1) 这个球是红球的概率；(2) 若发现这个球是红球，问第一个盒子中取出的球是红球的概率。

【解】 (1) 令

A = {取得一个红球}，B_i = {从第 i 个盒子中取出一个红球} $(i = 1,2)$

于是

$$P(B_1B_2) = \frac{2 \times 2}{3 \times 4} = \frac{1}{3}, P(A \mid B_1B_2) = 1$$

$$P(B_1\bar{B}_2) = \frac{2 \times 2}{3 \times 4} = \frac{1}{3}, P(A \mid B_1\bar{B}_2) = \frac{1}{2}$$

$$P(\bar{B}_1B_2) = \frac{1 \times 2}{3 \times 4} = \frac{1}{6}, P(A \mid \bar{B}_1B_2) = \frac{1}{2}$$

$$P(\bar{B}_1\bar{B}_2) = \frac{1 \times 2}{3 \times 4} = \frac{1}{6}, P(A \mid \bar{B}_1\bar{B}_2) = 0$$

由全概率公式有

$$P(A) = P(A \mid B_1B_2)P(B_1B_2) + P(A \mid B_1\bar{B}_2)P(B_1\bar{B}_2) + P(A \mid \bar{B}_1B_2)P(\bar{B}_1B_2) + P(A \mid \bar{B}_1\bar{B}_2)P(\bar{B}_1\bar{B}_2) = \frac{7}{12}$$

$$(2) P(B_1 \mid A) = P[(B_1B_2 + B_1\bar{B}_2) \mid A] = P(B_1B_2 \mid A) + P(B_1\bar{B}_2 \mid A) = \frac{P(A \mid B_1B_2)P(B_1B_2) + P(A \mid B_1\bar{B}_2)P(B_1\bar{B}_2)}{P(A)} = \frac{6}{7}$$

习　题

1. 指出下列事件中哪些是必然事件,不可能事件和随机事件。

(1) 某战士打靶,打中 8 环;

(2) 明天下雪;

(3) 从一副扑克中任抽一张,抽得黑桃 A;

(4) 在标准大气压下,水加热到 100℃ 时沸腾;

(5) 从标有 1,2,3,4,5,6 号码的六张卡片中任取两张,其和为 12;

(6) 实系数一元二次方程,当判别式 $\Delta > 0$ 时,方程无实根。

2. 设 A,B,C 是随机试验 E 的三个事件,试用 A,B,C 表示下列事件:

(1) 仅 A 发生;

(2) A,B,C 中至少有两个发生;

(3) A,B,C 中不多于两个发生;

(4) A,B,C 中恰有两个发生;

(5) A,B,C 中至多有一个发生。

3. 下列事件运算关系正确的是　　　　　　　　　　　　(　　)

(A) $B = BA + B\bar{A}$　(B) $B = \overline{BA} + \bar{B}A$　(C) $B = BA + \bar{B}A$　(D) $B = 1 - \bar{B}$

4. 设 A,B 是两个事件,有 $P(A) = 0.5, P(A + B) = 0.8$。问:

(1) 若 A 和 B 互不相容,则 $P(B) =$ ________;

(2) 若 $A \subset B$,则 $P(B) =$ ________。

5. 若事件 A,B,C 满足 $ABC = \varnothing$,能否断定 A,B,C 互不相容?为什么?

6. 已知 A,B 是二事件,且 $P(A) = 0.5, P(B) = 0.7, P(A \cup B) = 0.8$,试求 $P(B - A)$ 与 $P(A - B)$。

7. 在电话号码薄中任意取一个电话号码,求后面四个数字全不相同的概率。

8. A,B 为两个任意事件,则 $P(A + B)$ 等于　　　　　　　　(　　)

(A) $P(A) + P(B)$　　(B) $P(A) + P(B) - P(A)P(B)$

(C) $P(A) + P(B) - P(AB)$　　(D) $P(A) + P(B)[1 - P(A)]$

9. 一批种子的发芽率为 0.9,出芽后的幼苗成活率为 0.8,在这批种子中随机抽取一粒,则这粒种子能长成幼苗的概率是多少?

10. 期末要进行数学和英语考试,小明自己估计能通过数学考试的概率为 0.6,能通过英语考试的概率为 0.4,至少通过两科之一的概率是 0.8,求小明两科考试都能通过的概率。

11. n 个朋友随机地围绕圆桌就座，求其中两人相邻的概率。

12. 10把钥匙中有3把能打开门，今任取两把，求能打开门的概率。

13. 已知 $P(\bar{A}) = 0.3, P(B) = 0.4, P(A\bar{B}) = 0.5$，求条件概率 $P(B \mid A \cup \bar{B})$。

14. 已知10件产品中有2件次品，在其中取两次，每次任取一件，作不放回抽样，求下列事件的概率：

(1) 两件都是正品；

(2) 两件都是次品；

(3) 一件正品，一件次品。

15. 甲袋中有3个白球2个黑球，乙袋中有4个白球4个黑球，今从甲袋中任取2球放入乙袋，再从乙袋中任取一球，求该球是白球的概率。

16. 某产品主要由三个厂家供货，甲、乙、丙三个厂家的产品分别占总数的15%，80%，5%，其次品率分别为0.02，0.01，0.03，求从这批产品中任取一件是不合格品的概率。

17. 若事件 A 与 B 不独立，则事件 $A, \bar{B}$ 独立吗？

18. 设在贝努里试验中，成功的概率为 p，求第 n 次试验时，得到第 r 次成功的概率。

19. 某设备装有4只晶体管，每只晶体管损坏的概率是0.000 3，只要有一只晶体管损坏，该设备就损坏，求该设备损坏的概率。

20. 某机构有一个9人组成的顾问小组，若每个顾问提供正确意见的概率是0.7，现该机构对某事作决策，征求顾问的意见，并按多数人意见作出决策，求作出正确决策的概率。

第 8 章　随机变量及其分布

8.1　随机变量的概念

在第 7 章，我们介绍了随机事件及其概率，本章将在这个基础上进一步研究随机变量及其分布。在随机试验中，我们观察的对象常常是一个随机取值的量。例如，在观察电话交换台在一段时间内收到的呼叫次数的试验中，这个量可能取的值为 0,1,2,…；在测试灯泡寿命的试验中，这个量可能在$[0,+\infty)$中取值；在 n 次打靶试验中，要观察击中目标的次数，这个量可能取的值为 0,1,2,…,n。对于那些没有采取数量标识的事件，也可以给他们以数量标识。比如，某工人一天“完成定额”记为 1，“没有完成定额”记为 0；生产的产品是“优质品”记为 2，是“次品”记为 1，是“废品”记为 0 等等。这样一来，对于试验的结果就都可以给予数量的描述。

如果把试验中所观察的对象用 X 来表示，那么 X 就具有这样的特点：随着试验的重复，X 可以取不同的值，并且在每次试验中究竟取什么值事先无法确切预言，是带随机性的。

例如，在抛硬币的试验中，样本空间 $\Omega=\{正,反\}$，若用 X 表示试验结果，并按上述方法数量化，X 就是基本事件的函数，即

$$X=\begin{cases}1 & 出现正面向上\\0 & 出现反面向上\end{cases}$$

【定义 8.1】　设 E 是随机试验，它的样本空间是 Ω，如果对 Ω 中的每个基本事件 e，都有唯一的实数值 $X(e)$ 与之对应，则称 $X(e)$ 为随机变量，简记为 X。

【例 1】　抛一枚均匀的骰子一次，观察出现的点数，如果用 ξ 表示出现的点数，则 ξ 的取值为 1,2,3,4,5,6，即

$$\xi=\begin{cases}1 & 出现 1 点\\2 & 出现 2 点\\3 & 出现 3 点\\4 & 出现 4 点\\5 & 出现 5 点\\6 & 出现 6 点\end{cases}$$

显然,ξ 是一个随机变量,它取不同的数值表示试验中可能发生的不同的结果,并且 ξ 是按一定概率取值的。例如,$\{\xi = 5\}$ 表示事件"出现 5 点",且

$$P\{\xi = 5\} = \frac{1}{6}$$

【例 2】 某射手射击某一目标的命中率为 0.7,现连续地向该目标射击,直到击中为止,那么射击次数是一个变量,如果用 X 表示射击次数,它可能取的值为 $1,2,3,\cdots,n$,X 取不同的值就表示不同的随机事件,$X = 4$ 表示"直到第 4 次才击中目标"。

【例 3】 测试某种电子元件的寿命(单位:h),若用 ξ 表示其寿命,则 ξ 的取值由试验的结果所确定,可为区间 $[0, +\infty)$ 上的任意一个数,显然 ξ 是一个变量,它取不同的数值表示测试的不同结果。例如,$\{100 \leqslant \xi \leqslant 150\}$ 表示事件"被测试的元件寿命在 100 h 到 150 h 之间。"

在上面所讲的随机变量中,有的随机变量所能取的值是有限个,有的随机变量所能取的值是可列无穷多个,这两种随机变量统称为离散型随机变量。像灯泡寿命这样的随机变量,它们所取的值连续地充满一个区间,我们将它们称为连续型随机变量,它是非离散型随机变量中最重要的类型。

8.2 离散型随机变量及其概率分布

【定义 8.2】 如果随机变量的全部可能取的值只有有限个或可列无限多个,则称这种随机变量为离散型随机变量。

设 $x_k(k = 1,2,\cdots)$ 为离散型随机变量 ξ 的所有可能取的值,而 $p_k(k = 1,2,\cdots)$ 是 ξ 取值 x_k 时相应的概率,即

$$p(\xi = x_k) = p_k \quad (k = 1,2,\cdots) \tag{8.1}$$

或写成表格形式,如表 8.1 所示。

表 8.1

ξ	x_1	x_2	$\cdots$	x_k	$\cdots$
P	p_1	p_2	$\cdots$	p_k	$\cdots$

则称式(8.1)或表 8.1 为离散型随机变量 ξ 的概率分布,或称分布列。

由概率的定义,分布列中的 p_k 应满足以下条件。

(1) $p_k \geqslant 0, k = 1,2,\cdots$

(2) $\sum\limits_{k=1}^{\infty} p_k = 1$

知道了离散型随机变量的分布列，也就不难计算随机变量落在某一区间内的概率。因此，分布列全面地描述了离散型随机变量的统计规律。

【例1】 设有一批产品共10件，其中有3件次品，从中任取2件，如果用ξ表示抽得的次品数，求ξ的分布列。

【解】 ξ的可能取值为0,1,2，由古典概型的概率计算公式有

$$P(\xi=0)=\frac{C_7^2C_3^0}{C_{10}^2}=\frac{7}{15}$$

$$P(\xi=1)=\frac{C_7^1C_3^1}{C_{10}^2}=\frac{7}{15}$$

$$P(\xi=2)=\frac{C_7^0C_3^2}{C_{10}^2}=\frac{1}{15}$$

因此ξ的分布列为

ξ	0	1	2
P	$\frac{7}{15}$	$\frac{7}{15}$	$\frac{1}{15}$

【例2】 设袋中有标号为$-1,2,2,3,3,3$的6个球，从中任取一个球，求所取得的球的标号X的分布列，并求$P(X\leqslant\frac{1}{2})$，$P(\frac{3}{2}<X\leqslant\frac{5}{2})$，$P(2\leqslant X\leqslant 3)$。

【解】 X可能取的值是$-1,2,3$，于是X的概率分布为

X	-1	2	3
p_k	$\frac{1}{6}$	$\frac{1}{3}$	$\frac{1}{2}$

那么

$$P(X\leqslant\frac{1}{2})=P(X=-1)=\frac{1}{6}$$

$$P(\frac{3}{2}<X<\frac{5}{2})=P(X=2)=\frac{1}{3}$$

$$P(2\leqslant X\leqslant 3)=P(X=2)+P(X=3)=\frac{1}{3}+\frac{1}{2}=\frac{5}{6}$$

【例3】 社会上定期发行某种奖券，每券1元，中奖率为p，某人每次购买1张奖券，如果没有中奖下次再继续购买1张，直到中奖为止，求该人购买次数ξ的分布列。

【解】 $\xi=1$表示“第一次购买奖券中奖”，依题意

$$P(\xi=1)=p$$

$\xi=2$ 表示"购买两次奖券,但第一次未中奖",其概率为 $1-p$。而第二次中奖,其概率为 p,由于各期奖券中奖与否是相互独立的,所以

$$P(\xi=2)=(1-p)p$$

$\xi=i$ 表示"购买第 i 次,前 $i-1$ 次都未中奖,而第 i 次中奖",则

$$P(\xi=i)=(1-p)^{i-1}p$$

从而 ξ 的分布列为

$$P(\xi=i)=p(1-p)^{i-1} \qquad (i=1,2,\cdots)$$

8.3 随机变量的分布函数

对于离散型随机变量,其取值的统计规律性可以用概率分布来描述。对于连续型随机变量 X,由于它可能取的值充满整个区间,故它的取值不可能一一列举出来,所以我们就不能用概率分布来描述连续型随机变量取值的统计规律性。然而对于连续型随机变量,人们关心的是这个随机变量落在某个区间 $(a,b]$ 内的概率 $P(a<X\leqslant b)$。由于事件"$X\leqslant b$"可以看成两个互不相容事件"$X\leqslant a$"与"$a<X\leqslant b$"的和,由概率加法公式得

$$P(X\leqslant b)=P(X\leqslant a)+P \qquad (a<X\leqslant b)$$

所以 $$P(a<X\leqslant b)=P(X\leqslant b)-P \qquad (X\leqslant a)$$

$p(X\leqslant x)$ 实际上是普通变量 x 的函数,为此引进如下定义。

【定义 8.3】 设 X 是一个随机变量,x 是任意实数,则称函数 $P(X\leqslant x)$ 为 X 的分布函数,记作 $F(x)$,即

$$F(x)=P \qquad (X\leqslant x)$$

按分布函数的定义可得

$$P(a<X\leqslant b)=P(X\leqslant b)-P(X\leqslant a)=F(b)-F(a)$$

即随机变量 X 落在区间 $(a,b]$ 内的概率等于分布函数 $F(x)$ 在该区间上的增量。这表明,若已知 X 的分布函数,就可计算 X 落在任意区间内的概率。

分布函数具有如下性质:

(1) $0\leqslant F(x)\leqslant 1,-\infty<x<+\infty$,即随机变量的分布函数 $F(x)$ 的值总在 0 与 1 之间,这是因为任何事件的概率都是介于 0 与 1 之间的数。

(2) $F(x_1)\leqslant F(x_2),x_1<x_2$,即 $F(x)$ 是单调非减的。

(3) $F(-\infty)=\lim\limits_{x\to-\infty}F(x)=0,F(+\infty)=\lim\limits_{x\to+\infty}F(x)=1$。

(4) $F(x+0)=F(x)$,即 $F(x)$ 是右连续的。

可以证明,若某一函数 $F(x)$ 满足上面的性质,则必存在一个随机变量 X 以 $F(x)$ 为其分布函数。

【例 1】 一批产品的废品率为 5%，从中任意抽取一个进行检验，用随机变量 ξ 来描述废品出现的情况，写出 ξ 的分布列并求 ξ 的分布函数。

【解】 用 ξ 表示废品的个数，显然 ξ 只可能取 0 及 1 两个值，"$\xi = 0$" 表示"产品为合格品"，其概率为这批产品的合格率，即 $P(\xi = 0) = 1 - 5\% = 95\%$，而"$\xi = 1$" 表示"产品是废品"，即 $P(\xi = 1) = 5\%$，ξ 的分布列为

ξ	0	1
P	95%	5%

ξ 的分布函数为

$$F(x) = \begin{cases} 0 & x < 0 \\ 0.95 & 0 \leqslant x < 1 \\ 1 & x \geqslant 1 \end{cases}$$

$F(x)$ 的图形，如图 8.1 所示。

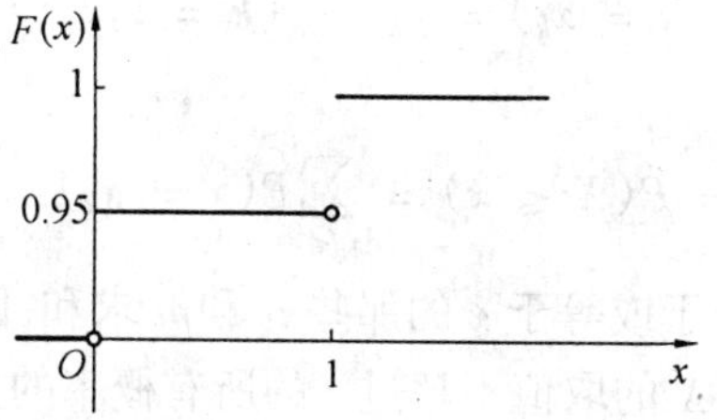

图 8.1

【例 2】 向区间 $(a, b]$ 内任意掷一质点，设此试验是几何概型的，求落点坐标 X 的分布函数。

【解】 由题意可知：

当 $x < a$ 时，$P(X \leqslant x) = P(\varnothing) = 0$；

当 $a \leqslant x < b$ 时，$P(X \leqslant x) = P(a < X \leqslant x) = \dfrac{x - a}{b - a}$；

当 $x \geqslant b$ 时，$P(X \leqslant x) = P(a < x \leqslant b) = 1$。

于是 X 的分布函数为

$$F(x) = \begin{cases} 0 & x < a \\ \dfrac{x - a}{b - a} & a \leqslant x < b \\ 1 & x \geqslant b \end{cases}$$

$F(x)$ 的图形是一条连续曲线，如图 8.2 所示。

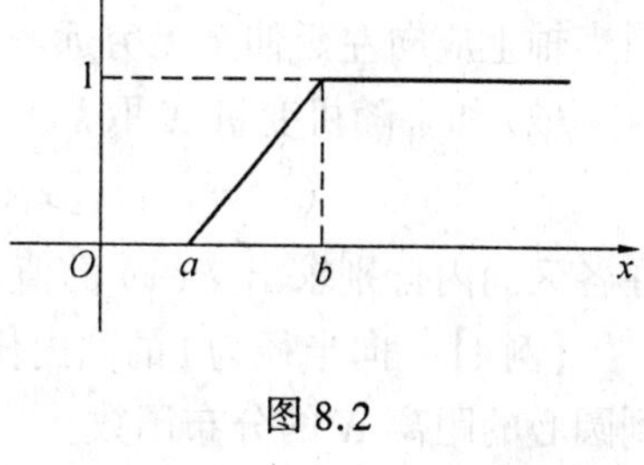

图 8.2

【例 3】 设随机变量 X 的分布列为

X	-1	0	1
P	$\frac{1}{4}$	$\frac{1}{2}$	$\frac{1}{4}$

求 X 的分布函数。

【解】 由概率的有限可加性，得

$$F(x)=\begin{cases}0 & x<-1\\ \frac{1}{4} & -1\leqslant x<0\\ \frac{3}{4} & 0\leqslant x<1\\ 1 & x\geqslant 1\end{cases}$$

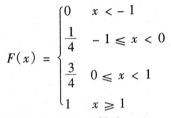

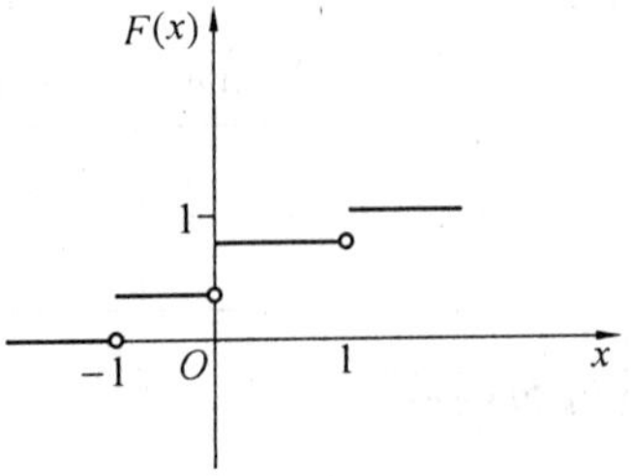

图 8.3

$F(x)$ 的图形，如图 8.3 所示。

一般地，若离散型随机变量的概率分布为

$$P(X=x_k)=p_k \qquad (k=1,2,\cdots)$$

则 X 的分布函数为

$$F(x)=P(X\leqslant x)=\sum_{x_k\leqslant x}P(x=x_k)=\sum_{x_k\leqslant x}p_k$$

上式右端表明对所有小于或等于 x 的那些 x_k 和 p_k 求和，因而分布函数 $F(x)$ 在 x 处的值等于随机变量 X 的取值不超过 x 的所有概率的累加。写成分段函数的形式就是

$$F(x)=\begin{cases}0 & x<x_1\\ p_1 & x_1\leqslant x<x_2\\ p_1+p_2 & x_2\leqslant x<x_3\\ \vdots & \vdots\\ p_1+p_2+\cdots+p_{n-1} & x_{n-1}\leqslant x<x_n\\ p_1+p_2+\cdots+p_n & x\geqslant x_n\end{cases}$$

需要指出：

(1) 随机变量的分布函数 $F(x)$，它的定义域是 $(-\infty,+\infty)$，其图形在 x 的负半轴上应向左延伸至无穷远。

(2) 如果随机变量 X 取 k 个可能值 $x_1x_2,\cdots,x_k$ 应分成 $k+1$ 个区间，即

$$(-\infty,x_1),[x_1,x_2),[x_1,x_3),\cdots,[x_k,+\infty)$$

在各区间内分别求出 $F(x)$ 的值。

【例 4】 向半径为 1 的圆内任意掷一质点，设此试验是几何概型的，求落点到圆心的距离 X 的分布函数。

【解】 由题意可知：

当 $x<0$ 时，$P(X\leqslant x)=P(\varnothing)=0$；

当 $0\leqslant x<1$ 时，$P(X\leqslant x)=P(0\leqslant X\leqslant x)=\dfrac{\pi x^2}{\pi\cdot 1^2}=x^2$；

当 $x\geqslant 1$ 时，$P(X\leqslant x)=P(0\leqslant X\leqslant 1)=1$。

于是 X 的分布函数为

$$F(x)=\begin{cases}0 & x<0\\ x^2 & 0\leqslant x<1\\ 1 & x\geqslant 1\end{cases}$$

$F(x)$ 的图形也是一条连续曲线，如图 8.4 所示。

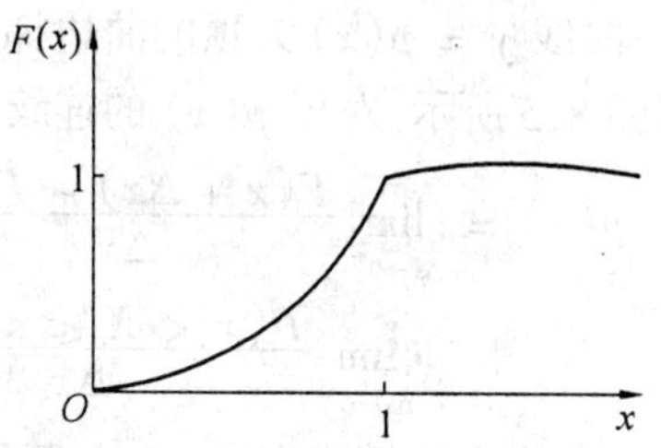

图 8.4

8.4 连续型随机变量及其概率密度

【定义 8.4】 设 $F(x)$ 为随机变量 X 的分布函数，如果存在非负函数 $p(x)(-\infty<x<+\infty)$，使得对任意的实数 x，都有

$$F(x)=P(X\leqslant x)=\int_{-\infty}^{x}p(t)\mathrm{d}t$$

成立，则称 X 为连续型随机变量，称 $p(x)$ 为 X 的概率密度，记作 $X\sim p(x)$。

由此定义，再根据积分学知识，可以得到下面的两个结果：

(1) 在整个实轴上，$F(x)$ 是连续的，即连续型随机变量的分布函数一定是连续的。

(2) 对于 $p(x)$ 的连续点，有 $F'(x)=p(x)$。

上述两个结果表示了分布函数与概率密度间的两个关系，利用这些关系，可以根据分布函数和概率密度中的一个推出另一个。

连续型随机量的概率密度具有下列性质：

(1) $p(x)\geqslant 0$

(2) $\int_{-\infty}^{+\infty}p(x)\mathrm{d}x=1$

(3) $P(x_1<X\leqslant x_2)=F(x_2)-F(x_1)=\int_{x_1}^{x_2}p(x)\mathrm{d}x$

性质(2)的几何解释是：介于曲线 $y=p(x)$ 与 x 轴之间的平面图形的面积等于 1。由概率密度的定义可得

$$P(a<X\leqslant b)=F(b)-F(a)=\int_{-\infty}^{b}p(x)\mathrm{d}x-\int_{-\infty}^{a}p(x)\mathrm{d}x=\int_{a}^{b}p(x)\mathrm{d}x$$

即连续型随机变量 X 落在区间$(a,b]$内的概率等于它的概率密度 $p(x)$ 在该区间上的定积分。由定积分的几何意义可知，概率 $P(a<x\leqslant b)$ 的值就是以区间$(a,b]$为底，曲线 $y=p(x)$ 为顶的曲边梯形的面积，如图 8.5 所示。对于 $p(x)$ 的连续点 x，有

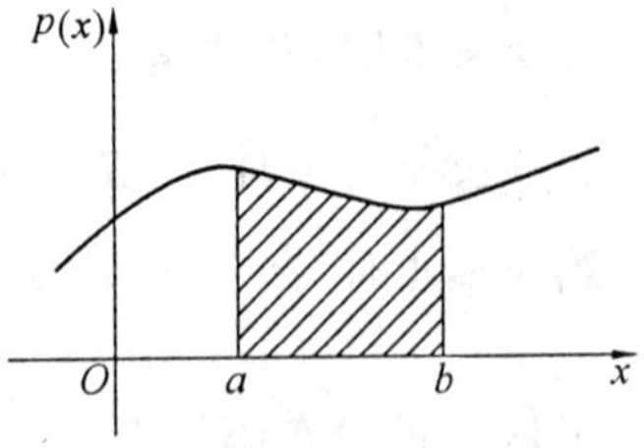

图 8.5

$$p(x)=\lim_{\Delta x\to 0^+}\frac{F(x+\Delta x)-F(x)}{\Delta x}=\lim_{\Delta x\to 0^+}\frac{P(x<X\leqslant x+\Delta x)}{\Delta x}$$

上式表明概率密度 $p(x)$ 不是随机变量 X 取值 x 的概率，而是 X 在点 x 的概率分布的密集程度，$p(x)$ 的大小能反映出 X 取 x 附近的值的概率大小。因此，对于连续型随机变量，用概率密度描述它的分布比分布函数直观。

【例 1】 设连续型随机变量 X 的概率密度为

$$p(x)=\begin{cases}A\cdot\cos x & |x|\leqslant\dfrac{\pi}{2}\\ 0 & 其他\end{cases}$$

求：(1) 常数 A；

(2) X 的分布函数 $F(x)$；

(3) 给出概率密度函数，分布函数的图形；

(4) $P(0<x<\frac{\pi}{4})$。

【解】 (1) 利用概率密度的性质 $\int_{-\infty}^{+\infty}p(x)\mathrm{d}x=1$，求出 $p(x)$ 中所含的待定常数 A。

因为

$$\int_{-\infty}^{+\infty}p(x)\mathrm{d}x=\int_{-\frac{\pi}{2}}^{\frac{\pi}{2}}A\cdot\cos x\mathrm{d}x=A\cdot\sin x\Big|_{-\frac{\pi}{2}}^{\frac{\pi}{2}}=2A=1$$

所以 $A=0.5$，于是

$$p(x)=\begin{cases}\dfrac{1}{2}\cos x & |x|\leqslant\dfrac{\pi}{2}\\ 0 & 其他\end{cases}$$

(2) 当 $x<-\dfrac{\pi}{2}$ 时

$$p(x)=0,F(x)=\int_{-\infty}^{x}0\mathrm{d}x=0$$

当 $-\frac{\pi}{2} \leqslant x < \frac{\pi}{2}$ 时

$$F(x) = \int_{-\infty}^{x} p(x)\mathrm{d}x = \int_{-\infty}^{-\frac{\pi}{2}} 0\mathrm{d}x + \int_{-\frac{\pi}{2}}^{x} \frac{1}{2}\cos x\mathrm{d}x = \frac{1}{2}(\sin x + 1)$$

当 $x \geqslant \frac{\pi}{2}$ 时

$$F(x) = \int_{-\infty}^{\frac{\pi}{2}} 0\mathrm{d}x + \int_{-\frac{\pi}{2}}^{\frac{\pi}{2}} \cos x\mathrm{d}x + \int_{\frac{\pi}{2}}^{x} 0\mathrm{d}x = 1$$

所以

$$F(x) = \begin{cases} 0 & x < -\frac{\pi}{2} \\ \frac{1}{2}(\sin x + 1) & -\frac{\pi}{2} \leqslant x < \frac{\pi}{2} \\ 1 & x \geqslant \frac{\pi}{2} \end{cases}$$

(3) $p(x)$ 和 $F(x)$ 的图形分别如图 8.6、8.7 所示。

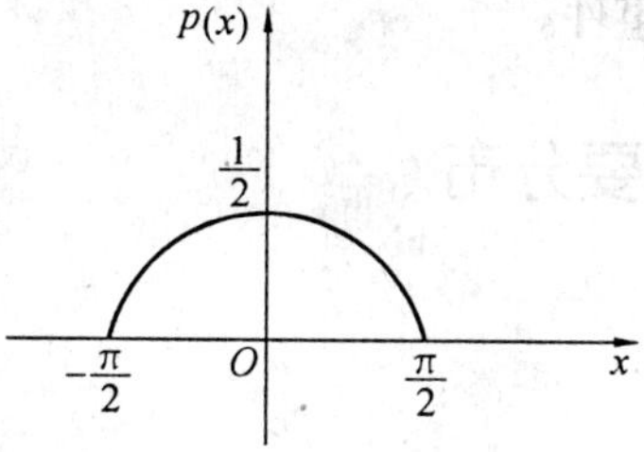

图 8.6

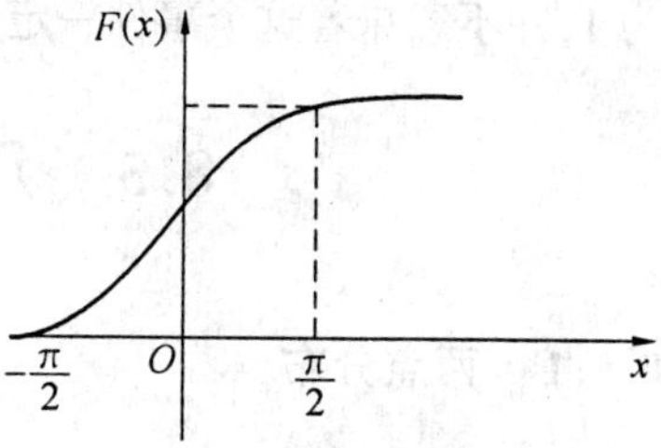

图 8.7

(4) 解法一

$$P(0 < X < \frac{\pi}{4}) = \int_{0}^{\frac{\pi}{4}} \frac{1}{2}\cos x\mathrm{d}x = \frac{1}{2}\sin x\Big|_{0}^{\frac{\pi}{4}} = \frac{\sqrt{2}}{4}$$

解法二

$$P(0 < X < \frac{\pi}{4}) = F(\frac{\pi}{4}) - F(0) = \frac{1}{2}(\sin\frac{\pi}{4} + 1) - \frac{1}{2}(\sin 0 + 1) = \frac{\sqrt{2}}{4}$$

【例 2】 设连续型随机变量 X 具有概率密度

$$f(x) = \begin{cases} kx + 1 & 0 \leqslant x \leqslant 2 \\ 0 & 其他 \end{cases}$$

求:(1) 确定常数 k;

(2) X 的分布函数 $F(x)$;

(3) $P\{\frac{3}{2} < X \leqslant \frac{5}{2}\}$。

【解】 (1) 由 $\int_{-\infty}^{+\infty} f(x)\mathrm{d}x = 1$,得 $\int_{0}^{2}(kx+1)\mathrm{d}x = 1$,得 $k = -\frac{1}{2}$。

(2) X 的分布函数为

$$F(x) = \int_{-\infty}^{x} f(t)\mathrm{d}t = \begin{cases} 0 & x < 0 \\ -\frac{1}{4}x^2 + x & 0 \leqslant x < 2 \\ 1 & x \geqslant 2 \end{cases}$$

(3) $P\{\frac{3}{2} < X \leqslant \frac{5}{2}\} = F(\frac{5}{2}) - F(\frac{3}{2}) = 1 - 0.937\,5 = 0.062\,5$

对于连续型随机变量 X,需要指出的是:其一,分布函数 $F(x)$ 是一个连续函数;其二,X 取任一指定实数 a 的概率均为 0,即 $P\{X = a\} = 0$,这样我们在计算连续型随机变量落在某一区间的概率时,可以不必区分区间是开区间或闭区间,例如

$$P\{a < X \leqslant b\} = P\{a \leqslant X \leqslant b\} = P\{a < X < b\}$$

此外,尽管 $P\{X = a\} = 0$,但 $\{X = a\}$ 并不是不可能事件,同样地,一个事件的概率为 1,并不意味着这个事件一定是必然事件。

8.5 几种重要分布

8.5.1 两点分布

【定义 8.5】 如果随机变量只取两个值 0,1,且有概率分布

$$P(X = 1) = p, P(X = 0) = q = 1 - p$$

则称 X 服从两点分布或 0 - 1 分布。

【例 1】 10 件产品有 3 件次品,随机抽取 1 件产品检验,求次品件数的概率分布。

【解】 用 X 表示取出的次品件数,则 X 可能取值为 0,1,其概率分布为

$$P(X = 0) = \frac{7}{10}, P(X = 1) = \frac{3}{10}$$

所以 X 服从两点分布。

【例 2】 掷一枚硬币一次,求出现正面次数的概率分布。

【解】 用 X 表示出现正面的次数,则 X 的可能值为 0,1,其概率分布为 $P(X = 0) = \frac{1}{2}, P(X = 1) = \frac{1}{2}$,$X$ 服从两点分布。

两点分布是最简单的一种概率分布,任何只有两个可能结果的随机试验都

可以用一个服从两点分布的随机变量来描述。例如，射击打靶的“中”与“不中”，检验产品的“合格”与“不合格”，某项试验的“成功”与“失败”等等。

8.5.2 二项分布

在 n 重贝努里试验中，进行的 n 次独立试验是由 n 个一次试验组成的。其第 i 次试验中，事件 A 出现的次数记为 $\xi_i(i=1,2,\cdots,n)$，它是服从 0－1 分布的随机变量

$$P(\xi_i = k) = p^k q^{1-k} \qquad (k = 0,1)$$

其中，p 是事件 A 在一次试验中发生的概率，$q = 1 - p$，显然 $\xi_1,\cdots,\xi_n$ 是相互独立的，并且在 n 次试验中，事件 A 发生的次数 ξ 是各次试验中 A 出现次数之和，即

$$\xi = \xi_1 + \xi_2 + \cdots + \xi_n$$

$$P(\xi = 0) = P\{\xi_1 = 0,\xi_2 = 0,\cdots,\xi_n = 0\} = \prod_{i=1}^{n} P(\xi_i = 0) = q^n$$

$$P(\xi = 1) = \sum_{i=1}^{n} P\{\xi_i = 1, \prod_{j\neq i}^{n} P(\xi_j = 0)\} = \sum_{i=1}^{n}[P(\xi_i = 1)\prod_{j\neq i}^{n} P(\xi_j = 0)] = npq^{n-1}$$

$$P(\xi = 2) = \sum_{1\leqslant i\leqslant j\leqslant n}^{n}[P(\xi_i = 1)P(\xi_j = 1)\cdot\prod_{k\neq i,j}(\xi_k = 0)] = C_n^2 p^2 q^{n-2}$$

依此类推，有

$$P(\xi = k) = C_n^k p^k q^{n-k}$$

即 $\xi_i(i = 1,2,\cdots,n)$ 中有 k 个取值为 1，其余$(n - k)$个取值为 0，这种情况应有 C_n^k 种不同的形式，故有上式。利用二项式展开定理，有

$$\sum_{k=0}^{n} C_n^k p^k q^{n-k} = (q + p)^n = 1$$

【定义 8.6】 若随机变量 ξ 的分布列如下

$$P(\xi = k) = C_n^k p^k q^{n-k}, \quad k = 0,1,2,\cdots,n, 0 < p < 1, q = 1 - p$$

则称 X 服从二项分布，记作 $\xi \sim B(n,p)$，ξ 的分布函数为

$$F(x) = \sum_{k\leqslant x} C_n^k p^k q^{n-k}$$

事件 A 至多出现 m 次的概率为

$$P(0 \leqslant \xi \leqslant m) = \sum_{k=0}^{m} C_n^k p^k q^{n-k}$$

事件 A 出现次数不小于 l，不大于 m 的概率是

$$P(l \leqslant \xi \leqslant m) = \sum_{k=l}^{m} C_n^k p^k q^{n-k}$$

【例3】 某店有4名售货员，根据经验每名售货员平均在1 h内只用台秤15 min，问该店配置几台台秤较为合理。

【解】 设

$$A=\text{“售货员使用台秤”},\bar{A}=\text{“售货员不使用台秤”}$$

由题意知，1 h内每名售货员使用台秤的概率为

$$P(A)=\frac{15}{60}=0.25$$

一次贝努里试验是指一名售货员是否使用台秤，那么在1 h内使用台秤的售货员的人数 $X\sim B(4,0.25)$，故

$$p_0=P(X=0)=C_4^0(0.25)^0(0.75)^4\approx 0.316\ 4$$

$$p_1=P(X=1)=C_4^1(0.25)^1(0.75)^3\approx 0.421\ 9$$

$$p_2=P(X=2)=C_4^2(0.25)^2(0.75)^2\approx 0.210\ 9$$

同理

$$p_3\approx 0.05,p_4\approx 0.004$$

$$P(X>2)=1-P(X\leqslant 2)=1-(p_0+p_1+p_2)=$$
$$1-(0.316\ 4+0.421\ 9+0.210\ 9)\approx 5.1\%$$

因而有2名以上的售货员同时使用台秤的可以性很小，其概率不超过5.1%，故配置两台台秤较为合理，它既可以以很大的概率保证够用，又可以尽量少占用设备资金。

【例4】 一批产品的废品率 $p=0.03$，进行20次重复抽样(每次抽一个，观察后放回去再抽)，求出现废品的频率为0.1的概率。

【解】 令 ξ 表示20次重复抽取中废品出现的次数，它服从二项分布

$$P(\frac{\xi}{20}=0.1)=P(\xi=2)=C_{20}^2(0.03)^2(0.97)^{18}\approx 0.098\ 8$$

【例5】 设有20台机床，各独立地加工一件齿轮，若各机床加工的废品率都是0.2，求得到的20件齿轮产品中没有废品，恰有一件废品，……，以及全部是废品的概率各为多少?

【解】 此例可看做 $n=20$ 的贝努里试验问题，设 X 表示“20件齿轮产品中的废品件数”，则 $X\sim B(20,0.2)$，于是问题即要求

$$P(X=k)=C_{20}^k(0.2)^k(0.8)^{20-k},k=0,1,2,\cdots,20$$

计算结果列于下表

k	0	1	2	3	4	5	6	7	8	9	10	11	…	20
P	0.012	0.058	0.137	0.205	0.218	0.175	0.109	0.055	0.022	0.007	0.002	0.000	…	0.000

表中 $k \geqslant 11$ 时，$P(X = k) < 0.001$。为了对此结果有个直观的了解，我们将表中数据用图形来表示，如图 8.8 所示。

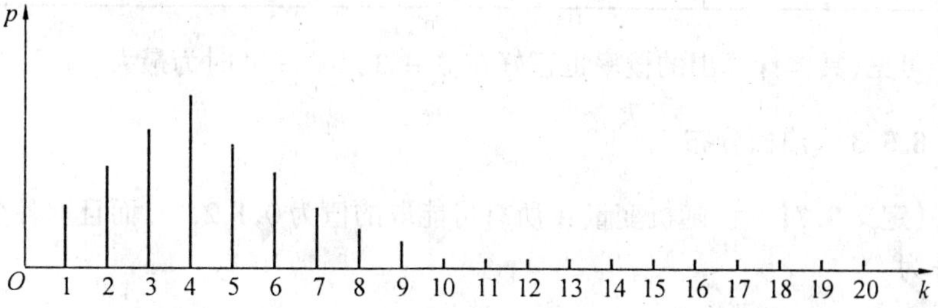

图 8.8

从图中我们可以看到，概率 $P(X = k)$ 先是随 k 的增加而单调上升，当 k 增加到 4 时，$P(X = k)$ 取得最大值 0.218，然后 $P(X = k)$ 再随 k 的增加而单调下降。一般对于固定的 n 和 p，二项分布 $B(n,p)$ 都具有这一性质。

设 $k = k_0$ 时，$P(X = k_0)$ 达到最大值，则

$$\begin{cases} \dfrac{P(X = k_0)}{P(X = k_0 - 1)} \geqslant 1 & (8.2) \\ \dfrac{P(X = k_0 + 1)}{P(X = k_0)} \leqslant 1 & (8.3) \end{cases}$$

由(8.2)得

$$\frac{C_n^{k_0} p^{k_0} q^{n-k_0}}{C_n^{k_0-1} p^{k_0-1} q^{n-k_0+1}} = \frac{(n - k_0 + 1)p}{k_0 q} \geqslant 1$$

$$(n - k_0 + 1)p \geqslant k_0 q, k_0 \leqslant np + p$$

由(8.3)得

$$k_0 \geqslant np + p - 1$$

所以

$$np + p - 1 \leqslant k_0 \leqslant np + p$$

$$k_0 = \begin{cases} np + p \text{ 和 } np + p - 1 & \text{当 } np + p \text{ 是整数时} \\ [np + p] & \text{其他} \end{cases}$$

其中，$[np + p]$ 表示不超过 $np + p$ 的最大整数。

【例 6】 某批产品有 80% 的一等品，对它们进行重复抽样检验，共取出 14 个样品，求其中一等品数 ξ 的最可能值，并用贝努里公式验证。

【解】 ξ 服从二项分布，$np + p = 3.2 + 0.8 = 4$，所以 $k_0 = 4$ 和 $k_0 = 3$ 时 $P\{\xi = k\}$ 最大，即取出 4 个样品时，一等品个数最可能是 3 或 4。

用贝努里公式计算 ξ 的分布列如下。

ξ	0	1	2	3	4
P	0.001 6	0.025 6	0.153 6	0.409 6	0.409 6

可见,具体计算出的概率也正好在 $\xi = 3$ 及 $\xi = 4$ 时为最大。

8.5.3　泊松分布

【定义 8.7】　设随机变量 X 所有可能取的值为 0,1,2,…,而且取各个值的概率为

$$P\{X = k\} = \frac{\lambda^k e^{-\lambda}}{k!}, k = 0,1,2,\cdots$$

其中,$\lambda > 0$ 是常数,则称 X 服从参数为 λ 的泊松分布,记为 $X \sim P(\lambda)$。

显然 $P\{X = k\} \geqslant 0, k = 0,1,2,\cdots$,且有

$$\sum_{k=0}^{\infty} P\{X = k\} = \sum_{k=0}^{\infty} \frac{\lambda^k e^{-\lambda}}{k!} = e^{-\lambda} \sum_{k=0}^{\infty} \frac{\lambda^k}{k!} = e^{-\lambda} \cdot e^{\lambda} = 1$$

即 $P\{x = k\}$ 满足分布律的两个条件。

具有泊松分布的随机变量在实际应用中是很多的。例如,电话交换台接到的呼叫次数,公共汽车站到达的乘客数,容器内的细菌数,铸件的瑕点数,传染病流行时期每天死亡的人数,一本书一页中印刷错误的个数等等都服从泊松分布。一般地,泊松分布可以作为描述大量重复试验中稀有事件出现的频数的概率分布情况的数学模型。

【例 7】　电话交换台每分钟接到的呼叫次数 X 为随机变量,设 $X \sim P(1)$,求 1 分钟至少有 1 次呼叫的概率。

【解】　因为 $X \sim P(1)$,故

$$P(X \geqslant 1) = 1 - P(X = 0) = 1 - e^{-1} = 0.632\,1$$

或查泊松分布表得

$$P(X \geqslant 1) = 0.632\,1$$

可以证明,当 n 很大,p 很小时,二项分布近似于泊松分布,即

$$C_n^k p^k (1 - p)^{n-k} \approx \frac{\lambda^k}{k!} e^{-\lambda}$$

其中,$\lambda = np$。在实际计算中,当 $n \geqslant 10, p \leqslant 0.1$ 时,就可以用上述近似公式。

【例 8】　商店的历史销售记录表明,某种商品每月的销售量服从参数为 $\lambda = 10$ 的泊松分布,为了以 95% 以上的概率保证该商品不脱销,问商店在月底至少应进该商品多少件?

【解】　设商店每月销售某种商品 X 件,月底进货量为 n 件,按题意要求为

$$P\{X \leqslant n\} \geqslant 0.95$$

X 服从$\lambda = 10$的泊松分布,则有

$$\sum_{k=0}^{n} \frac{10^k}{k!} e^{-10} \geqslant 0.95$$

由泊松分布表可查得

$$\sum_{k=0}^{14} \frac{10^k}{k!} e^{-10} \geqslant 0.916\,6 < 0.95$$

$$\sum_{k=0}^{15} \frac{10^k}{k!} e^{-10} \geqslant 0.951\,3 > 0.95$$

于是,这家商店只要在月底进货该种商品 15 件(假定上个月没有存货),就可以 95% 的概率保证这种商品在下个月内不会脱销。

【例 9】 已知一年中某种保险人群的死亡率为 0.000 5,现该人群中有 10 000 人参加人寿保险,每人交保险费 5 元,若未来一年中死亡,则赔偿 5 000 元,试求:

(1) 未来一年中保险公司从该项保险中至少获得 10 000 元的概率。

(2) 未来一年中保险公司在该项保险中亏本的概率。

【解】 由题意,参加该项保险的人群中未来一年死亡人数 $X \sim B(10\,000, 0.000\,5)$。

"$X \leqslant 8$" 表示"保险公司至少获利 10 000 元","$X > 10$" 表示"保险公司亏本"。所求概率为

$$P(X \leqslant 8) = \sum_{k=0}^{8} C_{10\,000}^{k}(0.000\,5)^k(0.999\,5)^{10\,000-k}$$

$$P(X > 10) = \sum_{k=11}^{10\,000} C_{10\,000}^{k}(0.000\,5)^k(0.999\,5)^{10\,000-k}$$

直接计算十分困难,故用泊松分布来近似计算。这里$\lambda = np = 5$,查泊松分布表得

$$P(X \leqslant 8) = 1 - P(X \geqslant 9) \approx 1 - 0.068\,09 = 0.932$$

$$P(X > 10) \approx 0.013\,6$$

【例 10】 某厂由 4 名工人负责 600 台设备的维修,每台设备发生故障的概率为 0.005,求设备发生故障后都能及时得到维修的概率。(假设每台设备发生故障只需 1 名工人维修)

【解】 用X表示600台设备中同时发生故障的数量,只要$X \leqslant 4$,发生故障的设备即可得到维修,因此所求为$P(0 \leqslant X \leqslant 4)$,有

$$P(0 \leqslant X \leqslant 4) = P(X = 0) + P(X = 1) + P(X = 2) + P(X = 3) + P(X = 4)$$

显然对每台设备要么需要维修,要么不需要维修,可知 X 服从 $n = 600, p =$

0.005 的二项分布,即 $X \sim B(600,0.005)$,因为 $\lambda = np = 600 \times 0.005 = 3$,所以可以认为 X 近似服从泊松分布 $P(3)$。即

$$P(X = k) \approx \frac{3^k}{k!}\mathrm{e}^{-3}$$

于是

$$P(0 \leqslant X \leqslant 4) \approx \frac{3^0}{0!}\mathrm{e}^{-3} + \frac{3^1}{1!}\mathrm{e}^{-3} + \frac{3^2}{2!}\mathrm{e}^{-3} + \frac{3^3}{3!}\mathrm{e}^{-3} + \frac{3^4}{4!}\mathrm{e}^{-3} \approx 0.815\,2$$

这个例子表明概率方法可以用来分析企业管理的某些问题,以便能够更有效地利用人力物力资源。

8.5.4 超几何分布

【定义 8.8】 设 N 个元素分为两类,有 N_1 个属于第一类,N_2 个属于第二类 $(N_1 + N_2 = N)$。从中按不重复抽样抽取 n 个,令 ξ 表示这 n 个第一(或二)类元素的个数,则 ξ 的分布称为超几何分布。其概率函数是

$$P(\xi = m) = \frac{\mathrm{C}_{N_1}^{m}\mathrm{C}_{N_2}^{n-m}}{\mathrm{C}_{N}^{n}} \qquad (m = 0,1,\cdots,n)$$

利用组合的性质

$$\sum_{k=0}^{n}\mathrm{C}_{N_1}^{k}\mathrm{C}_{N_2}^{n-k} = \mathrm{C}_{N_1+N_2}^{n}$$

可以验证

$$\sum_{m=0}^{n}P(\xi = m) = 1$$

另外,当 $N \to \infty$ 时,超几何分布以二项分布为极限。因为当 $N \to \infty$ 时,有 $N_1 \to \infty$,$N_2 \to \infty$,$N_1/N \to p$,$N_2/N \to 1 - p$,记 $q = 1 - p$。所以当 $N \to \infty$ 时,

$$P(\xi = m) \to \mathrm{C}_n^m p^m q^{n-m}$$

可见,对于超几何分布,当 N 很大而 n 相对于 N 是比较小时,可以用二项分布公式近似计算,其中,$p = N_1/N$。

【例 11】 一个盒子里有 20 个球,其中 5 个白球,15 个黑球,今从中任意抽取 4 个球,抽得的白球个数 ξ 是一个随机变量,求 ξ 的分布列。

【解】 ξ 可以取 0,1,2,3,4 这 5 个值,相应的概率为

$$P(\xi = k) = \frac{\mathrm{C}_5^k\mathrm{C}_{15}^{4-k}}{\mathrm{C}_{20}^{4}} \qquad (k = 0,1,2,3,4)$$

计算结果如下

ξ	0	1	2	3	4
P	0.281 7	0.469 6	0.216 7	0.031 0	0.001 0

【例12】 一大批产品的合格率为90%,今从中任取10件,求检验后:(1)恰有8件是合格品的概率;(2)不少于8件是合格品的概率。

【解】 设10件产品中合格品的数量为ξ,因10件产品是由一大批产品中抽取的,这是一个N很大,n相对于N很小的情况下的超几何分布问题,可用二项分布公式近似计算,其中,$n = 10, p = 90\%, q = 10\%, k = 8$。

(1)$P(\xi = 8) = C_{10}^{8} \times 0.9^{8} \times 0.1^{2} = 0.193\ 7$

(2)$P(\xi \geqslant 8) = C_{10}^{8} \times 0.9^{8} \times 0.1^{2} + C_{10}^{9} \times 0.9^{9} \times 0.1 + 0.9^{10} \approx 0.929\ 8$

8.5.5 均匀分布

【定义8.9】 设连续型随机变量X具有概率密度

$$f(x) = \begin{cases} \dfrac{1}{b-a} & a < x < b \\ 0 & \text{其他} \end{cases}$$

则称X在区间(a,b)上服从均匀分布,记$X \sim u(a,b)$,易知$f(x) \geqslant 0$,且

$$\int_{-\infty}^{+\infty} f(x)\mathrm{d}x = 1$$

X的分布函数为

$$F(x) = \begin{cases} 0 & x < a \\ \dfrac{x-a}{b-a} & a \leqslant x < b \\ 1 & x \geqslant b \end{cases}$$

在(a,b)上服从均匀分布的随机变量X落在(a,b)中任一等长度的子区间的可能性是相同的,或者说X落在(a,b)子区间的概率只依赖于子区间的长度,而与子区间的位置无关。

在实际问题中,服从均匀分布的例子是很多的。例如,(1)设通过某站的汽车10 min一辆,那么乘客候车时间X是在$(0,10)$上服从均匀分布的随机变量;(2)在计算机中舍入误差X,是一个在$(-0.5,0.5)$上服从均匀分布的随机变量。

【例13】 设某公共汽车站每隔10 min有1辆车到达,一乘客在任一时刻到达该车站是等可能的,以X表示乘客候车的时间,则X服从$u[0,10)$,求乘客在2 min内能上车的概率。

【解】 因为$X \sim u[0,10)$,其密度函数为

$$f(x)=\begin{cases}\dfrac{1}{10} & 0 \leqslant x < 10 \\ 0 & \text{其他}\end{cases}$$

所以 $$P\{0 \leqslant x < 2\}=\int_0^2 \frac{1}{10}\mathrm{d}x=\frac{1}{5}$$

8.5.6 指数分布

【定义 8.10】 如果随机变量 X 具有概率密度函数

$$f(x)=\begin{cases}\lambda \mathrm{e}^{-\lambda x} & x>0 \\ 0 & x \leqslant 0\end{cases} \quad \text{其中}, \lambda>0 \text{为常数}$$

则称 X 服从参数为 λ 的指数分布,它的分布函数

$$F(x)=\begin{cases}0 & x \leqslant 0 \\ 1-\mathrm{e}^{-\lambda x} & x>0\end{cases}$$

对任何实数 $a,b(0 \leqslant a < b)$,有

$$P(a<x<b)=\int_a^b \lambda \mathrm{e}^{-\lambda x}\mathrm{d}x=\mathrm{e}^{-\lambda a}-\mathrm{e}^{-\lambda b}$$

指数分布常用来作为各种“寿命”分布的近似,如随机服务系统中的服务时间,某些消耗性产品(电子元件等)的寿命等等,都常被假定服从指数分布。

【例 14】 某种机器出故障前正常运行时间 X h是一个连续型随机变量,其概率密度函数是

$$f(x)=\begin{cases}\dfrac{1}{200}\mathrm{e}^{-\frac{x}{200}} & x>0 \\ 0 & x \leqslant 0\end{cases}$$

试求该机器能连续正常工作 50 h 到 150 h 的概率以及能连续正常工作超过 200 h 的概率。

【解】 由题设知,X 是连续型随机变量,服从指数分布,所以

$$P(50 \leqslant x \leqslant 150)=\int_{50}^{150} \frac{1}{200}\mathrm{e}^{-\frac{x}{200}}\mathrm{d}x=\mathrm{e}^{-\frac{1}{4}}-\mathrm{e}^{-\frac{3}{4}} \approx 0.306$$

类似可得

$$P(X>200)=\int_{200}^{+\infty} \frac{1}{200}\mathrm{e}^{-\frac{x}{200}}\mathrm{d}x=\mathrm{e}^{-1} \approx 0.368$$

这就是说,该机器在 200 h 之后出故障的可能性是 36.8%。

【例 15】 某元件寿命 ξ 服从参数为 $\lambda(\lambda^{-1}=1\ 000\ \mathrm{h})$ 的指数分布,3 个这样的元件使用 1 000 h 后,都没有损坏的概率是多少?

【解】 参数为 λ 的指数分布的分布函数为

$$F(x)=1-\mathrm{e}^{-\frac{x}{1\,000}}(x>0)$$

有

$$P(\xi > 1\,000) = 1 - P(\xi \leqslant 1\,000) = 1 - F(1\,000) = \mathrm{e}^{-1}$$

各元件寿命相互独立，因此3个这样的元件使用1 000 h都未损坏的概率为

$$(\mathrm{e}^{-1})^3 = \mathrm{e}^{-3} \approx 0.05$$

8.5.7 正态分布

【定义 8.11】 如果随机变量 X 的概率密度为

$$p(x) = \frac{1}{\sqrt{2\pi}\sigma}\mathrm{e}^{-\frac{(x-\mu)^2}{2\sigma^2}} \qquad (-\infty < x < +\infty)$$

则称 X 服从正态分布，记作 $X \sim N(\mu,\sigma^2)$，其中，$-\infty < \mu < +\infty$，$\sigma > 0$是正态分布的两个参数。正态分布 $N(\mu,\sigma^2)$ 的分布函数为

$$F(x) = \frac{1}{\sqrt{2\pi}\sigma}\int_{-\infty}^{x}\mathrm{e}^{\frac{-(t-\mu)^2}{2\sigma^2}}\mathrm{d}t$$

$p(x)$ 及 $F(x)$ 的图形分别如图 8.9、8.10 所示。

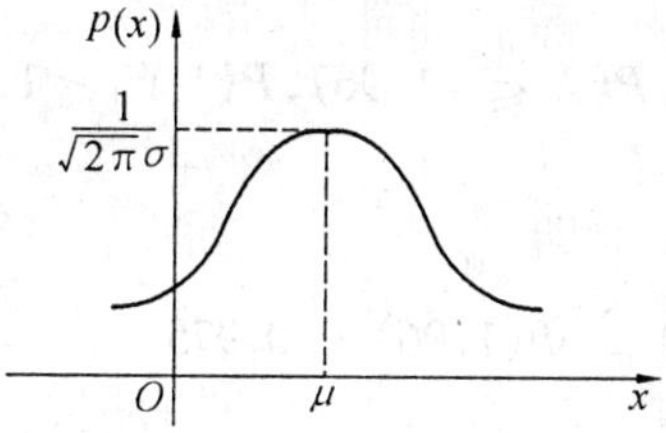

图 8.9

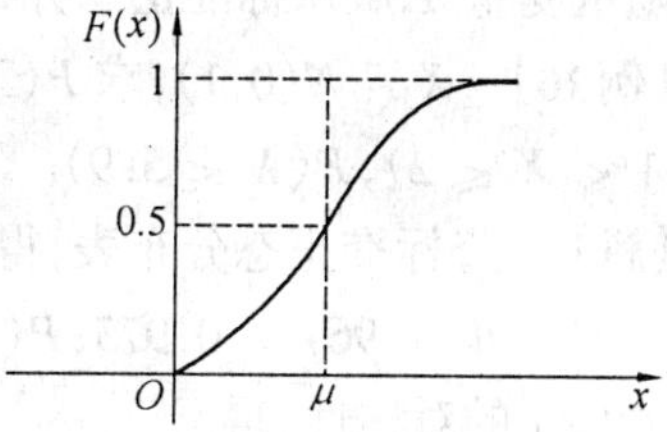

图 8.10

正态分布的概率密度 $p(x)$ 的图形有以下特点：

(1) $p(x)$ 的图形位于 x 轴的上方，且以 x 轴为渐近线；

(2) $p(x)$ 的图形关于直线 $x = \mu$ 对称，且当 $x = \mu$ 时，$p(x)$ 取得最大值 $p(\mu) = \frac{1}{\sqrt{2\pi}\sigma}$；

(3) 当固定 μ，改变 σ 值时，由于函数的最大值 $p(\mu) = \frac{1}{\sqrt{2\pi}\sigma}$，$\sigma$ 减小，函数 $p(x)$ 图形就变得陡峭，说明 X 的取值密集在 μ 附近的概率越大；σ 增大，$p(x)$ 的图形就变得扁平，说明 X 的取值密集在 μ 附近的概率越小。

特别地，当 $\mu = 0$，$\sigma = 1$ 时，称 X 服从标准正态分布，记为 $X \sim N(0,1)$，标准正态分布的概率密度用专门的记号 $\varphi(x)$ 表示，即

$$\varphi(x) = \frac{1}{\sqrt{2\pi}}\mathrm{e}^{-\frac{x^2}{2}} \qquad (-\infty < x < +\infty)$$

其分布函数用专门的记号 $\Phi(x)$ 表示，即

$$\Phi(x)=\int_{-\infty}^{x}\frac{1}{\sqrt{2\pi}}e^{-\frac{x^2}{2}}dx$$

$\Phi(x)$ 的值可查《标准正态分布表》。

一般地，设随机变量 X 服从正态分布 $N(\mu,\sigma^2)$，那么

$$Y=\frac{X-\mu}{\sigma}\sim N(0,1)$$

因为 $X\sim N(\mu,\sigma^2)$，对于任意实数 $a\leqslant b$，有

$$P(a<Y\leqslant b)=P\left(a<\frac{X-\mu}{\sigma}\leqslant b\right)=P(a\sigma+\mu<X\leqslant b\sigma+\mu)=$$

$$\int_{a\sigma+\mu}^{b\sigma+\mu}\frac{1}{\sqrt{2\pi}\sigma}e^{-\frac{(x-\mu)^2}{2\sigma^2}}dx \xlongequal{y=\frac{x-\mu}{\sigma}} \int_a^b\frac{1}{\sqrt{2\pi}\sigma}e^{-\frac{y^2}{2}}\sigma dy=$$

$$\int_a^b\frac{1}{\sqrt{2\pi}}e^{-\frac{y^2}{2}}dy$$

所以随机变量 Y 服从标准正态分布。

【例16】 $X\sim N(0,1)$，求 $P(X\leqslant1.96)$，$P(X\leqslant-1.96)$，$P(|X|\leqslant1.96)$，$P(-1<X\leqslant2)$，$P(X\leqslant5.9)$。

【解】 查标准正态分布表，得

$$\Phi(1.96)=0.975, P(X\leqslant1.96)=\Phi(1.96)=0.975$$

由于 $\Phi(x)$ 的对称性，得

$$P(X\leqslant-1.96)=P(X\geqslant1.96)=1-P(X<1.96)=0.025$$

$$P(|X|\leqslant1.96)=P(-1.96\leqslant X\leqslant1.96)=\Phi(1.96)-\Phi(-1.96)=$$

$$2\Phi(1.96)-1=0.95$$

$$P(-1<X\leqslant2)=\Phi(2)-\Phi(-1)=\Phi(2)-[1-\Phi(1)]=0.818\,6$$

$$P(X\leqslant5.9=\Phi(5.9)=1$$

一般来讲，若 $X\sim N(0,1)$ 则

$$P(X\leqslant x)=\begin{cases}\Phi(x) & x>0\\ 0.5 & x=0\\ 1-\Phi(-x) & x<0\end{cases}$$

$$P(|X|\leqslant x)=2\Phi(x)-1\quad(\text{当 }x>0\text{ 时})$$

$$P(a<X\leqslant b)=\Phi(b)-\Phi(a)$$

当 $x\geqslant5$ 时，$\Phi(x)\approx1$；当 $x\leqslant5$ 时，$\Phi(x)\approx0$。

【例17】 设 $X\sim N(5,3^2)$，求：(1) $P(X\leqslant10)$；(2) $P(2<X<11)$。

【解】 $X\sim N(5,3^2)$，则

$$Y=\frac{X-5}{3}\sim N(0,1)$$

(1) $P(X\leqslant 10)=P(\frac{X-5}{3}\leqslant\frac{10-5}{3})=P(Y\leqslant 1.67)=\Phi(1.67)=0.9525$

(2) $P(2<X<11)=P(\frac{2-5}{3}<\frac{X-5}{3}<\frac{11-5}{3})=P(-1<Y<2)=\Phi(2)-\Phi(-1)=0.9772-(1-0.8413)=0.8185$

在计算中,我们常用到一个公式:若 $X\sim N(\mu,\sigma^2)$,则对任意 x_1,x_2 有

$$P(x_1<X\leqslant x_2)=P(\frac{x_1-\mu}{\sigma}<\frac{X-\mu}{\sigma}\leqslant\frac{x_2-\mu}{\sigma})=P(\frac{x_1-\mu}{\sigma}<Y\leqslant\frac{x_2-\mu}{\sigma})=\Phi(\frac{x_2-\mu}{\sigma})-\Phi(\frac{x_1-\mu}{\sigma})$$

【例 18】 设 $X\sim N(\mu,\sigma^2)$,求 X 落在区间 $(\mu-k\sigma,\mu+k\sigma)$ 内的概率 $(k=1,2,3)$。

【解】

$$P(|X-\mu|<k\sigma)=P(\mu-k\sigma<X<\mu+k\sigma)=\Phi(k)-\Phi(-k)=2\Phi(k)-1$$

于是

$$P(|X-\mu|<\sigma)=2\Phi(1)-1=0.6826$$
$$P(|X-\mu|<2\sigma)=2\Phi(2)-1=0.9544$$
$$P(|X-\mu|<3\sigma)=2\Phi(3)-1=0.9973$$

则

$$P(|X-\mu|>3\sigma)=1-P(|X-\mu|<3\sigma)=0.0027<0.003$$

由此可见,X 落在 $(\mu-3\sigma,\mu+3\sigma)$ 以外的概率小于 0.003,在实际问题中常认为它是不会发生的。

【例 19】 一份报纸排版时出现错误的次数 X 服从正态分布 $N(200,400)$,求出现错误的次数在 190 至 210 之间的概率。

【解】 设出现错误的次数为 X,则

$$P(190<X<210)=P\left(\frac{190-200}{20}<\frac{X-200}{20}<\frac{210-200}{20}\right)=P\left(-0.5<\frac{X-200}{20}<0.5\right)=2\Phi(0.5)-1=0.3830$$

即出现错误的次数在 190 至 210 之间的概率为 0.383 0。

【例 20】 $X \sim N(\mu,\sigma^2)$, $P(X \leqslant -5) = 0.045$, $P(X \leqslant 3) = 0.618$,求 μ 及 σ。

【解】

$$P(X \leqslant -5) = \Phi\left(\frac{-5-\mu}{\sigma}\right) = 0.045$$

$$1 - \Phi\left(-\frac{5+\mu}{\sigma}\right) = \Phi\left(\frac{5+\mu}{\sigma}\right) = 0.955$$

$$P(X \leqslant 3) = \Phi\left(\frac{3-\mu}{\sigma}\right) = 0.618$$

查标准正态分布表,得

$$\begin{cases} \dfrac{5+\mu}{\sigma} = 1.7 \\ \dfrac{3-\mu}{\sigma} = 0.3 \end{cases}$$

解此方程组,得到 $\mu = 1.8$, $\sigma = 4$。

正态分布是概率论中最重要的分布,在实际中,许多随机变量都服从或近似服从正态分布。例如,测量一个零件长度的测量误差,人的身高与体重,海洋波浪的高度,农作物的亩产量等等。正态分布不仅在实际应用中有着重要的意义,而且在理论上也有很重要的意义,这将在第 10 章中说明。

8.6 随机变量函数的分布

在实际问题中,不仅要研究随机变量,往往还要研究随机变量的函数。例如:测量一个正方形的边长,其结果是一个随机变量,它的面积则是边长的函数;某商品的需求量是一个随机变量,而该商品的销售收入就是需求量的函数。

对于随机变量的函数 $Y = g(X)$ 来说,问题是如何根据已知的随机变量 X 的分布寻求随机变量 Y 的分布。

如果 X 是离散型随机变量,其概率分布为 $P(X = x_k) = p_k (k = 1,2,\cdots)$,则随机变量 Y 的概率分布为

$$P(Y = y_k) = P(Y = g(x_k)) = p_k \qquad (k = 1,2,\cdots)$$

如果 X 是连续型随机变量,其密度函数为 $f_X(x)$,函数 $y = g(x)$ 是严格单调增加的连续函数,则随机变量 Y 的分布函数为

$$F_Y(y) = P(Y = y) = P(g(X) \leqslant y) = P(X \leqslant g^{-1}(y)) = \int_{-\infty}^{g^{-1}(y)} f_X(x)\mathrm{d}x$$

其中,$g^{-1}(y)$ 是 $g(x)$ 的反函数,那么随机变量 Y 的概率密度函数为

$$P_Y(y) = F'_Y(y) = f_X(g^{-1}(y))(g^{-1}(y))'$$

【例 1】 已知 X 的分布列

X	0	1	2	3	4	5
P	$\frac{1}{12}$	$\frac{1}{6}$	$\frac{1}{3}$	$\frac{1}{12}$	$\frac{2}{9}$	$\frac{1}{9}$

求 $Y_1 = 2X + 1$ 及 $Y_2 = (X - 2)^2$ 的分布列。

【解】

P	$\frac{1}{12}$	$\frac{1}{6}$	$\frac{1}{3}$	$\frac{1}{12}$	$\frac{2}{9}$	$\frac{1}{9}$
X	0	1	2	3	4	5
Y_1	1	3	5	7	9	11
Y_2	4	1	0	1	4	9

故 $Y_1 = 2X + 1$ 的分数布列为

Y_1	1	3	5	7	9	11
P	$\frac{1}{12}$	$\frac{1}{6}$	$\frac{1}{3}$	$\frac{1}{12}$	$\frac{2}{9}$	$\frac{1}{9}$

故 $Y_2 = (X - 2)^2$ 的分数布列为

Y_2	0	1	4	9
P	$\frac{1}{3}$	$\frac{1}{6} + \frac{1}{12}$	$\frac{1}{12} + \frac{2}{9}$	$\frac{1}{9}$

【例 2】 对球的直径进行测量,设其值 X 在区间(a,b)内服从均匀分布,求球体的概率密度。

【解】 X 的概率密度为

$$p_X(x) = \begin{cases} \frac{1}{b-a} & a < x < b \\ 0 & \text{其他} \end{cases}$$

设 Y 表示球的体积,则

$$Y = \frac{\pi}{6} X^3$$

于是 $y = f(x) = \frac{\pi}{6} x^3$,其反函数为

$$x = h(y) < \left(\frac{6y}{\pi}\right)^{\frac{1}{3}}, \frac{\pi}{6} a^3 < y < \frac{\pi}{6} b^3$$

则

$$p_Y(y) = p_X\left[\left(\frac{6y}{\pi}\right)^{\frac{1}{3}}\right]\left[\left(\frac{6y}{\pi}\right)^{\frac{1}{3}}\right]' = \frac{1}{b-a}\sqrt[3]{\frac{2}{9\pi}}y^{-\frac{2}{3}} \quad \left(\frac{\pi}{6}a^3 < y < \frac{\pi}{6}b^3\right)$$

当 $y \leqslant \frac{\pi}{6}a^3, y > \frac{\pi}{6}b^3$ 时，$P_Y(y) = 0$，于是得到

$$p_Y(y) = \begin{cases} \frac{1}{b-a}\sqrt[3]{\frac{2}{9\pi}}y^{-\frac{2}{3}} & \frac{\pi}{6}a^3 < y < \frac{\pi}{6}b^3 \\ 0 & \text{其他} \end{cases}$$

【例3】 已知随机变量 $X \sim N(\mu, \sigma^2)$，求 $Z = aX + b(a \neq 0)$ 的密度函数。

【解法一】 当 $a > 0$ 时，已知 X 的密度函数 $N(\mu, \sigma^2)$，则 Z 的分布函数为

$$F_Z(z) = P(Z \leqslant z) = P(aX + b \leqslant z) = P(X \leqslant \frac{z-b}{a}) =$$

$$\int_{-\infty}^{\frac{z-b}{a}} \frac{1}{\sigma\sqrt{2\pi}} e^{-\frac{(x-\mu)^2}{2\sigma^2}} dx$$

式中，令 $\frac{u-b}{a} = x, dx = \frac{du}{a}$；当 $x = \frac{z-b}{a}$ 时，$u = z$，有

$$\int_{-\infty}^{z} \frac{1}{\sigma\sqrt{2\pi}} e^{-\frac{(u-b-a\mu)^2}{2a^2\sigma^2}} \frac{du}{a} = \int_{-\infty}^{z} \frac{1}{a\sigma\sqrt{2\pi}} e^{-\frac{[u-(b+a\mu)]^2}{2a^2\sigma^2}} du$$

即

$$F_Z(z) = \int_{-\infty}^{z} \frac{1}{a\sigma\sqrt{2\pi}} e^{-\frac{[u-(b+a\mu)]^2}{2a^2\sigma^2}} du$$

$$f_Z(z) = F'_Z(z) = \frac{1}{(a\sigma)\sqrt{2\pi}} e^{-\frac{[z-(a\mu+b)]^2}{2(a\sigma)^2}} \quad (-\infty < z < +\infty)$$

可见 Z 服从正态分布 $N(a\mu + b, (a\sigma)^2)$。

【解法二】 当 $a > 0$ 时，直接代入公式

$$f_Z(z) = f_X(g^{-1}(z))(g^{-1}(z))'$$

因为 $z = g(x) = ax + b(a > 0)$，其反函数为

$$x = \frac{z-b}{a} = g^{-1}(z)$$

又因为

$$f_X(x) = \frac{1}{\sigma\sqrt{2\pi}} e^{-\frac{(x-\mu)^2}{2\sigma^2}}$$

所以

$$f_Z(z) = f_X(g^{-1}(z))(g^{-1}(z))' = \frac{1}{\sigma\sqrt{2\pi}} e^{-\frac{(x-\mu)^2}{2\sigma^2}}\Big|_{x=\frac{z-b}{a}} \left(\frac{z-b}{a}\right)'_z =$$

$$\frac{1}{\sigma\sqrt{2\pi}} e^{-\frac{(z-a\mu-b)^2}{2a^2\sigma^2}} \cdot \frac{1}{a} = \frac{1}{a\sigma\sqrt{2\pi}} e^{-\frac{[z-(a\mu+b)]^2}{2(a\sigma)^2}}$$

当 $a < 0$ 时,求 $Z = aX + b$ 的分布函数为

$$F_Z(z) = P(Z \leqslant z) = P(aX + b \leqslant z) = P(X \geqslant \frac{z-b}{a}) =$$

$$1 - P(X < \frac{z-b}{a}) = 1 - \int_{-\infty}^{\frac{z-b}{a}} \frac{1}{\sigma\sqrt{2\pi}} e^{-\frac{(x-\mu)^2}{2\sigma^2}} dx =$$

式中,令 $\frac{u-b}{a} = x, dx = \frac{du}{a}$;当 $x = \frac{z-b}{a}$ 时,$u = z, x \to -\infty$ 时 $u \to +\infty$,有

$$1 - \int_{-\infty}^{z} \frac{1}{\sigma\sqrt{2\pi}} e^{-\frac{(u-b-a\mu)^2}{2a^2\sigma^2}} \frac{du}{a} =$$

$$1 + \int_{z}^{+\infty} \frac{1}{a\sigma\sqrt{2\pi}} e^{-\frac{[u-(a\mu+b)]^2}{2(a\sigma)^2}} du$$

所以 $f_Z(z) = F'_Z(z) = -\frac{1}{a\sigma\sqrt{2\pi}} e^{-\frac{[z-(a\mu+b)]^2}{2(a\sigma)^2}} \quad (-\infty < z < +\infty)$

综上分析,当随机变量 $X \sim N(\mu, \sigma^2)$ 时,随机变量 $Z = aX + b$ 服从正态分布 $N(a\mu + b, (a\sigma)^2)$,这说明正态随机变量的线性函数仍为正态随机变量。

【例 4】 设 $X \sim N(0,1)$,求 $Y = X^2$ 的概率密度。

【解】 设 X 和 Y 的分布函数分别为 $F_X(x)$ 和 $F_Y(y)$,而概率密度分别为 $p_X(x), p_Y(y)$,先求 $F_Y(y)$,由 $Y = X^2$ 得

$$F_Y(y) = P(Y \leqslant y) = P(X^2 \leqslant y)$$

显然当 $y \leqslant 0$ 时

$$F_Y(y) = 0, p_Y(y) = F'_Y(y) = 0$$

当 $y > 0$ 时

$$F_Y(y) = P(|X| \leqslant \sqrt{y}) = P(-\sqrt{y} < X \leqslant \sqrt{y}) = F_X(\sqrt{y}) - F_X(-\sqrt{y})$$

$$p_Y(y) = [F_X(\sqrt{y}) - F_X(-\sqrt{y})]'_y = p_X(\sqrt{y}) \cdot \frac{1}{2\sqrt{y}} + p_X(-\sqrt{y}) \cdot \frac{1}{2\sqrt{y}} =$$

$$\frac{1}{\sqrt{2\pi}} y^{-\frac{1}{2}} e^{-\frac{y}{2}}$$

于是 Y 的概率密度为

$$p_Y(y) = \begin{cases} \frac{1}{\sqrt{2\pi}} y^{-\frac{1}{2}} e^{-\frac{y}{2}} & y > 0 \\ 0 & y \leqslant 0 \end{cases}$$

8.7 二维随机变量

【定义 8.12】 若 $X_1(e), X_2(e), \cdots, X_n(e)$ 是在同一个样本空间 S 上的 n

个随机变量，$e \in S$，则由它们构成的一个 n 维向量$(X_1(e), X_2(e), \cdots, X_n(e))$称为 n 维随机向量，或 n 维随机变量，简记为$(X_1, X_2, \cdots, X_n)$。

本节只研究二维随机变量，它的很多结果不难推广到 n 维随机变量。设(X, Y) 是二维随机变量，对于任意实数 x, y，二元函数

$$F(x, y) = P(X \leqslant x, Y \leqslant y)$$

称为二维随机变量(X, Y) 的联合分布函数，或简称联合分布，就是说联合分布 $F(x, y)$ 是随机事件$\{-\infty < X \leqslant x, -\infty < Y \leqslant y\}$ 的概率。

(X, Y) 的联合分布函数具有以下性质：

(1) 对任意实数 x 和 y，有 $0 \leqslant F(x, y) \leqslant 1$。

(2) $F(x_1, y) \leqslant F(x_2, y)$，$x_1 < x_2$，$y$ 任意；$F(x, y_1) \leqslant F(x, y_2)$，$y_1 < y_2$，$x$ 任意。即 $F(x, y)$ 对每个自变量都是单调不减的。

(3) 对于任意 x 和 y，有

$$F(-\infty, y) = \lim_{x \to -\infty} F(x, y) = 0$$

$$F(x, -\infty) = \lim_{y \to -\infty} F(x, y) = 0$$

$$F(-\infty, -\infty) = \lim_{\substack{x \to -\infty \\ y \to -\infty}} F(x, y) = 0$$

$$F(+\infty, +\infty) = \lim_{\substack{x \to +\infty \\ y \to +\infty}} F(x, y) = 1$$

(4) $F(x, y)$ 对每个自变量都是右连续的，即

$$F(x, y) = F(x + 0, y), F(x, y) = F(x, y + 0)$$

(5) 对任意 $x_1 \leqslant x_2, y_1 \leqslant y_2$，有

$$F(x_2, y_2) - F(x_2, y_1) + F(x_1, y_1) - F(x_1, y_2) \geqslant 0$$

若某二元函数 $F(x, y)$ 满足上述五个性质，则必存在二维随机变量(X, Y)以 $F(x, y)$ 为其分布函数。

已知(X, Y) 的分布函数 $F(x, y)$，则随机变量 X 的分布函数为

$$F_X(x) = P(X \leqslant x) = P(X \leqslant x, Y < +\infty) = F(x, +\infty)$$

同理可得，随机变量 Y 的分布函数

$$F_Y(y) = F(y, +\infty)$$

我们称 $F_X(x)$ 和 $F_Y(y)$ 为分布函数 $F(x, y)$ 的边缘分布函数，或二维随机变量(X, Y) 关于 X 和 Y 的边缘分布函数。

8.7.1 二维离散型随机变量

【定义 8.13】 设二维随机变量(X, Y)，如果(X, Y) 所有可能取值是有限个或可列个，则称(X, Y) 为二维离散型随机变量，若(X, Y) 可能取值是$(x_i, y_j)(i, j = 1, 2, \cdots)$ 相应的概率，即

$$P(X = x_i, Y = y_j) = p_{ij} \qquad (i,j = 1,2,\cdots)$$

称为二维离散型随机变量(X,Y)的联合概率分布，或联合分布列。写成表格的形式为

Y / X	y_1	y_2	$\cdots$	y_j	$\cdots$
x_1	p_{11}	p_{12}	$\cdots$	p_{1j}	$\cdots$
x_2	p_{21}	p_{22}	$\cdots$	p_{2j}	$\cdots$
$\vdots$	$\vdots$	$\vdots$		$\vdots$	
x_i	p_{i1}	p_{i2}	$\cdots$	p_{ij}	$\cdots$
$\vdots$	$\vdots$	$\vdots$		$\vdots$	

p_{ij}具有以下性质：

(1)$p_{ij} \geqslant 0(i,j = 1,2,\cdots)$

(2)$\sum\limits_{i=1}\sum\limits_{j=1} p_{ij} = 1$

【例1】 一箱子装有5个球，其中2个白球，3个黑球，每次从中取1个球观察，不放回地抽取，连续抽两次，定义随机变量X和Y如下

$$X = \begin{cases}1 & \text{第一次取到黑球}\\0 & \text{第一次取到白球}\end{cases}, \quad Y = \begin{cases}1 & \text{第二次取到黑球}\\0 & \text{第二次取到白球}\end{cases}$$

试求(X,Y)的联合分布列。

【解】 (X,Y)可能取的值只有4对：(0,0)，(0,1)，(1,0)及(1,1)，按概率的乘法公式计算得

$$P(X = 0, Y = 0) = P(X = 0)P(Y = 0 \mid X = 0) = \frac{2}{5} \times \frac{1}{4} = 0.1$$

$$P(X = 0, Y = 1) = \frac{2}{5} \times \frac{3}{4} = 0.3$$

$$P(X = 1, Y = 0) = \frac{3}{5} \times \frac{2}{4} = 0.3$$

$$P(X = 1, Y = 1) = \frac{3}{5} \times \frac{2}{4} = 0.3$$

(X,Y)的联合分布列如下

X / Y	0	1
0	0.1	0.3
1	0.3	0.3

对于二维离散型随机变量(X,Y)，我们也可以对其中的任何一个随机变量X或Y进行研究，这样就得一随机变量X或Y的概率分布，就是离散型随机变量

(X,Y) 的边缘分布。

设二维离散型随机变量 (X,Y) 的联合概率分布为

$$P(X=x_i,Y=y_j)=p_{ij} \quad (i,j=1,2,\cdots)$$

我们称

$$P(X=x_i)=\sum_{j=1}^{\infty}p_{ij}=p_{i\cdot} \quad (i=1,2,\cdots)$$

为 (X,Y) 关于 X 的边缘分布列，称

$$P(Y=y_j)=\sum_{i=1}^{\infty}p_{ij}=p_{\cdot j} \quad (i=1,2,\cdots)$$

为 (X,Y) 关于 Y 的边缘分布列，用表格表示如下

$X \backslash Y$	y_1	y_2	$\cdots$	y_j	$\cdots$	$P_{i\cdot}$
x_1	p_{11}	p_{12}	$\cdots$	p_{1j}	$\cdots$	$p_{1\cdot}$
x_2	p_{21}	p_{22}	$\cdots$	p_{2j}	$\cdots$	$p_{2\cdot}$
$\vdots$	$\vdots$	$\vdots$		$\vdots$		$\vdots$
x_i	p_{i1}	p_{i2}	$\cdots$	p_{ij}	$\cdots$	$p_{3\cdot}$
$p_{\cdot j}$	$p_{\cdot 1}$	$p_{\cdot 2}$	$\cdots$	$p_{\cdot j}$	$\cdots$	1

其中
$$\sum_i p_{i\cdot}=\sum_j p_{\cdot j}=\sum_i\sum_j p_{ij}=1$$

【例 2】 在 10 张卡片中，有 2 张编号为“A”，7 张“K”，1 张“Q”，从中抽取 3 张，设 X,Y 分别表示抽得的“A”和“K”的张数，求 (X,Y) 的分布列及边缘分布列。

【解】 X 可能取 0,1,2，Y 可能取 0,1,2,3，有

$$p_{ij}=p(X=i,Y=j)=\frac{C_2^iC_7^jC_1^{3-i-j}}{C_{10}^3}$$

其中，$i=0,1,2$；$j=0,1,2,3$；且 $2\leqslant i+j\leqslant 3$。

当 $i+j\leqslant 1$ 或 $i+j\geqslant 4$ 时，“$X=i,Y=j$”为不可能事件，故 $p_{ij}=0$。由上算得 (X,Y) 的分布列及其边缘分布列如下

$X \backslash Y$	0	1	2	3	$p_{i\cdot}$
0	0	0	$\frac{21}{120}$	$\frac{35}{120}$	$\frac{56}{120}$
1	0	$\frac{14}{120}$	$\frac{42}{120}$	0	$\frac{56}{120}$
2	$\frac{1}{120}$	$\frac{7}{120}$	0	0	$\frac{8}{120}$
$p_{\cdot j}$	$\frac{1}{120}$	$\frac{21}{120}$	$\frac{63}{120}$	$\frac{35}{120}$	1

8.7.2　二维连续型随机变量

设二维随机变量(X,Y)的分布函数是$F(x,y)$，如果存在非负的函数$f(x,y)$使得对于任意的x,y有

$$F(x,y)=\int_{-\infty}^{y}\int_{-\infty}^{x}f(u,v)\mathrm{d}u\mathrm{d}v$$

则称(X,Y)是二维连续型随机量。$f(x,y)$称为二维随机变量(X,Y)的概率密度，或称为随机变量X和Y的联合概率密度，称

$$f_X(x)=\int_{-\infty}^{+\infty}f(x,y)\mathrm{d}y,\ f_Y(y)=\int_{-\infty}^{+\infty}f(x,y)\mathrm{d}x$$

分别为(X,Y)关于X和关于Y的边缘概率密度。

$f(x,y)$具有以下性质：

(1)$f(x,y)\geqslant 0$

(2)$\int_{-\infty}^{+\infty}\int_{-\infty}^{+\infty}f(x,y)\mathrm{d}x\mathrm{d}y=1$

(3) 设G是平面xOy上的区域，则(X,Y)落在G内的概率为

$$P\{(x,y)\in G\}=\iint_G f(x,y)\mathrm{d}x\mathrm{d}y$$

(4) 若$f(x,y)$在点(x,y)连续，则有

$$\frac{\partial^2 F(x,y)}{\partial x\partial y}=f(x,y)$$

【例3】　设二维随机变量(X,Y)的联合分布密度为

$$f(x,y)=\begin{cases}A\mathrm{e}^{-(x+y)} & x\geqslant 0,y\geqslant 0\\ 0 & \text{其他}\end{cases}$$

求：(1) 常数A；(2)$P(0<X<1,0<Y<1)$。

【解】　由联合概率密度的性质$\int_{-\infty}^{+\infty}\int_{-\infty}^{+\infty}f(x,y)\mathrm{d}x\mathrm{d}y=1$，即

$$1=\int_0^{+\infty}\int_0^{+\infty}A\mathrm{e}^{-(x+y)}\mathrm{d}x\mathrm{d}y=A\int_0^{+\infty}\mathrm{e}^{-y}\mathrm{d}y\int_0^{+\infty}\mathrm{e}^{-x}\mathrm{d}x=A\mathrm{e}^{-y}\Big|_0^{+\infty}\mathrm{e}^{-x}\Big|_0^{+\infty}=A$$

所以$A=1$，联合分布密度为

$$f(x,y)=\begin{cases}\mathrm{e}^{-(x+y)} & x\geqslant 0,y\geqslant 0\\ 0 & \text{其他}\end{cases}$$

由二维连续型随机变量的定义得

$$P(0<X<1,0<Y<1)=\int_0^1\left[\int_0^1\mathrm{e}^{-(x+y)}\mathrm{d}y\right]\mathrm{d}x=\int_0^1\mathrm{e}^{-x}\mathrm{d}x\int_0^1\mathrm{e}^{-y}\mathrm{d}y=$$

$$(-e^{-x})\Big|_0^1(-e^{-y})\Big|_0^1=(1-e^{-1})^2$$

【例 4】 设(X,Y)的联合分布密度为

$$f(x,y)=\frac{\sqrt{3}}{4\pi}e^{-\frac{x^2-xy+y^2}{2}}$$

求 X,Y 的边缘分布密度。

【解】 X 的边缘密度为

$$f_X(x)=\int_{-\infty}^{+\infty}f(x,y)dy=\int_{-\infty}^{+\infty}\frac{\sqrt{3}}{4\pi}e^{-\frac{x^2-xy+y^2}{2}}dy=$$

$$\frac{\sqrt{3}}{4\pi}\int_{-\infty}^{+\infty}e^{-\frac{1}{2}[(y-\frac{x}{2})^2+\frac{3}{4}x^2]}dy=$$

$$\frac{\sqrt{3}}{2\sqrt{2\pi}}e^{-\frac{3}{8}x^2}\int_{-\infty}^{+\infty}\frac{1}{\sqrt{2\pi}}e^{-\frac{1}{2}(y-\frac{x}{2})^2}dy$$

在最后一个积分式中,被积函数是正态分布 $N(\frac{x}{2},1^2)$ 的密度函数表达式,因此上述积分值为 1,于是得到

$$f_X(x)=\frac{\sqrt{3}}{2\sqrt{2\pi}}e^{-\frac{3}{8}x^2}=\frac{1}{\sqrt{2\pi}\,\frac{2}{\sqrt{3}}}e^{-\frac{x^2}{2(\frac{2}{\sqrt{3}})^2}}$$

所以

$$X\sim N(0,(\frac{2}{\sqrt{3}})^2)$$

从 $f(x,y)$ 的表达式可以看出变量 x,y 的地位是完全一样的,同理可求出

$$Y\sim N(0,(\frac{2}{\sqrt{3}})^2)$$

8.7.3 二维均匀分布

设 G 是平面上的有界区域,其面积为 A,若二维随机变量(X,Y)具有概率密度

$$p(x,y)=\begin{cases}\frac{1}{A} & (x,y)\in G\\ 0 & \text{其他}\end{cases}$$

则称(X,Y)在 G 上服从均匀分布。由于 $p(x,y)\geqslant 0$,且

$$\int_{-\infty}^{+\infty}\int_{-\infty}^{+\infty}p(x,y)dxdy=\iint_G\frac{1}{A}dxdy=1$$

故 $p(x,y)$ 满足概率密度的两个基本性质。

设(X,Y)在有界区域 G 上服从均匀分布,概率密度为

$$p(x,y)=\begin{cases}\dfrac{1}{A} & (x,y)\in G\\ 0 & 其他\end{cases}$$

设 D 为 G 中任一子区域,面积为 $S(D)$。则

$$P\{(X,Y)\in D\}=\iint_D p(x,y)\mathrm{d}x\mathrm{d}y=\iint_D \frac{1}{A}\mathrm{d}x\mathrm{d}y=\frac{S(D)}{A}$$

【例 5】 设二维随机变量 (X,Y) 在区域 $G=\{(x,y)\mid 0\leqslant x\leqslant 1,x^2\leqslant y\leqslant x\}$ 上服从均匀分布,如图 8.11 所示,求边缘概率密度 $f_X(x),f_Y(y)$。

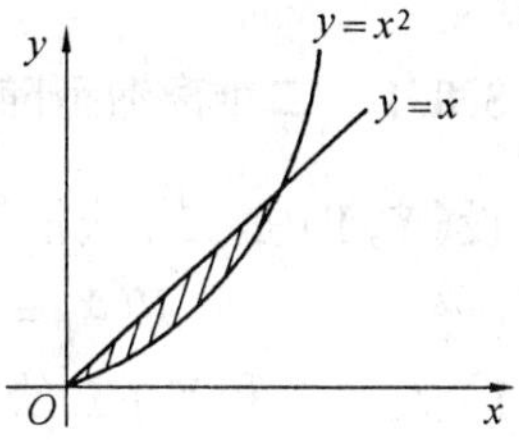

图 8.11

【解】 不难得到 (x,y) 的概率密度为

$$f(x,y)=\begin{cases}6 & 0\leqslant x\leqslant 1,x^2\leqslant y\leqslant x\\ 1 & 其他\end{cases}$$

则

$$f_X(x)=\int_{-\infty}^{+\infty}f(x,y)\mathrm{d}y=\begin{cases}\displaystyle\int_{x^2}^{x}6\mathrm{d}y=6(x-x^2) & 0\leqslant x\leqslant 1\\ 0 & 其他\end{cases}$$

$$f_Y(y)=\int_{-\infty}^{+\infty}f(x,y)\mathrm{d}x=\begin{cases}\displaystyle\int_{y}^{\sqrt{y}}6\mathrm{d}x=6(\sqrt{y}-y) & 0\leqslant y\leqslant 1\\ 0 & 其他\end{cases}$$

我们可以看出,显然 (X,Y) 的联合分布在 G 上服从均匀分布,但是它们的边缘分布却不是均匀分布。

8.7.4 二维正态分布

若二维随机变量 (X,Y) 的概率密度为

$$p(x,y)=\frac{1}{2\pi\sigma_1\sigma_2\sqrt{1-\rho^2}}\mathrm{e}^{-\frac{1}{2(1-\rho^2)}\left[\frac{(x-\mu_1)^2}{\sigma_1^2}-2\rho\frac{(x-\mu_1)(y-\mu_2)}{\sigma_1\sigma_2}+\frac{(y-\mu_2)^2}{\sigma_2^2}\right]}$$

$$-\infty<x<+\infty,-\infty<y<+\infty$$

$\mu_1,\mu_2,\sigma_1,\sigma_2,\rho$ 均为常数,且 $\sigma_1>0,\sigma_2>0,|\rho|\leqslant 1$,我们称 (X,Y) 服从参数 $\mu_1,\mu_2,\sigma_1,\sigma_2,\rho$ 的二维正态分布,记为 $N(\mu_1,\mu_2,\sigma_1^2,\sigma_2^2;\rho)$,通过积分计算可以得到二维正态随机变量 (X,Y) 的边缘密度函数为

$$p_X(x)=\frac{1}{\sqrt{2\pi}\sigma_1}\mathrm{e}^{-\frac{(x-\mu_1)^2}{2\sigma_1^2}}$$

$$p_Y(y) = \frac{1}{\sqrt{2\pi}\sigma_2} e^{-\frac{(y-\mu_2)^2}{2\sigma_2^2}}$$

上述结果表明,二维正态分布的两个边缘分布都是一维正态分布。

8.8 条件分布与随机变量的独立性

8.8.1 二维离散型随机变量的条件概率分布

设(X,Y)是二维离散型随机变量,其分布列为

$$P(X = x_i, Y = y_j) = p_{ij}, i,j = 1,2,\cdots$$

(X,Y)关于X和Y的边缘分布列分别为

$$P(X = x_i) = p_{i\cdot} = \sum_{j=1}^{\infty} p_{ij}, i = 1,2,\cdots$$

$$P(Y = y_j) = p_{\cdot j} = \sum_{i=1}^{\infty} p_{ij}, j = 1,2,\cdots$$

设$p_{\cdot j} > 0$,由条件概率公式可得

$$P(X = x_i \mid Y = y_j) = \frac{P(X = x_i, Y = y_j)}{P(Y = y_j)} = \frac{p_{ij}}{p_{\cdot j}}, i = 1,2,\cdots$$

我们称上式为在$Y = y_j$条件下随机变量X的条件概率分布。同样若$p_{i\cdot} > 0$,得

$$P(Y = y_j \mid X = x_i) = \frac{P(X = x_i, Y = y_j)}{P(X = X_i)} = \frac{p_{ij}}{p_{i\cdot}}, j = 1,2,\cdots$$

称为在$X = x_i$条件下随机变量Y的条件概率分布。

【例1】 将两封信随机地投入编号为Ⅰ,Ⅱ,Ⅲ,Ⅳ的4个信箱,用$X_i(i = 1,2)$表示第i个信箱内信的数目,求在$X_2 = 1$的条件下关于X_1的条件概率分布。

【解】 先求(X_1,X_2)的联合概率分布和X_2的边缘概率分布。

两封信投入4个信箱,共有$4^2 = 16$种不同的等可能结果。

$X_1 = 0, X_2 = 0$,即两封信投入Ⅲ,Ⅳ号信箱,有2^2种可能结果

$$p_{00} = P(X_1 = 0, X_2 = 0) = \frac{4}{16}$$

$X_1 = 1, X_2 = 0$,即两封信任意一封投入Ⅰ号信箱,另一封投入Ⅲ,Ⅳ号信箱,有2×2种可能结果

$$p_{10} = P(X_1 = 1, X_2 = 0) = \frac{4}{16}$$

同理有

$$p_{01} = P(X_1 = 0, X_2 = 1) = \frac{4}{16}$$

$$p_{11} = P(X_1 = 1, X_2 = 1) = \frac{2}{16}$$

$$p_{20} = P(X_1 = 2, X_2 = 0) = \frac{1}{16}$$

$$p_{02} = P(X_1 = 0, X_2 = 2) = \frac{1}{16}$$

所以(X,Y)的联合概率分布为

$$p_{00} = p_{10} = p_{01} = \frac{4}{16}, p_{11} = \frac{2}{16}, p_{20} = p_{02} = \frac{1}{16}$$

求得 X_2 的边缘概率分布

$$P(X_2 = 0) = \sum_{i=0}^{2} p_{i0} = p_{00} + p_{10} + p_{20} = \frac{4}{16} + \frac{4}{16} + \frac{1}{16} = \frac{9}{16}$$

$$P(X_2 = 1) = \sum_{i=0}^{2} p_{i1} = p_{01} + p_{11} = \frac{6}{16} = \frac{3}{8}$$

$$P(X_2 = 2) = \sum_{i=0}^{2} p_{i2} = p_{02} = \frac{1}{16}$$

在 $X_2 = 1$ 的条件下,关于 X_1 的条件概率分布为

$$P(X_1 = 0 \mid X_2 = 1) = \frac{p_{01}}{p_{\cdot 1}} = \frac{4/16}{3/8} = \frac{2}{3}$$

$$P(X_1 = 1 \mid X_2 = 1) = \frac{p_{11}}{p_{\cdot 1}} = \frac{2/16}{3/8} = \frac{1}{3}$$

$$P(X_1 = 2 \mid X_2 = 1) = 0$$

8.8.2 二维连续型随机变量的条件概率分布

设(X,Y)是二维连续型随机变量,$f(x,y)$是其联合概率密度函数,$f_X(x)$,$f_Y(y)$分别是关于 X 和 Y 的边缘概率密度,若 $f_Y(y) > 0$,有

$$P(X \leqslant x \mid Y = y) = \int_{-\infty}^{x} \frac{f(x,y)}{f_Y(y)} \mathrm{d}x$$

称为在 $Y = y$ 条件下,X 的条件分布函数,记为 $F_{X|Y}(x \mid y)$。

在 $Y = y$ 的条件下,X 的条件概率密度为

$$f_{X|Y}(x \mid y) = \frac{f(x,y)}{f_Y(y)}$$

类似地,若 $f_X(x) > 0$,有

$$P(Y \leqslant y \mid X = x) = \int_{-\infty}^{y} \frac{f(x,y)}{f_X(x)} \mathrm{d}y$$

称为在 $X=x$ 条件下，Y 的条件分布函数，记为 $F_{Y|X}(y|x)$。

在 $X=x$ 条件下，Y 的条件概率密度为

$$f_{Y|X}(y|x)=\frac{f(x,y)}{f_X(x)}$$

【例 2】 设随机变量 X 和 Y 具有概率密度

$$f(x,y)=\begin{cases}\dfrac{1}{\pi} & x^2+y^2\leqslant 1\\ 0 & 其他\end{cases}$$

求 $f_{X|Y}(x|y)$。

【解】
$$f_Y(y)=\int_{-\infty}^{+\infty}f(x,y)\mathrm{d}x=\begin{cases}\dfrac{2\sqrt{1-y^2}}{\pi} & |y|\leqslant 1\\ 0 & 其他\end{cases}$$

于是，对符合 $|x|<1$ 的一切 x，有

$$f_{X|Y}(x|y)=\frac{f(x,y)}{f_Y(y)}=\begin{cases}\dfrac{1}{2\sqrt{1-y^2}} & |x|\leqslant\sqrt{1-y^2}\\ 0 & 其他\end{cases}$$

8.8.3 随机变量的独立性

第 7 章里我们学习了随机事件的独立性，知道事件若是独立的，则许多概率的计算就可以大为化简。在研究随机现象时经常遇到这样的随机变量，其中一些随机变量的取值对其余随机变量没有什么影响。下面我们研究随机变量的独立性。

【定义 8.14】 设 $F(x,y)$ 是二维随机变量 (X,Y) 的分布函数，$F_X(x)$，$F_Y(y)$ 是 (X,Y) 的边缘分布函数，若对于所有 x,y 有

$$P(X\leqslant x,Y\leqslant y)=P(X\leqslant x)P(Y\leqslant y)$$

即
$$F(x,y)=F_X(x)F_Y(y)$$

则称随机变量 X 和 Y 是相互独立的。

若 (X,Y) 是离散型随机变量，X 和 Y 相互独立的条件等价于对于 (X,Y) 的所有可能取的值 (x_i,y_i)，有

$$P(X=x_i,Y=y_j)=P(X=x_i)P(Y=y_j)$$

即
$$p_{ij}=p_{i\cdot}p_{\cdot j},i=1,2,\cdots;j=1,2,\cdots$$

若 (X,Y) 是连续型随机变量，$f(x,y)$，$f_X(x)$，$f_Y(y)$ 分别为 (X,Y) 的概率密度和边缘概率密度，则 X 和 Y 相互独立的条件等价于 $f(x,y)=f_X(x)f_Y(y)$ 在 $f(x,y)$，$f_X(x)$，$f_Y(y)$ 的一切公共连续点上成立。

【例 3】 两个连续型随机变量 X_1 与 X_2 相互独立，其概率密度为

$$f_i(x_i) = \frac{1}{\sqrt{2\pi}\sigma_i}e^{-\frac{1}{2}(\frac{x_i-\mu_i}{\sigma_i})^2} \qquad (i = 1,2)$$

其中，μ_i,σ_i 都是常数，$\sigma_i > 0(i = 1,2)$，求 X_1 与 X_2 的联合概率密度。

【解】 因为 X_1 与 X_2 相互独立，则

$$f(x_1,x_2) = \prod_{i=1}^{2}\frac{1}{\sqrt{2\pi}\sigma_i}e^{-\frac{1}{2}\left(\frac{x_i-\mu_i}{\sigma_i}\right)^2} = \frac{1}{2\pi\sigma_1\sigma_2}e^{-\frac{1}{2}\left[\left(\frac{x_1-\mu_1}{\sigma_1}\right)^2+\left(\frac{x_2-\mu_2}{\sigma_2}\right)^2\right]}$$

【例 4】 设二维离散型随机变量 (X,Y) 的分布列为

$X \backslash Y$	1	2	3
1	$\frac{1}{6}$	$\frac{1}{9}$	$\frac{1}{18}$
2	$\frac{1}{3}$	α	β

问，当 α,β 取何值时，X 和 Y 相互独立。

【解】 X,Y 的边缘分布列分别为

X	1	2
P	$\frac{1}{3}$	$\frac{1}{3}+\alpha+\beta$

Y	1	2	3
P	$\frac{1}{2}$	$\frac{1}{9}+\alpha$	$\frac{1}{18}+\beta$

若 X 和 Y 相互独立，则有

$$\frac{1}{9} = P(X = 1,Y = 2) = P(X = 1)P(Y = 2) = \frac{1}{3}\times\left(\frac{1}{9}+\alpha\right)$$

$$\frac{1}{18} = P(X = 1,Y = 3) = P(X = 1)P(Y = 3) = \frac{1}{3}\times\left(\frac{1}{18}+\beta\right)$$

解之得，$\alpha = \frac{2}{9},\beta = \frac{1}{9}$。

可以验证，当 $\alpha = \frac{2}{9},\beta = \frac{1}{9}$ 时，等式 $p_{ij} = p_{i\cdot}\cdot p_{\cdot j}$ 对所有的 x_i,y_j 均成立，即 X 和 Y 相互独立。

8.9 二维随机变量函数的分布

本节研究的是由 (X,Y) 的分布求 $Z = f(X,Y)$ 的分布的问题。理论上讲，由 X,Y 的联合分布可以求出它们的函数分布，但具体计算时往往比较复杂。因

此,我们只讨论几个具体的函数。

8.9.1 和的分布

对于离散型随机变量,若(X,Y)的概率分布为

$$P(X=x_i,Y=y_j)=p_{ij},i=1,2,\cdots;j=1,2,\cdots$$

若随机变量$Z=X+Y$,则Z的任一可能值$z_k=x_i+y_j$,则

$$P(Z=z_k)=\sum_i\sum_j P(X=x_i,Y=y_j)=\sum_i P(X=x_i,Y=z_k-x_i)$$

或者
$$P(Z=z_k)=\sum_j P(X=z_k-y_j,Y=y_j)$$

【例1】 设X,Y是相互独立的随机变量,它们分别服从参数为λ_1和λ_2的泊松分布,求$Z=X+Y$的分布列。

【解】 由题意有

$$P(X=i)=\frac{\lambda_1^i}{i!}e^{-\lambda_1},i=0,1,2,\cdots$$

$$P(Y=j)=\frac{\lambda_2^j}{j!}e^{-\lambda_2},j=0,1,2,\cdots$$

$Z=X+Y$的可能取值$k=0,1,2,\cdots$,有

$$P(Z=k)=\sum_{i=0}^{k}\frac{\lambda_1^i}{i!}e^{-\lambda_1}\frac{\lambda_2^{k-i}}{(k-i)!}e^{-\lambda_2}=\frac{e^{-(\lambda_1+\lambda_2)}}{k!}\sum_{i=0}^{k}\frac{k!}{i!(k-i)!}\lambda_1^i\lambda_2^{k-i}=$$
$$\frac{(\lambda_1+\lambda_2)^k}{k!}e^{-(\lambda_1+\lambda_2)},k=0,1,2,\cdots$$

由上例可知,两个独立的泊松分布的随机变量之和仍是一个泊松分布的随机变量,且其参数为相应的随机变量分布参数的和。

对于连续型随机变量,若(X,Y)的概率密度为$f(x,y)$,则$Z=X+Y$的分布函数为

$$F_Z(z)=\iint\limits_{x+y\leqslant z}f(x,y)\mathrm{d}x\mathrm{d}y=\int_{-\infty}^{+\infty}\left(\int_{-\infty}^{z-x}f(x,y)\mathrm{d}y\right)\mathrm{d}x$$

令$y=u-x$,有

$$F_Z(z)=\int_{-\infty}^{+\infty}\left(\int_{-\infty}^{z}f(x,u-x)\mathrm{d}u\right)\mathrm{d}x=\int_{-\infty}^{z}\left(\int_{-\infty}^{+\infty}f(x,u-x)\mathrm{d}x\right)\mathrm{d}u$$

所以$f_Z(z)=\int_{-\infty}^{+\infty}f(x,z-x)\mathrm{d}x$为$Z$的概率密度,同理

$$f_Z(z)=\int_{-\infty}^{+\infty}f(z-y,y)\mathrm{d}y$$

若X与Y相互独立,则

$$f_Z(z)=\int_{-\infty}^{+\infty}f_X(x)f_Y(z-x)\mathrm{d}x$$

$$f_Z(z) = \int_{-\infty}^{+\infty} f_X(z-y) f_Y(y) \mathrm{d}y$$

我们称上两式为卷积公式。

【例2】 设 X 和 Y 是两个相互独立的随机变量,它们都服从正态分布 $N(0,1)$,它们的概率密度为

$$f_X(x) = \frac{1}{\sqrt{2\pi}} \mathrm{e}^{-\frac{x^2}{2}}, \quad -\infty < x < +\infty$$

$$f_Y(y) = \frac{1}{\sqrt{2\pi}} \mathrm{e}^{-\frac{y^2}{2}}, \quad -\infty < y < +\infty$$

求 $Z = X + Y$ 的概率密度。

【解】

$$f_Z(z) = \int_{-\infty}^{+\infty} f_X(x) f_Y(z-x) \mathrm{d}x = \frac{1}{2\pi} \int_{-\infty}^{+\infty} \mathrm{e}^{-\frac{x^2}{2}} \mathrm{e}^{-\frac{(z-x)^2}{2}} \mathrm{d}x =$$

$$\frac{1}{2\pi} \mathrm{e}^{-\frac{z^2}{4}} \int_{-\infty}^{+\infty} \mathrm{e}^{-\left(x-\frac{z}{2}\right)^2} \mathrm{d}x$$

令 $t = x - \frac{z}{2}$,得

$$f_Z(z) = \frac{1}{2\pi} \mathrm{e}^{-\frac{z^2}{4}} \int_{-\infty}^{+\infty} \mathrm{e}^{-t^2} \mathrm{d}t = \frac{1}{2\sqrt{\pi}} \mathrm{e}^{-\frac{z^2}{4}}$$

即 Z 服从 $N(0,2)$ 分布。

8.9.2 max(X, Y) 及 min(X, Y) 的分布

设随机变量 $M = \max(X, Y)$,$N = \min(X, Y)$ 分别表示随机变量 X 与 Y 间的最大值和最小值;又 X 与 Y 的分布函数分别为 $F_X(x)$ 和 $F_Y(y)$,且 X 与 Y 相互独立;求 M 及 N 的分布函数。

先求 $M = \max(X, Y)$ 的分布函数,有

$$F_M(z) = P(M \leqslant z) = P(\max(X, Y) \leqslant z)$$

因为 M 不大于 z,等价于 X 和 Y 都不大于 z,故

$$F_M(z) = P(X \leqslant z, Y \leqslant z) = P(X \leqslant z) P(Y \leqslant z) = F_X(z) F_Y(z)$$

下面求 $N = \min(X, Y)$ 的分布函数,有

$$F_N(z) = 1 - P(X > z, Y > z) = 1 - P(X > z) P(Y > z) =$$

$$1 - [1 - P(X \leqslant z)][1 - P(Y \leqslant z)] =$$

$$1 - [1 - F_X(z)][1 - F_Y(z)]$$

上述结果可以推广到 n 个独立随机变量的情况,设 $X_1, X_2, \cdots, X_n$ 是相互独立的且分布函数分别为 $F_{X_1}(x_1), F_{X_2}(x_2), \cdots, F_{X_n}(x_n)$ 的 n 个随机变量,则

$\max(X_1,X_2,\cdots,X_n)$ 的分布函数为

$$F_{\max}(z)=F_{X_1}(z)F_{X_2}(z)\cdots F_{X_n}(z)$$

$\min(X_1,X_2,\cdots,X_n)$ 的分布函数为

$$F_{\min}(z)=1-[1-F_{X_1}(z)][1-F_{X_2}(z)]\cdots[1-F_{X_n}(z)]$$

当 $X_1,X_2,\cdots,X_n$ 是相互独立的且具有相同分布函数$F(z)$的 n 个随机变量时有

$$F_{\max}(z)=(F(z))^n$$

$$F_{\min}(z)=1-[1-F(z)]^n$$

【例 3】 设系统由两个独立的子系统 L_1,L_2 并联而成,已知 L_1,L_2 的寿命是随机变量,分别记为 X_1,X_2,且分别服从参数为 λ_1,λ_2 的指数分布,即

$$f_{X_i}(x)=\begin{cases}\lambda_i e^{-\lambda_i x} & x>0\\ 0 & x\leqslant 0\end{cases}\quad(i=1,2)$$

求 L 的寿命的概率密度。

【解】 由于是并联,所以当且仅当 L_1,L_2 都损坏时,系统才停止工作,故 L 的寿命为

$$M=\max(X_1,X_2)$$

随机变量 M 的分布函数为

$$F_M(z)=F_{X_1}(z)F_{X_2}(X)$$

由已知得 X_i 的分布函数为

$$F_{X_i}(x)=\begin{cases}1-e^{-\lambda_i x} & x>0\\ 0 & x\leqslant 0\end{cases}$$

所以

$$F_M(z)=\begin{cases}(1-e^{-\lambda_1 z})(1-e^{-\lambda_2 z}) & z>0\\ 0 & z\leqslant 0\end{cases}$$

其概率密度为

$$F_M(z)=\begin{cases}\lambda_1 e^{-\lambda_1 z}+\lambda_2 e^{-\lambda_2 z}-(\lambda_1+\lambda_2)e^{-(\lambda_1+\lambda_2)z} & z>0\\ 0 & z\leqslant 0\end{cases}$$

【例 4】 设某种型号的电子元件的寿命(单位:h)近似服从 $N(160,20^2)$ 分布,随机地选取 4 只,求其中没有一只寿命小于 180 小时的概率。

【解】 将随机选取的4只电子元件的寿命分别记为 X_1,X_2,X_3,X_4,按题意有 $X_i\sim N(160,20^2)$,$i=1,2,3,4$,其分布函数为 $F(t)$,令 $N=\min(X_1,X_2,X_3,X_4)$,有

$$F_N(t)=P(N\leqslant t)=1-[1-F(t)]^4$$

所以 $$P(N \geqslant 180) = 1 - P(N < 180) = (1 - F(180))^4$$

而 $$F(180) = \Phi\left(\frac{180 - 160}{20}\right) = \Phi(1)$$

故所求概率为

$$P(N \geqslant 180) = [1 - \Phi(1)]^4 = (1 - 0.841\ 3)^4 = (0.158\ 7)^4$$

8.10 范　例

【例1】 设 X 为连续型随机变量，$F(x)$ 为 X 的分布函数，则 $F(x)$ 在其定义域内一定为 （　　）

(A) 非阶梯间断函数　　　(B) 可导函数

(C) 连续但不一定可导的函数　　　(D) 阶梯函数

【解】 由连续型随机变量的定义，存在非负可积函数 $f(x)$，使得 $F(x) = \int_{-\infty}^{x} f(t)\mathrm{d}t$，故 $F(x)$ 一定是连续函数，但不一定可导，选(C)。

【例2】 设随机变量 X_1 服从参数为 p 的 0 - 1 分布，X_2 服从参数为 n,p 的二项分布，Y 服从参数为 $2p$ 的泊松分布，已知 X_1 取 0 的概率是 X_2 取 0 的概率的 9 倍，X_1 取 1 的概率是 X_2 取 1 的概率的 3 倍，则 $P(Y = 0) =$ ________，$P(Y = 1) =$ ________。

【解】 由于 Y 服从泊松分布，我们需要先求出其分布参数 λ 的值，而 $\lambda = 2p$，因此需要求出 p 的值，即

$$P(X_1 = 0) = 1 - p = q, P(X_1 = 1) = p$$

$$P(X_2 = 0) = q^n, P(X_2 = 1) = npq^{n-1}$$

由题意有

$$\begin{cases} q = 9q^n \\ p = 3npq^{n-1} \end{cases} \Rightarrow p = \frac{2}{3}, \lambda = 2p = \frac{4}{3}$$

于是

$$P(Y = 0) = \mathrm{e}^{-\lambda} = \mathrm{e}^{-\frac{4}{3}}, P(Y = 1) = \lambda \mathrm{e}^{-\lambda} = \frac{4}{3}\mathrm{e}^{-\frac{4}{3}}$$

【例3】 设随机变量 X 服从 0 - 1 分布，其分布列为

X	0	1
P	$9C^2 - C$	$3 - 8C$

则常数 $C =$ ________.

【解】 因为 $$9C^2 - C + 3 - 8C = 1$$

所以 $$9C^2-9C+2=0$$

解得 $$C=\frac{2}{3}\text{或}\frac{1}{3}$$

当 $C=\frac{2}{3}$ 时

$$P(X=1)=3-\frac{16}{3}=-\frac{7}{3}$$

不合题意,舍去。

当 $C=\frac{1}{3}$ 时

$$P(X=0)=\frac{2}{3},P(X=1)=\frac{1}{3}$$

所以 $$C=\frac{1}{3}$$

【例 4】 设随机变量的分布函数为

$$F(x)=\begin{cases}0 & x<0\\ A\cdot\sin x & 0\leqslant x\leqslant\frac{\pi}{2}\\ 1 & x>\frac{\pi}{2}\end{cases}$$

则 $A=$ ________, $P\{|x|<\frac{\pi}{6}\}=$ ________。

【解】 (1) 因为该题中的随机变量是连续的,故其分布函数 $F(x)$ 一定是连续的,即

$$F(\frac{\pi}{2}-0)=F(\frac{\pi}{2})\Rightarrow A\cdot\sin\frac{\pi}{2}=1\Rightarrow A=1$$

$$(2)P\{|x|<\frac{\pi}{6}\}=P\{-\frac{\pi}{6}<x<\frac{\pi}{6}\}=$$

$$P(-\frac{\pi}{6}<x\leqslant\frac{\pi}{6})-P(X=\frac{\pi}{6})=$$

$$F(\frac{\pi}{6})-F(-\frac{\pi}{6})-0=\sin\frac{\pi}{6}-0=0.5$$

【例 5】 设 X 服从标准正态分布,求证 $-X$ 也服从标准正态分布。

【证明】 记 $-X$ 的分布函数为 $F(x)$,因为 $X\sim N(0,1)$,其分布函数为 $\Phi(x)$。则

$$F(x)=P\{-X\leqslant x\}=P\{X\geqslant -x\}=1-\Phi(-x)=\Phi(x)$$

证毕。

【例 6】 离散型随机变量 X 的分布列为 $P(X=k)=b\lambda^k,k=1,2,\cdots$,且 $b>0$,则 λ 为 ( )

(A)$\lambda > 0$的任意实数　　　　(B)$\lambda = b + 1$

(C)$\lambda = \dfrac{1}{b+1}$　　　　(D)$\lambda = \dfrac{1}{b-1}$

【解】 因为

$$\sum_{k=1}^{\infty} P(X = k) = \sum_{k=1}^{\infty} b\lambda^k = 1, S_n = \sum_{k=1}^{n} b\lambda^n = b\frac{(1-\lambda^n)\lambda}{1-\lambda}$$

所以

$$\lim_{n\to\infty} S_n = \lim_{n\to\infty} b\lambda \frac{(1-\lambda^n)}{1-\lambda} = 1$$

于是可知当 $|\lambda| < 1$时，$b\dfrac{\lambda}{1-\lambda} = 1 \Rightarrow \lambda = \dfrac{1}{1+b} < 1$(因为 $b > 0$)，故选(C)。

【例 7】 设每次射击命中目标的概率为0.01，在500次射击中命中目标的最可能次数为多少次？

【解】 500次射击看做500重伯努里试验，则命中目标的次数 $X \sim B(500, 0.01)$，由公式知命中目标的最可能值为

$$k_0 = [(n+1)p] = [501 \times 0.01] = [5.01] = 5$$

【例 8】 一实习生用同一台机器独立地制造3个同种零件，第 i 个零件是不合格的概率 $p_i = \dfrac{1}{i+1}(i = 1,2,3)$，以 X 表示3个零件中的合格品数，则 $P\{X = 2\} =$ ________。

【解】 设 A_i 表示第 i 个零件是合格品，则

$$P(\bar{A}_i) = \frac{1}{1+i}$$

$$P(A_i) = 1 - \frac{1}{1+i} = \frac{i}{i+1}$$

应用事件间的独立性，有

$$\begin{aligned}P\{X = 2\} = {} & P(\bar{A}_1A_2A_3) + P(A_1\bar{A}_2A_3) + P(A_1A_2\bar{A}_3) = \\ & P(\bar{A}_1)P(A_2)P(A_3) + P(A_1)P(\bar{A}_2)P(A_3) + \\ & P(A_1)P(A_2)P(\bar{A}_3) = \\ & \frac{1}{2}\times\frac{2}{3}\times\frac{3}{4} + \frac{1}{2}\times\frac{1}{3}\times\frac{3}{4} + \frac{1}{2}\times\frac{2}{3}\times\frac{1}{4} = \frac{11}{24}\end{aligned}$$

【例 9】 若 ae^{-x^2+x} 为随机变量X的概率密度函数，求 a 的值。

【解】 依题意有

$$\int_{-\infty}^{+\infty} ae^{-x^2+x}\mathrm{d}x = 1$$

又

$$\int_{-\infty}^{+\infty} ae^{-x^2+x}\mathrm{d}x = a\int_{-\infty}^{+\infty} e^{-(x-\frac{1}{2})^2+\frac{1}{4}}\mathrm{d}x = ae^{\frac{1}{4}}\int_{-\infty}^{+\infty} ae^{-(x-\frac{1}{2})^2}\mathrm{d}x =$$

$$ae^{\frac{1}{4}}\int_{-\infty}^{+\infty}e^{-t^2}dt = a\sqrt{\pi}e^{\frac{1}{4}}$$

即 $a\sqrt{\pi}e^{\frac{1}{4}} = 1$,所以 $a = \frac{1}{\sqrt{\pi}}e^{-\frac{1}{4}}$。

【例 10】 设随机变量 X 的概率密度为

$$f(x) = \begin{cases} \frac{1}{3} & x \in [0,1] \\ \frac{2}{9} & x \in [3,6] \\ 0 & 其他 \end{cases}$$

若使得 $P(X \geqslant k) = \frac{2}{3}$,则 k 的取值是________。

【解】 由 $P(X < k) = 1 - P(X \geqslant k) = 1 - \frac{2}{3} = \frac{1}{3}$

即
$$\int_{-\infty}^{k} f(x)dx = \frac{1}{3}$$

故
$$k \in [1,3]$$

【例 11】 某地区一个月内发生交通事故的次数 X 服从参数为 λ 的泊松分布,据统计资料知,一个月内发生 8 次交通事故的概率是发生 10 次交通事故概率的 2.5 倍,则 $\lambda =$ ________。

【解】 已知 $P(X = 8) = 2.5P(X = 10)$

即
$$\frac{\lambda^8}{8!}e^{-\lambda} = 2.5 \times \frac{\lambda^{10}}{10!}e^{-\lambda}$$

所以 $\lambda^2 = 36$,故 $\lambda = 6$。

【例 12】 假设随机变量 X 服从指数分布,则设随机变量 $Y = \min\{X,2\}$ 的分布函数为________。

【解】 设 X 的分布函数为 $F(x)$,Y 的分布函数为 $G(y)$,则

$$F(x) = \begin{cases} 1 - e^{-\lambda x} & x \geqslant 0 \\ 0 & x < 0 \end{cases}$$

$$G(y) = P\{Y \leqslant y\} = P\{\min\{X,2\} \leqslant y\}$$

对 y 的不同取值范围进行讨论:

(1) 当 $y < 2$ 时,只能 $X < 2$,因此 $Y = \min\{X,2\} = X$,表明 Y 与 X 具有同分布,即服从参数为 λ 的指数分布

即

$$G(y) = \begin{cases} 1 - e^{-\lambda y} & 0 < y < 2 \\ 0 & y \leqslant 0 \end{cases}$$

(2) 当 $y \geqslant 2$,且 $X \geqslant 2$ 时

$$Y = \min\{X,2\} = 2$$

当 $y \geqslant 2$,且 $X < 2$ 时

$$Y = \min\{X,2\} = X < 2 \leqslant y$$

两种情况都有

$$G(y) = P\{Y \leqslant y\} = P\{2 \leqslant y\} = 1$$

综上,$Y = \min\{X,2\}$ 的分布函数为

$$G(y) = \begin{cases} 0 & y \leqslant 0 \\ 1 - e^{-\lambda y} & 0 < y < 2 \\ 1 & y \geqslant 2 \end{cases}$$

【例 13】 设一大型设备在任何长为 t 的时间间隔内发生故障的次数 $N(t)$ 服从参数为 λt 的泊松分布,试求:

(1) 相继两次故障之间间隔 T 的概率分布;

(2) 在设备已经无故障工作 8 h 的情况下,再无故障运行 8 h 的概率 q。

【解】 当 $t > 0$ 时,事件$\{T > t\}$表示在长为 t 的时间间隔内没有发生故障,或者说发生了 0 次故障。因此

$$P\{T \leqslant t\} = 1 - P\{T > t\} = 1 - P\{N(t) = 0\}$$

(1) 当 $t \leqslant 0$ 时

$$F(t) = 0$$

当 $t > 0$ 时

$$F(t) = P\{T \leqslant t\} = 1 - P\{T > t\} = 1 - P\{N(t) = 0\} = 1 - e^{-\lambda t}$$

计算得知 T 服从参数为 λ 的指数分布,其概率密度为

$$f(t) = \begin{cases} \lambda e^{-\lambda t} & t > 0 \\ 0 & t \leqslant 0 \end{cases}$$

(2) $q = p\{T > 16 \mid T > 8\} = \dfrac{p\{T > 16, T > 8\}}{p\{T > 8\}} = \dfrac{p\{T > 16\}}{p\{T > 8\}} = \dfrac{e^{-16\lambda}}{e^{-8\lambda}} =$

$c^{-8\lambda}$

【例 14】 设随机变量 X 的分布函数为 $F(x) = A + B \cdot \arctan x(-\infty < x < +\infty)$。试求:(1) 系数 A 与 B;(2) X 落在$(-1,1)$内的概率;(3) X 的分布密度。

【解】 (1) 由于 $F(-\infty) = 0, F(+\infty) = 1$,可知

$$\begin{cases} A + B(-\dfrac{\pi}{2}) = 0 \\ A + B(-\dfrac{\pi}{2}) = 1 \end{cases} \Rightarrow A = \frac{1}{2}, B = \frac{1}{\pi}$$

于是 $$F(x) = \frac{1}{2} + \frac{1}{\pi}\arctan x, -\infty < x < +\infty$$

(2) $P\{-1 < x < 1\} = F(1) - F(-1) = (\dfrac{1}{2} + \dfrac{1}{\pi}\arctan 1) -$

$$\left(\frac{1}{2}+\frac{1}{\pi}\arctan(-1)\right)=$$

$$\frac{1}{2}+\frac{1}{\pi}\times\frac{\pi}{4}-\frac{1}{2}-\frac{1}{\pi}\times\left(-\frac{\pi}{4}\right)=\frac{1}{2}$$

(3) $\varphi(x)=F'(x)=\left(\frac{1}{2}+\frac{1}{\pi}\arctan x\right)'=\frac{1}{\pi(1+x^2)}\quad(-\infty<x<+\infty)$

【例 15】 连续型随机变量 x 的概率密度 $f(x)$ 是偶函数，即 $f(x)=f(-x)$，$F(x)$ 是 X 的分布函数，则对任意常数有 $F(-C)$ 等于 ( )

(A) $F(C)$ (B) $\frac{1}{2}-\int_0^C f(x)\mathrm{d}x$ (C) $2F(C)-1$ (D) $1-\int_0^C f(x)\mathrm{d}x$

【解】 因为

$$F(-C)=\int_{-\infty}^{-C}f(x)\mathrm{d}x\overset{令t=-x}{=\!=\!=}\int_{-\infty}^{C}-f(-t)\mathrm{d}t=$$

$$\int_0^{+\infty}f(x)\mathrm{d}x=1-\int_{-\infty}^{C}f(x)\mathrm{d}x=$$

$$1-\int_{-\infty}^{0}f(x)\mathrm{d}x-\int_0^C f(x)\mathrm{d}x=$$

$$1-\frac{1}{2}-\int_0^C f(x)\mathrm{d}x=\frac{1}{2}-\int_0^C f(x)\mathrm{d}x$$

所以应选(B)。

【例 16】 设随机变量 X 服从正态分布 $N(0,1)$，对给定的 $\alpha\in(0,1)$，数 u_α 满足 $P\{x>u_\alpha\}=\alpha$，若 $P\{|X|<x\}=\alpha$，则 x 等于 ( )

(A) $u_{\frac{\alpha}{2}}$ (B) $u_{1-\frac{\alpha}{2}}$ (C) $u_{\frac{1-\alpha}{2}}$ (D) $u_{1-\alpha}$

【解】 利用标准正态分布密度曲线的对称性和几何意义即得。

由
$$P\{|X|<x\}=\alpha$$
以及标准正态分布密度曲线的对称性可得
$$P\{X>x\}=\frac{1-\alpha}{2}$$

故选(C)。

【例 17】 随机变量 X 在 $\left(-\frac{\pi}{2},\frac{\pi}{2}\right)$ 上服从均匀分布，令 $Y=\sin X$，求随机变量 Y 的概率密度。

【解法一】 用分布函数法先求分布函数 $F_Y(y)$，由题意

$$f_X(x)=\begin{cases}\frac{1}{\pi} & -\frac{\pi}{2}<x<\frac{\pi}{2}\\ 0 & 其他\end{cases},F_X(x)=\begin{cases}0 & x<-\frac{\pi}{2}\\ \frac{1}{2}+\frac{1}{\pi}x & -\frac{\pi}{2}\leqslant x\leqslant\frac{\pi}{2}\\ 1 & x\geqslant\frac{\pi}{2}\end{cases}$$

$$F_Y(y) = P\{Y \leqslant y\} = P\{\sin X \leqslant y\}$$

当 $-1 < y < 1$ 时

$$F_Y(y) = P\{X \leqslant \arcsin y\} = F_X(\arcsin y) = \frac{1}{2} + \frac{1}{\pi}\arcsin y$$

当 $y \leqslant -1$ 时，$F_Y(y) = 0$；当 $y \geqslant 1$ 时，$F_Y(y) = 1$。因此 Y 的概率密度为

$$f_Y(y) = \begin{cases} \dfrac{1}{\pi\sqrt{1 - y^2}} & -1 < y < 1 \\ 0 & 其他 \end{cases}$$

【解法二】 由于 $y = \sin x$ 在 $\left(-\frac{\pi}{2}, \frac{\pi}{2}\right)$ 上是 x 的单调可导函数，其反函数 $x = \arcsin y$ 存在、可导且导数恒不为零，因此可以直接用单调公式法求出 Y 的密度，在这里

$$h(y) = \arcsin y, h'(y) = \frac{1}{\sqrt{1 - y^2}}$$

$$f_Y(y) = |h'(y)| f_X[h(y)] = \begin{cases} \dfrac{1}{\pi\sqrt{1 - y^2}} & |y| < 1 \\ 0 & |y| \geqslant 1 \end{cases}$$

【例 18】 假设随机变量 X 的绝对值不大于 1

$$P(X = -1) = \frac{1}{8}, P(X = 1) = \frac{1}{4}$$

在事件 $(-1 < x < 1)$ 出现的条件下，X 在 $(-1,1)$ 内的任一子区间上取值的条件概率与该子区间长度成正比，试求：(1) X 的分布函数 $F(x) = P(X \leqslant x)$；(2) X 取负值的概率 p。

【解】 (1) 当 $x < -1$ 时，$F(x) = 0$；当 $x \geqslant 1$ 时，$F(x) = 1$；当 $-1 \leqslant x < 1$ 时，因为

$$P(-1 < X < 1) = 1 - P(X = -1) - P(X = 1) = \frac{5}{8}$$

则

$$\begin{aligned} F(x) &= P(X \leqslant x) = P(-1 \leqslant X \leqslant x) = P(X = -1) + P(-1 < X \leqslant x) = \\ &\frac{1}{8} + P(-1 < x \leqslant x \mid -1 < X < 1)P(-1 < X < 1) + \\ &P(-1 < X \leqslant x \mid |X| \geqslant 1)P(|x| \geqslant 1) = \\ &\frac{1}{8} + \frac{1}{2}(x + 1) \times \frac{5}{8} = \frac{5}{16}x + \frac{7}{16} \end{aligned}$$

故

$$F(x)=\begin{cases}0 & x<-1\\ \dfrac{5}{16}x+\dfrac{7}{16} & -1\leqslant x\leqslant 1\\ 1 & x\geqslant 1\end{cases}$$

(2) $P=P(X<0)=F(0^-)=F(0)=\dfrac{1}{8}+\dfrac{5}{16}=\dfrac{7}{16}$

【例 19】 设随机变量 X 服从正态分布 $N(\mu,\sigma^2)(\sigma>0)$，且二次方程 $y^2+4y+X=0$ 无实根的概率为$\dfrac{1}{2}$，则 $\mu=$ ________。

【解】 因为 $\Delta=4^2-4X=4(4-X)<0$

由已知

$$P(4-X<0)=\frac{1}{2}$$

即

$$P(X>4)=\frac{1}{2}$$

又因为

$$P(X\leqslant\mu)=P(X>\mu)=\frac{1}{2}$$

又由

$$\begin{cases}P(X\geqslant\mu)=\dfrac{1}{2}\\ P(X>4)=\dfrac{1}{2}\end{cases}$$

得 $\mu=4$。

【例 20】 设随机变量 X 服从正态分布 $N(\mu,\sigma^2)$，则随 σ 的增大，概率 $P(|X-\mu|<\sigma)$ （　　）

(A) 单调增大　　(B) 单调减少　　(C) 保持不变　　(D) 增减不定

【解】 由于 $\dfrac{X-\mu}{\sigma}\sim N(0,1)$

所以 $P(|X-\mu|<\sigma)=P\left(\left|\dfrac{X-\mu}{\sigma}\right|<1\right)=2\Phi(1)-1$

概率 $P(|X-\mu|<\sigma)$ 是与 σ 无关的一个常数，因此选(C)。

【例 21】 某仪器装有三只独立工作的同型号电子元件，其寿命都服从同一指数分布，分布密度为

$$f(x)=\begin{cases}\dfrac{1}{600}e^{-\frac{x}{600}} & x>0\\ 0 & x\leqslant 0\end{cases}$$

试求，在仪器使用最初 200 h 内，至少有一只电子元件损坏的概率 α。

【解】 设每只电子元件的寿命为 X h,则

$$P(X \leqslant 200) = 1 - e^{-\frac{200}{600}} = 1 - e^{-\frac{1}{3}} = p$$

设在仪器使用的最初 200 h 内电子元件损坏的数目为 Y,则 $Y \sim B(3,p)$,所求概率为

$$\alpha = P(Y \geqslant 1) = 1 - P(Y = 0) = 1 - (1 - p)^3 = 1 - e^{-1}$$

【例 22】 设连续型随机变量 X 有严格单调增加的分布函数 $F(x)$,试求 $Y = F(x)$ 的分布函数与密度函数。

【解】 由分布函数的定义得

$$F_Y(y) = P(Y \leqslant y) = P(F(X) \leqslant y)$$

因 $F(x)$ 为分布函数,故

$$0 \leqslant F(x) \leqslant 1$$

当 $y < 0$ 时,$F_Y(y) = 0$;当 $y \geqslant 1$ 时,$F_Y(y) = 1$;当 $0 \leqslant y < 1$ 时,有

$$F_Y(y) = P(X \leqslant F^{-1}(y)) = F(F^{-1}(y)) = y$$

即

$$F_Y(y) = \begin{cases} 0 & y < 0 \\ y & 0 \leqslant y < 1 \\ 1 & y \geqslant 1 \end{cases}$$

密度函数为

$$f_Y(y) = \begin{cases} 1 & 0 < y < 1 \\ 0 & \text{其他} \end{cases}$$

【例23】 设随机变量 X 服从正态分布 $N(0,\sigma^2)$,若 X 的密度函数的最大值为 $\sqrt{2\pi}$,且 $P(|X| \leqslant a) = 0.95$,则 $a =$ ________。

【解】 X 的密度函数为

$$f(x) = \frac{1}{\sqrt{2\pi}\,\sigma} e^{-\frac{x^2}{2\sigma^2}}$$

当 $x = 0$ 时,$f(x)$ 取得最大值 $f(0) = \frac{1}{\sqrt{2\pi}\,\sigma}$,有

$$\frac{1}{\sqrt{2\pi}\,\sigma} = \sqrt{2\pi} \Rightarrow \sigma = \frac{1}{2\pi}$$

依题意

$$P(|X| \leqslant a) = P\left(\left|\frac{X - 0}{\sigma}\right| \leqslant \frac{a - 0}{\sigma}\right) = P\left(-\frac{a}{\sigma} \leqslant \frac{X - 0}{\sigma} \leqslant \frac{a}{\sigma}\right) =$$

$$\Phi\left(\frac{a}{\sigma}\right) - \Phi\left(\frac{-a}{\sigma}\right) = 2\Phi\left(\frac{a}{\sigma}\right) - 1 = 0.95$$

所以 $\Phi\left(\frac{a}{\sigma}\right) = 0.975, \frac{a}{\sigma} = 1.96, a = 1.96\sigma = \frac{1.96}{2\pi} = \frac{0.98}{\pi}$

【例 24】 设(X,Y)的联合密度函数

$$f(x,y) = \begin{cases} Ae^{-(2x+y)} & x > 0, y > 0 \\ 0 & 其他 \end{cases}$$

求:(1) 常数 A;

(2)$f_{X|Y}(x \mid y)$ 及 $f_{Y|X}(y \mid x)$;

(3)$P(X \leqslant 2 \mid Y \leqslant 1)$。

【解】 (1) 由于密度函数 $f(x,y)$ 应满足

$$\int_{-\infty}^{+\infty}\int_{-\infty}^{+\infty} f(x,y)\mathrm{d}x\mathrm{d}y = 1$$

于是有

$$\int_0^{+\infty}\mathrm{d}x\int_0^{+\infty} Ae^{-(2x+y)}\mathrm{d}y = \frac{A}{2} = 1 \Rightarrow A = 2$$

(2) 由$\int_0^{+\infty} 2e^{-(2x+y)}\mathrm{d}x = e^{-y}$ 得

$$f_Y(y) = \begin{cases} e^{-y} & y > 0 \\ 0 & y \leqslant 0 \end{cases}$$

当 $y > 0$ 时

$$f_{X|Y}(x \mid y) = \frac{f(x,y)}{f_Y(y)} = \begin{cases} 2e^{-2x} & x > 0 \\ 0 & 其他 \end{cases}$$

当 $y \leqslant 0$ 时 $f_{X|Y}(x \mid y)$ 不存在。

(3) 根据条件概率定义,有

$$P(X \leqslant 2 \mid Y \leqslant 1) = \frac{P(X \leqslant 2, Y \leqslant 1)}{P(Y \leqslant 1)}$$

又

$$P(X \leqslant 2, Y \leqslant 1) = F(2,1) = \int_0^2 2e^{-2x}\mathrm{d}x\int_0^1 e^{-y}\mathrm{d}y = (1 - e^{-4})(1 - e^{-1})$$

$$P(Y \leqslant 1) = F_Y(1) = \int_0^1 e^{-y}\mathrm{d}y = 1 - e^{-1}$$

所以 $P(X \leqslant 2 \mid Y \leqslant 1) = \frac{(1 - e^{-4})(1 - e^{-1})}{1 - e^{-1}} = 1 - e^{-4}$

或从(2) 知 $f(x,y) = f_X(x)f_Y(y)$,因此 X 与 Y 独立,则

$$P(X \leqslant 2 \mid Y \leqslant 1) = P(X \leqslant 2) = 1 - e^{-4}$$

【例 25】 设(X,Y)服从二维正态分布,其概率密度为

$$\varphi(x,y) = \frac{1}{2\pi 10^2} e^{-\frac{1}{2}\left(\frac{x^2}{10^2} + \frac{y^2}{10^2}\right)} \qquad (-\infty < x < +\infty, -\infty < y < +\infty)$$

求 $P(X < Y)$。

【解】

$$P(X < Y) = \iint\limits_{x<y} \varphi(x,y)\mathrm{d}x\mathrm{d}y = \frac{1}{2\pi 10^2}\iint\limits_{x<y} \mathrm{e}^{-\frac{1}{2}\left(\frac{x^2}{10^2}+\frac{y^2}{10^2}\right)}\mathrm{d}x\mathrm{d}y \xlongequal{\text{换成极坐标系}}$$

$$\frac{1}{2\pi 10^2}\int_{\frac{\pi}{4}}^{\frac{5}{4}\pi}\mathrm{d}\theta\int_0^{+\infty}\mathrm{e}^{-\frac{\rho^2}{2\times 10^2}}\rho\mathrm{d}\rho = \frac{1}{2}$$

【例 26】 设某班车起点上客人数 X 服从参数为 $\lambda(\lambda > 0)$ 的泊松分布，每位乘客在中途下车的概率为 $p(0 < p < 1)$，且中途下车与否相互独立，以 Y 表示在中途下车的人数。

求：(1) 在发车时有 n 个乘客的条件下，中途有 m 人下车的概率；

(2) 二维随机变量 (X,Y) 的概率分布。

【解】 (1) 由贝努里概型知

$$P(Y = m \mid X = n) = \mathrm{C}_n^m p^m(1-p)^{n-m} \qquad (m = 0,1,\cdots,n)$$

(2) $P(X = n, Y = m) = P(Y = m \mid X = n)P(X = n) =$

$$\mathrm{C}_n^m p^m(1-p)^{n-m}\frac{\mathrm{e}^{-\lambda}}{n!}\lambda^n$$

【例 27】 设随机变量 X_1 和 X_2 相互独立，并且服从 $N(0,1)$，$Y = X_1^2 + X_2^2$，试计算 Y 的概率密度。

【解】 按照分布函数的定义及题设，有

$$F_Y(y) = P(Y \leqslant y) = P(X_1^2 + X_2^2 \leqslant y) = \frac{1}{2\pi}\iint\limits_{x_1^2+x_2^2\leqslant y}\mathrm{e}^{-\frac{x_1^2+x_2^2}{2}}\mathrm{d}x_1\mathrm{d}x_2 =$$

$$\frac{1}{2\pi}\int_0^{2\pi}\mathrm{d}\theta\int_0^{\sqrt{y}}\mathrm{e}^{-\frac{r^2}{2}}r\mathrm{d}r = 1 - \mathrm{e}^{-\frac{y}{2}} \qquad (y > 0)$$

所以 Y 的概率密度为

$$f_Y(y) = \begin{cases} \frac{1}{2}\mathrm{e}^{-\frac{y}{2}} & y > 0 \\ 0 & y \leqslant 0 \end{cases}$$

【例 28】 设事件 A,B 满足 $P(A) = \frac{1}{4}$，$P(B \mid A) = P(A \mid B) = \frac{1}{2}$，令

$$X = \begin{cases} 1 & \text{若 } A \text{ 发生} \\ 0 & \text{若 } A \text{ 不发生} \end{cases},\quad Y = \begin{cases} 1 & \text{若 } B \text{ 发生} \\ 0 & \text{若 } B \text{ 不发生} \end{cases}$$

试求 X,Y 的联合分布列。

【解】 因为 $\quad P(A) = \frac{1}{4}, \frac{P(AB)}{P(A)} = \frac{P(AB)}{P(B)} = \frac{1}{2}$

故 $$P(AB)=\frac{1}{8},P(B)=\frac{1}{4}$$

而

$$P(X=0,Y=0)=P(\bar{A}\bar{B})=1-P(A\cup B)=$$
$$1-P(A)-P(B)+P(AB)=\frac{5}{8}$$

$$P(X=0,Y=1)=P(\bar{A}B)=P(B)-P(AB)=\frac{1}{8}$$

$$P(X=1,Y=0)=P(A\bar{B})=P(A)-P(AB)=\frac{1}{8}$$

$$P(X=1,Y=1)=P(AB)=\frac{1}{8}$$

故所求联合分布列为

$X \backslash Y$	0	1
0	$\frac{5}{8}$	$\frac{1}{8}$
1	$\frac{1}{8}$	$\frac{1}{8}$

【例 29】 已知二维离散型随机变量 (X,Y) 的概率分布为

$X \backslash Y$	0	1	2
0	0.06	0.15	α
1	β	0.35	0.21

求常数 α 和 β 的值,使随机变量 X 和 Y 相互独立。

【解】

$$0.06+0.15+\alpha+\beta+0.35+0.21=1\Rightarrow\alpha+\beta=0.23$$
$$P(X=0)=0.06+0.15+\alpha=0.21+\alpha$$
$$P(X=1)=\beta+0.35+0.21=0.56+\beta$$
$$P(Y=1)=0.15+0.35=0.50$$

若 X 与 Y 相互独立,则有

$$P(X=0,Y=1)=P(X=0)P(Y=1)$$

即 $$0.15=(0.21+\alpha)\times0.50\Rightarrow\alpha=0.09$$

所以 $$\beta=0.14$$

【例 30】 设随机变量 X 在区间 $(0,1)$ 上随机地取值,当 X 取到 $x(0<x<1)$ 时,Y 在 $(x,1)$ 上随机地取值,试求:(1) (X,Y) 的联合概率密度;(2) 关于 Y

的边缘概率密度函数;(3)$P(X+Y>1)$。

【解】 (1) 根据题设 X 在(0,1)上服从均匀分布,其密度函数为

$$f_X(x)=\begin{cases}1 & 0<x<1\\ 0 & \text{其他}\end{cases}$$

在 $X=x$ 的条件下,Y 在区间$(x,1)$上服从均匀分布,所以其条件概率密度为

$$f_{Y|X}(y\mid x)=\begin{cases}\dfrac{1}{1-x} & 0<x<y<1\\ 0 & \text{其他}\end{cases}$$

联合概率密度为

$$f(x,y)=f_X(x)f_{Y|X}(y\mid x)=\begin{cases}\dfrac{1}{1-x} & 0<x<y<1\\ 0 & \text{其他}\end{cases}$$

(2)$f_Y(y)=\int_{-\infty}^{+\infty}f(x,y)\mathrm{d}x=\int_0^y\dfrac{1}{1-x}\mathrm{d}x=-\ln(1-y)$

$$f_Y(y)=\begin{cases}-\ln(1-y) & 0<y<1\\ 0 & \text{其他}\end{cases}$$

(3)$P(X+Y>1)=\int_{\frac{1}{2}}^1\mathrm{d}y\int_{1-y}^y f(x,y)\mathrm{d}x=\int_{\frac{1}{2}}^1\mathrm{d}y\int_{1-y}^y\dfrac{1}{1-x}\mathrm{d}x=$

$\int_{\frac{1}{2}}^1[\ln y-\ln(1-y)]\mathrm{d}y=$

$y\ln y\Big|_{\frac{1}{2}}^1+(1-y)\ln(1-y)\Big|_{\frac{1}{2}}^1-$

$\int_{\frac{1}{2}}^1\mathrm{d}y+\int_{\frac{1}{2}}^1\mathrm{d}y=-\ln\dfrac{1}{2}=\ln 2$

【例 31】 已知随机变量 X_1 和 X_2 的概率分布

$$X_1\sim\begin{pmatrix}-1 & 0 & 1\\ \dfrac{1}{4} & \dfrac{1}{2} & \dfrac{1}{4}\end{pmatrix},X_2\sim\begin{pmatrix}0 & 1\\ \dfrac{1}{2} & \dfrac{1}{2}\end{pmatrix}$$

而且

$$P(X_1X_2=0)=1$$

(1) 求 X_1 和 X_2 的联合分布。

(2) 问 X_1 和 X_2 是否独立,为什么?

【解】 (1) 由 $P(X_1X_2=0)=1$ 有 $P(X_1X_2\neq 0)=0$,所以

$$P(X_1=-1,X_2=1)=P(X_1=1,X_2=1)=0$$

于是

$$P(X_1=-1,X_2=0)=P(X_1=-1)=\frac{1}{4}$$

$$P(X_1=0,X_2=1)=P(X_2=1)=\frac{1}{2}$$

$$P(X_1=1,X_2=0)=P(X_1=1)=\frac{1}{4}$$

$$P(X_1=0,X_2=0)=1-\frac{1}{4}-\frac{1}{2}-\frac{1}{4}=0$$

所以 X_1 和 X_2 的联合分布为

X_2 \ X_1	-1	0	1	$P(X_2=j)$
0	$\frac{1}{4}$	0	$\frac{1}{4}$	$\frac{1}{2}$
1	0	$\frac{1}{2}$	0	$\frac{1}{2}$
$P(X_1=i)$	$\frac{1}{4}$	$\frac{1}{2}$	$\frac{1}{4}$	1

(2) 因为

$$P(X_1=0,X_2=0)=0\neq P(X_1=0)P(X_2=0)=\frac{1}{2}\times\frac{1}{2}$$

故 X_1 和 X_2 不独立。

【例 32】 设随机变量 X 和 Y 的联合分布函数

$$F(x,y)=\begin{cases}0 & \min\{x,y\}<0\\ \min\{x,y\} & 0\leqslant\min\{x,y\}<1\\ 1 & \min\{x,y\}\geqslant 1\end{cases}$$

则随机变量 X 的分布函数 $F(x)=$ ________。

【解】 $$F(X)=F(x,+\infty)=F(x,1)$$

所以

$$F(x)=\begin{cases}0 & x<0\\ x & 0\leqslant x<1\\ 1 & x\geqslant 1\end{cases}$$

【例 33】 对某种电子装置的输出测量了 5 次，得到的观察值为 X_1,X_2,X_3,X_4,X_5，设它们是相互独立的变量，且都服从同一分布，即

$$F(z)=\begin{cases}1-\mathrm{e}^{-\frac{z^2}{8}} & z\geqslant 0\\ 0 & 其他\end{cases}$$

试求，$\max\{X_1,X_2,X_3,X_4,X_5\}>4$ 的概率。

【解】 令 $$V=\max\{X_1,X_2,X_3,X_4,X_5\}$$

由于 X_1,X_2,X_3,X_4,X_5 相互独立，且服从同一分布

$$F_{\max}(z)=[F(z)]^5$$

$$P(V>4)=1-P(V\leqslant 4)=1-F_{\max}(4)=1-[F(4)]^5=1-(1-e^{-2})^5$$

习　题

1. 设某篮球运动员每次投篮的命中概率为 0.6，写出他在 3 次投篮中，命中次数 X 的概率分布列。

2. 设随机变量 X 的分布列为 $P(X=k)=\dfrac{a}{N}, k=1,2,\cdots,N$，试确定常数 a。

3. 一批产品 20 件，其中有 5 件次品，从这批产品中随意抽取 4 件，求这 4 个中的次品数 X 的分布列。

4. 掷一枚非均匀的硬币，出现正面的概率为 $p(0<p<1)$，若以 X 表示直至掷到正反面都出现时为止所需投掷的次数，求 X 的分布列。

5. 从学校乘车到火车站的途中有 3 个交通岗，假设在各个交通岗遇到红灯的事件是相互独立的，并且概率都是 $\dfrac{2}{5}$，设 X 为途中遇到红灯的次数，求随机变量 X 的分布列。

6. 在贝努里试验中，设成功的概率为 p，以 X 表示首次成功所需试验次数，求 X 的分布列，设 $p=\dfrac{3}{4}$，求 X 取偶数的概率。

7. 设 $X\sim N(1,0.6^2)$，求 $P(X>0)$ 和 $P(0.2<X<1.8)$。

8. 设 X 的分布函数为

$$F(x)=\begin{cases}A(1-e^{-x}) & x\geqslant 0\\ 0 & x<0\end{cases}$$

求常数 A 及 $P(1<X\leqslant 3)$。

9. 设随机变量 X 服从泊松分布，且已知

$$P(X=1)=P(X=2)$$

求 $P(X=4)$。

10. 设某种显像管的寿命 X h 具有密度函数

$$f(x)=\begin{cases}\dfrac{5\,000}{x^2} & x>5\,000\\ 0 & x\leqslant 5\,000\end{cases}$$

问在 7 500 h 内，(1) 三只显像管中没有一只损坏的概率；(2) 三只显像管全部损坏的概率。

11. 设随机变量 X 的分布密度为

$$f(x)=\begin{cases}\frac{1}{2}e^{x} & x<0\\ \frac{1}{4} & 0\leqslant x<2\\ 0 & x\geqslant 2\end{cases}$$

试求 X 的分布函数 $F(x)$。

12. 设随机变量 X 服从正态分布 $N(0,1)$，求(1) $P(X<-2.2)$；(2) $P(0.7<X\leqslant 1.36)$；(3) $P(|X|>2)$。

13. 设随机变量 X 的概率密度为

$$f(x)=Ae^{-|x|},\ -\infty<x<+\infty$$

试求：(1) 系数 A；(2) $P(0<X<1)$；(3) X 的分布函数。

14. 设随机变量 X 的概率分布为

X	-2	$-\frac{1}{2}$	0	2	4
P	$\frac{1}{8}$	$\frac{1}{4}$	$\frac{1}{8}$	$\frac{1}{6}$	$\frac{1}{3}$

求：(1) $X+2$ 的概率分布；(2) X^2 的概率分布。

15. 设 X 在 $(1,6)$ 服从均匀分布，求方程 $x^2+kx+1=0$ 有实根的概率。

16. 设 $X\sim N(\mu,\sigma^2)$，求 $Y=e^X$ 的概率密度。

17. 设随机变量 $X\sim B(3,0.4)$，求 $Y=X^2-2X$ 的分布列。

18. 设随机变量 X 的概率密度为

$$p(x)=\begin{cases}\frac{2x}{\pi^2} & 0<x<\pi\\ 0 & \text{其他}\end{cases}$$

求 $Y=\sin X$ 的概率密度。

19. 假设随机变量 X 服从参数为 2 的指数分布，证明 $Y=1-e^{-2X}$ 在区间 $(0,1)$ 上服从均匀分布。

20. 将一硬币连掷三次，以 X 表示在三次中出现正面的次数，以 Y 表示三次中出现正面次数与反面次数之差的绝对值，试写出 (X,Y) 的分布列及边缘分布列。

21. 设随机变量 (X,Y) 的概率密度为

$$f(x,y)=\begin{cases}Ae^{-(2x+3y)} & x>0,y>0\\ 0 & \text{其他}\end{cases}$$

求常数 A 及随机变量 (X,Y) 的分布函数 $F(x,y)$。

22. 设(X,Y)的概率密度为

$$p(x,y)=\begin{cases}x^2+\dfrac{xy}{3} & 0\leqslant x\leqslant 1,0\leqslant x\leqslant 2\\ 0 & \text{其他}\end{cases}$$

求 $P(X+Y\geqslant 1)$。

23. 设二维随机变量(X,Y)在以原点为圆心,1 为半径的圆上服从均匀分布,试求(X,Y)的联合概率密度及边缘概率密度。

24. 设(X,Y)的概率密度为

$$p(x,y)=\begin{cases}e^{-y} & 0<x<y<+\infty\\ 0 & \text{其他}\end{cases}$$

求条件概率密度。

25. 设(X,Y)的概率密度为

$$p(x,y)=\begin{cases}e^{-(x+y)} & x\geqslant 0,y\geqslant 0\\ 0 & \text{其他}\end{cases}$$

问 X 与 Y 是否独立。

26. 设 X 与 Y 相互独立,它们的分布列为 $P(X=k)=P(Y=k)=\dfrac{1}{2^k}$,$k=1,2,\cdots$,求 $X+Y$ 的分布列。

27. 设 X,Y 相互独立,其概率密度分别为

$$p_X(x)=\begin{cases}1 & 0\leqslant x\leqslant 1\\ 0 & \text{其他}\end{cases},p_Y(y)=\begin{cases}e^{-y} & y>0\\ 0 & y\leqslant 0\end{cases}$$

求 $X+Y$ 的概率密度。

第9章　随机变量的数字特征

随机变量的概率分布能完整地描述随机变量的取值规律，但在实际问题中，概率分布较难确定并且有时不需要了解这个规律的整体，而只对分布的少数几个特征指标感兴趣，如分布的中心位置，平均值及分散程度等等，一般称之为随机变量的数字特征。

9.1　数学期望

9.1.1　离散型随机变量的数学期望

随机变量随着试验的重复可以取各种不同的值，是带有随机波动性的，但当重复试验次数增大时，可以发现随机变量 X 的取值常常在某一个常数附近摆动，或者是说，在 n 次重复试验中，X 的取值的算术平均数随着 n 的增大而在某一个常数附近摆动。

【定义9.1】　设离散型随机变量 X 的分布列为

$$P(X = x_i) = p_i, i = 1,2,\cdots$$

若级数 $\sum\limits_{i=1}^{\infty} x_i p_i$ 绝对收敛，即

$$\sum_{i=1}^{\infty} |x_i| p_i < +\infty$$

则称 $\sum\limits_{i=1}^{\infty} x_i p_i$ 为 X 的数学期望或均值，记为 EX 或 $E(X)$。即

$$EX = \sum_{i=1}^{\infty} x_i p_i$$

当 $\sum\limits_{i=1}^{\infty} |x_i| p_i$ 发散时，则称 X 的数学期望不存在。

如果把 $x_1, x_2, \cdots, x_i, \cdots$ 看成 x 轴上质点的坐标，而 $p_1, p_2, \cdots, p_i, \cdots$ 看成相应质点的质量，质量总和为 $\sum\limits_{i=1}^{\infty} p_i = 1$，则 EX 表示质点系的重心坐标。

【例1】　$X \sim B(1,p)$，求 EX。

【解】　X 的分布列为

X	0	1
P	$1-p$	p

$$EX = 0(1-p) + 1 \times p = p$$

【例 2】 $X \sim B(n,p)$,求 EX。

【解】 X 的分布列为

$$P(X=k) = C_n^k p^k q^{n-k}, k = 0,1,2,\cdots,n$$

$$EX = \sum_{k=0}^{n} k C_n^k p^k q^{n-k} = \sum_{k=0}^{n} k \frac{n(n-1)(n-2)\cdots[n-(k-1)]}{k!} \cdot p^k q^{n-k} =$$

$$np \sum_{k=1}^{n} \frac{(n-1)(n-2)\cdots[n-1-(k-2)]}{(k-1)!} \cdot p^{k-1} q^{n-1-(k-1)} =$$

$$np \sum_{k-1=0}^{n-1} C_{n-1}^{k-1} p^{k-1} q^{n-1-(k-1)} = np(p+q)^{n-1} = np$$

【例 3】 $X \sim P(\lambda)$,求 EX。

【解】 X 的分布列为

$$P(X=k) = \frac{\lambda^k e^{-\lambda}}{k!} \qquad (k = 0,1,2,\cdots;\lambda > 0)$$

X 的数学期望为

$$EX = \sum_{k=0}^{\infty} k \frac{\lambda^k e^{-\lambda}}{k!} = \lambda e^{-\lambda} \sum_{k=1}^{\infty} \frac{\lambda^{k-1}}{(k-1)!} = \lambda e^{-\lambda} e^{\lambda} = \lambda$$

9.1.2 连续型随机变量的数学期望

【定义 9.2】 设连续型随机变量 X 的概率密度为 $f(x)$,若积分 $\int_{-\infty}^{+\infty} xf(x)dx$ 绝对收敛。即

$$\int_{-\infty}^{+\infty} |x| f(x)dx < +\infty$$

则称积分 $\int_{-\infty}^{+\infty} xf(x)dx$ 为 X 的数学期望或均值,记为 EX。

【例 4】 设随机变量 X 在区间 (a,b) 内服从均匀分布,求 EX。

【解】 X 的概率密度为

$$f(x) = \begin{cases} \dfrac{1}{b-a} & a < x < b \\ 0 & \text{其他} \end{cases}$$

所以 X 的数学期望

$$EX = \int_a^b \frac{x}{b-a} dx = \frac{a+b}{2}$$

【例 5】 设 X 服从参数为 $\lambda(\lambda > 0)$ 的指数分布，求 EX。

【解】 X 的概率密度为

$$f(x) = \begin{cases} \lambda e^{-\lambda x} & x > 0 \\ 0 & x \leqslant 0 \end{cases}$$

有

$$EX = \int_{-\infty}^{+\infty} xf(x)dx = \int_0^{+\infty} \lambda x e^{-\lambda x}dx = -xe^{-\lambda x}\Big|_0^{+\infty} + \int_0^{+\infty} e^{-\lambda x}dx = \frac{1}{\lambda}\int_0^{+\infty} \lambda e^{-\lambda x}dx = \frac{1}{\lambda}$$

【例 6】 设 X 服从柯西分布，其概率密度为

$$f(x) = \frac{1}{\pi} \cdot \frac{1}{1 + x^2}, -\infty < x < +\infty$$

求 EX。

【解】 由于

$$\int_{-\infty}^{+\infty} |x| \frac{dx}{\pi(1 + x^2)} = \int_{-\infty}^{0} \frac{-xdx}{\pi(1 + x^2)} + \int_0^{+\infty} \frac{xdx}{\pi(1 + x^2)} = 2\int_0^{+\infty} \frac{xdx}{\pi(1 + x^2)} = \frac{1}{\pi}\ln(1 + x^2)\Big|_0^{+\infty} = +\infty$$

故 EX 不存在。

9.1.3 随机变量函数的数学期望

关于一维随机变量函数的数学期望，设 $Y = f(X)$，$f(x)$ 是连续函数。

(1) 当 X 是离散型随机变量，分布列为

$$P(X = x_i) = p_i \qquad (i = 1,2,\cdots)$$

且

$$\sum_{i=1}^{\infty} |f(x_i)| p_i < +\infty$$

时，则有

$$EY = Ef(x) = \sum_{i=1}^{\infty} f(x_i)p_i$$

(2) 当 X 是连续型随机变量，概率密度为 $f_X(x)$，且

$$\int_{-\infty}^{+\infty} |f(x)| f_X(x)dx < +\infty$$

时，则有

$$EY = Ef(x) = \int_{-\infty}^{+\infty} f(x)f_X(x)dx$$

【例 7】 设随机变量 X 服从均匀分布，其概率密度为

$$f(x)=\begin{cases}\dfrac{1}{2} & 1 \leqslant x \leqslant 3\\ 0 & \text{其他}\end{cases}$$

求 EX^2。

【解】 由期望定义

$$EX^2=\int_{-\infty}^{+\infty}x^2f(x)\mathrm{d}x=\int_1^3\frac{1}{2}x^2\mathrm{d}x=\frac{1}{6}x^3\Big|_1^3=\frac{13}{3}$$

关于二维随机变量函数的数学期望,设 $Z=f(X,Y)$,$f(x,y)$ 为连续函数。

(1) 当 (X,Y) 是二维离散型随机变量,分布列为

$$P(X=x_i,Y=y_i)=p_{ij}\quad(i,j=1,2,\cdots)$$

且当 $\sum\limits_{i=1}^{\infty}\sum\limits_{j=1}^{\infty}|f(x_i,y_j)|p_{ij}<+\infty$ 时,则有

$$E_Z=Ef(X,Y)=\sum_{i=1}^{\infty}\sum_{j=1}^{\infty}f(x_i,y_j)p_{ij}$$

(2) 当 (X,Y) 是二维连续型随机变量,概率密度为 $p(x,y)$,且当

$$\int_{-\infty}^{+\infty}\int_{-\infty}^{+\infty}|f(x,y)|p(x,y)\mathrm{d}x\mathrm{d}y<+\infty$$

时,则有

$$EZ=Ef(X,Y)=\int_{-\infty}^{+\infty}\int_{-\infty}^{+\infty}f(x,y)p(x,y)\mathrm{d}x\mathrm{d}y$$

我们由 (X,Y) 的概率密度 $p(x,y)$ 可以求得 X 与 Y 的数学期望。

$$EX=\int_{-\infty}^{+\infty}\int_{-\infty}^{+\infty}xp(x,y)\mathrm{d}x\mathrm{d}y$$

$$EY=\int_{-\infty}^{+\infty}\int_{-\infty}^{+\infty}yp(x,y)\mathrm{d}x\mathrm{d}y$$

【例 8】 设 $X\sim N(0,1)$,求 EX,EX^2。

【解】 X 为连续型随机变量,其概率密度函数为

$$f(x)=\frac{1}{\sqrt{2\pi}}\mathrm{e}^{-\frac{x^2}{2}},+\infty<x<+\infty$$

$$EX=\int_{-\infty}^{+\infty}xf(x)\mathrm{d}x=\int_{-\infty}^{+\infty}x\cdot\frac{1}{\sqrt{2\pi}}\mathrm{e}^{-\frac{x^2}{2}}\mathrm{d}x=0$$

$$EX^2=\int_{-\infty}^{+\infty}x^2f(x)\mathrm{d}x=\int_{-\infty}^{+\infty}x^2\frac{1}{\sqrt{2\pi}}\mathrm{e}^{-\frac{x^2}{2}}\mathrm{d}x=-\frac{1}{\sqrt{2\pi}}\int_{-\infty}^{+\infty}x\mathrm{d}(\mathrm{e}^{-\frac{x^2}{2}})=$$

$$-\frac{1}{\sqrt{2\pi}}\mathrm{e}^{-\frac{x^2}{2}}\Big|_{-\infty}^{+\infty}+\frac{1}{\sqrt{2\pi}}\int_{-\infty}^{+\infty}\mathrm{e}^{-\frac{x^2}{2}}\mathrm{d}x=$$

$$\int_{-\infty}^{+\infty}\frac{1}{\sqrt{2\pi}}\mathrm{e}^{-\frac{x^2}{2}}\mathrm{d}x=1$$

【例 9】 设随机变量 X 的概率分布为

X	-2	0	1	3
p_k	$\frac{1}{3}$	$\frac{1}{2}$	$\frac{1}{12}$	$\frac{1}{12}$

求 $E(-X+1)$。

【解】

$$E(-X+1)=\sum_{i=1}^{4}(-x_i+1)p_i=[-(-2)+1]\times\frac{1}{3}+(0+1)\times\frac{1}{2}+$$
$$(-1+1)\times\frac{1}{12}+(-3+1)\times\frac{1}{12}=\frac{4}{3}$$

【例 10】 设在国际市场上每年对我国某种出口商品的需求量是随机变量 X(单位:t),它在[2 000,4 000]上服从均匀分布。又设每出售这种商品 1 t,可为国家挣得外汇 3 万美元,但假如销售不出而囤积于仓库,则每吨需浪费保养费 1 万美元。问需要组织多少货源,才能使国家收益最大。

【解】 设 y 为预备出口的该商品的数量,这个数量可只考虑介于 2 000 与 4 000 之间的情况,用 Z 表示国家的利益(单位:万美元),则由题意可得

$$Z=f(X)=\begin{cases}3y & \text{当 } X\geqslant y \text{ 时}\\ 3X-(y-X) & \text{当 } X<y \text{ 时}\end{cases}$$

$$EZ=\int_{-\infty}^{+\infty}f(x)p_X(x)\mathrm{d}x=\int_{2\,000}^{y}(4x-y)\frac{1}{2\,000}\mathrm{d}x+\int_{y}^{4\,000}3y\frac{1}{2\,000}\mathrm{d}x=$$
$$-\frac{1}{1\,000}(y^2-7\,000y+4\times10^6)=$$
$$-\frac{1}{1\,000}[(y-3\,500)^2-(3\,500^2-4\times10^6)]$$

所以当 $y=3\,500$ 时,EZ 达到最大值 8 250,因此组织 3 500 t 此种商品是最佳的决策。

9.1.4 数学期望的性质

(1) 设 C 是常数,则有 $EC=C$。

(2) 设 X 是一个随机变量,C 是常数,则有 $E(CX)=CEX$。

(3) 设 X,Y 是两个随机变量,则有 $E(X+Y)=EX+EY$。

(4) 设 X,Y 是相互独立的随机变量,则有 $E(XY)=EX\cdot EY$。

性质(3) 和性质(4) 可以推广到任意有限个随机变量的情况,关于性质(4) 的证明如下。

设 X,Y 为相互独立的连续型随机变量,其边缘概率密度分别为 $f_X(x)$ 和 $f_Y(y)$,则联合概率密度为

$$f(x,y)=f_X(x)f_Y(y)$$

因此

$$E(XY)=\int_{-\infty}^{+\infty}\int_{-\infty}^{+\infty}xyf(x,y)\mathrm{d}x\mathrm{d}y=\int_{-\infty}^{+\infty}\int_{-\infty}^{+\infty}xyf_X(x)f_Y(y)\mathrm{d}x\mathrm{d}y=$$

$$\int_{-\infty}^{+\infty}xf_X(x)\mathrm{d}x\int_{-\infty}^{+\infty}yf_Y(y)\mathrm{d}y=EX\cdot EY$$

【例 11】 设 X 代表某厂的日产量，Y 表示相应的生产成本，已知每件产品的造价 $b=4$ 元，每天固定设备费用 $a=200$ 元，则 $Y=a+bX$。如果该厂平均每天生产 $EX=50$ 件，求每天产品的平均成本是多少？

【解】 $EY=E(200+4X)=200+4EX=200+4\times 50=400$(元)

【例 12】 设 $X\sim B(n,p)$，求 EX。

【解】 引入随机变量

$$X_i=\begin{cases}1 & \text{第 } i \text{ 次试验中 } A \text{ 发生}\\ 0 & \text{第 } i \text{ 次试验中 } A \text{ 不发生}\end{cases}\quad (i=1,2,\cdots,n)$$

其中，$P(A)=p$，则 X_i 为 0 - 1 分布，$EX_i=p$，且 $X=\sum\limits_{i=1}^{n}X_i$。所以

$$EX=E(X_1+X_2+\cdots+X_n)=EX_1+EX_2+\cdots+EX_n=$$

$$p+p+\cdots+p=np$$

即 X 的数学期望为 np。

【例 13】 r 个人在楼的底层进入电梯，楼上有 n 层，每个乘客在任一层下电梯的概率是相同的。如到某一层无乘客下电梯，电梯就不停车，求直到乘客都下完时电梯停车次数 X 的数学期望。

【解】 设 X_i 表示在第 i 层电梯停车的次数，则

$$X_i=\begin{cases}0 & \text{第 } i \text{ 层没有人下电梯}\\ 1 & \text{第 } i \text{ 层有人下电梯}\end{cases}$$

则 $X=\sum\limits_{i=1}^{n}X_i$，且 $EX=\sum\limits_{i=1}^{n}EX_i$。

由于每个人在任一层下电梯的概率均为 $\frac{1}{n}$，故 r 个人同时不在第 i 层下电梯的概率为 $\left(1-\frac{1}{n}\right)^r$，即

$$P(X_i=0)=\left(1-\frac{1}{n}\right)^r$$

从而

$$P(X_i=1)=1-\left(1-\frac{1}{n}\right)^r$$

$$EX_i = 0 \cdot \left(1 - \frac{1}{n}\right)^r + 1 \cdot \left[1 - \left(1 - \frac{1}{n}\right)^r\right] = 1 - \left(1 - \frac{1}{n}\right)^r, i = 1,2,\cdots,n$$

所以
$$EX = \sum_{i=1}^{n} EX_i = n\left[1 - \left(1 - \frac{1}{n}\right)^r\right]$$

在此例中，若 $r = 10, n = 10$，则 $EX = 6.5$，即电梯平均停车 6.5 次。

对于二维随机变量，还有条件期望的概念。若 (X, Y) 为二维离散型随机变量，称 $E(Y \mid X = x_i) = \sum_j y_j P(Y = y_j \mid X = x_i)$ 为在 $X = x_i$ 条件下 Y 关于 X 的条件期望；称 $E(X \mid Y = y_j) = \sum_i x_i P(X = x_i \mid Y = y_j)$ 为在 $Y = Y_j$ 条件下 X 关于 Y 的条件期望。

若 (X, Y) 为二维连续型随机变量，分别称 $E(Y \mid X) = \int_{-\infty}^{+\infty} y\varphi(y \mid x)\mathrm{d}y$ 和 $E(X \mid Y) = \int_{-\infty}^{+\infty} x\varphi(x \mid y)\mathrm{d}x$ 为在 $X = x$ 的条件下 Y 关于 X 的条件期望和在 $Y = y$ 的条件下 X 关于 Y 的条件期望。其中，$\varphi(y \mid x)$ 和 $\varphi(x \mid y)$ 分别是在 $X = x$ 的条件下关于 Y 的条件概率密度和在 $Y = y$ 条件下关于 X 的条件概率密度。

【例 14】 设袋中有 5 个球，3 个黑球，2 个白球。现从中任取一球观察后不放回，再观察。以 X 和 Y 表示第一次和第二次抽得白球的个数，求 $E(Y \mid X = 1)$。

【解】 由题意，在 $X = 1$ 条件下，Y 的可能取值为 0，1 且

$$P(Y = 0 \mid X = 1) = \frac{3}{4}$$

$$P(Y = 1 \mid X = 1) = \frac{1}{4}$$

于是
$$E(Y \mid X = 1) = 0 \times \frac{3}{4} + 1 \times \frac{1}{4} = \frac{1}{4}$$

9.2 方　　差

9.2.1 方差的概念

随机变量的数学期望是一个常数，在一定意义下表示随机变量的平均值，它反映了随机变量总是在 EX 的周围取值，但不同的随机变量 X 在 EX 的周围取值的情况也有不同。有的随机变量取的值密集在 EX 的附近，有的则比较分散。因此要考察随机变量的取值与平均值的偏离程度。例如，检查一批零件的质量时，除了要知道零件的平均尺寸外，还要知道零件尺寸与平均尺寸的偏离程度，显然平均尺寸符合标准且偏离程度较小时，零件质量就好。

为了描述随机变量的取值与其数学期望的偏离程度，需要引进方差的概念。

【**定义 9.3**】 设 X 是一个随机变量,如果 $E(X-EX)^2$ 存在,则称 $E(X-EX)^2$ 为 X 的方差,记为 DX 或 $D(X)$,即

$$DX = E(X-EX)^2$$

由定义可知,当 X 的取值密集在 EX 附近时,方差就较小;当 X 的取值与 EX 差异较大,比较分散时,方差就较大;如果方差为 0,这意味着随机变量的取值集中在 EX。

若 X 是离散型随机变量,其概率分布为

$$P(X = x_k) = p_k \qquad (k = 1,2,\cdots)$$

则

$$DX = \sum_{k=1}^{\infty}(x_k - EX)^2 p_k$$

若 X 是连续型随机变量,其概率密度为 $p(x)$,则

$$DX = \int_{-\infty}^{+\infty}(x - EX)^2 p(x)\mathrm{d}x$$

在实际运用中,有时还能用 $\sqrt{DX}$ 来描述 X 的分散程度,我们称 $\sigma(X) = \sqrt{DX}$ 为 X 的标准差(均方差)。

在计算方差时,常用到这样一个公式

$$DX = EX^2 - (EX)^2$$

这是因为

$$DX = E(X-EX)^2 = E[X^2 - 2XEX + (EX)^2] =$$
$$EX^2 - 2(EX)^2 + (EX)^2 = EX^2 - (EX)^2$$

【**例 1**】 设 X 服从 0 - 1 分布,求 DX。

【**解**】 X 的分布列为

X	0	1
P	q	p

$$q = 1 - p$$
$$EX = 0\times q + 1\times p = p,\ EX^2 = 0^2\times q + 1^2\times q = p$$
$$DX = p - p^2 = p(1-p) = pq$$

【**例 2**】 设随机变量 $X \sim P(\lambda)$,求 DX。

【**解**】

$$EX = \sum_{k=0}^{\infty} k\cdot\frac{\lambda^k}{k!}\mathrm{e}^{-\lambda} = \lambda$$

$$EX^2 = \sum_{k=0}^{\infty} k^2\frac{\lambda^k}{k!}\mathrm{e}^{-\lambda} = \sum_{k=0}^{\infty}(k^2 - k)\frac{\lambda^k}{k!}\mathrm{e}^{-\lambda} + \sum_{k=0}^{\infty} k\frac{\lambda^k}{k!}\mathrm{e}^{-\lambda} =$$
$$\sum_{k=0}^{\infty} k(k-1)\frac{\lambda^k}{k!}\mathrm{e}^{-\lambda} + \lambda =$$

$$\lambda^2\sum_{k-2=0}^{\infty}\frac{\lambda^{k-2}}{(k-2)!}e^{-\lambda}+\lambda=\lambda^2+\lambda$$

$$DX=EX^2-(EX)^2=\lambda$$

【例3】 设 X 在 $[a,b]$ 上服从均匀分布,求 DX。

【解】 由以前所学知识,$EX=\frac{a+b}{2}$,而

$$EX^2=\int_a^b x^2\frac{dx}{b-a}=\frac{a^2+ab+b^2}{3}$$

$$DX=EX^2-(EX)^2=\frac{(b-a)^2}{12}$$

【例4】 设 X 服从指数分布,参数为 λ,求 DX。

【解】 我们知道 $EX=\frac{1}{\lambda}$,而

$$EX^2=\int_0^{+\infty}x^2\lambda e^{-\lambda x}dx=-\int_0^{+\infty}x^2de^{-\lambda x}=\int_0^{+\infty}2xe^{-\lambda x}dx=\frac{2}{\lambda^2}$$

$$DX=\frac{2}{\lambda^2}-\left(\frac{1}{\lambda}\right)^2=\frac{1}{\lambda^2}$$

【例5】 设 X 服从正态分布 $N(\mu,\sigma^2)$,求 DX。

【解】 直接计算

$$DX=E(X-EX)^2=\int_{-\infty}^{+\infty}(x-\mu)^2\frac{1}{\sigma\sqrt{2\pi}}e^{-\frac{(x-\mu)^2}{2\sigma^2}}dx \xlongequal{令\frac{x-\mu}{\sigma}=t}$$

$$\frac{\sigma^2}{\sqrt{2\pi}}\int_{-\infty}^{+\infty}t^2e^{-\frac{t^2}{2}}dt=\frac{\sigma^2}{\sqrt{2\pi}}\left[\left(-te^{-\frac{t^2}{2}}\right)\Big|_{-\infty}^{+\infty}+\int_{-\infty}^{+\infty}e^{-\frac{t^2}{2}}dt\right]=$$

$$\frac{\sigma^2}{\sqrt{2\pi}}\int_{-\infty}^{+\infty}e^{-\frac{t^2}{2}}dt=\sigma^2$$

9.2.2 方差的性质

随机变量的方差具有以下性质:

(1) 设 C 是常数,则 $D(C)=0$。

(2) 设 X 是随机变量,C 是常数,则 $D(CX)=C^2DX$。

(3) 设 X,Y 是两个随机变量,则

$$D(X\pm Y)=DX+DY\pm 2E[(X-EX)(Y-EY)]$$

若 X,Y 相互独立,则

$$D(X\pm Y)=DX+DY$$

这一性质可以推广到 n 个随机变量。设 $X_1,X_2,\cdots,X_n$ 相互独立,且方差存在为

$$D\left(\sum_{i=1}^{n}X_i\right)=\sum_{i=1}^{n}DX_i$$

(4) $DX=0$ 的充要条件是 X 取某一常数 a 的概率为 1，即 $P(X=a)=1$。

【证】 (1) $DC=E(C-EC)^2=E(C-C)^2=0$

(2) $D(CX)=E(CX)^2-[E(CX)]^2=C^2EX^2-C^2(EX)^2=C^2DX$

(3) $D(X+Y)=E[(X+Y)-E(X+Y)]^2=$

$$E[(X-EX)+(Y-EY)]^2+2E[(X-EX)(Y-EY)]$$

又因为

$$E[(X-EX)(Y-EY)]=E(XY-XEY-YEX+EX\cdot EY)=$$
$$E(XY)-EX\cdot EY$$

因为 X 与 Y 独立，由数学期望的性质可知

$$E(XY)=EX\cdot EY$$

于是
$$E(X-EX)(Y-EY)=0$$

所以
$$D(X+Y)=DX+DY$$

(4) **充分性**

由 $P(X=a)=1$ 得

$$EX=a\times 1=a,EX^2=a^2\times 1=a^2$$
$$DX=EX^2-(EX)^2=a^2-a^2=0$$

必要性

由
$$DX=E(X-EX)^2=0$$

得
$$(X-EX)^2=0$$

所以
$$X-EX=0,X=EX$$

令 $a=EX$ 即得结果。

【例 6】 设随机变量 $X\sim N(\mu,\sigma^2)$，求 DX。

【解】 令 $Y=\dfrac{X-\mu}{\sigma}$，则 $Y\sim N(0,1)$，有

$$EY=\int_{-\infty}^{+\infty}y\frac{1}{\sqrt{2\pi}}e^{-\frac{y^2}{2}}dy=0$$
$$DY=EY^2-(EY)^2=1$$
$$EY^2=\int_{-\infty}^{+\infty}y^2\frac{1}{\sqrt{2\pi}}e^{-\frac{y^2}{2}}dy=-\frac{1}{\sqrt{2\pi}}\int_{-\infty}^{+\infty}yd(e^{-\frac{y^2}{2}})=$$
$$-\frac{1}{\sqrt{2\pi}}ye^{-\frac{y^2}{2}}\Big|_{-\infty}^{+\infty}+\frac{1}{\sqrt{2\pi}}\int_{-\infty}^{+\infty}e^{-\frac{y^2}{2}}dy=$$
$$\int_{-\infty}^{+\infty}\frac{1}{\sqrt{2\pi}}e^{-\frac{y^2}{2}}dy=1$$
$$DY=EY^2-(EY^2)=1$$
$$DX=D(\sigma Y+\mu)=\sigma^2DY+D\mu=\sigma^2$$

【例 7】 设 $X \sim B(n,p)$,求 DX。

【解】 设 X_i 表示第 i 次贝努里试验中成功的次数,则 X_i 的分布列为

X_i	0	1
P	q	p

$$q = 1 - p$$

因为 $$DX_i = pq, i = 1,2,\cdots,n$$

而 $$X = \sum_{i=1}^{n} X_i$$

由于 $X_1, X_2, \cdots, X_n$ 相互独立,由方差的性质可得

$$DX = \sum_{i=1}^{n} DX_i = npq$$

【例 8】 设随机变量 X 的概率密度函数为

$$f(x) = \begin{cases} \frac{3}{2}x^2 & -1 \leqslant x \leqslant 1 \\ 0 & \text{其他} \end{cases}$$

求随机变量 $Y = 5X + 4$ 的方差 DY。

【解】 X 的期望为

$$EX = \int_{-1}^{1} xf(x)\mathrm{d}x = \int_{-1}^{1} x \frac{3}{2}x^2\mathrm{d}x = 0$$

X 的方差为

$$DX = EX^2 - (EX)^2 = \int_{-1}^{1} x^2 \cdot \frac{3}{2}x^2\mathrm{d}x = \frac{3}{5}x^5\Big|_0^1 = \frac{3}{5}$$

由方差的性质,有

$$DY = D(5X + 4) = 5^2DX = 25 \times \frac{3}{5} = 15$$

【例 9】 若连续型随机变量的概率密度是

$$f(x) = \begin{cases} ax^2 + bx + c & 0 < x < 1 \\ 0 & \text{其他} \end{cases}$$

已知 $EX = 0.5, DX = 0.15$,求 a,b,c。

【解】 因为 $$\int_{-\infty}^{+\infty} f(x)\mathrm{d}x = 1$$

所以 $$\int_0^1 (ax^2 + bx + c)\mathrm{d}x = 1$$

即 $$\frac{1}{3}a + \frac{1}{2}b + c = 1 \tag{9.1}$$

又因为 $EX = 0.5$,所以

$$\int_0^1 x(ax^2 + bx + c)\mathrm{d}x = 0.5$$

即

$$\frac{1}{4}a + \frac{1}{3}b + \frac{1}{2}c = 0.5 \tag{9.2}$$

因为 $DX = 0.15, EX = 0.5$ 所以

$$EX^2 = DX + (EX)^2 = 0.4$$

$$\int_0^1 x^2(ax^2 + bx + c)\mathrm{d}x = \frac{1}{5}a + \frac{1}{4}b + \frac{1}{3}c = 0.4 \tag{9.3}$$

解(9.1),(9.2),(9.3)组成的方程组,得

$$\begin{cases} a = 12 \\ b = -12 \\ c = 3 \end{cases}$$

为了便于记忆,这里将常用的随机变量的期望和方差列出,如表9.1所示。

表9.1　常用分布的数学期望和方差

分布名称	概率分布	数学期望	方　差
两点分布	$\begin{array}{c\|cc} X & 0 & 1 \\ \hline p_k & 1-p & p \end{array}$	p	$p(1-p)$
二项分布	$P(X=k) = C_n^k p^k (1-p)^{n-k}$ $k = 0,1,\cdots,n; 0 < p < 1$	np	$np(1-p)$
泊松分布	$P(X=k) = \frac{\lambda^k}{k!}e^{-\lambda}(\lambda > 0)$ $k = 0,1,2,\cdots$	λ	λ
超几何分布	$P(X=k) = \frac{C_{N_1}^k C_{N-N_1}^{n-k}}{C_N^n}$ $k = 0,1,\cdots,\min(n,N_1)$	$\frac{nN_1}{N}$	$\frac{nN_1}{N}\left(1-\frac{N_1}{N}\right)\left(\frac{N-n}{N-1}\right)$
几何分布	$P(X=k) = p(1-p)^{k-1}$ $k = 1,2,\cdots$	$\frac{1}{p}$	$\frac{1-p}{p^2}$
均匀分布	$p(x) = \begin{cases} \frac{1}{b-a} & a \leqslant x \leqslant b \\ 0 & \text{其他} \end{cases}$	$\frac{a+b}{2}$	$\frac{(b-a)^2}{12}$
指数分布	$p(x) = \begin{cases} \lambda e^{-\lambda x} & x \geqslant 0 \\ 0 & x < 0 \end{cases} \quad (\lambda > 0)$	$\frac{1}{\lambda}$	$\frac{1}{\lambda^2}$
正态分布	$p(x) = \frac{1}{\sqrt{2\pi}\sigma}e^{-\frac{(x-\mu)^2}{2\sigma^2}}$ $(\sigma > 0, -\infty < x < +\infty)$	μ	σ^2

9.3 协方差与相关系数

数字特征 EX,EY 与 DX,DY 反映了 X,Y 各自的平均值与 X,Y 各自离开平均值的偏离程度,它们对 X 与 Y 之间的相互联系没有提供任何信息。本节我们讨论 X 与 Y 之间的相互联系。

9.3.1 协方差

【定义9.4】 设(X,Y)是一个二维随机变量,如果$E(X-EX)(Y-EY)$存在,则称它为 X 与 Y 的协方差,记为 $\mathrm{COV}(X,Y)$。

$$\mathrm{COV}(X,Y)=E(X-EX)(Y-EY)$$

由上述定义可知,对于任意两个随机变量 X 和 Y,下列等式成立

$$D(X\pm Y)=DX+DY\pm 2\mathrm{COV}(X,Y)$$

$$\mathrm{COV}(X,Y)=E(X-EX)(Y-EY)=E(XY-XEY-YEX+EX\cdot EY)=EXY-EX\cdot EY$$

我们常用这个式子计算协方差。

【例1】 袋中装有标号为1,2,2的三个球,从中任取一个球并且不放回,然后再从袋中任取一个球,以 X,Y 分别表示第一次和第二次取到球的号码,求 X 和 Y 的协方差。

【解】 (X,Y) 的联合概率分布为

$$p_{12}=p_{21}=p_{22}=\frac{1}{3},p_{11}=0$$

X 的边缘概率分布为

$$p_{1\cdot}=p_{11}+p_{12}=\frac{1}{3},p_{2\cdot}=p_{21}+p_{22}=\frac{2}{3}$$

Y 的边缘概率分布为

$$p_{\cdot 1}=p_{11}+p_{21}=\frac{1}{3},p_{\cdot 2}=p_{12}=p_{22}=\frac{2}{3}$$

$$EX=1\times\frac{1}{3}+2\times\frac{2}{3}=\frac{5}{3}$$

$$DX=1^2\times 3+2^2\times\frac{2}{3}-\left(\frac{5}{3}\right)^2=\frac{2}{9}$$

同理

$$EY=\frac{5}{3},DY=\frac{2}{9}$$

X 与 Y 的协方差为

$$\text{COV}(X,Y)=EXY-EX\cdot EY=1\times1\times0+(1\times2+2\times1+2\times2)\times\frac{1}{3}-\left(\frac{5}{3}\right)^2=-\frac{1}{9}$$

在实际的运算中,我们经常用到协方差的下列性质:

(1)$\text{COV}(X,X)=DX$;

(2)$\text{COV}(X,Y)=\text{COV}(Y,X)$;

(3)$\text{COV}(aX,bY)=ab\text{COV}(X,Y)$,$a,b$ 为任意常数;

(4)$\text{COV}(C,X)=0$,C 为任意常数;

(5)$\text{COV}(X_1+X_2,Y)=\text{COV}(X_1,Y)+\text{COV}(X_2,Y)$;

(6) 如果 X 与 Y 独立,则 $\text{COV}(X,Y)=0$。

9.3.2 相关系数

【定义 9.5】 设(X,Y)为一个二维随机变量,若 X 与 Y 的协方差 $\text{COV}(X,Y)$ 存在,且 $DX>0,DY>0$,则称$\frac{\text{COV}(X,Y)}{\sqrt{DX}\sqrt{DY}}$为 X 与 Y 的相关系数,记作 ρ,即

$$\rho=\frac{\text{COV}(X,Y)}{\sqrt{DX}\cdot\sqrt{DY}}=\frac{E(X-EX)(Y-EY)}{\sqrt{DX}\cdot\sqrt{DY}}=\frac{EXY-EX\cdot EY}{\sqrt{DX}\cdot\sqrt{DY}}$$

【例 2】 求上例中的 X 与 Y 的相关系数。

【解】 由上例结果

$$\text{COV}(X,Y)=-\frac{1}{9}$$

$$DX=DY=\frac{2}{9}$$

直接代入相关系数的计算公式得

$$\rho=\frac{\text{COV}(X,Y)}{\sqrt{DX}\cdot\sqrt{DY}}=\frac{-\frac{1}{9}}{\frac{2}{9}}=-\frac{1}{2}$$

【定理 9.1】 设 ρ 为 X 与 Y 的相关系数,则

(1) $|\rho|\leqslant1$;

(2) $|\rho|=1$ 的充要条件是 $P(Y=a+bX)=1$,a,b 为常数。

【证】 (1) 对任何实数 λ,有

$$\begin{aligned}D(Y-\lambda X)&=E[(Y-\lambda X)-E(Y-\lambda X)]^2=E[(Y-EY)-\lambda(X-EX)]^2=\\&E(Y-EY)^2-2\lambda E(Y-EY)(X-EX)+\lambda^2E(X-EX)^2=\\&\lambda^2DX-2\lambda\text{COV}(X,Y)+DY\end{aligned}$$

令 $\lambda=\frac{\text{COV}(X,Y)}{DX}$,于是

$$D(Y-\lambda X)=DY-\frac{\mathrm{COV}^2(X,Y)}{DX}=DY\left(1-\frac{\mathrm{COV}^2(X,Y)}{DX\cdot DY}\right)=DY(1-\rho^2)$$

由于方差是非负的,所以 $1-\rho^2\geqslant 0$,从而 $|\rho|\leqslant 1$。

(2)$DX=0$ 的充分必要条件是存在常数 C,使 $P(X=C)=1$,所以 $|\rho|=1$ 的充分必要条件是存在常数 a,使得

$$P(Y-bX=a)=1$$

也记

$$P(Y=a+bX)=1$$

由以上证明可知 $|\rho|=1$时,X与Y之间存在着线性关系,这个事件的概率为1。

相关系数描述的是 X 与 Y 之间线性关系的近似程度,一般来讲,$|\rho|$ 越接近 1,X 与 Y 就越近似地有线性关系。

【定义 9.6】 若 X 与 Y 的相关系数$\rho=0$,则称 X 与 Y 不相关。容易证明 X 与 Y 不相关与下列结论是等价的。

(1)$\mathrm{COV}(X,Y)=0$;

(2)$EXY=EX\cdot EY$;

(3)$D(X+Y)=DX+DY$。

【例 3】 设二维随机变量(X,Y)的联合概率分布如下

Y \ X	-1	0	1
0	0	$\frac{1}{3}$	0
1	$\frac{1}{3}$	0	$\frac{1}{3}$

证明,X 与 Y 不相关,但不相互独立。

【证】 由(X,Y)的联合概率分布求得 X 与 Y 的边缘概率分布分别为

X	-1	0	1
$P_{i\cdot}$	$\frac{1}{3}$	$\frac{1}{3}$	$\frac{1}{3}$

Y	0	1
$P_{\cdot j}$	$\frac{1}{3}$	$\frac{2}{3}$

$$\mathrm{COV}(X,Y)=(-1)\times 1\times\frac{1}{3}+0\times 0\times\frac{1}{3}+1\times 1\times\frac{1}{3}-\left[(-1)\times\frac{1}{3}+0\times\frac{1}{3}+1\times\frac{1}{3}\right]\left[0\times\frac{1}{3}+1\times\frac{2}{3}\right]=0$$

所以 X 与 Y 不相关,但是我们可以看出 $p_{00}=\frac{1}{3}$,而 $p_{0\cdot}\cdot p_{\cdot 0}=\frac{1}{3}\times\frac{1}{3}=\frac{1}{9}$,$p_{00}\neq p_0\cdot p_0$,所以 X 与 Y 不是相互独立的。

此例说明,X 与 Y 不相关不等于 X 与 Y 相互独立,实际上 X 与 Y 不相关是指

X与Y之间不存在线性关系,不是说它们之间不存在其他关系,即由X与Y不相关,不能得出X与Y相互独立,但是若X与Y相互独立,则$EXY = EX \cdot EY$,X与Y一定不相关。

【例 4】 求二维正态分布$N(\mu_1,\mu_2;\sigma_1^2,\sigma_2^2;\rho)$的相关系数。

【解】 二维正态分布的联合概率密度为

$$p(x,y) = \frac{1}{2\pi\sigma_1\sigma_2\sqrt{1-\rho^2}}e^{-\frac{1}{2(1-\rho^2)}\left[\left(\frac{x-\mu_1}{\sigma_1}\right)^2-2\rho\frac{(x-\mu_1)(y-\mu_2)}{\sigma_1\sigma_2}+\left(\frac{y-\mu_2}{\sigma_2}\right)^2\right]}$$

相关系数

$$\rho_{xy} = \frac{E(X-EX)(Y-EY)}{\sqrt{DX}\sqrt{DY}} = \frac{1}{\sigma_1\sigma_2}\int_{-\infty}^{+\infty}\int_{-\infty}^{+\infty}(x-\mu_1)(y-\mu_2)p(x,y)\mathrm{d}x\mathrm{d}y$$

将$p(x,y)$代入上式,并令$s = \frac{x-\mu_1}{\sigma_1}$,$t = \frac{y-\mu_2}{\sigma_2}$得到

$$\rho_{xy} = \int_{-\infty}^{+\infty}\int_{-\infty}^{+\infty}\frac{st}{2\pi\sqrt{1-\rho^2}}e^{\frac{-1}{2(1-\rho^2)}(s^2-2\rho st+t^2)}\mathrm{d}s\mathrm{d}t =$$

$$\int_{-\infty}^{+\infty}\frac{s}{\sqrt{2\pi}}e^{-\frac{s^2}{2}}\mathrm{d}s\int_{-\infty}^{+\infty}\frac{t}{\sqrt{2\pi}\sqrt{1-\rho^2}}e^{-\frac{(t-\rho s)^2}{2(1-\rho^2)}}\mathrm{d}t =$$

$$\int_{-\infty}^{+\infty}\frac{\rho s^2}{\sqrt{2\pi}}e^{-\frac{s^2}{2}}\mathrm{d}s = \rho$$

可见,二维正态随机变量(X,Y)的概率密度中的ρ就是X与Y的相关系数,我们知道,若$(X,Y) \sim N(\mu_1,\mu_2;\sigma_1^2,\sigma_2^2;\rho)$,则$X$与$Y$相互独立的充要条件是$\rho = 0$。因此,对于服从二维正态分布的随机变量$(X,Y)$,$X$与$Y$不相关等价于$X$与$Y$相互独立。

9.4 矩与协方差矩阵

【定义 9.7】 设X和Y是随机变量,若$EX^k(k = 1,2,\cdots)$存在,则称EX^k为X的k阶原点矩。

若$E(X-EX)^k(k = 1,2,\cdots)$存在,则称$E(X-EX)^k$为$X$的$k$阶中心矩。

若$EX^kY^l(k,l = 1,2,\cdots)$存在,则称$EX^kY^l$为$X$和$Y$的$k+l$阶混合原点矩。

若$E(X-EX)^k(Y-EY)^l(k,l = 1,2,\cdots)$存在,则称$E(X-EX)^k(Y-EY)^l$为$X$和$Y$的$k+l$阶混合中心距。

由定义可知,数学期望是一阶原点矩,方差是二阶中心距,协方差是二阶混合中心矩,一阶中心矩恒等于0。

【定义 9.8】 设n维随机变量$(X_1,X_2,\cdots,X_n)$的二阶混合中心距$C_{ij} = \mathrm{COV}(X_i,X_j)(i,j = 1,2,\cdots,n)$都存在,则称矩阵

$$C=\begin{pmatrix} C_{11} & C_{12} & \cdots & C_{1n} \\ C_{21} & C_{22} & \cdots & C_{2n} \\ \vdots & \vdots & & \vdots \\ C_{n1} & C_{n2} & \cdots & C_{nn} \end{pmatrix}$$

为 n 维随机变量 $(X_1, X_2, \cdots, X_n)$ 的协方差矩阵。

由于 $C_{ij} = C_{ji}(i \neq j, i, j = 1, 2, \cdots, n)$，因而它是一个对称矩阵。二维随机变量 (X, Y) 的协方差矩阵为

$$\begin{pmatrix} \mathrm{COV}(X,X) & \mathrm{COV}(X,Y) \\ \mathrm{COV}(Y,X) & \mathrm{COV}(Y,Y) \end{pmatrix}$$

由于 n 维随机变量的分布一般是不知道的或者太复杂的，不容易处理，所以协方差矩阵在实际应用中非常重要。

9.5 范　例

【例 1】 投篮测试规则为每人最多投三次，投中为止，且第 i 次投中得分为 $(4-i)$ 分，$i = 1,2,3$，若三次均未投中不得分。假设某人投篮测试中投篮的平均次数为 1.56 次。

(1) 求该人投篮的命中率；(2) 求该人投篮的平均得分。

【解】 (1) 设该人投篮次数为 X 次，投篮得分为 Y 分，每次投篮命中率为 $p(0 < p < 1)$，则 X 的概率分布为

$$P(X=1) = p, P(X=2) = pq, P(X=3) = q^2$$

$$EX = p + 2pq + 3q^2 = p + 2p(1-p) + 3(1-p)^2 = p^2 - 3p + 3$$

依据题意

$$p^2 - 3p + 3 = 1.56$$

解得 $p = 0.6$。($p = 2.4$ 不合题意，舍去)

(2) Y 可以取 0,1,2,3 四个可能值且

$$P(Y=0) = q^3 = 0.4^3 = 0.064, P(Y=1) = pq^2 = 0.6 \times 0.4^2 = 0.096$$

$$P(Y=2) = pq = 0.6 \times 0.4 = 0.24, P(Y=3) = p = 0.6$$

因此
$$EY = \sum_{i=0}^{3} iP(Y=i) = 2.376(\text{分})$$

【例 2】 设随机变量 X 服从二项分布 $B(n, p)$，试求 $Y = a^X - 3$ 的数学期望 EY，其中 $a > 0$。

【解】 X 的分布列为

$$P(X=k) = \mathrm{C}_n^k p^k (1-p)^{n-k}, k = 0, 1, \cdots, n$$

故

$$EY = E(a^X - 3) = \sum_{k=0}^{n}(a^k - 3)C_n^k p^k(1-p)^{n-k} =$$

$$\sum_{k=0}^{n}C_n^k(ap)^k(1-p)^{n-k} - 3\sum_{k=0}^{n}C_n^k p^k(1-p)^{n-k} =$$

$$[1+(a-1)p]^n - 3$$

【例 3】 设随机变量 X 的概率密度为

$$f(x) = \begin{cases} a + bx & 0 \leqslant x \leqslant 1 \\ 0 & 其他 \end{cases}$$

且已知 $EX = \dfrac{7}{12}$,则 $a =$ ________,$b =$ ________。

【解】

$$\int_{-\infty}^{+\infty} f(x)\mathrm{d}x = \int_0^1 (a + bx)\mathrm{d}x = (ax + \frac{b}{2}x^2)\Big|_0^1 = a + \frac{b}{2} = 1$$

$$EX = \frac{7}{12} = \int_{-\infty}^{+\infty} xf(x)\mathrm{d}x = \int_0^1 x(a + bx)\mathrm{d}x = \int_0^1 (ax + bx^2)\mathrm{d}x = \frac{a}{2} + \frac{b}{3}$$

$$\begin{cases} a + \dfrac{b}{2} = 1 \\ \dfrac{a}{2} + \dfrac{b}{3} = \dfrac{7}{12} \end{cases} \Rightarrow a = \frac{1}{2}, b = 1$$

【例 4】 设随机变量 u 在区间$[-2,2]$上服从均匀分布,随机变量

$$X = \begin{cases} -1 & u \leqslant -1 \\ 1 & u > -1 \end{cases}, Y = \begin{cases} -1 & u \leqslant 1 \\ 1 & u > 1 \end{cases}$$

试求:(1)X 和 Y 的联合分布列;(2)$D(X+Y)$。

【解】 (1) 因为 u 在区间$[-2,2]$上服从均匀分布,所以

$$P(X=-1, Y=-1) = P(u \leqslant -1, u \leqslant 1) = P(u \leqslant -1) = 0.25$$

同理

$$P(X=-1, Y=1) = 0$$
$$P(X=1, Y=-1) = 0.5$$
$$P(X=1, Y=1) = 0.25$$

X 和 Y 的联合分布列为

Y \ X	-1	1
-1	0.25	0.5
1	0	0.25

(2) $X+Y$ 的取值只能为 $-2,0,2$，有

$$P(X+Y=-2)=P(X=-1,Y=-1)=0.25$$
$$P(X+Y=0)=0.5, P(X+Y=2)=0.25$$

得

$$E(X+Y)=-2\times 0.25+0\times 0.5+2\times 0.25=0$$
$$E(X+Y)^2=-2^2\times 0.25+0\times 0.5+2^2\times 0.25=2$$

所以 $D(X+Y)=E[X+Y]^2-[E(X+Y)]^2=2-0=2$

【例 5】 设 X 服从参数为 1 的指数分布，且 $Y=X+e^{-2X}$，求 EY 与 DY。

【解】 由于 X 服从指数分布，且 $\lambda=1$，因此

$$EX=1, DX=1, EX^2=DX+(EX)^2=2$$

$$EY=EX+Ee^{-2X}=1+\int_0^{+\infty}e^{-2x}e^{-x}dx=1+\frac{1}{3}=\frac{4}{3}$$

$$EY^2=E(X+e^{-2X})^2=E(X^2+2Xe^{-2X}+e^{-4X})$$

$$EXe^{-2X}=\int_0^{+\infty}xe^{-2x}e^{-x}dx=\int_0^{+\infty}xe^{-3x}dx=\frac{1}{9}$$

$$Ee^{-4X}=\int_0^{+\infty}xe^{-4x}e^{-x}dx=\int_0^{+\infty}e^{-5x}dx=\frac{1}{5}$$

$$EY^2=EX^2+2EXe^{-2X}+Ee^{-4X}=2+\frac{2}{9}+\frac{1}{5}=\frac{109}{45}$$

$$DY=EY^2-(EY)^2=\frac{109}{45}-\frac{16}{9}=\frac{29}{45}$$

【例 6】 已知连续型随机变量 X 的概率密度为 $\varphi(x)=\frac{1}{\sqrt{\pi}}e^{-x^2+2x-1}$，则 X 的数学期望 $EX=$ ________，X 的方差 $DX=$ ________。

【解】 因为

$$\varphi(x)=\frac{1}{\sqrt{\pi}}e^{-(x-1)^2}=\frac{1}{\sqrt{2\pi}\frac{1}{\sqrt{2}}}e^{-\frac{(x-1)^2}{2(\frac{1}{\sqrt{2}})^2}}$$

所以

$$EX=1, DX=\frac{1}{2}$$

【例 7】 设随机变量 X 服从参数为 λ 的泊松分布，且已知

$$E(X-1)(X-2)=1$$

则 $\lambda=$ ________。

【解】

$$EX=DX=\lambda, DX=EX^2-(EX)^2$$
$$EX^2-DX+(EX)^2=\lambda+\lambda^2$$

因为

$$E(X-1)(X-2)=E(X^2-3X+2)=EX^2-3EX+2=$$

$$(\lambda+\lambda^2)-3\lambda+2=1$$

所以
$$\lambda^2-2\lambda-1=0,\lambda=1$$

【例8】 设随机变量 X 和 Y 独立,都在区间[1,3]上服从均匀分布,引进事件 $A=\{X\leqslant a\},B=\{Y>a\}$。

(1) 已知 $P(A\cup B)=\frac{7}{9}$,求常数 a。

(2) 求 $\frac{1}{X}$ 的数学期望。

【解】 (1) 因为 $P(A\cup B)=\frac{7}{9}$,所以 $1<a<3$,否则 $P(A\cup B)=0$ 或 1。

因为 X 和 Y 独立,且服从[1,3]上的均匀分布,所以

$$P(A\cup B)=P(A)+P(B)-P(AB)=1-\frac{1}{4}(a-1)(3-a)=\frac{7}{9}$$

解得

$$a=\frac{5}{3}\quad 或\quad a=\frac{7}{3}$$

(2) 由题设 X 的概率密度为

$$f(x)=\begin{cases}0.5 & 1\leqslant x\leqslant 3\\ 0 & 其他\end{cases}$$

根据随机变量函数的期望的定义,有

$$E(\frac{1}{X})=\int_{-\infty}^{+\infty}\frac{1}{x}f(x)\mathrm{d}x=\int_1^3\frac{1}{2x}\mathrm{d}x=\frac{1}{2}\ln 3$$

【例9】 设随机变量 X 的概率密度为

$$\varphi(x)=\frac{1}{2}\mathrm{e}^{-|x|}\qquad(-\infty<x<+\infty)$$

求 EX 及 DX。

【解】
$$EX=\int_{-\infty}^{+\infty}x\varphi(x)\mathrm{d}x=\int_{-\infty}^{+\infty}x\,\frac{1}{2}\mathrm{e}^{-|x|}\mathrm{d}x=0$$

因为 $x\,\frac{1}{2}\mathrm{e}^{-|x|}$ 为奇函数,所以有

$$DX=\int_{-\infty}^{+\infty}(x-EX)^2\varphi(x)\mathrm{d}x=\int_{-\infty}^{+\infty}x^2\,\frac{1}{2}\mathrm{e}^{-|x|}\mathrm{d}x=$$
$$\int_0^{+\infty}x^2\mathrm{e}^{-x}\mathrm{d}x=-\mathrm{e}^{-x}(x^2+2x+2)\big|_0^{+\infty}=2$$

【例10】 设随机变量 X 的概率密度为

$$f(x)=\begin{cases}\frac{1}{2}\cos\frac{x}{2} & 0\leqslant x\leqslant\pi\\ 0 & 其他\end{cases}$$

对 X 独立地重复观察4次,用 Y 表示观察值大于$\frac{\pi}{3}$ 的次数,求 Y^2 的数学期望。

【解】 因为
$$P(X > \frac{\pi}{3}) = \int_{\frac{\pi}{3}}^{\pi} \frac{1}{2}\cos\frac{x}{2}\mathrm{d}x = \frac{1}{2}$$

所以 $Y \sim B(4,\frac{1}{2})$。于是

$$EY = 4 \times \frac{1}{2} = 2, DY = 4 \times \frac{1}{2}(1 - \frac{1}{2}) = 1$$

$$EY^2 = DY + (EY)^2 = 1 + 2^2 = 5$$

【例11】 一电子仪器由两个部件构成,以 X 和 Y 分别表示两个部件的寿命(单位:kh),已知 X 和 Y 的联合分布函数为

$$F(x,y) = \begin{cases} 1 - \mathrm{e}^{-0.5x} - \mathrm{e}^{-0.5y} + \mathrm{e}^{-(0.5x+0.5y)} & x \geqslant 0, y \geqslant 0 \\ 0 & 其他 \end{cases}$$

(1) 问 X 和 Y 是否独立?

(2) 求两部件的寿命都超过100 h的概率 x。

【解】 (1) 解法一

$$f(x,y) = 1 - \mathrm{e}^{-0.5x} - \mathrm{e}^{-0.5y}(1 - \mathrm{e}^{-0.5x}) = (1 - \mathrm{e}^{-0.5x})(1 - \mathrm{e}^{-0.5y})$$

显然 X 和 Y 是独立的。

解法二

$$F_X(x) = F(x, +\infty) = \begin{cases} 1 - \mathrm{e}^{-0.5x} & x \geqslant 0 \\ 0 & x < 0 \end{cases}$$

$$F_Y(y) = F(+\infty, y) = \begin{cases} 1 - \mathrm{e}^{-0.5y} & y \geqslant 0 \\ 0 & y < 0 \end{cases}$$

有 $F(x,y) = F_X(x)F_Y(y)$,所以 X 和 Y 独立。

(2) $\alpha = P(X > 0.1, Y > 0.1) = P(X > 0.1)P(Y > 0.1) =$
$(1 - F_X(0.1))(1 - F_Y(0.1)) =$
$(\mathrm{e}^{-0.5\times 0.1})^2 = \mathrm{e}^{-0.1}$

【例12】 设两个随机变量 X,Y 相互独立,且都服从均值为0,方差为$\frac{1}{2}$的正态分布,求随机变量 $|X - Y|$ 的方差。

【解】 令 $Z = X - Y, EZ = EX - EY = 0, DZ = DX + DY = 1$

即 $Z \sim N(0,1)$,有

$$E|Z| = \int_{-\infty}^{+\infty} |z| \frac{1}{\sqrt{2\pi}}\mathrm{e}^{-\frac{z^2}{2}}\mathrm{d}z = 2\int_0^{+\infty} \frac{1}{\sqrt{2\pi}} z\mathrm{e}^{-\frac{z^2}{2}}\mathrm{d}z =$$
$$\frac{2}{\sqrt{2\pi}}\int_0^{+\infty} \mathrm{e}^{-\frac{z^2}{2}}\mathrm{d}(\frac{z^2}{2}) = \frac{2}{\sqrt{2\pi}} = \sqrt{\frac{2}{\pi}}$$

$$E(|Z|^2)=EZ^2=DZ+(EZ)^2=1$$

$$D|X-Y|=D|Z|=E(|Z|^2)-(E|Z|)^2=1-\frac{2}{\pi}$$

【例 13】 设二维随机变量(X,Y)的概率密度为

$$f(x,y)=\begin{cases}A\cdot\sin(x+y) & 0\leqslant x\leqslant\frac{\pi}{2},0\leqslant y\leqslant\frac{\pi}{2}\\ 0 & 其他\end{cases}$$

(1) 求系数 A；

(2) 求 EX,EY,DX,DY；

(3) 求 ρ_{XY}。

【解】 (1) 由
$$\int_{-\infty}^{+\infty}\int_{-\infty}^{+\infty}f(x,y)\mathrm{d}x\mathrm{d}y=1$$

即
$$\int_0^{\frac{\pi}{2}}\int_0^{\frac{\pi}{2}}A\cdot\sin(x+y)\mathrm{d}x\mathrm{d}y=1$$

可得
$$A=\frac{1}{2}$$

(2)
$$EX=\int_{-\infty}^{+\infty}\int_{-\infty}^{+\infty}xf(x,y)\mathrm{d}x\mathrm{d}y=\int_0^{\frac{\pi}{2}}\int_0^{\frac{\pi}{2}}x\cdot\frac{1}{2}\sin(x+y)\mathrm{d}x\mathrm{d}y=\frac{\pi}{4}$$

$$EX^2=\int_0^{\frac{\pi}{2}}\int_0^{\frac{\pi}{2}}x^2\cdot\frac{1}{2}\sin(x+y)\mathrm{d}x\mathrm{d}y=\frac{\pi^2}{8}+\frac{\pi}{2}-2$$

$$DX=EX^2-(EX)^2=\frac{\pi^2}{16}+\frac{\pi}{2}-2$$

同理可得

$$EY=\frac{\pi}{4},DY=\frac{\pi^2}{16}+\frac{\pi}{2}-2$$

(3) 由

$$EXY=\int_{-\infty}^{+\infty}\int_{-\infty}^{+\infty}xyf(x,y)\mathrm{d}x\mathrm{d}y=\int_0^{\frac{\pi}{2}}\int_0^{\frac{\pi}{2}}xy\frac{1}{2}\sin(x+y)\mathrm{d}x\mathrm{d}y=\frac{\pi}{2}-1$$

协方差

$$\mathrm{COV}(X,Y)=EXY-EX\cdot EY=\frac{\pi}{2}-\frac{\pi^2}{16}-1$$

从而
$$\rho_{XY}=\frac{\mathrm{COV}(X,Y)}{\sqrt{DX}\sqrt{DY}}=\frac{\frac{\pi}{2}-\frac{\pi^2}{16}-1}{\frac{\pi^2}{16}+\frac{\pi}{2}-2}=\frac{8\pi-\pi^2-16}{\pi^2+8\pi-32}$$

【例 14】 已知随机变量 X,Y 分别服从正态分布 $N(1,3^2)$ 和 $N(0,4^2)$，且 X 与 Y 的相关系数为 $\rho_{XY}=-\frac{1}{2}$，设 $Z=\frac{X}{3}+\frac{Y}{2}$。

(1) 求 Z 的数学期望和方差；

(2) 求 X 和 Z 的相关系数 ρ_{XZ}；

(3) 问 X 与 Z 是否相互独立?为什么?

【解】 (1) $EZ = E\left(\frac{X}{3} + \frac{Y}{2}\right) = \frac{1}{3}EX + \frac{1}{2}EY = \frac{1}{3} + \frac{0}{2} = \frac{1}{3}$

因为 $\mathrm{COV}(X,Y) = \rho_{XY} \cdot \sqrt{DX}\sqrt{DY} = (-\frac{1}{2}) \times 3 \times 4 = -6$

所以

$$DZ = D\left(\frac{X}{3} + \frac{Y}{2}\right) = \frac{1}{9}DX + \frac{1}{4}DY + 2 \times \frac{1}{3} \times \frac{1}{2}\mathrm{COV}(X,Y) =$$

$$\frac{1}{9} \times 9 + \frac{1}{4} \times 16 + \frac{1}{3} \times (-6) = 3$$

$$(2)\mathrm{COV}(X,Z) = \mathrm{COV}\left(X, \frac{X}{3} + \frac{Y}{2}\right) = \mathrm{COV}\left(X, \frac{X}{3}\right) + \mathrm{COV}\left(X, \frac{Y}{2}\right) =$$

$$\frac{1}{3}\mathrm{COV}(X,X) + \frac{1}{2}\mathrm{COV}(X,Y) =$$

$$\frac{1}{3}DX + \frac{1}{2}\mathrm{COV}(X,Y) =$$

$$\frac{1}{3} \times 9 + \frac{1}{2} \times (-6) = 0$$

所以 $$\rho_{XZ} = \frac{\mathrm{COV}(X,Z)}{\sqrt{DX}\sqrt{DY}} = 0$$

(3) 不能断定 X 与 Z 是否相互独立。

虽然 X 与 Y 分别服从正态分布 $N(1,3^2)$ 和 $N(0,4^2)$，但 (X,Y) 不一定服从二维正态分布，因此 (X,Z) 未必服从二维正态分布，所以 X 和 Z 不相关，因此未必有 X 与 Z 独立。

【例 15】 设随机变量 X 和 Y 的方差存在且不等于 0，则 $D(X+Y) = DX + DY$ 是 X 和 Y ( )

(A) 不相关的充分条件，但不是必要条件

(B) 独立的充分条件，但不是必要条件

(C) 不相关的充分必要条件

(D) 独立的充分必要条件

【解】 由于 $D(X+Y) = DX + DY + 2\mathrm{COV}(X,Y)$

因此 $D(X+Y) = DX + DY \Leftrightarrow \mathrm{COV}(X,Y) = 0 \Leftrightarrow \rho = 0$

因此选(C)。

【例 16】 设连续型随机变量 X 的分布密度为

$$f(x) = \frac{1}{2}\mathrm{e}^{-|x|}, \quad -\infty < x < +\infty$$

(1) 求 EX 和 DX；

(2) 求 $COV(X, |X|)$，问 X 与 $|X|$ 是否相关；

(3) 问 X 与 $|X|$ 是否相互独立?为什么?

【解】 (1) $$EX = \int_{-\infty}^{+\infty} xf(x)dx = \frac{1}{2}\int_{-\infty}^{+\infty} xe^{-|x|}dx = 0$$

$$DX = \int_{-\infty}^{+\infty} x^2 f(x)dx = \int_{0}^{+\infty} x^2 e^{-x}dx = \Gamma(3) = 2$$

(2) $$COV(X, |X|) = EX|X| = \frac{1}{2}\int_{-\infty}^{+\infty} x|x|e^{-x}dx = 0$$

故 X 与 $|X|$ 不相关。

(3) $$P(X \leqslant a, |X| \leqslant a) = P(|X| \leqslant a)$$

$$P(X \leqslant a)P(|X| \leqslant a) < P(|X| \leqslant a)$$

即 $$P(X \leqslant a, |X| \leqslant a) > P(X \leqslant a)P(|X| \leqslant a)$$

因此 X 与 $|X|$ 是不相互独立的。

【例 17】 将一枚硬币重复掷 n 次，以 X 和 Y 分别表示正面向上和反面向上的次数，则 X 与 Y 的相关系数等于 ( )

(A) -1 (B) 0 (C) $\frac{1}{2}$ (D) 1

【解】 因为 $X+Y=n$，即 $Y=-X+n$，故 X 与 Y 之间有严格的线性关系，且为负相关，所以 $\rho_{XY}=-1$，选(A)。

本题也可以用相关系数公式计算得到

$$COV(X,Y) = COV(X, n-X) = COV(X,n) - COV(X,X) = -COV(X,X) = -DX, DY = DX$$

故 $$\rho_{XY} = \frac{COV(X,Y)}{\sqrt{DX}\sqrt{DY}} = \frac{-DX}{DX} = -1$$

【例 18】 设随机变量 X 和 Y 独立同分布，记 $u=X-Y, v=X+Y$，则随机变量 u 与 v ( )

(A) 不独立 (B) 独立 (C) 相关系数不为零 (D) 相关系数为零

【解】 由于 X 和 Y 独立同分布，所以

$$EX = EY, EX^2 = EY^2$$

$$Eu = E(X-Y) = EX - EY = 0$$

$$Euv = E[(X+Y)(X-Y)] = E(X^2 - Y^2) = 0$$

因此 $$COV(u,v) = Euv - EuEv = 0$$

应选(D)。

【例 19】 设随机变量 X 和 Y 的联合分布为

Y \ X	-1	0	1
0	0.07	0.18	0.15
1	0.08	0.32	0.20

求 X^2 和 Y^2 的协方差 $\mathrm{COV}(X^2, Y^2)$。

【解】 只有当 $X \neq 0, Y \neq 0$ 时，$X^2 Y^2 \neq 0$。因此

$$EX^2 Y^2 = 0.08 + 0.20 = 0.28$$

X 和 Y 的边缘分布列分别为

Y	-1	0	1
P	0.15	0.5	0.35

X	0	1
P	0.4	0.6

因此

$$EX^2 = 0^2 \times 0.4 + 1^2 \times 0.6 = 0.6$$

$$EY^2 = (-1)^2 \times 0.15 + 0^2 \times 0.5 + 1^2 \times 0.35 = 0.5$$

$$\mathrm{COV}(X^2, Y^2) = EX^2 Y^2 - EX^2 EY^2 = 0.28 - 0.5 \times 0.6 = -0.02$$

【例 20】 将一颗骰子重复掷 n 次，随机变量 X 表示出现点数小于 3 的次数，Y 表示出现点数不小于 3 的次数。

(1) 求证 X 与 Y 一定不独立；

(2) 求证 $X + Y$ 与 $X - Y$ 一定不相关；

(3) 求 $3X + Y$ 与 $X - 3Y$ 的相关系数。

【解】 由题意可知 X 服从参数为 p 的二项分布，$p = \dfrac{1}{3}$，有

$$EX = \frac{n}{3}, DX = \frac{2}{9}n, Y = n - X \sim B\left(n, \frac{2}{3}\right), EY = \frac{2}{3}n, DY = \frac{2}{9}n$$

(1) $$\mathrm{COV}(X, Y) = \mathrm{COV}(X, n - X) = -DX = -\frac{2}{9}n \neq 0$$

因此 X 与 Y 一定不独立。

(2) $\mathrm{COV}(X + Y, X - Y) = \mathrm{COV}(X, X) - \mathrm{COV}(Y, Y) = DX - DY = 0$

因此 $X + Y$ 与 $X - Y$ 一定不相关。

(3) $$D(3X + Y) = 9DX + 6\mathrm{COV}(X, Y) + DY = 4DX = \frac{8}{9}n$$

$$D(X - 3Y) = DX - 6\mathrm{COV}(X, Y) + 9DY = 16DX = \frac{32}{9}n$$

$$\mathrm{COV}(3X + Y, X - 3Y) = 3DX - 8\mathrm{COV}(X, Y) - 3DY = 8DX = \frac{16}{9}n$$

于是 $3X + Y$ 与 $X - 3Y$ 的相关系数为

$$\rho = \frac{COV(3X + Y, X - 3Y)}{\sqrt{D(3X + Y)}\sqrt{D(X - 3Y)}} = \frac{\frac{16n}{9}}{\sqrt{\frac{8n}{9}}\sqrt{\frac{32n}{9}}} = 1$$

【例 21】 设随机变量 $X \sim N(0,\sigma^2)$，$Y \sim N(0,\sigma^2)$，X 与 Y 相互独立，又设 $\xi = \alpha X + \beta Y$，$\eta = \alpha X - \beta Y$（$\alpha,\beta$ 为不相等常数）。求：(1) $E\xi, E\eta, D\xi, D\eta, \rho_{\xi\eta}$；(2) 问当 α 与 β 满足什么关系时，ξ,η 不相关。

【解】 (1) $E\xi = E(\alpha X + \beta Y) = \alpha EX + \beta EY = \alpha \times 0 + \beta \times 0 = 0$

$$E\eta = E(\alpha X - \beta Y) = \alpha EX - \beta EY = \alpha \times 0 - \beta \times 0 = 0$$

$$D\xi = D(\alpha X + \beta Y) = \alpha^2 DX + \beta^2 DY = (\alpha^2 + \beta^2)\sigma^2$$

$$D\eta = D(\alpha X - \beta Y) = \alpha^2 DX + \beta^2 DY = (\alpha^2 + \beta^2)\sigma^2$$

$$\rho_{\xi\eta} = \frac{E\xi\eta - E\xi \cdot E\eta}{\sqrt{D\xi}\sqrt{D\eta}} = \frac{E(\alpha^2 X^2 - \beta^2 Y^2) - 0}{\sqrt{D\xi}\sqrt{D\eta}} =$$

$$\frac{\alpha^2[EX^2 - (EX)^2] - \beta^2[EY^2 - (EY)^2]}{(\alpha^2 + \beta^2)\sigma^2} = \frac{\alpha^2 DX - \beta^2 DY}{(\alpha^2 + \beta^2)\sigma^2} =$$

$$\frac{\alpha^2\sigma^2 - \beta^2\sigma^2}{(\alpha^2 + \beta^2)\sigma^2} = \frac{\alpha^2 - \beta^2}{\alpha^2 + \beta^2}$$

(2) 当 $\rho_{\xi\eta} = 0$ 时，即 $|\alpha| = |\beta|$ 时，ξ 与 η 不相关。

【例 22】 如果 X 与 Y 满足 $D(X + Y) = D(X - Y)$，则必有 (　　)

(A) X 与 Y 独立　　(B) X 与 Y 不相关　　(C) $DY = 0$　　(D) $DX \cdot DY = 0$

【解】 因为

$$D(X + Y) = DX + DY + 2COV(X, Y)$$

$$D(X - Y) = DX + DY - 2COV(X, Y)$$

由题设 $D(X + Y) = D(X - Y)$ 得 $COV(X, Y) = 0$，故 X 与 Y 不相关，选(B)。

【例 23】 设 $\varphi(x)$ 是正值非减函数，X 是连续型随机变量，且 $E[\varphi(X)]$ 存在，证明

$$P\{X \geqslant a\} \leqslant \frac{E[\varphi(X)]}{\varphi(a)}$$

【证】 设 X 的分布密度为 $f(x)$，由题设 $X \geqslant a \Leftrightarrow \varphi(X) \geqslant \varphi(a)$，于是

$$P\{X \geqslant a\} = P\{\varphi(X) \geqslant \varphi(a)\} = \int_{\varphi(x) \geqslant \varphi(a)} f(x)\mathrm{d}x \leqslant$$

$$\int_{\varphi(x) \geqslant \varphi(a)} \frac{\varphi(x)}{\varphi(a)} f(x)\mathrm{d}x \leqslant \int_{-\infty}^{+\infty} \frac{\varphi(x)}{\varphi(a)} f(x)\mathrm{d}x =$$

$$\frac{1}{\varphi(a)}\int_{-\infty}^{+\infty} \varphi(x)f(x)\mathrm{d}x = \frac{E[\varphi(X)]}{\varphi(a)}$$

习 题

1. 设随机变量 X 的分布列

X	-1	0	$\frac{1}{2}$	1	2
P	$\frac{1}{3}$	$\frac{1}{6}$	$\frac{1}{6}$	$\frac{1}{12}$	$\frac{1}{4}$

求 $EX, E(1-X), EX^2$。

2. 设随机变量 Y 的概率分布为 $P(Y=k)=C(\frac{2}{3})^k(k=1,2,3)$，试确定常数 C，并求 EY, DY。

3. 以 X 表示同时投掷的四枚硬币中出现正面的个数，求 EX, DX。

4. 连续型随机变量 X 的概率密度为

$$f(x)=\begin{cases} kx^a & 0<x<1;k,a>0 \\ 0 & \text{其他} \end{cases}$$

又知 $EX=0.75$，求 k 和 a 的值。

5. 已知100个产品中有10个次品，求任意取出的5个产品中次品数的期望值。

6. 设随机变量 X 的密度函数为

$$\begin{cases} 0 & x \leqslant a \\ \dfrac{3a^3}{x^4} & x>a \end{cases}$$

其中，$a>0$，求 $EX, DX, E\left(\frac{2}{3}X-a\right), D\left(\frac{2}{3}X-a\right)$。

7. 设随机变量 X, Y 相互独立，且概率密度分别如下

$$f_X(x)=\begin{cases} 2e^{-2x} & x>0 \\ 0 & x \leqslant 0 \end{cases}, f_Y(y)=\begin{cases} 4e^{-4y} & y>0 \\ 0 & y \leqslant 0 \end{cases}$$

求 EXY。

8. 某车间生产的圆盘直径服从均匀分布 $u(a,b)$，求圆盘面积的期望。

9. X 有分布函数

$$F(x)=\begin{cases} 1-e^{-\lambda x} & x>0 \\ 0 & \text{其他} \end{cases}$$

求 EX, DX。

10. 设随机变量 X 服从 $N(\mu,\sigma^2)$，求 $E|X-\mu|$。

11. 对球的直径作测量，设其测量值均匀地分布在 $[a,b]$ 内，求球体积的期望值。

12. 设 $X \sim B(n,p)$，$EX = 2.4$，$DX = 1.44$，求 n 和 p。

13. 证明，对于任何常数 C，随机变量 X，有 $DX = E(X-C)^2 - (EX-C)^2$。

14. 若 X 和 Y 独立，证明 $DXY = DX \cdot DY + (EX)^2 DY + (EY)^2 DX$。

15. 设 X 的密度函数为

$$f(x) = \begin{cases} \frac{1}{2}\cos x & -\frac{\pi}{2} \leqslant x \leqslant \frac{\pi}{2} \\ 0 & \text{其他} \end{cases}$$

求 EX，DX。

16. 设随机变量 X 的数学期望为 EX，方差为 $DX > 0$，令 $Y = \frac{X - EX}{\sqrt{DX}}$，求 EY，DY。

17. 设随机变量 X_1, X_2, X_3, X_4 相互独立，且有 $EX_i = i$，$DX_i = 5 - i$，$i = 1,2,3,4$，设 $Y = 2X_1 - X_2 + 3X_3 - \frac{1}{2}X_4$，求 EY，DY。

18. 设二维随机变量 (X,Y) 的概率密度为

$$p(x,y) = \begin{cases} x + y & 0 < x < 1, 0 < y < 1 \\ 0 & \text{其他} \end{cases}$$

求 EX，DX。

19. 设二维随机变量 (X,Y) 的联合分布密度为

$$f(x,y) = \begin{cases} 4xy & 0 \leqslant x \leqslant 1, 0 \leqslant y \leqslant 1 \\ 0 & \text{其他} \end{cases}$$

求 X 与 Y 的协方差和相关系数。

20. 已知 $DX = 25$，$DY = 36$，$\rho_{XY} = 0.4$，求 $D(X+Y)$ 及 $D(X-Y)$。

21. 设 (X,Y) 服从区域 $D = \{(x,y) \mid 0 < x < 1, 0 < y < x\}$ 上的均匀分布，求相关系数 ρ_{xy}。

22. 设随机变量 X，Y 分别服从 $0-1$ 分布，证明 X，Y 相互独立等价于 X，Y 不相关。

23. 设 $W = (aX + 3Y)^2$，$EX = EY = 0$，$DX = 4$，$DY = 16$，$\rho_{XY} = -0.5$，求常数 a，使 EW 为最小，并求 EW 的最小值。

24. 设 A，B 是二随机事件，有

$$X = \begin{cases} 1 & A\text{ 出现} \\ -1 & A\text{ 不出现} \end{cases}, \quad Y = \begin{cases} 1 & B\text{ 出现} \\ -1 & B\text{ 不出现} \end{cases}$$

试证明随机变量 X 和 Y 不相关的充分必要条件是 A 与 B 相互独立。

25. 已知随机变量 (X,Y) 的协方差矩阵为 $\begin{pmatrix} 1 & 1 \\ 1 & 4 \end{pmatrix}$，求 $Z_1 = X - 2Y$ 与 $Z_2 = 2X - Y$ 的相关系数。

第 10 章　大数定律和中心极限定理

随机现象的统计规律只有在相同条件下进行大量重复试验才能显示出来，因此在研究随机现象的统计规律时，常采用极限的形式，并由此导出许多重要结果，其中最主要的是大数定律与中心极限定理。大数定律用来描述一系列随机变量和的平均结果的稳定性；中心极限定理用来描述满足一定条件的一系列随机变量的和的概率分布的极限。

10.1　大数定律

10.1.1　切比雪夫不等式

【定理 10.1】　设随机变量 X，若它的方差存在，EX 为其数学期望，则对于任意 $\varepsilon > 0$，有

$$P(|X - EX| \geqslant \varepsilon) \leqslant \frac{DX}{\varepsilon^2}$$

或
$$P(|X - EX| < \varepsilon) > 1 - \frac{DX}{\varepsilon^2}$$

我们称这两个式子为切比雪夫不等式。

【证】　设 X 是一连续型随机变量，概率密度为 $f(x)$，则

$$P(|X - EX| \geqslant \varepsilon) = \int_{|x-EX|\geqslant\varepsilon} f(x)\mathrm{d}x \leqslant \int_{|x-EX|\geqslant\varepsilon} \frac{(x - EX)^2}{\varepsilon^2} f(x)\mathrm{d}x \leqslant \frac{1}{\varepsilon^2}\int_{-\infty}^{+\infty} (x - EX)^2 f(x)\mathrm{d}x = \frac{DX}{\varepsilon^2}$$

当 X 是离散型随机变量时，只需在上述证明中把概率密度换成分布列，把积分号换成求和号即可。

切比雪夫不等式告诉我们，随机变量 X 的可能取值落在以其期望 EX 为中心，ε 为半径的区间之外的概率不超过其方差与正数 $\frac{1}{\varepsilon^2}$ 的乘积。DX 越小，$\frac{DX}{\varepsilon^2}$ 越小，$P(|X - EX| \geqslant \varepsilon)$ 越小。

在随机变量 X 的分布未知的情况下，我们可以用 EX 和 DX 根据切比雪夫不等式对 X 的概率分布进行估计。

【例 1】　设 X 是掷一颗骰子所出现的点数，若给定 $\varepsilon = 1,2$，试计算

$P(|X - EX| \geqslant \varepsilon)$,并验证切比雪夫不等式成立。

【解】 因为 X 的概率函数是 $P(X = k) = \frac{1}{6}(k = 1,2,\cdots,6)$,所以

$$EX = \frac{7}{2}, DX = \frac{35}{12}$$

$$P(|X - \frac{7}{2}| \geqslant 1) = \frac{2}{3}$$

$$P(|X - \frac{7}{2}| \geqslant 2) = P(X = 1) + P(X = 6) = \frac{1}{3}$$

$\varepsilon = 1$ 时,有

$$\frac{DX}{\varepsilon^2} = \frac{35}{12} > \frac{2}{3}$$

$\varepsilon = 2$ 时,有

$$\frac{DX}{\varepsilon^2} = \frac{1}{4} \times \frac{35}{12} = \frac{35}{48} > \frac{1}{3}$$

可见,X 满足切比雪夫不等式。

10.1.2 大数定律

【定理 10.2】 (贝努里大数定律)设试验 E 是可重复进行的,事件 A 在每次试验中出现的概率为 $p(0 < p < 1)$,将试验独立进行 n 次,用 Y_n 表示其中事件 A 出现的次数,则对于任意正数 ε,有

$$\lim_{n \to \infty} P\left(\left| \frac{Y_n}{n} - p \right| \geqslant \varepsilon \right) = 0$$

或

$$\lim_{n \to \infty} P\left(\left| \frac{Y_n}{n} - p \right| < \varepsilon \right) = 1$$

【证】 因为 $Y_n \sim B(n,p)$,所以

$$EY_n = np, DY_n = nqp \qquad (q = 1 - p)$$

$$E\frac{Y_n}{n} = p, D\frac{Y_n}{n} = \frac{1}{n^2}DY_n = \frac{pq}{n}$$

由切比雪夫不等式得

$$P\left(\left| \frac{Y_n}{n} - p \right| \geqslant \varepsilon \right) \leqslant \frac{pq}{n\varepsilon^2}$$

故

$$\lim_{n \to \infty} P\left(\left| \frac{Y_n}{n} - p \right| \geqslant \varepsilon \right) = 0$$

而

$$P\left(\left| \frac{Y_n}{n} - p \right| < \varepsilon \right) = 1 - P\left(\left| \frac{Y_n}{n} - p \right| \geqslant \varepsilon \right)$$

所以

$$\lim_{n \to \infty} P\left(\left| \frac{Y_n}{n} - p \right| < \varepsilon \right) = 1$$

贝努里大数定律告诉我们，当 n 很大时，事件发生的频率与概率有较大偏差的可能性很小。在应用中，当实验次数很大时，可以用事件发生的频率代替事件发生的概率。

【定理 10.3】 （切比雪夫大数定律）设 $X_1, X_2, \cdots, X_n$ 是相互独立的随机变量序列，若有常数 C，使 $DX_i \leqslant C(i = 1,2,\cdots)$，则对任意正数 ε，有

$$\lim_{n\to\infty} P\left(\left|\frac{1}{n}\sum_{i=1}^{n} X_i - \frac{1}{n}\sum_{i=1}^{n} EX_i\right| \geqslant \varepsilon\right) = 0$$

或

$$\lim_{n\to\infty} P\left(\left|\frac{1}{n}\sum_{i=1}^{n} X_i - \frac{1}{n}\sum_{i=1}^{n} EX_i\right| < \varepsilon\right) = 1$$

【证】

$$E\left(\frac{1}{n}\sum_{i=1}^{n} X_i\right) = \frac{1}{n}\sum_{i=1}^{n} EX_i$$

$$D\left(\frac{1}{n}\sum_{i=1}^{n} X_i\right) = \frac{1}{n^2}\sum_{i=1}^{n} DX_i \leqslant \frac{C}{n}$$

由切比雪夫不等式得

$$P\left(\left|\frac{1}{n}\sum_{i=1}^{n} X_i - \frac{1}{n}\sum_{i=1}^{n} EX_i\right| \geqslant \varepsilon\right) \leqslant \frac{C}{\varepsilon^2 n}$$

于是

$$\lim_{n\to\infty} P\left(\left|\frac{1}{n}\sum_{i=1}^{n} X_i - \frac{1}{n}\sum_{i=1}^{n} EX_i\right| \geqslant \varepsilon\right) = 0$$

由

$$P\left(\left|\frac{1}{n}\sum_{i=1}^{n} X_i - \frac{1}{n}\sum_{i=1}^{n} EX_i\right| < \varepsilon\right) = 1 - P\left(\left|\frac{1}{n}\sum_{i=1}^{n} X_i - \frac{1}{n}\sum_{i=1}^{n} EX_i\right| \geqslant \varepsilon\right)$$

可以得到

$$\lim_{n\to\infty} P\left(\left|\frac{1}{n}\sum_{i=1}^{n} X_i - \frac{1}{n}\sum_{i=1}^{n} EX_i\right| < \varepsilon\right) = 1$$

【推论 1】 设 $X_1, X_2, \cdots, X_n$ 相互独立，且具有相同的数学期望 μ 和相同的方差 σ^2，则对于任意正数 ε，有

$$\lim_{n\to\infty} P\left(\left|\frac{1}{n}\sum_{i=1}^{n} X_i - \mu\right| \geqslant \varepsilon\right) = 0$$

或

$$\lim_{n\to\infty} P\left(\left|\frac{1}{n}\sum_{i=1}^{n} X_i - \mu\right| < \varepsilon\right) = 1$$

这个推论的证明可由 $\frac{1}{n}\sum_{i=1}^{n} EX_i = \mu$ 代入切比雪夫大数定律的两个式子得到。

【定理 10.4】 （辛钦大数定律）设随机变量 $X_1, X_2, \cdots, X_n$ 相互独立，服从同一分布，具有数学期望。$EX_i = \mu(i = 1,2,\cdots)$，则对于任意正数 ε，有

$$\lim_{n\to\infty} P\left(\left|\frac{1}{n}\sum_{i=1}^{n} X_i - \mu\right| < \varepsilon\right) = 1$$

辛钦大数定律的证明超出了本书知识范围，但它在数理统计中十分重要。

10.2 中心极限定理

在随机变量的各种分布中，正态分布占有特别重要的地位。在某些条件下，即使原来并不服从正态分布的一些独立的随机变量，它们的和的分布当随机变量的个数无限增加时，也是趋于正态分布的。我们把研究在什么条件下，大量独立随机变量和的分布以正态分布为极限这一类定理称为中心极限定理。

若被研究的随机变量是大量独立随机变量的和，其中每一个随机变量对于总和只起微小的作用，则可认为这个随机变量近似服从正态分布。

10.2.1 独立同分布中心极限定理

【定理 10.5】 设随机变量 $X_1, X_2, \cdots, X_n$ 相互独立，且服从同一分布

$$EX_i = \mu, DX_i = \sigma^2 \qquad (\sigma > 0, i = 1,2,\cdots,n)$$

则对任何实数 x，有

$$\lim_{n\to\infty} P\left\{\frac{1}{\sqrt{n}\sigma}\left(\sum_{i=1}^{n} X_i - n\mu\right) \leqslant x\right\} = \int_{-\infty}^{x} \frac{1}{\sqrt{2\pi}} e^{-\frac{t^2}{2}} dt = \Phi(x)$$

独立同分布中心极限定理说明，不管 $X_i (i = 1,2,\cdots)$ 服从什么分布，只要 n 充分大，随机变量 $\frac{1}{\sqrt{n}\sigma}\left(\sum_{i=1}^{n} X_i - n\mu\right)$ 就近似服从 $N(0,1)$，$\sum_{i=1}^{n} X_i$ 近似服从 $N(n\mu, n\sigma^2)$。

【例 1】 设由机器包装的每包大米的质量是一个随机变量，其数学期望是 10 kg，方差为 0.1 kg^2，求 100 袋这样的大米质量在 990 kg 至 1 010 kg 之间的概率。

【解】 设 X_i 为第 i 袋大米的质量 $(i = 1,2,\cdots)$，由题设可知

$$EX_i = 10, DX_i = 0.1$$

根据独立同分布中心极限定理，知 $\sum_{i=1}^{100} X_i$ 近似服从正态分布

$$N(n\mu, n\sigma^2) = N(1\,000, 10)$$

于是，所求概率为

$$P\left(990 \leqslant \sum_{i=1}^{100} X_i \leqslant 1\,010\right) = P\left(\frac{990 - 1\,000}{\sqrt{10}} \leqslant \frac{\sum_{i=1}^{100} X_i - 1\,000}{\sqrt{10}} \leqslant \frac{1\,010 - 1\,000}{\sqrt{10}}\right) \approx$$

$$\Phi(\sqrt{10}) - \Phi(-\sqrt{10}) = 2\Phi(\sqrt{10}) - 1 =$$

$$2\Phi(3.16) - 1 = 2 \times 0.999\,2 - 1 = 0.998\,4$$

10.2.2　德莫佛－拉普拉斯中心极限定理

【定理 10.6】　在 n 重贝努里试验中，成功的次数为 Y_n，而在每次试验中成功的概率为 $p(0 < p < 1)$，$q = 1 - p$，则对任意实数 x，有

$$\lim_{n\to\infty} P\left(\frac{Y_n - np}{\sqrt{npq}} \leqslant x\right) = \int_{-\infty}^{x} \frac{1}{\sqrt{2\pi}} e^{-\frac{t^2}{2}} dt = \Phi(x)$$

【证】　设 X_i 表示第 i 次试验中成功的次数，则 X_i 服从 0－1 分布

$$Y_n = \sum_{i=1}^{n} X_i$$

由于 $X_1, X_2, \cdots, X_n$ 是独立同分布的随机变量，且

$$EX_i = p, DX_i = pq \qquad (i = 1,2,\cdots)$$

由独立同分布中心极限定理得

$$\lim_{n\to\infty} P\left(\frac{Y_n - np}{\sqrt{npq}} \leqslant x\right) = \int_{-\infty}^{x} \frac{1}{\sqrt{2\pi}} e^{-\frac{t^2}{2}} dt = \Phi(x)$$

由德莫佛－拉普拉斯中心极限定理可以得出以下推论。

【推论 2】　当 n 充分大时，对任意 $a < b$，有

$$P(a < Y_n \leqslant b) = P\left(\frac{a - np}{\sqrt{npq}} < \frac{Y_n - np}{\sqrt{npq}} \leqslant \frac{b - np}{\sqrt{npq}}\right) \approx \Phi\left(\frac{b - np}{\sqrt{npq}}\right) - \Phi\left(\frac{a - np}{\sqrt{npq}}\right)$$

【推论 3】　在 n 重贝努里试验中，n 充分大时

$$P\left(\left|\frac{Y_n}{n} - p\right| < \varepsilon\right) = P\left(-\varepsilon\sqrt{\frac{n}{pq}} < \frac{Y_n - np}{\sqrt{npq}} \leqslant \varepsilon\sqrt{\frac{n}{pq}}\right) \approx 2\Phi\left(\varepsilon\sqrt{\frac{n}{pq}}\right) - 1$$

【例 2】　重复投掷硬币 100 次，设每次出现正面的概率均为 0.5，求“正面出现次数大于 50，小于 60”的概率。

【解】　设出现正面次数为 Y_n，已知

$$n = 100, p = 0.5, np = 50, \sqrt{npq} = \sqrt{25} = 5$$

由推论 1 得

$$P(50 < Y_n < 60) \approx \Phi\left(\frac{60 - 50}{5}\right) - \Phi\left(\frac{50 - 50}{5}\right) = \Phi(2) - \Phi(0) = 0.977\,2 - 0.5 = 0.477\,2$$

【例 3】　某商店为某一地区的 1 000 人供应商品，若某种商品在一段时间

内每人需要一件的概率是 0.6，问商店需要准备多少件该商品才能以 99.7% 的概率保证不会脱销（假设每个人是否购买该商品是彼此独立的）。

【解】 每个人购买该商品的概率是 $p = 0.6$，现有 $n = 1\,000$ 人，设购买该商品的人数为 X，则 $X \sim B(1\,000, 0.6)$，如果商店准备 m 件该种商品，就不会脱销，即 $P(X \leqslant m) \geqslant 0.997$，用中心极限定理有

$$P(X \leqslant m) = P\left(\frac{X - np}{\sqrt{np(1-p)}} \leqslant \frac{m - np}{\sqrt{np(1-p)}}\right) = \Phi\left(\frac{m - 600}{\sqrt{240}}\right) \geqslant 0.997$$

查表得 $\dfrac{m - 600}{\sqrt{240}} = 2.75$，于是 $m = 642.6$，即商店准备 643 件该种商品，就能以 99.7% 的概率保证不会脱销。

【例 4】 一家保险公司有一万人参加保险，每年每人付 12 元保险费，在一年内这些人死亡的概率都为 0.006，死后家属可向保险公司领取 1 000 元，试求：(1) 保险公司一年的利润不少于 6 万元的概率；(2) 保险公司亏本的概率。

【解】 设参加保险的一万人中一年内死亡的人数为 X，则 $X \sim B(10\,000, 0.006)$，由题设公司一年的利润为 $120\,000 - 1\,000X$。

(1) 保险公司一年的利润不少于 6 万元的概率为

$$P(120\,000 - 1\,000X \geqslant 60\,000) = P(0 \leqslant X \leqslant 60) \approx \Phi\left(\frac{60 - 60}{7.72}\right) - \Phi\left(\frac{0 - 60}{7.72}\right) =$$

$$\Phi(0) - \Phi(-7.77) = 0.5 - 0 = 0.5$$

(2) 保险公司亏本的概率为

$$P(120\,000 - 1\,000X < 0) = P(X > 120) = \Phi\left(\frac{X - 60}{7.72} > \frac{120 - 60}{7.72}\right) \approx$$

$$\frac{1}{2\pi}\int_{7.77}^{\infty} e^{-\frac{t^2}{2}} dt = 1 - \Phi(7.77) \approx 1 - 1 = 0$$

【例 5】 现有一大批产品，其中一等品占 $\dfrac{1}{6}$，今在其中任选 6 000 件，试问这些产品中，一等品所占的比例与 $\dfrac{1}{6}$ 之差小于 1% 的概率是多少？

【解】 因产品数量很大，任选 6 000 件，可以近似地认为是 6 000 重贝努里试验。$n = 6\,000$，$p = 1/6$，$q = 5/6$，令 $Y_{6\,000}$ 为 6 000 件产品中所含一等品数，由推论 3 得

$$P\left(\left|\frac{Y_{6\,000}}{6\,000} - \frac{1}{6}\right| < 0.01\right) \approx 2\Phi\left(0.01\sqrt{\frac{6\,000}{\frac{1}{6}\cdot\frac{5}{6}}}\right) - 1 =$$

$$2\Phi(2.078) - 1 = 0.962\,2$$

10.3 范　例

【例 1】　设随机变量 $X_1,\cdots,X_n$ 相互独立同分布，$EX_i=\mu,DX_i=8(i=1,2,\cdots,n)$，则概率 $P\{\mu-4<\bar{X}<\mu+4\}\geqslant$ ________，其中 $\bar{X}=\frac{1}{n}\sum_{i=1}^{n}X_i$。

【解】　由于 $X_1,\cdots,X_n$ 独立同分布，因此有

$$E\bar{X}=\mu,D\bar{X}=\frac{8}{n}$$

由切比雪夫不等式得

$$P\{\mu-4<\bar{X}<\mu+4\}=P\{|\bar{X}-\mu|<4\}\geqslant 1-\frac{D\bar{X}}{4^2}=1-\frac{1}{2n}$$

【例 2】　设随机变量 X 的数学期望 $EX=\mu$，方差 $DX=\sigma^2$，则由切比雪夫不等式，有 $P\{|X-\mu|\geqslant 3\sigma\}\leqslant$ ________。

【解】　令 $\varepsilon=3\sigma$，则由切比雪夫不等式有

$$P\{|X-\mu|\geqslant\varepsilon\}\leqslant\frac{DX}{\varepsilon^2}=\frac{\sigma^2}{(3\sigma)^2}=\frac{1}{9}$$

【例 3】　设随机变量 X 和 Y 的数学期望分别为 -2 和 2，方差分别为 1 和 4，而相关系数为 -0.5，则根据切比雪夫不等式，有 $P\{|X+Y|\geqslant 6\}\leqslant$ ________。

【解】　由于　$EX=-2,EY=2,DX=1,DY=4,\rho_{XY}=-0.5$

所以

$$E(X+Y)=EX+EY=-2+2=0$$

$$\mathrm{COV}(X,Y)=\sqrt{DX}\sqrt{DY}\cdot\rho_{XY}=\sqrt{1}\cdot\sqrt{4}(-0.5)=-1$$

$$D(X+Y)=DX+DY+2\mathrm{COV}(X,Y)=1+4+2\times(-1)=3$$

由切比雪夫不等式有

$$P\{|X+Y|\geqslant 6\}=P\{|X+Y-E(X+Y)|\geqslant 6\}\leqslant\frac{D(X+Y)}{6^2}=\frac{3}{36}=\frac{1}{12}$$

【例 4】　设随机变量 $X_1,X_2,\cdots,X_n$ 相互独立，$S_n=\sum_{i=1}^{n}X_i$，则根据中心极限定理，当 n 充分大时，S_n 近似服从正态分布，只要 $X_1,X_2,\cdots,X_n$　　（　　）

(A) 有相同的数学期望　　(B) 有相同的方差

(C) 服从同一指数分布　　(D) 服从同一离散型分布

【解】　注意离散型分布的期望与方差未必存在，中心极限定理的条件是 $X_1,X_2,\cdots,X_n$ 具有相同的、有限的数学期望和非 0 方差。故选(C)。

【例5】 设随机变量 $X_1,\cdots,X_9$ 相互独立同分布,$EX_i=1,DX_i=1,i=1,\cdots,9$,令 $S_9=\sum_{i=1}^{9}X_i$,则对任意 $\varepsilon>0$,从切比雪夫不等式直接可得 ( )

(A)$P\{|S_9-1|<\varepsilon\}\geqslant 1-\frac{1}{\varepsilon^2}$ (B)$P\{|S_9-9|<\varepsilon\}\geqslant 1-\frac{9}{\varepsilon^2}$

(C)$P\{|S_9-9|<\varepsilon\}\geqslant 1-\frac{1}{\varepsilon^2}$ (D)$P\{|\frac{1}{9}S_9-1|<\varepsilon\}\geqslant 1-\frac{1}{\varepsilon^2}$

【解】 由于 $ES_9=9,DS_9=9,D(\frac{1}{9}S_9)=\frac{1}{9}$,故选(B)。

【例6】 设 $X_1,X_2,\cdots$ 为独立同分布序列,且 $X_i(i=1,2,\cdots)$ 服从参数为 λ 的指数分布,则 ( )

(A) $\lim\limits_{n\to\infty}P\left\{\dfrac{\lambda\sum\limits_{i=1}^{n}X_i-n}{\sqrt{n}}\leqslant x\right\}=\Phi(x)$ (B) $\lim\limits_{n\to\infty}P\left\{\dfrac{\sum\limits_{i=1}^{n}X_i-n}{\sqrt{n}}\leqslant x\right\}=\Phi(x)$

(C) $\lim\limits_{n\to\infty}P\left\{\dfrac{\sum\limits_{i=1}^{n}X_i-\lambda}{\sqrt{n}\lambda}\leqslant x\right\}=\Phi(x)$ (D) $\lim\limits_{n\to\infty}P\left\{\dfrac{\sum\limits_{i=1}^{n}X_i-\lambda}{n\lambda}\leqslant x\right\}=\Phi(x)$

【解】

$$E(X_i)=\frac{1}{\lambda},D(X_i)=\frac{1}{\lambda^2},Y_n=\frac{\sum\limits_{i=1}^{n}X_i-n\dfrac{1}{\lambda}}{\sqrt{n}\cdot\dfrac{1}{\lambda}}=\frac{\lambda\sum\limits_{i=1}^{n}X_i-n}{\sqrt{n}}$$

$$\lim_{n\to\infty}P\{Y_n\leqslant x\}=\lim_{n\to\infty}P\left\{\frac{\lambda\sum\limits_{i=1}^{n}X_i-n}{\sqrt{n}}\leqslant x\right\}=\int_{-\infty}^{x}\frac{1}{\sqrt{2\pi}}e^{-\frac{t^2}{2}}dt$$

故选(A)。

【例7】 在天平上重复称量一质量为 a 的物品,假设各次称量结果相互独立,且服从正态分布 $N(a,0.2^2)$,若以 $\bar{X}_n$ 表示n次称量结果的算术平均值,则为使 $P(|\bar{X}_n-a|<0.1)\geqslant 0.95$,$n$ 的最小值应不小于自然数________。

【解】 设第 i 次称量结果为随机变量 X_i,则 $X_i\sim N(a,0.2^2)$,又设 $S_n=\sum_{i=1}^{n}X_i$,则 $\bar{X}_n=\frac{S_n}{n}$ 且 $ES_n=na,DS_n=n\cdot 0.2^2=0.04n$。

由已知

$$P(|\bar{X}_n-a|<0.1)=P\left(\left|\frac{S_n}{n}-a\right|<0.1\right)=$$
$$P(|S_n-na|<0.1n)\geqslant 0.95$$

所以由独立同分布中心极限定理得

$$P\left(\left|\frac{S_n - na}{0.2\sqrt{n}}\right| < \frac{0.1n}{0.2\sqrt{n}}\right) \geqslant 0.95$$

即 $$2\Phi\left(\frac{\sqrt{n}}{2}\right) - 1 \geqslant 0.95$$

所以 $$\Phi\left(\frac{\sqrt{n}}{2}\right) \geqslant 0.95, \frac{\sqrt{n}}{2} \geqslant 1.96, n \geqslant 15.36$$

因此 n 的最小值应不小于自然数 16。

【例 8】 假设随机变量 $X_1, \cdots, X_n$ 相互独立同分布，且 X_i 具有概率密度 $f(x)$，记 $p = P\{\sum_{i=1}^{n} X_i \leqslant x\}$，当 n 充分大时，有 (　　)

(A) p 可以根据 $f(x)$ 进行计算

(B) p 不可以根据 $f(x)$ 进行计算

(C) p 一定可以用中心极限定理近似计算

(D) p 一定不能用中心极限定理近似计算

【解】 由于 $X_1, X_2, \cdots, X_n$ 相互独立同分布，$X_i \sim f(x)$，有

$$P = \int_{x_1 + x_2 + \cdots + x_n \leqslant x} \cdots \int f(x_1) f(x_2) \cdots f(x_n) \mathrm{d}x_1 \mathrm{d}x_2 \cdots \mathrm{d}x_n$$

由于不知道 X_i 的期望与方差是否存在，因此无法判定 p 是一定可以，还是一定不可以用中心极限定理近似计算，故选(A)。

【例 9】 抽样检查产品质量时，如果发现次品多于 10 个，则拒绝接受这批产品，设某批产品的次品率为 10%，问至少应抽取多少个产品检查才能保证拒绝接受该产品的概率达到 0.9?

【解】 设 n 为至少应抽取的产品数，X 为其中的次品数

$$X_k = \begin{cases} 1 & \text{第 } k \text{ 次检查时为次品} \\ 0 & \text{第 } k \text{ 次检查时为正品} \end{cases}$$

则 $$X = \sum_{k=1}^{n} X_k, EX_k = 0.1, DX_k = 0.1(1 - 0.1) = 0.09$$

由德莫弗 - 拉普拉斯定理，有

$$P\{10 < X\} = P\left\{\frac{10 - n \times 0.1}{\sqrt{n \times 0.1 \times 0.9}} < \frac{X - n \times 0.1}{\sqrt{n \times 0.1 \times 0.9}}\right\} \approx 1 - \Phi\left(\frac{10 - 0.1n}{0.3\sqrt{n}}\right)$$

由题意 $1 - \Phi\left(\frac{10 - 0.1n}{0.3\sqrt{n}}\right) = 0.9$，得

$$\Phi\left(\frac{10 - 0.1n}{0.3\sqrt{n}}\right) = 0.1$$

查表得 $$\frac{10 - 0.1n}{0.3\sqrt{n}} = -1.28$$

解得 $n = 147$。

【例 10】 假设 $X_1,\cdots,X_n$ 相互独立同分布，$EX_i^k = a_k(i = 1,2,3,4)$，证明当 n 充分大时，随机变量 $Z_n = \frac{1}{n}\sum_{i=1}^{n}X_i^2$ 近似地服从正态分布，并指出其分布参数。

【证】 由于 $X_1,X_2,\cdots,X_n$ 独立同分布，所以 $X_1^2,X_2^2,\cdots,X_n^2$ 也独立同分布，并且有

$$EX_i^2 = a_2, DX_i^2 = EX_i^4 - (EX_i^2)^2 = a_4 - a_2^2$$

根据中心极限定理，当 n 充分大时，nZ 即 $\sum_{i=1}^{n}X_i^2$ 近似服从正态分布 $N(na_2, n(a_4 - a_2^2))$，因此当 n 充分大时，Z_n 也近似服从正态分布，其中参数

$$\mu = EZ_n = a_2, \sigma^2 = DZ_n = \frac{1}{n}(a_4 - a_2^2)$$

习　题

1. 用切比雪夫不等式估计下列各题的概率。

(1) 废品率为 0.03，1 000 个产品中废品多于 20 个且少于 40 个的概率；

(2) 200 个新生婴儿中，男孩多于 80 个且少于 120 个的概率。（假定生男孩和生女孩的概率均为 0.5）

2. 设 X 是非负随机变量，EX 存在，试证，当 $x > 0$ 时，$P(X < x) \geqslant 1 - \frac{EX}{x}$。

3. 设有独立随机变量 $X_1,X_2,\cdots,X_n$，其中，$X_k(k = 1,2,\cdots)$ 的分布列为

x_k	$-ka$	0	ka
P	$\frac{1}{2k^2}$	$1-\frac{1}{k^2}$	$\frac{1}{2k^2}$

试证 $X_1,X_2,\cdots,X_n$ 满足切比雪夫大数定律。

4. 设随机变量 $X_1,X_2,\cdots,X_9$ 相互独立，$E(X_k) = 1, D(X_k) = 1(k = 1,2,\cdots,9)$，则对于任意给定 $\varepsilon > 0$，以下各式成立的是　　(　　)

(A) $P\left(\left|\frac{1}{9}\sum_{k=1}^{9}X_k - 1\right| \geqslant \varepsilon\right) \leqslant \frac{9}{\varepsilon}$　　(B) $P\left(\left|\sum_{k=1}^{9}X_k - 9\right| \geqslant \varepsilon\right) \leqslant \frac{1}{9\varepsilon}$

(C) $P\left(\left|\frac{1}{9}\sum_{k=1}^{9}X_k - 1\right| \geqslant \varepsilon\right) \leqslant \frac{1}{\varepsilon^2}$　　(D) $P\left(\left|\frac{1}{9}\sum_{k=1}^{9}X_k - 1\right| \geqslant \varepsilon\right) \leqslant \frac{1}{9\varepsilon^2}$

5. 若 $DX = 0.004$，利用切比雪夫不等式估计概率 $P(|X - EX| < 0.2)$。

6. 计算机在进行数值计算时，遵从四舍五入的原则，为简单计，现对小数点后第一位进行舍入运算，则误差 X 可以认为服从均匀分布 $u(-0.5,0.5)$，若在

一计算中进行了 100 次数值计算，求平均误差落在区间$\left[-\frac{\sqrt{3}}{20},\frac{\sqrt{3}}{20}\right]$上的概率。

7.如果 $X_1,\cdots,X_n$ 是 n 个相互独立同分布的随机变量，$EX_i=\mu, DX_i=8$，$i=1,2,\cdots,n$，对于 $\bar{X}=\sum_{i=1}^{n}X_i/n$，写出 $\bar{X}$ 所满足的切比雪夫不等式，并估计 $P(|\bar{X}-\mu|<4)$。

8.用切比雪夫不等式确定当掷一枚匀称硬币时，需掷多少次，才能保证使得“正面”出现的频率在 0.4 至 0.6 之间的概率不小于 0.9。

9.在人寿保险公司里有 3 000 个同龄人参加人寿保险，在 1 年内每人死亡的概率为 0.001，参加保险的人在 1 年的第一天交付保险费 10 元，死亡时，家属可以从保险公司领取 2 000 元，试用中心极限定理求保险公司亏本的概率。

10.袋装茶叶用机器装袋，每袋净重为随机变量，其期望值为 100 g，标准差为 10 g，一大盒内装 200 袋，求一大盒茶叶净重大于 20.5 kg 的概率。

11.设某产品的废品率为 0.005，任取 10 000 件，问废品不多于 70 件的概率是多少？

12.某单位有 260 部电话，每部电话约有 4% 的时间使用外线通话。设每部电话是否使用外线通话是相互独立的，问该单位总机至少要安装多少条外线，才能以 95% 以上的概率保证每部电话需要使用外线时可以打通。

13.一大批种蛋中，良种蛋占 80%，从中任取 500 枚，求其中良种蛋率未超过 81% 的概率。

14.一个复杂的系统，由 n 个相互独立起作用的部件所组成，每个部件的可靠性为 0.90，且必须至少有 80% 部件工作才能使整个系统工作，问 n 至少为多少才能使系统的可靠性为 0.95。

15.设有 30 个电子器件，它们的使用寿命(单位：h) $T_1,T_2,\cdots,T_{30}$ 服从参数 $\lambda=0.1$ 的指数分布。其使用情况是第一个损坏第二个立即使用，第二个损坏第三个立即使用等等。令 T 为 30 个器件使用的总计时间，求 T 超过 350 h 的概率。

16.随机地选取两组学生，各组 80 人，分别在两个试验室里测量某种化合物的 pH 值，各人测量的结果是随机变量，它们相互独立，服从同一分布，数学期望为 5，方差为 0.3，以 $\bar{X}$ 和 $\bar{Y}$ 分别表示第一组和第二组所得结果的算术平均。

(1) 求 $P\{4.9<\bar{X}<5.1\}$；(2) 求 $P\{-0.1<\bar{X}-\bar{Y}<0.1\}$。

17.某车间有同型号机床 200 部，每部开动的概率为 0.7，假定各机床开关是独立的，开动时每部要消耗电能 15 个单位，问电厂最少要供应这个车间多少电能，才能以 95% 的概率，保证不致因供电不足而影响生产。

第 11 章　样本分布及参数估计

从本章起，我们将讨论数理统计的有关内容。数理统计是应用数学的一个重要分支，它以概率论为其理论基础，研究如何根据试验或观测所获得的受到随机影响的数据，去对所研究的对象作出种种合理的估计或推断，为决策和计划提供依据和建议。

11.1 样本分布

11.1.1 总体与样本

【定义 11.1】 在数理统计中，我们将研究对象的全体称为总体，将组成总体的每个基本单位称为个体。如果总体包含有限个个体，则称为有限总体，如果总体包含无限个个体，则称为无限总体。

例如，每个产品是个体，10 000 个产品就是一个总体，它是有限的，每个零件是个体，生产出来的全部零件是一个总体，它是无限的。这是因为我们可以设想，工厂生产这种零件可以在相同条件下无限地生产下去。

我们关心的不是每个个体本身，而仅仅是每个个体的某种数量指标的有关问题。一旦所考察的数量指标明确以后，我们把总体与数量指标相应的概率分布等同起来，也就是说，总体是一个概率分布或服从这个概率分布的随机变量。如果我们所考察的个体的数量指标只有一个，只需用一维随机变量来描述，如果同时要考察的数量指标不是一个，那么就需要用多维随机变量来描述。

【定义 11.2】 总体中抽出若干个体而成的集体，称为样本。样本中所含个体的个数，称为样本容量。

在进行抽样时，样本的选取必须是随机的，即总体中每个个体都同等机会被选入样本。抽样通常有两种方式：一种是不重复抽样，即不放回的抽样，另一种是重复抽样，即有放回的抽样。如果总体单位数无限，抽取有限个后不会影响总体的分布，在这样的情况下，不重复抽样与重复抽样没有什么区别。我们将进行重复抽样所得的随机样本，称为简单随机样本。本书只研究简单随机样本。

我们可以看到，简单随机样本有以下两个特征：

(1) 抽样是随机的，即总体中的每个个体都有同等的机会被抽取；

(2) 每次抽样的结果既不影响其他各次抽样的结果,也不受其他各次抽样结果的影响。

我们的 $X_1,X_2,\cdots,X_n$ 为从总体 X 中抽取的简单随机样本,记 $x_1,x_2,\cdots,x_n$ 为样本的每一次观测值或样本值。

11.1.2 直方图与样本分布函数

直方图是一种近似求总体概率密度的方法。

设总体 X 具有概率密度 f,f 未知,$X_1,X_2,\cdots,X_n$ 为其样本,样本观测值为 $x_1,x_2,\cdots,x_n$,作直方图的步骤如下:

(1) 确定范围,找出 $x_1,x_2,\cdots,x_n$ 中的最小值 x_1^* 与最大值 x_n^*。

取略小于 x_1^* 的数 a,与略大于 x_n^* 的数 b,则所求的 $x_1,x_2,\cdots,x_n$ 都在范围 (a,b) 内。

(2) 分组定组距。将区间 (a,b) 分成 k 个小区间 $(k < n)$,即样本观测值 $x_1,x_2,\cdots,x_n$ 分成了 k 组。一般地,当样本容量 n 较大时(大于100),可分成10 ~ 20组,当 n 小于50时,分成5 ~ 10组,分组时常采用等组距分组,每组的组距 $d=(b-a)/k$。

(3) 定分点,定区间,取分点 $a,a+d,a+2d,\cdots,a+kd$,记

$$t_i = a + id \qquad (i = 0,1,2,\cdots,k)$$

注意分点应比样本观测值 x_i 多取一位小数。区间 (a,b) 分成 k 个小区间,即 $(a,t_1],(t_1,t_2],\cdots,(t_{k-1},b]$,规定每个小区间为左开右闭,即落在分界点上的数值归在上一组。

(4) 作出频数,频率分布表,计算样本观测值 $x_1,x_2,\cdots,x_n$ 落在各个小区间 $(t_{i-1},t_i]$ 内的频数 n_i,再计算频率 $f_i = n_i/n(i = 1,2,\cdots,k)$,列表记下各小区间的频数,频率。

(5) 作频率直方图,在横坐标上标出各分点,然后以区间 $(t_{i-1},t_i]$ 为底边,画出高度为 f_i/d 的小矩形,即得到直方图,如图 11.1 所示。

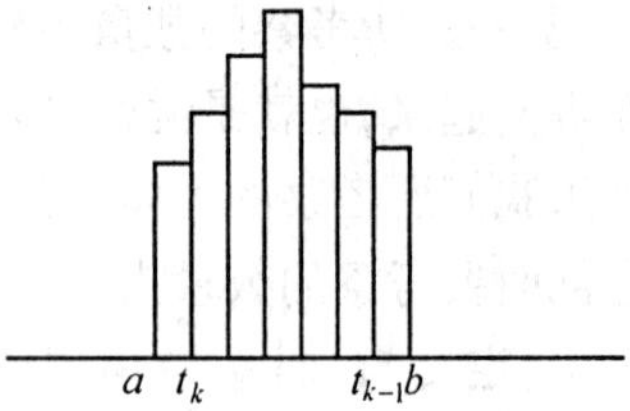

图 11.1

直方图的特征:

(1) 所有小矩形的面积之和等于1。

(2) 当 n 充分大时,$f_i \approx P(t_{i-1} \leqslant X \leqslant t_i),i = 1,2,\cdots,k$,因此直方图大致反映了总体 X 的概率分布。

下面介绍一种近似求总体分布函数的方法 —— 样本分布函数。

设 $x_1,x_2,\cdots,x_n$ 是总体 X 的一个样本观察值,将它们按大小次序排列

$$x_1^* \leqslant x_2^* \leqslant \cdots \leqslant x_n^*$$

函数

$$F_n(x) = \begin{cases} 0 & x < x_1^* \\ k/n & x_k^* \leqslant x < x_{k+1}^*, k = 1,2,\cdots,n-1 \\ 1 & x \geqslant x_n^* \end{cases}$$

称为总体 X 的样本分布函数(或经验分布函数)。

【例 1】 随机观察总体 X,得 10 个数据如下

$$3.2,2.5,-4,2.5,0,3,2,2.5,4,2$$

将它们由小到大排序为

$$-4 < 0 < 2 = 2 < 2.5 = 2.5 = 2.5 < 3 < 3.2 < 4$$

其样本分布函数为

$$F_{10}(x) = \begin{cases} 0 & x < -4 \\ 1/10 & -4 \leqslant x < 0 \\ 2/10 & 0 \leqslant x < 2 \\ 4/10 & 2 \leqslant x < 2.5 \\ 7/10 & 2.5 \leqslant x < 3 \\ 8/10 & 3 \leqslant x < 3.2 \\ 9/10 & 3.2 \leqslant x < 4 \\ 1 & x \geqslant 4 \end{cases}$$

样本分布函数有下列性质:

(1) $0 \leqslant F_n(x) \leqslant 1$;

(2) $F_n(x)$ 单调非减;

(3) $F_n(-\infty) = \lim\limits_{x \to -\infty} F_n(x) = 0, F_n(+\infty) = \lim\limits_{x \to +\infty} F_n(x) = 1$;

(4) $F_n(x)$ 在每个观测值处都有跳跃。

11.1.3 样本分布的数字特征

样本的数字特征是显示一个样本分布某些特征的数字,人们经常用它们来估计总体的数字特征。

【定义 11.3】 设 $X_1, X_2, \cdots, X_n$ 为总体的一个样本,则 $\bar{X} = \dfrac{1}{n}\sum\limits_{i=1}^{n} X_i$ 称为样本均值,而 $S^2 = \dfrac{1}{n-1}\sum\limits_{i=1}^{n}(X_i - \bar{X})^2 = \dfrac{1}{n}\sum\limits_{i=1}^{n}(\sum\limits_{i=1}^{n} X_i^2 - n\bar{X}^2)$ 称为样本方差。

若 $x_1, x_2, \cdots, x_n$ 为样本 $X_1, X_2, \cdots, X_n$ 的观察值,那么代入上述公式可得 $\bar{X}$

和 S^2 的观察值 $\bar{x}$ 和 s^2。

【例 2】 某灯泡厂每天生产一批 40 W 灯泡,随机抽取 5 个测得的寿命(单位:h) 为 1 050,1 100,1 080,1 120,1 200。

(1) 问总体 X,样本和样本值各是什么?

(2) 求样本值的均值和方差。

【解】 (1) 总体 X:该批灯泡的每一个寿命的全体。

样本:X_1,X_2,X_3,X_4,X_5。

样本值:1 050,1 100,1 080,1 120,1 200。

$$(2)\bar{X}=\frac{1}{5}\sum_{i=1}^{5}X_i=\frac{1}{5}(1\,050+1\,100+1\,080+1\,120+1\,200)=1\,110$$

$$S^2=\frac{1}{5-1}\sum_{i=1}^{5}(X_i-\bar{X})^2=\frac{1}{4}[(1\,050-1\,110)^2+(1\,100-1\,110)^2+$$
$$(1\,080-1\,110)^2+(1\,120-1\,110)^2+(1\,200-1\,110)^2]=3\,200$$

11.1.4 χ^2,t 和 F 分布

1. χ^2 分布

【定义 11.4】 概率密度为

$$p(x)=\begin{cases}\dfrac{1}{2^{\frac{n}{2}}\Gamma(\frac{n}{2})}x^{\frac{n}{2}-1}e^{-\frac{x}{2}} & x>0\\ 0 & x\leqslant 0\end{cases}$$

的分布称为自由度为 n 的 χ^2 分布,记作 $\chi^2(n)$。若 X 服从 $\chi^2(n)$ 分布,则称 X 服从自由度为 n 的 χ^2 分布,记作 $X\sim\chi^2(n)$。

χ^2 分布具有可加性,若 $\chi_1^2\sim\chi^2(n_1)$,$\chi_2^2\sim\chi^2(n_2)$,并且 χ_1^2 与 χ_2^2 独立,则

$$\chi_1^2+\chi_2^2\sim\chi^2(n_1+n_2)$$

【定义 11.5】 设有分布函数 $F(x)$,对给定的 $\alpha(0<\alpha<1)$,若有

$$P(X>x_\alpha)=\alpha$$

则称 x_α 为 $F(x)$ 上的 α 分位点。$\chi^2(n)$ 分布的上 α 分位点为 $\chi_\alpha^2(n)$,则 $P(\chi^2>\chi_\alpha^2(n))=\alpha$,如图 11.2 所示。

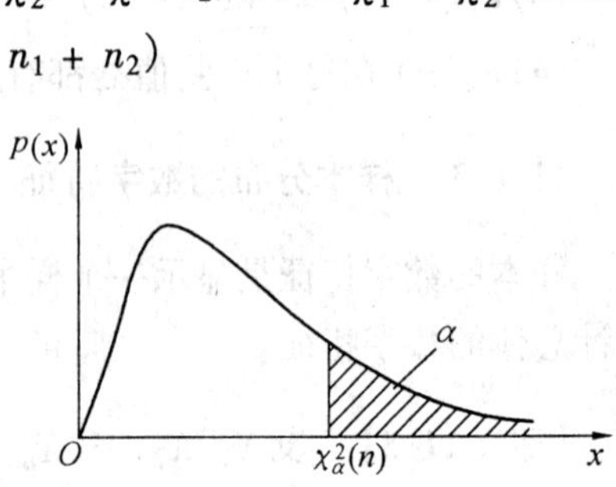

图 11.2

2. t 分布

【定义 11.6】 随机变量 T 的概率密度为

$$p(t)=\frac{\Gamma\left(\frac{n+1}{2}\right)}{\sqrt{n\pi}\,\Gamma\left(\frac{n}{2}\right)}\left(1+\frac{t^2}{n}\right)^{-\frac{n+1}{2}}\qquad -\infty<t<\infty$$

则称 T 服从自由度为 n 的 t 分布，又称学生氏分布，记为 $T\sim t(n)$。

对于给定的自由度 n 及不同的 $\alpha(0<\alpha<1)$，满足 $P(T\geqslant t_\alpha(n))=\alpha$ 的 $t_\alpha(n)$ 称为 $t(n)$ 的上 α 分位点，如图 11.3 所示。查 t 分布表可得

$$t_{0.05}(10)=1.812\,5$$

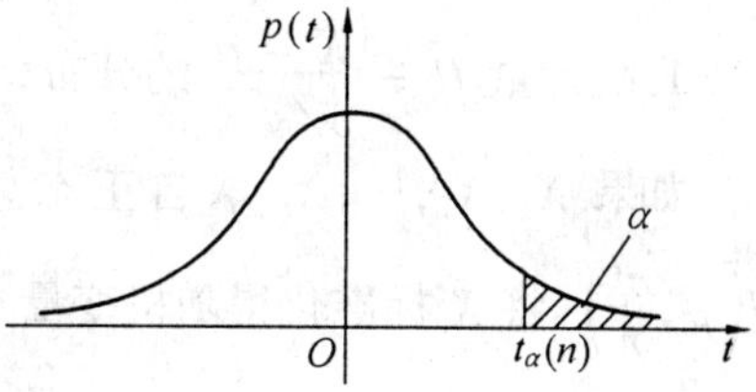

图 11.3

3. F 分布

若随机变量 F 的概率密度为

$$p(u)=\begin{cases}\dfrac{\Gamma\left(\frac{n_1+n_2}{2}\right)}{\Gamma\left(\frac{n_1}{2}\right)\Gamma\left(\frac{n_2}{2}\right)}n_1^{\frac{n_1}{2}}n_2^{\frac{n_2}{2}}\dfrac{u^{\frac{n_1}{2}-1}}{(n_1u+n_2)^{\frac{n+n_2}{2}}} & u>0\\ 0 & u\leqslant 0\end{cases}$$

称 F 服从自由度为 (n_1,n_2) 的 F 分布，记 $F\sim F(n_1,n_2)$。

对于给定的 n_1,n_2 及 $\alpha(0<\alpha<1)$，满足等式 $P(F\geqslant F_\alpha(n_1,n_2))=\alpha$ 的 $F_\alpha(n_1,n_2)$ 称为 $F(n_1,n_2)$ 的上 α 分位点。如图 11.4 所示，它有性质

$$F_{1-\alpha}(n_1,n_2)=\frac{1}{F_\alpha(n_2,n_1)}$$

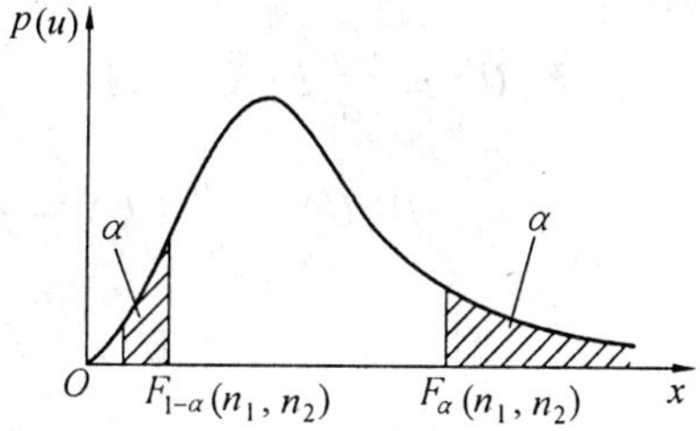

图 11.4

例如

$$F_{0.95}(12,8)=\frac{1}{F_{0.05}(8,12)}=\frac{1}{2.85}\approx 0.35$$

11.1.5 几个常用统计量的分布

【定义 11.7】 样本 $(X_1,X_2,\cdots,X_n)$ 的函数 $f(X_1,X_2,\cdots,X_n)$ 称为统计量，其中，$f(X_1,X_2,\cdots,X_n)$ 不含有未知参数。

统计量是随机变量，这是因为样本是随机变量。$\bar{X}=\dfrac{1}{n}\sum\limits_{i=1}^{n}X_i$，

$S^2 = \frac{1}{n-1}\sum_{i=1}^{n}(X_i - \bar{X})^2$ 都是统计量。而 $\sum_{i=1}^{n}(X_i - a)$，$\sum_{i=1}^{n}(\frac{X_i - a}{\sigma})^2$ 等均不是统计量。

这是因为前者不含未知参数，而后者含有未知参数。

1.统计量 $U = \frac{\bar{X} - \mu}{\sigma/\sqrt{n}}$ 的分布

如果 $X_1, X_2, \cdots, X_n$ 取自正态总体 $X \sim N(\mu, \sigma^2)$ 的一个样本，则 $\bar{X} \sim N\left(\mu, \frac{\sigma^2}{n}\right)$。将 $\bar{X}$ 标准化得随机变量

$$U = \frac{\bar{X} - \mu}{\sigma/\sqrt{n}} \sim N(0.1)$$

【证明】

$$E(\bar{X}) = E\left(\frac{1}{n}\sum_{i=1}^{n}X_i\right) = \frac{1}{n}\sum_{i=1}^{n}EX_i = \frac{1}{n}\sum_{i=1}^{n}\mu = \mu$$

$$D(\bar{X}) = D\left(\frac{1}{n}\sum_{i=1}^{n}X_i\right) = \frac{1}{n^2}\sum_{i=1}^{n}DX_i = \frac{1}{n}\sum_{i=1}^{n}\sigma^2 = \frac{\sigma^2}{n}$$

所以

$$\bar{X} \sim N\left(\mu, \frac{\sigma^2}{n}\right)$$

而

$$E(U) = \frac{\sqrt{n}}{\sigma}E(\bar{X} - \mu) = \frac{\sqrt{n}}{\sigma}(E\bar{X} - E\mu) = \frac{\sqrt{n}}{\sigma}(\mu - \mu) = 0$$

$$D(U) = \frac{n}{\sigma^2}D(\bar{X} - \mu) = \frac{n}{\sigma^2}D\bar{X} = \frac{n}{\sigma^2}\cdot\frac{\sigma^2}{n} = 1$$

即

$$U = \frac{\bar{X} - \mu}{\sigma/\sqrt{n}} \sim N(0,1)$$

【例3】 设从正态总体 $X \sim N(4,24)$ 中抽取容量为6的样本，求 $\bar{X}$ 在区间 $(1,7)$ 内取值的概率。

【解】

$$\mu = 4, \frac{\sigma^2}{n} = \frac{24}{6} = 4, \bar{X} \sim N(4, 2^2)$$

所求概率为

$$P(1 < \bar{X} < 7) = \Phi\left(\frac{7-4}{2}\right) - \Phi\left(\frac{1-4}{2}\right) = \Phi(1.5) - \Phi(-1.5)$$

$$2\Phi(1.5) - 1 = 2 \times 0.933\,2 - 1 = 0.866\,4$$

2.统计量 $\chi^2 = \frac{(n-1)S^2}{\sigma^2}$ 的分布

如果 $X_1, X_2, \cdots, X_n$ 是取自正态总体 $X \sim N(\mu, \sigma^2)$ 的一个样本，样本均值为 $\bar{X}$，样本方差为 S^2，则

$$\frac{(n-1)S^2}{\sigma^2} \sim \chi^2(n-1)$$

对于给定的正数 $\alpha(0<\alpha<1)$,可由自由度 n 查 χ^2 分布表得满足不等式 $P(\chi^2(n)>\chi_\alpha^2(n))=\alpha$ 的临界值 $\chi_\alpha^2(n)$。

例如,$\alpha=0.05$,$n=10$,查表得 $\chi_{0.05}^2(10)=18.307$,即

$$P(\chi^2(10)>18.307)=0.05$$

3.统计量 $T=\dfrac{\bar{X}-\mu}{S/\sqrt{n}}$ 的分布

若 $X_1,X_2,\cdots,X_n$ 是取自正态总体 $X\sim N(\mu,\sigma^2)$ 的一个样本,样本均值为 $\bar{X}$,样本方差为 S^2,则

$$T=\frac{\bar{X}-\mu}{S/\sqrt{n}} \sim t(n-1)$$

对于给定的正数 α,$(0<\alpha<1)$ 可由自由度 n 查 t 分布表得满足等式 $P(t(n)>t_\alpha(n))=\alpha$ 的临界值 $t_\alpha(n)$。

4.统计量 $F=\dfrac{X/n_1}{Y/n_2}$ 的分布

若 X,Y 是两个相互独立的随机变量,且 $X\sim\chi^2(n_1)$,$Y\sim\chi^2(n_2)$,则统计量 $F=\dfrac{X/n_1}{Y/n_2}$ 服从自由度为 (n_1,n_2) 的 F 分布,记 $F\sim F(n_1,n_2)$。

5.几个重要结论

设 $X_1,X_2,\cdots,X_n$ 是正态总体 $X\sim N(\mu_1,\sigma_1^2)$ 的一个样本,$Y_1,Y_2,\cdots,Y_m$ 是正态总体 $Y\sim N(\mu_2,\sigma_2^2)$ 的一个样本,且 X 与 Y 相互独立,$\bar{X}$,$\bar{Y}$ 分别为 X,Y 的样本均值,S_1^2,S_2^2 分别为 X,Y 的样本方差,则有以下结论:

(1) $U=\dfrac{(\bar{X}-\bar{Y})-(\mu_1-\mu_2)}{\sqrt{\sigma_1^2/n+\sigma^2/m}} \sim N(0,1)$

(2) $T=\dfrac{(\bar{X}-Y)-(\mu_1-\mu_2)}{\sqrt{\dfrac{(n-1)S_1^2+(m-1)S_2^2}{n+m-2}\left(\dfrac{1}{n}+\dfrac{1}{m}\right)}} \sim t(n+m-2)$

(3) $F=\dfrac{S_1^2/\sigma_1^2}{S_2^2/\sigma_2^2} \sim F(n-1,m-1)$

11.2 参数估计

人们在实际中遇到的随机变量(总体)往往分布类型的大致是知道的,但确切的形式并不知道,即总体的参数未知。要求出总体的分布函数 $F(x)$ 或密

度函数，就要根据样本来估计总体的参数，这类问题就是参数估计。

11.2.1 估计量及其优劣标准

设 θ 是总体 X 的未知参数，我们用样本 $X_1, X_2, \cdots, X_n$ 构成的一个统计量 $\hat{\theta} = \hat{\theta}(X_1, X_2, \cdots, X_n)$ 来估计 θ，称 $\hat{\theta}$ 为 θ 的估计量。对于具体的样本值 $x_1, x_2, \cdots, x_n$，估计量 $\hat{\theta}$ 的值 $\hat{\theta}(x_1, x_2, \cdots, x_n)$ 称为 θ 的估计值，简记为 $\hat{\theta}$。

鉴定估计量的标准主要有以下三个。

1.一致估计

在一般情况下，$\hat{\theta} \neq \theta$，但我们希望当 $n \to \infty$ 时 $\hat{\theta} \xrightarrow{P} \theta$，如果当 $n \to \infty$ 时，$\hat{\theta}$ 依概率收敛于 θ，即任意给定 $\varepsilon > 0$，$\lim\limits_{n \to \infty} P(|\hat{\theta} - \theta| < \varepsilon) = 1$，则称 $\hat{\theta}$ 为参数 θ 的一致估计，一致性是对于极限性质而言的，它只在样本容量较大时才起作用。

【例 1】 样本原点矩 $a_k = \dfrac{1}{n}\sum\limits_{i=1}^{n} X_i^k$ 是总体原点矩 $\alpha_k = EX^k (k \geqslant 1)$ 的一致估计。

【证】 由 $X_1, X_2, \cdots, X_n$ 独立同分布，可见对于任意 $k \geqslant 1$，$X_1^k, X_2^k, \cdots, X_n^k$ 也相互独立且与 X^k 同分布，由大数定律，对于任意 $\varepsilon > 0$，有

$$P\left(\left| \frac{1}{n}\sum_{i=1}^{n} X_i^k - EX^k \right| < \varepsilon \right) = 1$$

即 a_k 是 α_k 的一致估计。

2.无偏估计

如果 $E\hat{\theta} = \theta$ 成立，则称估计 $\hat{\theta}$ 为参数 θ 的无偏估计。

【例 2】 样本方差 $S^2 = \dfrac{1}{n-1}\sum\limits_{i=1}^{n}(X_i - \bar{X})^2$ 是总体方差 $\sigma^2 = DX$ 的无偏估计。

【证】 $X_1, X_2, \cdots, X_n$ 独立，且 X_i 与 X 有相同的分布，因而

$$EX_i = \mu, DX_i = \sigma^2 \qquad (i = 1, 2, \cdots, n)$$

且

$$D\bar{X} = \frac{\sigma^2}{n}$$

所以

$$ES^2 = \frac{1}{n-1} E\sum_{i=1}^{n}(X_i - \bar{X})^2 = \frac{1}{n-1}\left(\sum_{i=1}^{n} EX_i^2 - nE\bar{X}^2\right) =$$

$$\frac{1}{n-1}\left[n(\sigma^2 + \mu^2) - n\left(\frac{\sigma^2}{n} + \mu^2\right) \right] = \sigma^2$$

即 $S^2 = \dfrac{1}{n-1}\sum\limits_{i=1}^{n}(X_i - \bar{X})^2$ 是总体方差 $\sigma^2 = DX$ 的无偏估计。

3.有效估计

设 $\hat{\theta}_1 = \hat{\theta}_1(X_1, X_2, \cdots, X_n)$ 与 $\hat{\theta}_2 = \hat{\theta}_2(X_1, X_2, \cdots, X_n)$ 都是 θ 的无偏估计量,如果 $D\hat{\theta}_1 \leqslant D\hat{\theta}_2$,则称 $\hat{\theta}_1$ 比 $\hat{\theta}_2$ 有效。

【例 3】 设总体 X 的均值 $EX = \mu$ 为未知数,从总体中选取容量 $n = 3$ 的样本 X_1, X_2, X_3,选取 μ 的两个不同的估计量 $\hat{\mu}_1 = X_1, \hat{\mu}_2 = \bar{X}$,试说明这两个估计量都是无偏估计量,哪一个更有效。

【解】 因为 X_1, X_2, X_3 与总体 X 同分布,所以

$$EX_i = EX = \mu, i = 1,2,3$$

于是

$$E\hat{\mu}_1 = EX_1 = \mu$$

$$E\hat{\mu}_2 = E\bar{X} = \frac{1}{3}(EX_1 + EX_2 + EX_3) = \frac{1}{3}(\mu + \mu + \mu) = \mu$$

所以 $\hat{\mu}_1, \hat{\mu}_2$ 都是 μ 的无偏估计量。

设总体 X 的方差为 $DX = \sigma^2$,则 $DX_i = \sigma^2, i = 1,2,3$,有

$$D\hat{\mu}_1 = DX_1 = \sigma^2$$

$$D\hat{\mu}_2 = D\bar{X} = D\left[\frac{1}{3}(X_1 + X_2 + X_3)\right] = \frac{1}{9}(\sigma^2 + \sigma^2 + \sigma^2) = \frac{1}{3}\sigma^2$$

因为 $D\hat{\mu}_2 < D\hat{\mu}_1$,所以 $\hat{\mu}_2$ 较 $\hat{\mu}_1$ 更有效。

11.2.2 点估计

设 θ 为总体 X 分布中的未知参数,$X_1, X_2, \cdots, X_n$ 为总体 X 的样本。所谓参数 θ 的点估计就是由样本 $X_1, X_2, \cdots, X_n$ 构造一个适当的统计量 $\hat{\theta} = \hat{\theta}(X_1, X_2, \cdots, X_n)$,用 $\hat{\theta}$ 来估计总体 X 的未知参数 θ。点估计主要有两种方法:矩估计法和极大似然估计法。

1.矩估计法

矩估计法就是以样本矩作为相应的总体矩的估计,以样本矩的函数作为相应的总体矩的同一函数的估计,常用的是用样本均值 $\bar{X}$ 估计总体期望 μ。

【例 4】 设某种类型灯泡的使用寿命 $X \sim N(\mu, \sigma^2)$,其中,参数 μ, σ^2 未知。今随机地抽取 5 只灯泡,测得寿命(单位:h)为 1 502,1 578,1 454,1 366,1 650,试估计总体均值 μ 与方差 σ^2。

【解】 用矩估计为

$$\hat{\mu} = \bar{X} = \frac{1}{5}(1\,502 + 1\,578 + 1\,454 + 1\,366 + 1\,650) = 1\,510$$

$$\hat{\sigma}^2 = S^2 = \frac{1}{5-1}[(1\,502 - 1\,510)^2 + (1\,578 - 1\,510)^2 + (1\,454 - 1\,510)^2 +$$

$(1\ 366 - 1\ 510)^2 + (1\ 650 - 1\ 510)^2] = 12\ 040$

2.极大似然估计法

极大似然估计法是要选取这样的 $\hat{\theta}$，当它作为 θ 的估计值时，使观察结果出现的可能性最大。

设 X 为连续型随机变量，它的分布函数是 $F(x;\theta_1,\theta_2,\cdots,\theta_m)$，概率密度为 $p(x;\theta_1,\theta_2,\cdots,\theta_m)$，其中，$\theta_1,\theta_2,\cdots,\theta_m$ 为未知参数，称

$$L = L(x_1,x_2,\cdots,x_n;\theta_1,\theta_2,\cdots,\theta_m) = \prod_{i=1}^{n} p(x_i;\theta_1,\theta_2,\cdots,\theta_m)$$

为似然函数，对确定的 θ 样本值 $x_1,x_2,\cdots,x_n$，它是 $\theta_1,\theta_2,\cdots,\theta_m$ 的函数，若有

$$\hat{\theta}_j = \hat{\theta}_j(x_1,x_2,\cdots,x_n)$$

使

$$L(x_1,x_2,\cdots,x_n;\theta_1,\theta_2,\cdots,\theta_m) = \max_{\theta_1,\theta_2,\cdots,\theta_m} L(x_1,x_2,\cdots,x_n;\theta_1,\theta_2,\cdots,\theta_m)$$

称 $\hat{\theta}_j = \hat{\theta}_j(x_1,x_2,\cdots,x_n)$ 为 $\theta_j(j = 1,2,\cdots,m)$ 的极大似然估计量。

若 X 为离散型随机变量，有概率分布 $P(X = x_i) = p(x_i,\theta_1,\theta_2,\cdots,\theta_m)$，则似然函数

$$L(x_1,x_2,\cdots,x_n;\theta_1,\theta_2,\cdots,\theta_m) = \prod_{i=1}^{n} p(x_i;\theta_1,\theta_2,\cdots,\theta_m)$$

【例 5】 已知 X 服从正态分布 $N(\mu,\sigma^2)$，$(x_1,x_2,\cdots,x_n)$ 为 X 的一组样本观察值，用极大似然估计法估计 μ,σ^2 的值。

【解】 似然函数为

$$L = \prod_{i=1}^{n} \frac{1}{\sqrt{2\pi}\sqrt{\sigma^2}} e^{-\frac{(x_i-\mu)^2}{2\sigma^2}} = \left(\frac{1}{\sqrt{2\pi}}\right)^n \left(\frac{1}{\sigma^2}\right)^{\frac{n}{2}} e^{-\frac{1}{2\sigma^2}\sum_{i=1}^{n}(x_i-\mu)^2}$$

$$\ln L = n\ln\frac{1}{\sqrt{2\pi}} - \frac{n}{2}\ln\sigma^2 - \frac{1}{2\sigma^2}\sum_{i=1}^{n}(x_i - \mu)^2$$

$$\frac{\partial \ln L}{\partial \mu} = \frac{1}{\sigma^2}\sum_{i=1}^{n}(x_i - \mu)$$

$$\frac{\partial \ln L}{\partial \sigma^2} = -\frac{n}{2\sigma^2} + \frac{1}{2\sigma^4}\sum_{i=1}^{n}(x_i - \mu)^2$$

解似然方程组

$$\begin{cases} \dfrac{1}{\sigma^2}\displaystyle\sum_{i=1}^{n}(x_i - \mu) = 0 \\ -\dfrac{n}{2\sigma^2} + \dfrac{1}{2\sigma^4}\displaystyle\sum_{i=1}^{n}(x_i - \mu)^2 = 0 \end{cases}$$

得

$$\hat{\mu}=\frac{1}{n}\sum_{i=1}^{n}x_i=\bar{x}$$

$$\sigma^2=\frac{1}{n}\sum_{i=1}^{n}(x_i-\hat{\mu})^2=\frac{1}{n}\sum_{i=1}^{n}(x_i-\bar{x})^2$$

【例 6】 设总体 X 服从参数为 λ 的泊松分布,求未知参数 λ 的极大似然估计。

【解】 设 $X_1,X_2,\cdots,X_n$ 为 X 的一个样本,则

$$P(X_i=x_i)=\frac{\lambda^{x_i}}{x_i}\mathrm{e}^{-\lambda},i=1,2,\cdots,n$$

$$L=\prod_{i=1}^{n}\left(\frac{\lambda^{x_i}}{x_i!}\mathrm{e}^{-\lambda}\right)=\frac{\lambda^{\sum\limits_{i=1}^{n}x_i}}{x_1!x_2!\cdots x_n!}\mathrm{e}^{-n\lambda}$$

$$\ln L=\sum_{i=1}^{n}x_i\ln\lambda-\ln(x_1!x_2!\cdots x_n!)-n\lambda$$

似然方程为

$$\frac{\mathrm{d}\ln L}{\mathrm{d}\lambda}=\frac{1}{\lambda}\sum_{i=1}^{n}x_i-n=0$$

解得

$$\hat{\lambda}=\frac{1}{n}\sum_{i=1}^{n}x_i=\bar{x}$$

11.2.3 区间估计

点估计 $\hat{\theta}(x_1,x_2,\cdots,x_n)$ 作为 θ 的近似值,它与真实值之间总存在一定的偏差,人们希望对 θ 的取值估计出一个范围,这就是参数的区间估计问题。

设总体 X 的分布含有未知参数 θ,$\theta_1(x_1,x_2,\cdots,x_n)$ 与 $\theta_2(x_1,x_2,\cdots,x_n)$ 是由样本 $X_1,X_2,\cdots,X_n$ 构成的两个统计量。如果对于给定的正数 α,有 $P(\theta_1<\theta<\theta_2)=1-\alpha$ 成立,则称区间 $[\theta_1,\theta_2]$ 为参数 θ 的置信度为 $1-\alpha$ 的置信区间。

1. σ^2 已知,求 μ 的置信区间

因为 $$u=\frac{\bar{x}-\mu}{\sigma}\sqrt{n}\sim N(0,1)$$

给定置信水平 $1-\alpha$,则

$$P(-u_{\alpha/2}<u<u_{\alpha/2})=1-\alpha$$

将上式括号内不等式 $-u_{\alpha/2}<\frac{\bar{x}-\mu}{\sigma}\sqrt{n}<u_{\alpha/2}$ 转化为

$$\bar{x}-\mu_{\alpha/2}\frac{\sigma}{\sqrt{n}}<\mu<\bar{x}+\mu_{\alpha/2}\frac{\sigma}{\sqrt{n}}$$

所以 μ 的置信区间为$\left(\bar{x}-\mu_{\alpha/2}\frac{\sigma}{\sqrt{n}},\bar{x}+\mu_{\alpha/2}\frac{\sigma}{\sqrt{n}}\right)$。

【例7】 若灯泡寿命服从正态分布 $X\sim N(\mu,8)$,样本均值 $\bar{x}=1\ 147,n=10$,给定 $\alpha=0.05$,试估计 μ 的所在范围。

【解】 已知 $\sigma=2\sqrt{2}$,因为 $\alpha=0.05$,查正态分布表,得 $u_{\alpha/2}=1.96$,有

$$P\left(1\ 147-\frac{2\sqrt{2}}{\sqrt{10}}\times 1.96<\mu<1\ 147+\frac{2\sqrt{2}}{\sqrt{10}}\times 1.96\right)=0.95$$

即

$$1\ 145.25<\mu<1\ 148.75$$

2.σ^2 未知,求 μ 的置信区间,因为

$$t=\frac{\bar{x}-\mu}{s}\sqrt{n}\sim t(n-1)$$

给定置信水平 $1-\alpha$,则

$$P\{-t_{\alpha/2}(n-1)<t<t_{\alpha/2}(n-1)\}=1-\alpha$$

将上式括号内不等式

$$-t_{\alpha/2}(n-1)<\frac{x-\mu}{s}\sqrt{n}<t_{\alpha/2}(n-1)$$

转化为

$$\bar{x}-t_{\alpha/2}(n-1)\frac{s}{\sqrt{n}}<\mu<\bar{x}+t_{\alpha/2}(n-1)\frac{s}{\sqrt{n}}$$

所以 μ 的置信区间为

$$\left(\bar{x}-t_{\alpha/2}(n-1)\frac{s}{\sqrt{n}},\bar{x}+t_{\alpha/2}(n-1)\frac{s}{\sqrt{n}}\right)$$

【例8】 某商店购进一批木耳,现从中随机抽取8包(单位:g)进行检查,结果如下:502,505,499,501,498,497,499,501。已知这批木耳的重量服从正态分布,试求这批木耳每包平均质量的置信度为0.95的置信区间。

【解】 由题设容易算出

$$\bar{x}=500.25,s^2=\frac{1}{n-1}\sum_{i=1}^{n}(x_i-\bar{x})^2=6.5,s=\sqrt{s^2}=2.55$$

由 $1-\alpha=0.95,\alpha=0.05,n=8$,查 t 分布表得

$$t_{0.025}(7)=2.36$$

$$\bar{x}+t_{\alpha/2}(n-1)\frac{s}{\sqrt{n}}=500.25+2.36\frac{2.55}{\sqrt{8}}=502.38$$

$$\bar{x}-t_{\alpha/2}(n-1)\frac{s}{\sqrt{n}}=500.25-2.36\frac{2.55}{\sqrt{8}}=498.12$$

因此 μ 的置信度为0.95的置信区间为(498.12,502.38)。

3. 求 σ^2 的置信区间

因为

$$\chi^2 = \frac{(n-1)s^2}{\sigma^2} \sim \chi^2(n-1)$$

给定置信度 $1-\alpha$，则

$$P\{\chi^2_{1-\alpha/2}(n-1) < \chi^2 < \chi^2_{\alpha/2}(n-1)\} = 1-\alpha$$

将上式括号内不等式

$$\chi^2_{1-\alpha/2}(n-1) < \frac{(n-1)s^2}{\sigma^2} < \chi^2_{\alpha/2}(n-1)$$

转化为

$$\frac{(n-1)s^2}{\chi^2_{\alpha/2}(n-1)} < \sigma^2 < \frac{(n-1)s^2}{\chi^2_{1-\alpha/2}(n-1)}$$

所以 σ^2 的置信区间为 $\left(\frac{(n-1)s^2}{\chi^2_{\alpha/2}(n-1)}, \frac{(n-1)s^2}{\chi^2_{1-\alpha/2}(n-1)}\right)$。

【例9】 从某厂生产的滚珠中随机抽取10个，测得滚珠的直径(单位:mm)如下:14.6,15.0,14.7,15.1,14.9,14.8,15.0,15.1,15.2,14.8,若滚球的直径服从正态分布 $N(\mu,\sigma^2)$ 且 μ 未知，求滚珠直径方差 σ^2 的置信水平为0.95的置信区间。

【解】 可计算样本方差 $s^2 = 0.037\,3$，因为 $1-\alpha = 0.95$，$\alpha = 0.05$，自由度 $n-1 = 10-1 = 9$，查 χ^2 分布表得

$$\chi^2_{0.975}(9) = 2.70, \chi^2_{0.025}(9) = 19.0$$

σ^2 的置信区间为 $\left(\frac{9\times 0.037\,3}{19.0}, \frac{9\times 0.373}{2.70}\right)$，即(0.017 7,0.124 3)。

以上介绍的是单个正态总体参数的区间估计，下面我们来看两个正态总体参数的区间估计。

设总体 $X \sim N(\mu_1,\sigma_1^2)$，总体 $Y \sim N(\mu_2,\sigma_2^2)$，$X$ 与 Y 相互独立，$x_1,x_2,\cdots,x_n$ 为取自 X 的容量为 n 的样本，$\bar{x}$ 和 s_1^2 分别为其样本均值和样本方差；$y_1,y_2,\cdots,y_m$ 为取自 Y 的容量为 m 的样本，$\bar{y}$ 和 s_2^2 分别为其样本均值和样本方差。

(1) 已知 $\sigma_1^2 = \sigma_2^2$，求 $\mu_1-\mu_2$ 置信区间。

因为

$$t = \frac{\bar{x}-\bar{y}-(\mu_1-\mu_2)}{s_W\sqrt{\frac{1}{n}+\frac{1}{m}}} \sim t(n+m-2)$$

其中

$$s_W = \sqrt{\frac{(n-1)s_1^2+(m-1)s_2^2}{n+m-2}}$$

对给定的置信度 $1-\alpha$，则

$$P\{-t_{\alpha/2}(n+m-2) < t < t_{\alpha/2}(n+m-2)\} = 1-\alpha$$

将上式括号内不等式变形，可得到 $\mu_1-\mu_2$ 置信区间为

$$\left(\bar{x}-\bar{y}-t_{\alpha/2}(n+m-2)S_W\sqrt{\frac{1}{n}+\frac{1}{m}},\bar{x}-\bar{y}+t_{\alpha/2}(n+m-2)S_W\sqrt{\frac{1}{n}+\frac{1}{m}}\right)$$

(2) 求 σ_1^2/σ_2^2 的置信区间。

因为
$$F=\frac{s_1^2}{s_2^2}\cdot\frac{\sigma_2^2}{\sigma_1^2}\sim F(n-1,m-1)$$

给定置信度 $1-\alpha$，则

$$P\{F_{1-\alpha/2}(n-1,m-1)<F<F_{\alpha/2}(n-1,m-1)\}=1-\alpha$$

将上式括号内不等式变形，可得到$\dfrac{\sigma_1^2}{\sigma_2^2}$ 的置信区间为

$$\left(\frac{s_1^2}{s_2^2}\cdot\frac{1}{F_{\alpha/2}(n-1,m-1)},\frac{s_1^2}{s_2^2}\cdot\frac{1}{F_{1-\alpha/2}(n-1,m-1)}\right)$$

【例 10】 设某厂有两台机器生产金属棒，长度作为总体近似服从正态分布，从机器甲、乙随机抽取 $n=11$ 根，$m=21$ 根金属棒，两个样本测得数据样本均值和样本标准差分别为

$$\bar{x}=8.06\ \text{cm},\bar{y}=7.74\ \text{cm},s_1=0.063\ \text{cm},s_2=0.059\ \text{cm}$$

设总体的方差相等，求显著性水平 $\alpha=0.05$ 下 $\mu_1-\mu_2$ 的置信区间。

【解】 由两个正态总体方差未知但相等，选取统计量

$$t=\frac{\bar{x}-\bar{y}-(\mu_1-\mu_2)}{s_W\sqrt{\dfrac{1}{n}+\dfrac{1}{m}}}\sim t(n+m-2)$$

$$n=11,m=21,n+m-2=30$$

查 t 分布表得

$$t_{0.025}(30)=2.042\,3$$

$$s_W=\sqrt{\frac{(n-1)s_1^2+(m-1)s_2^2}{n+m-2}}=\sqrt{\frac{10\times0.063^2+20\times0.059^2}{30}}=0.06$$

于是 $\mu_1-\mu_2$ 的置信区间为

$$\left(\bar{x}-\bar{y}-t_{0.025}(n+m-2)s_W\sqrt{\frac{1}{n}+\frac{1}{m}},\right.$$

$$\left.\bar{x}-\bar{y}+t_{0.025}(n+m-2)s_W\sqrt{\frac{1}{n}+\frac{1}{m}}\right)=(0.274,0.366)$$

【例 11】 设正态总体 $N(\mu_1,\sigma_1^2)$ 与正态总体 $N(\mu_2,\sigma_2^2)$ 中独立地抽取容量为 10 的样本，其样本方差依次为 0.541 9 与 0.606 5，求方差比 σ_1^2/σ_2^2 的置信区间 $(\alpha=0.10)$。

【解】 由题意

$$s_1^2 = 0.541\,9, s_2^2 = 0.606\,5, n = m = 10, \alpha = 0.10$$

选取统计量

$$F = \frac{s_1^2}{s_2^2} \cdot \frac{\sigma_2^2}{\sigma_1^2} \sim F(n-1, m-1)$$

在 $\alpha = 0.10$ 下查 F 分布表得

$$F_{\alpha/2}(n-1, m-1) = F_{0.05}(9,9) = 3.18$$

$$F_{1-\alpha/2}(n-1, m-1) = F_{0.95}(9,9) = \frac{1}{F_{0.05}(9,9)} = \frac{1}{3.18}$$

因此$\dfrac{\sigma_1^2}{\sigma_2^2}$的置信区间为

$$\left(\frac{s_1^2}{s_2^2} \cdot \frac{1}{F_{\alpha/2}(n-1, m-1)}, \frac{s_1^2}{s_2^2} \cdot \frac{1}{F_{1-\alpha/2}(n-1, m-1)}\right) =$$

$$\left(\frac{0.541\,9}{0.606\,5} \times \frac{1}{3.18}, \frac{0.541\,9}{0.606\,5} \times 3.18\right) = (0.281, 2.841)$$

11.3 范　例

【例 1】 设 $X_1, X_2, \cdots, X_n$ 是取自正态总体 $N(\mu, \sigma^2)$ 的样本,令

$$Y = \frac{1}{n}\sum_{i=1}^{n} | X_i - \mu |$$

试求 EY, DY。

【解】 令 $Y_i = X_i - \mu$,则 $Y_i \sim N(0, \sigma^2)$,于是

$$E(| X_i - \mu |) = E(| Y_i |) = \int_{-\infty}^{+\infty} | y | \frac{1}{\sqrt{2\pi}\sigma} e^{-\frac{y^2}{2\sigma^2}} dy =$$

$$\frac{2}{\sqrt{2\pi}\sigma}\int_0^{+\infty} y e^{-\frac{y^2}{2\sigma^2}} dy = \sqrt{\frac{2}{\pi}}\sigma$$

故

$$EY = E(| X_i - \mu |) = \sqrt{\frac{2}{\pi}}\sigma$$

而

$$D(| X_i - \mu |) = E(| Y_i |) = EY_i^2 - (E | Y_i |)^2 = DY_i - \frac{2}{\pi}\sigma^2 = \left(1 - \frac{2}{\pi}\right)\sigma^2$$

故

$$DY = \frac{1}{n^2}\sum_{i=1}^{n} D(| X_i - \mu |) = \left(1 - \frac{2}{\pi}\right)\frac{\sigma^2}{n}$$

【例 2】 设 $X_1, X_2, \cdots, X_n$ 是来自正态总体 $N(\mu, \sigma^2)$ 的简单随机样本,$\bar{X}$ 是样本均值,记

$$S_1^2=\frac{1}{n-1}\sum_{i=1}^{n}(X_i-\bar{X})^2, S_2^2=\frac{1}{n}\sum_{i=1}^{n}(X_i-\bar{X})^2$$

$$S_3^2=\frac{1}{n-1}\sum_{i=1}^{n}(X_i-\mu)^2, S_4^2=\frac{1}{n}\sum_{i=1}^{n}(X_i-\mu)^2$$

则服从自由度为 $n-1$ 的 t 分布的随机变量是 ( )

(A) $T=\frac{\bar{X}-\mu}{S_1/\sqrt{n-1}}$ (B) $T=\frac{\bar{X}-\mu}{S_2/\sqrt{n-1}}$

(C) $T=\frac{\bar{X}-\mu}{S_3/\sqrt{n}}$ (D) $T=\frac{\bar{X}-\mu}{S_4/\sqrt{n}}$

【解】 因为服从自由度为 $n-1$ 的 t 分布的统计量中应包含样本方差，而 S_3^2, S_4^2 都不是样本方差，故(C)，(D) 排除。

因为 $u=\frac{\bar{X}-\mu}{\sigma/\sqrt{n}}\sim N(0,1)$，而

$$v=\frac{nS_2^2}{\sigma^2}=\frac{(n-1)S_1^2}{\sigma^2}=\frac{1}{\sigma^2}\sum_{i=1}^{n}(X_i-\bar{X})^2\sim\chi^2(n-1)$$

取 $v=\frac{nS_2^2}{\sigma^2}$，由于 u,v 独立，则

$$T=\frac{u}{\sqrt{v/(n-1)}}=\frac{(\bar{X}-\mu)/(\sigma/\sqrt{n})}{\sqrt{nS_2^2/(n-1)\sigma^2}}=\frac{\bar{X}-\mu}{S_2/\sqrt{(n-1)}}\sim t(n-1)$$

故选(B)。

【例 3】 设随机变量 X 和 Y 相互独立且都服从正态分布 $N(0,3^2)$，$X_1, X_2,\cdots,X_9$ 和 $Y_1,Y_2,\cdots,Y_9$ 是分别取自总体 X 和 Y 的简单随机样本，试证统计量 $T=\frac{X_1+X_2+\cdots+X_9}{\sqrt{Y_1^2+Y_2^2+\cdots+Y_9^2}}$ 服从自由度为 9 的 t 分布。

【证】 令 $X'_i=\frac{X_i}{3}, Y'_i=\frac{Y_i}{3}, i=1,2,\cdots,9$，则

$$X'_i\sim N(0,1), Y_i\sim N(0,1)$$

再令 $X'=X'_1+X'_2+\cdots+X'_9$，则

$$X'\sim N(0,9), \frac{X'}{3}\sim N(0,1)$$

$$Y'^2=Y'^2_1+Y'^2_2+\cdots+Y'^2_9, Y'^2\sim\chi^2(9)$$

因此

$$T=\frac{X_1+X_2+\cdots+X_9}{\sqrt{Y_1^2+Y_2^2+\cdots+Y_9^2}}=\frac{X'_1+X'_2+\cdots+X'_9}{\sqrt{Y'^2_1+Y'^2_2+\cdots+Y'^2_9}}=\frac{X'}{\sqrt{Y'^2}}=\frac{X'/3}{\sqrt{Y'^2/9}}$$

且 X', Y'^2 相互独立，所以 T 服从自由度为 9 的 t 分布。

【例 4】 设 X_1,X_2,X_3,X_4 是来自总体 $N(0,2^2)$ 的简单随机样本,有

$$X = a(X_1-2X_2)^2 + b(3X_3-4X_4)^2$$

则当 $a=$ ________, $b=$ ________时统计量 X 服从 χ^2 分布,其自由度为________。

【解】 设 $Y_1 = X_1-2X_2, Y_2 = 3X_3-4X_4$,则由期望与方差的性质知 $EY_1 = EY_2 = 0, DY_1 = 20, DY_2 = 100$,从而当 $a=\frac{1}{20}, b=\frac{1}{100}$ 时,$\sqrt{a}Y_1,\sqrt{b}Y_2$ 均服从正态分布,从而统计量 X 服从 χ^2 分布,其自由度为 2。

【例 5】 设总体 $X \sim N(0,\sigma^2)$, X_1,X_2 是总体的一个样本,求 $Y=\frac{(X_1+X_2)^2}{(X_1-X_2)^2}$ 的分布。

【解】
$$Y = \left(\frac{X_1+X_2}{\sqrt{2}\sigma}\right)^2 \Big/ \left(\frac{X_1-X_2}{\sqrt{2}\sigma}\right)^2$$

又 $X_1+X_2 \sim N(0,2\sigma^2)$, $X_1-X_2 \sim N(0,2\sigma^2)$,于是

$$\left(\frac{X_1+X_2}{\sqrt{2}\sigma}\right)^2 \sim \chi^2(1), \left(\frac{X_1-X_2}{\sqrt{2}\sigma}\right)^2 \sim \chi^2(1)$$

易验证 X_1+X_2 与 X_1-X_2 相互独立,由统计量 F 定义可知 $Y \sim F(1,1)$。

【例 6】 设随机变量 $X \sim t(n)(n>1)$, $Y=\frac{1}{X^2}$,则

(A) $Y \sim \chi^2(n)$ (B) $Y \sim \chi^2(n-1)$ (C) $Y \sim F(n,1)$ (D) $Y \sim F(1,n)$

【解】 根据 t 分布的性质,如果随机变量 $X \sim t(n)$,则 $X^2 \sim F(1,n)$,又根据 F 分布的性质,如果 $X^2 \sim F(1,n)$,则$\frac{1}{X^2} \sim F(n,1)$,故选(C)。

【例 7】 设总体 X 服从正态分布 $N(\mu_1,\sigma^2)$,总体 Y 服从正态分布 $N(\mu_2,\sigma^2)$, $X_1,X_2,\cdots,X_{n_1}$ 和 $Y_1,Y_2,\cdots,Y_{n_2}$ 分别是来自总体 X 和 Y 的简单随机样本,则 $E\left[\frac{\sum\limits_{i=1}^{n}(X_i-\bar{X})^2+\sum\limits_{j=1}^{n}(Y_j-\bar{Y})^2}{n_1+n_2-2}\right]=$ ________。

【解】 利用正态总体下常用统计量的数学特征,因为

$$E\left[\frac{1}{n_1-1}\sum_{i=1}^{n_1}(X_i-\bar{X})^2\right]=\sigma^2$$

$$E\left[\frac{1}{n_2-1}\sum_{j=1}^{n_2}(Y_j-\bar{Y})^2\right]=\sigma^2$$

所以应填 σ^2。

【例 8】 设 $X_1,X_2,\cdots,X_9$ 是来自正态总体 X 的简单随机样本。

$$Y_1 = \frac{1}{6}(X_1 + \cdots + X_6), Y_2 = \frac{1}{3}(X_7 + X_8 + X_9)$$

$$S^2 = \frac{1}{2}\sum_{i=7}^{9}(X_i - Y_2)^2, Z = \frac{\sqrt{2}(Y_1 - Y_2)}{S}$$

证明,统计量 Z 服从自由度为 2 的 t 分布。

【证】 设 $X \sim N(\mu,\sigma^2)$,则

$$EY_1 = EY_2 = \mu, DY_1 = \frac{1}{36}D(\sum_{i=1}^{6}X_i) = \frac{1}{36}\times 6\sigma^2 = \frac{1}{6}\sigma^2$$

$$DY_2 = \frac{1}{3^2}\times 3\sigma^2 = \frac{1}{3}\sigma^2$$

由于 Y_1 与 Y_2 相互独立,可知 $E(Y_1 - Y_2) = 0$。

$$D(Y_1 - Y_2) = D(Y_1) + D(Y_2) = \frac{1}{6}\sigma^2 + \frac{1}{3}\sigma^2 = \frac{1}{2}\sigma^2$$

从而
$$u = \frac{Y_1 - Y_2}{\sigma/\sqrt{2}} \sim N(0,1)$$

由正态总体样本方差的性质,可知

$$\chi^2 = \frac{2s^2}{\sigma^2} \sim \chi^2(2)$$

由于 Y_1, Y_2, S^2 相互独立,可见 $Y_1 - Y_2$ 与 S^2 独立。于是

$$Z = \frac{\sqrt{2}(Y_1 - Y_2)}{S} = \frac{u}{\sqrt{\chi^2/2}}$$

服从自由度为 2 的 t 分布。

【例 9】 设总体 X 服从正态分布 $N(62,100)$,为使样本均值大于 60 的概率不小于 0.95,问样本容量 n 至少应取多大?

【解】 设需要样本容量为 n,则

$$\frac{\bar{X} - \mu}{\sigma/\sqrt{n}} = \frac{\bar{X} - \mu}{\sigma}\cdot\sqrt{n} \sim N(0,1)$$

$$P\{\bar{X} > 60\} = P\left\{\frac{\bar{X} - 62}{10}\sqrt{n} > \frac{60 - 62}{10}\sqrt{n}\right\} = 1 - \Phi(-0.2\sqrt{n}) =$$
$$\Phi(0.2\sqrt{n}) \geqslant 0.95$$

有
$$0.2\sqrt{n} \geqslant 1.64 \Rightarrow n \geqslant \left(\frac{1.64}{0.2}\right)^2 = 67.24$$

故样本容量至少应取 68。

【例 10】 设 n 个随机变量 $X_1, X_2, \cdots, X_n$ 独立同分布 $DX_1 = \sigma^2, \bar{X} = \frac{1}{n}\sum_{i=1}^{n}X_i, S^2 = \frac{1}{n-1}\sum_{i=1}^{n}(X_i - \bar{X})^2$,则 (　　)

(A) S 是 σ 的无偏估计量　　(B) S 是 σ 的极大似然估计量

(C) S 是 σ 的一致估计量　　(D) S 与 $\bar{X}$ 独立

【解】 因为 $ES^2 = \sigma^2$ 故一般情况下 $ES \neq \sigma$,排除(A)。

因为 $M^2 = \dfrac{1}{n}\sum_{i=1}^{n}(X_i - \bar{X})^2$ 是 σ^2 的极大似然估计量,(B) 错。

当 X 为正态总体时,S 与 $\bar{X}$ 独立,但对任意总体,该结论不对,故不选(D)。

应用切比雪夫不等式可以证明 S 是 σ 的一致估计量,选(C)。

【例 11】 设 X 服从$(0,\theta)(\theta > 0)$上的均匀分布,$X_1, X_2, \cdots, X_n$ 是取自总体 X 的样本,求 θ 的极大似然估计量与矩估计量。

【解】 (1) X 的密度函数为

$$f(x;\theta) = \begin{cases} \dfrac{1}{\theta} & 0 < x \leqslant \theta \\ 0 & \text{其他} \end{cases}$$

似然函数为

$$L(\theta) = \prod_{i=1}^{n} f(x_i;\theta) = \begin{cases} \dfrac{1}{\theta^n} & 0 < x_i \leqslant \theta, i = 1,2,\cdots,n \\ 0 & \text{其他} \end{cases}$$

显然,当 $\theta > 0$ 时,$L(\theta)$ 是单调减函数,θ 越小,$L(\theta)$ 就越大,但 $\theta \geqslant \max\limits_{1\leqslant i\leqslant n}\{x_i\}$,所以 $\hat{\theta} = \max\limits_{1\leqslant i\leqslant n}\{x_i\}$ 是 θ 的极大似然估计量。

(2) 因
$$EX = \int_{-\infty}^{+\infty} xf(x;\theta)\mathrm{d}x = \int_0^{\theta}\frac{x}{\theta}\mathrm{d}x = \frac{\theta}{2}$$

令 $EX = \dfrac{1}{n}\sum_{i=1}^{n}X_i$,即 $\dfrac{\theta}{2} = \bar{X}$,得 θ 的矩估计量为 $\hat{\theta} = 2\bar{X}$。

【例 12】 设 $X_1, X_2, \cdots, X_n(n \geqslant 2)$ 是正态总体 $N(\mu,\sigma^2)$ 的一个简单随机样本,试适当选择常数 C,使 $Q = C\sum_{i=1}^{n-1}(X_{i+1} - X_i)^2$ 为 σ^2 的无偏估计。

【解法一】

$$E(X_{i+1} - X_i)^2 = D(X_{i+1} - X_i) + [E(X_{i+1} - X_i)]^2 =$$
$$DX_{i+1} + DX_i + 0 = 2\sigma^2$$

$$EQ = C\sum_{i=1}^{n-1}2\sigma^2 = 2(n-1)C\sigma^2 = \sigma^2$$

所以
$$C = \frac{1}{2(n-1)}$$

【解法二】

$$E(X_{i+1} - X_i)^2 = E(X_{i+1}^2 - 2X_iX_{i+1} + X_i^2) = EX_{i+1}^2 - 2EX_i \cdot EX_{i+1} + EX_i^2 =$$

$$DX_{i+1} + (EX_{i+1})^2 - 2\mu^2 + DX_i + (EX_i)^2 =$$

$$\sigma^2 + \mu^2 - 2\mu^2 + \sigma^2 + \mu^2 = 2\sigma^2$$

同解法一得
$$C = \frac{1}{2(n-1)}$$

【例 13】 设随机变量 X 的密度函数为

$$f(x) = \frac{1}{2\sigma}e^{-\frac{|x|}{\sigma}}, -\infty < x < +\infty$$

$x_1, x_2, \cdots, x_n$ 为 X 的 n 次观测值,试求 σ 的极大似然估计。

【解】 似然函数为

$$L(x_1, x_2, \cdots, x_n; \sigma) = \frac{1}{(2\sigma)^n}e^{-\frac{\sum_{i=1}^{n}|x_i|}{\sigma}}$$

则
$$\ln L = (-n)\ln(2\sigma) - \frac{1}{\sigma}\sum_{i=1}^{n}|x_i|$$

令
$$\frac{\partial \ln L}{\partial \sigma} = -\frac{n}{\sigma} + \frac{1}{\sigma^2}\sum_{i=1}^{n}|x_i| = 0$$

得 σ 的极大似然估计

$$\hat{\sigma} = \frac{1}{n}\sum_{i=1}^{n}|x_i|$$

【例 14】 设总体 X 的期望为 μ,方差为 σ^2,分别抽取容量为 n_1, n_2 的两个独立样本,$\bar{X}_1, \bar{X}_2$ 为两个样本的均值。试证,如果 a, b 是满足 $a + b = 1$ 的常数,则 $Y = a\bar{X}_1 + b\bar{X}_2$ 就是 μ 的无偏估计量,并确定 a, b,使 DY 最小。

【证】 已知 $EX = \mu$,且 $E\bar{X}_1 = E\bar{X}_2 = EX = \mu$,所以

$$EY = E(a\bar{X}_1 + b\bar{X}_2) = aE\bar{X}_1 + bE\bar{X}_2 = (a + b)\mu = \mu$$

所以,$Y = a\bar{X}_1 + b\bar{X}_2$ 是 μ 的无偏估计量。

$$DY = D(a\bar{X}_1 + b\bar{X}_2) = a^2D\bar{X}_1 + b^2D\bar{X}_2 =$$

$$a^2\frac{\sigma^2}{n_1} + b^2\frac{\sigma^2}{n_2} = \left(\frac{a^2}{n_1} + \frac{b^2}{n_2}\right)\sigma^2$$

为使 DY 达到最小,只要$\frac{a^2}{n_1} + \frac{b^2}{n_2}$ 达到最小,记

$$z = \frac{a^2}{n_1} + \frac{b^2}{n_2}$$

由 $a + b = 1$ 得

$$z = \frac{a^2}{n_1} + \frac{(1-a)^2}{n_2}, \frac{dz}{da} = \frac{2a}{n_1} - \frac{2(1-a)}{n_2} = 0$$

解得

$$a = \frac{n_1}{n_1 + n_2}, b = \frac{n_2}{n_1 + n_2}$$

驻点唯一,故当 $a = \frac{n_1}{n_1 + n_2}, b = \frac{n_2}{n_1 + n_2}$ 时,DY 达到最小值$\frac{\sigma^2}{n_1 + n_2}$。

【例 15】 设总体 X 的概率密度为

$$f(x,\theta) = \begin{cases} e^{-(x-\theta)} & x \geqslant 0 \\ 0 & x < 0 \end{cases}$$

而 $X_1, X_2, \cdots, X_n$ 是来自总体 X 的随机样本,则未知参数 θ 的矩估计量为________。

【解】 因为 $EX = \int_{-\infty}^{+\infty} xf(x)\,dx = \int_0^{+\infty} x e^{-x+\theta} dx = \theta + 1$

而

$$\theta + 1 = \frac{1}{n}\sum_{i=1}^{n} X_i$$

因此 θ 的矩估计量为

$$\hat{\theta} = \frac{1}{n}\sum_{i=1}^{n} X_i - 1 = \bar{X} - 1$$

【例 16】 设 X_1, X_2 是取自总体 $N(\mu,1)$(μ 未知的一个样本),试证,如下三个估计量

$$\hat{\mu}_1 = \frac{2}{3}X_1 + \frac{1}{3}X_2, \hat{\mu}_2 = \frac{1}{4}X_1 + \frac{3}{4}X_2, \hat{\mu}_3 = \frac{1}{2}X_1 + \frac{1}{2}X_2$$

都是 μ 的无偏估计量,并确定最有效的一个。

【证】

$$EX_i = \mu, DX_i = 1 \qquad (i = 1,2)$$

$$E\hat{\mu}_1 = \frac{2}{3}EX_1 + \frac{1}{3}EX_2 = \frac{2}{3}\mu + \frac{1}{3}\mu = \mu$$

$$E\hat{\mu}_2 = \frac{1}{4}\mu + \frac{3}{4}\mu = \mu$$

$$E\hat{\mu}_3 = \frac{1}{2}\mu + \frac{1}{2}\mu = \mu$$

故 $\hat{\mu}_1, \hat{\mu}_2, \hat{\mu}_3$ 均为 μ 的无偏估计。因为 X_1 与 X_2 独立,所以

$$D\hat{\mu}_1 = \frac{4}{9}DX_1 + \frac{1}{9}DX_2 = \frac{4}{9} + \frac{1}{9} = \frac{5}{9}$$

$$D\hat{\mu}_2 = \frac{1}{16} + \frac{9}{16} = \frac{5}{8}$$

$$D\hat{\mu}_3 = \frac{1}{4} + \frac{1}{4} = \frac{1}{2}$$

比较可知 $\hat{\mu}_3$ 是 μ 的最有效估计量。

【例 17】 来自正态总体 $X \sim N(\mu, 0.9^2)$ 容量为9的简单随机样本,得样本均值 $\bar{X} = 5$,则未知参数 μ 的置信度为0.95的置信区间为________。

【解】 关于 μ 的置信度为 0.95 的置信区间为

$$(\bar{X} - u_{\alpha/2}\frac{\sigma}{\sqrt{n}}, \bar{X} + u_{\alpha/2}\frac{\sigma}{\sqrt{n}})$$

由题意

$$\bar{X} = 5, \sigma = 0.9, \alpha = 0.05, n = 9, u_{\alpha/2} = 1.96$$

因此所求置信区间为(4.412,5.588)。

【例 18】 设随机地取某种炮弹 9 发作试验，测得炮口速度的样本标准差 $S = 11(m/s)$，设炮口速度 X 服从 $N(\mu, \sigma^2)$，求这种炮弹的炮口速度的标准差 σ 的 95% 的置信区间。

【解】 $$1 - \alpha = 0.95, \frac{\alpha}{2} = 0.025, n = 9, S = 11$$

取统计量

$$\chi^2 = \frac{(n-1)S^2}{\sigma^2} \sim \chi^2(n-1)$$

由 $P\{\chi^2_{\alpha/2}(n-1) < \chi^2 < \chi^2_{1-\alpha/2}(n-1)\} = 1 - \alpha$

查 χ^2 分布表得

$$\chi^2_{0.975}(8) = 17.535, \chi^2_{0.025}(8) = 2.18$$

故 σ 的 95% 的置信区间为

$$\left(\frac{\sqrt{8} \times 11}{\sqrt{17.535}}, \frac{\sqrt{8} \times 11}{\sqrt{2.18}}\right) = (7.4, 21.1)$$

【例 19】 设两总体 X, Y 相互独立，$X \sim N(\mu_1, 60)$，$Y \sim N(\mu_2, 36)$，从 X，Y 中分别抽取容量为 $n_1 = 75$，$n_2 = 50$ 的样本，且算得 $\bar{X} = 82$，$\bar{Y} = 76$，求 $\mu_1 - \mu_2$ 的 95% 的置信区间。

【解】 已知 $$\sigma_1^2 = 60, \sigma_2^2 = 36$$

均值差的置信区间为

$$\left(\bar{X} - \bar{Y} - u_{\alpha/2}\sqrt{\frac{\sigma_1^2}{n_1} + \frac{\sigma_2^2}{n_2}}, \bar{X} - \bar{Y} + u_{\alpha/2}\sqrt{\frac{\sigma_1^2}{n_1} + \frac{\sigma_2^2}{n_2}}\right)$$

由 $$u_{\alpha/2} = u_{0.025} = 1.96$$

代入得置信区间为(3.58,8.42)。

【例 20】 设正态总体方差 σ^2 已知，问抽取的样本容量 n 应为多大，才能使总体均值的置信度为 0.95 的置信区间长度不大于 l。

【解】 由于方差 σ 已知，$\frac{\bar{X} - \mu}{\sigma/\sqrt{n}} \sim N(0,1)$ 关于 μ 的置信区间为

$$\left(\bar{X} - u_{\alpha/2}\frac{\sigma}{\sqrt{n}}, \bar{X} + u_{\alpha/2}\frac{\sigma}{\sqrt{n}}\right)$$

$$l = \bar{X} + u_{\alpha/2}\frac{\sigma}{\sqrt{n}} - \left(\bar{X} - u_{\alpha/2}\frac{\sigma}{\sqrt{n}}\right) = 2u_{\alpha/2}\frac{\sigma}{\sqrt{n}}$$

$$1 - \alpha = 0.95, u_{\alpha/2} = 1.96$$

所以

$$2 \times 1.96 \times \frac{\sigma}{\sqrt{n}} \leqslant l$$

即

$$n \geqslant \left(2 \times 1.96\frac{\sigma}{l}\right)^2 = 15.366\,4\frac{\sigma^2}{l^2}$$

习　题

1.某射手进行20次独立,重复的射击,击中靶子的情况如下

环　数	4	5	6	7	8	9	10
频　数	2	0	4	9	0	3	2

求经验分布函数。

2.测得20个毛坯质量(单位:g)如下:185,187,192,195,200,202,202,205,206,207,207,208,210,214,215,215,216,218,218,227,画出频率直方图。

3.某厂生产玻璃板,以每块玻璃上的泡疵点个数为数量指标,已知它服从均值为λ的泊松分布。从产品中抽一个容量为n的样本$X_1,X_2,\cdots,X_n$,求样本的分布。

4.设$X_1,X_2,\cdots,X_n$是来自均匀分布总体$u(0,C)$的样本,求样本的联合概率密度。

5.设$X_1,X_2,\cdots,X_n$是来自$N(\mu,\sigma^2)$的一个样本,问$\sum_{i=1}^{n}[(X_i-\mu^2)/\sigma^2]$服从什么分布。

6.设抽得的样本观测值为:38.2,40.2,42.4,37.6,39.2,41.0,44.0,43.2,38.8,40.6,计算样本均值,样本标准差,样本方差与样本二阶中心矩。

7.证明,若$X \sim \chi^2(n)$,则$EX = n, DX = 2n$。

8.设$X_1,X_2,\cdots,X_n$是来自总体$X \sim N(a,\sigma^2)$的一个样本,求证,统计量$\tilde{S}^2 = \frac{1}{n}\sum_{i=1}^{n}(X_i - \bar{X})^2$不是总体方差$\sigma^2$的无偏估计量。

9.对某一距离(单位:m)进行5次测量,结果如下:2 781,2 836,2 807,2 763,2 858,已知测量结果服从$N(\mu,\sigma^2)$,求参数μ和σ^2的矩估计。

10.设$X \sim B(1,p)$,$X_1,X_2,\cdots,X_n$是来自X的一个样本,试求参数p的极大似然估计。

11.设总体X服从几何分布,$P(X = k) = p(1-p)^{k-1}(k = 1,2,\cdots)$,试利

用样本 $x_1,x_2,\cdots,x_n$ 求未知参数 p 的极大似然估计。

12. 设总体 X 具有概率密度

$$f(x)=\begin{cases}\theta x^{\theta-1} & 0<x<1\\ 0 & \text{其他}\end{cases}\qquad(\theta>0)$$

(1) 求 θ 的矩估计;(2) 求 θ 的极大似然估计。

13. 设总体 X 的期望为 μ,方差为 σ^2,$x_1,x_2,\cdots,x_n$ 是总体 X 的一个样本,令 $\hat{\mu}_1=\dfrac{1}{n}\sum\limits_{i=1}^{n}x_i$,$\hat{\mu}_2=\dfrac{1}{k}\sum\limits_{i=1}^{k}x_i(k<n)$。试证,$\hat{\mu}_1$,$\hat{\mu}_2$ 都是 μ 的无偏估计,且 $\hat{\mu}_1$ 比 $\hat{\mu}_2$ 有效。

14. 设 $x_1,x_2,\cdots,x_n$ 是来自总体 $N(\mu,\sigma^2)$ 的一个样本,其中 μ 为已知,试证 $\hat{\sigma}^2=\dfrac{1}{n}\sum\limits_{i=1}^{n}(x_i-\mu)^2$ 是 σ^2 的一致估计。

15. 设 $\hat{\theta}_1$ 及 $\hat{\theta}_2$ 是 θ 的两个独立的无偏估计量,且假定 $D(\hat{\theta}_1)=2D(\hat{\theta}_2)$,求常数 C_1 及 C_2,使 $\hat{\theta}=C_1\hat{\theta}_1+C_2\hat{\theta}_2$ 为 θ 的无偏估计,并使得 $D(\hat{\theta})$ 达到最小。

16. 生产一个零件所需时间 $X\sim N(\mu,\sigma^2)$,观察 25 个零件的生产时间得 $\bar{x}=5.5$ s,$S=1.73$ s,试以 0.95 的可靠性求 μ 和 σ^2 的置信区间。

17. 设总体 $x\sim N(\mu,\sigma^2)$,已知 $\sigma=\sigma_0$,要使总体均值 μ 的置信度为 $1-\alpha$ 的置信区间的长度不大于 l,问需要抽取多大容量的样本。

18. 已知灯泡寿命的标准差 $\sigma=50$ h,抽出 25 个灯泡检验,得平均寿命 $\bar{x}=500$ h,试以 95% 的可靠性对灯泡的平均寿命进行区间估计。(假设灯泡寿命服从正态分布)

19. 对某农作物两个品种计算了 8 个地区的亩产量如下:

品种 A:86,87,56,93,84,93,75,79

品种 B:80,79,58,91,77,82,74,66

假定两个品种的亩产量分别服从正态分布,且方差相等,试求平均亩产量之差置信度为 0.95 的置信区间。

20. 岩石密度的测量误差服从正态分布,随机抽测 12 个样品,得 $S=0.2$,求 σ^2 的置信区间($\alpha=0.1$)。

21. 有两位化验员 A,B 独立地对某种聚合物的含氮量用同样的方法分别作 10 次和 11 次测定,测定的方差分别为 $S_1^2=0.541\,9$,$S_2^2=0.606\,5$,设 A,B 两化验员的测定值服从正态分布,其总体方差分别为 σ_1^2,σ_2^2,求方差比 σ_1^2/σ_2^2 的置信度为 0.90 的置信区间。

第 12 章　假设检验及方差分析

12.1　假设检验

任何一个有关随机变量未知分布的假设称为统计假设或简称假设。在总体分布类型已知的情况下，仅仅涉及到总体分布中未知参数的统计假设，称为参数假设。在总体分布类型未知的情况下，对总体分布类型或者总体分布的某些特征提出的统计假设，称为非参数假设。我们对总体分布中的某些未知参数或分布的形式作出某种假设，然后通过抽取的样本，对假设的正确性进行判断的问题，称为假设检验。

例如某生产部门确定每批产品次品率必须低于 3% 才能出厂，这样对于某一批产品是否合格，实际上就存在一种假设 H_0：产品的次品率 $\leqslant 3\%$。现在需抽取容量为 n 的样本，来判断是否接受这个假设，以决定这批产品能否出厂。

本节将介绍具体的检验方法。

12.1.1　假设检验的思想方法及两类错误

假设检验中应用了小概率原理，所谓小概率原理即“小概率事件在一次观测中几乎不可能发生”。通常把概率不超过 0.01，0.05 或 0.10 的事件称为小概率事件，这个概率值记为 α，即 $\alpha = 0.01$ 或 0.05 或 0.10，或其他较小的正数，α 称为显著性水平或检验水平。

假设检验的基本步骤为：

(1) 根据实际问题的要求，提出统计假设 H_0；

(2) 在 H_0 为真的情况下，构造一个小概率事件；

(3) 如果小概率事件发生，则拒绝原假设 H_0，如小概率事件没有发生，则接受 H_0。

由于人们作出判断的根据是一个样本，也就是由部分来推断整体，因而假设检验不可能绝对准确，它也可能犯错误，可能犯的错误有两类：

(1) 原假设 H_0 符合实际情况，而检验结果把它否定了，这是“弃真”错误；

(2) 原假设 H_0 不符合实际情况，而检验结果把它肯定下来了，这是“取伪”错误。

在进行假设检验时，人们应力求犯错误的概率尽可能地小。

12.1.2 一个正态总体的假设检验

设总体 $X \sim N(\mu,\sigma^2)$，$x_1,x_2,\cdots,x_n$ 是总体X的一个样本，$\bar{x}$ 与 s^2 分别为其样本均值与样本方差，μ_0，σ_0^2 为已知数，关于总体参数 μ，σ^2 的假设检验，本节介绍四种。

1. u 检验——已知 $\sigma^2 = \sigma_0^2$，检验 $H_0:\mu = \mu_0$

第一步：提出统计假设 $H_0:\mu = \mu_0$；

第二步：选择统计量 $u = \dfrac{\bar{x} - \mu_0}{\sigma_0}\sqrt{n}$，并根据样本值计算统计量的值 u；

第三步：对给定的显著性水平 α，从标准正态分布表查出 H_0 成立的条件下，满足 $P(|u| \geqslant u_{\alpha/2}) = \alpha$ 的临界值$u_{\alpha/2}$；

第四步：作出结论，如果 $|u| \geqslant u_{\alpha/2}$，则拒绝 H_0；反之，可接受 H_0。

【例 1】 设洗衣粉装包量 X 服从正态分布 $X \sim N(\mu,2^2)$，今在装好的洗衣粉中随机抽取 10 袋，测得平均装包量 $\bar{x} = 498$ g，问能否认为 μ 是 500 g?（$\alpha = 0.05$）。

【解】 假设 $H_0:\mu = 500$

由于 $\alpha = 0.05$，从标准正态分布表查得

$$u_{\alpha/2} = u_{0.025} = 1.96$$

计算统计量

$$u = \frac{\bar{x} - \mu_0}{\sigma_0}\sqrt{n} = \frac{498 - 500}{2}\sqrt{10} = -3.162$$

因为 $|u| = 3.162 > u_{0.025}$，所以在 $\alpha = 0.05$ 条件下，拒绝 H_0，即不能认为 μ 是 500 g。

2. t 检验——未知 σ^2，检验 $H_0:\mu = \mu_0$

第一步：提出统计假设 $H_0:\mu = \mu_0$；

第二步：选择统计量 $t = \dfrac{\bar{x} - \mu_0}{s}\sqrt{n}$，并根据样本值计算统计量的值 t；

第三步：对给定的显著性水平 α，从 t 分布表查出 H_0 成立的条件下，满足 $P\{|t| \geqslant t_{\alpha/2}(n-1)\} = \alpha$ 的临界值$t_{\alpha/2}(n-1)$；

第四步：作出结论，如果 $|t| \geqslant t_{\alpha/2}(n-1)$，则拒绝 H_0，反之，可接受 H_0。

【例 2】 某药厂生产一种药物，已知在正常生产情况下，每瓶这种药物的某项主要指标服从均值为 23.0 的正态分布，某日开工后，测得 5 瓶的数据如下：22.3，21.5，22.0，21.8，21.4，问该日生产是否正常？（$\alpha = 0.05$）

【解】 假设 $H_0:\mu = 23$

将 $n = 5, \bar{x} = 21.8, s^2 = 0.135$ 代入 $t = \dfrac{\bar{x} - \mu_0}{s}\sqrt{n}$，得

$$t = \frac{21.8 - 23.0}{\sqrt{0.135}}\sqrt{5} = -7.30$$

查 t 分布表得

$$t_{\alpha/2}(n-1) = t_{0.025}(4) = 2.776\,4$$

由于 $|-7.30| > 2.776\,4$，故拒绝 H_0，即认为该日生产不正常。

3. χ^2 检验——未知 μ，检验 $H_0:\sigma^2 = \sigma_0^2$

第一步：提出统计假设 $H_0:\sigma^2 = \sigma_0^2$；

第二步：选择统计量 $\chi^2 = \dfrac{(n-1)s^2}{\sigma_0^2}$，并根据样本值计算统计量的值 χ^2；

第三步：对给定的显著性水平 α，从 χ^2 分布表可得临界值 $\chi^2_{1-\alpha/2}(n-1)$ 与 $\chi^2_{\alpha/2}(n-1)$ 使

$$P\{\chi^2 \leqslant \chi^2_{1-\alpha/2}(n-1)\} = P\{\chi^2 \geqslant \chi^2_{\alpha/2}(n-1)\} = \frac{\alpha}{2}$$

第四步：作出结论，若 $\chi^2 \leqslant \chi^2_{1-\alpha/2}(n-1)$ 与 $\chi^2 \geqslant \chi^2_{\alpha/2}(n-1)$，则拒绝 H_0，反之，可接受 H_0。

【例 3】 某车间生产铜丝，生产一向比较稳定，现从产品中随机地取出 10 根检查折断力，得数据（单位：N）如下：578，572，570，568，572，570，570，572，596，584，问是否可相信该车间生产的铜丝折断力方差为 64？（$\alpha = 0.05$）

【解】 假设 $H_0:\sigma^2 = 64$

根据样本值计算

$$\bar{x} = \sum_{i=1}^{10} x_i = \frac{5\,752}{10} = 575.2$$

统计量

$$\chi^2 = \frac{\sum_{i=1}^{10}(x_i - \bar{x})^2}{\sigma_0^2} = \frac{681.6}{64} = 10.65$$

给定 $\alpha = 0.05$，查 χ^2 分布表得

$$\chi^2_{0.975}(9) = 2.700, \chi^2_{0.025} = 19.023$$

因为 $\chi^2 = 10.65$ 有

$$\chi^2_{0.975}(9) < \chi^2 < \chi^2_{0.025}(9)$$

故接受 H_0，即可以相信该车间生产的铜丝折断力的方差为 64。

4. χ^2 检验——未知 μ，检验 $H_0:\sigma^2 \leqslant \sigma_0^2$

第一步：提出统计假设 $H_0:\sigma^2 \leqslant \sigma_0^2$；

第二步：选择统计量 $\chi^2 = \frac{(n-1)s^2}{\sigma_0^2}$，并令 $\tilde{\chi}^2 = \frac{(n-1)s^2}{\sigma^2}$，若 H_0 成立，则 $\chi \leqslant \tilde{\chi}^2$，根据样本值计算 χ^2；

第三步：对给定的显著性水平 α，查 χ^2 分布表可得临界值 $\chi_\alpha^2(n-1)$，使

$$P\{\chi^2 \geqslant \chi_\alpha^2(n-1)\} \leqslant P\{\tilde{\chi}^2 \geqslant \chi_\alpha^2(n-1)\} = \alpha$$

第四步：作出结论，若 $\chi^2 \geqslant \chi_\alpha^2(n-1)$ 则拒绝 H_0，反之，可接受 H_0。

【例 4】 某种导线，要求其电阻的标准差不得超过 0.005 Ω，今在生产的一批导线中取样品 9 根，测得 $S = 0.007\ \Omega$，设总体 $X \sim N(\mu,\sigma^2)$，问在显著性水平 $\alpha = 0.05$ 下能认为这批导线电阻的标准差显著地偏大吗？

【解】 假设 $H_0:\sigma^2 \leqslant (0.005)^2$

由 $n = 9, S = 0.007, \sigma_0^2 = (0.005)^2$ 求统计量

$$\chi^2 = \frac{(n-1)s^2}{\sigma_0^2} = \frac{8 \times (0.007)^2}{(0.005)^2} = 15.68$$

查 χ^2 分布表得

$$\chi_\alpha^2(n-1) = \chi_{0.05}^2(8) = 15.507$$

因为 $15.68 > 15.507$，所以拒绝 H_0，即认为这批导线电阻的标准差显著地偏大。

16.1.3 两个正态总体的假设检验

设 $x_1,x_2,\cdots,x_n$ 和 $y_1,y_2,\cdots,y_m$ 分别为来自正态总体 $X \sim N(\mu_1,\sigma_1^2)$ 和 $Y \sim N(\mu_2,\sigma_2^2)$ 的两个互相独立的样本，$\bar{x}$，$\bar{y}$，和 S_1^2, S_2^2 分别为两个样本的样本均值和样本方差，关于这两个总体中的相应参数的假设检验，本节介绍两种：

1. F 检验——未知 μ_1,μ_2，检验 $H_0:\sigma_1^2 = \sigma_2^2$

选择统计量 $F = \frac{s_1^2}{s_2^2}$ 对给定的 α，可由 F 分布表查得临界值 $F_{1-\alpha/2}(n-1, m-1)$ 与 $F_{\alpha/2}(n-1,m-1)$ 使

$$P\{F \leqslant F_{1-\alpha/2}(n-1,m-1)\} = \frac{\alpha}{2}$$

$$P\{F \geqslant F_{\alpha/2}(n-1,m-1)\} = \frac{\alpha}{2}$$

如果 $F \leqslant F_{1-\alpha/2}(n-1,m-1)$ 或 $F \geqslant F_{\alpha/2}(n-1,m-1)$，则拒绝 H_0，反之，可接受 H_0。

【例 5】 从两处煤矿各抽样数次,分析其含灰率(%)如下:

甲矿 24.3 20.8 23.7 21.3 17.4

乙矿 18.2 16.9 20.2 16.7

假定各煤矿含灰率都服从正态分布,问甲、乙两矿煤的含灰率方差有无显著差异?($\alpha = 0.05$)

【解】 假设
$$H_0:\sigma_1^2 = \sigma_2^2$$

统计量
$$F = \frac{s_1^2}{s_2^2} = \frac{7.505}{2.593} \approx 2.894$$

查 F 分布表可得临界值
$$F_{1-\alpha/2}(n-1,m-1) = \frac{1}{F_{\alpha/2}(m-1,n-1)} = \frac{1}{F_{0.025}(3,4)} = \frac{1}{9.98} \approx 0.1$$
$$F_{\alpha/2}(n-1,m-1) = F_{0.025}(4,3) = 15.10$$

因为 $0.10 < 2.89 < 15.10$,即
$$F_{1-\alpha/2}(n-1,m-1) < F < F_{\alpha/2}(n-1,m-1)$$

所以接受 H_0,可以认为煤矿的含灰率的方差相等。

2. t 检验——σ_1^2,σ_1^2 未知,但已知 $\sigma_1^2 = \sigma_2^2$,检验 $H_0:\mu_1 = \mu_2$

选择统计量
$$t = \frac{\bar{x} - \bar{y}}{s_W\sqrt{\frac{1}{n} + \frac{1}{m}}}$$

其中
$$s_W = \sqrt{\frac{(n-1)s_1^2 + (m-1)s_2^2}{n+m-2}}$$

对给定的 α,查 t 分布表可得临界值 $t_{\alpha/2}(n+m-2)$,使
$$P\{|t| \geqslant t_{\alpha/2}(n+m-2)\} = \alpha$$

如果 $|t| \geqslant t_{\alpha/2}(n+m-2)$,则拒绝 H_0;反之,可接受 H_0。

【例 6】 在上例中如果知道 $\sigma_1^2 = \sigma_2^2$,试检验 $H_0:\mu_1 = \mu_2$,$\alpha = 0.05$。

【解】 假设
$$H_0:\mu_1 = \mu_2$$

由题设可计算出
$$n+m-2 = 7,\bar{x} = 21.5,\bar{y} = 18$$
$$(n-1)s_1^2 = 30.02,(m-1)s_2^2 = 7.78$$

查 t 分布表得
$$t_{0.025}(7) = 2.365$$

统计量
$$t = \frac{21.5 - 18}{\sqrt{\frac{30.02 + 7.78}{7}}\sqrt{\frac{1}{5} + \frac{1}{4}}} \approx 2.245$$

因为 $|t| < 2.365$,接受 H_0,可以认为两煤矿含灰率无显著差异。

现将正态总体各种参数假设检验法列成表格,以方便读者查用。

表 12.1　正态总体参数检验法(显著性水平为 α)

统计量	假设 H_0	拒绝域
$u=\dfrac{\bar{x}-\mu_0}{\sigma}\sqrt{n}$	$\mu=\mu_0$ $\mu\leqslant\mu_0$ $\mu\geqslant\mu_0$ (σ^2 已知)	$\lvert u\rvert\geqslant u_{\alpha/2}$ $u\geqslant u_\alpha$ $u\leqslant -u_\alpha$
$t=\dfrac{\bar{x}-\mu_0}{s}\sqrt{n}$	$\mu=\mu_0$ $\mu\leqslant\mu_0$ $\mu\geqslant\mu_0$ (σ^2 未知)	$\lvert t\rvert\geqslant t_{\alpha/2}(n-1)$ $t\geqslant t_\alpha(n-1)$ $t\leqslant -t_\alpha(n-1)$
$t=\dfrac{\bar{x}-\bar{y}}{\sqrt{\dfrac{(n-1)s_1^2+(m-1)s_2^2}{n+m-2}}\sqrt{\dfrac{1}{n}+\dfrac{1}{m}}}$	$\mu_1=\mu_2$ $\mu_1\leqslant\mu_2$ $\mu_1\geqslant\mu_2$ (σ^2 未知)	$\lvert t\rvert\geqslant t_{\alpha/2}(n+m-2)$ $t\geqslant t_\alpha(n+m-2)$ $t\leqslant -t_\alpha(n+m-2)$
$\chi^2=\dfrac{(n-1)s^2}{\sigma_0^2}$	$\sigma^2=\sigma_0^2$ $\sigma^2\leqslant\sigma_0^2$ $\sigma^2\geqslant\sigma_0^2$ (μ 未知)	$\chi^2\leqslant\chi^2_{1-\alpha/2}(n-1)$ 或 $\chi^2\geqslant\chi^2_{\alpha/2}(n-1)$ $\chi^2\geqslant\chi^2_\alpha(n-1)$ $\chi^2\leqslant\chi^2_{1-\alpha}(n-1)$
$F=\dfrac{s_1^2}{s_2^2}$	$\sigma_1^2=\sigma_2^2$ $\sigma_1^2\leqslant\sigma_2^2$ $\sigma_1^2\geqslant\sigma_2^2$ (μ_1,μ_2 未知)	$F\leqslant F_{1-\alpha/2}(n-1,m-1)$ 或 $F\geqslant F_{\alpha/2}(n-1,m-1)$ $F\geqslant F_\alpha(n-1,m-1)$ $F\leqslant F_{1-\alpha}(n-1,m-1)$

12.1.4　总体分布的假设检验

前面我们介绍了正态总体参数 μ 和 σ^2 的显著性假设检验,然而在许多实际问题中,总体服从何种分布事先并不知道,这就需要根据样本对总体分布 $F(x)$ 进行假设检验。

这类检验方法很多,本节只介绍最常用的一种方法,称为 χ^2 检验法,具体步骤如下:

(1) 提出待检假设 H_0:总体 X 的分布函数 $F(x)=F_0(x)$($F_0(x)$ 为已知分布);

(2) 将 n 个样本值按大小顺序排列等分为 k 个组,用 m_i 表示"第 i 个区间 $(t_{i-1},t_i]$ 上的样本点数",也就是组频数。

设 $p_i = P(t_{i-1} < X \leqslant t_i)$,在 H_0 成立的条件下,有

$$p_i = F_0(t_i) - F(t_{i-1})$$

(3) 选取统计量

$$\chi^2 = \sum_{i=1}^{k} \frac{(m_i - np_i)^2}{np_i}$$

可以证明,在 H_0 成立的条件下,χ^2 近似服从 $\chi^2(k-r-1)$,其中,r 为 $F_0(x)$ 中的待估参数个数。

(4) 对给定检验水平 α,查表确定临界值 $\chi_\alpha^2(k-r-1)$,使

$$P\{\chi^2 > \chi_\alpha^2(k-r-1)\} = \alpha$$

(5) 由样本值求出统计量 χ^2 的具体值。

(6) 作出结论,若 $\chi^2 > \chi_\alpha^2(k-r-1)$,则拒绝 H_0,反之,则接受 H_0。

【例 7】 掷一枚硬币 100 次,正面出现 40 次,问这枚硬币是否匀称。

【解】 如果硬币是匀称的,则正面出现的概率应为$\frac{1}{2}$,记"$X=1$"表示出现正面,"$X=0$"表示出现反面。

提出假设

$$H_0: P(X=1) = P(X=0) = \frac{1}{2}$$

取分点 0.5,将整个数轴分两部分

$$p_1 = P(X \leqslant 0.5) = P(X=0)$$

$$p_2 = P(X > 0.5) = P(X=1)$$

若 H_0 成立,则 $p_1 = p_2 = \frac{1}{2}$,且

$$\chi^2 = \sum_{i=1}^{2} \frac{(m_i - np_i)^2}{np_i} \sim \chi^2(2-1)$$

查 χ^2 分布表,得临界值

$$\chi_{0.05}^2(1) = 3.84$$

由于 $$np_1 = 50, np_2 = 50, m_1 = 60, m_2 = 40$$

所以 $$\chi^2 = \frac{(60-50)^2}{50} + \frac{(40-50)^2}{50} = 4 > 3.84$$

拒绝 H_0,即认为这枚硬币不是均匀的。

【例 8】 经测量,得 84 名成年男子的身高数据如下。

身高(cm)	154	155	156	157	159	160	161	162	163	164
人数	1	2	1	1	1	1	5	1	2	5
身高(cm)	165	166	167	168	169	170	171	172	173	174
人数	2	1	4	5	5	4	4	7	3	7
身高(cm)	175	176	177	178	179	180	181	182	185	
人数	4	2	2	3	1	1	3	3	2	

试检验成年男子身高服从正态分布。

【解】 由上面 84 个样本值计算出

$$\hat{\mu} = \bar{x} = 170, \hat{\sigma}^2 = s^2 = (7.2)^2$$

于是原假设中 $F_0(x)$ 的分布密度为

$$\frac{1}{7.2\sqrt{2\pi}} e^{-\frac{(x-170)^2}{2\times 7.2^2}}$$

$$H_0: F(x) = F_0(x)$$

将数轴分为 8 个区间,将数据列入表内,如表 12.2 所示。

表 12.2

组号 i	区间	频数 m_i	概率 $p_i = F_0(t_i) - F_0(t_{i-1})$
1	$(-\infty, 158)$	5	0.047 5
2	$[158, 162)$	8	0.086 0
3	$[162, 166)$	10	0.154 2
4	$[166, 170)$	15	0.212 3
5	$[170, 174)$	18	0.212 3
6	$[174, 178)$	15	0.154 2
7	$[178, 182)$	8	0.086 0
8	$[182, +\infty)$	5	0.047 5

由已知 $n = 84$,经计算

$$\chi^2 = \sum_{i=1}^{8} \frac{(m_i - np_i)^2}{np_i} = 2.126\ 6$$

给定显著性水平 $\alpha = 0.05$,查 χ^2 分布表得

$$\chi^2_{0.05}(8-2-1) = 11.07$$

因为

$$\chi^2 < \chi^2_{0.05}(8-2-1)$$

所以接受 H_0,即认为成年男子身高服从正态分布 $N(170,7.2^2)$。

12.2 方差分析

在实际问题中,影响事物的因素往往是很多的。例如,在化工生产中,原料剂量,催化剂,反应温度,时间,压力,机器设备,技术等因素对产品都会有影响,有的影响大些,有的影响小些。方差分析就是根据试验的结果进行分析,用以鉴别各有关因素对试验结果的影响的有效方法。

12.2.1 单因素方差分析

在试验中,我们称可控制的试验条件为因素,称因素变化的各个等级为水平。如果在试验中只有一个因素在变化,其他可控制的条件不变,称它为单因素试验;若试验中变化的因素多于一个,则称为双因素,以及多因素试验。单因素试验中,若只有两个水平,就是上一章讲过的两个总体的比较问题,如果超过两个水平,也就是多个总体进行比较,这时方差分析是一种比较有效的方法。

设影响指标的因素 A 有 r 个水平 $A_1,A_2,\cdots,A_r$,在水平 $A_i(i=1,2,\cdots,r)$ 下,进行 $n_i(n_i\geqslant 2)$ 次独立试验得样本 $X_{ij}(j=1,2,\cdots,n)$,如表 12.3 所示。

表 12.3

观测值 \ 因素水平 \ 试验批号	A_1	A_2	…	A_r
1	X_{11}	X_{21}	…	X_{r1}
2	X_{12}	X_{22}	…	X_{r2}
⋮	⋮	⋮		⋮
n_i	X_{1n_1}	X_{2n_2}	…	X_{rn_r}
样本均值	$\bar{X}_{1\cdot}$	$\bar{X}_{2\cdot}$	…	$\bar{X}_{r\cdot}$
总体均值	μ_1	μ_2	…	μ_r

记

$$\bar{X}_{i\cdot}=\frac{1}{n_i}\sum_{j=1}^{n_i}X_{ij}\qquad(i=1,2,\cdots,r)$$

$$\bar{X}=\frac{1}{n}\sum_{i=1}^{r}\sum_{j=1}^{n_i}X_{ij},\ n=\sum_{i=1}^{r}n_i$$

$$T_{i\cdot}=\sum_{j=1}^{n_i}X_{ij}=n_i\bar{X}_{i\cdot}$$

$$T = \sum_{i=1}^{r}\sum_{j=1}^{n_i} X_{ij} = n\bar{X}$$

假定 A_i 下的样本来自正态总体 $N(\mu,\sigma^2)$，μ,σ^2 未知，且不同水平 A_i 下的样本独立，有 $X_{ij} \sim N(\mu_i,\sigma^2)$，$X_{ij}$ 相互独立，$j = 1,2,\cdots,n_i$；$i = 1,2,\cdots,r$。

如果要检验的因素对试验结果没有显著影响，则试验的全部结果 X_{ij} 应来自同一正态总体。因此，提出一项统计假设，即

$$H_0:\mu_1 = \mu_2 = \cdots = \mu_r$$

如果 H_0 成立，那么 r 个总体间无显著差异，各 X_{ij} 间的差异只是由于随机因素引起的。如果 H_0 不成立，那么在所有 X_{ij} 的总变差中，除了随机波动引起的变差外，还应包含由于因素 A 的不同水平作用产生的差异。

我们称 $S_T = \sum_{i=1}^{r}\sum_{j=1}^{n_i}(X_{ij} - \bar{X})^2$ 为总平方和；称 $S_E = \sum_{i=1}^{r}\sum_{j=1}^{n_i}(X_{ij} - \bar{X}_{i\cdot})^2$ 为剩余平方和或组内平方和；称 $S_A = \sum_{i=1}^{r} n_i(\bar{X}_{i\cdot} - \bar{X})^2$ 为离差平方和或组间平方和。

因为

$$\sum_{i=1}^{r}\sum_{j=1}^{n_i}(X_{ij} - \bar{X}_{i\cdot})(\bar{X}_{i\cdot} - \bar{X}) = \sum_{i=1}^{r}(\bar{X}_{i\cdot} - \bar{X})\sum_{j=1}^{n_i}(X_{ij} - \bar{X}_{i\cdot}) = 0$$

所以

$$S_T = \sum_{i=1}^{r}\sum_{j=1}^{n_i}(X_{ij} - \bar{X})^2 = \sum_{i=1}^{r}\sum_{j=1}^{n_i}(X_{ij} - \bar{X}_{i\cdot} + \bar{X}_{i\cdot} - \bar{X})^2 =$$
$$\sum_{i=1}^{r}\sum_{j=1}^{n_i}(X_{ij} - \bar{X}_{i\cdot})^2 + \sum_{i=1}^{r}\sum_{j=1}^{n_i}(\bar{X}_{i\cdot} - \bar{X})^2$$

于是

$$S_T = S_E + S_A$$

S_E 反映了由随机因素引起的波动，S_A 反映了由因素 A 的不同水平作用而产生的差异。可以证明

$$S_E/\sigma^2 \sim \chi^2(n - r)$$
$$S_A/\sigma^2 \sim \chi^2(r - 1)$$

在 H_0 成立的条件下

$$F = \frac{(n - r)S_A}{(r - 1)S_E} = \frac{\dfrac{S_A}{\sigma^2}\Big/(r - 1)}{\dfrac{S_E}{\sigma^2}\Big/(n - r)} \sim F(r - 1, n - r)$$

给定显著性水平 α，查 F 分布表可得 $F_\alpha(r - 1, n - r)$。当 $F \geqslant F_\alpha(r - 1, n - r)$

时,拒绝 H_0,反之,则可接受 H_0。

上述分析结果排成如表 12.4 所示的形式,称为方差分析表。

表 12.4　单因素方差分析表

方差来源	平方和	自由度	方　差	F 值	F 临界值
组　间	S_A	$r-1$	$\frac{S_A}{r-1}$	$F=\frac{\frac{S_A}{r-1}}{\frac{S_E}{n-r}}$	$F_\alpha(r-1,n-r)$
组　内	S_E	$n-r$	$\frac{S_E}{n-r}$		
总　和	$S_T=S_A+S_E$	$n-1$	$\frac{S_T}{n-1}$		

在进行方差计算时,为简化计算和减少误差,常将观测值 X_{ij} 加上或减去一个常数(这个数接近平均数 $\bar{X}$),有时还要再乘以一个常数,使变换后的数据比较简单,便于计算。

计算中可采用下面几个公式

$$S_T=\sum_{i=1}^{r}\sum_{j=1}^{n_i}X_j^2-\frac{T^2}{n}$$

$$S_A=\sum_{i=1}^{r}\frac{T_i^2}{n_i}-\frac{T^2}{n}$$

$$S_E=S_T-S_A$$

【例 1】　从 5 个制造 1.5 V7 号干电池的工厂分别取 5 个电池,测得它们的寿命(单位:h),如表 12.5 所示。

表 12.5

试验号＼寿命＼工厂	A_1	A_2	A_3	A_4	A_5
1	24.7	30.8	17.9	23.1	25.2
2	24.3	19.0	30.4	33.0	37.5
3	21.6	18.8	34.9	23.0	31.6
4	19.3	29.7	34.1	26.4	26.8
5	20.3	25.1	15.9	18.1	27.5

问干电池的寿命是否由于工厂的不同而有显著差异?($\alpha=0.05$)

【解】　由题设可知

$$r=5,n_1=n_2=n_3=n_4=n_5=5,n=25$$

查 F 分布表可得

$$F_{0.05}(r-1,n-r)=F_{0.05}(4,20)=2.87$$

将表中的每个数据都减去25,再乘以10,再计算方差分析表中的各项数值,得到方差分析表,如表12.6所示。

表 12.6

方差来源	平方和	自由度	方　差	F 值	F 临界值
组　间	16 171	4	4 043	1.15	2.87
组　内	70 107	20	3 505		
总　和	86 278	24	3 595		

因为 $F<F_{0.05}(4,20)$,故接受 H_0,即认为干电池的寿命不因制造工厂的不同而有显著差异。

12.2.2　双因素方差分析

1.无重复双因素方差分析

双因素方差分析是为了检验两个因素对试验结果有无影响。

假设要考察 A,B 两个因素对某项指标值的影响,因素 A 取 r 个水平 $A_1,A_2,\cdots,A_r$,因素 B 取 s 个水平 $B_1,B_2,\cdots,B_s$,对 A,B 的每个水平的一对组合 $(A_i,B_j)(i=1,2,\cdots,r;j=1,2,\cdots,s)$,只进行一次试验,试验结果为 X_{ij},所有 X_{ij} 独立,如表12.7所示。

表 12.7

试验结果 因素 B / 因素 A	B_1	B_2	$\cdots$	B_s	行平均值 $\bar{X}_{i\cdot}$
A_1	X_{11}	X_{12}	$\cdots$	X_{1s}	$\bar{X}_{1\cdot}$
A_2	X_{21}	X_{22}	$\cdots$	X_{2s}	$\bar{X}_{2\cdot}$
$\vdots$	$\vdots$	$\vdots$		$\vdots$	$\vdots$
A_r	X_{r1}	X_{r2}	$\cdots$	X_{rs}	$\bar{X}_{r\cdot}$
列平均值 $\bar{X}_{\cdot j}$	$\bar{X}_{\cdot 1}$	$\bar{X}_{\cdot 2}$	$\cdots$	$\bar{X}_{\cdot s}$	

记

$$n=rs$$

$$\bar{X}_{i\cdot}=\frac{1}{s}\sum_{j=1}^{s}X_{ij}\qquad(i=1,2,\cdots,r)$$

$$\bar{X}_{\cdot j} = \frac{1}{r}\sum_{i=1}^{r} X_{ij} \quad (j = 1,2,\cdots,s)$$

$$T_{i\cdot} = \sum_{j=1}^{s} X_{ij} = s\bar{X}_{i\cdot} \quad (i = 1,2,\cdots,r)$$

$$T_{\cdot j} = \sum_{i=1}^{r} X_{ij} = r\bar{X}_{\cdot j} \quad (j = 1,2,\cdots,s)$$

$$\bar{X} = \frac{1}{n}\sum_{i=1}^{r}\sum_{j=1}^{s} X_{ij}$$

$$T = \sum_{i=1}^{r}\sum_{j=1}^{s} X_{ij} = n\bar{X}$$

设 $X_{ij} \sim N(\mu_{ij},\sigma^2)$ 与单因素方差分析一样,我们提出假设

$$H_{0A}:\mu_{1j} = \mu_{2j} = \cdots = \mu_{rj} = \mu_{\cdot j}$$

$$H_{0B}:\mu_{i1} = \mu_{i2} = \cdots = \mu_{is} = \mu_{i\cdot}$$

同单因素方差分析一样,我们将总平方和分解

$$S_T = S_E + S_A + S_B$$

其中

$$S_E = \sum_{i=1}^{r}\sum_{j=1}^{s}(X_{ij} - \bar{X}_{i\cdot} - \bar{X}_{\cdot j} + \bar{X})^2$$

$$S_A = s\sum_{i=1}^{r}(\bar{X}_{i\cdot} - \bar{X})^2$$

$$S_B = r\sum_{j=1}^{s}(\bar{X}_{\cdot j} - \bar{X})^2$$

可以证明

$$\frac{1}{\sigma^2}S_A \sim \chi^2(r-1),\frac{1}{\sigma^2}S_B \sim \chi^2(s-1)$$

$$\frac{1}{\sigma^2}S_E \sim \chi^2(n-r-s+1),\frac{1}{\sigma^2}S_T \sim \chi^2(n-1)$$

并且 S_E,S_A,S_B 相互独立,选取统计量

$$F_A = \frac{S_A/(r-1)}{S_E/(r-1)(s-1)} = \frac{(s-1)/S_A}{S_E}$$

$$F_B = \frac{(r-1)S_B}{S_E}$$

在 H_{0A} 成立的条件下

$$F_A \sim F(r-1,(r-1)(s-1))$$

在 H_{0B} 成立的条件下

$$F_B \sim F(s-1,(r-1)(s-1))$$

对于给定的显著性水平 α，可以查 F 分布表得到临界值

$$F_{A\alpha}(r-1,(r-1)(s-1)),F_{B\alpha}(s-1,(r-1)(s-1))$$

于是得到方差分析表，如表 12.8 所示。

表 12.8

方差来源	平方和	自由度	F 值	F 临界值
因素 A	S_A	$r-1$	$F_A=\dfrac{(s-1)S_A}{S_E}$	$F_{A\alpha}(r-1,(r-1)(s-1))$
因素 B	S_B	$s-1$	$F_B=\dfrac{(r-1)S_B}{S_E}$	$F_{B\alpha}(s-1,(r-1)(s-1))$
误　差	S_E	$(r-1)(s-1)$		
总　和	$S_T=S_A+S_B+S_E$	$rs-1$		

计算中经常用到下列公式

$$S_T=\sum_{i=1}^{r}\sum_{j=1}^{s}X_{ij}^2-\frac{T^2}{rs}$$

$$S_A=\frac{1}{s}\sum_{i=1}^{r}T_{i\cdot}^2-\frac{T^2}{rs}$$

$$S_E=\frac{1}{r}\sum_{j=1}^{s}T_{\cdot j}^2-\frac{T^2}{rs}$$

$$S_E=S_T-S_A-S_B$$

【例 2】 在某种橡胶的配方中，考虑 3 种不同的促进剂，4 种不同的氧化剂，各种配方试验一次，测得 300% 定强如表 12.9 所示。

表 12.9

定强 / 氧化剂 B / 促进剂 A	B_1	B_2	B_3	B_4
A_1	32	35	35.5	38.5
A_2	33.5	36.5	38	39.5
A_3	36	37.5	39.5	43

问不同的促进剂，不同的氧化剂分别对定强有无显著影响？($\alpha=0.05$)

【解】 由题设 $r=3,s=4$，由 $\alpha=0.05$，查 F 分布表得临界值，有

$$F_{A\alpha}(r-1,(r-1)(s-1))=F_{0.05}(2,6)=5.14$$

$$F_{B\alpha}(s-1,(r-1)(s-1))=F_{0.05}(3,6)=4.76$$

由公式计算 S_A,S_B,S_E,S_T 列入方差分析表，如表 12.10 所示。

表 12.10

方差来源	平方和	自由度	F 值	F 临界值
因素 A	28.3	2	$F_A = 36.3$	5.14
因素 B	66.1	3	$F_B = 56.5$	4.76
误　差	2.35	6		
总　和	96.75	11		

因为
$$F_A > 5.14, F_B > 4.76$$
所以不同促进剂和不同氧化剂对橡胶定强都有显著影响。

2.重复试验的双因素方差分析

如果对 A,B 的每一个水平的一对组合(A_i, B_j)不是进行一次试验,而是进行多次试验的话,可以考察 A,B 之间是否存在交互作用,这就是重复试验的双因素方差分析。重复试验的双因素方差分析的基本方法与无重复双因素方差分析方法相同,只是数据多一些,这里不再介绍。

12.3 范　例

【例 1】 设 $X_1, X_2, \cdots, X_n$ 是来自正态总体$N(\mu, \sigma^2)$的简单随机样本,其中参数 μ, σ 未知,记 $\bar{X} = \frac{1}{n}\sum_{i=1}^{n} X_i$, $Q^2 = \sum_{i=1}^{n}(X_i - \bar{X})^2$,则假设 $H_0: \mu = 0$ 的 t 检验统计量是________。

【解】 由于参数 μ, σ 未知,只能用 t 估计,而
$$\frac{\bar{X} - \mu}{S/\sqrt{n}} \sim t(n-1)$$
又
$$Q^2 = \sum_{i=1}^{n}(X_i - \bar{X})^2 \quad S^2 = \frac{1}{n-1}\sum_{i=1}^{n}(X_i - \bar{X})^2$$
所以
$$S = \frac{1}{\sqrt{n-1}} Q$$
因为假设 $H_0: \mu = 0$,所以
$$t = \frac{\bar{X}}{S/\sqrt{n}} = \frac{\bar{X}}{Q}\sqrt{n(n-1)}$$
因此填$\frac{\bar{X}}{Q}\sqrt{n(n-1)}$。

【例 2】 设 $X_1, X_2, \cdots, X_n$ 是来自正态总体$N(\mu, 4)$的一个样本,在显著性水平 α 下检验 $H_0: \mu = 0$。

现取拒绝域 $W = \{(x_1,x_2,\cdots,x_n) | \sqrt{n} \frac{|\bar{x}|}{2} > u_{1-\frac{\alpha}{2}}\}$，当实际情况为 $\mu = 1$ 时，试求犯第二类错误的概率。

【解】 设犯第二类错误的概率为 β，则因为 H_0 不成立时，$\mu = 1$，即总体 $X \sim N(1,4)$ 于是 $\bar{X} \sim N\left(1,\frac{4}{n}\right)$

$$\beta = P\left(\sqrt{n}\frac{|\bar{X}|}{2} \leqslant u_{1-\frac{\alpha}{2}}\right) = P\left(|\bar{X}| \leqslant \frac{2u_{1-\frac{\alpha}{2}}}{\sqrt{n}}\right) = \Phi\left(u_{1-\frac{\alpha}{2}} - \frac{\sqrt{n}}{2}\right) -$$

$$\Phi\left(-u_{1-\frac{\alpha}{2}} - \frac{\sqrt{n}}{2}\right) = \Phi\left(\frac{\sqrt{n}}{2} + u_{1-\frac{\alpha}{2}}\right) - \Phi\left(\frac{\sqrt{n}}{2} - u_{1-\frac{\alpha}{2}}\right)$$

【例3】 设某次考试的考生成绩服从正态分布，从中随机地抽取36位考生的成绩，算得平均成绩为66.5分，标准差为15分，问在显著性水平0.05下，是否可以认为这次考试全体考生的平均成绩为70分？并给出检验过程。为便于解题给出部分数据，如表12.11所示。

$$P\{t(n) \leqslant t_p(n)\} = p$$

表 12.11

$t_p(n)$ \ P ; n	0.95	0.975
35	1.689 6	2.030 1
36	1.688 3	2.028 1

【解】 设该次考试的考试成绩为 X，则 $X \sim N(\mu,\sigma^2)$。样本均值 $\bar{X} = 66.5$，样本标准差 $S = 15$，样本容量 $n = 36$。

(1) 首先建立待检验假设 $H_0:\mu = \mu_0 = 70$。

(2) 选择统计量

$$T = \frac{\bar{X} - 70}{S/\sqrt{n}} = \frac{\bar{X} - 70}{15/\sqrt{36}}$$

在 H_0 成立的条件下，$T \sim t(35)$。

(3) 查 t 分布表 $p = 0.975, n = 35$，得

$$\lambda = t_{0.975}(35) = 2.030\ 1$$

故 H_0 的拒绝域为

$$R = \{|T| \geqslant 2.030\ 1\}$$

(4) 计算统计量的值

$$|T| = \left|\frac{66.5 - 70}{15/6}\right| = 1.4$$

(5)结论 $|T| < 2.030\,1$，接受 H_0，即可以认为这次考试全体考生的平均成绩为 70 分。

【例 4】 设总体 $X \sim N(\mu, \sigma^2)$，σ^2 未知，$x_1, x_2, \cdots, x_n$ 为来自 X 的样本值，现对 μ 进行假设检验，若在显著性水平 $\alpha = 0.05$ 下拒绝了 $H_0: \mu = \mu_0$，则当显著性水平改为 $\alpha = 0.01$ 时，下列结论正确的是 ( )

(A) 必拒绝 H_0　　(B) 必接受 H_0

(C) 第一类错误的概率变大　　(D) 可能接受，也可能拒绝 H_0

【解】 因为此时假设检验的拒绝域为

$$|t| = \left|\frac{\bar{x} - \mu_0}{S/\sqrt{n}}\right| \geqslant t_{1-\frac{\alpha}{2}}(n-1)$$

故对固定的样本值，α 变小时，上述不等式不一定仍成立，所以选(D)。

【例 5】 某种内服药有使病人血压增高的副作用，已知血压增高服从均值为 $\mu_0 = 22$ 的正态分布。现研制出一种新药品，测试了 10 名服用新药病人的血压，记录血压增高的数据如下：18，27，23，15，18，15，18，20，17，8。问这组数据能否支持"新药的副作用小"这一结论？($\alpha = 0.05$)

【解】

$$H_0: \mu \geqslant \mu_0 = 22$$

选取统计量

$$T = \frac{\bar{X} - \mu_0}{S/\sqrt{n}}$$

当 $\mu = \mu_0$ 时，$T \sim t(n-1)$，如果 $\mu > \mu_0$，则 T 的值有增大趋势，所以我们应该在 T 取较小的值时拒绝 H_0，因此 H_0 的拒绝域 $R = \{T \leqslant -\lambda\}$，其中 λ 满足 $P\{T \leqslant -\lambda\} = \alpha = 0.05$，查 t 分布表得

$$\lambda = t_{0.1}(9) = 1.83, R = \{T \leqslant -1.83\}$$

具体计算得

$$\bar{x} = 17.9, S^2 = 25.4, T = \frac{17.9 - 22}{5.04/\sqrt{10}} = -2.57$$

由于 $T \in R$，故拒绝 H_0，即新药的副作用小。

【例 6】 用包装机包装某种洗衣粉，在正常情况下，每袋重量为 1 000 g，标准差 σ 不能超过 15 g，假设每袋洗衣粉的净重服从正态分布，某天检验机器工作的情况，从已装好的袋中随机抽取 10 袋，则得其净重(单位：g) 为：1 020，1 030，968，994，1 014，998，976，982，950，1 048，问这天机器是否正常工作？($\alpha = 0.05$)

【解】

$$H_0: \sigma^2 \leqslant 15^2$$

选取统计量

$$\chi^2 = \frac{(n-1)s^2}{\sigma_0^2} \sim \chi^2(n-1)$$

对于 $\alpha = 0.05$,查 χ^2 分布表,得

$$\chi^2_{0.95}(9) = 16.919$$

由样本数据得

$$\bar{\chi} = 998, s = 30.23, \chi^2 = \frac{9 \times 30.23^2}{15^2} = 36.554\,0$$

因为 $$\chi^2 = 36.554 > \chi^2_{0.95}(9) = 16.919$$

故拒绝 H_0,即包装机在这天工作不正常,应调整。

【例 7】 杜鹃总是把蛋生在别的鸟巢中,现从两种鸟巢中得到的蛋共 24 只,其中 9 只来自一种鸟巢,15 只来自另一种鸟巢,测量杜鹃蛋的长度(单位:mm)后计算得 $\bar{x} = 22.20$ 为 $n_1 = 9$ 只的样本均值,$S_X^2 = 0.422\,5$ 为其样本方差,$\bar{y} = 21.12$ 为 $n_2 = 15$ 只的样本均值,$S_Y^2 = 0.568\,9$ 为其样本方差。假设两个样本来自同方差的正态分布,试鉴别杜鹃蛋的长度与它们被发现的鸟巢不同是否有关。($\alpha = 0.005$)

【解】 $$H_0: \mu_1 = \mu_2$$

选取统计量

$$T = \frac{\bar{X} - \bar{Y}}{S\sqrt{\frac{1}{n_1} + \frac{1}{n_2}}}, S^2 = \frac{(n_1 - 1)S_X^2 + (n_2 - 1)S_Y^2}{n_1 + n_2 - 2}$$

当 H_0 成立时,$T \sim t(n_1 + n_2 - 2)$,查 t 分布表得

$$t_{0.05}(22) = 2.074$$

H_0 的拒绝域为 $R = \{|T| \geqslant 2.074\}$

$$S^2 = \frac{8 \times 0.422\,5 + 14 \times 0.568\,9}{9 + 15 - 2} = 0.516$$

得

$$S = 0.718, T = \frac{22.20 - 21.12}{0.718\sqrt{\frac{1}{9} + \frac{1}{15}}} = 3.57$$

由于 $T \in R$,所以拒绝 H_0,即认为杜鹃蛋的长度与它们被发现的鸟巢不同有关。

习　题

1. 设总体 $X \sim N(\mu, 9)$,μ 为未知参数,$(X_1, X_2, \cdots, X_{25})$ 为其一个样本,对下述假设检验问题 $H_0: \mu = \mu_0$,取拒绝域 $C = \{(x_1, x_2, \cdots, x_{25}) \mid |\bar{x} - \mu_0| \geqslant$

$c\}$,试求常数 c,使得该检验的显著性水平为0.05。

2.已知某一试验,其温度服从正态分布 $N(\mu,\sigma^2)$,现在测量了温度的5个值(单位:℃)为1 250,1 265,1 245,1 260,1 275,问是否可以认为 $\mu = 1\,277$($\alpha = 0.05$)?

3.设某产品的指标服从正态分布,它的标准差 $\sigma = 100$,今抽了一个容量为26的样本,计算得平均值为1 580,问在显著性水平 $\alpha = 0.05$ 下,能否认为这批产品的指标的期望值 μ 不低于1 600?

4.已知某炼铁厂的铁水含碳量在正常情况下服从正态分布 $N(4.55,10.8^2)$ 现在测了5炉铁水,其含碳量为4.28,4.40,4.42,4.35,4.37,若方差没有变,问总体均值是否有显著变化?($\alpha = 0.05$)

5.在正常情况下,某工厂生产的电灯泡的寿命 X 服从正态分布,测得10个灯泡的寿命(单位:h)如下:1 490,1 440,1 680,1 610,1 500,1 750,1 550,1 420,1 800,1 580,试问在显著性水平 $\alpha = 0.05$ 下能否认为该工厂生产的电灯泡寿命标准差为120 h?

6.电工器材厂生产一批保险丝,抽取10根测试其熔化时间,结果(单位:ms)为:42,65,75,78,71,59,57,68,54,55。设熔化时间 T 服从正态分布,问是否可以认为整批保险丝的熔化时间的方差小于64?($\alpha = 0.05$)

7.两台机床加工同一种零件,分别取6个和9个零件,量其长度,得 $S_1^2 = 0.345$,$S_2^2 = 0.357$,假定零件长度服从正态分布,问是否可以认为两台机床加工的零件长度的方差无显著差异?($\alpha = 0.05$)

8.甲、乙两个零件厂生产同一种零件,假设两厂零件的重量都服从正态分布,测得质量(单位:g)如下

甲厂:93.3,92.1,94.7,90.1,95.6,90.0,94.7

乙厂:95.6,94.9,96.2,95.1,95.8,96.3

问乙厂零件质量的方差是否比甲厂的小?($\alpha = 0.05$)

9.4种大白鼠经不同剂量雌激素注射后的子宫质量(单位:克)如表12.12所示。

表12.12

鼠种	雌激素剂量(mg/100 g)		
	0.2	0.4	0.8
甲	106	116	445
乙	42	68	115
丙	70	111	133
丁	42	63	87

问:(1) 鼠种的影响是否显著?(2) 剂量差异的影响是否显著?($\alpha=0.05$)

10.设有 3 种机器 A,B,C 制造同一种产品,如表 12.13 所示,对每种机器各观测 5 天,其日产量如下,问机器与机器之间是否真正存在差别?($\alpha=0.05$)

表 12.13

日产量 \ 试验批号 / 机器	1	2	3	4	5
A	41	48	41	49	57
B	65	57	54	72	64
C	45	51	56	48	48

11.3 个工人操作机器 B_1,B_2,B_3,B_4 各一天,测得日产量如表 12.14 所示。

表 12.14

日产量 \ 机器 / 工人	B_1	B_2	B_3	B_4
A_1	1 577	1 690	1 800	1 642
A_2	1 535	1 640	1 783	1 621
A_3	1 592	1 652	1 810	1 663

问不同工人和不同机器对日产量有无显著影响?($\alpha=0.05$)

第 13 章　回归分析

在实际问题中,我们常常需要研究多个变量之间的相互关系,这些关系可以分为两类:一类是函数关系,即变量之间有着确定的关系,例如已知正方形的边长为 A,则正方形面积可以用公式 $S = A^2$ 来计算;另一类是统计关系或相关关系,即变量之间虽然存在着密切的关系,但不能确切地由一个变量或几个变量的值求出另一变量的值,如人的身高和体重的关系。

由一个或一组非随机变量来估计或预测某一个随机变量的观察值时,所建立的数学模型及所进行的统计分析,称为回归分析,如果这个模型是线性的,就称为线性回归分析。

13.1　一元线性回归分析

13.1.1　一元线性回归方程的建立

若已知变量 x 与 y 之间存在某种相关关系,为了研究其具体关系,我们将观测值$(x_i, y_i)(i = 1,2,\cdots,n)$标在坐标系中,就是所谓的散点图。如果散点图中的散点大致分布在一条直线上,我们就用 $\hat{y} = a + bx$ 来近似地描述变量 y 与 x 的相关关系。

我们称 $\hat{y} = a + bx$ 为回归方程,它所代表的直线称为回归直线。方程中的 b 称为回归系数,a 为常数项。

所求的回归直线方程要尽可能地靠近每一个样本点(x_i, y_i),显然,这样的直线有一个显著的特点:对所有的 x_i,观测值 y_i 与回归值$\hat{y}_i$的偏离达到最小。在 x_i 处观测 y_i 与回归值$\hat{y}_i$ 的离差为

$$y_i - \hat{y}_i = y_i - (a + bx_i) \qquad (i = 1,2,\cdots,n)$$

为了避免其离差的相互抵消,采用离差平方和

$$Q(a,b) = \sum_{i=1}^{n}(y_i - \hat{y}_i)^2 = \sum_{i=1}^{n}(y_i - a - bx_i)^2$$

来刻画(x_i, y_i)的偏离程度。因此求回归直线方程 $\hat{y} = a + bx$ 的问题就变成了求 $Q(a,b)$ 的最小值的 a 与 b 的值$\hat{a}$ 与$\hat{b}$。

根据微积分学求极值的原理,当 $Q(a,b)$ 可微时,有

$$\begin{cases} \dfrac{\partial Q}{\partial a} = -2\sum\limits_{i=1}^{n}(y_i - a - bx_i) = 0 \\ \dfrac{\partial Q}{\partial b} = -2\sum\limits_{i=1}^{n}(y_i - a - bx_i)x_i = 0 \end{cases}$$

即

$$\begin{cases} na + b\sum\limits_{i=1}^{b} x_i = \sum\limits_{i=1}^{n} y_i \\ a\sum\limits_{i=1}^{n} x_i + b\sum\limits_{i=1}^{b} x_i^2 = \sum\limits_{i=1}^{n} x_i y_i \end{cases}$$

解之得

$$\begin{cases} \hat{b} = \dfrac{\sum\limits_{i=1}^{n} x_i y_i - n\bar{x}\bar{y}}{\sum\limits_{i=1}^{n} x_i^2 - n\bar{x}^2} \\ \hat{a} = \bar{y} - \hat{b}\bar{x} \end{cases}$$

于是所求的回归直线方程为

$$\hat{y} = \hat{a} + \hat{b}x$$

这种方法称为最小二乘法。

【例1】 随机地抽取生产同类产品的10家企业,调查它们的产量和生产费用的情况,测得数据如下

产量 x(千斤)	40	42	48	55	65	79	98	100	120	140
生产费用 y(千元)	150	140	160	170	150	162	185	165	190	185

试分析生产费用 y 与产量 x 之间的关系能否用线性函数近似,如果能求 y 对 x 的线性回归方程。

【解】 将表中数据用散点图来表示,如图 13.1 所示。

可以看出这些点大致分布在一条直线附近,设这条直线为 $\hat{y} = a + bx$,由最小二乘法求 $Q(a,b) = \sum\limits_{i=1}^{10}(y_i - a - bx_i)^2$ 取最小值时 a 与 b 的值为

$$\begin{cases} \hat{a} = \bar{y} - \hat{b}\bar{x} = 134.6 \\ \hat{b} = \dfrac{\sum\limits_{i=1}^{n} x_i y_i - n\bar{x}\bar{y}}{\sum\limits_{i=1}^{10} x_i^2 - n\bar{x}^2} = 0.4 \end{cases}$$

因此 y 对 x 的线性回归方程为

$$\hat{y} = 134.6 + 0.4x$$

其中,$\hat{b} = 0.4$ 表示产量每增 1 千斤,生产费用平均增加 400 元。

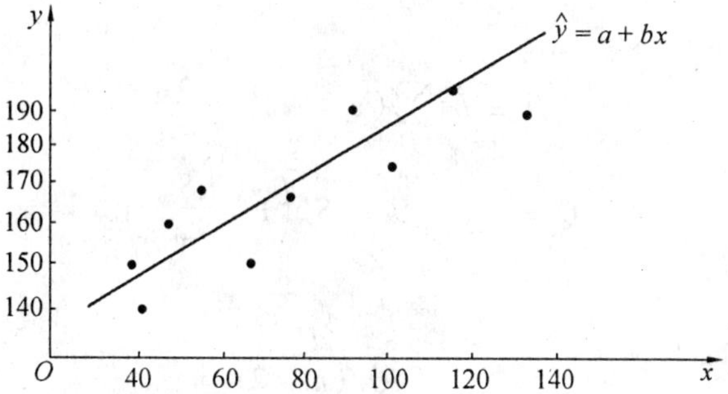

图 13.1

13.1.2 相关性检验

对任何一组样本观测值(x_i, y_i),只要 x_i 不全等,通过最小二乘法都可以配出一条回归直线来描述 y 与 x 的关系。那么,y 与 x 是否具有线性关系呢?相关性检验就是解决这样的问题的方法。

若 y 与 x 存在线性关系,则 $b \neq 0$,于是我们提出假设 $H_0: b = 0$,因为

$$\sum_{i=1}^{n}(y_i-\bar{y})^2 = \sum_{i=1}^{n}[(y_i-\hat{y}_i)+(\hat{y}_i-\bar{y})]^2$$

而

$$\hat{y}_i-\bar{y} = \hat{a}+\hat{b}x_i-(\hat{a}+\hat{b}\bar{x}) = \hat{b}(x_i-\bar{x})$$

$$y_i-\hat{y}_i = y_i-\bar{y}-(\hat{y}_i-\bar{y}) = y_i-\bar{y}-\hat{b}(x_i-\bar{x})$$

$$\sum_{i=1}^{n}(y_i-\hat{y}_i)(\hat{y}_i-\bar{y}) = \sum_{i=1}^{n}[y_i-\bar{y}-\hat{b}(x_i-\bar{x})]\hat{b}(x_i-\bar{x}) =$$

$$\hat{b}[\sum_{i=1}^{n}(x_i-\bar{x})(y_i-\bar{y})-\hat{b}\sum_{i=1}^{n}(x_i-\bar{x})^2] = 0$$

所以
$$\sum_{i=1}^{n}(y_i-\bar{y})^2 = \sum_{i=1}^{n}(y_i-\hat{y}_i)^2+\sum_{i=1}^{n}(\hat{y}_i-\bar{y})^2$$

记
$$S_{yy} = \sum_{i=1}^{n}(y_i-\bar{y})^2, Q = \sum_{i=1}^{n}(y_i-\hat{y}_i)^2, U = \sum_{i=1}^{n}(y_i-\bar{y})^2$$

则
$$S_{yy} = Q + U$$

其中,Q 称为残差平方和或剩余平方和,U 称为回归平方和。

记

$$S_{xx} = \sum_{i=1}^{n}(x_i - \bar{x})^2 = \sum_{i=1}^{n} x_i^2 - n\bar{x}^2$$

$$S_{xy} = \sum_{i=1}^{n}(x_i - \bar{x})(y_i - \bar{y}) = \sum_{i=1}^{n} x_i y_i - n\bar{x}\bar{y}$$

则有

$$U = \hat{b}^2 \sum_{i=1}^{n}(x_i - \bar{x})^2 = \frac{S_{xy}^2}{S_{xx}}$$

$$Q = S_{yy} - U = S_{yy}\left(1 - \frac{S_{xy}^2}{S_{xx}S_{yy}}\right)$$

选取统计量

$$F = \frac{U}{Q/(n-2)}$$

在 H_0 成立的条件下，$F \sim F(1, n-2)$，对于给定的显著性水平 α，查 F 分布表可得临界值 $F_\alpha(1, n-2)$。如果 $F > F_\alpha$，则拒绝 H_0，认为 x 与 y 之间存在线性相关关系，反之，可接受 H_0，认为 x 与 y 之间不存在线性相关关系。选取样本相关系数 $R = \dfrac{S_{xy}}{\sqrt{S_{xx}S_{yy}}}$ 为统计量也可以检验相关性，这两种方法是一致的，因为

$$F = \frac{U}{Q/(n-2)} = \frac{(n-2)S_{xy}^2/S_{xx}}{S_{yy}\left(1 - \dfrac{S_{xy}^2}{S_{xx}S_{yy}}\right)} = \frac{(n-2)R^2}{1 - R^2}$$

因此 F 的值较大，也即是 $|R|$ 较大，可以用 $|R| > R_\alpha(n-2)$ 来否定 H_0，$R_\alpha(n-2)$ 可由相关系数检验表查得。

【例 2】 对 13.1.1 中的例 1 中两变量的线性相关关系进行检验。

【解】

$$n = 10, \bar{x} = \frac{1}{n}\sum_{i=1}^{n} x_i = \frac{777}{10} = 77.7, \bar{y} = \frac{1}{n}\sum_{i=1}^{n} y_i = \frac{1\ 657}{10} = 165.7$$

$$S_{xx} = \sum_{i=1}^{n} x_i^2 - n\bar{x}^2 = 70\ 903 - 10 \times 77.7^2 = 10\ 530.1$$

$$S_{xy} = \sum_{i=1}^{n} x_i y_i - n\bar{x}\bar{y} = 1\ 329\ 381 - 10 \times 77.7 \times 165.7 = 4\ 192.1$$

$$S_{yy} = \sum_{i=1}^{n} y_i^2 - n\bar{y}^2 = 277\ 119 - 10 \times 165.7^2 = 2\ 554.1$$

$$R = \frac{S_{xy}}{\sqrt{S_{xx}S_{yy}}} = \frac{4\ 192.1}{\sqrt{10\ 530.1 \times 2\ 554.1}} = 0.808$$

取自由度 $n - 2 = 10 - 2 = 8$，取 $\alpha = 0.01$，查相关系数检验表得临界值

$$R_\alpha(n-2) = R_{0.01}(8) = 0.765$$

因为 $R > R_{0.01}(8)$，故生产费用和产量之间的线性相关关系是显著的。

13.2 可线性化的非线性回归

在实际问题中，有时两个变量之间并不一定是线性关系，而是某种曲线关系，这时就不能用回归直线表示它们的关系。求回归曲线时，选择曲线的类型是关键，通常可根据散点图分布的情况与已知函数的图形相比较来确定，也可靠专业知识或经验来确定，回归曲线的类型一经确定，再将它经过适当的变换转化成线性回归关系进行处理。用线性回归检验方法，如果得出线性回归显著，那么所确定的回归曲线也就相应地认为是显著的。当然，也有不能化成线性问题来处理的，本书不作介绍。本节介绍几种常用的可线性化的回归方程。

1. 双曲线型

$$\hat{y} = a + \frac{b}{x}$$

令 $u = \frac{1}{x}$，得

$$\hat{y} = a + bu$$

2. 指数曲线型

(1) $\hat{y} = ce^{ax}$

若 $c > 0$，令 $u = \ln y$，得

$$\hat{u} = a_0 + ax$$

其中，$a_0 = \ln c$。

若 $c < 0$，令 $u = \ln(-y)$，得

$$\hat{u} = a_0 + ax$$

其中，$a_0 = \ln(-c)$。

(2) $\hat{y} = ce^{\frac{b}{x}}$

若 $c > 0$，令 $u = \ln y, v = \frac{1}{x}$，得

$$\hat{u} = a_0 + bv$$

其中，$a_0 = \ln c$。

若 $c < 0$，令 $u = \ln(-y), v = \frac{1}{x}$，得

$$\hat{u} = a_0 + bv$$

其中，$a_0 = \ln(-c)$。

3. 幂函数型

$$\hat{y} = cx^a \qquad (x > 0)$$

若 $c > 0$，令 $u = \ln y, v = \ln x$，得

$$\hat{u} = a_0 + av$$

其中，$a_0 = \ln c$。

若 $c < 0$，令 $u = \ln(-y), v = \ln x$，得

$$\hat{u} = a_0 + av$$

其中，$a_0 = \ln(-c)$。

4. S 曲线型

$$\hat{y} = \frac{1}{a + be^{-x}}$$

令 $u = \frac{1}{y}, v = e^{-x}$，得

$$\hat{u} = a + bv$$

5. 对数曲线型

(1) 双对数型

$$\log \hat{y} = \log a + b \log x$$

令 $u = \log y, v = \log x$，得

$$\hat{u} = a_0 + bv$$

其中，$a_0 = \log a$。

(2) 半对数型

若 $\hat{y} = a + b\log x$，令 $u = \log x$，得

$$\hat{y} = a + bu$$

若 $\log\hat{y} = a + bx$，令 $u = \log y$ 得

$$\hat{u} = a + bx$$

【例 1】 在彩色显像技术中，考虑析出银的光学密度 x 与形成染料光学密度之间近似满足指数曲线型关系

$$y = ae^{-\frac{b}{x}} \qquad (a, b > 0)$$

试根据下列资料，求出 y 对 x 的回归曲线方程。

x_i	0.05	0.06	0.07	0.10	0.14	0.20	0.31	0.38	0.43	0.47
y_i	0.10	0.14	0.23	0.37	0.59	0.79	1.12	1.19	1.25	1.29

【解】 对 $y = ae^{-\frac{b}{x}}$ 两边取对数得

$$\ln y = \ln a - b\frac{1}{x}$$

令 $$u = \ln y, v = \frac{1}{x}, \alpha = \ln a, \beta = -b$$

则有

$$u = \alpha + \beta v$$

于是有

$v = \frac{1}{x}$	20.00	16.67	14.29	10.00	7.14	5.00	4.00	3.23	2.63	2.33	2.13
$u = \ln y$	-2.30	-1.97	-1.47	-0.99	-0.53	-0.24	0.00	0.11	0.17	0.22	0.25

利用一元线性回归分析可得

$$u = 0.58 - 0.15v$$

这里

$$\alpha = 0.58, \beta = -0.15$$

所以 $$a = e^{\alpha} = e^{0.58} = 1.79, b = -\beta = 0.15$$

所以 y 对 x 的回归曲线方程为

$$y = 1.79e^{-\frac{0.15}{x}}$$

13.3 多元线性回归

当与变量 y 有关的自变量有两个以上时，就是多元回归问题。设随机变量 y 与 k 个自变量 $x_1, x_2, \cdots, x_k$ 有如下关系

$$y = b_0 + b_1x_1 + b_2x_2 + \cdots + b_kx_k + \varepsilon$$

其中，随机项 $\varepsilon \sim N(0, \sigma^2)$，$b_0, b_1, \cdots, b_k, \sigma^2$ 为与 $x_1, x_2, \cdots, x_k$ 无关的未知参数，对变量 $x_1, x_2, \cdots, x_k, y$ 作 n 次观测得到样本值

$$(x_{11}, x_{21}, \cdots, x_{k1}, y_1)$$
$$(x_{12}, x_{22}, \cdots, x_{k2}, y_2)$$
$$\vdots$$
$$(x_{1n}, x_{2n}, \cdots, x_{kn}, y_n)$$

其中，$y_1, \cdots, y_n$ 独立同分布，且有

$$y_i = b_0 + b_1x_{1i} + b_2x_{2i} + \cdots + b_kx_{ki} + \varepsilon_i \quad (i = 1, 2, \cdots, n)$$

用最小二乘法求未知参数的估计，应使

$$Q = \sum_{i=1}^{n}[y_i - (b_0 + b_1x_{1i} + \cdots + b_kx_{ki})]^2$$

为最小，用微积分的求极值的方法可求得 $\hat{b}_0, \hat{b}_1, \cdots, \hat{b}_k$ 的值。y 对 $x_1, x_2, \cdots, x_k$ 的线性回归方程为 $\hat{y} = \hat{b}_0 + \hat{b}_1x_1 + \cdots + \hat{b}_kx_k$，若用矩阵表示的话，设

$$X=\begin{pmatrix}1 & x_{11} & x_{21} & \cdots & x_{k1}\\ 1 & x_{12} & x_{22} & \cdots & x_{k2}\\ \vdots & \vdots & \vdots & & \vdots\\ 1 & x_{1n} & x_{2n} & \cdots & x_{kn}\end{pmatrix},\ Y=\begin{pmatrix}y_1\\ y_2\\ \vdots\\ y_n\end{pmatrix},\ b=\begin{pmatrix}b_0\\ b_1\\ \vdots\\ b_k\end{pmatrix}$$

如果矩阵 $\boldsymbol{X}$ 满秩,则其唯一解 $\hat{\boldsymbol{b}}=(\boldsymbol{X}^{\mathrm{T}}\boldsymbol{X})^{-1}\boldsymbol{X}^{\mathrm{T}}\boldsymbol{Y}$ 就是向量 $\boldsymbol{b}$ 的最小二乘估计,y 对 $x_1,x_2,\cdots,x_k$ 线性回归方程的矩阵形式是

$$\hat{\boldsymbol{y}}=\boldsymbol{x}\hat{\boldsymbol{b}}$$

其中 $$\hat{\boldsymbol{y}}=(\hat{\boldsymbol{y}}_1,\hat{\boldsymbol{y}}_2,\cdots,\hat{\boldsymbol{y}}_n)^{\mathrm{T}},\hat{\boldsymbol{b}}=(\boldsymbol{b}_0,\boldsymbol{b}_1,\cdots,\boldsymbol{b}_k)^{\mathrm{T}}$$

关于多元线性回归的相关性检验与一元线性回归类似,我们应剔除那些对 y 影响较小的自变量,保留对 y 有显著影响的自变量,以便我们对变量间的相关变化有更明确的认识。

在实际问题中多元线性回归的应用非常广泛,我们在这里只作了简单介绍,有兴趣的读者可以参阅有关的专门书籍。

习　题

1. 某化工厂做一种原料含量 x 与产品收率 y 之间的相关试验,4 次试验结果如下

x	2	4	6	8
y	10	20	20	30

试求 y 对 x 的回归直线。

2. 炼铝厂测得铝的硬度 x 与抗张强度 y 的数据如下

x_i	68	53	70	84	60	72	51	83	70	64
y_i	288	293	349	343	290	354	283	324	340	286

从经验知 y 与 x 存在线性相关关系.

(1) 求 y 对 x 的回归方程;

(2) 检验回归方程的显著性($\alpha=0.05$)。

3. 在一元线性回归模型中,试证,未知参数 a,b 的最小二乘估计恰是极大似然估计。

4. 有人认为企业的利润水平和它的研究费用间存在近似的线性关系,下列资料能否证实这种论断。

时间	1955	1956	1957	1958	1959	1960	1961	1962	1963	1964
研究费用	10	10	8	8	8	12	12	12	11	11
利润(万元)	100	150	200	180	250	300	280	310	320	300

5. 产品产量 x 与煤耗量 y 有直接关系,今随机测试 5 组值,计算得 $\bar{x} = 5$, $\bar{y} = 4$, $\sum_{i=1}^{5}(x_i - \bar{x})^2 = 36.02$, $\sum_{i=1}^{5}(x_i - \bar{x})(y_i - \bar{y}) = 30.9$, $\sum_{i=1}^{5}(y_i - \bar{y})^2 = 27.5$,求:(1) 回归直线方程;(2) 相关系数 R;(3) 由此判定回归方程的显著性。($\alpha = 0.05$)

6. 通过原点的一元线性回归模型为

$$y = bx + \varepsilon, \varepsilon \sim N(0, \sigma^2)$$

试由独立样本观测值$(x_i, y_i)(i = 1, 2, \cdots, n)$,采用最小二乘法估计 b。

7. 电容器充电后,电压达到 100 V,然后开始放电,设在 t_i 时刻电压 u 的观测值为 u_i,具体数据如下

t_i	0	1	2	3	4	5	6	7	8	9	10
u_i	100	75	55	40	30	20	15	10	10	5	5

(1) 画出散点图;

(2) 用指数曲线模型 $u = a\mathrm{e}^{bt}$ 来拟合 u 与 t 的关系,求 a, b 的估计值。

附　　表

附表 1　泊松分布累计概率值表

$$\sum_{k=m}^{\infty}\frac{\lambda^{k}}{k!}\mathrm{e}^{-k}$$

m \ λ	0.1	0.2	0.3	0.4	0.5	0.6	0.7	0.8	0.9
0	1	1	1	1	1	1	1	1	1
1	0.095 16	0.181 27	0.259 18	0.329 68	0.393 47	0.451 19	0.503 42	0.550 67	0.593 43
2	0.004 68	0.017 52	0.036 94	0.061 55	0.090 20	0.121 90	0.155 81	0.191 21	0.227 52
3	0.000 15	0.001 15	0.003 60	0.007 93	0.014 39	0.023 12	0.034 14	0.047 42	0.062 86
4		0.000 06	0.000 27	0.000 78	0.001 75	0.003 36	0.005 75	0.009 08	0.013 46
5			0.000 02	0.000 06	0.000 17	0.000 39	0.000 79	0.001 41	0.002 34
6					0.000 01	0.000 04	0.000 09	0.000 18	0.000 34
7							0.000 01	0.000 02	0.000 04
8									0.000 01

m \ λ	1	2	3	4	5	6	7	8	9
0	1	1	1	1	1	1	1	1	1
1	0.632 12	0.864 66	0.950 21	0.981 68	0.993 26	0.997 52	0.999 09	0.999 67	0.999 88
2	0.264 24	0.593 99	0.800 85	0.908 42	0.959 57	0.982 65	0.992 71	0.996 93	0.998 77
3	0.080 30	0.323 32	0.576 81	0.761 90	0.875 35	0.938 03	0.970 36	0.986 25	0.993 77
4	0.018 99	0.142 88	0.352 77	0.566 53	0.734 97	0.848 80	0.918 24	0.957 62	0.978 77
5	0.003 66	0.052 65	0.184 74	0.371 16	0.559 51	0.814 94	0.827 01	0.900 37	0.945 04
6	0.000 59	0.016 56	0.083 92	0.214 87	0.384 04	0.554 32	0.699 29	0.808 76	0.884 31
7	0.000 08	0.004 53	0.033 51	0.110 67	0.237 82	0.393 70	0.550 29	0.686 63	0.793 22
8	0.000 01	0.001 10	0.011 91	0.051 13	0.133 37	0.256 02	0.401 29	0.547 04	0.676 10
9		0.000 24	0.003 80	0.021 36	0.068 09	0.152 76	0.270 91	0.407 45	0.544 35
10		0.000 05	0.001 10	0.008 13	0.031 83	0.083 92	0.169 50	0.283 38	0.412 59
11		0.000 01	0.000 29	0.002 84	0.013 70	0.042 62	0.098 52	0.184 11	0.294 01
12			0.000 07	0.000 92	0.005 45	0.020 09	0.053 35	0.111 92	0.196 99
13			0.000 02	0.000 27	0.002 02	0.008 83	0.027 00	0.063 80	0.124 23
14				0.000 08	0.000 70	0.003 63	0.012 81	0.034 18	0.073 85
15				0.000 02	0.000 23	0.001 40	0.005 72	0.017 26	0.041 47
16				0.000 01	0.000 07	0.000 51	0.002 41	0.008 23	0.022 04
17					0.000 02	0.000 18	0.000 96	0.003 72	0.011 11
18					0.000 01	0.000 06	0.000 36	0.001 59	0.005 32
19						0.000 02	0.000 13	0.000 65	0.002 43
20						0.000 01	0.000 04	0.000 25	0.001 06
21							0.000 01	0.000 09	0.000 44
22							0.000 01	0.000 03	0.000 18
23								0.000 01	0.000 07
24									0.000 03
25									0.000 01

附表 2　标准正态分布分位函数值表

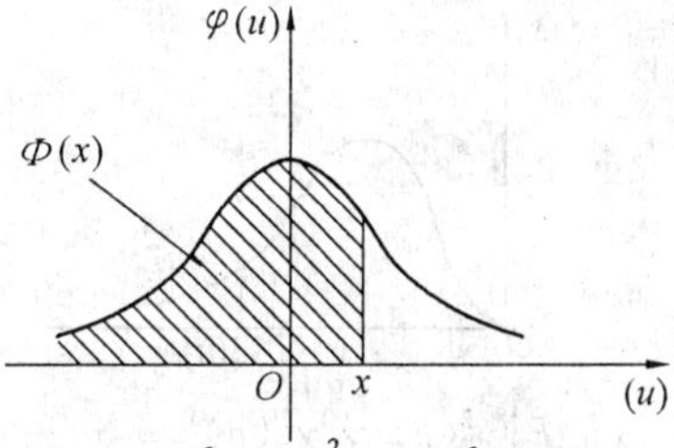

$$\Phi(u) = \frac{1}{2\pi}\int_{-\infty}^{x} e^{-\frac{u^2}{2}}du = \int_{-\infty}^{x}\varphi(u)du$$

x	0.00	0.01	0.02	0.03	0.04	0.05	0.06	0.07	0.08	0.09
0.0	0.500 0	0.504 0	0.508 0	0.512 0	0.516 0	0.519 9	0.523 9	0.527 9	0.531 9	0.535 9
0.1	0.539 8	0.543 8	0.547 8	0.551 7	0.555 7	0.559 6	0.563 6	0.567 5	0.571 4	0.575 3
0.2	0.579 3	0.583 2	0.587 1	0.591 0	0.594 8	0.598 7	0.602 6	0.606 4	0.610 3	0.614 1
0.3	0.617 9	0.621 7	0.625 5	0.629 3	0.633 1	0.636 8	0.640 6	0.644 3	0.648 0	0.651 7
0.4	0.655 4	0.659 1	0.662 8	0.666 4	0.670 0	0.673 6	0.677 2	0.680 8	0.684 4	0.687 9
0.5	0.691 5	0.695 0	0.698 5	0.701 9	0.705 4	0.708 8	0.712 3	0.715 7	0.719 0	0.722 4
0.6	0.725 7	0.729 1	0.732 4	0.735 7	0.738 9	0.742 2	0.745 4	0.748 6	0.751 7	0.754 9
0.7	0.758 0	0.761 1	0.764 2	0.767 3	0.770 3	0.773 4	0.776 4	0.779 4	0.782 3	0.785 2
0.8	0.788 1	0.791 0	0.793 9	0.796 7	0.799 5	0.802 3	0.805 1	0.807 8	0.810 6	0.813 3
0.9	0.815 9	0.818 6	0.821 2	0.823 8	0.826 4	0.828 9	0.831 5	0.834 0	0.836 5	0.838 9
1.0	0.841 3	0.843 8	0.846 1	0.848 5	0.850 8	0.853 1	0.855 4	0.857 7	0.859 9	0.862 1
1.1	0.864 3	0.866 5	0.868 6	0.870 8	0.872 9	0.874 9	0.877 0	0.879 0	0.881 0	0.883 0
1.2	0.884 9	0.886 9	0.888 8	0.890 7	0.892 5	0.894 4	0.896 2	0.898 0	0.899 7	0.901 5
1.3	0.903 2	0.904 9	0.906 6	0.908 2	0.909 9	0.911 5	0.913 1	0.914 7	0.916 2	0.917 7
1.4	0.919 2	0.920 7	0.922 2	0.923 6	0.925 1	0.926 5	0.927 8	0.929 2	0.930 6	0.931 9
1.5	0.933 2	0.934 5	0.935 7	0.937 0	0.938 2	0.939 4	0.940 6	0.941 8	0.943 0	0.944 1
1.6	0.942 5	0.946 3	0.947 4	0.948 4	0.949 5	0.950 5	0.951 5	0.952 5	0.953 5	0.954 5
1.7	0.955 4	0.956 4	0.957 3	0.958 2	0.959 1	0.959 9	0.960 8	0.961 6	0.962 5	0.963 3
1.8	0.964 1	0.964 8	0.965 6	0.966 4	0.967 1	0.967 8	0.968 6	0.969 3	0.970 0	0.970 6
1.9	0.971 3	0.971 9	0.972 6	0.973 2	0.973 8	0.974 4	0.975 0	0.975 6	0.976 2	0.976 7
2.0	0.977 2	0.977 8	0.978 3	0.978 8	0.979 3	0.979 8	0.980 3	0.980 8	0.981 2	0.981 7
2.1	0.982 1	0.982 6	0.983 0	0.983 4	0.983 8	0.984 2	0.984 6	0.985 0	0.985 4	0.985 7
2.2	0.986 1	0.986 4	0.986 8	0.987 1	0.987 4	0.987 8	0.988 1	0.988 4	0.988 7	0.989 0
2.3	0.989 3	0.989 6	0.989 8	0.990 1	0.990 4	0.990 6	0.990 9	0.991 1	0.991 3	0.991 6
2.4	0.991 8	0.992 0	0.992 2	0.992 5	0.992 7	0.992 9	0.993 1	0.993 2	0.993 4	0.993 6
2.5	0.993 8	0.994 0	0.994 1	0.994 3	0.994 5	0.994 6	0.994 8	0.994 9	0.995 1	0.995 2
2.6	0.995 3	0.995 5	0.995 6	0.995 7	0.995 9	0.996 0	0.996 1	0.996 2	0.996 3	0.996 4
2.7	0.996 5	0.996 6	0.996 7	0.996 8	0.996 9	0.997 0	0.997 1	0.997 2	0.997 3	0.997 4
2.8	0.997 4	0.997 5	0.997 6	0.997 7	0.997 7	0.997 8	0.997 9	0.997 9	0.998 0	0.998 1
2.9	0.998 1	0.998 2	0.998 2	0.998 3	0.998 4	0.998 4	0.998 5	0.998 5	0.998 6	0.998 6
3.0	0.998 7	0.998 7	0.998 7	0.998 8	0.998 8	0.998 9	0.998 9	0.998 9	0.999 0	0.999 0
3.1	0.999 0	0.999 1	0.999 1	0.999 1	0.999 2	0.999 2	0.999 2	0.999 2	0.999 3	0.999 3
3.2	0.999 3	0.999 3	0.999 4	0.999 4	0.999 4	0.999 4	0.999 4	0.999 5	0.999 5	0.999 5
3.3	0.999 5	0.999 5	0.999 5	0.999 6	0.999 6	0.999 6	0.999 6	0.999 6	0.999 6	0.999 7
3.4	0.999 7	0.999 7	0.999 7	0.999 7	0.999 7	0.999 7	0.999 7	0.999 7	0.999 7	0.999 8
3.5	0.999 8	0.999 8	0.999 8	0.999 8	0.999 8	0.999 8	0.999 8	0.999 8	0.999 8	0.999 8
3.6	0.999 8	0.999 8	0.999 9	0.999 9	0.999 9	0.999 9	0.999 9	0.999 9	0.999 9	0.999 9
3.7	0.999 9	0.999 9	0.999 9	0.999 9	0.999 9	0.999 9	0.999 9	0.999 9	0.999 9	0.999 9
3.8	0.999 9	0.999 9	0.999 9	0.999 9	0.999 9	0.999 9	0.999 9	0.999 9	0.999 9	0.999 9

$\Phi(4.0) = 0.999\ 968\ 329$	$\Phi(5.0) = 0.999\ 999\ 713\ 3$	$\Phi(6.0) = 0.999\ 999\ 999$

附表 3　χ^2 分布表

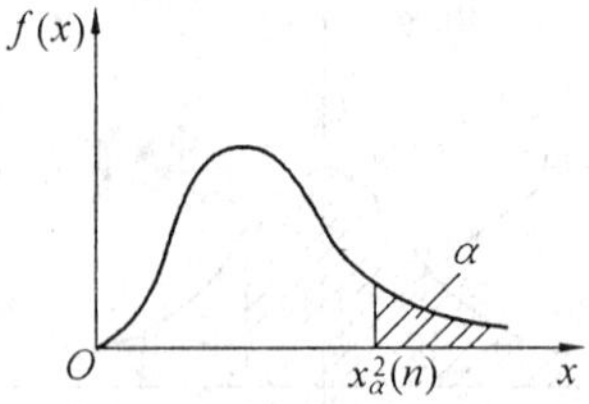

$$P\{\chi^2(n) > \chi_\alpha^2(n)\} = \alpha$$

n	α = 0.995	0.99	0.975	0.95	0.90	0.75
1	—	—	0.001	0.004	0.016	0.102
2	0.010	0.020	0.051	0.103	0.211	0.575
3	0.072	0.115	0.216	0.352	0.584	1.213
4	0.207	0.297	0.484	0.711	1.064	1.923
5	0.412	0.554	0.831	1.145	1.610	2.675
6	0.676	0.872	1.237	1.635	2.204	3.455
7	0.989	1.239	1.690	2.167	2.833	4.255
8	1.344	1.646	2.180	2.733	3.490	5.071
9	1.735	2.088	2.700	3.325	4.168	5.899
10	2.156	2.558	3.247	3.940	4.865	6.737
11	2.603	3.053	3.816	4.575	5.578	7.584
12	3.074	3.571	4.404	5.226	6.304	8.438
13	3.565	4.107	5.009	5.892	7.042	9.299
14	4.075	4.660	5.629	6.571	7.790	10.165
15	4.601	5.229	6.262	7.261	8.547	11.037
16	5.142	5.812	6.908	7.962	9.312	11.912
17	5.697	6.408	7.564	8.672	10.085	12.792
18	6.265	7.015	8.231	9.390	10.865	13.675
19	6.844	7.633	8.907	10.117	11.651	14.562
20	7.434	8.260	9.591	10.851	12.443	15.452
21	8.034	8.897	10.283	11.591	13.240	16.344
22	8.643	9.542	10.982	12.338	14.042	17.240
23	9.260	10.196	11.689	13.091	14.848	18.137
24	9.886	10.856	12.401	13.848	15.659	19.037
25	10.520	11.524	13.120	14.611	16.473	19.939
26	11.160	12.198	13.844	15.379	17.292	20.843
27	11.808	12.879	14.573	16.151	18.114	21.749
28	12.461	13.565	15.308	16.928	18.939	22.657
29	13.121	14.257	16.047	17.708	19.768	23.567
30	13.787	14.954	16.791	18.493	20.599	24.478
31	14.458	15.655	17.539	19.281	21.434	25.390
32	15.134	16.362	18.291	20.072	22.271	26.304
33	15.815	17.074	19.047	20.867	23.110	27.219
34	16.501	17.789	19.806	21.664	23.952	28.136
35	17.192	18.509	20.569	22.465	24.797	29.054
36	17.887	19.233	21.336	23.269	25.643	29.973
37	18.586	19.960	22.106	24.075	26.492	30.893
38	19.289	20.691	22.878	24.884	27.343	31.815
39	19.996	21.426	23.654	25.695	28.196	32.737
40	20.707	22.164	24.433	26.509	29.051	33.660
41	21.421	22.906	25.215	27.326	29.907	34.585
42	22.138	23.650	25.999	28.144	30.765	35.510
43	22.859	24.398	26.785	28.965	31.625	36.436
44	23.584	25.148	27.575	29.787	32.487	37.363
45	24.311	25.901	28.366	30.612	33.350	38.291

续附表 3

n	α = 0.25	0.10	0.05	0.025	0.01	0.005
1	1.323	2.706	3.841	5.024	6.635	7.879
2	2.773	4.605	5.991	7.378	9.210	10.597
3	4.108	6.251	7.815	9.348	11.345	12.838
4	5.385	7.779	9.488	11.143	13.277	14.860
5	6.626	9.236	11.071	12.833	15.086	16.750
6	7.841	10.645	12.592	14.449	16.812	18.548
7	9.037	12.017	14.067	16.013	18.475	20.278
8	10.219	13.362	15.507	17.535	20.090	21.955
9	11.389	14.684	16.919	19.023	21.666	23.589
10	12.549	15.987	18.307	20.483	23.209	25.188
11	13.701	17.275	19.675	21.920	24.725	26.757
12	14.845	18.549	21.026	23.337	26.217	28.299
13	15.984	19.812	22.362	24.736	27.688	29.819
14	17.117	21.064	23.685	26.119	29.141	31.319
15	18.245	22.307	24.996	27.488	30.578	32.801
16	19.369	23.542	26.296	28.845	32.000	34.267
17	20.489	24.769	27.587	30.191	33.409	35.718
18	21.605	25.989	28.869	31.526	34.805	37.156
19	22.718	27.204	30.144	32.852	36.191	38.582
20	23.828	28.412	31.410	34.170	37.566	39.997
21	24.935	29.615	32.671	35.479	38.932	41.401
22	26.039	30.813	33.924	36.781	40.289	42.796
23	27.141	32.007	35.172	38.076	41.638	44.181
24	28.241	33.196	36.415	39.364	42.980	45.559
25	29.339	34.382	37.652	40.646	44.314	46.928
26	30.435	35.563	38.885	41.923	45.642	48.290
27	31.528	36.741	40.113	43.194	46.963	49.645
28	32.620	37.916	41.337	44.461	48.278	50.993
29	33.711	39.087	42.557	45.722	49.588	52.336
30	34.800	40.256	43.773	46.979	50.892	53.672
31	35.887	41.422	44.985	48.232	52.191	55.003
32	36.973	42.585	46.194	49.480	53.486	56.328
33	38.058	43.745	47.400	50.725	54.776	57.648
34	39.141	44.903	48.602	51.966	56.061	58.964
35	40.223	46.059	49.802	53.203	57.342	60.275
36	41.304	47.212	50.998	54.437	58.619	61.581
37	42.383	48.363	52.192	55.668	59.892	62.883
38	43.462	49.513	53.384	56.896	61.162	64.181
39	44.539	50.660	54.572	58.120	62.428	65.476
40	45.616	51.805	55.758	59.342	63.691	66.766
41	46.692	52.949	56.942	60.561	64.950	68.053
42	47.766	54.090	58.124	61.777	66.206	69.336
43	48.840	55.230	59.304	62.990	67.459	70.616
44	49.913	56.369	60.481	64.201	68.710	71.893
45	50.985	57.505	61.656	65.410	69.957	73.166

附表 4　t 分布表

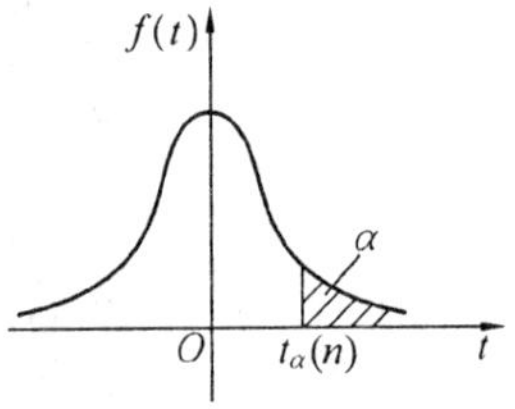

$$P\{t(n) > t_\alpha(n)\} = \alpha$$

n	$\alpha = 0.25$	0.10	0.05	0.025	0.01	0.005
1	1.000 0	3.077 7	6.313 8	12.706 2	31.820 7	63.657 4
2	0.816 5	1.885 6	2.920 0	4.302 7	6.964 6	9.924 8
3	0.764 9	1.637 7	2.353 4	3.182 4	4.540 7	5.840 9
4	0.740 7	1.533 2	2.131 8	2.776 4	3.746 9	4.604 1
5	0.726 7	1.475 9	2.015 0	2.570 6	3.364 9	4.032 2
6	0.717 6	1.439 8	1.943 2	2.446 9	3.142 7	3.707 4
7	0.711 1	1.414 9	1.894 6	2.364 6	2.998 0	3.499 5
8	0.706 4	1.396 8	1.859 5	2.306 0	2.896 5	3.355 4
9	0.702 7	1.383 0	1.833 1	2.262 2	2.821 4	3.249 8
10	0.699 8	1.372 2	1.812 5	2.228 1	2.763 8	3.169 3
11	0.697 4	1.363 4	1.795 9	2.201 0	2.718 1	3.105 8
12	0.695 5	1.356 2	1.782 3	2.178 8	2.681 0	3.054 5
13	0.693 8	1.350 2	1.770 9	2.160 4	2.650 3	3.012 3
14	0.692 4	1.345 0	1.761 3	2.144 8	2.624 5	2.976 8
15	0.691 2	1.340 6	1.753 1	2.131 5	2.602 5	2.946 7
16	0.690 1	1.336 8	1.745 9	2.119 9	2.583 5	2.920 8
17	0.689 2	1.333 4	1.739 6	2.109 8	2.566 9	2.898 2
18	0.688 4	1.330 4	1.734 1	2.100 9	2.552 4	2.878 4
19	0.687 6	1.327 7	1.729 1	2.093 0	2.539 5	2.860 9
20	0.687 0	1.325 3	1.724 7	2.086 0	2.528 0	2.845 3
21	0.686 4	1.323 2	1.720 7	2.079 6	2.517 7	2.831 4
22	0.685 8	1.321 2	1.717 1	2.073 9	2.508 3	2.811 8
23	0.685 3	1.319 5	1.713 9	2.068 7	2.499 9	2.807 3
24	0.684 8	1.317 8	1.710 9	2.063 9	2.492 2	2.796 9
25	0.684 4	1.316 3	1.708 1	2.059 5	2.485 1	2.787 4
26	0.684 0	1.315 0	1.705 6	2.055 5	2.478 6	2.778 7
27	0.683 7	1.313 7	1.703 3	2.051 8	2.472 7	2.770 7
28	0.683 4	1.312 5	1.701 1	2.048 4	2.467 1	2.763 3
29	0.683 0	1.311 4	1.699 1	2.045 2	2.462 0	2.756 4
30	0.682 8	1.310 4	1.697 3	2.042 3	2.457 3	2.750 0
31	0.682 5	1.309 5	1.695 5	2.039 5	2.452 8	2.744 0
32	0.682 2	1.308 6	1.693 9	2.036 9	2.448 7	2.738 5
33	0.682 0	1.307 7	1.692 4	2.034 5	2.444 8	2.733 3
34	0.681 8	1.307 0	1.690 9	2.032 2	2.441 1	2.728 4
35	0.681 6	1.306 2	1.689 6	2.030 1	2.437 7	2.723 8
36	0.681 4	1.305 5	1.688 3	2.028 1	2.434 5	2.719 5
37	0.681 2	1.304 9	1.687 1	2.026 2	2.431 4	2.715 4
38	0.681 0	1.304 2	1.686 0	2.024 4	2.428 6	2.711 6
39	0.680 8	1.303 6	1.684 9	2.022 7	2.425 8	2.707 9
40	0.680 7	1.303 1	1.683 9	2.021 1	2.423 3	2.704 5
41	0.680 5	1.302 5	1.682 9	2.019 5	2.420 8	2.701 2
42	0.680 4	1.302 0	1.682 0	2.018 1	2.418 5	2.698 1
43	0.680 2	1.301 6	1.681 1	2.016 7	2.416 3	2.695 1
44	0.680 1	1.301 1	1.680 2	2.015 4	2.414 1	2.692 3
45	0.680 0	1.300 6	1.679 4	2.014 1	2.412 1	2.689 6

附表 5　F 分布表

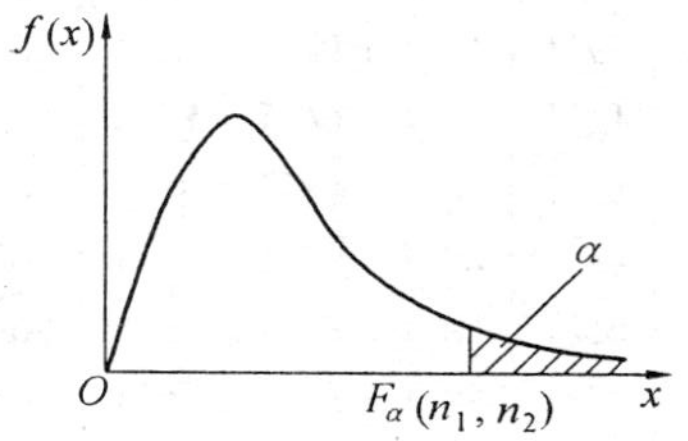

$$P\{F(n_1,n_2) > F_\alpha(n_1,n_2)\} = \alpha$$

$$\alpha = 0.10$$

n_2 \ n_1	1	2	3	4	5	6	7	8	9	10	12	15	20	24	30	40	60	120	∞
1	39.86	49.50	53.59	55.83	57.24	58.20	58.91	59.44	59.86	60.19	60.71	61.22	61.74	62.00	62.26	62.53	62.79	63.06	63.33
2	8.53	9.00	9.16	9.24	9.29	9.33	9.35	9.37	9.38	9.39	9.41	9.42	9.44	9.45	9.46	9.47	9.47	9.48	9.49
3	5.54	5.46	5.39	5.34	5.31	5.28	5.27	5.25	5.24	5.23	5.22	5.20	5.18	5.18	5.17	5.16	5.15	5.14	5.13
4	4.54	4.32	4.19	4.11	4.05	4.01	3.98	3.95	3.94	3.92	3.90	3.87	3.84	3.83	3.82	3.80	3.79	3.78	3.76
5	4.06	3.78	3.62	3.52	3.45	3.40	3.37	3.34	3.32	3.30	3.27	3.24	3.21	3.19	3.17	3.16	3.14	3.12	3.10
6	3.78	3.46	3.29	3.18	3.11	3.05	3.01	2.98	2.96	2.94	2.90	2.87	2.84	2.82	2.80	2.78	2.76	2.74	2.72
7	3.59	3.26	3.07	2.96	2.88	2.83	2.78	2.75	2.72	2.70	2.67	2.63	2.59	2.58	2.56	2.54	2.51	2.49	2.47
8	3.46	3.11	2.92	2.81	2.73	2.67	2.62	2.59	2.56	2.54	2.50	2.46	2.42	2.40	2.38	2.36	2.34	2.32	2.29
9	3.36	3.01	2.81	2.69	2.61	2.55	2.51	2.47	2.44	2.42	2.38	2.34	2.30	2.28	2.25	2.23	2.21	2.18	2.16
10	3.29	2.92	2.73	2.61	2.52	2.46	2.41	2.38	2.35	2.32	2.28	2.24	2.20	2.18	2.16	2.13	2.11	2.08	2.06
11	3.23	2.86	2.66	2.54	2.45	2.39	2.34	2.30	2.27	2.25	2.21	2.17	2.12	2.10	2.08	2.05	2.03	2.00	1.97
12	3.18	2.81	2.61	2.48	2.39	2.33	2.28	2.24	2.21	2.19	2.15	2.10	2.06	2.04	2.01	1.99	1.96	1.93	1.90

续附表 5

$\alpha = 0.10$

n_2 \ n_1	1	2	3	4	5	6	7	8	9	10	12	15	20	24	30	40	60	120	∞
13	3.14	2.76	2.56	2.43	2.35	2.28	2.23	2.20	2.16	2.14	2.10	2.05	2.01	1.98	1.96	1.93	1.90	1.88	1.85
14	3.10	2.73	5.52	2.39	2.31	2.24	2.19	2.15	2.12	2.10	2.05	2.01	1.96	1.94	1.91	1.89	1.86	1.83	1.80
15	3.07	2.70	2.49	2.36	2.27	2.21	2.16	2.12	2.09	2.06	2.02	1.97	1.92	1.90	1.87	1.85	1.82	1.79	1.76
16	3.05	2.67	2.46	2.33	2.24	2.18	2.13	2.09	2.06	2.03	1.99	1.94	1.89	1.87	1.84	1.81	1.78	1.75	1.72
17	3.03	2.64	2.44	2.31	2.22	2.15	2.10	2.06	2.03	2.00	1.96	1.91	1.86	1.84	1.81	1.78	1.75	1.72	1.69
18	3.01	2.62	2.42	2.29	2.20	2.13	2.08	2.04	2.00	1.98	1.93	1.89	1.84	1.81	1.78	1.75	1.72	1.69	1.66
19	2.99	2.61	2.40	2.27	2.18	2.11	2.06	2.02	1.98	1.96	1.91	1.86	1.81	1.79	1.76	1.73	1.70	1.67	1.63
20	2.97	2.59	2.38	2.25	2.16	2.09	2.04	2.00	1.96	1.94	1.89	1.84	1.79	1.77	1.74	1.71	1.68	1.64	1.61
21	2.96	2.57	2.36	2.23	2.14	2.08	2.02	1.98	1.95	1.92	1.87	1.83	1.78	1.75	1.72	1.69	1.66	1.62	1.59
22	2.95	2.56	2.35	2.22	2.13	2.06	2.01	1.97	1.93	1.90	1.86	1.81	1.76	1.73	1.70	1.67	1.64	1.60	1.57
23	2.94	2.55	2.34	2.21	2.11	2.05	1.99	1.95	1.92	1.89	1.84	1.80	1.74	1.72	1.69	1.66	1.62	1.59	1.55
24	2.93	2.54	2.33	2.19	2.10	2.04	1.98	1.94	1.91	1.88	1.83	1.78	1.73	1.70	1.67	1.64	1.61	1.57	1.53
25	2.92	2.53	2.32	2.18	2.09	2.02	1.97	1.93	1.89	1.87	1.82	1.77	1.72	1.69	1.66	1.63	1.59	1.56	1.52
26	2.91	2.52	2.31	2.17	2.08	2.01	1.96	1.92	1.88	1.86	1.81	1.76	1.71	1.68	1.65	1.61	1.58	1.54	1.50
27	2.90	2.51	2.30	2.17	2.07	2.00	1.95	1.91	1.87	1.85	1.80	1.75	1.70	1.67	1.64	1.60	1.57	1.53	1.49
28	2.89	2.50	2.29	2.16	2.06	2.00	1.94	1.90	1.87	1.84	1.79	1.74	1.69	1.66	1.63	1.59	1.56	1.52	1.48
29	2.89	2.50	2.28	2.15	2.06	1.99	1.93	1.89	1.86	1.83	1.78	1.73	1.68	1.65	1.62	1.58	1.55	1.51	1.47
30	2.88	2.49	2.28	2.14	2.05	1.98	1.93	1.88	1.85	1.82	1.77	1.72	1.67	1.64	1.61	1.57	1.54	1.50	1.46
40	2.84	2.44	2.23	2.09	2.00	1.93	1.87	1.83	1.79	1.76	1.71	1.66	1.61	1.57	1.54	1.51	1.47	1.42	1.38
60	2.79	2.39	2.18	2.04	1.95	1.87	1.82	1.77	1.74	1.71	1.66	1.60	1.54	1.51	1.48	1.44	1.40	1.35	1.29
120	2.75	2.35	2.13	1.99	1.90	1.82	1.77	1.72	1.68	1.65	1.60	1.55	1.48	1.45	1.41	1.37	1.32	1.26	1.99
∞	2.71	2.30	2.08	1.94	1.85	1.77	1.72	1.67	1.63	1.60	1.55	1.49	1.42	1.38	1.34	1.30	1.24	1.17	1.00

续附表 5

$\alpha = 0.05$

n_2 \ n_1	1	2	3	4	5	6	7	8	9	10	12	15	20	24	30	40	60	120	∞
1	161.4	199.5	215.7	224.6	230.2	234.0	236.8	238.9	240.5	241.9	243.9	245.9	248.0	249.1	250.1	251.1	252.2	253.3	254.3
2	18.51	19.00	19.16	19.25	19.30	19.33	19.35	19.37	19.38	19.40	19.41	19.43	19.45	19.45	19.46	19.47	19.48	19.49	19.50
3	10.13	9.55	9.28	9.12	9.01	8.94	8.89	8.85	8.81	8.79	8.74	8.70	8.66	8.64	8.62	8.59	8.57	8.55	8.53
4	7.71	6.94	6.59	6.39	6.26	6.16	6.09	6.04	6.00	5.96	5.91	5.86	5.80	5.77	5.75	5.72	5.69	5.66	5.63
5	6.61	5.79	5.41	5.19	5.05	4.95	4.88	4.82	4.77	4.74	4.68	4.62	4.56	4.53	4.50	4.46	4.43	4.40	4.36
6	5.99	5.14	4.76	4.53	4.39	4.28	4.21	4.15	4.10	4.06	4.00	3.94	3.87	3.84	3.81	3.77	3.74	3.70	3.67
7	5.59	4.74	4.35	4.12	3.97	3.87	3.79	3.73	3.68	3.64	3.57	3.51	3.44	3.41	3.38	3.34	3.30	3.27	3.23
8	5.32	4.46	4.07	3.84	3.69	3.58	3.50	3.44	3.39	3.35	3.28	3.22	3.15	3.12	3.08	3.04	3.01	2.97	2.93
9	5.12	4.26	3.86	3.63	3.48	3.37	3.29	3.23	3.18	3.14	3.07	3.01	2.94	2.90	2.86	2.83	2.79	2.75	2.71
10	4.96	4.10	3.71	3.48	3.33	3.22	3.14	3.07	3.02	2.98	2.91	2.85	2.77	2.74	2.70	2.66	2.62	2.58	2.54
11	4.84	3.98	3.59	3.36	3.20	3.09	3.01	2.95	2.90	2.85	2.79	2.72	2.65	2.61	2.57	2.53	2.49	2.45	2.40
12	4.75	3.89	3.49	3.26	3.11	3.00	2.91	2.85	2.80	2.75	2.69	2.62	2.54	2.51	2.47	2.43	2.38	2.34	2.30
13	4.67	3.81	3.41	3.18	3.03	2.92	2.83	2.77	2.71	2.67	2.60	2.53	2.46	2.42	2.38	2.34	2.30	2.25	2.21
14	4.60	3.74	3.34	3.11	2.96	2.85	2.76	2.70	2.65	2.60	2.53	2.46	2.39	2.35	2.31	2.27	2.22	2.18	2.13
15	4.54	3.68	3.29	3.06	2.90	2.79	2.71	2.64	2.59	2.54	2.48	2.40	2.33	2.29	2.25	2.20	2.16	2.11	2.07
16	4.49	3.63	3.24	3.01	2.85	2.74	2.66	2.59	2.54	2.49	2.42	2.35	2.28	2.24	2.19	2.15	2.11	2.06	2.01
17	4.45	3.59	3.20	2.96	2.81	2.70	2.61	2.55	2.49	2.45	2.38	2.31	2.23	2.19	2.15	2.10	2.06	2.01	1.96
18	4.41	3.55	3.16	2.93	2.77	2.66	2.58	2.51	2.46	2.41	2.34	2.27	2.19	2.15	2.11	2.06	2.02	1.97	1.92
19	4.38	3.52	3.13	2.90	2.74	2.63	2.54	2.48	2.42	2.38	2.31	2.23	2.16	2.11	2.07	2.03	1.98	1.93	1.88
20	4.35	3.49	3.10	2.87	2.71	2.60	2.51	2.45	2.39	2.35	2.28	2.20	2.12	2.08	2.04	1.99	1.95	1.90	1.84
21	4.32	3.47	3.07	2.84	2.68	2.57	2.49	2.42	2.37	2.32	2.25	2.18	2.10	2.05	2.01	1.96	1.92	1.87	1.81
22	4.30	3.44	3.05	2.82	2.66	2.55	2.46	2.40	2.34	2.30	2.23	2.15	2.07	2.03	1.98	1.94	1.89	1.84	1.78
23	4.28	3.42	3.03	2.80	2.64	2.53	2.44	2.37	2.32	2.27	2.20	2.13	2.05	2.01	1.96	1.91	1.86	1.81	1.76
24	4.26	3.40	3.01	2.78	2.62	2.51	2.42	2.36	2.30	2.25	2.18	2.11	2.03	1.98	1.94	1.89	1.84	1.79	1.73
25	4.24	3.39	2.99	2.76	2.60	2.49	2.40	2.34	2.28	2.24	2.16	2.09	2.01	1.96	1.92	1.87	1.82	1.77	1.71
26	4.23	3.37	2.98	2.74	2.59	2.47	2.39	2.32	2.27	2.22	2.15	2.07	1.99	1.95	1.90	1.85	1.80	1.75	1.69
27	4.21	3.35	2.96	2.73	2.57	2.46	2.37	2.31	2.25	2.20	2.13	2.06	1.97	1.93	1.88	1.84	1.79	1.73	1.67
28	4.20	3.34	2.95	2.71	2.56	2.45	2.36	2.29	2.24	2.19	2.12	2.04	1.96	1.91	1.87	1.82	4.77	1.71	1.65
29	4.18	3.33	2.93	2.70	2.55	2.43	2.35	2.28	2.22	2.18	2.10	2.03	1.94	1.90	1.85	1.81	1.75	1.70	1.64
30	4.17	3.32	2.92	2.69	2.53	2.42	2.33	2.27	2.21	2.16	2.09	2.01	1.93	1.89	1.84	1.79	1.74	1.68	1.62
40	4.08	3.23	2.84	2.61	2.45	2.34	2.25	2.18	2.12	2.08	2.00	1.92	1.84	1.79	1.74	1.69	1.64	1.58	1.51
60	4.00	3.15	2.76	2.53	2.37	2.25	2.17	2.10	2.04	1.99	1.92	1.84	1.75	1.70	1.65	1.59	1.53	1.47	1.39
120	3.92	3.07	2.68	2.45	2.29	2.17	2.09	2.02	1.96	1.91	1.83	1.75	1.66	1.61	1.55	1.50	1.43	1.35	1.25
∞	3.84	3.00	2.60	2.37	2.21	2.10	2.01	1.94	1.88	1.83	1.75	1.67	1.57	1.52	1.46	1.39	1.32	1.22	1.00

续附表 5

$\alpha = 0.025$

n_2 \ n_1	1	2	3	4	5	6	7	8	9	10	12	15	20	24	30	40	60	120	∞
1	647.8	799.5	864.2	899.6	921.8	937.1	948.2	956.7	963.3	968.6	976.7	984.9	993.1	997.2	1 001	1 006	1 010	1 014	1 018
2	38.51	39.00	39.17	39.25	39.30	39.33	39.36	39.37	39.39	39.40	39.41	39.43	39.45	39.46	39.46	39.47	39.48	39.49	39.50
3	17.44	16.04	15.44	15.10	14.88	14.73	14.62	14.54	14.47	14.42	14.34	14.25	14.17	14.12	14.08	14.04	13.99	13.95	13.90
4	12.22	10.65	9.98	9.60	9.36	9.20	9.07	8.98	8.90	8.84	8.75	8.66	8.56	8.51	8.46	8.41	8.36	8.31	8.26
5	10.01	8.43	7.76	7.39	7.15	6.98	6.85	6.76	6.68	6.62	6.52	6.43	6.33	6.28	6.23	6.18	6.12	6.07	6.02
6	8.81	7.26	6.60	6.23	5.99	5.82	5.70	5.60	5.52	5.46	5.37	5.27	5.17	5.12	5.07	5.01	4.96	4.90	4.85
7	8.07	6.54	5.89	5.52	5.29	5.12	4.99	4.90	4.82	4.76	4.67	4.57	4.47	4.42	4.36	4.31	4.25	4.20	4.14
8	7.57	6.06	5.42	5.05	4.82	4.65	4.53	4.43	4.36	4.30	4.20	4.10	4.00	3.95	3.89	3.84	3.78	3.37	3.67
9	7.21	5.71	5.08	4.72	4.48	4.32	4.20	4.10	4.03	3.96	3.87	3.77	3.67	3.61	3.56	3.51	3.45	3.39	3.33
10	6.94	5.46	4.83	4.47	4.24	4.07	3.95	3.85	3.78	3.72	3.62	3.52	3.42	3.37	3.31	3.26	3.20	3.14	3.08
11	6.72	5.26	6.63	4.28	4.04	3.88	3.76	3.66	3.59	3.53	3.43	3.33	3.23	3.17	3.12	3.06	3.00	2.94	2.88
12	6.55	5.10	4.47	4.12	3.89	3.73	3.61	3.51	3.44	3.37	3.28	3.18	3.07	3.02	2.96	2.91	2.85	2.79	2.72
13	6.41	4.97	4.35	4.00	3.77	3.60	3.48	3.39	3.31	3.25	3.15	3.05	2.95	2.89	2.84	2.78	2.72	2.66	2.60
14	6.30	4.86	4.24	3.89	3.66	3.50	3.38	3.29	3.21	3.15	3.05	2.95	2.84	2.79	2.73	2.67	2.61	2.55	2.49
15	6.20	4.77	4.15	3.80	3.58	3.41	3.29	3.20	3.12	3.06	2.96	2.86	2.76	2.70	2.64	2.59	2.52	2.46	2.40
16	6.12	4.69	4.08	3.73	3.50	3.34	3.22	3.12	3.05	2.99	2.89	2.79	2.86	2.63	2.57	2.51	2.45	2.38	2.32
17	6.04	4.62	4.01	3.66	3.44	3.28	3.16	3.06	2.98	2.92	2.82	2.72	2.62	2.56	2.50	2.44	2.38	2.32	2.25
18	5.98	4.56	3.95	3.61	3.38	3.22	3.10	3.01	2.93	2.87	2.77	2.67	2.56	2.50	2.44	2.38	2.32	2.26	2.19
19	5.92	4.51	3.90	3.56	3.33	3.17	3.05	2.96	2.88	2.82	2.72	2.62	2.51	2.45	2.39	2.33	2.27	2.20	2.13
20	5.87	4.46	3.86	3.51	3.29	3.13	3.01	2.91	2.84	2.77	2.68	2.57	2.46	2.41	2.35	2.29	2.22	2.16	2.09
21	5.53	4.42	3.82	3.48	3.25	3.09	2.97	2.87	2.80	2.73	2.64	2.53	2.42	2.37	2.31	2.25	2.18	2.11	2.04
22	5.79	4.38	3.78	3.44	3.22	3.05	2.93	2.84	2.76	2.70	2.60	2.50	2.39	2.33	2.27	2.21	2.14	2.08	2.00
23	5.75	4.35	3.75	3.41	3.18	3.02	2.90	2.81	2.73	2.67	2.57	2.47	2.36	2.30	2.24	2.18	2.11	2.04	1.97
24	5.72	4.32	3.72	3.38	3.15	2.99	2.87	2.78	2.70	2.64	2.54	2.44	2.33	2.27	2.21	2.15	2.08	2.01	1.94
25	5.69	4.29	3.69	3.35	3.13	2.97	2.85	2.75	2.68	2.61	2.51	2.41	2.30	2.24	2.18	2.12	2.05	1.98	1.91
26	5.66	4.27	3.67	3.33	3.10	2.94	2.82	2.73	2.65	2.59	2.49	2.39	2.28	2.22	2.16	2.09	2.03	1.95	1.88
27	5.63	4.24	3.65	3.31	3.08	2.92	2.80	2.71	2.63	2.57	2.47	2.36	2.25	2.19	2.13	2.07	2.00	1.93	1.85
28	5.61	4.22	3.63	3.29	3.06	2.90	2.78	2.69	2.61	2.55	2.45	2.34	2.23	2.17	2.11	2.05	1.98	1.91	1.83
29	5.59	4.20	3.61	3.27	3.04	2.88	2.76	2.67	2.59	2.53	2.43	2.32	2.21	2.15	2.09	2.03	1.96	1.89	1.81
30	5.57	4.18	3.59	3.25	3.03	2.87	2.75	2.65	2.57	2.51	2.41	2.31	2.20	2.14	2.07	2.01	1.94	1.87	1.79
40	5.42	4.05	3.46	3.13	2.90	2.74	3.62	2.53	2.45	2.39	2.29	2.18	2.07	2.01	1.94	1.88	1.80	1.72	1.64
60	5.29	3.93	3.34	3.01	2.79	2.63	2.51	2.41	2.33	2.27	2.17	2.06	1.94	1.88	1.82	1.74	1.67	1.58	1.48
120	5.15	3.80	3.23	2.89	2.67	2.52	2.39	2.30	2.22	2.16	2.05	1.94	1.82	1.76	1.69	1.61	1.53	1.43	1.31
∞	5.02	3.69	3.12	2.79	2.57	2.41	2.29	2.19	2.11	2.05	1.94	1.83	1.71	1.64	1.57	1.48	1.69	1.27	1.00

续附表 5

$\alpha = 0.01$

n_2 \ n_1	1	2	3	4	5	6	7	8	9	10	12	15	20	24	30	40	60	120	∞
1	4 052	4 999	5 403	5 625	5 764	5 859	5 928	5 982	6 022	6 056	6 106	6 157	6 209	6 235	6 261	6 287	6 313	6 339	6 366
2	98.50	99.00	99.17	99.25	99.30	99.33	99.36	99.37	99.39	99.40	99.42	99.43	99.45	99.46	99.47	99.47	99.48	99.49	99.50
3	34.12	30.82	29.46	28.71	28.24	27.91	27.67	27.49	27.35	27.23	27.05	26.87	26.69	26.60	26.50	26.41	26.32	26.22	26.13
4	21.20	18.00	16.69	15.98	15.52	15.21	14.98	14.80	14.66	14.55	14.37	14.20	14.02	13.93	13.84	13.75	16.65	16.56	13.46
5	16.26	13.27	12.06	11.39	10.97	10.67	10.46	10.29	1016	10.05	9.89	9.72	9.55	9.47	9.38	9.29	9.20	9.11	9.02
6	13.75	10.92	9.78	9.15	8.75	8.47	8.26	8.10	7.98	7.87	7.72	7.56	7.40	7.31	7.23	7.14	7.06	6.97	6.88
7	12.25	9.55	8.45	7.85	7.46	7.19	6.99	6.84	6.72	6.62	6.47	6.31	6.16	6.07	5.99	5.91	5.82	5.74	5.65
8	11.26	8.65	7.59	7.01	6.63	6.37	6.18	6.03	5.91	5.81	5.67	5.52	5.36	5.28	5.20	5.12	5.03	4.95	4.86
9	10.56	8.02	6.99	6.42	6.06	5.80	5.61	5.47	5.35	5.26	5.11	4.96	4.81	4.73	4.65	4.57	4.48	4.40	4.31
10	10.04	7.56	6.55	5.99	5.64	5.39	5.20	5.06	4.94	4.85	4.71	4.56	4.41	4.33	4.25	4.17	4.08	4.00	3.91
11	9.65	7.21	6.22	5.67	5.32	5.07	4.89	4.74	4.63	4.54	4.40	4.25	4.10	4.02	3.94	3.86	4.78	3.69	3.60
12	9.33	6.93	5.95	5.41	5.06	4.82	4.64	4.50	4.39	4.30	4.16	4.01	3.86	3.78	3.70	3.62	3.54	3.45	3.36
13	9.07	6.70	5.74	5.21	4.86	4.62	4.44	4.30	4.19	3.10	3.96	3.82	3.66	3.59	3.51	3.43	3.34	3.25	3.17
14	8.86	6.51	5.56	5.04	4.69	4.46	4.28	4.14	4.03	3.94	3.80	3.66	6.51	3.43	3.35	3.27	3.18	3.09	3.00
15	8.68	6.36	5.42	4.89	4.56	4.32	4.14	4.00	3.89	3.80	3.67	3.52	3.37	3.29	3.21	3.13	3.05	2.96	2.87
16	8.53	6.23	5.29	4.77	4.44	4.20	4.03	3.89	3.78	3.69	3.55	3.41	3.26	3.18	3.10	3.02	2.93	2.84	2.75
17	8.40	6.11	5.18	4.67	4.34	4.10	3.93	3.79	3.68	3.59	3.46	3.31	3.16	3.08	3.00	2.92	2.83	2.75	2.65
18	8.29	6.01	5.09	4.58	4.25	4.01	3.84	3.71	3.60	3.51	3.37	3.23	3.08	3.00	2.92	2.84	2.75	2.66	2.57
19	8.18	5.93	5.01	4.50	4.17	3.94	3.77	3.63	3.52	3.43	3.30	3.15	3.00	2.92	2.84	2.76	2.67	2.58	2.49
20	8.10	5.85	4.94	4.43	4.10	3.87	3.70	3.56	3.46	3.37	3.23	3.09	2.94	2.86	2.78	2.69	2.61	2.52	2.42
21	8.02	5.78	4.87	4.67	4.04	3.81	3.64	3.51	3.40	3.31	3.17	3.03	2.88	2.80	2.72	2.64	2.55	2046	2.36
22	7.95	5.72	4.82	4.31	3.99	3.76	3.59	3.45	3.35	3.26	3.12	2.98	2.83	2.73	2.67	2.58	2.50	2.40	2.31
23	7.88	5.66	4.76	4.26	3.94	3.71	3.54	3.41	3.30	3.21	3.07	2.93	2.78	2.70	2.62	2.54	2.45	2.35	2.26
24	7.82	5.61	4.72	4.22	3.90	3.67	3.50	3.36	3.26	3.17	3.03	2.89	2.74	2.66	2.58	2.49	2.40	2.31	2.21
25	7.77	5.57	4.68	4.18	3.85	3.63	3.46	3.32	3.22	3.13	2.99	2.85	2.70	2.62	2.54	2.45	2.36	2.27	2.17
26	7.72	5.53	4.64	4.14	3.82	3.59	3.42	3.29	3.18	3.09	2.96	2.81	2.66	2.58	2.50	2.42	2.33	2.23	2.13
27	7.68	5.49	4.60	4.11	3.78	3.56	3.39	3.26	3.15	3.06	2.93	2.78	2.63	2.55	2.47	2.38	2.29	2.20	2.10
28	7.64	5.45	4.57	4.07	3.75	3.53	3.36	3.23	3.12	3.03	2.90	2.75	2.60	2.52	2.44	2.35	2.26	2.17	2.06
29	7.60	5.42	4.54	4.04	3.73	3.50	3.33	3.20	3.09	3.00	2.87	2.73	2.57	2.49	2.41	2.33	2.23	2.14	2.03
30	7.56	5.39	4.51	4.02	3.70	3.47	3.30	3.17	3.07	2.98	2.84	2.70	2.55	2.47	2.39	2.30	2.21	2.11	2.01
40	7.31	5.18	4.31	3.83	3.51	3.29	3.12	2.99	2.89	2.80	2.66	2.52	2.37	2.29	2.20	2.11	2.02	1.92	1.80
60	7.08	4.98	4.13	3.65	3.34	3.12	2.95	2.82	2.72	2.63	2.50	2.35	2.20	2.12	2.03	1.94	1.84	1.73	1.60
120	6.85	4.79	3.95	3.48	3.17	2.96	2.79	2.66	2.56	2.47	2.34	2.19	2.03	1.95	1.86	1.76	1.66	1.53	1.38
∞	6.63	4.61	3.78	3.32	3.02	2.80	2.64	2.51	2.41	2.32	2.18	2.04	1.88	1.79	1.70	1.59	1.47	1.32	1.00

续附表 5

$\alpha = 0.005$

n_2 \ n_1	1	2	3	4	5	6	7	8	9	10	12	15	20	24	30	40	60	120	∞
1	16 211	20 000	21 615	22 500	23 056	23 437	23 715	23 925	24 091	24 224	24 426	24 630	24 836	24 940	25 044	25 148	25 253	25 359	25 465
2	198.5	199.0	199.2	199.2	199.3	199.3	199.4	199.4	199.4	199.4	199.4	199.4	199.4	199.5	199.5	199.5	199.5	199.5	199.5
3	55.55	49.80	47.47	46.19	45.39	44.84	44.43	44.13	43.88	43.69	43.39	43.08	42.78	42.62	42.47	42.31	42.15	41.99	41.83
4	31.33	26.28	24.26	23.15	22.46	21.97	21.62	21.35	21.14	20.97	20.70	20.44	20.17	20.03	19.89	19.75	19.61	19.47	19.32
5	22.78	18.31	16.53	15.56	14.94	14.51	14.20	13.96	13.77	13.62	13.38	13.15	12.90	12.78	12.66	12.53	12.40	12.27	12.14
6	18.63	14.54	12.92	12.03	11.46	11.07	10.79	10.57	10.39	10.25	10.03	9.81	9.59	9.47	9.36	9.24	9.12	9.00	8.88
7	16.24	12.40	10.88	10.05	9.52	9.16	8.89	8.68	8.51	8.38	8.18	7.97	7.75	7.65	7.53	7.42	7.31	7.19	7.08
8	14.69	11.04	9.60	8.81	8.30	7.95	7.69	7.50	7.34	7.21	7.01	6.81	6.61	6.50	6.40	6.29	6.18	6.06	5.95
9	13.61	10.11	8.72	7.96	7.47	7.13	6.88	6.69	6.54	6.42	6.23	6.03	5.83	5.73	5.62	5.52	5.41	5.30	5.19
10	12.83	9.43	8.08	7.34	6.87	6.54	6.30	6.12	5.97	5.85	5.66	5.47	5.27	5.17	5.07	4.97	4.86	4.75	4.64
11	12.23	8.91	7.60	6.88	6.42	6.10	5.86	5.68	5.54	5.42	5.24	5.05	4.86	4.76	4.65	4.55	4.44	4.34	4.23
12	11.75	8.51	7.23	6.52	6.07	5.76	5.52	5.35	5.20	5.09	4.91	4.72	4.53	4.43	4.33	4.23	4.12	4.01	3.90
13	11.37	8.19	6.93	6.23	5.79	5.48	5.25	5.08	4.94	4.80	4.64	4.46	4.27	4.17	4.07	3.97	3.87	3.76	3.65
14	11.06	7.92	6.68	6.00	5.56	5.26	5.03	4.86	4.72	4.60	4.43	4.25	4.06	3.96	3.86	3.76	3.66	3.55	3.44
15	10.80	7.70	6.48	5.80	5.37	5.07	4.85	4.67	4.54	4.42	4.25	4.07	3.88	3.79	3.69	3.58	3.48	3.37	3.26
16	10.58	7.51	6.30	5.64	5.21	4.91	4.69	4.52	4.38	4.27	4.10	3.92	3.73	3.64	3.54	3.44	3.33	3.22	3.11
17	10.38	7.35	6.16	5.50	5.07	4.78	4.56	4.39	4.25	4.14	3.97	3.79	3.61	3.51	3.41	3.31	3.21	3.10	2.98
18	10.22	7.21	6.03	5.37	4.96	4.66	4.44	4.28	4.14	4.03	3.86	3.68	3.50	3.40	3.30	3.20	3.10	2.99	2.87
19	10.07	7.09	5.92	5.27	4.85	4.56	4.34	4.18	4.04	3.93	3.76	3.59	3.40	3.31	3.21	3.11	3.00	2.89	2.78
20	9.94	6.99	5.82	5.17	4.76	4.47	4.26	4.09	3.96	3.85	3.68	3.50	3.32	3.22	3.12	3.02	2.92	2.81	2.69
21	9.83	6.89	5.73	5.09	4.68	4.39	4.18	4.01	3.88	3.77	3.60	3.43	3.24	3.15	3.05	2.95	2.84	2.73	2.61
22	9.73	6.81	5.65	5.02	4.61	4.32	4.11	3.94	3.81	3.70	3.54	3.36	3.18	3.08	2.98	2.88	2.77	2.66	2.55
23	9.63	6.73	5.58	4.95	4.54	4.26	4.05	3.88	3.75	3.64	3.47	3.30	3.12	3.02	2.92	2.82	2.71	2.60	2.48
24	9.55	6.66	5.52	4.89	4.49	4.20	3.99	3.83	3.69	3.59	3.42	3.25	3.06	2.97	2.87	2.77	2.66	2.55	2.43
25	9.48	6.60	5.46	4.84	4.43	4.15	3.94	3.78	3.64	3.54	3.37	3.20	3.01	2.92	2.82	2.72	2.61	2.50	2.38
26	9.41	6.54	5.41	4.79	4.38	4.10	3.89	3.73	3.60	3.49	3.33	3.15	2.97	2.87	2.77	2.67	2.56	2.45	2.33
27	9.34	6.49	5.36	4.74	4.34	4.06	3.85	3.69	3.56	3.45	3.28	3.11	2.93	2.83	2.73	2.63	2.52	2.41	2.29
28	9.28	6.44	5.32	4.70	4.30	4.02	3.84	3.65	3.52	3.41	3.25	3.07	2.89	2.79	2.69	2.59	2.48	2.37	2.25
29	9.23	6.40	5.28	4.66	4.26	3.98	3.77	3.61	3.48	3.38	3.21	3.04	2.86	2.76	2.66	2.56	2.45	2.33	2.21
30	9.18	6.35	5.24	4.62	4.23	3.95	3.74	3.58	3.45	3.34	3.18	3.01	2.82	2.73	2.63	2.52	2.42	2.30	2.18
40	8.83	6.07	4.98	4.37	3.99	3.71	3.51	3.35	3.22	3.12	2.95	2.78	2.60	2.50	2.40	2.30	2.18	2.06	1.93
60	8.49	5.79	4.73	4.14	3.76	3.49	3.29	3.13	3.01	2.90	2.74	2.57	2.39	2.29	2.19	2.08	1.96	1.83	1.69
120	8.18	5.54	4.50	3.92	3.55	3.28	3.09	2.93	2.81	2.71	2.54	2.37	2.19	2.09	1.98	1.87	1.75	1.61	1.43
∞	7.88	5.30	4.28	3.72	3.35	3.09	2.90	2.74	2.62	2.52	2.36	2.19	2.00	1.90	1.79	1.67	1.53	1.36	1.00

续附表 5

$\alpha = 0.001$

n_2 \ n_1	1	2	3	4	5	6	7	8	9	10	12	15	20	24	30	40	60	120	∞
1	4 053*t*	5 000*t*	5 404*t*	5 625*t*	5 764*t*	5 859*t*	5 929*t*	5 981*t*	6 023*t*	6 056*t*	6 107*t*	6 158*t*	6 209*t*	6 234*t*	6 261*t*	6 287*t*	6 313*t*	6 340*t*	6 366*t*
2	998.5	999.0	999.2	999.2	999.3	999.3	999.4	999.4	999.4	999.4	999.4	999.4	999.4	999.5	999.5	999.5	999.5	999.5	999.5
3	167.0	148.5	141.1	137.1	134.6	132.8	131.6	130.6	129.9	129.2	128.3	127.4	126.4	125.9	125.4	125.0	124.5	124.0	123.5
4	74.14	61.25	56.18	53.44	51.71	50.53	49.66	49.00	48.47	48.05	47.41	46.76	46.10	45.77	45.43	45.09	44.75	44.40	44.05
5	47.18	37.12	33.20	31.09	29.75	28.84	28.16	27.64	27.24	26.92	26.42	25.91	25.39	25.14	24.87	24.60	24.33	24.06	23.79
6	35.51	27.00	23.70	21.92	20.81	20.03	19.46	19.03	18.69	18.41	17.99	17.56	17.12	16.89	16.67	16.44	16.21	15.99	15.75
7	29.25	21.69	18.77	17.19	16.21	15.52	15.02	14.62	14.33	14.08	13.71	13.32	12.93	12.73	12.53	12.33	12.12	11.91	11.70
8	25.42	18.49	15.83	14.39	13.49	12.86	12.40	12.04	11.77	11.54	11.19	10.84	10.48	10.30	10.11	9.92	9.73	9.53	9.33
9	22.86	16.39	13.90	12.56	11.71	11.13	10.70	10.37	10.11	9.89	9.57	9.24	8.90	8.72	8.55	8.37	8.19	8.00	7.81
10	21.04	14.91	12.55	11.28	10.48	9.92	9.52	9.20	8.96	8.75	8.45	8.13	7.80	7.64	7.47	7.30	7.12	6.94	6.76
11	19.69	13.81	11.56	10.35	9.58	9.05	8.66	8.35	8.12	7.92	7.63	7.32	7.01	6.85	6.68	6.52	6.35	6.17	6.00
12	18.64	12.97	10.80	9.63	8.89	8.38	8.00	7.71	7.48	7.29	7.00	6.71	6.40	6.25	6.09	5.93	5.76	5.59	5.42
13	17.81	12.31	10.21	9.07	8.35	7.86	7.49	7.21	6.98	6.80	6.52	6.23	5.93	5.78	5.63	5.47	5.30	5.14	4.97
14	17.14	11.78	9.73	8.62	7.92	7.43	7.08	6.80	6.58	6.40	6.13	5.85	5.56	5.41	5.25	5.10	4.94	4.77	4.60
15	16.59	11.34	9.34	8.25	7.57	7.09	6.74	6.47	6.26	6.08	5.81	5.54	5.25	5.10	4.95	4.80	4.64	4.47	4.31
16	16.12	10.97	9.00	7.94	7.27	6.81	6.46	6.19	5.98	5.81	5.55	5.27	4.99	4.85	4.70	4.54	4.39	4.23	4.06
17	15.72	10.66	8.73	7.68	7.02	7.56	6.22	5.96	5.75	5.58	5.32	5.05	4.78	4.63	4.48	4.33	4.18	4.02	3.85
18	15.38	10.39	8.49	7.46	6.81	6.35	6.02	5.76	5.56	5.39	5.13	4.87	4.59	4.45	4.30	4.15	4.00	3.84	3.67
19	15.08	10.16	8.28	7.26	6.62	6.18	5.85	5.59	5.39	5.22	4.97	4.70	4.43	4.29	4.14	3.99	3.84	3.68	3.51
20	14.82	9.95	8.10	7.10	6.46	6.02	5.69	5.44	5.24	5.08	4.82	4.56	4.29	4.15	4.00	3.86	3.70	3.54	3.38
21	14.59	9.77	7.94	6.95	6.32	5.88	5.56	5.31	5.11	4.95	4.70	4.44	4.17	4.03	3.88	3.74	3.58	3.42	3.26
22	14.38	9.61	7.80	6.81	6.19	5.76	5.44	5.19	4.99	4.83	4.58	4.33	4.06	3.92	3.78	3.63	3.48	3.32	3.15
23	14.19	9.47	7.67	6.69	6.08	5.65	5.33	5.09	4.89	4.73	4.48	4.23	3.96	3.82	3.68	3.53	3.38	3.22	3.05
24	14.03	9.34	7.55	6.59	5.98	5.55	5.23	4.99	4.80	4.64	4.39	4.14	3.87	3.74	3.59	3.45	3.29	3.14	2.97
25	13.88	9.22	7.45	6.49	5.88	5.46	5.15	4.91	4.71	4.56	4.31	4.06	3.79	3.66	3.52	3.37	3.22	3.06	2.89
26	13.74	9.12	7.36	6.41	5.80	5.38	5.07	4.83	4.64	4.48	4.24	3.99	3.72	3.59	3.44	3.30	3.15	2.99	2.82
27	13.61	9.02	7.27	6.33	5.73	5.31	5.00	4.76	4.57	4.41	4.17	9.92	3.66	3.52	3.38	3.23	3.08	2.92	2.75
28	13.50	8.93	7.19	6.25	5.66	5.24	4.93	4.69	4.50	4.35	4.11	3.86	3.60	3.46	3.32	3.18	3.02	2.86	2.69
29	13.39	8.85	7.12	6.19	5.59	5.18	4.87	6.64	4.45	4.29	4.05	3.80	3.54	3.41	3.27	3.12	2.97	2.81	2.64
30	13.29	8.77	7.05	6.12	5.53	5.12	4.82	4.58	4.39	4.24	4.00	3.75	3.49	3.36	3.22	3.07	2.92	2.76	2.59
40	12.61	8.25	6.60	5.70	5.13	4.73	4.44	4.21	4.02	3.87	3.64	3.40	3.15	3.01	2.87	2.73	2.57	2.41	2.23
60	11.97	7.76	6.17	5.31	4.76	4.37	4.09	3.87	3.69	3.54	3.31	3.08	2.83	2.69	2.55	2.41	2.25	2.08	1.89
120	11.38	7.32	5.79	4.95	4.42	4.04	3.77	3.55	3.38	3.24	3.02	2.78	2.53	2.40	2.26	2.11	1.95	1.76	1.54
∞	10.83	6.91	5.42	4.62	4.10	3.74	3.47	3.27	3.10	2.96	2.74	2.51	2.27	2.13	1.99	1.84	1.66	1.45	1.00

附表 6　相关系数检验表

$N-2$ \ α	0.05	0.01	$N-2$ \ α	0.05	0.01
1	0.977	1.000	21	0.413	0.526
2	0.950	0.990	22	0.404	0.515
3	0.878	0.959	23	0.396	0.505
4	0.811	0.917	24	0.388	0.496
5	0.755	0.874	25	0.381	0.487
6	0.707	0.834	26	0.374	0.478
7	0.666	0.798	27	0.367	0.470
8	0.632	0.765	28	0.361	0.463
9	0.602	0.735	29	0.355	0.456
10	0.576	0.708	30	0.349	0.449
11	0.553	0.684	35	0.325	0.418
12	0.532	0.661	40	0.304	0.393
13	0.514	0.641	45	0.288	0.372
14	0.497	0.623	50	0.273	0.354
15	0.482	0.606	60	0.250	0.325
16	0.468	0.590	70	0.232	0.302
17	0.456	0.575	80	0.217	0.283
18	0.444	0.561	90	0.205	0.267
19	0.433	0.549	100	0.195	0.254
20	0.423	0.537	200	0.138	0.181

参 考 答 案

第1章

1.(1)19 (2)0 (3)0 (4)0 (5)x^3-x^2-1 2.3或1 3.$4abcdef$
4.$abcd+ab+cd+ad+1$ 5.略 6.略 7.略 8.$x\neq 0$且$x\neq 2$
9.(1)0 (2)4 (3)5 (4)3 (5)$\frac{n(n-1)}{2}$ 10.(1)负 (2)负 (3)负
(4)正 11.$\prod_{n+1\geqslant i>j\geqslant 1}(i-j)$ 12.$(mq-pn)(ad-bc)$ 13.略 14.$n!$
15.$A_{11}=-8, A_{32}=-16, D=64$ 16.$(x-a_1)(x-a_2)\cdots(x-a_n)$
17.x^2y^2 18.$x_1=1, x_2=2, x_3=3, x_4=-1$
19.$x_1=-1, x_2=1, x_3=-2, x_4=2$ 20.$\lambda=1$或$\mu=0$ 21.仅有零解
22.$\lambda=0,2$或3 23.略

第2章

1.(1)$\begin{pmatrix}-1&4\\0&-2\end{pmatrix}$ (2)$\begin{pmatrix}11&2\\10&-2\end{pmatrix}$ (3)$\begin{pmatrix}35\\6\\49\end{pmatrix}$ (4)10 (5)$\begin{pmatrix}39&13\\15&5\end{pmatrix}$

2.$3\boldsymbol{AB}-2\boldsymbol{A}=\begin{pmatrix}-2&13&22\\-2&-17&20\\4&29&-2\end{pmatrix}$ $\boldsymbol{A}^{\mathrm{T}}\boldsymbol{B}=\begin{pmatrix}0&5&8\\0&-5&6\\2&9&0\end{pmatrix}$ 3.$\begin{pmatrix}-10&8\\5&-3\end{pmatrix}$

4.$\lambda^{k-2}\begin{pmatrix}\lambda^2&k\lambda&\frac{k(k-1)}{2}\\0&\lambda^2&k\lambda\\0&0&\lambda^2\end{pmatrix}$ 5.$\begin{pmatrix}3&7\\0&10\end{pmatrix}$ 6.略 7.略 8.略 9.略 10.略

11.(1)$\begin{pmatrix}5&-2\\-2&1\end{pmatrix}$ (2)$\begin{pmatrix}-2&1&0\\-\frac{13}{2}&3&-\frac{1}{2}\\-16&7&-1\end{pmatrix}$ (3)$\frac{1}{24}\begin{pmatrix}24&0&0&0\\-12&12&0&0\\-12&-4&8&0\\3&-5&-2&6\end{pmatrix}$

12. $\begin{pmatrix} 2 & -1 & 0 \\ 1 & 3 & -4 \\ 1 & 0 & -2 \end{pmatrix}$ 13. (1) $\begin{pmatrix} 1 & -2 & 1 & 0 \\ 0 & 1 & -2 & 1 \\ 0 & 0 & 1 & -2 \\ 0 & 0 & 0 & 1 \end{pmatrix}$ (2) 略 14. 略 15. 略

16. $\begin{pmatrix} 1 & 0 & 0 & 0 \\ -2 & 1 & 0 & 0 \\ 1 & -2 & 1 & 0 \\ 0 & 1 & -2 & 1 \end{pmatrix}$ 17. (1)2 (2)3 (3)4 (4)3

18. $r(\boldsymbol{A}) \geqslant r(\boldsymbol{B}) \geqslant r(\boldsymbol{A}) - 1$

19. (1) $\begin{pmatrix} 1 & 1 & 1 & -1 \\ 0 & 0 & 3 & 2 \\ 0 & 0 & 0 & 0 \end{pmatrix}$ (2) $\begin{pmatrix} -1 & 4 & 5 & -3 \\ 0 & 8 & 13 & 2 \\ 0 & 0 & -4 & -28 \\ 0 & 0 & 0 & 0 \end{pmatrix}$

20. $r(\boldsymbol{A}) = 3$, $\begin{vmatrix} 3 & 2 & -1 \\ 2 & -1 & -3 \\ 7 & 0 & -8 \end{vmatrix} \neq 0$

21. 当 $a \neq \pm 1$ 时, $\boldsymbol{A}^{-1}$ 存在, $\boldsymbol{A}^{-1} = \begin{pmatrix} \frac{1}{a-1} & 0 & \frac{1}{1-a} \\ 0 & \frac{1}{1-a^2} & \frac{a}{a^2-1} \\ \frac{1}{1-a} & \frac{a}{a^2-1} & \frac{a}{a^2-1} \end{pmatrix}$

22. $\begin{pmatrix} a & b \\ 0 & a \end{pmatrix}$, a, b 为任意实数 23. 略 24. 略 25. $-\frac{8}{27}, -\frac{16}{27}$ 26. 略

27. $\begin{pmatrix} \boldsymbol{A}^{-1} & -\boldsymbol{A}^{-1}\boldsymbol{C}\boldsymbol{B}^{-1} \\ 0 & \boldsymbol{B}^{-1} \end{pmatrix}$ 28. $\begin{pmatrix} 5 & -2 & -1 \\ -2 & 2 & 0 \\ -1 & 0 & 1 \end{pmatrix}$

29. $\frac{1}{2}\begin{pmatrix} (\boldsymbol{A}+\boldsymbol{B})^{-1} + (\boldsymbol{A}-\boldsymbol{B})^{-1} & (\boldsymbol{A}+\boldsymbol{B})^{-1} - (\boldsymbol{A}-\boldsymbol{B})^{-1} \\ (\boldsymbol{A}+\boldsymbol{B})^{-1} - (\boldsymbol{A}-\boldsymbol{B})^{-1} & (\boldsymbol{A}+\boldsymbol{B})^{-1} + (\boldsymbol{A}-\boldsymbol{B})^{-1} \end{pmatrix}$

第 3 章

1. (1) $x_1 = 1, x_2 = 2, x_3 = 1$ (2) $x_1 = 1 - c, x_2 = -c, x_3 = -1 + c, x_4 = c$
(3) 无解 (4) 无解 (5) $x_1 = 0, x_2 = 0, x_3 = 0, x_4 = 0$
(6) $x_1 = -c_1 + \frac{7}{6}c_2, x_2 = c_1 + \frac{5}{6}c_2, x_3 = c_1, x_4 = \frac{1}{3}c_2, x_5 = c_2$
(7) $x_1 = -2 + c, x_2 = 3 - 2c, x_3 = c$ (8) 无解 (9) $x_1 = 4, x_2 = 3, x_3 = 2$

(10) $x_1 = \frac{6}{5} - \frac{3}{5}c, x_2 = -\frac{23}{5} + \frac{19}{5}c, x_3 = c$

2.(1) 有非零解(无穷多解) (2) 只有零解(有唯一解) (3) 无解 (4) 有唯一解 (5) 有无穷多解 3.(1)(10,4,14,20) (2)(1,2,3,4)

4.(1)(23,18,17) (2)(12,12,11) 5.略 6.略

7.(1) 线性相关 (2) 线性无关 8.略 9.略 10.略

11.(1) 极大无关组为 $\alpha_1, \alpha_2, \alpha_4$ 且 $\alpha_3 = 3\alpha_1 + \alpha_2, \alpha_5 = -\alpha_1 - \alpha_2 + \alpha_4$

(2) 极大无关组为 $\alpha_1, \alpha_2, \alpha_4$,且 $\alpha_3 = \alpha_1 - 5\alpha_2$

(3) 极大无关组为 $\alpha_1, \alpha_2, \alpha_3$ 且 $\alpha_4 = -3\alpha_1 + 5\alpha_2 - \alpha_3$

12.秩为2,极大无关组为 α_1, α_2 13.略 14. $t = 1$ 或2

15.(1) $a = -1, b \neq 0$ (2) $a \neq -1$, b 为任意常数

16.(1) 基础解系: $\boldsymbol{\xi}_1 = (1,1,0,-1)^{\mathrm{T}}$;全部解: $k_1\boldsymbol{\xi}_1$,其中 k_1 为任意常数

(2) 基础解系: $\boldsymbol{\xi}_1 = (3,1,0,0,0)^{\mathrm{T}}, \boldsymbol{\xi}_2 = (-1,0,1,0,0)^{\mathrm{T}}, \boldsymbol{\xi}_3 = (2,0,0,1,0)^{\mathrm{T}}, \boldsymbol{\xi}_4 = (1,0,0,0,1)^{\mathrm{T}}$;全部解: $k_1\boldsymbol{\xi}_1 + k_2\boldsymbol{\xi}_2 + k_3\boldsymbol{\xi}_3 + k_4\boldsymbol{\xi}_4$,其中, k_1, k_2, k_3, k_4 为任意常数

(3) 基础解系: $\boldsymbol{\xi}_1 = \left(\frac{19}{8}, \frac{7}{8}, 1, 0, 0\right)^{\mathrm{T}}, \boldsymbol{\xi}_2 = \left(\frac{3}{8}, -\frac{25}{8}, 0, 1, 0\right)^{\mathrm{T}}, \boldsymbol{\xi}_3 = \left(-\frac{1}{2}, \frac{1}{2}, 0, 0, 1\right)^{\mathrm{T}}$;全部解: $k_1\boldsymbol{\xi}_1 + k_2\boldsymbol{\xi}_2 + k_3\boldsymbol{\xi}_3$,其中, k_1, k_2, k_3 为任意常数。

17.(1) 无解 (2) $(0,1,0)^{\mathrm{T}} + k(-1,1,1)^{\mathrm{T}}$,其中, k 为任意常数

(3) $(8,0,0,-10)^{\mathrm{T}} + k_1(-9,1,0,11)^{\mathrm{T}} + k_2(-4,0,1,5)^{\mathrm{T}}$,其中 k_1, k_2 为任意常数。

18. $\boldsymbol{X} = k(3,4,5,6)^{\mathrm{T}} + (2,3,4,5)^{\mathrm{T}}$, k 为任意常数 19.略 20.略

第4章

1.(1) $\begin{pmatrix} 1 & 2 & 1 \\ 2 & 4 & 2 \\ 1 & 2 & 1 \end{pmatrix}$ (2) $\begin{pmatrix} 1 & -1 & \frac{3}{2} \\ -1 & -2 & 4 \\ \frac{3}{2} & 4 & 3 \end{pmatrix}$

2.(1) $f = -x_2^2 + x_4^2 + x_1x_2 - 2x_1x_3 + x_2x_3 + x_2x_4 + x_3x_4$

(2) $f = x_1^2 - 2x_1x_2 - 6x_1x_3 + 2x_1x_4 - 4x_2x_3 + x_2x_4 + \frac{1}{3}x_3^2 - 3x_3x_4$

3.(1) $\begin{pmatrix} x_1 \\ x_2 \\ x_3 \end{pmatrix} = \begin{pmatrix} 0 & 1 & 0 \\ -\frac{1}{\sqrt{2}} & 0 & \frac{1}{\sqrt{2}} \\ \frac{1}{\sqrt{2}} & 0 & \frac{1}{\sqrt{2}} \end{pmatrix} \begin{pmatrix} y_1 \\ y_2 \\ y_3 \end{pmatrix}, f = y_1^2 + 2y_2^2 + 5y_3^2$

(2) $\begin{pmatrix} x_1 \\ x_2 \\ x_3 \end{pmatrix} = \begin{pmatrix} 0 & \frac{4}{3\sqrt{2}} & \frac{1}{3} \\ \frac{1}{\sqrt{2}} & \frac{1}{3\sqrt{2}} & -\frac{2}{3} \\ \frac{1}{\sqrt{2}} & -\frac{1}{3\sqrt{2}} & \frac{2}{3} \end{pmatrix} \begin{pmatrix} y_1 \\ y_2 \\ y_3 \end{pmatrix}, f = 9y_3^2$

4. $t = 2, \boldsymbol{P} = \begin{pmatrix} 0 & 1 & 0 \\ \frac{1}{\sqrt{2}} & 0 & \frac{1}{\sqrt{2}} \\ -\frac{1}{\sqrt{2}} & 0 & \frac{1}{\sqrt{2}} \end{pmatrix}$ 5.略 6.略 7.略

8.(1) $\begin{pmatrix} 1 & -2 & 0 \\ 0 & 1 & 0 \\ 0 & -\frac{1}{3} & 1 \end{pmatrix}$ (2) $\begin{pmatrix} 1 & -\frac{1}{2} & 1 \\ 1 & \frac{1}{2} & 2 \\ 0 & 0 & 1 \end{pmatrix}$

9.(1) 不正定 (2) 正定 10.(1) $-\frac{4}{5} < t < 0$ (2) $t > 2$

11.略 12.略 13.略 14.略

第5章

1. $\pm \frac{1}{\sqrt{26}}(4,0,1,-3)$

2.(1) $\boldsymbol{\beta}_1 = \begin{pmatrix} 1 \\ 1 \\ 1 \end{pmatrix}, \boldsymbol{\beta}_2 = \begin{pmatrix} -1 \\ 0 \\ 1 \end{pmatrix}, \boldsymbol{\beta}_3 = \frac{1}{3}\begin{pmatrix} 1 \\ -2 \\ 1 \end{pmatrix}$

(2) $\boldsymbol{\beta}_1 = \begin{pmatrix} 1 \\ 0 \\ -1 \\ 0 \end{pmatrix}, \boldsymbol{\beta}_2 = \frac{1}{3}\begin{pmatrix} 1 \\ -3 \\ 2 \\ 1 \end{pmatrix}, \boldsymbol{\beta}_3 = \frac{1}{5}\begin{pmatrix} -1 \\ 3 \\ 3 \\ 4 \end{pmatrix}$

3. $\boldsymbol{\alpha}_2 = \begin{pmatrix} -2 \\ 1 \\ 0 \end{pmatrix}, \boldsymbol{\alpha}_3 = \begin{pmatrix} -3 \\ -6 \\ 5 \end{pmatrix}$ 4. 略 5. 略 6. 略

7. (1) $\lambda_1 = 7, k_1\begin{pmatrix} 1 \\ 1 \end{pmatrix}; \lambda_2 = -2, k_2\begin{pmatrix} 4 \\ -5 \end{pmatrix}, k_1 k_2 \neq 0$

(2) $\lambda_1 = \lambda_2 = \lambda_3 = 2, k_1\begin{pmatrix} 1 \\ 1 \\ 0 \end{pmatrix} + k_2\begin{pmatrix} -1 \\ 0 \\ 1 \end{pmatrix}, k_1 k_2 \neq 0$

(3) $\lambda_1 = \lambda_2 = -2, k_1\begin{pmatrix} 1 \\ 1 \\ 0 \end{pmatrix} + k_2\begin{pmatrix} 0 \\ 1 \\ 1 \end{pmatrix}, k_1 k_2 \neq 0$

8. $-2, 1$ 9. 略 10. 略 11. $x + y = 0$ 12. 略

13. $\begin{pmatrix} (-1) + (-1)^n \cdot 2^{n+2} & 2 + (-1)^{n+1} \cdot 2^{n+1} \\ (-2) + (-1)^n \cdot 2^{n+1} & 4 + (-1)^{n+1} \cdot 2^n \end{pmatrix}$ 14. $\begin{pmatrix} 4 & 1 & 1 \\ 1 & 4 & 1 \\ 1 & 1 & 4 \end{pmatrix}$

15. 略 16. $\boldsymbol{P} = \begin{pmatrix} -\frac{1}{\sqrt{2}} & -\frac{1}{\sqrt{6}} & \frac{1}{\sqrt{3}} \\ \frac{1}{\sqrt{2}} & -\frac{1}{\sqrt{6}} & \frac{1}{\sqrt{3}} \\ 0 & \frac{2}{\sqrt{6}} & \frac{1}{\sqrt{3}} \end{pmatrix}$ $\boldsymbol{P}^{-1}\boldsymbol{AP} = \begin{pmatrix} 2 & & \\ & 2 & \\ & & 8 \end{pmatrix}$

第 6 章

1. (1) $y_1 = 245, y_2 = 90, y_3 = 175$ (2) $z_1 = 180, z_2 = 150, z_3 = 180$

(3) $\boldsymbol{A} = \begin{pmatrix} 0.25 & 0.1 & 0.1 \\ 0.2 & 0.2 & 0.1 \\ 0.1 & 0.1 & 0.2 \end{pmatrix}$ 2. (1) $\boldsymbol{X} = \begin{pmatrix} 250 \\ 200 \\ 320 \end{pmatrix}$ (2) $\boldsymbol{X} = \begin{pmatrix} 265.827\,2 \\ 204.302\,2 \\ 325.764\,3 \end{pmatrix}$

3. 某经济系统计划期投入产出表(单位:万元)

部门间流量 投入＼产出		中间产品 1	中间产品 2	中间产品 3	中间产品 合计	最终产品	总产出
中间投入	1	224	120	80	424	216	640
	2	96	80	48	224	176	400
	3	128	40	32	200	120	320
	合计	448	240	160	848	512	1 360
初始投入		192	160	160	512		
总投入		640	400	320	1 360		

第7章

1.(1) 随机事件　(2) 随机事件　(3) 随机事件　(4) 必然事件

(5) 不可能事件　(6) 不可能事件

2.(1)$A\bar{B}\ \bar{C}$　(2)$AB \cup AC \cup BC$　(3)$\bar{A} \cup \bar{B} \cup \bar{C}$

(4)$AB\bar{C} \cup A\bar{B}C \cup \bar{A}BC$　(5)$A\bar{B}\ \bar{C} \cup \bar{A}B\bar{C} \cup \bar{A}\bar{B}C \cup \bar{A}\ \bar{B}\ \bar{C}$

3.A　4.(1)0.3　(2)0.8　5.不能断定　6.0.3;0.1　7.0.504

8.C　9.0.72　10.0.2　11.$\frac{2}{n-1}$　12.0.53　13.$\frac{1}{4}$

14.(1) $\frac{28}{45}$　(2) $\frac{1}{45}$　(3) $\frac{16}{45}$　15.$\frac{13}{25}$　16.0.012 5　17.不独立

18.$C_{n-1}^{r-1}p^r(1-p)^{n-r}$　19.$1 - C_4^0(0.000\,3)^0(0.999\,7)^4 = 0.998\,8$

20.$\sum_{k=5}^{9} C_9^k 0.7^k 0.3^{9-k} = 0.901$

第8章

1.

X	0	1	2	3
P	0.064	0.288	0.432	0.216

2.$a = 1$

3.

X	0	1	2	3	4
P	0.28	0.47	0.22	0.03	0.00

4.$P(X = k) = pq^{k-1} + pq^{k-1}, k = 0,1,2,\cdots$

5.$P(X = k) = C_3^k\left(\frac{2}{5}\right)^k\left(\frac{3}{5}\right)^{3-k}, k = 0,1,2,3$

6.$P(X = k) = q^{k-1}p(q = 1 - p), k = 1,2,\cdots, P(X = \text{偶数}) = \frac{1}{5}$

7.0.952 5;0.816 4　8.$A = 1, P(1 < X \leqslant 3) = e^{-1} - e^{-3}$

9.$\frac{2}{3}e^{-2}$　10.$\frac{8}{27};\frac{1}{27}$　11.$F(x) = \begin{cases} \frac{1}{2}e^x & x < 0 \\ \frac{1}{2} + \frac{1}{4}x & 0 \leqslant x < 2 \\ 1 & x \geqslant 2 \end{cases}$

12.(1)0.013 9　(2)0.155 1　(3)0.045 6

13. $(A)=\frac{1}{2}$ (2) $\frac{1}{2}(1-e^{-1})$ (3) $F(x)=\begin{cases}\frac{1}{2}e^{x} & x<0\\ 1-\frac{1}{2}e^{-x} & x\geqslant 0\end{cases}$

14. (1)

$X+2$	0	$\frac{3}{2}$	2	4	6
P	$\frac{1}{8}$	$\frac{1}{4}$	$\frac{1}{8}$	$\frac{1}{6}$	$\frac{1}{3}$

(2)

X^2	$\frac{1}{4}$	0	4	16
P	$\frac{1}{4}$	$\frac{1}{8}$	$\frac{7}{24}$	$\frac{1}{3}$

15. $\frac{4}{5}$ 16. $p_Y(y)=\begin{cases}\frac{1}{\sigma y\sqrt{2\pi}}e^{-\frac{(\ln y-\mu)^2}{2\sigma^2}} & y>0\\ 0 & y\leqslant 0\end{cases}$

17.

Y	-1	0	3
P	0.432	0.504	0.064

18. $p_Y(y)=\begin{cases}\frac{2}{\pi\sqrt{1-y^2}} & 0<y<1\\ 0 & \text{其他}\end{cases}$ 19. 略

20.

X \ Y	1	3	$P_{i\cdot}$
0	0	$\frac{1}{8}$	$\frac{1}{8}$
1	$\frac{3}{8}$	0	$\frac{3}{8}$
2	$\frac{3}{8}$	0	$\frac{3}{8}$
3	0	$\frac{1}{8}$	$\frac{1}{8}$
$P_{\cdot j}$	$\frac{6}{8}$	$\frac{2}{8}$	1

21. $A=\frac{1}{6}$, $F(x,y)=\begin{cases}(1-e^{-2x})(1-e^{-3y}) & x>0,y>0\\ 0 & \text{其他}\end{cases}$ 22. $\frac{65}{72}$

23. $f(x,y)=\begin{cases}\frac{1}{\pi} & x^2+y^2\leqslant 1\\ 0 & \text{其他}\end{cases}$, $f_X(x)=\begin{cases}\frac{2}{\pi}\sqrt{1-x^2} & -1<x<1\\ 0 & \text{其他}\end{cases}$

$$f_Y(y)=\begin{cases}\dfrac{2}{\pi}\sqrt{1-y^2} & -1<y<1\\ 0 & 其他\end{cases}$$

24. $p_{X|Y}(x\mid y)=\begin{cases}\dfrac{1}{y} & 0<x<y\\ 0 & 其他\end{cases}$, $p_{Y|X}(y\mid x)=\begin{cases}e^{x-y} & 0<x<y\\ 0 & 其他\end{cases}$

25. 独立

26. $P(X+Y=n)=\dfrac{n-1}{2^n}, n=2,3,\cdots$ 27. $p_Z(z)=\begin{cases}1-e^{-z} & 0\leqslant z\leqslant 1\\ (e-1)e^{-z} & z>1\\ 0 & 其他\end{cases}$

第9章

1. $EX=\dfrac{1}{3}, E(1-X)=\dfrac{2}{3}, EX^2=\dfrac{35}{24}$ 2. $C=\dfrac{27}{38}, EY=\dfrac{33}{19}, DY=\dfrac{222}{361}$

3. $EX=\dfrac{1}{3}, DX=1$ 4. $k=3, a=2$ 5. 0.5

6. $EX=\dfrac{3}{2}a, DX=\dfrac{3}{4}a^2, E(\dfrac{2}{3}X-a)=0, D(\dfrac{2}{3}X-a)=\dfrac{1}{3}a^2$

7. $\dfrac{1}{8}$ 8. $\dfrac{\pi}{12}(a^2+ab+b^2)$ 9. $EX=\dfrac{1}{\lambda}, DX=\dfrac{1}{\lambda^2}$

10. $\sqrt{\dfrac{2}{\pi}}\sigma$ 11. $\dfrac{\pi}{24}(a+b)(a^2+b^2)$ 12. $n=6, p=0.4$ 13. 略 14. 略

15. $EX=0, DX=\dfrac{\pi^2}{4}-2$ 16. $EY=0, DY=1$ 17. $EY=7, DY=37.25$

18. $EX=\dfrac{7}{12}, DX=\dfrac{11}{144}$ 19. 0;0 20. $D(X+Y)=85, D(X-Y)=37$

21. $\dfrac{1}{2}$ 22. 略 23. $a=3$, EW 最小值为 108 24. 略 25. $\dfrac{5\sqrt{13}}{26}$

第10章

1. (1)0.709 (2)0.875 2. 略 3. 略 4. D 5. $p\geqslant 0.9$ 6. 0.997 3

7. $p(|\bar{X}-\mu|<\varepsilon)\geqslant 1-\dfrac{8}{n\varepsilon^2}, p(|\bar{X}-\mu|<4)\geqslant 1-\dfrac{1}{2n}$ 8. $n\geqslant 250$

9. 0 10. 0.000 2 11. 0.997 7 12. 16 条外线 13. 0.712 3 14. 25

15. 0.181 4 16. (1)0.896 8 (2)0.749 8 17. 2 265 个电能单位

第11章

1. $F_{20}(x)=\begin{cases}0 & x<4\\ 0.1 & 4\leqslant x<6\\ 0.3 & 6\leqslant x<7\\ 0.75 & 7\leqslant x<9\\ 0.9 & 9\leqslant x<10\\ 1 & x\geqslant 10\end{cases}$ 2.略

3. $P(X_1=x_1,\cdots,X_n=x_n)=\lambda^{\sum x_i}e^{-n\lambda}/(x_1!,\cdots,x_n!)$

4. $f(x_1x_2\cdots x_n)=\begin{cases}\frac{1}{c^n} & 0<x_1,x_2,\cdots,x_n<c\\ 0 & \text{其他}\end{cases}$ 5. $\chi^2(n)$

6. $\bar{x}=40.5, s=2.158\,7, s^2=4.66, b_2=4.194$ 7.略 8.略

9. $\hat{\mu}=2\,809, \hat{\sigma}^2=1\,206.8$ 10. $\hat{p}=\bar{x}$ 11. $\hat{p}=\frac{1}{\bar{x}}$

12. (1) $\hat{\theta}=\frac{\bar{x}}{1-\bar{x}}$ (2) $\hat{\theta}=-\frac{n}{\sum_{i=1}^{n}\ln x_i}$ 13.略 14.略

15. $C_1=\frac{1}{3}, C_2=\frac{2}{3}$ 16. (4.786, 6.214); (1.825, 5.792)

17. $n\geqslant 4\sigma_0^2\mu_{\alpha/2}^2/l^2$ 18. (480, 520) 19. (−6.187, 17.687)

20. (0.02, 0.10) 21. (0.295, 2.806)

第12章

1. $c=1.176$ 2.不可以 3.可以 4.无显著变化 5.能 6.可以
7.无显著差异 8.是 9.不显著 10.存在 11.均有显著影响

第13章

1. $\hat{y}=5+3x$ 2. (1) $\hat{y}=188.99+1.87x$ (2) 显著 3.略 4.不能证实

5. $\hat{y}=0.857\,9x-0.289\,5$ (2) 0.981 8 (3) 特别显著 6. $\frac{\sum_{i=1}^{n}x_iy_i}{\sum_{i=1}^{n}x_i^2}$

7. (1) 略 (2) $\hat{a}=100.786, \hat{b}=-0.312\,6$

参 考 文 献

[1] 周冰,等.经济数学基础[M].广州:暨南大学出版社,1998.

[2] 毛纲源.经济数学(线性代数、概率论与统计)[M].武汉:华中理工大学出版社,1997.

[3] 袁荫棠.概率论与数理统计[M].北京:中国人民大学出版社,1989.

[4] 赵树嫄.线性代数[M].北京:中国人民大学出版社,1990.

[5] 曹彬,许承德.概率论与数理统计[M].哈尔滨:哈尔滨工业大学出版社,1997.

[6] 王永祥.应用经济数学[M].上海:上海交通大学出版社,2000.

[7] 季文铎.硕士考试数学复习指南[M].北京:北京理工大学出版社,1998.

[8] 李永乐.线性代数辅导讲义[M].北京:新华出版社,2004.

策划编辑　杜　燕
责任编辑　王勇钢
封面设计　卞秉利

ISBN 978-7-5603-2395-4

9 787560 323954 >

定价 39.80 元